植物バイオテクノロジー

編　者

高　山　真　策

幸　書　房

編　著　者

高山　真策　　東海大学開発工学部 生物工学科 教授

執　筆　者（50音順）

秋田　　求　　近畿大学生物理工学部 生物工学科 准教授

大城　　閑　　福井県立大学生物資源学部 教授・生物資源開発研究センター長

岡本　明弘　　東海大学開発工学部 生物物理学分野 准教授

清川　繁人　　青森大学薬学部 薬学科 准教授

小林　義典　　北里大学薬学部 生薬学教室 教授

宮坂　　均　　関西電力(株)研究開発室電力技術研究所 環境技術開発センター チーフリサーチャー・高知工科大学客員教授

発刊にあたって

植物バイオテクノロジーは20世紀の後半に飛躍的な発展を遂げ，植物に関連する産業分野で広く利用されるようになった．特に，クローン植物の種苗生産，医薬品などの原料成分の生産，新規な植物を育成する育種などの分野には植物バイオテクノロジーが利用され，実用技術として生産や開発に寄与している．本書は，これら植物バイオテクノロジー技術の基礎となる培養技術と遺伝子操作技術について解説し，広い分野の技術や知識から成る植物バイオテクノロジーの全体像を知ることができるように心がけた．

植物バイオテクノロジーは，現在さらなる発展を遂げつつある．特に，遺伝子操作技術とその応用分野では，さまざまな遺伝子組換え植物が作出され，すでに広く栽培利用されるに至っている．その面積は，2006年に世界の耕地面積の約7.3%，日本の耕地面積の約20倍に相当するまでになっているといわれ，まだ増加を続けている．

遺伝子の構造や機能に関する研究は全世界で広く行われており，その成果は膨大な知識として蓄積，利用されている．遺伝子の構造が明らかにされてほんの半世紀ほどにしかならない時間経過の中で，すさまじい速さで知識と技術が高度化していることは驚きである．複雑な植物の生命反応の解明にも遺伝子操作技術は大きく貢献しており，植物の多様な生命反応が遺伝子のレベルで解き明かされつつあるが，その延長にある将来の世界は想像を絶するものになっているのかもしれない．

本書を通して，植物バイオテクノロジーとはどのような技術なのか，どのように応用されるのかを学ぶとともに，植物の科学や，植物を利用する産業分野について知識を広げ，技術開発のさらなる発展に思いを致していただければ幸いである．

本書の出版にあたり，多大なご支援を賜った幸書房の夏野雅博氏をはじめ，関係各位に深く感謝の意をささげる．

2009年4月

著者ら記す

目　　次

I　植物バイオテクノロジーとは

1.　バイオテクノロジーとは

「バイオテクノロジー（biotechnology）」という言葉は，サトウダイコンを餌にしてブタを大量肥育する技術に対してハンガリーの農業工学者 Karl Ereky によって 1917 年に初めて使用された言葉であり，「生物の助けによって原料から生産物を作る技術」と定義されている[1,2]．また，Bull ら[3]によって書かれた OECD（世界経済協力開発機構）レポートの中でも「生産物やサービスを供給するために，生物作用による材料の加工へ科学的および工学的原理を応用すること」と定義しており，対象生物として「微生物，酵素，動植物細胞」を，加工する材料として有機無機のあらゆる原料を含むとしている．また，生産物として食料，飲料，医薬，生化学物質などを，サービスとしては水の浄化や産業排水，家庭排水の処理などが対象とされている．この定義は，現在でも広く受け入れられている[4]．

現在では，バイオテクノロジーという用語は，細胞融合，組織培養，遺伝子組換え，ゲノム解析など，20 世紀の後半以降に進展した細胞生物学や分子生物学の知識を応用した産業技術，およびそれらの技術開発のための基礎的な研究開発技術にまで拡大されている．むしろ，これらの最先端の技術を総称してバイオテクノロジーと言うことが多く，一般にバイオテクノロジーという用語はこのような先端的な技術を意味するようになった．ゲノムやプロテオームを含む最先端のバイオテクノロジーをニューバイオテクノロジーと言うこともある．

2.　バイオテクノロジーの研究開発の分野と技術

バイオテクノロジーの対象生物は，植物，動物，微生物，というように多岐にわたっている．これらの生物を対象にして，食料，医療，環境，資源，さらにはバイオテクノロジーの研究開発や生産のための機器にまで及ぶ広い分野の産業が成立し，多様な産物を生産している（表 1.1）．

バイオテクノロジーの技術とその応用について表 1.2 に示した．胚培養，葯培養，細胞融合，細胞大量培養，遺伝子組換え，など様々な技術が開発され，広く利用されるようになった．農業分野では，すでに胚培養，葯培養，クローン植物の大量培養などが，育種や苗生産の必須技術になっている．また，遺伝子組換えは，Cohen ら[5]によって 1973 年に遺伝子の組換え技術が発表されて以来，速やかに全世界に波及し，プラスミドの改変を中心に様々な生物で組換え実験が始められ，数年後には実用化が始まった．植物の遺伝子組換えも，1986 年にはベルギーで圃場（ほじょう）での栽培実験が行われ，1996 年にはアメリカで世界で初めての実用栽培が始まった．以来，穀類や野菜などを中心に普及が進んでおり，2006 年には世界の遺伝子組換え作物は 22 か国で栽培され，

表 1.1　バイオテクノロジーの分野

分野	対　象	応　　用
食料	植　物	育種（収量，品質，耐病性，耐虫性，環境耐性），ウイルスや病菌の同定用検査キット
	家　畜	動物用診断キット，クローン家畜
	水　産	成長ホルモン，水産用薬品，水産飼料，育種
	微生物	アミノ酸，核酸，発酵食品，タンパク質，酵素
医療	診　断	ウイルス病，マイコプラズマ病，がん，医療用診断キット
	治　療	成長ホルモン，インターフェロン，リンフォカイン，抗がん剤，抗ウイルス剤，ゲノム医薬品，遺伝子治療
環境	浄　化	バイオレメディエーション
	環境保護	天敵農薬，絶滅種の再生，絶滅危惧種の保護
資源	バイオマス	アルコール，ディーゼル燃料，タンパク質
	鉱　業	鉱業，金属の選択的回収
機器	研究用	発酵槽，DNAシーケンサー，MALDI-TOF 質量分析計，PCR
	生産用	発酵槽，無菌生産施設，分離精製施設，バイオハザード施設

表 1.2　バイオテクノロジーの技術とその応用

技　　術	応　　用
胚培養	植物育種（遠縁雑種，不和合間の雑種）
葯培養	植物育種（倍数体育種）
細胞融合	ハクラン，ポマト，モノクローナル抗体
核移植	植物育種（雄性不稔）
遺伝子組換え	インターフェロン，インシュリン，アミノ酸，植物育種，など
遺伝子地図	遺伝病診断，親子鑑定，動植物育種
茎頂培養	ウイルスフリー植物，クローン植物
細胞大量培養	医薬品原料，化粧品原料，植物色素
植物器官培養	クローン植物，医薬品原料，化粧品原料
細胞培養	人工皮膚
器官培養	臓器培養
モノクローナル抗体	各種抗体，臨床検査用抗体
タンパク工学	耐熱酵素，人工酵素
糖鎖工学	糖鎖医薬品
遺伝子治療	遺伝病治療，がん治療
生体機能類似物	人工臓器，人工骨，機能膜
バイオセンサー	酵素センサー，味覚センサー，臭いセンサー
バイオチップ	バイオ素子

栽培面積は1億200万ha（世界の耕地面積の約7.3％，日本の国土面積の約3.2倍，日本の耕地面積の約20倍）に達するまでになった．2015年には40か国で2億haに達すると予測されている．最も栽培面積の多い遺伝子組換えダイズの作付面積は2006年に約5860万haであり，これは，全世界のダイズの作付面積の実に60％に達している[6]．細胞培養や遺伝子組換えはもとより，クローン動物，胚性幹細胞（ES細胞，embryonic stem cell）による臓器再生，遺伝子治療などバイオテクノロジーの研究開発は高度化かつ多面化してきている．

3.　植物バイオテクノロジー

植物バイオテクノロジー（plant biotechnology）の本来の定義は，植物体および生産物の生産プロセスやシステムといった，植物を対象とした産業技術の総称である．対象となる生産物は，食料，医薬品などの化学物質，林業，農業あるいは園芸の生産物などであり，植物の生産および関連技術は，いずれも植物バイオテクノロジーであるということができる．

一方，先端技術としての植物バイオテクノロジーは，植物の細胞，器官，組織，プロトプラストなどを無菌の培地で培養する植物組織培養技術と，遺伝子組換え，ゲノム，プロテオームなどの遺伝子操作技術とが両輪となって，産業技術と研究開発技術の両面で目覚しい展開をみせている．組織培養によるクローン植物の種苗生産，細胞融合，胚培養などの細胞操作や，遺伝子操作による育種，大量培養による有用二次代謝物質の工業生産などが植物バイオテクノロジーの大きな技術分野となり，いずれも実用化に成功している．

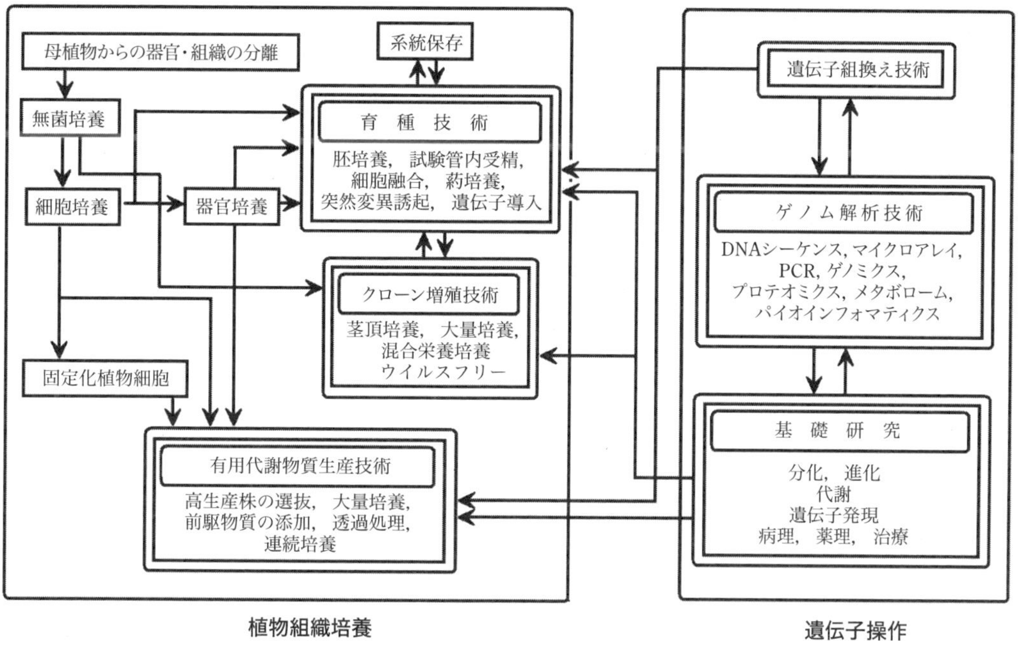

図 1.1 植物バイオテクノロジーの技術

植物バイオテクノロジーの技術分野を図 1.1 に示した．基盤となる組織培養技術としては，細胞培養，器官培養，固定化細胞培養があり，これらを核にして，育種，クローン増殖，有用代謝物質生産などが行われている．一方，遺伝子操作技術としては，遺伝子組換え，マッピング，ゲノム関連の様々な技術が，組織培養とともに利用されて，産業分野，基礎研究分野を支援している．

4. 細胞の発見から植物組織培養の確立まで

植物バイオテクノロジーは，20 世紀の初頭から組織培養を基盤にして技術開発が始まり，20 世紀中頃には組織培養技術の基礎を確立して発展しはじめた．特に 1980 年代以降は，クローン増殖，育種，代謝物質生産など，農業，工業の両分野で実用化が進んだ．1980 年代は遺伝子操作の開発が植物分野でも広く行われるようになり，基礎技術の発展とあいまって実用化のための開発が盛んになった．現在では，組織培養と遺伝子操作の両方の技術が植物バイオテクノロジーの研究，開発には不可欠になっている．

4.1　細胞の発見

植物が生活する場は，本来太陽光が照射する地表上である．土壌に根を張って養分や水分を吸収し，大気中に張り巡らせた茎葉で太陽光のエネルギーと空気中の二酸化炭素を得て成長し生命活動を行っている．植物は時として高さ 100 m にも達する巨大な姿にまで成長するが，そのような巨大な生命体もすべて微細な単一の細胞が基本単位になっている．微細な個々の細胞が植物体の生育時期や部位によって形態的，機能的な分化をし，さらに，それらが統合されて一生命体（個体）としての植物体が成り立っている．細胞を初めて発見したのは，Robert Hooke であり，1665 年に発行された『Micrographia：Some physiological descriptions of minute bodies made by magnifiying glasses』に記載した「Cell」が出発点である．彼が複式の顕微鏡で観察したのはコルクの切片で，細胞質が消失した細胞壁のみが観察されたにすぎないが，これが植物細胞の発見であった．コルク細胞の箱のような構造が修道院の小部屋（cell）を連想させたことから，「Cell」の名前がつけられ，以後，これが細胞を意味する用語として使用されている．その後，1675 年に Leuwenhook が単レンズの顕微鏡で単細胞の原生動物を報告して，動物，植物ともに細胞の存在が明らかになった．

4.2　細　胞　説

18 世紀になると，M. J. Schleiden（1838）と T. Schwann（1839）の 2 人の研究者によって，あらゆる生物の基本単位が細胞から成っているという細胞説が確立された．1838 年には Schleiden が植物の様々な部位がすべて細胞から成っており，それぞれの単一の細胞が独立した生命単位であるように見えるが，それらが植物体全体としての生命活動に寄与しているであろうと推測した．Schleiden はさらに細胞核や原形質流動も観察しており，生命単位としての細胞の重要性を推測している．Schwann[7] は，多細胞生物の細胞を観察した論文を 1839 年に発表し，Schleiden の考え方を動物細胞に適用して，適度な外的条件が与えられれば個々の細胞が独立して生育できるのではないかと考えた．これらの考え方は，その後植物細胞の培養を試みた Haberlandt に大きな影響を与えている．

4.3　植物組織培養の試みと展開

植物の組織を培養する試みは，1800 年代の後半に始まった．Trecul（1853），Vochting（1878），Rechinger（1893）らは，切断した茎や根の切断面に癒傷カルスが形成される現象を砂などでの生育実験を通して研究し，これらのカルスが未分化の旺盛な分裂細胞からなり，生育に必要な最低限のサイズがある（Rechinger, 1883）ことを明らかにしている[8]．また，植物が必要とする養分については，Van Sachs や Knop によって研究されており，それらの成果は現在でも Sachs 液や Knop 液とよばれて，植物の生育栽培に今でも利用されている．

これらの研究と，Schleiden の細胞説を背景に，Haberlandt（図 1.2）によって 1902 年に初めて植物組織の培養が試みられた[9,10]．Haberlandt は，植物の組織を際限なく分割して個々の細胞にしても，植物体全体を再生する分化能を有している（全能性＝トチポテンシー，totipotency）として Knop 液を使用した細胞の *in vitro* 培養を手掛けた．当時はまだ研究が余り進んでいなかったため，培養した組織は数か月間生きていたが生育はせず，彼自身によって細胞の培養に成功することはなかった．その原因としては，植物ホルモンが発見される以前であったために，培地が単純だったこと，使用した組織が十分に成熟したものであったために，分化能を失ってしまっていたこと，無菌培養ではなかったこと，などがあげられる．このような試みはその後も複数の研究者によってなされたが，いずれも成功に至らなかった．

図1.2 ハーバーランド
（*Plant Physiol.*, **9**, 850–855, 1934）

その後，1930 年代になって，アメリカの White やフランスの Gautheret がほぼ同時に，初めて植物の組織や細胞を培養して分裂増殖させることに成功した．すなわち，1934 年に White がトマトの根を無機塩類，酵母抽出液，糖を含む培地で成長させることに，また，Gautheret も同じ年にヤナギ，ポプラなどの組織切片を数か月間培養することに成功している．White は，この実験の後ほどなくして B 群のビタミン類（チアミン（B_1），ピリドキシン（B_6），ナイアシン（＝ニコチン酸））が酵母抽出液の代わりになることを明らかにしている．

同じ時期に，オランダの F. Kögl（1933）やアメリカの K.V. Thimann によってオーキシン（植物ホルモンの一種）が単離され，その構造が IAA（インドール-3-酢酸）であることが明らかにされた．このような重要な発見とあいまって，1937 年になって，White が植物の細胞や組織の培養にはオーキシン（IAA）が非常に重要な役割を果たしていることを見出して以来，植物の組織培養技術は急速に発展することになった．1939 年には，Gautheret が無機塩類，ビタミンと，天然オーキシンである IAA を添加した培地でニンジン，タバコ，ヤナギなどの組織片からカルスを誘導して培養することに成功している．同じ 1939 年には，White がタバコの雑種（*N. galuca* × *N. langsdorfii*）の原維管束組織を培養し，分化や極性を示すことなく 1 週間で 3 倍に増殖する培養を 40 代継代することに成功している．その理論増殖率は，$3^{40}=10^{13}$（10 兆倍）にもなり，実質的に無限増殖可能な真の組織培養（true tissue culture）が出来ることを示した．その後，随所で様々な植物の組織培養がなされるようになり，また，合成オーキシンである NAA や 2,4-D もほどなく合成されるようになったので，この時期に植物組織培養の基礎が確立されたといってよい．

4.4 植物の分裂促進物質に関する研究

植物の根やカルスの培養はすでに確立され，様々な培養が行われるようになっていたが，芽や胚の形成といった分化に関する研究は進展していなかった．Haberlandt（1913）が師管の細胞に細胞の分裂を促進する物質が存在すること，Van Overbeek（1941）がココナツの内乳液に同様な作用があることを明らかにしたが，その化学的実体は明らかにはなっていなかった．1953年には，MillerとSkoogがタバコの髄組織からの芽の分化に関する研究を行い，アデニンの添加が顕著な芽の分化促進効果を有することを報告し，さらに，1954年にはJablonskiとSkoogが維管束組織に細胞分裂を促進する物質を含有していることを明らかにしている．Millerらは細胞の分裂を促進する物質を探索する一連の研究を通して，4年を経過したニシンの精子の分解物に顕著な細胞促進活性があること，活性の無い新しい精子でも，酸を添加してpH 4.3で30分間オートクレーブで加熱分解すると活性が生じることを見出し，その成分の単離を進めた結果，1955年に天然型のサイトカイニンであるカイネチン（kinetin）を発見し[11]，翌年には，その化学構造が6-furfurylaminopurineであることを明らかにした[12]．

4.5 分化の制御

重要な植物ホルモンであるサイトカイニン（カイネチン）を発見したことで，その作用について研究を進め，1957年にSkoogとMillerはサイトカイニンによって芽の形成が促進され，しかも，オーキシン（IAA）とサイトカイニン（カイネチン）のバランスによって，芽や根，カルスの形成を制御できることを報告した[13]（図1.3）．この研究によって植物の分化制御の基本的な技術が出来上がったともいえよう．さらに1958年には，アメリカのSteward[14]とドイツのReinert[15]がニンジンの培養細胞からの不定胚形成に成功し（図1.4），Haberlandtによって提唱されていた細胞の全能性が実証されるに至った．

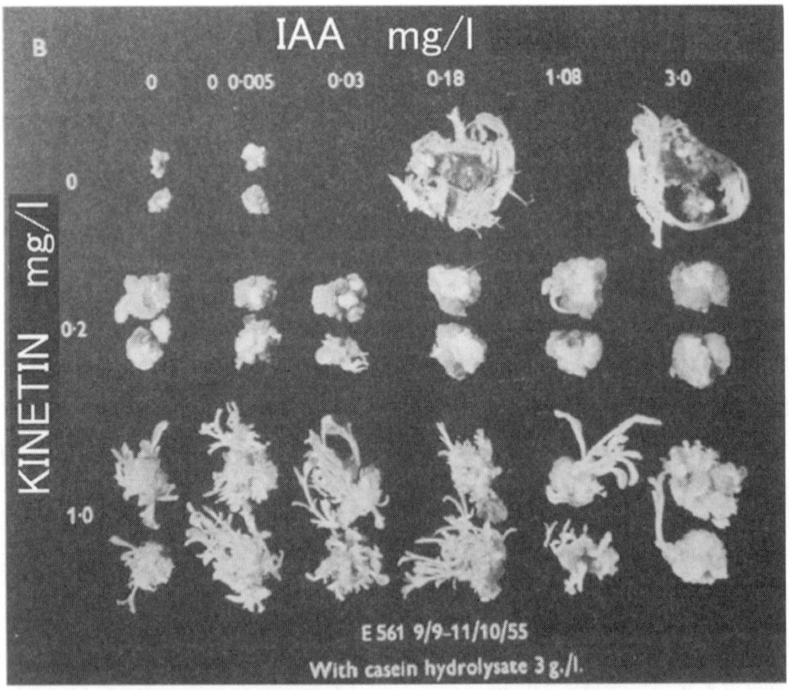

図1.3 タバコの髄の組織培養に対するカイネチンとIAAの作用[13]

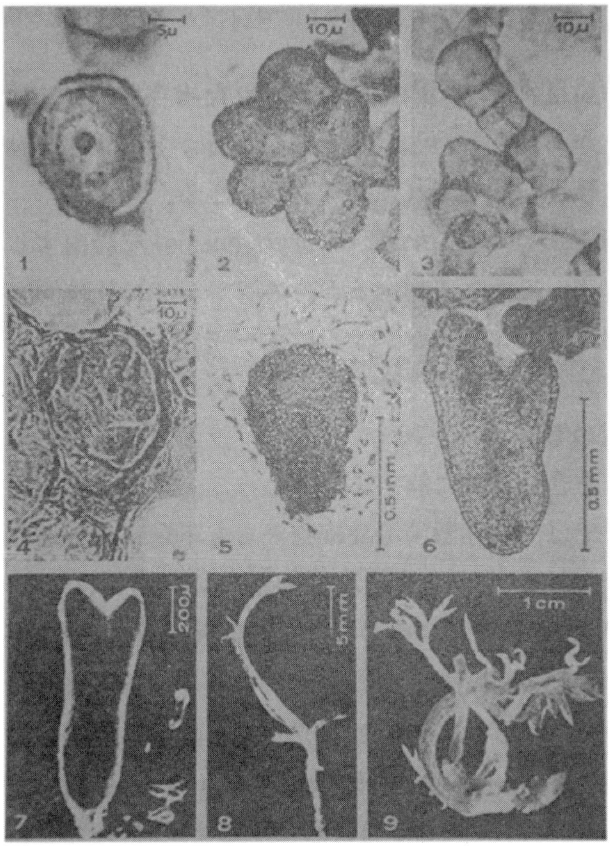

図1.4 不定胚形成によるニンジン体細胞からの植物体再生
(Reinert, 1977)

5. 組織培養の展開と実用化

5.1 茎頂培養からマイクロプロパゲーションへ

1950 年代末までに組織培養の基礎が確立されると，様々な応用が展開されるようになった．中でも，フランスの Morel [16,17] によって行われた茎頂培養によるウイルスのフリー化と，ウイルスフリーになった植物の増殖技術はメリクローン（II 章参照）と呼ばれ，その後，ランをはじめとし，多くのクローン植物の大量増殖技術へと発展していった．ウイルスに感染した植物でも茎頂部の微小な領域にはウイルスがほとんど存在しない．そこで，この部位を顕微鏡を使用して無菌的に摘出して培養し，ウイルスフリー植物を作りだした．これ以後，ウイルス病によって収量や品質が低下していた多くの作物のウイルスフリー化が行われ，品質や生産性が飛躍的に改善されるようになり，農作物の生産安定化に多大な貢献をした．

メリクローン技術で明らかになった高い増殖率は，培養組織が茎頂由来であるか，ウイルスフリーであるかにかかわらず，植物体そのものを大量増殖するマイクロプロパゲーション技術（III 章参照）の開発と普及に大いに役立てられた．アメリカの Murashige は，組織培養によるガーベラの増殖について，1 年間で 100 万株もの実用的な増殖が可能であることを発表した[18]．さらに，彼は1974年にステージⅠ—無菌培養系の確立，ステージⅡ—繁殖組織片の増殖，ステージⅢ—発根順化，という3つの増殖ステージを設定し，ステージⅡを繰り返し実施することで，著しい増殖率を達成できるとした[19]．これと前後して，1970年代以降，前記のMurashigeや，オランダのPierikの活躍によって，花き，観葉植物，野菜，果樹，林木，薬用植物，プランテーション作物，などを植物組織培養で大量増殖する種苗会社（tissue culture nursery）が世界各地に設立され，均一な形質を有し，品質のすぐれたクローン苗を大量に供給できるようになった．現在では，液体培養を利用した種苗大量培養の実用化が始まっており，その効率の高さと，労力やコストの低減が可能なことから，技術の普及が待たれている．

5.2 育　　種

植物の育種は，人類の植物利用に伴って行われてきたと言ってもよい．しかし，理論に基づいた科学的な育種が行われるようになったのは，メンデルの遺伝の法則（1866）[20]の発見以降であり，理論と実践とが成果を上げるようになったのはこの100年ほどのことである．特に成果を上げたのは，第二次世界大戦後，特に途上国で深刻な食糧不足に陥ったとき，コムギやイネなどで半矮性（わいせい）遺伝子を利用することによって収量を著しく高めて，飢餓を救い，緑の革命（グリーンレボリューション）と呼ばれる改良が行われたことであろう．その時に用いられた育種技術は交配を主体とする従来からの育種法であった．組織培養の実用化が，メリクローンを契機としてマイクロプロパゲーションから始まったが，育種分野においても胚培養，試験管内受精，細胞融合，葯培養，体細胞突然変異誘導，などの組織培養技術が相次いで開発され，実用育種の場面で広く利用されるようになった．Hannig（1904）[21]やLaibach（1925）[22]によって行われた胚培養は，種間・属間といった遠縁間の交配において，交配によって受精しても発芽できる種子にまで発達できない交配不親和を克服する技術であり，未熟の雑種胚を摘出して培養し，植物体にまで育てることができるので，ユリ，アブラナ類，果樹など多くの植物の育種に多用されている．

従来の育種では不可能とされた種の壁を越える育種技術の最たるものが細胞融合である．その始まりは1960年に，Cockingによって，自らが調製した酵素によってプロトプラストが分離されたことである[23]．その後，1974年にはKaoとMichayluk[24]やWallinら[25]によってポリエチレングリコールを使用したプロトプラスト融合が，1979年には千田ら（Senda *et al.*）[26]によって電気融合が報告され，これらが現在のプロトプラスト融合による体細胞雑種の育成の基本技術となった．さらに，1969年，建部と大槻（Takebe and Otsuki）[27]によってタバコのプロトプラストにタバコモザイクウイルスが導入され，細胞内でウイルスを増殖させることに成功した報告は，その後のプロトプラストを使用した遺伝子の導入技術に繋がる画期的なものであった．

さらに，後述する遺伝子組換えは，動物，植物，微生物といった生物の分類の壁を越えて有用な遺伝子を導入できるので，従来の育種では不可能であった遺伝子の導入発現という，新たな育種が現実のものになってきた．

5.3 有用代謝物質生産

医薬，農薬，化粧品などの原料となる化学物質や酵素，有用タンパク質などを工業的に生産する技術（Ⅳ章参照）であり，すでに一部では実用化されている．1977年にZenkら[28]は，生産能の異なる多数の細胞集団から，微生物では広く行われていた高生産株の選抜技術（クローニング）を初めて植物に応用してアルカロイド高生産株を確立し，細胞選抜の有用性を明らかにした．植物の代謝物質の多くは無色であり，含量も著しく低いので，多数の細胞株から迅速に高生産株を選抜することは容易ではない．Zenkらは，超高感度で迅速な分析が可能なラジオイムノアッセイを確立して細胞選抜を成功させている．この報告以降，細胞選抜による高生産株の選抜が広く世界中で実施され，シコニン，セルペンチン，ベルベリン，アントラキノンなどではもとの植物の含量を上回る多数の高生産細胞が選抜された．その一部は細胞大量培養によって工業生産されている．遺伝子工学の応用も進んできており，代謝工学的手法による二次代謝の改変，ワクチン，抗体，生理活性タンパク質などの植物には本来存在しない生産物の生産（molecular pharmingという）など，新しい展開もみせている．

6. 遺伝子工学の発展と実用化

遺伝子操作技術の進展は目覚しい（Ⅴ章参照）．Cohenら[5]によって1973年に組換え技術が発表されてから，植物の遺伝子組換え体が認可を受けて1996年に実用栽培が始まるまでには，20年ほどを要した．それ以来，組換え体の種類と栽培面積は増え続けている．すでにダイズの作付面積は全世界の作付面積の実に60％に達している[6]．このことは，栽培者ばかりでなく，消費者からも遺伝子組換え体が受け入れられるようになってきたことを示している．すでに，農作物ばかりでなく，園芸作物，薬用植物，林木などでも世界各地であらゆる植物に対して遺伝子組換えを行っており，一部は認可を得て販売が始まっている（例えば青いカーネーションのムーンダスト）．穀類などで主要な導入遺伝子である除草剤抵抗性，耐虫性，ウイルス抵抗性などは，園芸作物でも有効な形質である．また，花色，草姿，品質などは，作物ごとに異なった開発が必要とされており，遺伝子の解析や導入，発現制御，さらには導入した細胞から植物体の再生，など植物バイオテクノロジーの多様な知識と技術が要求されている．

遺伝子操作技術は高度に発展し，遺伝子のクローニングとシークエンシング，制限断片の解析（RFLPなど），遺伝子の増幅（PCR），遺伝子組換え，発現解析（DD，マイクロアレイなど），ゲノミクス，プロテオミクス，メタボロミクスなど，生命現象の解明から組換えまで，基礎から応用に至る多面的な研究開発が進行しており，その成果に期待が集まっている．

7. 21世紀の植物バイオテクノロジー

以上に述べたように，植物バイオテクノロジーは約100年の歴史を経て組織培養から遺伝子まで，多様な技術が高度に発展し，21世紀のキーテクノロジーとなっている．農業，食料，環境，医薬，などといった分野はもちろん，植物が関連するあらゆる生産や加工に植物バイオテクノロジーが利用されている．特に，人口増加が大きな問題になっているので，食料分野での期待は大きい．世界の人口は，現在なお増加し続けている．2007年6月現在で66億人と推計されており，西暦2050年頃には100億人に達するといわれている．しかし，世界の可耕地面積は，世界の人口増加が加速された1950年以降もわずか1.2倍に増加したにとどまっている．そればかりか，この20年間ほとんど増加はなく，地球規模の開発と破壊によって，むしろ減少しつつあるといわれている．人口増加に対応するために，生産性が高く，不良環境に対する適応性の高い植物を育種することで，収量増加と栽培地域の拡大を図り，食料増産を図ろうとしている．また，開発や地球環境の変動によって絶滅が危惧されている多くの植物の系統保存や植生回復なども重要な課題となっている．地球環境と，そこに生存する人類をはじめとする多くの生物にとって，21世紀を無事切り抜けて永続への道を確保することが最も重要な課題であり，植物バイオテクノロジーが果たす役割は大きい．

引用文献

1) 冨田房男，高山真策，菅原卓也，ニューバイオインダストリー，日本化学会編，新産業科学シリーズ，pp.1-236，大日本図書 (1997)

2) McKown, R.L. and Coffman, G.L., Development of biotechnology curriculum for the biomanufacturing industry, *Pharm. Eng.*, **22**(3), 1–6 (2002)

3) Bull, A.T., Holt, G. and Lilly, M.M.D., Biotechnology: International trends and perspectives, Organization for Economic Co-operation and Development, pp.1–78 (1982)

4) OECD, The core of the matter, OECD Observer, October 1999, pp.1–7.

5) Cohen, S. *et al.*, Construction of biologically functional plasmids *in vitro*, *Proc. Natl. Acad. Sci. USA*, **70**, 3240–3244 (1973)

6) James, C., Global status of commercialized biotech/GM crops: 2006. ISAAA Briefs, No.35, pp.1–11 (2006)

7) Schwann, T., Mikroskopische Untersuchugen über die Ubereinstimmung in der Strukture und dem Wachstume der Tiere und Pflanzen (1839)

8) Dodds, J.H. and Roberts, L.W., Experiments in Plant Tissue Culture, 2nd Ed., pp.1–232, Cambridge University Press (1985)

9) Haberlandt, G., Kulturversuche mit isolierten Pflanzenzellen. Sitzungsber, *Akad. Wiss. Wien Math. Nat. Cl*, **111**, Abt. 1 : 69–92 (1902), Faccimile copy: In: Laimer, M. and Rucker, W. eds., Plant Tissue Culture: 100 Years Since Gottlieb Haberlandt, Springer (2003)

10) Hoxtermann, E., Cellular ‘elementary organisms’ *in vitro*. The early vision of Gottlieb Haberlandt and its realization, *Physiol. Plant.*, **100**, 116–128 (1997)

11) Miller, C. O. *et al.*, Kinetin, a cell division factor from desoxyribonucleic acid, *J. Amer. Chem. Soc.*, **77**, 1392 (1955)

12) Miller, C. O. *et al.*, Isolation, structure and synthesis of kinetin, a substance promoting cell division, *J. Amer. Chem. Soc.*, **78**, 1375–1380 (1956)

13) Skoog, F. and Miller, C.O., Chemical regulation of growth and organ formation in plant tissues cultured *in vitro*, *Symp. Soc. Exp. Bot.*, **11**, 118–131 (1957)

14) Steward, F. C. *et al.*, Growth and organized development of cultured cells. II. Organization in cultures grown from fleely suspended cells, *Amer. J. Bot.*, **45**, 705–708 (1958)

15) Reinert, J., Morphogense und ihre kontrolle an Gewebekulturen aus Carotten, *Naturwiss.*, **45**, 344-345 (1958)

16) Morel, G. and Martin, C., Guérison de dahlias atteints d'une miladie à virus, *C. R. Acad. Sci. Paris*, **235**, 1324-1325 (1952)

17) Morel, G. and Martin, C., Guérison de pommes de terre atteintes de maladies à virus, *C. R. Acad. Agric. France*, **41**, 472-475 (1955)

18) Murashige, T., Serpa, M. and Jones, J., Clonal multiplication of Gerbera through tissue culture, *HortSci.*, **19**, 175-180 (1974)

19) Murashige, T., Plant propagation through tissue cultures, *Ann. Rev. Plant Physiol.*, **25**, 135-166 (1974)

20) Mendel, G., Versuche über Pflanzen-Hybriden, *Verhandlurngen des Naturforschenden Vereines in Brunn*, **4**, 3-47 (1866)

21) Hannig, E., Zur Physiologie pflanzlicher Embryonen. I. Ueber die Cultur von Cruciferen-Embryonen ausserhalb des Embryosacks, *Botanische Zeitung*, **62**, 45-80 (1904)

22) Laibach, F., Das Taubwerden von Bastardasamen und die kunstliche Aufzucht früh absterbender Bastardembryonen, *Z. Botanik*, **17**, 417-459 (1925)

23) Cocking, E. C., A method for the isolation of plant protoplasts and vacuoles, *Nature*, **187**, 962-963 (1960)

24) Kao, K.N. and Michayluk, M.R., A method for high-frequency intergeneric fusion of plant protoplasts, *Planta*, **115**, 355-367 (1974)

25) Wallin, A., Glimelius, K. and Eriksson, T., The induction of aggregation and fusion of *Daucus carota* protoplasts by polyethylene glycol, *Z. Pflanzenphysiol.*, **74**, 64-80 (1974)

26) Senda, M. *et al.*, Induction of cell fusion of plant protoplasts by electric stimulation, *Plant Cell Physiol.*, **20**, 1141-1143 (1979)

27) Takebe, I. and Otsuki, Y., Infection of tobacco mesophyll protoplasts by tobacco mosaic virus, *Proc. Natl. Acad. Sci. USA*, **64**, 843-848 (1969)

28) Zenk, M. H. *et al.*, Formation of indole alkaloids serpentine and ajmalicine in cell suspension cultures of *Catharanthus roseus*, In: Barz, W., Reinhard, R. and Zenk, M.H. eds., Plant Tissue Culture and its Biotechnological Application, pp.27-43, Springer Verlag, Berlin (1977)

（高山真策）

II　植物組織培養技術

1.　植物組織培養とは

植物組織培養（plant tissue culture）は，植物の細胞や組織を無菌の完全合成培地（2.1参照）で培養する技術である．培養される植物は，カルス，根，シュートの形態を持つ場合がほとんどである（図2.1）．植物組織培養は，すでに確立された技術体系であると言ってもよく，クローン植物の大量増殖，細胞育種，医薬品などの有用二次代謝物質生産など植物を利用する産業分野の基盤技術として広く利用されている．組織培養には無菌の培地が必須であり，すべての操作は無菌環境下で行われる．この章では，このような組織培養の基本的な操作法，機械器具，試薬，基本的な培養特性について説明する．

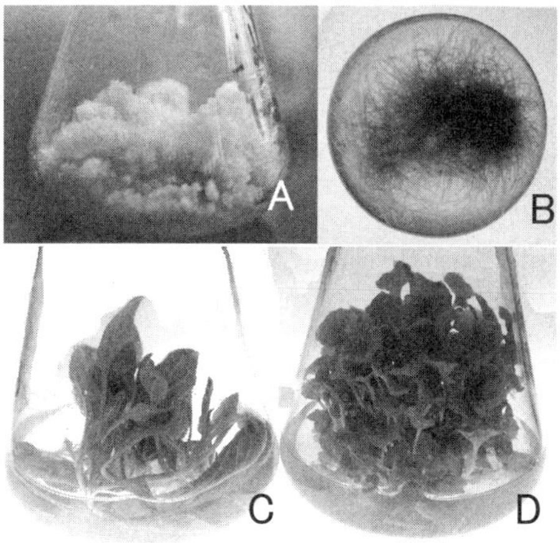

図 2.1　植物組織培養
A：カルス，B：根，C，D：シュート

2.　培地，機械器具，培養容器

2.1　培地（単数：medium，複数：media）

植物組織培養に使用する培地には，生育に必要とされるすべての成分を添加する．培地の成分に関して，植物組織培養が確立されて以来，多くの研究がある．代表的な培地には，ムラシゲ・スクーグ培地（Murashige and Skoog，1962．MS培地と略称される），ホワイト培地（White，1963），ニッチ培地（Nitsch），ガンボルグ・ミラー・オジマ培地（Gamborg，Miller，Ojima，1968．B5培地と略称される）などがあり，それぞれ論文の著者の名前を冠して呼ばれている．代表的な培地の組成を表2.1に示した．いずれも，必須元素（多量元素：N，P，K，Ca，Mg，微量元素：B，Cu，Mo，Mn，Fe，Na，I，Zn，S，Cl），ビタミン類，植物ホルモン，糖など市販の試薬を使用して作製されるのが一般的である．純度の高い試薬を使用した場合には，未知の成分を含まないので，いつでも同一の成分組成で培地を作製し，再現性の高い培養を行うことができる．このような培地を完全合成培地（synthetic complete media；SCM）と呼んでいる．

表 2.1　代表的な植物組織培養用培地（各成分量は mg/L）

成分　＼　培地の名称	ニッチ (1956)	ムラシゲ・スクーグ (1962)	ホワイト (1963)	ガンボルグ・ミラー・オジマ (1968)
KCl	—	—	65	—
$NaNO_3$	—	—	—	—
$MgSO_4 \cdot 7H_2O$	250	370	720	250
$NaH_2PO_4 \cdot H_2O$	250	—	16.5	150
$CaCl_2 \cdot 2H_2O$	25	400	—	150
KNO_3	2 000	1 900	80	2 500
$CaCl_2$	—	—	—	—
Na_2SO_4	—	—	200	—
$(NH_4)_2SO_4$	—	—	—	134
NH_4NO_3	—	1 650	—	—
KH_2PO_4	—	170	—	—
$Ca(NO_3)_2 \cdot 4H_2O$	—	—	300	—
$NiSO_4$	—	—	—	—
$FeSO_4 \cdot 7H_2O$	—	27.8	—	27.8
$MnSO_4 \cdot H_2O$	—	—	—	10
$MnSO_4 \cdot 4H_2O$	3	22.3	7	—
$MnCl_2 \cdot 4H_2O$	—	—	—	—
KI	0.5	0.83	0.75	0.75
$NiCl_2 \cdot 6H_2O$	—	—	—	—
$CoCl_2 \cdot 6H_2O$	—	0.025	—	0.025
$Ti(SO_4)_3$	—	—	—	—
$ZnSO_4 \cdot 7H_2O$	0.5	8.6	3	2
Na_2EDTA	—	37.3	—	37.3
$CuSO_4 \cdot 5H_2O$	0.025	0.025	—	0.025
$BeSO_4$	—	—	—	—
H_3BO_3	0.5	6.2	1.5	3
H_2SO_4	—	—	—	—
$FeCl_3 \cdot 6H_2O$	—	—	—	—
$Na_2MoO_4 \cdot 2H_2O$	0.025	0.25	—	0.25
H_2MoO_4	—	—	—	—
$AlCl_3$	—	—	—	—
$Fe(SO_4)_3$	—	—	2.5	—
Ferric tartrate	—	—	—	—

2.1.1　ムラシゲ・スクーグ培地の作製手順

代表的な植物組織培養用培地であるムラシゲ・スクーグ培地の作製手順について表 2.2 に基づいて説明する．培地の作製にあたって，作製時ごとにすべての成分を計量するのは大変なことなので，事前に成分を数グループに分けて原液を作製しておき，それらを混合して培養に使用する培地を作製する．ここでは，A 原液～ E 原液まで，成分を 5 つの原液に分けて作製する．

1)　培地原液の作製

A 原液：NH_4NO_3，KNO_3 は窒素源，$CaCl_2 \cdot 2H_2O$ はカルシウムと塩素である．窒素源は成分量が多く，水で溶解すると吸熱反応で冷却され，容易には溶けなくなってしまう．事前に試薬を溶解するための純水を加熱しておき，溶解するとよい．

B 原液：$MgSO_4 \cdot 7H_2O$，KH_2PO_4 の 2 種であり，量も A 原液と比較して試薬の量が少ないので

表2.2 ムラシゲ・スクーグ培地の原液作製リスト

培地成分	培地の成分含量(mg/L)	原液1L当たり成分量
原液A		
NH_4NO_3	1 650	82.5g
KNO_3	1 900	95.0g
$CaCl_2 \cdot 2H_2O$	400	22.0g
原液B		
$MgSO_4 \cdot 7H_2O$	370	37.0g
KH_2PO_4	170	17.0g
原液C		
Na_2EDTA	37.3	1.865g
$FeSO_4 \cdot 7H_2O$	27.8	1.390g
原液D		
H_3BO_3	6.2	6 200mg
$MnSO_4 \cdot 4H_2O$	22.3	2 230mg
$ZnSO_4 \cdot 7H_2O$	8.6	860mg
KI	0.83	83mg
$Na_2MoO_4 \cdot 2H_2O$*1	0.25	1mL
$CuSO_4 \cdot 5H_2O$*2	0.025	1mL
$CoCl_2 \cdot 6H_2O$*3	0.025	1mL
原液E		
Thiamine-HCl	0.4	40mg
myo-Inositol	100.0	10 000mg
Pyridoxine-HCl	0.5	50mg
Nicotinic acid	0.5	50mg
Glycine	2.0	200mg

注1） *1，*2，*3はそれぞれ2500mg，250mg，250mgを100mLの純水に溶解した原液を作製しておき，原液Dの作製時にはそれぞれ1L当たり1mLを添加する．

注2） 培地1Lの作製には，原液A，B，C，D，Eをそれぞれ20，10，20，10，10mLを混合し，培養対象によって適正な量の糖（スクロースを使用することが多い），植物ホルモンを添加する．

作製は容易である．

C原液：Na_2EDTA，$FeSO_4 \cdot 7H_2O$の2種類で，溶解すると薄い黄色の液になる．

D原液：H_3BO_3，$MnSO_4 \cdot 4H_2O$，$ZnSO_4 \cdot 7H_2O$，KIは，量は少ないが，電子天秤で秤量することができる．$Na_2MoO_4 \cdot 2H_2O$，$CuSO_2 \cdot 5H_2O$，$CoCl_2 \cdot 6H_2O$の3種類は，添加量がごく微量であり，原液への添加分を計量することは困難である．表の注釈に書いてあるように，$Na_2MoO_4 \cdot 2H_2O$，$CuSO_2 \cdot 5H_2O$，$CoCl_2 \cdot 6H_2O$はそれぞれ2 500mg，250mg，250mgを計量し，それぞれを100mLの純水に溶解した個別の成分の原液を作製しておき，原液Dの作製時にはそれぞれ1L当たり1mLを添加する．

E原液：塩酸チアミン（thiamine-HCl），*myo*-イノシトール（*myo*-inositol），塩酸ピリドキシン（pyridoxine-HCl），ニコチン酸（nicotinic acid），グリシン（glycine）の5種類を溶解する．*myo*-イノシトールは他よりも量が多いので，単位を間違えないように秤量する．

2） 培地原液の保存

作製した原液は，冷蔵庫で保存するのが一般的である．長期間（3か月以上）保存すると，冷蔵庫内でも培地の原液にカビなどが生育してくることがあるので，1～3か月分くらいの使用量を作製して保存するのが好ましい．短期（1か月以内）の保存であれば，E原液を除いて室温でも保存が可能である．E原液は，冷蔵庫内でもカビなどが生育しやすいので，最少量（およそ2週間以内の分）を冷蔵庫で保存し，残りは小分けして冷凍しておく．なお，作製した培地原液を加熱殺菌（あるいはろ過除菌）すれば，室温でも長期間の保存が可能である．

3)　培地作製の手順

A～E原液の混合：作製する培地量1L当たりA，B，C，D，E原液を，それぞれ20mL，10mL，20mL，10mL，10mL計量して混合する．すべての成分を計り終えたら定容値よりも少なめに純水を加え，0.1N NaOHと0.1N HClを使用してpHを5.7から5.8の範囲に調整する．pHの確認にはpHメーターを使用するが，pH測定ろ紙でもよい．pH 6.2以上になると，不溶性の塩が析出するので，注意が必要である．

炭素源の添加：炭素源として糖を添加して溶解する．糖としては，スクロース（ショ糖）が最もよく使用される．多くの植物でグルコースやフルクトースの単独添加と同じか，生育が優れていることが多い．

植物ホルモン：培養目的に応じて植物ホルモンを添加する．一般にオーキシンとサイトカイニンを添加することが多い．オーキシン（NAA，2,4-D，IAA）はアルコールに溶解して原液を作製する．サイトカイニン（カイネチン，BA，ゼアチン）は酸で溶解して純水で定容する．中和はしない．オーキシン，サイトカイニンともに冷蔵庫に保存する．原液の濃度は1mg/mLにしておくと通常の培地への添加には便利である．

寒天：寒天には粉末と棒寒天とがあり，培地作製には粉末が使用される．通常は試薬として市販されている粉末寒天を使用する．食品添加用でもよいが，製品によって物性が異なるので注意が必要である．寒天培地を作製する場合は，作製した培地に寒天を8g/Lを標準として添加し，湯煎，あるいはオートクレーブを使用して溶解する．オートクレーブを使用する場合は，100℃

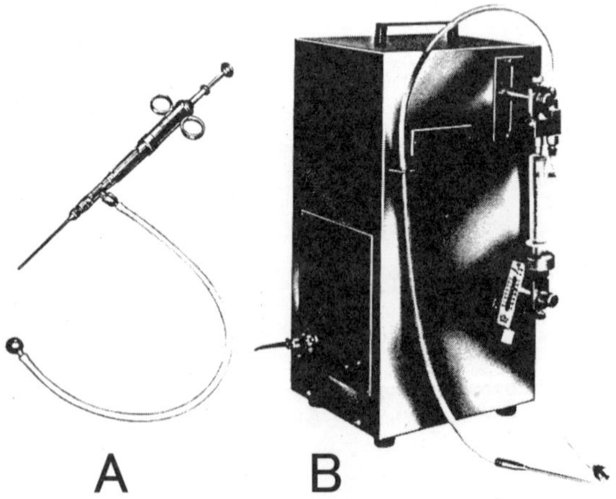

図2.2　分　注　器
A：手動分注器，B：自動分注機（ヒラサワ製作所）

にまで昇温加熱したらすぐに電源を切り，缶内温度が80℃以下にまで低下するのを確認してからオートクレーブの蓋を開けて培地を取り出すようにすると，突沸によるトラブルを防ぐことができるので安全である．

培養容器への培地の分注：培地の分注には，培地分注器（図2.2）を使用することが多い．自動分注機には，分注容量100mLほどのものもあるので，フラスコ培地など容量の多い培地の分注にも利用できる．分注器を使用しなくても，容量と目的精度によってピペット，メスシリンダー，シリンジ，などを適宜使用する．

2.2 培養容器と機械器具

2.2.1 培 養 容 器

各種培養容器を図2.3に示した．この図の容器の大半が化学実験器具であるが，培地を保持できて無菌化が可能であり，無菌的に組織切片を移植した後，栓をすることによって長期間の無菌培養を維持できるものであれば，どのような容器でも使用できる．一般には，ガラス製のフラスコ，ビン，シャーレ，試験管，あるいは耐熱ポリマー（ポリプロピレンやポリカーボネートなど）製の容器が使用される．また，大量培養にはジャーファーメンターや培養タンクなどが使用される．著者らは，図2.3のCとSを主として使用している．

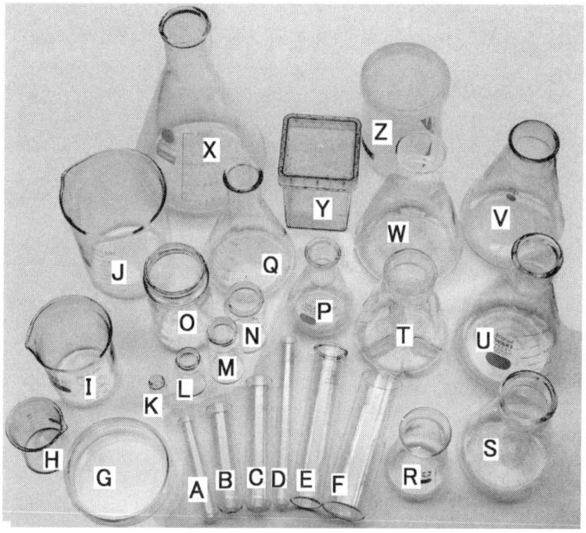

図2.3 各種の小型培養容器

硬質ガラス製/A～F：試験管，P, Q, U, X：三角フラスコ，R：コニカルビーカー，S, V：洋ラン用フラスコ，T, W：バッフル付フラスコ，G：シャーレ，H～J：ビーカー，K～O：ビン，ポリカーボネート製/Y：組織培養用ボックス，ポリプロピレン製/Z：組織培養用容器，などが目的に応じて使用される．いずれも，オートクレーブで加熱殺菌ができる耐熱容器である．

大量培養にはバイオリアクターを使用する．図2.4には，ガラス製およびポリプロピレン製のバイオリアクターを示した．

図2.4 各種バイオリアクター
A：ガラス製通気型（10L），B：ポリプロピレン製通気型（20L），C：通気撹拌型（5L），D：通気撹拌型（10L）

2.2.2 栓（あるいはシール）

培養容器の栓には，市販の製品も多々あるが，無菌を維持できるものであればどのようなものでもよい．旧来からよく使用されるのは綿（布団綿として市販されている植物綿のこと．脱脂綿ではない）であり，図2.5 Hのように三角フラスコや試験管などの栓に用いる．市販の発泡シリコン製の栓（A，B：商品名はシリコ栓）もよく使用される．発泡シリコン製の栓は耐熱温度が350℃であり，長期の使用にもほとんど劣化しないことと，適度の通気があるので優れた栓であるが，高価である．その他，ポリプロピレンキャップ（C），アルミホイル（D），ゴム栓（E），ポリエチレンフィルム（F），発泡ウレタン栓（G），などがよく使用される．

図2.5 各種培養栓
A，B：発泡シリコン栓，C：ポリプロピレン製キャップ，D：アルミホイル（パラフィン紙あるいは不織布を重ねて使用する），E：ゴム栓（中心部の穴には通気のための綿栓をしてある），F：ポリエチレンフィルム，G：発泡ウレタン栓，H：綿栓

2.3.3 培地の殺菌

培地はオートクレーブで加熱殺菌する．標準的な殺菌温度，時間は，120℃ 15分である．寒天培地の場合には，オートクレーブによる殺菌が終了し，圧力が0となり，温度の指示が80℃

以下になったら取り出す．オートレーブの殺菌が終了した後も，取り出さずに放置しておくと，培地が長時間にわたって高温にさらされて劣化し，寒天が固化しなくなることがある．

殺菌に使用するオートクレーブは，通常は卓上型で十分であるが，大量の培地の殺菌や，バイオリアクターの殺菌などには中型，大型のオートクレーブを使用する（図2.6）．

図2.6　中型（左）および大型（右）オートクレーブ

2.2.4　無菌操作用器具

無菌操作には，主としてメス，ピンセット，有柄針を使用する（図2.7）．

ピンセットにはいろいろな種類があるが，図2.7 E, F に示したルーチェピンセットが細かな作業に適しており，無菌操作にはよく使用される．また，メスは，図2.7 B, C の替え刃メスが利用しやすい．

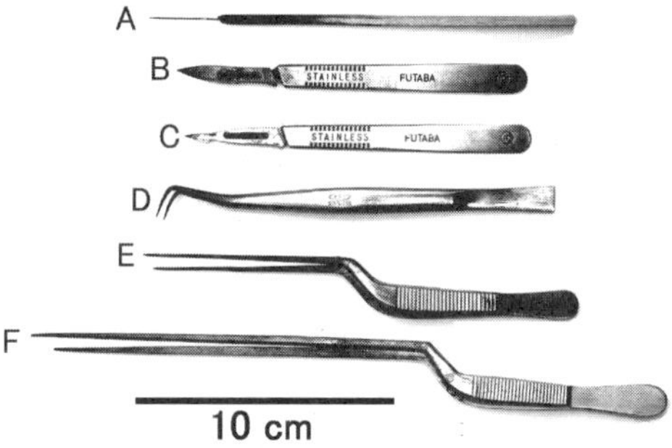

図2.7　組織培養操作に使用するA：有柄針，B, C：メス，D〜F：ピンセット

2.2.5　培　養　装　置

1)　恒温培養器，陽光恒温培養器，恒温培養室

寒天培養には，恒温の培養装置を利用する．単に培養するだけであるなら，通常の室内でもかまわないが，室温の変動によって培養容器内のガスが膨張収縮して外気が出入りし，微生物汚染の危険性が高まるので，実験や生産のための培養であるなら一定温度で培養するのが好ましい．図2.8は恒温培養器で，光を必要としないカルスや根の培養に使用する．光の照射が必要な場合は，陽光恒温培養器を使用する．培養

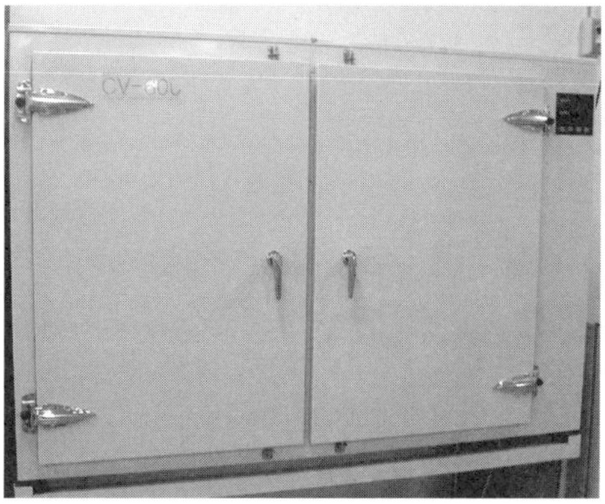

図2.8　培養装置―恒温培養器

規模が大きい場合は，部屋全体を恒温にして恒温培養室とする．

2)　回転振とう培養機

回転振とう培養は液体培地への酸素の供給効率を高めるために行う．大型の振とう培養機は，恒温室内に設置し，必要に応じて照明装置を設置することがある．植物体の培養などには照明を行うことが多い（図 2.9 A）．小型の回転振とう培養機には恒温装置の内部に組み込まれた恒温回転振とう培養機がある（図 2.9 B）．

3)　バイオリアクター

細胞，根，あるいはクローン植物のマイクロプロパゲーションや，大量培養条件の検討に使用する．図 2.10 A は通気撹拌型であり，細胞や根の培養に，図 2.10 B はガラス製の通気型であり，クローン植物に使用している．

図 2.9　液体回転振とう培養装置
A：照明装置を設置した回転振とう培養機
B：恒温回転振とう培養機

図 2.10　バイオリアクター
A：10L 通気撹拌型バイオリアクターによる細胞培養
B：20L 通気型バイオリアクターによるマイクロプロパゲーション

3.　茎　頂　培　養

3.1　茎頂培養とは

茎頂培養（shoot tip culture が一般的，shoot apex culture あるいは shoot apical meristem culture ともいう．茎頂という場合は shoot apex あるいは shoot tip という）は，植物の先端部の芽を切除して培地に置床して培養する技術の総称である．1 個の茎頂を培養して植物体とし，これを組織培養で増殖すると，遺伝的に均質な植物のクローンを大量繁殖することができる．茎頂培養では，茎頂分裂組織（apical meristem）に由来する組織を増殖して植物体を得るが，このようにして得たクローン植物をメリクローン（mericlone）と呼ぶ．この言葉は分裂組織を意味する meristem と，それに由来した clone を合成したものである．

茎頂培養技術の歴史は古い．頂端分裂組織がウイルスフリーであることは，すでに1934年にタバコモザイクウイルスに感染したトマトの根端組織について White が報告している[1]．また，1949年には Limasset と Cornuet [2] が，ウイルスが全身感染した植物でも，茎頂部はウイルスフリーであることを示していたが，これに続き，1952年には Morel と Martin [3] がダリアの茎頂培養によってウイルスフリー植物を作出することに初めて成功している．その後は，ダリア，ジャガイモ，キク，ラン，カーネーションなど多くの植物で茎頂培養，あるいは茎頂培養と熱処理などの組合せによるウイルスフリー化が成功し，実用に供されている．また，Morel [4,5]，および Wimber [6] が茎頂培養によるランの実用繁殖に成功したことが契機となり，数多くの植物の繁殖に応用されている．

茎頂培養技術は，ウイルスフリー化，栄養繁殖といった実用的応用のほか，未分化の茎頂分裂組織から植物体，花などへの分化発育，茎頂部の凍結による有用遺伝質の保存，代謝などの基礎研究にも利用されている．

3.2　茎頂培養とメリクローン

茎頂培養によって増殖された植物をメリクローンと言い，その技術をメリクローン技術と言う．増殖された植物は親と同じ遺伝的性質を有するクローンである．メリクローン技術は，フランスの Morel によってウイルスフリーのランの繁殖技術として1960年に開発され[4]，急速に普及した．現在では，多くの植物のウイルスフリー株の増殖技術として広く利用され，マイクロプロパゲーションの基幹技術の1つとなっている．

メリクローンは，ウイルスに感染した植物体の中で，ウイルスが分布しないか，分布してもその濃度が著しく低い茎頂分裂組織を切除摘出して培養し，植物体を再生して得られる．得られた植物体は，ウイルスが存在しない株をウイルスフリー，ウイルス濃度が低い株をウイルスプアと呼ぶ．ウイルスや病原微生物が存在しないので，品質，収量が改善される．

ランの場合には，茎頂分裂組織を培養することによって，種子の無菌発芽で形成されるプロトコームに類似したプロトコーム様体（protocorm like body；PLB）が形成される．これを増殖して培養すると，その組織表面から小植物体が分化してメリクローン苗が得られる．マイクロプロパゲーションで繁殖した植物あるいはその技術を総称してメリクローンと呼ぶことがあるが，正しくない．

3.3　茎 頂 の 構 造

茎頂とは，茎の先端部という意味であるが，これは，単に主茎の先端部のみを意味するものではない．一般には，細胞の分裂と分化，生育過程を通して成長しているいわゆる成長点を意味し

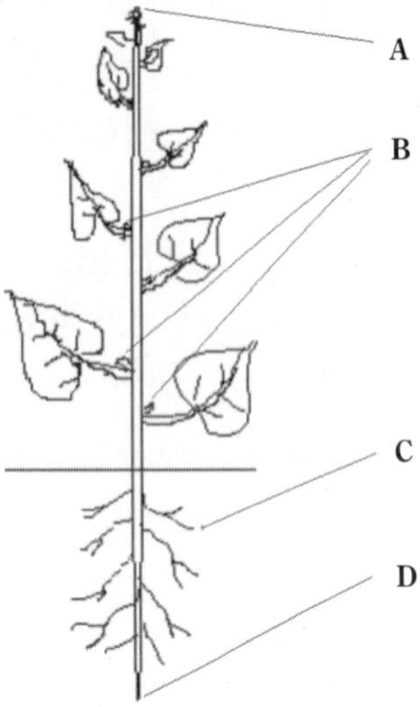

図2.11　植物体の頂端分裂組織の分布
茎頂　A＝頂芽，B＝側芽（腋芽）
根端　C＝側根，D＝主根

ており，頂端分裂組織を含む茎の先端部分をこのように呼んでいる．図2.11には，植物体における茎頂の所在を模式的に示した．Aは頂芽，Bは側芽であり，いずれも植物体へと成長する特性を有している．また，主根や側根の先端部（C, D）も頂端分裂組織を有しているが，これらを植物体へと生育させることは困難であり，単に根端と呼ばれている．

茎頂の構造は，植物により大きな差があり，その外観は，ドーム状の突起となったものから，平坦なもの，時にはへこんだものさえある．例えば，同じユリ属の球根の休眠期の茎頂でも，ヤマユリ，カノコユリ，テッポウユリなどは低いドーム状の茎頂となっているのに対し，コオニユリでは平坦な茎頂となっているし，コオニユリの場合にも，茎が伸長してくると低いドーム状の茎頂になり．さらに花芽分化すると，茎頂部が多数の小突起に分割されて，そのそれぞれが花被，葯などに発育していく．

茎頂の組織構造は植物により異なるが，多くの被子植物では，細胞分裂の時に垂直分裂だけが繰り返される1～数層の外衣（tunica）と，それより内方で，細胞分裂が一方向に限られず，さまざまな方向の分裂が起こる内体（copus）とから成っている．しかし，シダ植物や裸子植物では，このような区別が明確でないものが多い[7]．

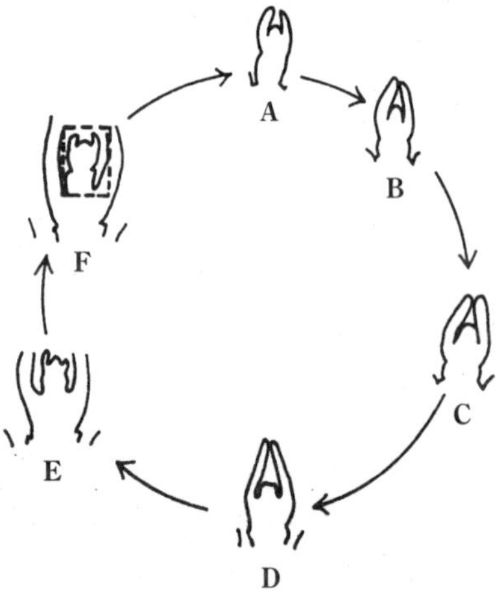

図2.12　茎頂組織の無限成長．茎頂部ではA～Fの成長が繰り返される．

茎頂部では，細胞は頂端分裂組織の始原細胞で分裂し，その直下の部位の細胞が伸長するとともに，葉，花，腋芽などに分化して植物体を形成してゆく．頂端分裂組織は，常に茎の先端部にあって細胞分裂を繰り返すので．栄養成長を続けている限り分裂が終了することがなく，無限成長させることが可能である（図2.12）．

この特性を最もよく利用したのが，茎頂を用いた栄養繁殖技術であろう．すなわち，茎項を培養して得た小植物体を，サイトカイニンを含む培地に移植培養すると，多数の腋芽や不定芽が分化してくるので，これを分割して継代培養を続けることによって，理論的には植物体の数を無限に殖やすことができる．

3.4　茎頂培養の応用

3.4.1　ウイルスフリー植物の作出

茎頂培養の大きな目標の 1 つが，植物のウイルスフリー化である．栽培されている作物のほとんどがウイルスに汚染されていると言われており，その範囲に野菜，花き，果樹，林木，穀類などの重要な作物が含まれている．これらの作物のウイルスを除去すると，作物の品質が向上することが多い．しかし，ウイルスの完全な除去は容易ではないので，熱処理，化学物質処理（ビラゾール，チオウラシル，マラカイトグリーン，カイネチンなど），抗血清処理，カルスを経由する方法などが用いられる．実用的には茎頂培養が現在のところ最も有効な方法であり，茎頂培養技術によって現在までに多くの作物のウイルスフリー化が達成されている．なかでも，栄養繁殖性の作物であるジャガイモ，イチゴ，ユリ，スイセン，キク，カーネーション，ミヤコワスレなどでは，茎頂培養で作出されたウイルスフリー植物が実際栽培に供され，これにより作物の品質が著しく改善され，高い評価を得ている．

3.4.2　茎頂培養による植物の繁殖

茎頂を無菌培養することにより，植物体を再生させることができる．この場合，ウイルスフリー化することは必ずしも必要であるとは限らない．ウイルスフリー化が必要でない植物の場合には，茎頂部を含む比較的大きな組織を利用することができるので，植物体への再生が比較的容易である．しかしながら，植物の種類，部位，季節，組織の齢，培地組成などにより植物体への再生能に大きな差が見られるので，植物体への再生条件については，十分に検討する必要がある．

再生した植物体は，試験管内で増殖を繰り返すことにより，均一な性質を有する植物体を大量に繁殖することができる．その手法は図 2.13 に示すとおりである．

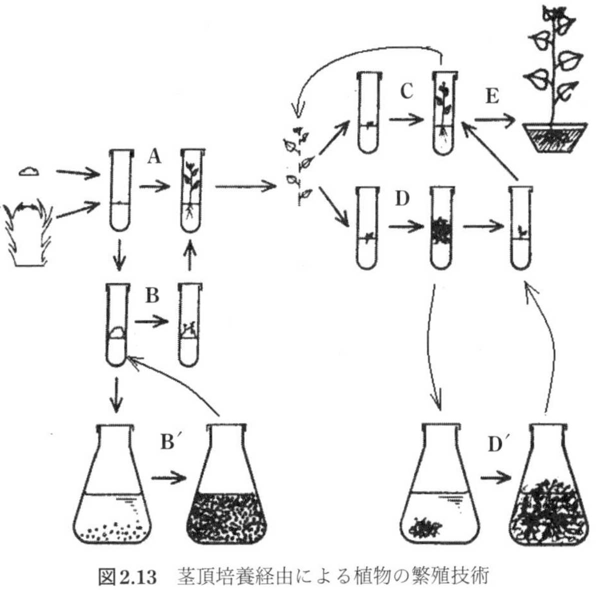

図2.13　茎頂培養経由による植物の繁殖技術

A：茎頂培養，B：カルス培養，B′：液体振とう培養による細胞の増殖，C：試験管内挿し木法，節培養，D：脇芽の分枝，D′：液体振とう培養による急速肥大，E：栽培茎頂培養技術による栄養繁殖法の確立は，前述のように Morel [4,5] の功績に負うところが大きい．Morel はラン（シンビジウム）の繁殖に茎頂培養で形成されたプロトコームを継代増殖し，増殖したプロトコームから植物体を再生することで大量繁殖することに成功した．この手法は，その後多くの植物に適用されるようになった．なかでも，Murashige ら [8] は，ガーベラの茎頂培養により無菌植物を作らせた後，脇芽を次々と分割して継代培養することにより，1 年間で 1 個の茎頂から 100 万本の植物体を作らせることができると報告しており，その技術の基本的要件として，次の 3 つのプロセスが必要であるとしている．

1） 無菌培養系の確立

2） 植物体の増殖

3） 発根および順化

これら 3 つのステージを経て繁殖された植物は，ミスト処理などにより土壌への活着を行い栽培される．このようにして増殖される植物には，キク，カーネーション，ガーベラ，イチゴ，リンゴ，モモなどの重要な栄養繁殖性の作物が含まれている．

3.4.3 茎頂を用いた遺伝資源の保存

世界の人口は西暦 2050 年には 100 億人に達すると推定されているが，このような急激な人口の増加に対し，食糧供給は心細い限りである．そのため，現在，組織培養，細胞融合，遺伝子組換えなどの新しい技術を用いて，耐病性，耐虫性，耐塩性，耐寒性などの作物の育種を行い，食糧を増産すべく活発に研究が進められている．しかし，このような動きとは逆に，開発に伴って世界の環境破壊は急速に進んでおり，耐病性などの優れた形質を有する植物を含む多くの種類が絶滅したり，絶滅の危機に直面している．

以上のような背景から，育種の材料となる有用遺伝資源を，効率良く保存する手段の開発が強く望まれ，微生物や動物細胞で広く普及している凍結保存などについて検討されている．一般に，細胞を凍結保存した場合は，融解して培養しても植物体へと再生させることは困難である．しかし，茎頂は，未分化の若い細胞を含んでいるので，凍結保存に適した材料であり，しかも融解した茎頂組織は，植物体への再生能力を有しているので，有用な遺伝資源の保存手段として活発に研究が進められている．また，凍結せずに，組織培養を保存の手段として利用する試みもなされている．

3.5 茎頂培養の方法

3.5.1 器 械，器 具

茎頂培養の実施に必要な機械，器具は以下のとおりである．

1 クリーンベンチ

2 陽光恒温培養器，培養室

3 実体顕微鏡および照明装置（図 2.14 C）

4 ピンセット（図 2.14 D 左）

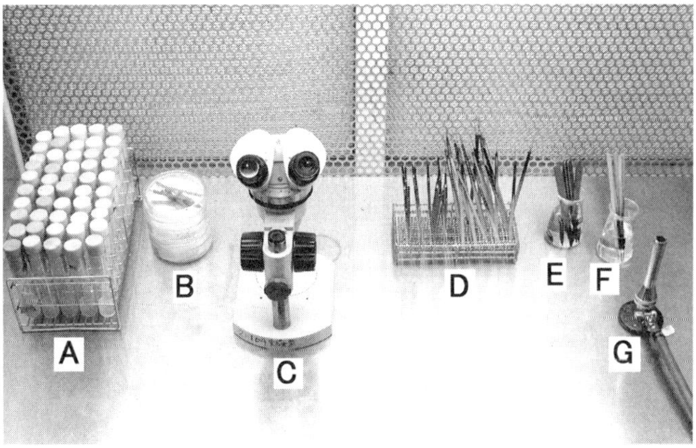

図2.14　クリーンベンチ内における茎頂培養用器具，培地などの配置
A：試験管立てに作製した寒天培地，B：植物材料（表面殺菌をしてシャーレに入れてある），C：実体顕微鏡，D：殺菌済みメス（左）と有柄針（右），E：70％エタノールによるメスの殺菌，F：70％エタノールによる有柄針の殺菌，G：ブンゼンバーナー

5　有柄針（図2.14D右）

6　メス（図2.14E）

7　試験管立てに作製した寒天培地（図2.14A）

8　ブンゼンバーナー（図2.14G）

9　70％エタノール

　　メス殺菌用（図2.14E）

　　有柄針殺菌用（図2.14F）

10　マジックインキ

3.5.2　培　　地

茎頂培養には，MS培地，B5培地，LS培，ホワイト培地などが用いられているが，時には，これらの培地の塩類組成（特にN，P，K）を変更することにより好成績を得ることもある．サイトカイニン，オーキシンなどの植物ホルモンの添加は必ずしも必須ではないが，添加することにより生育が促進されたり，植物の種類によっては要求性があるので十分に検討する必要がある．炭素源としてはスクロースが広く用いられているが，時にはフルクトースやグルコースが利用されることもある．

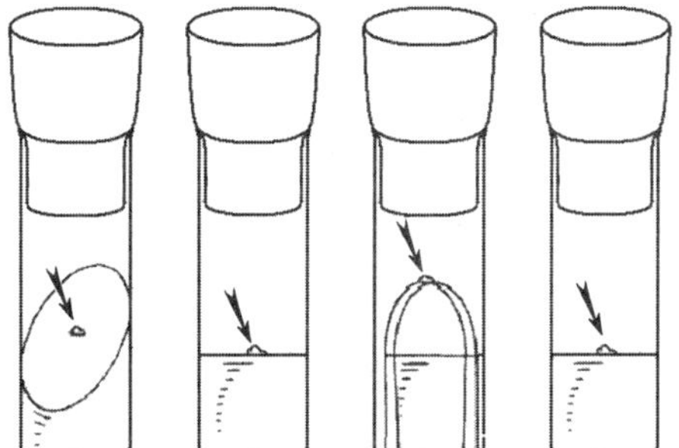

図2.15　茎頂培養の方法
1：寒天傾斜培養，2：寒天培養，3：ペーパーウィック法（培地は液体培地），4：液体培地上に浮遊させ培養
A：寒天培地，L：液体培地

培養容器には試験管（16 ϕ × 100mm，16 ϕ × 125mm，20 ϕ × 150mm，25 ϕ × 125mm，25 ϕ × 200mmなど）を用い，寒天培地として作製する

のが一般的であるが，液体培地上に浮遊させる方法や，ペーパーウィック法もよく用いられる（図2.15）．培地は各種成分を調製後．pHを5.7〜5.8に合わせて容器に分注する．容器は綿栓，アルミホイル，金属キャップ，ポリキャップ，シリコ栓などで栓をし，オートクレーブで120℃，15分間殺菌する．

3.5.3　茎頂培養の手順（図2.16）

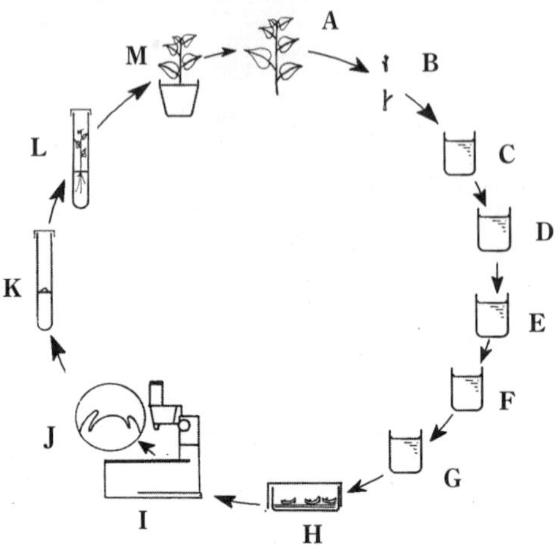

図2.16　茎頂培養の手順
A，B：材料の調製，C：70％エタノールによる殺菌（数秒〜数分），D，E：次亜塩素酸ナトリウム水溶液による殺菌（5〜100分），F，G：水洗，H：サンプルの脱水，I，J：茎頂採取，K，L：茎頂培養，M：栽培

1)　材料の調製

カーネーションやキクのように，伸長した茎の先端部から茎頂を採取する場合は，茎を，剪定バサミで採集し，余分な葉を除去すればよい．また，サトイモや多くの球根植物の場合には，土から掘り上げた塊茎や球根を十分に水洗した後に，葉を取り除き，適当な大きさにする．

2)　材料の殺菌

70％エタノールに数秒〜数分間浸漬（図2.16 C）し，次いで次亜塩素酸ナトリウム水溶液（有効塩素量0.5〜3％）に5〜100分間ほど浸漬（図2.16 D, E）して殺菌する．殺菌した材料は無菌水で十分に水洗（図2.16 F, G）した後に，ろ紙を敷いた無菌シャーレに移して水を切り（図2.16 H），茎頂を採取する．なお，キクやカーネーションなどでは，殺菌しなくても容易に茎頂部を無菌的に採取できる．

3)　茎頂の採取

茎頂の採取は，クリーンベンチの中に器具類を図2.14のように配置して行う．まず殺菌の終わった材料（図2.16 H）の芽をメスと有柄針ではがして茎頂を露心する．この時，有柄針は頻繁に取り替えるようにするとよい．茎頂部が露心したら，0〜2枚の葉原基のついた茎頂0.2〜0.5mmを無菌のメスで切断して採取する．この時，実体顕微鏡の接眼レンズにマイクロメーターを入れておくと，切断する茎頂の大きさを正確に測定できるので便利である．茎頂部はメスの先端に乗った状態になっているので，これをすばやく培地に置床する．この時，茎頂部の置床過程を肉眼で観察することは困難なので，茎頂の乗ったメスの先端部を培地に浅くこすりつけるようにすればよい．茎頂が培地に置床されると，培地を光にすかして見た時，茎頂が小さな白い点となって見ることができる．

4)　茎頂の培養

培養は，照明装置の付いた陽光恒温培養器や定温培養室で行う．照明は12〜16時間日長としたり，あるいは連続照明とすることが多い．培養温度は，25℃とすることでほとんどの植物を培養することができる．しかし，北方の植物や高山植物の培養にはより低温（15～20℃）が必要とされることもある．培養期間は1～数か月であるが，同じ植物の茎頂であれば，液体培地に浮遊させた培養（図2.15-4）が最も生育が速いようである．一定の培養期間を経て生育した植物体は，このまま土壌に移植して栽培するか，あるいは組織培養でさらに増殖して利用する．また，ウイルスフリー化を目的としている場合には，ウイルスの検定が必要になる．

3.6　茎頂培養で作出した植物のウイルス検定

ウイルスフリー化の手段として茎頂培養が広く行われているが，作出された植物がウイルスフリーであるとは限らない．ウイルスフリーであることを確認するには，土壌移植から開花までの期間中に異なった発育ステージについてウイルス検定を行い，ウイルスフリーであることが確認された株のみを，ウイルスフリーの原株として増殖し，球根生産者に供給する．ウイルスの検定手法には，1) 生物検定法（接種検定法），2) 免疫学的方法（酵素結合抗体法 ELISA；enzyme-linked immnosorbent assay，迅速免疫ろ紙検定法 RIPA；rapid immunofilter paper assay），3) 遺伝子分析法（核酸ハイブリダイゼーション法，PCR 法，LAMP 法 loop-mediated isothermal amplification），4) 電子顕微鏡観察法，などがある．これらの手法には，それぞれ難易度，感度などに差があり，検出の方法にもそれぞれの特徴があるので，ウイルス検定の精度や目的によって，これらの手法の中の1つ，あるいはこれらを組み合わせて用いるようにする．一例として，carnation mottle virus の場合について生物検定法と免疫法の感度を比較した結果[9]を見ると，生物検定法の感度が著しく高く，局部病斑（local lesion）形成では 0.01ng/mL，全身感染（systemic）では 0.1ng/mL のウイルスを検出できる．これに対して，免疫法の感度はこれよりも劣る．寒天二重免疫拡散法（double immuno-diffusion in agar gel）で 5 μg/mL，放射拡散法（radial diffusion）では 1 μg/mL，最も感度の高い ELISA 法でも 0.5ng/mL である．他のウイルスの検定においても，同様な傾向が認められる．電子顕微鏡観察は，組織切片や汁液中のウイルスを直接観察できる利点を有するが，操作が煩雑であり，また著しく高価である欠点を有する．

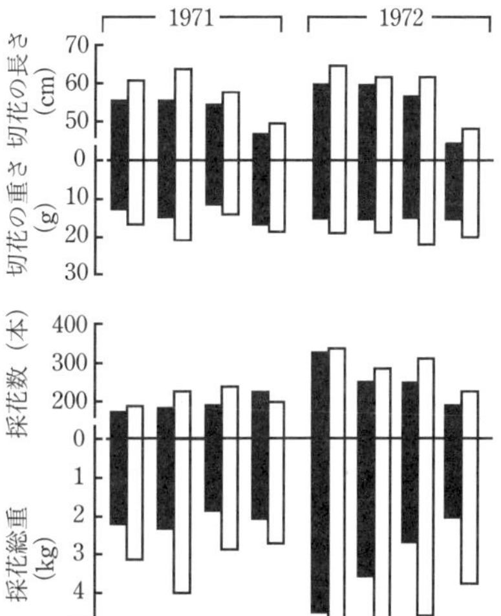

図2.17　非隔離栽培における切花生産量の比較[10]

■ 非茎頂培養株，□ 茎頂培養株
品種　A：コーラル，B：ヨソオイ，C：ピーター，D：アオジピーター

3.7　茎頂培養で得られた植物の品質

茎頂培養でウイルスフリー化された植物は，一般に，草丈，草姿，収量，花径などが改善されるので，農作物や園芸作物の生産に広く用いられるようになってきた．特に，多くの栄養繁殖性作物を有している花き，野菜，果樹の場合にはウイルスフリー株の利用が積極的に推進されている．茎頂培養による品質改善の例と

して，カーネーションの切花の生産性を図 2.17 に示した[10]．それによると，茎頂培養株は切花の長さ，切花の重さ，採花数，採花総重共に非茎頂培養株より優れており，その有用性は明らかである．他の多くの作物でも同様な利点が明らかにされており，なかでも，イチゴ，カーネーションなどは，ウイルスフリー苗の作出，増殖による供給体制が確立されている．

茎頂培養で作出された植物は，遺伝的変異も少ないので，この点からも優れたものということができる．Tanaka と Ikeda[11] は，茎頂培養によって得た *Haplopappus gracilis* の苗条原基（shoot primordium）を増殖し，さらにこの原基から植物体を再生させて染色体数，核型を調査して，いずれも親植物と同一の染色体構成（$2n=4$）を示すことを明らかにした．このとき，同じ苗条原基から誘導されたカルスには，多数の染色体変異が含まれていた．このように，脱分化させることなく，茎頂培養によって得られた植物体は遺伝的に安定であるので，組織培養による栄養繁殖の手段として非常に価値の高いものである．

4. カルス培養（callus culture）

植物の未分化細胞が増殖した柔細胞（parenchymatous cell）からなる細胞塊をカルスと呼び，カルスを培養することをカルス培養という．一般に，植物の組織に傷がついたり，*Agrobacterium tumefaciens* に感染したときに組織を覆うように形成される癒傷組織をカルスと呼んでおり，挿し木の穂木の切断面に形成される癒傷組織がその典型である．植物組織培養においては，寒天培地上で培養した組織片から形成された細胞塊と，これを継代培養して増殖した細胞塊をいずれもカルスと呼んでいる（図 2.18）．カルスは軟らかくてピンセットで容易に砕いて分割できることが多いが，時には著しく硬化しており，丈夫なメスを使用しないと分割できないこともある．

組織培養でカルスの形成を誘導するには，培地にオーキシン（2,4-D，NAA など）とサイトカイニン（カイネチン，ベンジルアデニン（BA）など）を組み合わせて添加することが多い．

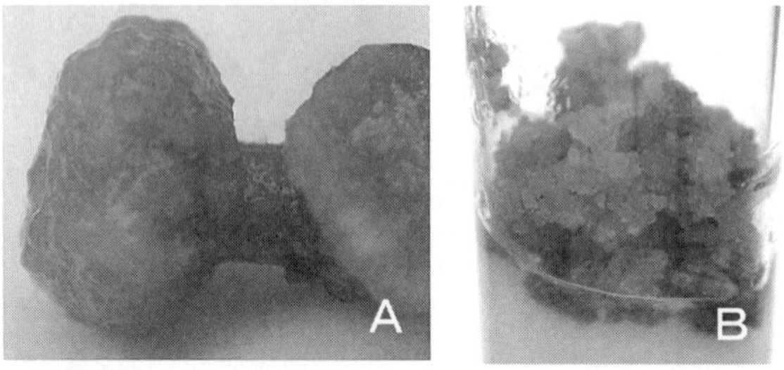

図2.18 カ ル ス
A：茎切片の末端に形成されたカルス，B：軟らかい継代カルス

4.1 カルスの誘導

植物の種類によって難易に大きな違いがあるが，ほとんどの植物でカルスを誘導できると考えてよい．一般に，カルスの誘導に使用する培地には，オーキシンとサイトカイニンとを添加することが多い．著者らは，MS 培地に 2,4-D 0.5mg/L とカイネチン 0.1mg/L あるいは 2,4-D 0.5mg/L

とカイネチン 1mg/L を添加した寒天培地（寒天濃度 8g/L）を使用している．この 2 種類の培地で，多くの植物のカルス化が可能である．この条件でカルス化が困難な場合は，培地の組成を検討する必要がある．例えば，イネ科の植物は 1 ～数 mg/L の高い濃度のオーキシンでカルス化できる場合が多い．また，オーキシンを添加せず，サイトカイニンのみでカルス化できる場合もある．植物の種類によってカルス化の条件がそれぞれ異なるので，植物ホルモンの種類，組合せ，濃度のみでなく，塩類の組成など培地条件についても検討して，カルス化の最適条件を見出すことも培養実験の重要な課題になっている．これまで，多くの植物についてカルス化がなされて報告されているので，文献検索によって目的とする植物あるいは類縁の植物のカルス化条件を知っておくと効率よくカルス化の条件を見出すことができる．

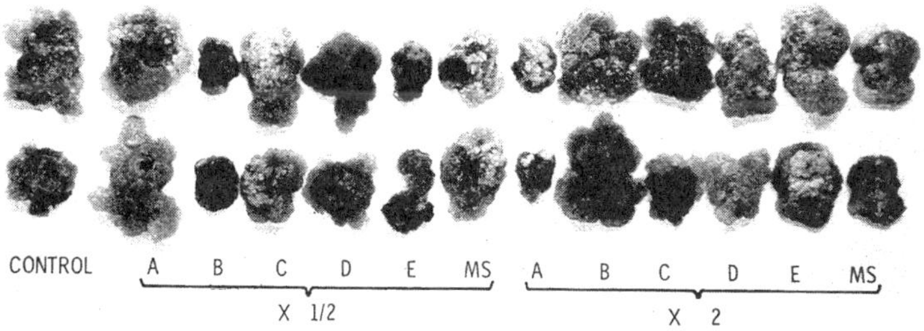

図2.19　カルスの生育に対する MS 培地の塩類濃度の影響

4.2　カルスの生育と継代培養

カルスの生育は一般にシグモイド型の生育曲線となることが多い．最大生育に到達する期間は，植物の種類やカルスの形状によって異なるが，一般には直径 25mm の試験管（寒天培地 10mL）で培養した場合，およそ 1 か月ほどである．最大生育に到達した後は，急激に衰退して枯死してしまう場合もあれば，極めて長期間にわたって安定して生存し続ける場合もある．白色でみずみずしく，ピンセットで容易にほぐれる軟らかいカルス（friable callus）の場合には最大生育到達後には短期間で枯死してしまう場合が多い．一方，葉緑体を持っていて緑色を呈し，極めて硬くてピンセットではほぐすことが出来ないようなカルス（hard callus）では，最大生育到達後も長期間安定して生存し続ける場合が観察される．

寒天培地上で形成，生育したカルスは，最大生育期までに新しい培地に継代培養する．軟らかい白色カルスの場合には，カルスの一部をピンセットでつまみあげて新しい寒天培地に移植する．移植量の目安は，生育している細胞量のおおよそ 1/10 とする．硬くてピンセットでほぐしたり砕くことが困難な場合は，ろ紙を敷いた無菌シャーレに取り出し，メスを使用して切断し，おおよそ 1/10 量をピンセットで新しい培地に移植する．

5.　細胞培養（cell culture）

寒天培地上で増殖する未分化細胞を一般にカルスと呼ぶが，カルスを液体培地に移植して液体

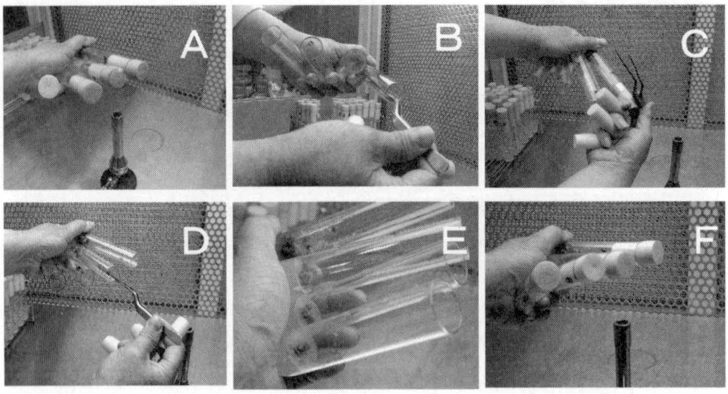

図2.20 試験管培地を用いたカルスの継代培養の手順

A：試験管の栓を開ける前に，バーナーで軽くあぶって表面に付着した繊維やほこりを焼いてしまう．手には4本の試験管を持っているが，1本が生育したカルスで，3本は新しい培地．

B：試験管の栓を開け，試験管の口を水蒸気が蒸発して透明になるまでバーナーで焼く．

C：生育したカルスをピンセットでほぐして一部を挟んで取り出す．

D：新しい培地にカルスを軽く置くようにして移植する．

E：カルスを新鮮培地に移植する．

F：試験管と栓を軽くバーナーであぶった後に，試験管に栓を軽く挿入して再度バーナーであぶり，完全に栓をする．

写真では，1本の試験管から3本に移植しているが，1本から1本への継代移植が安全確実である．

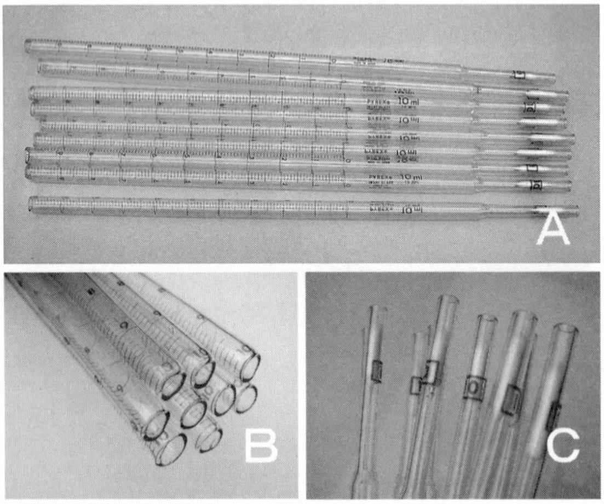

図2.21 細胞の継代培養に使用するピペット（A），10mLのメスピペットの先端を切断し（B），口側には綿を詰めてある（C）

殺菌にはピペット用の缶に入れて乾熱殺菌するか，紙あるいはアルミホイルで包んでオートクレーブで殺菌する．

培地中で増殖するようになった場合には，細胞培養（cell culture）あるいは細胞懸濁培養（cell suspension culture）と呼ぶ．

5.1 カルス培養から細胞培養へ

カルスを液体培地に移植して培養した場合，単一あるいは微細な細胞集塊からなる微細細胞懸濁培養（fine cell suspension culture）の確立は，容易な細胞もあれば，極めて困難なこともある．

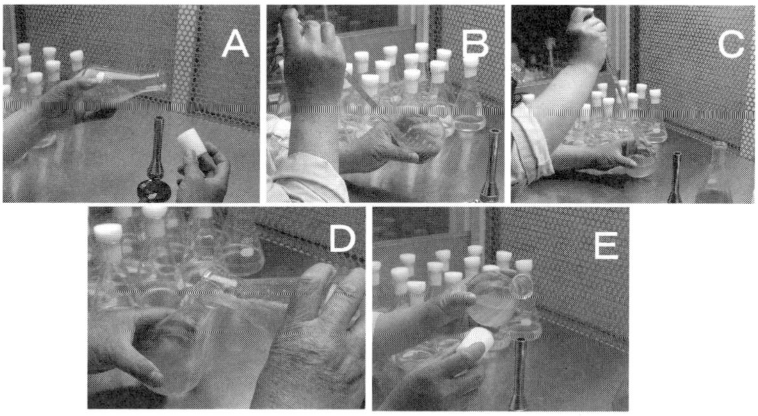

図2.22　液体培養細胞の継代培養

A：バーナーであぶって栓を取り外す.
B：綿栓をした無菌ピペットで均一に攪拌した細胞懸濁液を一定容吸い上げる.
C：新しい培地に重力で細胞を滴下移植する．最後にピペットの先端にわずかに残った細胞は，ピペットを軽く吹いて培地中に押し出すとよい.
D：ピペットを使用せずに，均一に攪拌した細胞懸濁液をデカンテーションで移植することもよく行われるが，定量的な移植は困難である.
E：移植し終わったフラスコの口と栓をあぶってから，速やかに栓をする.

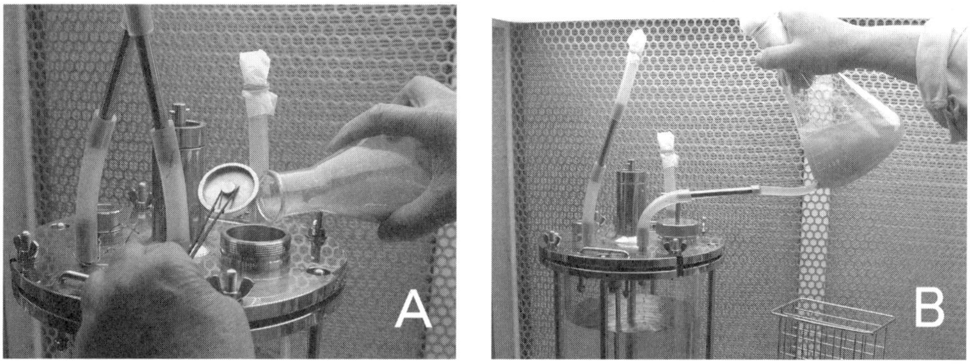

図2.23　ジャーファーメンターへの細胞移植

A：クリーンベンチ内で培養槽の上面の移植口の栓を開放し，細胞をデカンテーションで移植する．固定型の培養槽でクリーンベンチを使用できないときは，移植口の周辺でバーナーあるいはアルコールを燃焼させ，炎の中で移植口の栓を開放して細胞を移植し，移植後は速やかに栓をする.
B：細胞を培養した枝付き三角フラスコを，培養槽の移植用チューブと無菌的に接続し，接続したチューブを通して細胞培養懸濁液を移植する.

5.2　液体懸濁培養細胞の生育条件

5.2.1　生 育 経 過

細胞の生育経過は，典型的な成長曲線となることが多い．その経過は，誘導期（培養開始直後），対数増殖期（成長が最も顕著な時期），定常期（最大生育期），減衰期であり，最大生育期を越えると細胞が自己消化（autolysis）を起こして生育量が低下する.

5.2.2　培養条件と細胞生育

ムギナデシコの液体懸濁培養細胞を例にして，各種培養条件の影響を説明する．培養にはMS培地を使用し，培地量は300mLの三角フラスコ当たり100mLとした.

a)　温度：細胞の種類によって生育温度は異なるが，おおよそ20〜30℃が至適温度であることが多い．図2.24の例では，最適培養温度は28℃であり，25〜30℃が良好である．至適温度での細胞の倍加時間が最も短く，これよりも温度が低下すると倍加時間が徐々に長くなるが，高温側では至適温度以上になると，顕著に生育が抑制され，倍加時間も著しく長くなる．

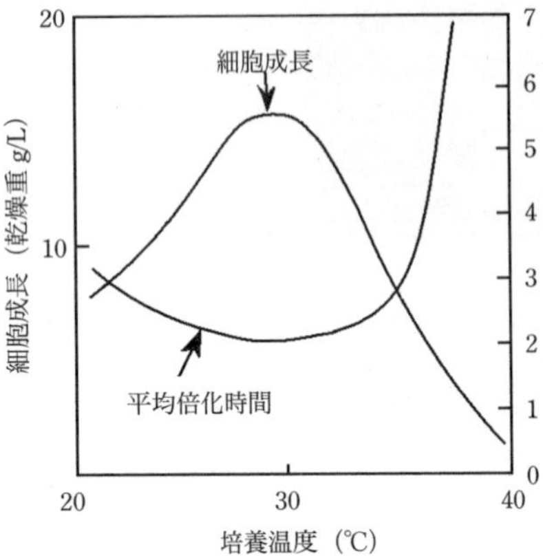

図2.24　ムギナデシコ培養細胞の生育に及ぼす温度の影響

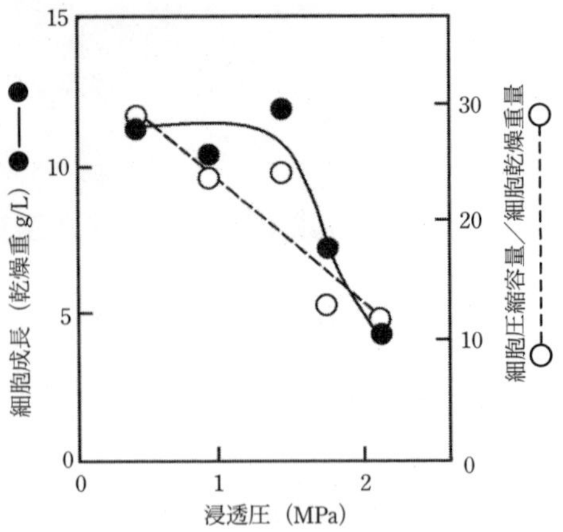

図2.25　ムギナデシコ培養細胞の生育に及ぼす浸透圧の影響

b)　培地浸透圧（図2.25）：培地には多くの成分が含まれており，濃度が高くなると培地の浸透圧も上昇する．細胞の生育は，一定の浸透圧まではあまり影響を受けないが，それを超えると顕著に生育が抑制される傾向がある．細胞の含水量（あるいは乾物比率）は，浸透圧に依存して低減するので，高浸透圧下では，細胞容積当たりの生産効率が高まる．

c)　pH：MS培地では通常5〜6の範囲に調整した後にオートクレーブで加熱滅菌する．細胞の生育は広範なpHに適応しており，図2.26では4〜8の範囲で培養12日後の生育にはほとんど差が見られなくなる．培地のpHもおおよそ6に収束している．pH 9以上では生育抑制が顕著である．

d)　培地量（図2.27）：フラスコ当たりの培地量を変えると，少ないほど酸素の供給が良好である．

e)　移植量（図2.28）：細胞移植量（inoculum size）は，通常，新しい培地に対して十分に生育した細胞懸濁液を10%の容量で移植する．移植量を変えると細胞の生育速度が変化する．1，2.5，5，10，20%の移植量での生育は，対数で表示するといずれも同じ生育率であり，移植量を多くするほど最大生育到達日数が短縮される．植物の種類によっては，移植量が低下すると，生育が顕著に抑制されたり，時には全く生育しないこともある．例えば，針葉樹のイヌガヤの細胞は，移植量を30%とするとよく生育するが，それ以下ではほとんど生育がみられない．

f)　移植に使用する細胞の齢（図2.29）：最大生育に到達する9日目と，最大生育を過ぎて衰退期の15，23，33日目の細胞をそれぞれ移植した結果，9，15日目の細胞は同様によく生育しているが，23日目の細胞は生育の遅れが生じ，33日目の細胞は最大生育到達までに20日

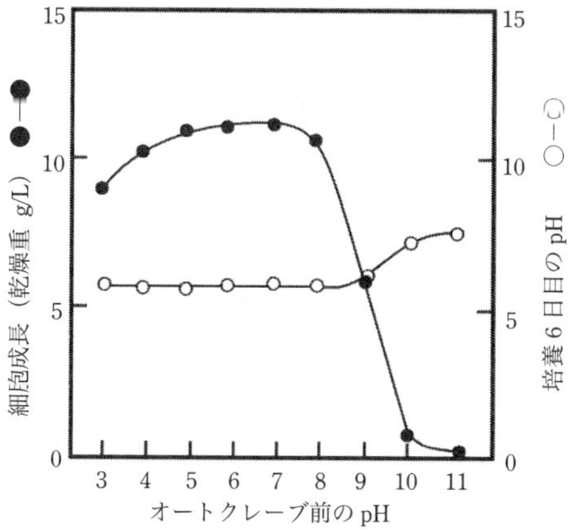

図2.26　ムギナデシコ培養細胞の生育に及ぼす pH の影響

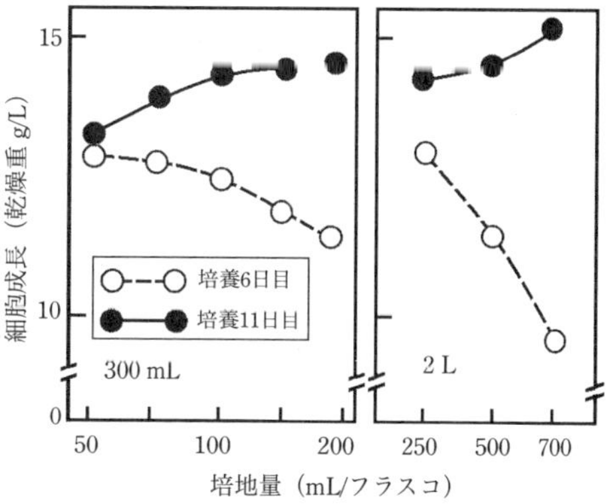

図2.27　ムギナデシコ培養細胞の生育に及ぼす培地量の影響

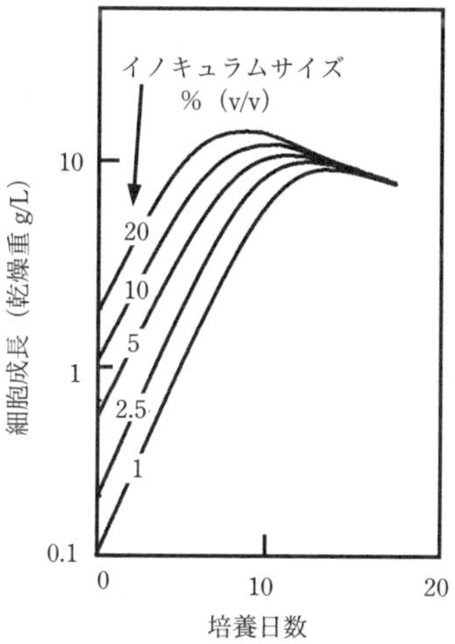

図2.28　ムギナデシコ培養細胞の生育に及ぼす種培養の移植量の影響

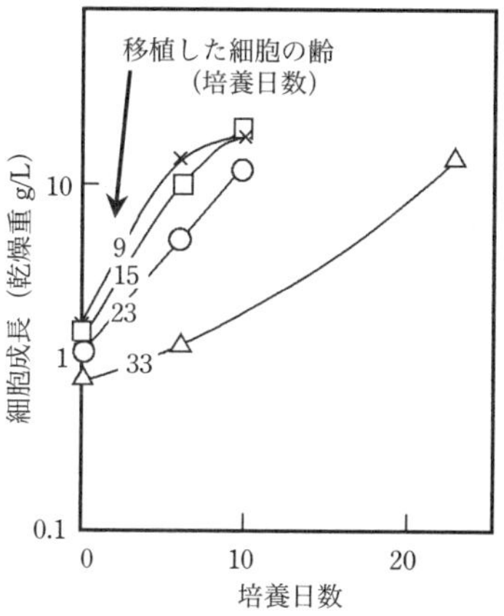

図2.29　ムギナデシコ培養細胞の生育に及ぼす種培養の齢の影響

以上の日数を要している.

5.3　培地成分と細胞生育

1)　無機塩類，ビタミン

MS培地の成分のうち，培地作製に使用しているA～Eの原液の組成を単位として，それぞれ2倍の濃度にしたときの細胞生育を図2.30に示した．B成分のみを2倍量添加したときに生育が顕著に促進された．MS培地成分全体を2倍あるいは3倍にした時も生育は促進されたが，B成分のみの2倍量添加が最も効果的であった．B成分には$MgSO_4 \cdot 7H_2O$とKH_2PO_4とが含まれているが，それぞれの濃度を変更して培養すると，生育促進はKH_2PO_4によるものであり（図2.31），$MgSO_4 \cdot 7H_2O$には生育促進効果はなかった（図2.32）.

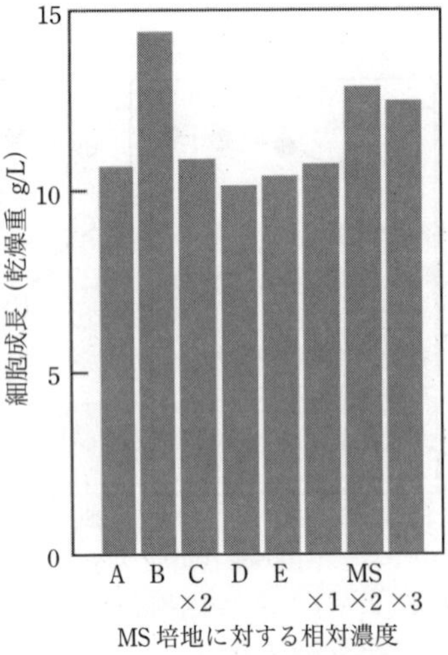

図2.30　MS 培地成分がムギナデシコ細胞の生育に及ぼす影響

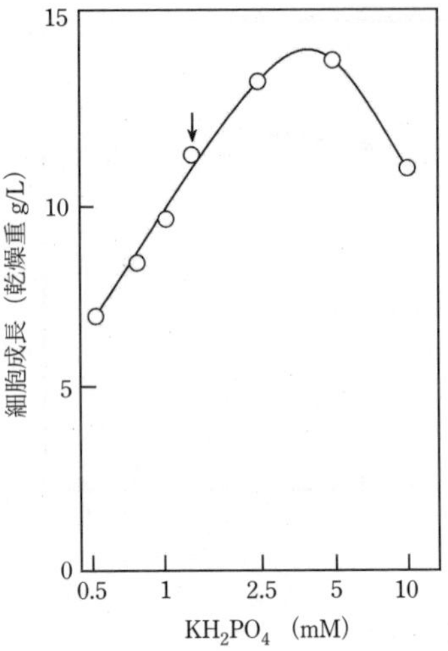

図2.31　KH_2PO_4 がムギナデシコ細胞の生育に及ぼす影響
矢印は MS 培地中の KH_2PO_4 の標準濃度

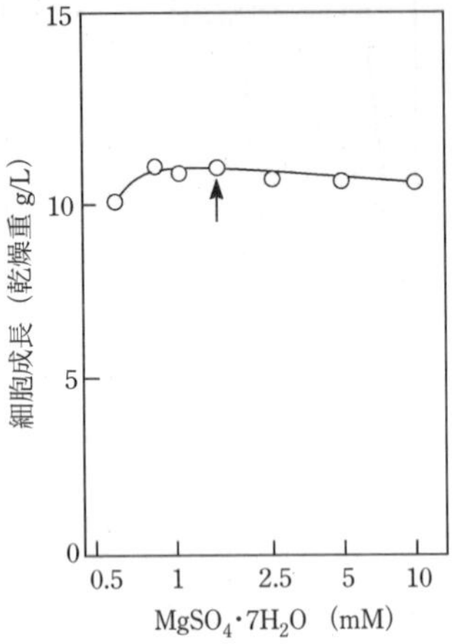

図2.32　$MgSO_4・7H_2O$ がムギナデシコ細胞の生育に及ぼす影響
矢印は MS 培地中の $MgSO_4・7H_2O$ の標準濃度

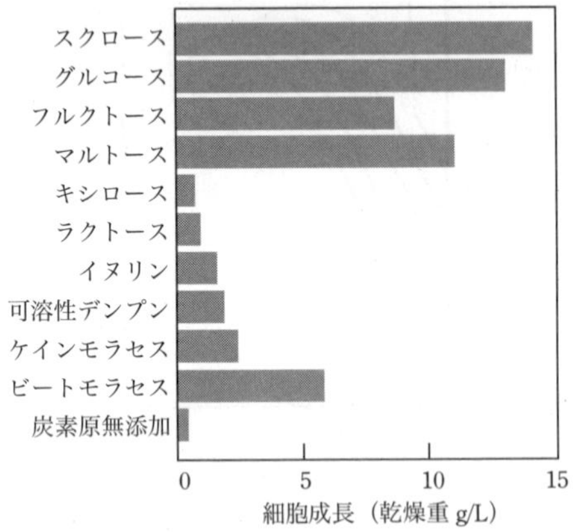

図2.33　各種糖類がムギナデシコ細胞の生育に及ぼす影響

2) 炭　素　源

植物組織培養の培地には，炭素源として糖を添加する．これによって，葉緑体を持たない組織であっても，暗黒条件で生育させることができる．生育促進効果の高い糖にはスクロース，グルコース，フルクトース，マルトース（図2.33）があり，安価なスクロースが最もよく利用されている．スクロース濃度を変えて培養すると，濃度に依存して最大生育量が高まる（図2.34）．ムギナデシコの細胞はスクロース 9 %までよく生育するが，植物の種類によっては，高濃度で生育が抑制されるものもある．

3) ビタミン類など

植物は，ビタミン類を生合成する能力を有しているので，基本的にはビタミン類の添加を必要としない．しかし，様々な培養を行ってみると，ビタミン類，特にチアミン（ビタミンB_1）を要求する培養株が多く，これを添加することにより細胞の生育を安定化することができる場合が多い．表2.3に示したムギナデシコの細胞も，個々のビタミン成分を除去した培地で培養すると，培養1代目はよく生育するが，2代目以降はチアミンを除去した培地で細胞の生育が顕著に抑制される．チアミン以外のビタミン類でも，*myo*-イノシトール（ビタミンB群の一種），ピリドキシン（ビタミンB_6），ニコチン酸（ビタミンB_3），パントテン酸（ビタミンB_5），アミノ酸の一種グリシンなどを添加することにより生育を改善できる場合が多いので，組織培養用培地にはこれらの成分が添加されている．

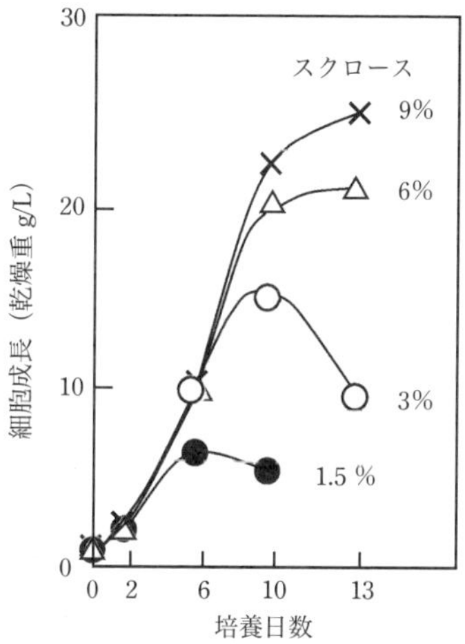

図2.34 スクロース濃度がムギナデシコ細胞の生育に及ぼす影響

表2.3 ムギナデシコの生育に及ぼすビタミン類の影響

成　分	細胞生育量（乾燥重 g/L）		
	継代培養1代目	継代培養2代目	継代培養3代目
MS培地原液のE成分全部	11.3	12.4	12
チアミン欠乏	11.5	0.3	1
myo-イノシトール欠乏	11.1	12.8	12.3
ピリドキシン欠乏	11.3	12.7	12
ニコチン酸欠乏	11.5	12.5	12.2
グリシン欠乏	11.5	12.6	12.1
E成分全部欠乏	11.3	0.4	0.9

4) 植物ホルモン

植物細胞の培養には，ほとんどの場合，オーキシン，サイトカイニンのうちの1つ，あるいは両方を添加する．このほかにも，目的によってはジベレリンやアブシジン酸を添加することもある．ムギナデシコ細胞に対する植物ホルモンの影響をみると，カイネチンは，濃度の影響はほと

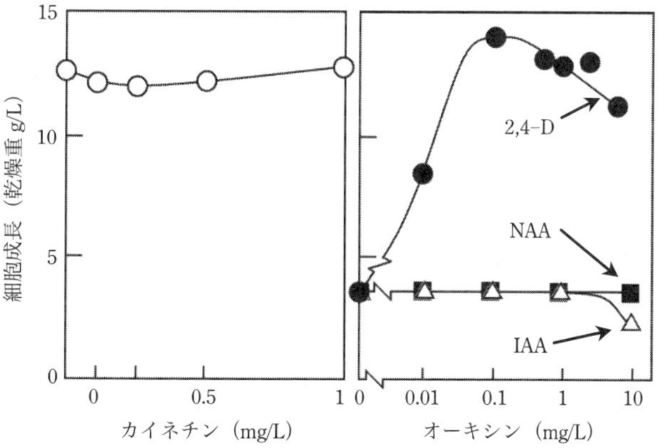

図2.35 ムギナデシコの細胞培養におけるカイネチンとオーキシン濃度が生育に及ぼす影響

んどみられず，低濃度から高濃度まで同様な生育となった．一方，オーキシン類は，2,4-D（2,4-ジクロロフェノキシ酢酸）での生育は良好であったが，NAA（1-ナフタレン酢酸），IAA（インドール-3-酢酸）での生育は低かった（図2.35）．長期にわたる細胞培養の結果，細胞が2,4-Dに順化して，NAAやIAAの利用性が低下しているのかもしれしれない

5)　細胞接着，発泡，培地の白濁に影響する要因

細胞培養を行う場合に，大きな問題の1つは細胞の生育に伴う培地の発泡と培養器壁への細胞接着である．このような状況になると，ひどい場合にはすべての細胞が培地外に吹き上がってしまい，培地中には生育する細胞がほとんどなくなってしまう．そのような現象を解消をするために，種々条件を検討した結果，培地中のカルシウム濃度を低減すると，細胞接着を顕著に低減できることが明らかになった（図2.36）．また，培地の白濁を660nmの吸光度で調べた結果，発泡や接着と同様にカルシウム濃度を低減させることによって，カルシウム濃度に依存して吸光度が低

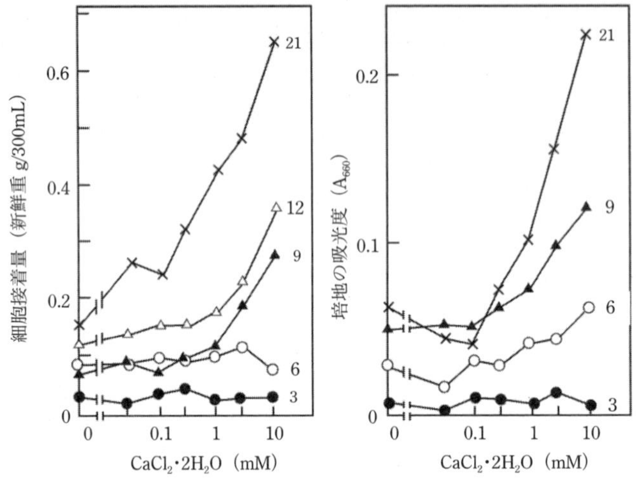

図2.36　培地のカルシウム濃度がムギナデシコ細胞の培養器壁への接着と培地の白濁（A_{660}）に及ぼす影響
各データの右側の数値は培養日数を示す．

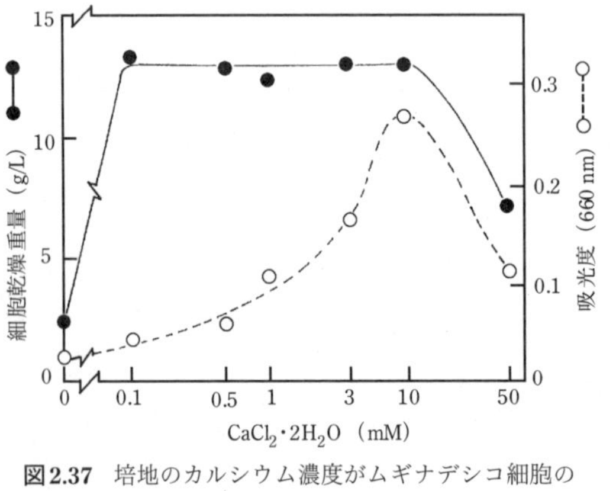

図2.37　培地のカルシウム濃度がムギナデシコ細胞の生育に及ぼす影響

下した（図2.37）．細胞生育にはほとんど差がなかった（図2.37）ので，カルシウム濃度を低減させることによって細胞の培養特性を顕著に改善できることが明らかであった．

6) 細胞生育を高める改変培地

以上の検討結果から，KH_2PO_4濃度を2倍とし，$CaCl_2 \cdot 2H_2O$を1/20に変更した改変MS培地を使用したところ，通常のMS培地では最大生育まで10日を要したのに対し，改変培地では6日で最大生育に到達し（図2.38），培地の接着や培地の白濁も顕著に減少した（図2.39）．

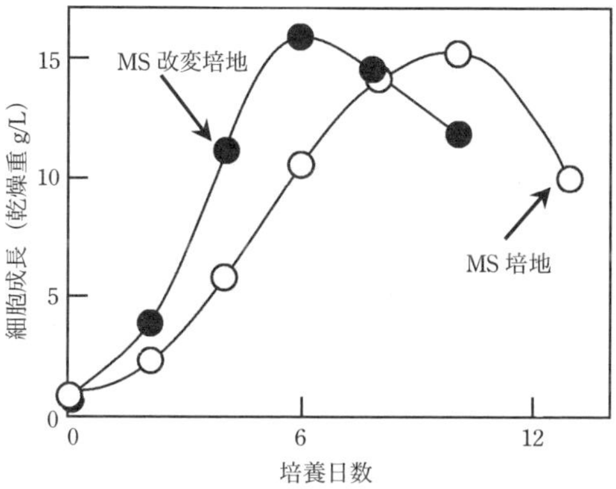

図2.38 MS改変培地におけるムギナデシコ細胞の生育

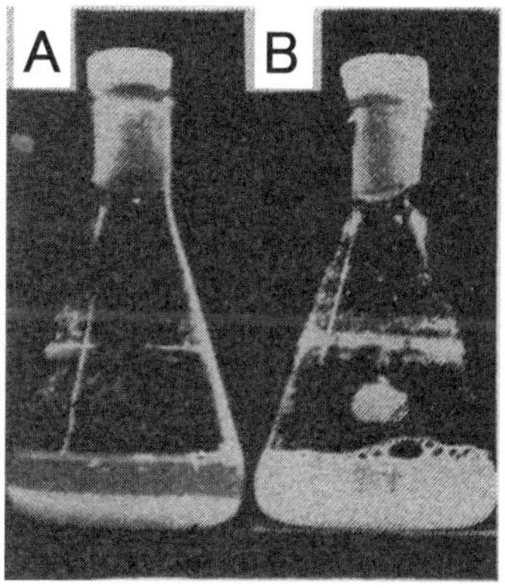

図2.39 MS改変培地におけるムギナデシコ細胞の生育と培養器壁への細胞接着

6. 微生物汚染（microbial contamination）

微生物による汚染は，組織培養の最も大きな阻害要因である．微生物が培地上に生育すると，多くの場合植物組織は生育ができず，枯死あるいは壊死する（図2.40）．培地上に微生物が明らかな増殖をしていない場合もあるが，このような場合にも植物組織の生育が顕著に抑制されることが多い（図2.41）．植物組織の培養には無菌の環境が必要なので，微生物汚染のない培養を確立し，長期にわたる培養期間を通して無菌を維持することが重要である．

微生物汚染が生じる原因として，培養開始時に使用する植物材料の状態，あるいは組織の殺菌条件があげられる．培養に使用する植物材料は，シュート，葉，茎，花，根などあらゆる部位を利用できる．使用する部位にかかわらず，培養には成熟していない新鮮な組織を用いるようにする．このような組織の内部は無菌であり，殺菌剤による組織表面の殺菌で無菌化することができる．成熟した組織や，傷，枯死部のある組織は，十分な殺菌が困難であり，培養すると微生物汚染が生じることが多い．また，組織内部に微生物が感染していることもあり，このような場合には表面殺菌で無菌化することはできないので，抗生物質を使用して除菌するが，完全な除菌は容易ではない．よく利用される抗生物質には合成ペニシリン（例えばカルベニシリン）や抗カビ剤のナイスタチンなどがある．

培養操作による微生物汚染は，主として操作ミスによることが多い．一般に無菌操作にはク

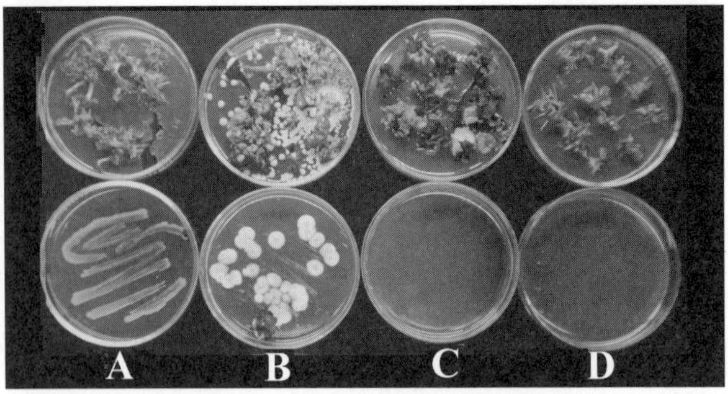

図2.40　ベゴニアの培養株の状況と微生物の検定結果
上段：ベゴニア，下段：微生物の培養結果

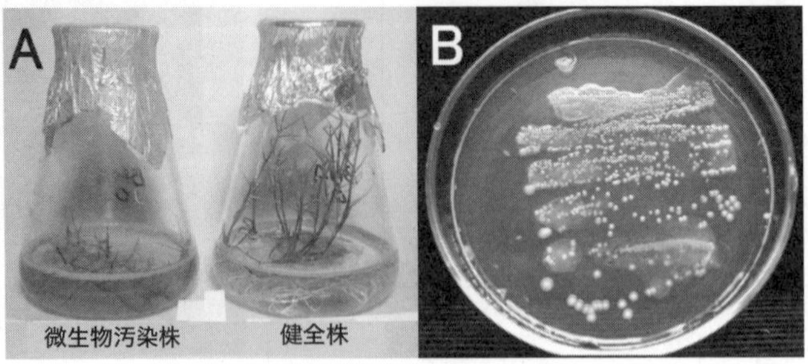

図2.41　健全株と微生物汚染株の生育の比較
A：汚染株（左）の生育は健全株（右）と比較して著しく抑制されている．しかし，組織培養培地には菌は増殖していないので，一見しただけでは菌による汚染株であることを確認することはできない．
B：微生物用の培地で検定すると汚染株であることがわかる．
微生物の検出のためのPR培地の作製
培地1Lにグルコース5g，Yeast Extract 1g，ポリペプトン10g，NaCl 5g，フェノールレッド3mgを溶解し，0.1M NaOHでpHを7.6に調節した後，寒天を20g添加し，オートクレーブで120℃15分間滅菌した後，培地を無菌のシャーレ（直径90mm）に20mLずつ分注して作製する．

リーンベンチを使用するが，HEPAフィルターが古くなったり，プレフィルターの洗浄を怠って風量が低下すると，十分な無菌環境が確保できない．また，クリーンベンチの手前側での操作は，外気の混入による汚染の危険性があるので，操作は作業室内（ベンチ内）のなるべく奥で，培地や器具などで通風が遮断されないようにして十分な通風条件で行うことが必要である．また，クリーンベンチ内部あるいはベンチの周辺で激しい動きをしたり，実験室内の空調機から吹き出した空気が直接クリーンベンチに当たるなどの条件では，微生物汚染の危険性が高まるので注意が必要である．

培養中に微生物汚染を起こすことも多いが，その主たる原因は培養容器の栓を通して外気が入り込んだ場合と，ダニの発生である．

前者については，培養室の温度の変動が大きい場合，温度の変動に伴って容器内のガス容積が変動して外気が取り込まれて微生物汚染を引き起こす．特に培養室内が清浄に保たれていない場合はこの危険が大きい．このような場合は，空気浄化装置を設置したり，温度変動の少ない空調を行うと微生物汚染は低減する．また，通気性を有しながら微細な粒子が入りこむことのない培養栓を使用することが重要である．

ダニによる微生物汚染は広く発生しているが，十分な対策が取られていない場合が多い．ダニの繁殖を促進するような段ボール，紙，布，ほこりなどの有機物は排除し，無機的環境を保つ．また，ダニの最も好むのは組織培養の培地であり，一旦ダニが侵入して増殖すると，周囲の培養器に急速に蔓延し，多大な被害を与える（図 2.42）．このような状態になってしまうと清浄な環境に戻すのは容易ではない．十分に清掃して，ダニ用の燻蒸剤で処理することが必要になる．一度の燻蒸では卵が残って後で孵化して再度増殖するので，根絶するまで複数回の処理が必要になることもある．

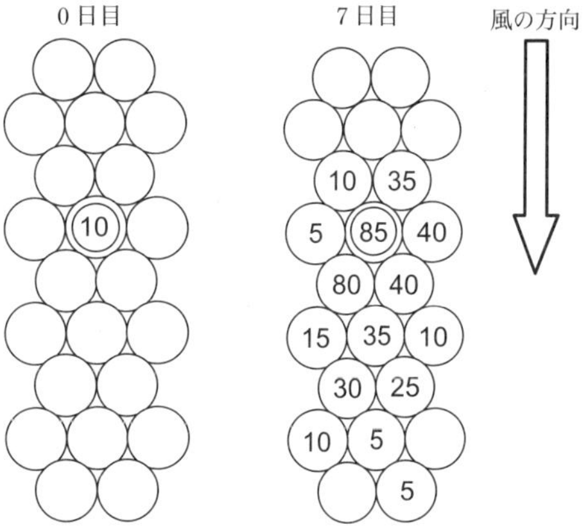

図2.42　ダニによる微生物汚染被害の拡大
左：実験開始時，右：7日後
○は 300mL 洋ラン用フラスコ，○印内の数字は各フラスコの微生物による培地表面の汚染面積率（%），◎はダニの発生源

引　用　文　献

1)　White, P.R., Multiplication of the viruses tobacco and ancuba mosaics in growing excised tomato root tips, *Phytopathol.*, **24**, 1003–1011 (1934)

2)　Limasset, P. and Cornuet, P., Recherche de virus de la mosaique du tabac dans les meristemes des planted infecting, *C. R. Acad. Sci. Paris*, **228**, 1971–1972 (1949)

3)　Morel, G. and Martin, C., Guérison de dahlias atteints d'une miladie à virus, *C. R. Acad. Sci. Paris*, **235**, 1324–1325 (1952)

4)　Morel, G., Producing virus - free Cymbidiums, *Amer. Orchid Soc. Bull.*, **29**, 195–197 (1960)

5)　Morel, G., Clonal propagation of orchids by meristem culture, *Cymbidium Soc. News*, **20**, 3–11 (1965)

6)　Wimber, D., Clonal multiplication of cymbidium through tissue culture of the shoot meristem, *Amer. Orchid Soc. Bull.*, **32**, 105–107 (1963)

7)　原　襄，植物の形態，裳華房（1972）

8)　Murashige, T., Hara, M. and Jones, J. B., Clonal multiplication of Gerbera through tissue culture, *HortSci.*, **9**, 175–180 (1974)

9)　Devergne, J. C., Cardin, L. and Bontemps, J., Indexages biologique et immunoenzymatique (ELISA) pour la production d'oeillets de virus de la marbrure (CarMV), *Agronomie*, **2**, 655–666 (1982)

10)　Takeda, Y., Studies on the establishment of pathogen-free stocks by use of shoot tip culture and its application to the commercial carnation production, *Shigaken Nogyoshikenjo Tokubetsu Hokoku*, **11**, 1–124 (1974)

11)　Tanaka, R. and Ikeda, H., Perennial maintenance of annual *Haplopappus gracilis* ($2n=4$) by shoot tip culture, *Jpn J. Genet.*, **58**, 65–70 (1983)

（高山真策）

III マイクロプロパゲーション

1. はじめに

植物組織培養で植物を栄養繁殖（vegetative propagation）して，クローン植物（clonal plant）を生産することをマイクロプロパゲーション（micropropagation）という．マイクロ（micro）は小さいこと，プロパゲーション（propagation）は繁殖のことで，小さな規模でクローン植物を繁殖することを意味する合成語である．挿し木（cutting），取り木（layering），接ぎ木（grafting），株分け（division）など，組織培養によらない従来の繁殖（表3.1参照）には多くの材料植物を準備し，多くの労力，長い時間，圃場（ほじょう）やビニールハウス，温室といった広い場所を必要とする．これに対して，マイクロプロパゲーション（表3.1参照）は培養装置あるいは培養室といった限られた場所と少ない労力で，短時間にクローン植物体を大量に繁殖する技術である．同一の母株から繁殖された植物はいずれもクローン（clone）であり，遺伝的性質が均一で，高品質な特徴を有する．

2. マイクロプロパゲーションの歴史

マイクロプロパゲーションは1952年，フランスのモレル（Morel）によってウイルスに罹病（りびょう）したダリア，ジャガイモ，カーネーションなどの植物から，茎頂培養（apical meristem culture）でウイルスフリー植物が作出されたこと[1,2]から始まった．その後1960年に茎頂培養でランのクローンを増殖できることが報告された[3]ことで，ランのクローンの効率的な繁殖手法として確立された[4]．この技術は，培養で多数のシュートを形成させることができる点が大きな特徴であり，ラン以外の多くの植物の繁殖にも応用されるようになった．特に，アメリカのMurashige[5]やオランダのPierik[6,7]は，1970年代以降マイクロプロパゲーションの発展と普及に大きく貢献した．欧米を中心に多くの組織培養ナーサリー（組織培養で苗生産を行う種苗会社）が設立され，マイクロプロパゲーションはクローン植物の生産技術として実用化された．現在では花き，観葉植物，野菜，林木，プランテーション作物など多くの植物が，マイクロプロパゲーションを専門にする企業で大規模に繁殖されている（図3.1）．

3. クローン植物

3.1 クローン植物とは

クローン（clone）という用語は，小枝（twig）や穂木（scion）を意味するギリシャ語のクロン（klon）に由来する[8]．クローン植物は，栄養繁殖で無性的に繁殖した植物のことをいう．基本的

図3.1　マイクロプロパゲーションによる植物の繁殖

A：クリーンベンチによる無菌培養操作，B：組織培養室，C：培養ビンによる無菌培養，D：培養容器内で生育する無菌植物（山梨県甲州市，向山蘭園）

表3.1　クローン植物の繁殖方法

従来の栄養繁殖	
自然状態での栄養繁殖	
珠　芽	オニユリ，ヤマノイモ，ニンニク
不定芽	クモノスシダ，ショウジョウバカマ，カランコエ
ほふく枝	ユキノシタ，イチゴ，ヨシ
人工的な栄養繁殖	
挿し木	スギ，アジサイ，サクラ
取り木	ボタン，シャクナゲ，インドゴムノキ
接ぎ木	リンゴ，ナシ，モモ，バラ，サクラ
株分け	ガーベラ，プリムラ，スパティフィラム，ダリア，ギボウシ
マイクロプロパゲーション	
不定芽形成	ユリ，ズボイシア，ペチュニア，ベゴニア
腋芽の増殖	イチゴ，スパティフィラム，バラ，プリムラ
試験管内挿し木	ジャガイモ，ニチニチソウ，イヌガヤ，バラ
不定胚形成（体細胞胚形成）	ニンジン，セルリー

には，体細胞に由来する植物はすべてクローン植物である．クローン植物は，由来する元の植物と遺伝的に同一であり，優れた形質を有する個体を広く利用するための手段として，古くから挿し木，接ぎ木，取り木，株分けなどの方法を利用して繁殖されてきた（表3.1）．また，自然状態でクローンを繁殖の手段としている植物も種々知られており（表3.1），これらの特性を利用した繁殖も広く行われている．クローン植物を作出して植物を繁殖することをクローン繁殖（clonal propagation），あるいはクローニング（cloning）という．また，組織培養でクローン繁殖することをマイクロプロパゲーション（ミクロプロパゲーション，微細繁殖ともいう），インビトロ繁殖（*in vitro* propagation），あるいは組織培養による繁殖（tissue culture propagation）というが，マイクロプロパゲーションが広く使用されている．マイクロプロパゲーションで繁殖された植物はすべてク

ローン植物である．従来の栄養繁殖と比較して，マイクロプロパゲーションは著しく効率が高いのが特徴である．

3.2 クローン植物の特性

クローン植物は栄養繁殖で無性的に繁殖した植物であるから，由来する元の植物と遺伝的に同一であるといえる．動物も植物も，クローンは体細胞に由来し，元の個体と遺伝的には同一であるという点は共通であるが，クローンの個体の特性には動物と植物とで大きな違いがある．

一般に哺乳動物（ヒトも含む）の体細胞は，染色体の末端構造であり，染色体のDNAをむき出しにしないようにして正常な分裂を維持する役割を果たすテロメア（末端小粒，telomere．図3.2の白点部分に極在している）と呼ぶ構造がある．細胞の分裂に伴って次第に短くなり（テロメア短縮，

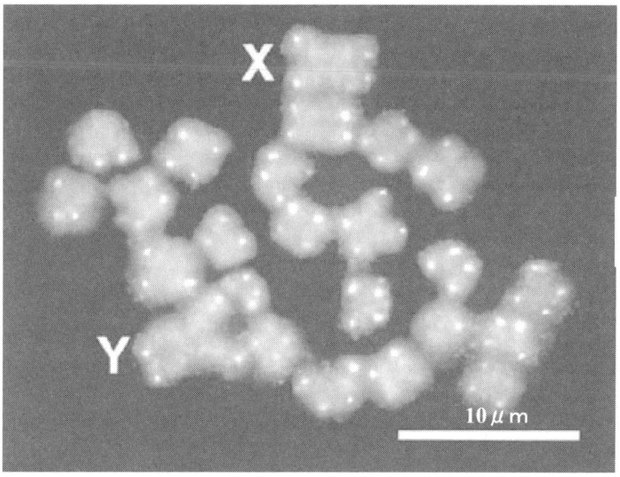

図3.2 ヒロハノマンテマ（*Melandrium album* = *Silene latifolia*）染色体上のテロメア配列TTTAGGGの *in situ* の局在[9]
ビオチンラベルされたテロメアプローブをヒロハノマンテマの雄性の後期染色体にハイブリダイズし，ヨウ化プロピジウムで対比染色（counterstain）した．XとYは性染色体．
染色体の末端部分にテロメア配列が局在することがわかる．ヨウ化プロピジウム（propidium iodide）は核酸染色試薬．

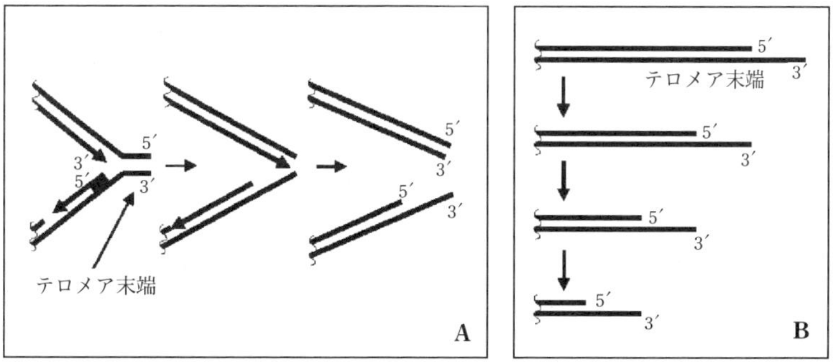

図3.3 テロメアの末端複製問題（テロメア短縮）[10]
A：複製フォークがテロメア末端に到達する．ラギング鎖のDNA合成は3′-末端ではDNAを完全に複製できない．RNAプライマーが取り除かれたのち，DNAの複製ができないのでギャップが残る（このことを末端複製問題，end-replication problemという）．
B：末端複製問題のために，分裂のたびにテロメアが短縮する．

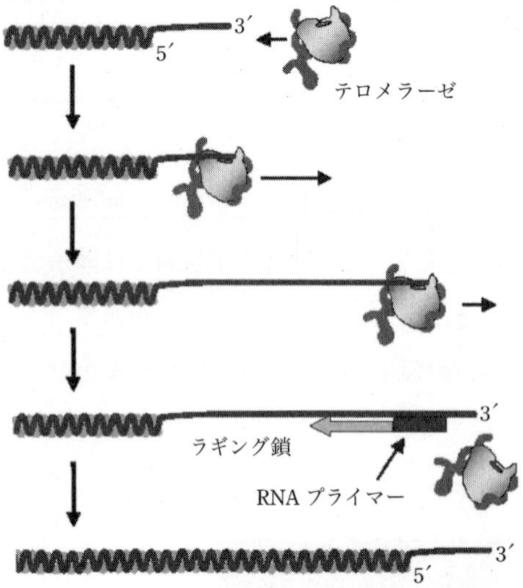

図3.4 テロメラーゼによるテロメア配列の修復[10)]
テロメラーゼはテロメアの一本鎖の3′-突出末端にテロメアの反復配列（哺乳動物では（5′-TTAGGG-3′）$_n$，植物では（5′-TTTAGGG-3′）$_n$が多い）を付加することによって伸長させ，二本鎖のDNAを形成する．ラギング鎖のDNA合成はテロメラーゼによって合成された一本鎖DNAをテンプレート（鋳型）として利用する．

telomere shorteningという．図3.3），50回ほど分裂すると，最後には細胞の分裂能力を失って，細胞の寿命とともに細胞が死滅する．個体の寿命も同様に決定され，細胞から構成される個体も死滅することが知られている．細胞分裂に限界があることをHayflickとMoorhead（1961）が発見した．このことをヘイフリック限界（Hayflick limit, Hayflick's limit）といい，限界を決めているテロメア短縮は，細胞分裂の回数を測る時計であり，テロメアクロック（telomeric clock）あるいは細胞分裂時計（mitotic clock）と呼ばれている．生殖細胞では，テロメアを修復する酵素テロメラーゼ（telomerase）が高い活性を示しており，分裂に伴うテロメアの短縮化を抑制している（図3.4）ために，生殖細胞は無限の寿命を有している．

体細胞核移植によってクローンとして1996年に世界で初めて誕生した「ドリー」と名付けられたヒツジ[11)]は，誕生した時には既にテロメアが正常な個体と比較して短く[12)]，親と同じ約6歳に相当するといわれていたが，それを裏付けるように比較的若い時期から関節炎などの老年性の障害が現れ，本来の寿命の半分ほどの6年目には肺腺腫疾患のため安楽死させられた．

これに対して，植物のクローンは従来の栄養繁殖やマイクロプロパゲーションが広く普及しており，栄養繁殖されて農業分野で広く利用されている．繁殖されたクローン植物は，栄養繁殖を続ける限りいつまでも生きているので，無限の寿命を持っていると考えてよい．これは，植物のクローンの重要な特性である．その背景には，植物ではテロメアを修復するテロメラーゼが生殖細胞（胚，葯）[13)]だけでなく，分裂組織や培養細胞などで高い活性を示しており[13-15)]，分裂に伴うテロメアの短縮化を抑制して無限成長を可能にしていると考えられている．葉などの分化した組織はテロメラーゼ活性が低く[13)]，構成する細胞には寿命がある．また，テロメラーゼ活性が欠損したアラビドプシスは，テロメアが短縮しながらも10代にわたって生存し続けたが，細胞遺伝学的な異常を呈したという[16)]．

4. マイクロプロパゲーションの特性と方法

4.1 マイクロプロパゲーションの特性

組織培養でクローン植物を大量繁殖することは，農業生産上重要な意味を持つ．特に，栄養繁殖性作物の営利栽培上問題となる形質の均一性，病害の発生，種苗の調達，など様々な問題がマイクロプロパゲーションを利用することによって解決できる．品質の優れたクローン植物を短期間に指数級数的に繁殖できるので，クローン植物の生産利用は広く普及し，その重要性は益々高まっている．

マイクロプロパゲーションと挿し木や株分けなど従来の栄養繁殖を比較すると，技術の特性がよく理解できる．例えば，ガーベラを株分けで増殖すると最大でも年間50〜100株程度にしか増殖できず，しかもウイルスや細菌による病害発生の危険性もあるが，組織培養では全く病害が無く，しかも形質の揃った優良なクローン苗を1株から1年間で100万株以上に増殖することができる[17]．著者らが実際に増殖した茎頂培養からのサツマイモの増殖データをもとに作成した増殖の理論値の経過（図3.5）も，1年で100万株にまで増殖できることを示している．

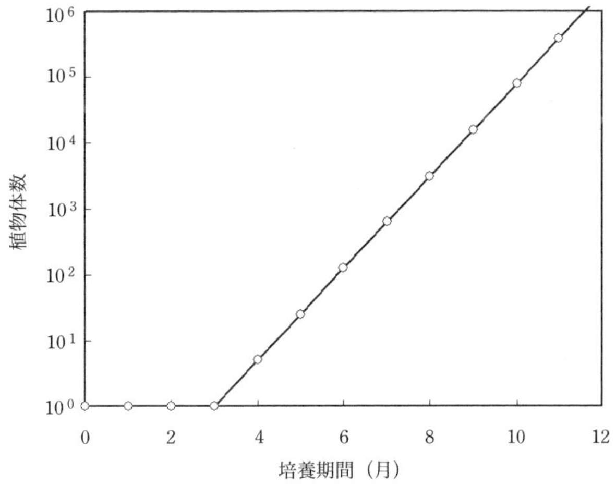

図3.5 サツマイモの茎頂培養開始からの増殖経過
6か月までは実際のデータを使用し，以後は推定値とした．
茎頂分裂組織約0.2mmを4か月間培養してシュートを形成し，4か月目に5切片に分割して節培養を行い，以後は1か月ごとに生育したシュートを5倍ずつに増殖を続けた場合の増殖の理論値を示した．茎頂培養期間を含めて，培養開始から1年後には100万株にまで増殖することが可能である．

マイクロプロパゲーションの効率が非常に高いことは言うまでもないが，クローン植物の生産技術としても多くの利点を有している．

a) 増殖された植物体は，遺伝的性質が均一である．

b) 病害（特にウイルス）に感染していないので，収量，品質が高まる．

c) 季節や環境に左右されずに植物体を増殖できる．

d) 増殖率が著しく高いので，新品種を短期間で増殖して普及することができる．

e) わずかな空間で多数の品種を増殖し，保存することができる．

一方で組織培養を利用することに起因する欠点も存在する．

a) 突然変異の発生頻度の上昇が，特にカルスやプロトプラストを経由したときに顕著である．

b) 培養が困難が植物（recalcitrant plant）がある．しかも，その原因や解決法は知られていない．

c)　成熟した組織の培養が困難であることが多い．それらの幼若化は困難である．

などである．利点と欠点とがあるのであって，あらゆる植物を自由に大量増殖できる技術ということではない．

しかし，増殖が確立された植物については，著しい省力化と大量増殖ができる．この技術の利用にあたって，利点や欠点をよく理解し，また，対象となる植物の特性を十分に知って，それぞれの植物に最も有効な増殖システムを確立することが重要である．

4.2　マイクロプロパゲーションの方法

マイクロプロパゲーションは，目的と手法の異なる複数の培養過程を経過することによって達成される．Murashige[5]は，これらの培養過程についてステージⅠ，Ⅱ，Ⅲの3つの過程が最小限必要であるとしている（図3.6）．これに，ステージ0，Ⅳ，Ⅴの3つのステージを加えて6ステージが必要であるとする意見もある[18]．実際に商業化されたクローン植物のマイクロプロパゲーションにおいて，植物の種類，培地，培養方法が異なっても，基本的にはこれらのプロセスによって繁殖する．

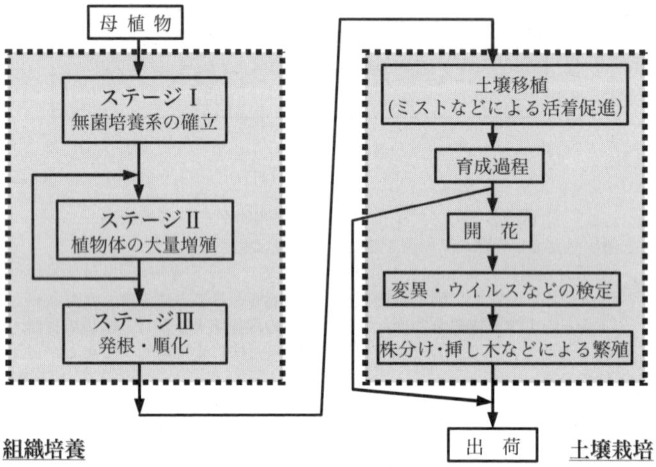

図3.6　クローン増殖のプロセス

ステージ　0　培養する材料植物，組織の選抜と調整

ステージ　Ⅰ　無菌培養系の確立

ステージ　Ⅱ　植物体の増殖

ステージ　Ⅲ　土壌移植のための準備

ステージ　Ⅳ　順化栽培

ステージ　Ⅴ　十分な機能を有する植物体へと生育させる遮光ハウスでの栽培

これらのうちで，ステージⅡは大量繁殖の中で最も重要なプロセスであり，植物体の数を指数級数的に増加させる．また，ステージⅢを経過することによって土壌移植後の活着を促進し，苗

化の効率を高める．ステージⅠ，Ⅱ，Ⅲは組織培養（tissue culture，あるいは単に *in vitro*＝生体外，ともいう）であり，ステージ0，Ⅳ，Ⅴは生体内（*in vivo*）あるいは培養容器外（*exo vitro*），つまり栽培である．

以下に各ステージについて説明する（図3.7）．

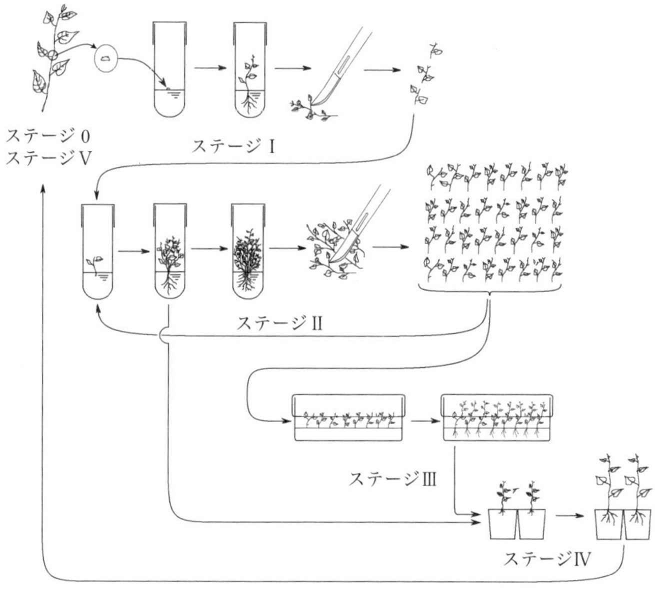

図3.7　芽の大量増殖の方法

ステージ0　培養する材料植物，組織の選抜と調整

マイクロプロパゲーションが成立する重要な条件の1つは，増殖に使用する材料植物の品質である．たった1株が親株となって，100万倍を超える増殖が容易に行われるので，十分選抜をして，最良の材料を使用することが必要である．ステージ0の条件としては；(a) 使用する種類，品種の代表的な親株であること，(b) 病害がない（pathogen-free）こと，あるいは培養によって病害が除去できること，(c) 生育が旺盛であり，培養することによってよく増殖する材料であること，などである[18]．良好な栽培環境で生育した優良な品質の親株を選抜することが決め手になることは言うまでもないが，材料として使用する部位，齢（成熟度あるいは幼若度），季節，生育状況（大きさ，太さ（厚さ），直射日光か日陰か，清浄度）などがステージⅠの成果に大きく影響するので，十分に考慮することが必要である．

ステージⅠ　無菌培養系の確立

ステージⅠの目的は，ステージ0で選抜した親株から組織を採取して培養し，無菌の培養株を確立するプロセスである．茎頂培養，胚培養，芽を有する植物体の部位（シュート切片や節切片）を培養することによるシュート形成，カルス誘導や組織切片からの不定芽あるいは不定胚の形成，などが行われる．いずれの場合も，使用する植物はほとんどの場合，屋外，温室あるいはビニールハウスなどで生育しているものであり，植物体の表面はバクテリア，カビ，酵母，などが付着

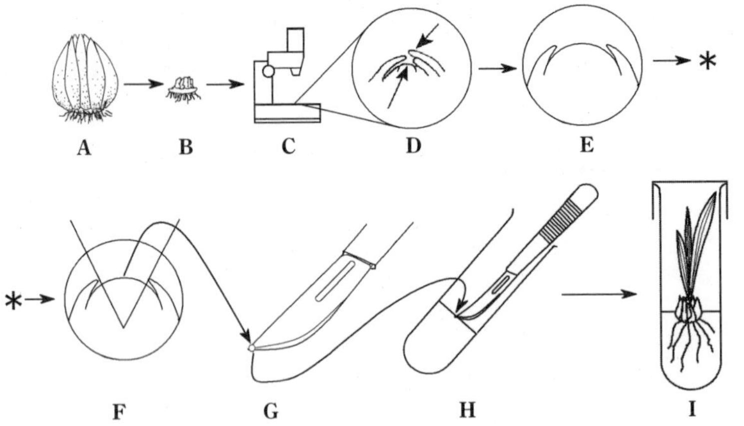

図3.8 ユリの茎頂培養の手順
A：鱗茎，B：茎頂分裂組織，C〜G：実体顕微鏡による茎頂分裂組織の採取，H：茎頂分裂組織を培地に置床して培養，I：新しい鱗茎の形成．

しているので，組織の表面を殺菌して無菌化することが必要である．無菌化の代表的な方法は，(a)茎頂分裂組織など，無菌の組織を切り出して培養する茎頂培養法，(b)殺菌剤（次亜塩素酸ナトリウム水溶液やエタノールなど）によって殺菌した組織を培養する方法，の2つである．その詳細はⅡ章に記述したので参照されたい．

ステージⅠでよく行われる茎頂培養（図3.8）は，茎頂分裂組織を0.1mmほどの大きさに切除して培養する方法であり，病害（特にウイルス）のない培養株を確立できることが多い．この方法は，変異がほとんど発生せず，親株と同一の培養株が確立される（メリクローン，mericloneという）ことから，最も広く利用される技術である．

ステージⅠで確立する無菌培養は，シュート形成であるとそのままステージⅡで増殖するのに好都合である．カルスや根の培養は，ステージⅡで効率よく増殖できた場合も，最終的にはシュート（あるいは，球根，塊茎などの貯蔵組織）を形成して植物体を得ることが必要なので，それぞれの植物の増殖体系の中で，必要とされる形態を有する培養を確立するようにする．

無菌培養を確立するための条件は多面的である．表3.2に示すように，マイクロプロパゲーションに影響する条件は，ステージ0に依存する面が大きい．生物的条件は言うに及ばず，温度，光，通気などの物理的条件，培地成分に依存する科学的条件，培養容器，培養槽，通気攪拌などの培養工学的条件，などがあり，その組合せは無限と言ってもよい．対象植物が変わると最適条件も変わるので，それぞれの植物ごとに様々な検討を行って最適条件を設定するが，その検討過程は技術的であり，研究的である．このことは，培養を行うステージⅠ，Ⅱ，Ⅲのいずれにも共通する課題である．現在までに知られている条件や技術では解決できない問題，あるいはさらに優れた条件や技術があり得るなど，技術は今も進化を続けていることを理解し，更なる改良，研究開発も必要である．

ステージⅠでは，単に無菌になりさえすれば良いわけではなく，あくまで植物組織がよく生育し，変異の発生も避けなければならないので，以下のような諸条件を十分に検討することが必要である[5)]．

表3.2　植物組織培養における増殖・分化に影響する条件

分類／項目	事　　項
物理的条件	
温　度	恒温，変温，最高温度，最低温度，など
光	照度，光質（波長スペクトル），日長，パルス
通　気	酸素，二酸化炭素，エチレン，培養容器の換気速度
pH	
浸透圧	
水	湿度，液体培地か固体培地か？，ゲル強度と水ポテンシャル
化学的条件	
無機塩類	N，P，K，その他
炭素源	糖（スクロース，グルコース，など），二酸化炭素
植物ホルモン	オーキシン，サイトカイニン，ジベレリン，アブシジン酸，エチレン，など
ビタミン類	チアミン，ピリドキシン，など
アミノ酸	
核　酸	
天然物	ペプトン，酵母エキス，ビーフエキス，ココナツミルク，など
生物的条件	
季　節	
細胞組織の齢	
極　性	
器官の種類	
組織の部位	
種類，品種	
培養工学的条件	
培養容器	容器の種類，大きさ
培養槽の型式	通気方法，撹拌方法
流動，剪断	
物質移動	養分，酸素

a)　外植体（explant）を採取する器官

外植体としては，シュート（茎），茎頂，根，葉，花器（子房，胚珠，胚，花柱，葯，花弁），球根などが用いられる．特に，茎頂は無菌の植物体を得るのが容易である上に，ウイルスフリー化ができること，変異の発生が少ないなどから，多くの植物の無菌化に利用されている．頂芽や脇芽のあるシュート脇芽，ユリの鱗片（りんぺん）やベゴニアの葉のように不定芽形成が容易な組織を培養することが多い．

b)　器官の生理的，発生的な齢

組織の齢が進んでいると，分化能が著しく低下する場合が多い．例えば，ベゴニアの葉切片を培養すると，若い葉からは多数の不定芽が形成されるが，成熟した古い葉は分化能が著しく低く不定芽がほとんど形成されない[19, 20]．種子から発芽させた幼植物体の各部位を培養してみると，胚軸（cotyledon）の分化能が高い場合が多い（Konar and Oberoi, 1965）．これは，1本の植物体の中で胚軸が最も未分化であり，あらゆる分化の可能性を有しているからであろう．

c)　外植体を採取する季節

植物の生育には季節性がある．発芽直後の新芽は若く，その後成熟して，秋には老化あるいは休眠に移行することが多い．季節によって温度，日長，照度，湿度が変化し，植物の生理的特性も大きく変化する．発芽直後の成長し始めた組織を材料にすると培養が容易である．また球根，塊茎，塊根などの貯蔵組織は，発芽した新芽を切除して外植体とするか，貯蔵組織そのものを使用する場合は，貯蔵組織が形成されて十分な養分が蓄積されるのを待って培養するのがよい．休眠性のある貯蔵組織の場合は，一定の低温遭遇後に休眠が打破されてから培養する．季節の影響は植物の種類，外植体の種類によって異なるので，その影響を十分に考慮することが必要である．

d)　外植体の大きさ

外植体は大きいほど培養が容易である．これは，組織が大きいほど生育に必要な生育因子が十分に含有されているからである．また，複数の定芽を有していれば，培養で複数のシュートを得ることもでき，その後の培養が容易になる．一方，茎頂培養でウイルスフリー化する場合には，できる限り小さく（0.5mm 以下，理想的には 0.1～0.2mm 以下）組織を切除して培養することが必要である．

e)　外植体を採取する植物の品質

罹病している植物，特に導管病のように組織内にまで菌が侵入している場合には無菌化することが困難である．抗生物質（例えば，合成ペニシリン）を使用して除菌することもあるが，抗生物質添加培地で複数回の継代培養を行わなければならないし，このようにしても除菌できないこともある．また，抗カビ剤（例えば，ナイスタチン）を使用することもあるが，毒性が強いし，カビが組織内に侵入していたり，カビの胞子が付着していると，殺菌は容易ではない．材料植物が十分にあれば，健全な組織を選抜して再培養することが，無菌培養を成功させる上で最も重要である．

ステージII　植物体の増殖

ステージIIは，組織を培養することによって急速に増殖し，最終的に多数の植物体を生産するプロセスである．このために使用される技術は，試験管内挿し木，腋芽形成促進，不定芽形成（組織片からの形成とカルスからの形成とがある），体細胞不定胚形成など（図 3.9 参照）であり，繰り返し培養することによって指数級数的に組織を増殖するので，短期間に大量のクローン植物を生産することができる．しかし，その半面，変異個体が出現してしまうと，たとえ 1 株（あるいは細胞 1 個）であったとしても短期間に増殖されてしまい，クローン植物としての価値を損なってしまう．この点を考慮すると，(a) 変異がほとんど発生しない，(b) 植物体が確実に得られる，という点から試験管内挿し木と腋芽形成を活用することが好ましく，実際に商業生産で最も広く利用されている．

カルスや組織片からの不定芽形成と不定胚形成は，突然変異の発生が多い（特に，カルスを経由した場合）ことが知られており，多くの植物の大量繁殖で変異の発生が問題となっている．例えば，ランの培養では，培養で形成したプロトコルム（原茎体，protocorm．園芸分野ではプロトコームという）を組織培養で大量に増殖し，再生した植物体を育成開花すると多くの変異個体が生ずることが問題となっている．カルス経由で不定胚（体細胞胚）を再分化させて苗として利用する人工種子（synthetic seed）の開発でも，変異発生が実用化の妨げとなった事例がある．

ステージIIは，培養を繰り返し行うことによって，効率良く組織を増殖して植物体を大量生産することが最大の目的である．前述した様々な培養法も，最終的には植物体（あるいは体細胞不定胚）を形成してクローン植物を得ることが必要であり，この目的を達するためにステージⅠで述べたと同様な様々な条件検討（表 3.2）が行われる．ステージⅠと同様に，ステージⅡの条件検討も技術的であり，研究的である．

ステージⅢ　土壌移植のための準備

マイクロプロパゲーションが達成されるためには，ステージⅡで増殖した植物体をポットや圃場で栽培できるような苗に育成することが必要である．このために，ステージⅢでは，土壌に移植したときに活着率が高くなるように発根させ，同時に乾燥や病害に対する抵抗性を付与する順化培養を行う．特に，1) 培養容器の換気（自然通気）を良好にする，2) 強光下で培養する，などにより，培養容器外の環境に対する抵抗性を高める培養が行われることが多い．しかし，現在の知見では，このような努力を行っても，ステージⅢで育成される植物体は軟弱であり，次に述べるステージⅣでは被覆ベンチや遮光ハウスでの栽培を行って，次第に培養容器外の環境に順応させなければならないことが多い．実際に，ほとんどの組織培養ナーサリー（tissue culture nursery）では組織培養容器から取り出した植物体をプラグトレーやポットに移植した後，遮光ハウスでビニールや紙で被覆したり，ミスト処理を行って順化栽培をしている．

ステージⅢの目的は，植物生理学的にみると，(a) 根の分化生育，(b) 光合成機能の強化，(c) 組織の充実（乾物蓄積，組織構造，表皮構造など），(d) 環境抵抗性の強化（乾燥，強光度，ストレス，気孔反応，病虫害），などであり，屋外環境で育っている植物と同様な組織構造，機能を付与することが理想である．ステージⅢに関する研究は多くはないので，どのような培養条件で移植栽培に適した植物体が形成されるのかは，ほとんど明らかにされていない．ステージⅢの培養環境と植物の形態的，生理的反応との関係については，新しい視点から十分に検討してみることが必要であろう．

なお，球根，塊茎，塊根などの貯蔵器官を形成する場合，次のステージⅣを経由しなくても，直接陽光下で栽培できることが多いが，休眠していることもあるので，直接栽培する場合は休眠打破について明らかにしておくことが必要である．

ステージⅣ　順化栽培

ステージⅣは，ステージⅢで育成された培養植物体が軟弱であり，培養容器から取り出してポットやプラグトレーに移殖し，直接屋外や温室の陽光下で生育させることができないことが多いので，順化（acclimatization，acclimation，hardening，conditioning）を行う．順化とは，植物の生育環境を変化させたとき，環境の変化に対応して植物の性質が変化することをいう．順化栽培を開始した当初は，低照度とし，十分に加湿し，遮光ハウス（あるいはベッド）でビニールや紙で被覆したり，ミスト処理を行って栽培する．次第に被覆やミストを除去して順化する．

ステージⅣを経由することによって，植物体の根が十分な機能を有すると共に順化が進む．葉の表面にクチクラとワックスが肥厚して環境抵抗性や機械的強度が高まり，光合成や気孔の機能も高まる．

ステージⅤ　完全な機能を有する植物体へと生育させる遮光ハウスでの栽培

ステージⅣで順化した植物を，屋外や温室，ビニールハウスで栽培するための前段階の栽培である．遮光ハウスで栽培し，次第に陽光環境に移行して完全な機能を有する植物体へと育成する．ステージⅤを経由して育成された植物は，屋外や温室，ビニールハウス内で，陽光下で普通に栽培して育成収穫することができる．

変異や病害などの品質検定もステージⅤで行われることが多い（花や果実の品質などは，開花結実まで栽培しないとわからない）．

4.3　マイクロプロパゲーションにおける芽の大量増殖技術

前述したマイクロプロパゲーションプロセスで，急速増殖の鍵を握るのは，ステージⅡ，植物体の増殖，である．そこで使用される芽の大量増殖技術は，前述した試験管内挿し木，腋芽形成促進，不定芽形成（組織片からの分化とカルスからの分化とがある），不定胚形成など（図3.9参照）である．

4.3.1　試験管内挿し木（図3.9 A）

培養で生育したシュートを分割した組織片を新しい培地に移植することを試験管内挿し木（*in vitro* cutting）という．試験管内挿し木をした組織片の腋芽が伸長して新しいシュートを形成し，植物体が再生される．これを繰り返すと，指数級数的にシュートが増殖される．シュートの分割移植は，挿し木と同様な手順によるので，変異の発生はほとんどなく，増殖率がほぼ一定なので，安定した増殖技術である．寒天培地を使用した場合は，分割移植に多くの培養容器と労力を要するが，後述するバイオリアクターを用いた大量培養技術を利用すると，わずかな労力でシュートを大量に生産することができる．

4.3.2　腋芽形成促進（図3.9 B）

試験管内挿し木法と基本的には類似した技術といえるが，培養によって腋芽の形成を促進し，これを分割して新しいシュートを大量生産させる技術である．腋芽の形成促進には，植物ホルモンの一種，サイトカイニンを使用することが多い．サイトカイニンは腋芽の伸長を促進してシュートを形成するが，形成されたシュートの腋芽も伸長し，しかも，このような現象が繰り返し起こるので，試験管内挿し木法と比較して更に高い効率でシュートを増殖することができる．試験管内挿し木法とシュートの形成メカニズムは同じなので，変異の発生はほとんどなく増殖率も一段と高いメリットがある．

4.3.3　不定芽形成（図3.9 C，D）

腋芽のように決まった場所に形成される芽以外のものを不定芽（adventitious bud）という．これに対して，腋芽のように決まった場所に形成される芽を定芽（definite bud）という．不定芽は茎，葉，根，カルスといったあらゆる組織に形成されるので，組織が大量に増殖されれば，不定芽の増殖率も高まる．不定芽形成によって増殖された植物体は，腋芽から増殖した植物体と比較して変異の発生が高くなる傾向がある．特に，カルスを経由した場合には，変異の発生が顕著である事例が知られるようになった．このため，不定芽形成を利用したマイクロプロパゲーションは，変異が起こらないことが確認された場合，あるいは変異の発生があまり問題にされない場合に限定されている．

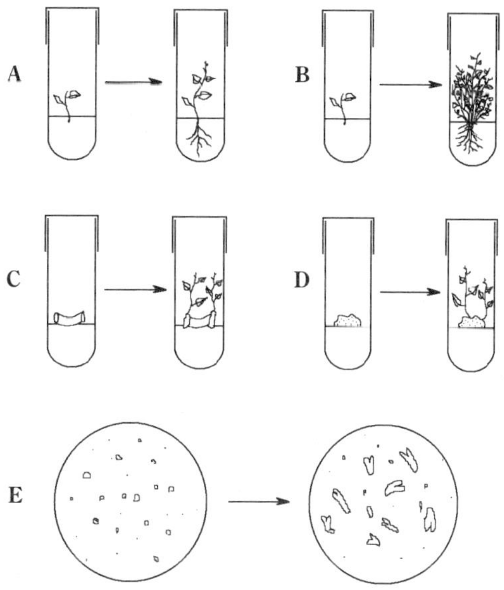

図3.9 植物体を大量に形成する培養方法
A：試験管内挿し木，B：腋芽形成促進，C：組織切片からの不定芽形成，D：カルスからの不定芽形成，E：体細胞不定胚形成

不定芽形成によっても変異が起こらないことが確認された事例としては，ユリ，アマリリス，ヒヤシンスなどの球根類の鱗片からの不定芽形成がある．これらの植物は，従来から分割した鱗片を挿し木する方法（鱗片挿し）で増殖されているものであり，変異が生じないことが長い歴史の中で証明されている．組織培養でも同じ手法が用いられるので，30年を超えるマイクロプロパゲーションの歴史の中でも，これらの植物の培養鱗片による変異の発生は知られていない．

ベゴニア，グロキシニア，セントポーリアなども従来から葉挿しで増殖されてきたが，葉の切片培養で不定芽を形成させて増殖した場合も，葉挿しと比較して変異が高まるといったことは無いようである．

4.3.4 体細胞不定胚形成（図3.9 E）

受粉受精によらずに，体細胞から直接発生する胚を不定胚（adventitious embryo），あるいは体細胞不定胚（somatic embryo）という．不定胚形成（あるいは不定胚分化，不定胚発生）のことを adventitious embryogenesis と言い，体細胞不定胚形成（あるいは体細胞不定胚発生，体細胞不定胚分化）は somatic embryogenesis という．『学術用語集　植物学編』には不定胚，体細胞不定胚形成の2語が記載されている．

体細胞不定胚形成は，1958年に Steward ら[21] と Reinert[22] によって初めて報告された．その後，裸子植物から被子植物まで多くの植物で体細胞不定胚形成が報告されている．不定胚には芽と胚軸の2方向への分化，伸長という2極性が観察されるので，芽のみが分化，伸張する不定芽形成と区別される．組織塊やカルスに一部が埋没する不定胚は，外見上，不定芽と区別できないことがあるが，組織切片を作製して観察すると，2極性が明らかであり，不定芽と明確に区別できる．

生殖によって形成される種子胚の場合，単一の不定胚のみが発生し，1つの不定胚から別の不定胚が分化する二次胚の形成はほとんど見られないのに対し，体細胞不定胚形成においては，二次胚あるいは三次胚が形成されて多芽状になることがしばしばあり，体細胞不定胚形成をマイクロプロパゲーションの手段として利用する場合の障害になっている．不定胚は，単細胞が活発に分裂を繰り返して細胞小集塊を形成し，さらに球状胚，心臓型胚，魚雷型胚の順に発生が進み，子葉，胚軸，幼根を有する胚になる．この過程は種子胚の発生過程と酷似している．種子胚が種子の発芽に伴い実生（みしょう）（seedling）を経て完全な植物体になるのと同様に，不定胚も適正な環境下で発芽生育し植物体になる．体細胞不定胚形成は，細胞を高濃度のオーキシン（特に2,4-D）で処理した後，オーキシンを除去した培地で培養することによって誘導できることが多い．また，ABA（アブシジン酸）の生成を促進する種々ストレスの存在も体細胞不定胚形成に関与していると考えられている．

体細胞不定胚形成の効率は著しく高く，100Lの培養で7 200万本の植物を作出できるほどである[23]．これは，40 000 haの苗圃面積に相当する．

マイクロプロパゲーションの1手法として体細胞不定胚形成を利用する試みは，増殖効率が著しく高いことから人工種子技術と併せて多くの有用植物で積極的に取り組まれている．

受精によらない胚発生でも，雄性配偶子からの胚発生を雄核（性）発生（andorogenesis），雄性配偶子の刺激によって雌性配偶子のみから起こる胚発生を雌核（性）発生（gynogenesis＝偽受精生殖 pseudogamy）と言い，体細胞不定胚発生と区別している．

4.4　メリクローンとウイルスフリー植物

メリクローン（mericlone）という用語は，分裂組織（meristem）とクローン（clone）の合成語であり，茎頂分裂組織（apical meristem）に由来する組織を増殖して得られるクローン植物のことをいう．メリクローンは，前述したようにフランスのモレルによってウイルスフリー（virus-free plant）のランの繁殖技術として1960年に開発され，その後クローン植物の大量繁殖技術として急速に普及して現在に至っており，マイクロプロパゲーションの基幹技術の1つになっている．

メリクローンの最も重要な特性は，クローンであることに外ならないが，メリクローンであればこそ，という重要な特性がウイルスフリーである．一般に，ウイルスに感染した植物体の中で，茎頂分裂組織はウイルスが分布しない（ウイルスフリー）か，分布してもその濃度が著しく低い（ウイルスプア）とされている（図3.10）．

図3.10　茎頂組織のウイルス分布

ランの場合には，茎頂分裂組織を培養することによって，種子の無菌発芽で形成されるプロトコームに類似したプロトコーム様体（protocorm like body；PLB）が形成される．これを培養して増殖することが可能であり，最終的に，その組織表面から小植物体が形成されてメリクローン苗が得られる．

マイクロプロパゲーションで繁殖した植物あるいはその技術を総称してメリクローンと呼ぶことがあるが，必ずしも正しくないことがあるので，使用されている技術を正確に理解した上で使用する必要がある．

植物に感染するウイルスの種類は非常に多い[24]．栽培植物はなんらかのウイルスに汚染されていると考えてもよく，収量や品質が低下する事例も多発している．特に，栄養繁殖性の作物は，一旦ウイルスに感染すると除去されることはなく，栄養繁殖によって伝播され被害が拡大していく．被害は，日本全国で年間2 000億円にもなるといわれているが，防除できる薬剤などは無く，対策は困難を極めている．トマトやキュウリなど一部の作物では弱毒ウイルスが開発されて防除に利用されて成果をあげているが，大半はなんの対策もなされていない．唯一，ウイルスフリー植物を利用するとウイルスの被害が顕著に減少するばかりでなく，時には顕著に収量が増加することもある．茎頂培養によってウイルスフリー植物が増殖されている代表的な植物には，カーネーション，ユリ，グラジオラス，ラン，イチゴ，ジャガイモ，サツマイモ，フキ，ブドウ，リンゴ，モモなどがあり，広く農業生産で利用されている．

ウイルスの検定は，容易ではない．病徴のみではウイルスの有無を正確に診断することは困難である．1つの植物に複数のウイルスが感染することもあるので，そのすべてを検定することは容易ではない．研究を進めると新規なウイルスがみつかることもある．これらのウイルスには様々な検定法が使用される．検定植物を利用する方法（接種検定，接ぎ木検定），電子顕微鏡観察法，免疫反応法（酵素免疫抗体法：ELISA（図3.11），免疫沈降法，迅速免疫ろ紙検定法：RIPA，キャピラリー電気泳動イムノアッセイ），PCR法，LAMP法，PCR断片の塩基配列決定法，などがあるが，複数の検定法を使用して，異なった生育ステージの検定が行われる（図3.12）．これらの検定でウイルスが検出されなければ，高度にウイルスが除去されたウイルスフリー株であると考えられ

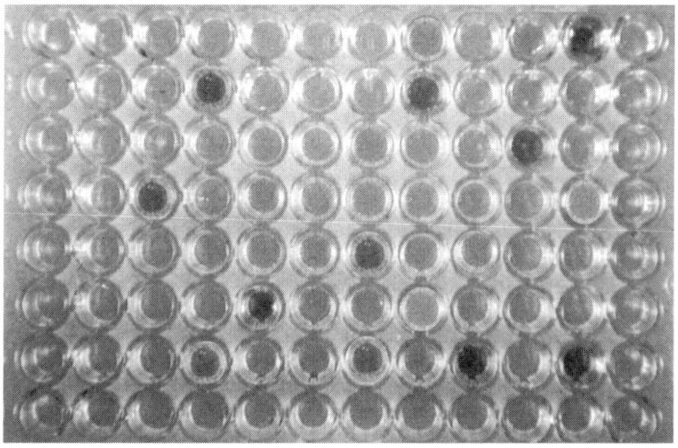

図3.11 エライザ法（ELISA）によるウイルスの検定
マルチウエルエリザプレートを使用して免疫反応を行っている．着色しているウエルは陽性（ポジティブ）反応を示している．
ELISA：enzyme-linked immunosorbent assay，酵素結合免疫反応吸着測定法の略．

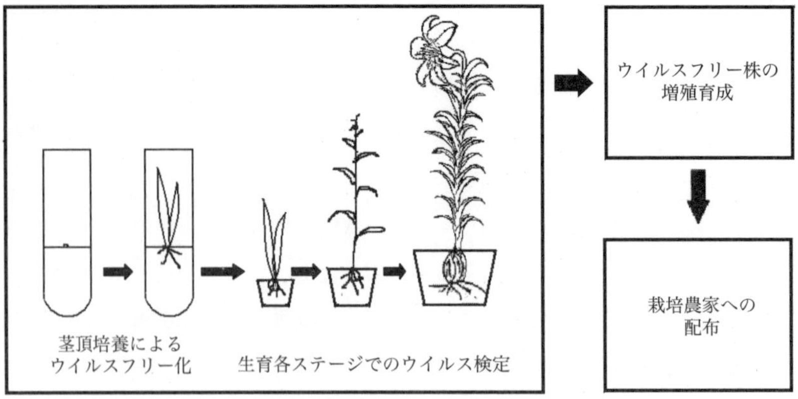

図3.12　ユリのウイルスフリー株の作出，検定，増殖のフロー図

る．このような株を一般に栽培用に増殖するための原株（nuclear stock）としている．

ウイルスフリーであると診断された株を原株とし，この株をウイルス感染を防ぐための網室で増殖して生産栽培用のウイルスフリー株を供給する体制としているケースが世界各地にみられる．球根類では，原株を培養してウイルスフリー球根を供給しているケースもある．このようにして選抜，検定，系統保存，種苗供給がなされるケースが多い．

4.5　ハイパーハイドリシティ

凍結融解した植物あるいは藻類の葉状体（thallus）のように組織が半透明に変化し，水浸状（hyperhydricity, hyperhydric transformation, waterlogging, translucency）になることを言う（図3.13参照）．水浸状化あるいは膨潤化，などとも言われる．組織がガラス状に見えることから，オランダのDebergh[25]がビトリフィケーション（あるいはガラス化，どちらもvitrification）と呼んだ現象と同一である．Grout と Crisp[26]によりハイパーハイドリシティ（hyperhydricity）と名付けられた．

ハイパーハイドリシティの用語がビトリフィケーションと共によく使用されていたが，後者は細胞凍結保存法としてのビトリフィケーションが広く使用されているので，混乱を避ける意味からハイパーハイドリシティが主として用いられるようになった．ハイパーハイドリシティを起こしたシュートの葉は肥厚伸長し，褶曲（しゅうきょく）したりカールして壊れやすく，水分含量が高く，クロロフィルが欠乏しているといった傾向がある[27]．組織は，通常の組織の表面を覆うクチクラやワックスが欠如している，気孔が不規則である，葉緑体が分解している，柵状組織が欠如し海綿状組織のみからなっている，という特徴的な構造をしている[25,28]．培養容器外の環境には著しく弱く，容器外に取り出して栽培しても枯死してしまうことが多い．また，一旦ハイパーハイドリシティを起こした植物を，正常な植物に戻すことは非常に困難であることから，組織培養でクローン植物の苗を大量生産する場合にハイパーハイドリシティの発生が大きな問題になっている．

組織培養でハイパーハイドリシティの発生を低減させるためには，培養容器の通気を良くして湿潤にならないようにする，高照度条件で培養する，寒天濃度を高くする，オーキシンやアンモニウム濃度を下げる，などが最も重要であるとされているが，必ずしも確かなことが明らかにされているわけではない．温度，培養容器の空気容積，液体培地と固体培地の比較，培地の主要成分の影響（NO^{3-}，Ca^{2+}），抗ジベレリン（CCC），サイトカイニン（BA），抗オーキシン（TIBA），浸透圧（寒天，マンニトール），培養容器と栓，といった様々な培養条件について網羅的に検討した結果でも，寒天を0.6％から1.1％に高めたときのみ，ハイパーハイドリシティが改善され，その原因がマトリックスポテンシャル（主として毛管現象による表面張力や吸引力）の変化に依存するといった結論であった[25,28]．

図3.13 ハイパーハイドリシティと正常な葉の比較
A：ハイパーハイドリシティを生じた葉，水浸化しており，クロロフィルが少ないので、光を透過して明るく見える．
B：正常な葉，クロロフィル含量が高く，組織も充実しているので，光を余り通さない．

ハイパーハイドリシティを発生した葉のいま1つの特徴は，活性酸素の生成とその防御系の代謝の発現である．Saherら[27]は，カーネーション（品種：オスロ，キラー，アリスターの3種類）を材料にしてシュートを培養し，0.58％の寒天濃度でハイパーハイドリシティの発生を誘導し，正常な株とハイパーハイドリシティが発生した株の代謝特性を比較している．その結果によると，3品種ともに同様な反応を示し，ハイパーハイドリシティが発生した株は乾物比率，クロロフィル含量が顕著に低く，鉄（Fe），カリウム（K）の含量，エチレン生成，組織からの溶質の流出，過酸化脂質生成の指標となるマロンジアルデヒド（MDA），などが高まること，特にH_2O_2生成が顕著に高まり（図3.14），抗酸化酵素（スーパーオキシドジスムターゼ（SOD），カタラーゼ（CAT），グルタチオンレダクターゼ（GR），アスコルビン酸ペルオキシダーゼ（APX））の活性も高まることが示されている．H_2O_2の生成とスーパーオキシドジスムターゼの活性が顕著であり，鉄イオンの含量が高いことから，H_2O_2とスーパーオキシド（$O_2^{\cdot-}$）が同時に存在する条件で，鉄イオンを触媒とし

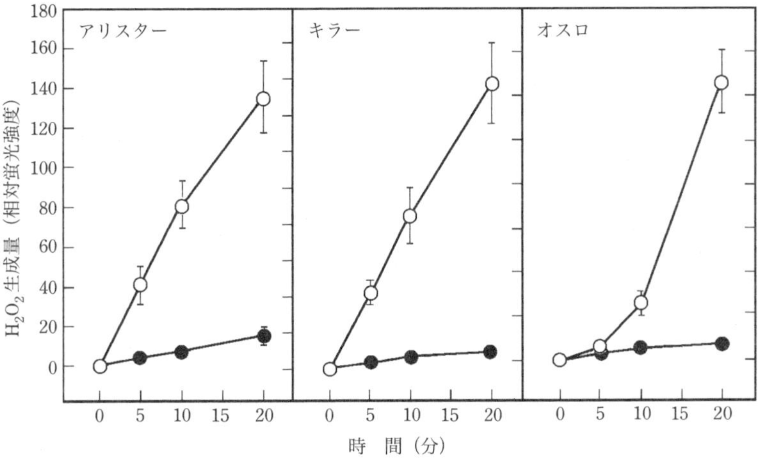

図3.14 H_2O_2生成の経時変化
培養28日目のカーネーション3品種の対照区とハイパーハイドリシティ区の葉の相対蛍光強度で示した．―○―ハイパーハイドリシティ区，―●―対照区．各データは平均値±SE（n=6）

てハーバー・ワイス反応（Haber-Weiss reaction）によって毒性の強いヒドロキシラジカル（HO・）が生成し，これも酸化ストレスの原因となっていると考えられる．

脂質の過酸化を触媒するリポキシゲナーゼ（LOX）の活性は低いが，鉄イオンが過剰にあり，H_2O_2 の生成が顕著なので，脂質ヒドロキシペルオキシド（LOOH）をアルコキシラジカル（LO・）やペルオキシラジカル（LOO・）に分解し，これによって脂質過酸化反応が増幅されるものと思われる．このように，ハイパーハイドリシティが発生したカーネーションでは，酸化ストレスによって H_2O_2 の生成が顕著となり，脂質の過酸化や細胞膜損傷が起こると考えられている．

なお，ハイパーハイドリシティと類似した現象に膨潤化（cell swelling）があり，植物組織培養ではハイパーハイドリシティと同義に理解される場合もある．しかし，膨潤化は細胞が多量の水を含有して膨らむこと，例えば，一定の浸透圧下にある細胞を，より低い浸透圧の溶液中に移すと細胞が吸水して膨張することを言う．また，植物細胞培養においては，培地にオーキシンを添加すると細胞壁がゆるみ，細胞の吸水が促進されて細胞が生育するとともに膨潤化が起こる．膨潤化という用語が組織培養で発生するハイパーハイドリシティの性質を言い尽くしているものではない．

4.6　マイクロプロパゲーションにおける変異発生

マイクロプロパゲーションで最も注意を要するのは変異の発生である．マイクロプロパゲーションの増殖率は著しく高いので，たった1本の変異株が大量増殖してしまい，クローンとしての価値を損ない，時には保証問題に至ることもある．前述したように，不定芽形成による増殖，特にカルスを経由した場合には，変異の発生が顕著である事例が知られている．組織培養におけるこのような変異をソマクローナル変異（somaclonal variation）という[29]．

ソマクローナル変異は，組織培養でカルス培養，細胞培養，プロトプラストなどを経由することによって高頻度で発生する．変異の程度は培養の種類，培養期間，植物の種類などによって大きく異なるが，シュート培養や茎頂培養などの安定した分化組織の培養では変異発生は少なく，カルス培養，細胞培養，プロトプラストなど，脱分化が進むほど，また，脱分化の期間が長いほど変異発生が高まる傾向があり，時には10％を超える高い変異がみられることもある．通常の変異発生が 10^{-6}～10^{-7} 程度と著しく低いことと比較すると，異常に高い発生率であることが分かる．一方，分化組織からの不定芽形成は遺伝的に安定している．その事例として，ユリの球根（鱗茎）からの不定芽形成がある．ユリは，従来から分割した鱗片を挿し木する方法（鱗片挿し）で増殖されており，変異が生じないことが長い歴史の中で知られている．組織培養でも同じ手法でマイクロプロパゲーションが行われているが，鱗片培養による変異の発生は知られていない．ユリについてRAPDパターン（RAPD；randomly amplified polymorphic DNA．RAPDパターンは短いPCRプライマーを使用して多くの遺伝子増幅断片を生成し，これを電気泳動で分離したパターン）を解析する手法で遺伝子レベルでの変異の有無を調べた結果も，鱗片から不定芽形成によって継代した子球鱗茎は，継代培養4代目と12代目の鱗茎のRAPDパターンが，すべて増殖に使用した親鱗茎と同じで，変異の発生はみられず，安定したクローンであった[30]．

組織培養で観察される変異は以下のように分類される.

A.　培養条件に依存した変異

B.　染色体突然変異

C.　遺伝子突然変異

A は，植物ホルモン（サイトカイニンやオーキシン），培養条件によるハイパーハイドリシティの発生や形態異常などがあり，培養から取り出して栽培すると，生育に伴って正常な形態へと回復することが多い．遺伝的な変異ではなく，生理的な異常であるといえる.

B，C は遺伝的な変異であり，染色体の構造や数の変化に起因する染色体突然変異 (B) と，遺伝子の変化に起因する遺伝子突然変異 (C) とがある．また，遺伝子そのもの（ゲノムの塩基配列）には変化がないが，メチル化による修飾が遺伝子の発現を一時的（transient）に制御しているケースもある．以下には遺伝的な変異について述べる.

4.6.1　染色体突然変異（chromosomal mutations）

染色体突然変異には，染色体数の変化と染色体の構造変化とがある.

1)　染色体数の変化

半数体（haploid，染色体数＝n）を基本数として，正常型が 2 倍体（diploid，染色体数＝$2n$）であると，これよりも染色体が倍数で増加した 3 倍体（triploid，染色体数＝$3n$），4 倍体（tetraploid，染色体数＝$4n$）というように染色体の倍数性（ploidy）が変化する倍数体（polyploid）と，染色体数が 1 本不足したり過剰になる（このことを異数性，aneuploidy という）異数体（aneuploid）とがある.

これらの変異が観察された例として，ノルウェートウヒの胚形成クローン（embryogenic clone）を数年間継代培養して，形成された体細胞不定胚の変異について調べた結果，アルビノや矮化（わいか）がみられ，染色体構造には，植物体全体が 3 染色体（ある染色体が正常な 2 本ではなく，3 本ある），芽は 3 染色体で根が 2 倍体のキメラ，4 倍体あるいは混倍数体の胚形成細胞塊がみられた[31]．また，半数体の胚形成系統をホルモンフリー培地で 7 年間継代培養したところ，半数体から 4 倍体までの倍数体がみられ，大半が 2 倍体となっていた．また，異数体も観察された[32]．これらの事例にみるように，様々な染色体数の異常が観察されている.

染色体数の変化（chromosomal aberretion）に起因する変異には，ある特定の染色体が欠けたり倍加した異数体，複数の同質あるいは異質ゲノムを有する正倍数体（euploid），細胞分裂時の染色体の分離異常（meiotic drive）による変異などがある．倍数体や異数体のような染色体数の変化は，次に述べる染色体の構造変化に比べて顕微鏡観察が容易であり，上記の例にみるように，組織培養でも多くの観察事例が報告されている.

2)　染色体の構造変化

染色体の構造変化（structural rearrangement）が生じると，遺伝子の発現が変化して突然変異を生じる．このような変異には，染色体から染色質の一部が分離してなくなる欠失（deletion, deficiency），正常な染色体組のほかにその中にある染色体の断片が過剰に存在する重複（duplication），配列した遺伝子の一部が，染色体の切断によって反対の順序に再配列した逆位（inversion），2個の染色体が切れ互いに染色体片を交換する転座（translocation）などがある．このほか，イソ染色体（isochromosome），環状染色体（ring chromosome），末端動原体（telocentric），無動原体（ascentric），イソ二動原体（isodicentric），環状二動原体（ring dicentric）などがある[33]．

4.6.2 遺伝子突然変異（gene mutations）

遺伝子突然変異は，遺伝子（DNA）の塩基配列に生じる損傷である．変異は塩基配列中の1塩基に生じるだけではない．複数の塩基が変異することもある．遺伝子の変異によって形態や機能の変異が生じることが多い．

遺伝子突然変異は，DNAの塩基配列の損傷や複製のミスによって遺伝子が変異することによって生ずる．このような変異が生じる分子レベルのメカニズムとして，DNA塩基配列の損傷，DNA塩基配列損傷を修復する細胞機能の変化，細胞周期をつかさどる遺伝子の変化がある[34]．その他にも，遺伝的不安定が生じるメカニズムとして，DNA分子の偶発的な変化，例えば，DNA複製時，DNA修復，遺伝子の再配列，酸化あるいはメチル化よるDNAの化学変化，といったことでDNA損傷が起こる．

1996年に廣近ら（Hirochika *et al.*）[35]は，分子レベルでの変異発生の原因として，レトロトランスポゾンの存在を明らかにしている．それまでに報告されていたTos1からTos5までの5つのレトロトランスポゾンに加えて，Tos6〜Tos20の15のレトロトランスポゾンを報告した．これらは，正常な生育条件下ではいずれも不活性であった．これらのうち，3つのレトロトランスポゾン（Tos10，Tos17，Tos19）は，組織培養条件下で活性化された．中でもTos17が最も活性が強かった．Tos17の翻訳産物は組織培養条件下でのみ検出されており，Tos17の活性化が組織培養による変異誘発の重要な要因であることが示された．

このほか，エピジェネティックな変異発生（DNAのメチル化など遺伝子の本来の構造によらない形質発現）があり，遺伝子の増幅，メチル化，制御因子などを通して，発現が影響を受けることもある．

5. マイクロプロパゲーションの対象植物と商業生産

組織培養で大量増殖されるクローン植物には産業上有用なあらゆる植物種が含まれる．ユリ，ベゴニア，セントポーリア，ガーベラ，ランなどの花きや観葉植物を中心とする多くの栄養繁殖性の草本植物は特に需要が多い．また，リンゴ，ナシ，モモなどの果樹やポプラ，ユーカリ，スギなどの木本植物もその対象とされており，特に形質の優れた母株やウイルスフリー株の大量増殖が行われている．このほか，薬用植物やプランテーション作物など，対象植物は多岐にわたる（表3.3参照）．世界各地に多くの組織培養ナーサリーがあり，生産される植物の本数は1998年の時点で，全世界で年間6億本と推定され，その60〜70%が花きや観葉植物とされている[18]．マイクロプロパゲーションで生産された植物体数は，毎年増大している．特に，この技術が普及した最近20年間の増加は顕著である（図3.15）．

表3.3 マイクロプロパゲーションのクローン繁殖の対象植物

花　き	
球根，塊根など	ユリ，アマリリス，スイセン，フリージア，グラジオラス，アイリス，ダリア，ネリネ，シラー，チューリップ，オーニソガラム，リューココリネ，ヒヤシンス，ムスカリ，ヘメロカリス
草本花き	カーネーション，セントポーリア，ゼラニウム，クレマチス，ポインセチア，ストレプトカーパス，グロキシニア，ミヤコワスレ，ガーベラ，キク，スターチス，シュッコンカスミソウ，シニンギア，プリムラ，ペラルゴニウム，ダイアンサス，シネラリア，シクラメン，カランコエ，ベゴニア，ペチュニア，デルフィニウム，ラナンキュラス，クレマチス，ギボウシ，ヒマラヤユキノシタ，アルストロメリア，リモニウム，アスター，デルフィニウム，カスミソウ
木本花き	バラ，アジサイ，クチナシ，シャクナゲ，カルミア，ライラック，シラカバ
ラ　ン	シンビジウム，カトレア，ファレノプシス，ミルトニア
観葉植物	アンスリウム，ベンジャミーナ，グズマニア，カラー，シンゴニウム，コルディリネ，ゴムノキ，ディフェンバキア，モンステラ，フィロデンドロン，カラジウム，アロカシア，アナナス，ネオゲリア，ドラセナ，ヘゴ，アジアンタム，ホスタ，ネフロレピス，ヤツデ，マランタ，トキワシノブ，カラテア，タコノキ，ペペロミア，アロエ，ホマロメナ
野　菜	イチゴ，トマト，ワサビ，ナガイモ，ニンニク，サトイモ，サツマイモ，ジャガイモ，フキ，コンニャク，ルバーブ，カリフラワー，テンサイ，ホップ，アスパラガス，チコリ
果　樹	ナシ，リンゴ，カンキツ，ブドウ，ラズベリー，ブルーベリー，アーモンド，チェリー
林　木	ユーカリ，ポプラ，スギ，シラカバ
薬用植物	センキュウ，カラスビシャク，ベラドンナ，トリカブト，ハシリドコロ，トコン，センブリ，ダイオウ
プランテーション作物	バナナ，パイナップル，オイルパーム

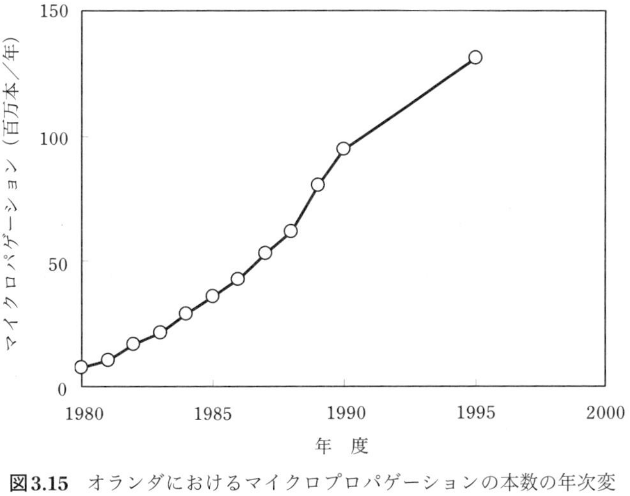

図3.15 オランダにおけるマイクロプロパゲーションの本数の年次変化．1990年までは生産本数，1995年は生産本数と輸入本数の合計（文献7)のデータにより作図）

6.　大量培養によるマイクロプロパゲーション

6.1　大量培養とは

図3.16　20Lバイオリアクターによる大量増殖

従来のマイクロプロパゲーションが，小型の培養容器を使用し，寒天などの固体培地で培養しているのに対し，大型の培養容器で植物を培養することを大量培養という（large-scale culture, mass culture）（図3.16参照）．大量培養は，大きな培養容器，例えば，バイオリアクター（bioreactor）を使用して，少ない労力と設備で植物を大量に培養する．大量培養には多数の培養容器を使用して培養し，植物を大量に生産するという意味もあるが，ここでは，バイオリアクターの利用を中心に述べる．

大量培養は，植物の組織（根（毛状根や不定根），シュートなど）や細胞を大量に培養して生産する技術であり，医薬品などの有用二次代謝物質の生産や植物の種苗の生産に使用する．大量培養の特徴は，1) 液体培地を使用して液内培養を行う，2) 大型の培養容器を使用する，3) 培養容量に対して労力，エネルギー，設備が少なくてよい，4) 生産効率が高い，などである．

6.2　バイオリアクター

大容量の液体培地で微生物や動植物の細胞，組織の深部培養を行う装置をバイオリアクターという．小型の装置は1Lほどから，大型の装置は工業生産装置として100kLを超えるものも建設されている．マイクロプロパゲーション用には，取扱いの容易さ，植物体の生産本数，などから考えると，10～20Lほどの装置が望ましい．さらに大型の30～100L規模の装置は，主として，工業生産規模の製造を行うための諸条件の検討を行うパイロットプラントとして設置される．動物細胞の大量培養には，専用の装置が設置されることが多いが，微生物と植物細胞の培養は同一の装置を共用することが可能である．バイオリアクターは，通気撹拌型が主として使用されているが，気泡塔型やエアリフト型も利用される．

バイオリアクターによる植物大量培養のプロセス（図3.17）は，種培養に使用する植物体を分割せずに，多数の芽あるいは植物体が塊状になった状態のまま大量培養するので，人手をあまりかけず，効率良く大量増殖することができる利点を有している．液体培養で生育が促進される理由は；a) 液体培地内で培養されるので培養物と培地との接触面積が大きい，b) 強制通気撹拌を行うので酸素の供給が良好であり，生育が促進される，c) 培養物が常に浮遊しながら培養されるので極性がなくなり，頂芽優勢現象が解除された結果，培養した組織塊の表面に形成された多数の芽をすべて生育させることが可能になる，などである．

バイオリアクターによる大量増殖の例として，イチゴ，ユリ，アマリリス，グラジオラス，ベ

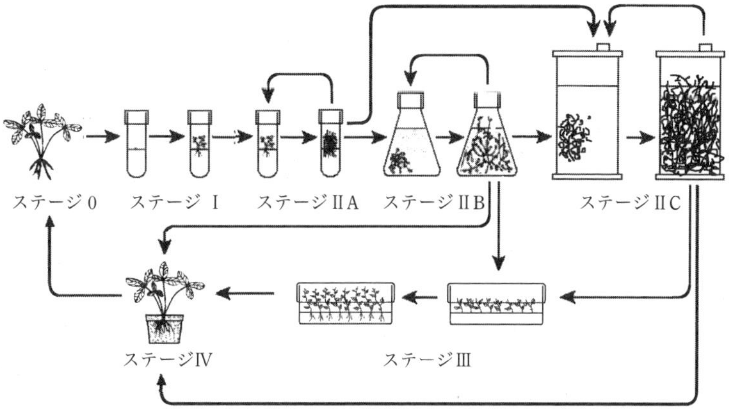

図3.17 バイオリアクターによる大量増殖手順

ゴニア，セントポーリア，グロキシニア，サトイモ，カラスビシャク，ジャガイモ，スパティフィラム，などが行われた．これらの内，バイオリアクターによるサトイモ球茎の大量増殖，ジャガイモのマイクロチューバー（小型の塊茎）の大量増殖，スパティフィラムのシュートの大量増殖，について紹介する．

6.2.1 サトイモ球茎の大量増殖（図 3.18）

バイオリアクターでシュートを大量増殖した後，通気量を高めて，1 か月ほどで培地を強制的に蒸発乾燥させるとシュートの基部が肥大して球茎化し，培養槽内がすべて球茎で埋めつくされるほどになる．得られた球茎は貯蔵性，発芽性ともに良好であり，直接土壌に播種して栽培することができる．

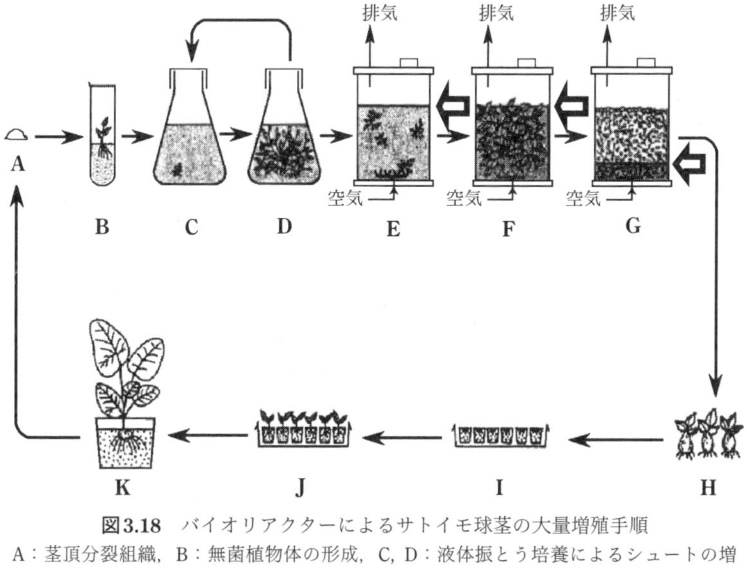

図3.18 バイオリアクターによるサトイモ球茎の大量増殖手順
A：茎頂分裂組織，B：無菌植物体の形成，C, D：液体振とう培養によるシュートの増殖，E, F：バイオリアクターによるシュートの増殖，G：急速通気による培地の乾燥とマイクロコーム（小型の球茎）の形成，H：形成されたマイクロコーム，I, J：マイクロコームの栽培，K：植物体の栽培育成

6.2.2　ジャガイモのマイクロチューバーの大量増殖（図 3.19, 3.20）

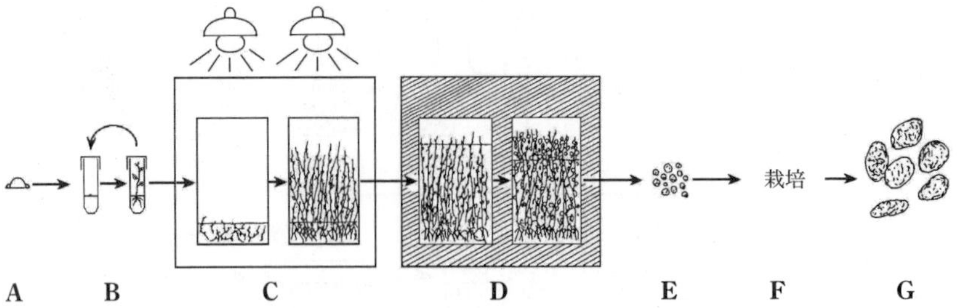

図3.19　バイオリアクターによるジャガイモ塊茎の大量増殖手順
A：茎頂分裂組織，B：無菌植物体の形成と増殖，C：連続照明下でのバイオリアクターによるシュートの増殖，D：暗黒下でのバイオリアクターによるマイクロチューバーの形成，E：形成されたマイクロチューバー，F：マイクロチューバーの栽培育成，G：生産されたチューバー

図3.20　バイオリアクター内に形成されたマイクロチューバー
培養ステージは図 3.19 の D に対応する.

ジャガイモのマイクロチューバーは，小型であっても栽培当年に通常の種イモから栽培したのと変わらない収穫が得られる．ジャガイモはウイルスフリー株が必要とされているが，広大な圃場での栽培に必要なウイルスフリーの種イモを準備することは大変なことである．大きな生産力をもつウイルスフリーの種イモが大量培養によってマイクロチューバーの形で提供されれば，農業生産に大きな貢献をすることになる．図 3.19 には，著者らが開発したバイオリアクターによるジャガイモのマイクロチューバーの大量生産プロセスを示した．このプロセスでは，培地の糖濃度を 1〜3% として，光照射下で気相中にシュートを増殖（図 3.19 C）した後，培地の糖濃度を 9% とし，暗黒条件に変更してマイクロチューバーを形成した（図 3.19 D）．このようにして，マイクロチューバーの大量生産を実現した．

6.2.3　スパティフィラムのシュートの大量増殖（図 3.21）

スパティフィラムはサトイモ科の観葉植物である．この植物を 10L と 20L のバイオリアクターで培養すると，培養槽内部一杯にシュートが生育する．このシュートを取り出してオアシス（挿し木培地）で苗化した．移植した苗はほとんどが活着した．バイオリアクター内で形成されたシュートは 10L で約 3 万本，オアシスへの移植本数としても 3 000 本以上が得られた．培養には，ほとんど人手を必要とせず，大変に効率の高い方法である．

図3.21　バイオリアクターによるスパティフィラムの増殖
A：10Lのバイオリアクターで生育するスパティフィラムのシュート，B：バイオリアクター内のスパティフィラムのシュート，C：バイオリアクターからシュートの取り出し，D, E：バイオリアクターから取り出してテーブルに並べたシュート，F：オアシス挿し木培地で活着生育するスパティフィラムの植物体

7. 人 工 種 子

人工種子は種子と類似した構造を持つカプセルを人工的に作製し，種子のように播種して栽培できるように形成したクローン植物の総称である．通常，体細胞不定胚や不定芽をカプセルに包埋して作製する．つまり，受粉，受精によって発生した胚ではなく，マイクロプロパゲーションで増殖したクローン植物である．これらを寒天やアルギン酸カルシウムなどのゲルで包み球状のカプセルとした「植物種の類似物」（K. Redenbaugh，1984）である（図3.22）．

人工種子は，ごく小型の不定胚や不定芽を利用するので，通常のマイクロプロパゲーションとは異なり，少量の培養で大量生産することが可能である．100 L の培養槽で人工種子の材料になる不定胚を培養すると，7 200 万本の植物（苗圃面積 100 000 エーカー＝40 000 ha 分）に相当する不定胚を作出できるという．

人工種子製造の主要な工程を図3.23に示した[36]．それによると，1) カルス化，2) 液体培養によるカルス増殖，3) 不定胚や不定芽の分化誘導，4) マチュレーション（maturation，成熟化），5) カプセル化（encapsulation）といった工程が必要である．これらの内，マチュレーション，カプセ

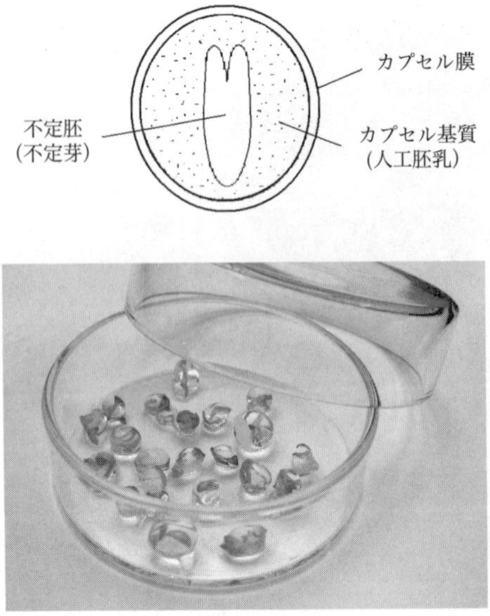

図3.22　人工種子の構造
上：人工種子の模式図、下：人工種子

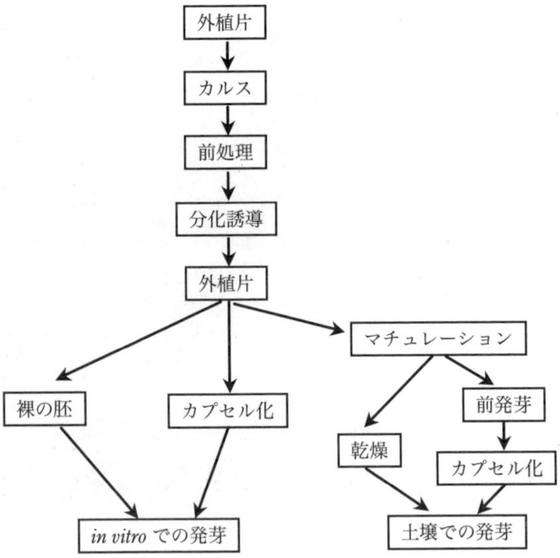

図3.23　不定胚の形成と人工種子化による植物体形成のプロセス[36)]

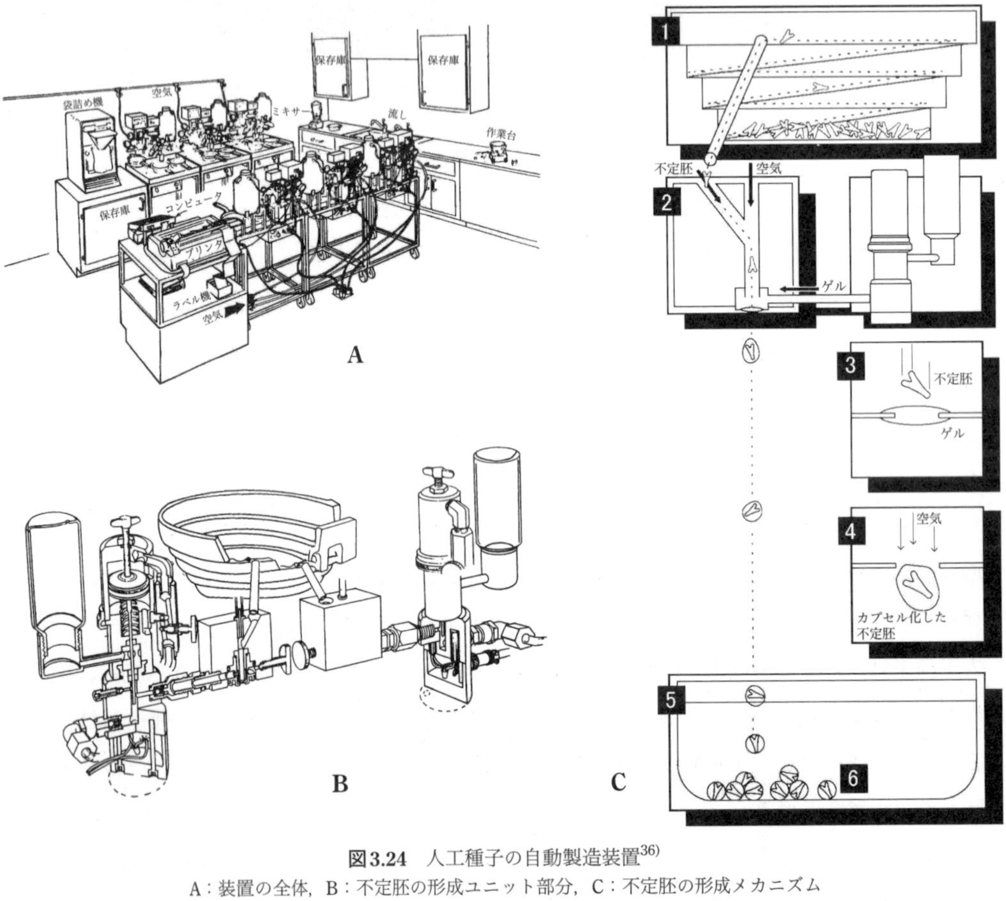

図3.24　人工種子の自動製造装置[36)]
A：装置の全体，B：不定胚の形成ユニット部分，C：不定胚の形成メカニズム

ル化は人工種子の開発にとって不可欠の工程である．特に，人工種子の本体を製造するカプセル化工程には専用の機械（図3.24）が開発され，実用技術への道を開きつつある．

人工種子の研究が開始されて以来，すでに長い時間が経過しており，この間に多くの植物で人工種子が作られ，また，多くの植物で不定胚の形成が報告されているが，人工種子の実用化の道のりはまだ遠いように思える．誘導した不定胚の変異発生の問題，人工種子の構造を形成する素材，人工種子の圃場での播種と発芽技術，乾燥保存技術，など，解決しなければならない問題は数多く残されている．

8. おわりに

マイクロプロパゲーションの普及は目覚しい．すでに，一般技術となっている．農業上重要な栄養繁殖性作物は，その多くがマイクロプロパゲーションでクローン繁殖されている．一方で，この技術には大きな進展がなく，ほとんどは実用化が開始された1970年代の後半と変わらない状況である．自動化や大量培養の試みもなされているが，積極的に取り組んでいるのは一部の企業にとどまっている．マイクロプロパゲーションの技術には，まだ多くの課題が残されている．工学的な技術開発と，植物の機能の解析と利用，そして，それらを総合した生産プロセスの構築など，マイクロプロパゲーションは更なる展開が可能である．21世紀の先端技術として，より一層の技術開発を期待したい．

引用文献

1) Morel, G. and Martin, C., Guérison de dahlias atteints d'une maladie à virus, *C.R. Acad. Sci. Paris*, **235**, 1324–1325 (1952)
2) Morel, G. and Martin, C., Guérison de pommes de terre atteintes de maladies à virus, *C.R. Acad. Agric. France*, **41**, 472–475 (1955)
3) Morel, G., Producing virus-free cymbidium, *Amer. Orchid Soc. Bull.*, **29**, 495–497 (1960)
4) Morel, G., Tissue culture—a new means of clonal propagation in orchids, *Amer. Orchid Soc. Bull.*, **33**, 473–478 (1964)
5) Murashige, T., Plant propagation through tissue cultures, *Ann. Rev. Plant Physiol.*, **25**, 135–166 (1974)
6) Pierik, R.L.M., Handicaps for the large scale commercial application of micropropagation, *Acta Hort.*, **230**, 63–72 (1988)
7) Pierik, R.L.M., In Vitro Culture of Higher Plants, pp.1–348, Kluwer Academic Publishers (1997)
8) Mantel, S.H., Mathews, J.A. and McKee, R.A., Principles in Plant Biotechnology—An Introduction to Genetic Engineering in Plants, pp.1–269, Blackwell Scientific Publications (1985)
9) Riha, K. *et al.*, Developmental control of telomere lengths and telomerase activity in plants, *Plant Cell*, **10**, 1691–1698 (1998)
10) Hultdin, M., Telomere analysis of normal and neoplastic hematopoietic cells—Studies focusing on fluorescence *in situ* hybridization and flow cytometry. Dissertation, Umea University Medical Dissertations, New Series No. 840, pp. 1–66 (2003)
11) Wilmut, I. *et al.*, Viable offspring derived from fetal and adult mammalian cells, *Nature*, **385**, 810–813 (1997)
12) Shiels, P.G. *et al.*, Analysis of telomere length in Dolly, a sheep derived by nuclear transfer, *Cloning*, **1**, 119–

125 (1999)

13) Heller, K. *et al.*, Telomerase activity in plant extracts, *Mol. Gen. Genet.*, **252**, 342–345 (1996)

14) Fajkus, J., Kovarik, A. and Kralovics, R., Telomerase activity in plant cells, *FEBS Lett.*, **391**, 307–309 (1996)

15) Fitzgerald, M. S., McKnight, T. D. and Shippen, D. E., Characterization and developmental patterns of telomerase expression in plants, *Proc. Natl. Acad. Sci. USA*, **93**, 14422–14427 (1996)

16) McKnight, T. D., Riha, K. and Shippen, D.E., Telomeres, telomerase, and stability of the plant genome, *J. Plant Mol. Biol.*, **48**, 331–337 (2002)

17) Murashige, T., Serpa, M. and Jones, J.B., Clonal multiplication of Gerbera through tissue culture, *HortSci.*, **19**, 175–180 (1974)

18) Altman, A. and Loberant, B., Micropropagation of plants, principles and practices, In: Spier, R.E., Griffiths, B. and Scragg, A.H. eds., The Encyclopedia of Cell Technology (2–Volume Set), pp.916–929, John Wiley & Sons, New York (2000)

19) Takayama, S. and Misawa, M., A scheme for mass propagation of *Begonia* × *hiemalis* by shake culture, *Scientia Hortic.*, **18**, 353–362 (1982)

20) Takayama, S. and Misawa, M., Factors affecting differentiation and growth *in vitro* and a mass propagation scheme for *Begonia* × *hiemalis*, *Scientia Hortic.*, **16**, 65–75 (1982)

21) Steward, F.C., Mapes, M.O. and Mears, K., Growth and organized development of cultured cells. II. Organization in cultures grown from freely suspended cells, *Amer. J. Bot.*, **45**, 705–708 (1958)

22) Reinert, J., Untersuchungen uber die Morphogenese an Gewebekulturen, *Ber. Dtsch. Bot. Ges.*, **71**, 15 (1958)

23) Durzan, D.J., Genetics aim to develop taller, hardier trees, *C & EN*, June 4, 26 (1979)

24) Beale, H.P. ed., Bibliography of plant viruses and index to research, Columbia Unversity Press (1976)

25) Debergh, P., Harbaoui, Y. and Lemeur, R., Mass propagation of globe artichoke (*Cynara scolymus*) : Evaluation of different hypotheses to overcome vitrification with special reference to water potential, *Physiol. Plant.*, **53**, 181–187 (1981)

26) Grout, B. W. W. and Crisp, P. C., Practical aspects of the propagation of cauliflower by meristem culture, *Acta Hortic.*, **78**, 289–296 (1978)

27) Saher, S. *et al.*, Hyperhydricity in micropropagated carnation shoots: the role of oxidative stress, *Physiol. Plant.*, **120**, 152–161 (2004)

28) Debergh, P., Micropropagation, Hyperhydricity, In: Spier, R.E., Griffiths, B. and Scragg, A.H. eds., The Encyclopedia of Cell Technology (2–Volume Set), pp.929–933, John Wiley & Sons, New York (2000)

29) Larkin, P.J. and Scowcroft, W. R., Somaclonal variation—a novel source of variability from cell cultures for plant improvement, *Theor. Appl. Genet.*, **60**, 197–214 (1981)

30) Varshney, A. *et al.*, Establishment of genetic fidelity of *In vitro*-raised *Lilium* bulblets through RAPD markers, *In Vitro Cell. Dev. Biol. - Plant*, **37**, 227–231 (2001)

31) Furre, J.L. *et al.*, Somatic embryogenesis and somaclonal variation in Norway spruce: morphogenetic, cytogenetic and molecular approaches, *Theor. Appl. Genet.*, **94**, 159–169 (1997)

32) Von Anderkas, P. and Anderson, P., Aneuploidy and polyploidization in haploid tissue cultures of *Larix deciduas*, *Physiol. Plant.*, **88**, 73–77 (1993)

33) Sunderland, N., Nuclear Cytology, In:Street, H.E. ed., Plant Tissue and Cell Culture, 2nd Ed., pp.177–205, Blackwell Scientific Publications, Oxford (1977)

34) Leroy, X.J. and Leon, K., A rapid method for detection of plant genomic instability using unanchored-microsatellite primers, *Plant Mol. Biol. Rep.*, **18**, 283a–283g (2000)

35) Hirochika, H. *et al.*, Retrotransposons of rice involved in mutations induced by tissue culture, *Proc. Natl. Acad. Sci. USA*, **93**, 7783–7788 (1998)

36) Redenbaugh, K., Fujii, J.A. and Stade, D., Synthetic seed technology, In: Vasil, I.K. ed., Scale-up and automation in plant propagation, pp.35–74, Academic Press, San Diego (1991)

（高山真策）

Ⅳ　二次代謝物質生産

1.　植物の有用成分の生産

植物が生産する多様な代謝物質を，植物バイオテクノロジーの技術を利用して効率よく工業的に生産させようという試みが行われている．これは，いわば微生物の発酵法による物質生産の植物版である．しかし，植物細胞は，微生物のように増殖速度が速くないため，微生物だと培養時間は数時間から数日であるが，植物の場合は通常数週間を要し，したがって製造コストもそれだけ高くなってしまう問題点がある．それでも，植物には，医薬品をはじめとして人類にとって非常に有用な物質を生産し，しかもこれらの植物由来の有用物質には化学合成法でも微生物発酵法でも生産が困難な複雑な構造や立体特異性を有するものが多く知られているが，有用植物の中には稀有植物や栽培が困難な植物，乱獲によって絶滅の危機に瀕している植物なども多い．また，最近では，形質転換した植物細胞による機能性タンパク質の生産に関する研究も活発に行われており，植物バイオテクノロジーによる有用物質生産に対する期待は大きい．

植物の有用成分の生産に関する研究を実施するためには，植物がどのような化合物を生産しているのか，それらの化合物は現在どのような方法で生産されているのか，その植物の栽培は容易かどうか，植物のどの部位で生産されどこに蓄積されるのか，植物における代謝経路，細胞増殖と物質生産の制御方法，培養装置のスケールアップ方法など多方面にわたる知識が必要となる．本章では，これらの概要について以下に述べる．

1.1　植物の二次代謝とその利用

植物の代謝系は，植物界に普遍的に存在する代謝（一次代謝）および，限られた範囲の生物だけに特異的にみられる代謝（二次代謝）の 2 種類に大別することができる．これらはまた，生命維持に必要なもの（一次代謝）および生命維持には必ずしも必要ないもの（二次代謝）といった分類をすることも可能である．多くの生物に共通してみられる生化学的反応，例えば，光合成，解糖系，TCA 回路などのエネルギー代謝系や，炭水化物，脂肪酸・脂肪，アミノ酸・タンパク質，核酸などの生合成は一次代謝に分類される．二次代謝産物には，明白な意味を持たないものも多数存在するが，長い進化や環境への適応過程において，特定の二次代謝物質（有用物質）を有する植物が，自然淘汰されて生き残ってきたと考えられている．図 4.1 は，植物の分類と含有される二次代謝物質との関連をまとめたものである[1]．二次代謝物質が系統や種に特徴的な成分として分布していることが多いので，このような化学成分に着目して植物を系統的に分類することが可能である．このような手法をケモタキソノミー（化学的系統分類学）という．

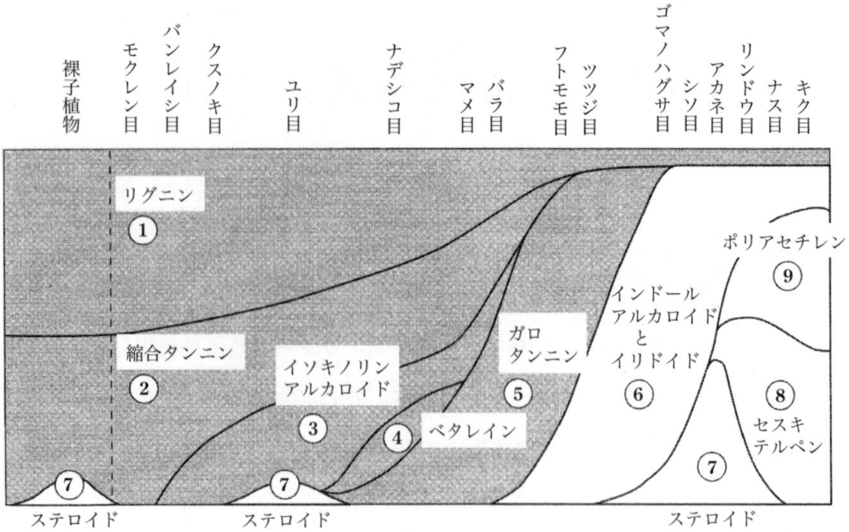

図4.1　原始のまたそれから由来した分類群における二次代謝の生物活性物質の生起

代表的な二次代謝物質としては，フェニルプロパノイド，アルカロイド，テルペノイド，ポリケチドなどがあり（図4.2），その機能としては，不要成分や有害物質の排泄（解毒），過剰養分を貯蔵し必要なときに再利用するための貯蔵，植物の成長を制御するための植物ホルモン，植物体の補強（リグニンなど），他の動物，植物，微生物の攻撃を抑える摂食抑制・発育抑制などの生物防護，紫外線や低温，乾燥などから身を護る環境防護，花粉や種子の媒体である動物の誘引などが知られている．これらの二次代謝物質には，医薬品，色素，香辛料，農薬，香水などの機能性素材として我々人類に利用されているものも多い．

現在，日本で使用されている医薬品の中で，植物性生薬や薬用植物を抽出原料あるいはこれらを基本骨格（リード化合物）として開発された医薬品の例を以下にあげる．一般に，医薬品原料は食品や化粧品の添加剤などに比べ，単位重量当たりの金額が大きいため，植物組織培養による

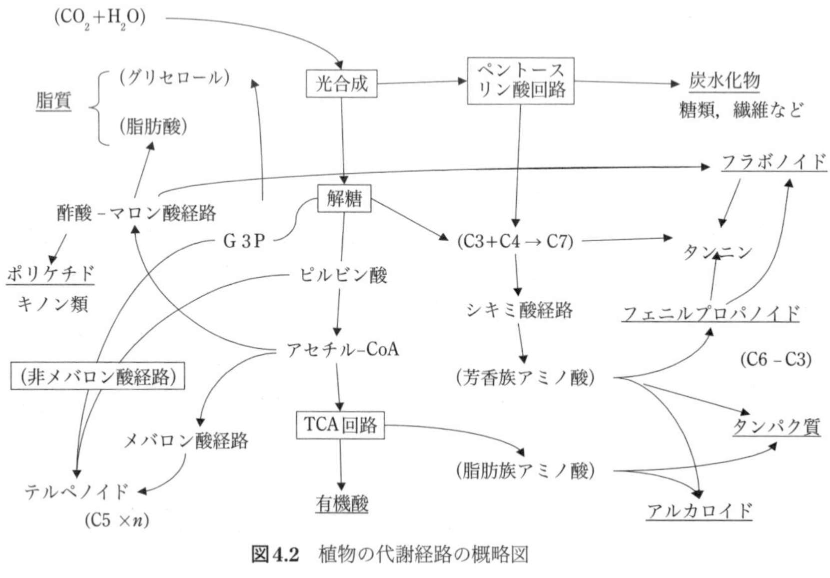

図4.2　植物の代謝経路の概略図

物質生産に関する研究も多くなされている.

1) 鎮 痛 薬

ケシ科のケシ（*Papaver somniferum*）の未熟果実の乳液中に含まれるアヘンアルカロイドのモルヒネは，強力な鎮痛，鎮咳（ちんがい），止瀉（ししゃ）作用を有するが，薬物依存性や嘔吐などの副作用も強く，麻薬として指定されているためその使用に制限を受けている．しかし，モルヒネとともにアヘンに含まれるコデインは，鎮痛作用は1/6程度であるが鎮咳作用は強く，また耐性形成が遅く依存性も弱いため，鎮咳薬として用いられている．また，モルヒネから誘導される強力な鎮咳作用を有するエチルモルヒネやジヒドロコデイン，鎮静，鎮痛作用が数倍高く嘔吐作用の弱いオキシコドンも，半合成法で合成され，医薬品として利用されている．このほかにもモルヒネの活性構造をリード化合物としてモルヒナン型やベンゾモルファン型合成麻薬性鎮痛薬などが合成されている．一方，モルヒネのアセチル化によって得られるヘロインは鎮痛作用も強いが，薬物依存性が強い麻薬で使用が禁止されている．なお，モルヒネの全合成法，半合成法は報告されているが，いずれも経済的にアヘンからの抽出精製に劣るため，産業化されていない．

ヤナギ（*Salix alba*）の樹皮は昔から解熱鎮痛の目的で使われてきたが，これに含有されるフェニルプロパノイド配糖体サリシン（サリチルアルコール配糖体）から加水分解して得られるサリチル酸，経皮吸収性を高めたサリチル酸メチル，強い刺激性や胃腸障害などの副作用を低減したアスピリン（アセチルサリチル酸），サリチルアミド，エテンザミドなどが開発された．サリチル酸はウインターグリーン（*Gaultheria procumbens*）の葉やスイートバーチ（*Betula lenta*）の樹皮などにも多く含まれる．

安息香酸は，エゴノキ科アンソクコウノキ（*Styrax benzoin*）の樹脂に含まれているフェニルプロパノイドで，特有の香りが名前の由来となっている．薫香剤，解熱鎮痛薬，去痰薬，防腐剤として利用されるほか，アミノ安息香酸エチル，エストラジオール，安息香酸ナトリウムカフェインなどの医薬品原料として利用される．ただし，合成が容易な単純構造の物質であるため，現在はトルエンの空気酸化により製造されている．

2) 中枢興奮剤

クスノキ（*Cinnamomum camphora*）の樹皮や枝葉，根を水蒸気蒸留して得られるモノテルペノイドの*d*-カンフル（ショウノウ，樟脳）は，特有の香りを有し，局所刺激作用と防腐作用を示す．中枢神経系全体の興奮を起こし，特に延髄の呼吸，血管運動中枢に作用して，呼吸興奮と血圧上昇を示す．また，心臓への直接作用はないが体内で代謝されて強心作用を示す．かつては蘇生薬（カンフル剤）として知られた．以前は，もっぱらクスノキの水蒸気蒸留で得ていたが，テレビン油などから豊富に得られるテルペノイドのα-ピネンを出発原料として，半合成で製造されている．

3) 自律神経薬

漢方で鎮咳，発汗，解熱の目的で利用されていたマオウ科マオウ（麻黄）(*Ephedra sinica*) より抽出された天然アミンのエフェドリンは消化管からの吸収が良好で胃で分解されにくい交感神経作動薬で，現在も広く医薬品として利用されているが，経口投与では無効なアドレナリンなどの生体カテコールアミン類とは異なり，経口でも利用可能な点を特徴とし，その後のアドレナリン受容体作用薬開発に大きな影響を与えた．

アフリカの原住民の間で罪の有無を試す試罪法のために使われていたカラバルマメ (*Physostigma venenosum*) に含まれるアルカロイドのフィソスチグミンはアセチルコリンエステラーゼ阻害に基づき，アセチルコリンの作用を増強する．このフィソスチグミンの構造を基に，ネオスチグミンが合成された．

ナス科ベラドンナ (*Atropa belladonna*) やチョウセンアサガオ (*Datura stramonium*) の根や茎から得られるアルカロイドのアトロピンは，強い副交感神経遮断薬である．この活性構造を基に，ホマトロピン，メチルアトロピンなどが合成された．なお，アトロピンはラセミ体（*dl* 体）であるが，天然では *l* 体のヒヨスチアミンとして存在し，抽出過程で *dl* 体となる．活性は *l* 体の方が強く，ヒヨスチアミンの抗ムスカリン作用はアトロピンの約 2 倍である．ヒヨスチアミンから生合成されるスコポラミンはさらに強力な作用を有し，医薬品的な価値も高い．ところが，通常の植物体ではスコポラミンへと変換されるヒヨスチアミンはわずかでスコポラミンの含量は非常に低い．Hashimoto ら[2] はヒヨス (*Hyoscyamus niger*) からヒヨスチアミンをスコポラミンへ変換する酵素を取り出し，ヒヨスチアミン含量は高いがスコポラミンをほとんど生成しないベラドンナに遺伝子を組み込んで発現させ，スコポラミン含量が非常に高い培養組織（毛状根）や再生植物体[3] を得たと報告している．

ツヅラフジ科植物 (*Chondrodendron tomentosum*) の樹皮から作られ南アメリカのインディオたちに矢毒として利用されていた竹筒クラーレ（ツボ・クラーレ）のアルカロイド *d*–ツボクラリンは非常に複雑な構造をした神経–筋接合部遮断薬であるが，その活性構造を基に，デカメトニウム，スキサメトニウムといった合成筋弛緩薬やヘキサメトニウムなどの降圧薬が開発された．

血圧下降，精神安定を主作用とするインドジャボク（蛇木）(*Rauwolfia serpentina*) の根より抽出されるアルカロイドのレセルピンからは，トランキライザーのテトラベナジンや降圧剤シロシンゴピンが合成された．

4) 局所麻酔薬

コカ (*Erythroxylon coca*) の葉を噛むと感受性の向上，多幸感，一時的な筋力の向上などの作用があり，南アメリカのインディオたちに疲労忘却，労働意欲亢進の目的でチューインガムのように噛まれていたが，その活性成分であるアルカロイドのコカインは強力な鎮痛作用を有し，全身麻酔薬しかなかった 19 世紀後半に画期的な局所麻酔薬として登場した．その結果，コカインの供給不足が生じたが，メルクはコカの葉に多く含まれる弱活性成分エクゴニンを合成原料として強活性のコカインを半合成することに成功し，巨万の富を得て現在のメルク社の基礎を築いた．

その後，全合成法も完成されたが，非常に多段階の合成過程を要し経済的に引き合わないため，産業化されていない．

その後コカインは，耐性および依存性の形成が強い麻薬であることが判明し，コカインの活性構造をリード化合物として，より安全な局所麻酔薬の開発研究が行われた．その結果生み出されたアミノ安息香酸エチル，プロカイン，ジブカイン，リドカインは局所麻酔薬として，プロカインアミドは抗不整脈薬として現在も局方に記載されている．

ところで，コカの名前を見て，コカ・コーラを連想した方はどのくらいいるだろうか？ ヨーロッパでは19世紀半ばにコカ葉が覚醒作用を有する「魔法の薬」として流行し，19世紀末にはコルシカの化学者アンジェロ・マリアニがコカ葉抽出物をワインに加えた「マリアニ・ワイン」を販売し，爆発的な人気を呼んだ．さらに，禁酒法が発布されたアメリカでは，ジョージア州アトランタの特許医薬品製造業者ジョンS. ペンバートンが，このマリアニの考え方を取り入れ，コカ葉抽出物と，カフェインを多く含んだコーラ・ナッツを混ぜ，発泡炭酸ガスを加えた甘いシロップを「アルコール分を含まない知的な飲み物」として売り出し，またたく間に世界中に広がった．しかし，コカインの有毒性が次第に明らかになり，1906年，アメリカ議会は食品に加えるコカインの売買と使用を全面的に禁じ，その結果，コカ・コーラ会社は，成分の中からコカイン抽出物を抜かざるを得なくなった，という歴史的な流れがある．

5) 強心配糖体

ゴマノハグサ科のジギタリス（*Digitalis purpurea*）やケジギタリス（*Digitalis lanata*）にはジギトキシン，ジゴキシン，ラナトシドCなどの現在も医薬品として利用されている強心ステロイド配糖体（テルペノイド）が含有されるが，ラナトシドCを脱アセチル化して吸収性を高めたデスラノシドなども開発されている．また，リビングストンがアフリカ探検の際に矢毒として利用されているのを見出したキョウチクトウ科のストロファンツス（*Strophanthus gratus*）の種子から得られる強心ステロイド配糖体も強心薬G-ストロファンチンとして知られている．

6) 抗がん剤

キョウチクトウ科のニチニチソウ（*Vinca rosea*＝*Catharanthus roseus*）に含まれるビンカアルカロイドのビンクリスチン，ビンブラスチンは白血病，悪性リンパ腫，小児腫瘍を適応とした重要な抗腫瘍剤であるが，これらをリード化合物として，半合成されたビンデシンや，非小細胞肺がんを適応として開発された酒石酸ビノレルビン（医薬品名ナベルビン）なども抗腫瘍剤として利用されている．ビンカアルカロイドからは他にもビンポセチンなどの脳血流改善剤が開発されている．

メギ科ポドフィルム（*Podophyllum peltatum*）の根茎に含まれるリグナンのポドフィロトキシン配糖体を原料とするエトポシドからは小細胞肺がん，悪性リンパ腫，子宮頸がんを適応とした抗腫瘍剤が開発された．キジュ（喜樹）（*Camptotheca acuminata*）に含まれるカンプトテシンから誘導合成されたイリノテカンは，小細胞肺がん，非小細胞肺がん，子宮頸がん，卵巣がん，胃がん，結腸・直腸がん，乳がん，悪性リンパ腫などを適応とした抗腫瘍剤である．

タイヘイヨウイチイ（*Taxus brevifolia*）の樹皮から見出されたジテルペノイドのパクリタキセル（医薬品名タキソール）は，卵巣がん，乳がんなどの固形がんに有効なことから注目を浴びている抗腫瘍剤である．ところが，植物から単離する方法は，タイヘイヨウイチイが成長の遅い樹木であること，含量が極めて低いことなどから，医薬品の生産方法として問題があり，実用化における大きな難関となった．タキソールはタイヘイヨウイチイ樹皮の内皮部分に乾燥重量として0.01～0.03％程度しか含有されないので，1 kg のタキソールを得るためには 9 000kg の樹皮が必要であり，そのためには 2 000～3 000 本の樹木が必要となるという．また，別の計算では，1 人のがん患者に使用するタキソール 2g を得るためには乾燥樹皮 60 ポンドを要し，これは樹齢 100 年のタイヘイヨウイチイ 3 本分に相当するという．一方，タキソールの全合成法は，1994年にアメリカ化学会誌に最初に発表され，複雑な構造を持つ化合物が合成可能であることを示した研究として注目された．しかし，非常に多段階の反応を要し，コストがかかり過ぎることから，付加価値の高い医薬品といえども，商業的製造方法としては問題があった．その後，セイヨウイチイ（*Taxus baccata*）という灌木の葉から比較的大量に取れる中間原料（バッカチンⅢ）をもとに，有機合成により数工程で生産する技術が開発され，現在タキソールはこの技術で生産されている（図 4.3）．セイヨウイチイ中のバッカチンⅢ含量は 0.3％で，葉を収穫しても再び伸びてくるので毎年収穫が可能であるという．一方，*Taxus* 属植物の組織培養によるタキソール生産例も報告されており[4]，2 週間で約 150 mg/L という高い生産性と約 0.7％w/w という高含量を達成し，商業化を目指した研究が進んでいる．この場合，セイヨウイチイからの半合成法よりもコスト的に優れた系を確立できるかどうかがポイントとなる．

なお，カンプトテシンとパクリタキセルは，アメリカ国立がん研究所（NCI）が，1969 年から 1981 年にかけ，約 35 000 種もの陸生植物から 110 000 個以上に及ぶ抽出液を調製し，抗がん活性成分のスクリーニングを行った結果，見出されたものである．

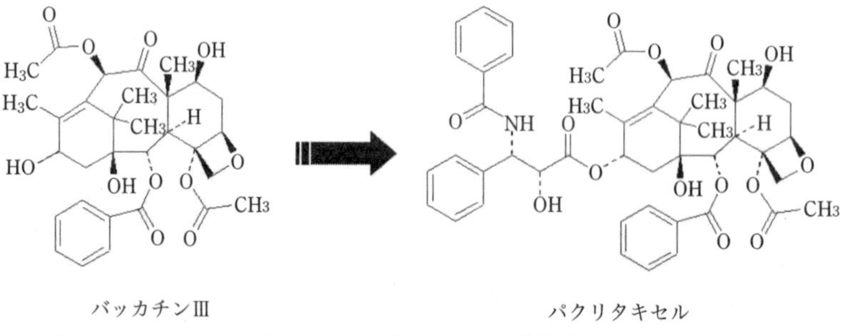

図4.3　パクリタキセルの半合成

7)　抗アレルギー剤

鎮咳薬として利用されてきたメギ科生薬ナンテン（南天実）（*Nandina domestica*）に含まれるアントラニル酸から誘導されたトラニラスト，消炎薬として用いられてきたシソ科生薬オウゴン（黄芩）（*Scutellaria baicalensis*）に含まれるバイカレインから誘導されたアンレキサノクスなどが知られている．

8) ステロイド剤

生体の微量成分であるステロイドホルモンは，副腎皮質ホルモンや性ホルモンを含め20数種が局方に収載されているが，これらステロイドの最も重要な供給原料はヤマイモ科*Dioscorea*属植物のメキシコヤムから得られるサポゲニンの一種ジオスゲニンである．植物体中ではジオスゲニンは配糖化したサポニンとして含有されるが，これを出発原料として，化学合成や微生物変換を組み合わせて合成されている．

9) 食品香料

バニリンは，メキシコ原産のラン科植物バニラ（*Vanilla planifolia*）の実（バニラビーンズ）中その他に存在する．バニラビーンズに含まれているコニフェリンが発酵により分解し豆の表面に結晶として析出したものは，チョコレートに似た甘い芳香を持ち，食品香料，特にアイスクリーム（バニラ）に用いられる．現在では，アメリカおよびカナダの安価なリグニンを利用して，リグニンスルホン酸を酸化する方法により生産されるリグニンバニリンが世界市場の大半を占める．

現在，日本で使用されている医薬品の中で，植物性生薬や薬用植物を抽出原料とするものは，黄体ホルモンや卵胞ホルモン，男性ホルモン，副腎皮質ホルモンなどのステロイドホルモンやエルゴカルシフェロール，コレカルシフェロールなどのビタミンD_2を加えると軽く100種を越える．生薬やその他の薬用植物の有効成分は，そのまま医薬品として利用される場合も多いが，前述のように，これらの化合物の活性に関与する部分を決定し，これを基本骨格（リード化合物）としてさらに活性が強い，あるいはさらに副作用が少ない医薬品へと誘導される．また，全合成が困難な医薬品の合成出発材料として利用される場合もある．これらを加えると植物由来の医薬品の数はさらに増大する．それでもその数は，植物界に存在する物質の数からすると極めてわずかであり，機能性や有用性が解明されていない物質も非常に多数存在している．今後新しい機能性（有用性）が発見される可能性も十分ある．

1.2 植物組織培養による二次代謝物質生産例

前項では，植物の二次代謝物質の有用性について述べたが，一般に，植物における二次代謝物質の含量は高くなく，天候や土壌によって左右されやすい欠点がある．しかも，これらの有用物質には構造が複雑なものが多く，化学合成が困難であるか，あるいは合成できても費用が高く工業化に適さない場合が多い．そこで，これらの障害を克服するため，植物組織培養技術を利用した天然有用物質の大量生産を目指す研究が行われてきた．これまでに報告されている研究成果の中には，培養細胞による二次代謝物質の生産量が高まった例もある（表4.1，Constabel[5)]，Zhong[6)]らの表を改変）．

大量生産を実施する場合には，1日の培養液1L当たりの生産量をどれだけ高めることができるかが重要である．表4.2に，培養細胞による二次代謝物質の生産性（g/L/日）の例を示す．

工業スケールでの生産で先陣を切ったのは，日本の田端と藤田ら（1985）[37)]のムラサキ

表 4.1　植物細胞培養法による二次代謝物質生産量が母植物と同等以上であった例

植　　物	二次代謝物質	含　　量 (% DW)	母植物含量 (% DW)	培養細胞の生産能 (培養細胞／母植物)	文献*
アルカロイド類					
Coffea arabica	カフェイン	1.6	1.6	1	7)
Coptis japonica	ベルベリン	7.4	7	1	8)
Macleaya cordata	プロトピン	0.4	0.32	1.25	9)
Catharanthus roseus	セルペンチン	0.8	0.5	1.6	12)
Duboisia leichhardtii	スコポラミン	1.16	0.7	1.66	10)
Rauwolfia serpentina	レセルピン	0.16	0.06	2.7	11)
Catharanthus roseus	アジマリシン	1	0.3	3	12)
Coptis japonica	ベルベリン	13	4	3.3	13)
Hyoscyamus albus	ヒヨスチアミン	1.2	0.1	12	10)
Catharanthus roseus	カタランチン	0.24	0.002	77	14)
Thalictrum minus	ベルベリン	10	0.01	1 000	(6))
フェニルプロパノイド類					
Vitis sp.	アントシアニン	16	10	1.6	(6))
Coleus blumei	ローズマリー酸	15	3.6	5	15)
Coleus blumei	ローズマリー酸	27	3.0	9	(6))
Euphorbia milli	アントシアニン	4	0.3	13.3	(6))
Perilla frutescens	アントシアニン	24	1.5	16	(6))
テルペノイド類					
Dioscorea deltoidea	ジオスゲニン	2	2	1	16)
Panax ginseng	ギンセノシド	27	4.5	6	17)
キノン類					
Lithospermum erythrorhizon	シコニン	12	1.5	8	18)
Morinda citrifolia	アントラキノン類	18	2.5	8	19)
Lithospermum erythrorhizon	シコニン	14	1.5	9.3	20)
Cassia tora	アントラキノン	6	0.6	10	21)
Nicotiana tabacum	ユビキノン-10	0.18	0.003	60	22)

＊　(　) 内は二次資料.

表 4.2　培養細胞による二次代謝物質の生産性 (g/L/日)

植　　物	二次代謝物質	生 産 性 (g/L/日)	文献
アルカロイド類			
Thalictrum rugosum	ベルベリン	0.004	23)
Thalictrum minus	ベルベリン	0.05	24)
Thalictrum rugosum	ベルベリン	0.12	25)
Papaver somniferum	サンギナリン	0.14	26)
Coptis japonica	ベルベリン	0.60	27)
フェニルプロパノイド類(広義)			
Aralia cordata	アントシアニン	0.14	28)
Vitis sp.	アントシアニン	0.06	29)
Podophyllum versipelle	ポドベリン	0.15	30)
Coleus blumei	ローズマリー酸	0.91	31)
テルペノイド類			
Artemisia annua	アルテミジン	0.003	32)
Taxus canadensis	パクリタキセル	0.022	33)
Taxus canadensis	パクリタキセル	0.16	34)
Dioscorea sp.	ジオスゲニン	0.75	35)
キノン類			
Lithospermum erythrorhizon	シコニン	0.15	36)

(*Lithospermum erythrorhizon*) 培養細胞によるシコニン (図4.4) の工業的生産である. 彼らは, 細胞の成長に適した成長培地と, 二次代謝物質の生産に適した生産培地を開発し, 成長培地で細胞を十分増殖させた後に, 生産培地に移してシコニンを生産させるという2段階培養法を考案して, 飛躍的に生産量を増加させることに成功した.

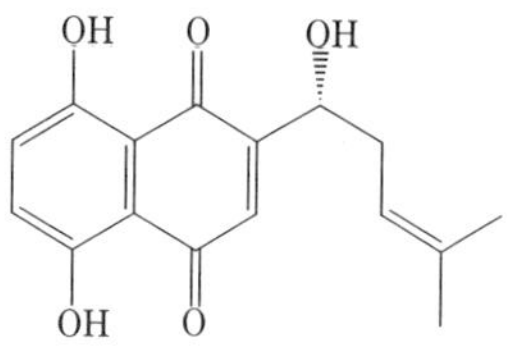

図4.4 シコニンの構造

ムラサキ (紫草) は, 中国最古の薬物書『神農本草経』にも収載されている生薬で, 紫色の色素シコニンが蓄積する根を薬用とし, 生薬名を「紫根」という. 紫根と当帰を主剤とする紫雲膏は, 外傷, 火傷, 凍傷, 痔, 脱肛, 腫れ物などの妙薬として知られ, また, 伝統的な紫根染めの重要な原料でもある. しかし, 現代の日本の山野において, 野生するムラサキを見ることはほとんどない. これは, ムラサキが本質的に繁殖力が弱いためで, そのために畑地栽培も困難である. また, 当時 Terada ら (1983)[38] がシコニンの合成に成功していたが, ジヒドロキシナフタレンを出発原料とするシコニンの合成は 12 の反応段階を要し, 収量は 0.7%で, 工業化は経済的な点で困難であった.

田端ら[39] は, 三井石油化学によって設計された容量 200L と 750L の二連式大型培養装置 (図4.5) を用い, 増殖培地で 9 日間, 生産培地で 14 日間の培養を行い, 最終的に得られた培養細胞のシコニン含量は乾燥重量の 20%と, 紫根中の含量約 1 ～1.4%を遥かに凌駕し, 培地 1L 当たりのシコニン収量も約 2g であったという. 750L 槽は家庭浴槽 2 つ程度の容積に相当する. 一方, 畑地栽培ムラサキは生薬の紫根が採れるまでに生育するのに 4 年かかり, 植物体 1 本当たり 25g のシコニンが得られるが, 750L の培養槽と等量のシコニンを得るためには, 3.5 本/m^2 の間隔で栽培した場合, 52 000 坪 (420m×420m) の土地が必要となる. 藤田らは, その後さらに多くの改良を加えシコニンの生産性を 4g/L に向上させて 6kL の培養槽で商業生産した. 得られたシコニンは化粧品や染料として利用された.

このほか, 日本においては, 薬用ニンジン (オタネニンジン *Panax ginseng*, ウコギ科) の根から誘導した培養細胞塊によるニンジンサポニン (ギンセノシド) 生産が工業化されている. 薬用ニンジンは, 古来, 不老長寿, 万病の薬として漢方では最高の位置を占めた. 薬用ニンジンの栽培は

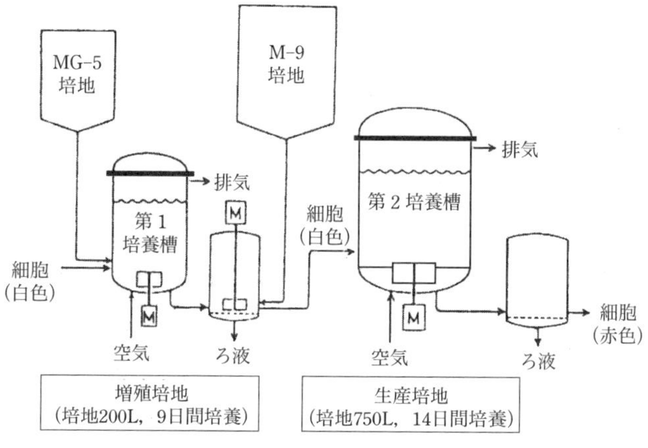

図4.5 二連式大型培養装置

朝鮮では14世紀末ころから本格化されたといわれているが，日本でも江戸幕府の薬草園で栽培したのでオタネニンジン（御種人参）と呼ばれる．しかし，オタネニンジンの栽培は，非常に手間がかかる．一例として，直播間引（じかまきまびき）法の概要を紹介する．日よけ雨よけの下に間口91cm×182cm，畦高15〜25cmの畦を作製し，1列25〜30粒×10列を目安に播種するが，2年目は50〜60本残して間引きし，さらに4年目には20本程度を残し，6年目に収穫する．古谷ら[17]は1970年にカルスからサポニンを分離して以来，栽培条件の最適化や高生産株の選抜を行い，サポニンの質や含量が栽培品に匹敵する培養根や培養細胞塊を確立し，さらに日東電工において培養槽間での移送が容易な細胞塊の20kL培養槽での大量培養に成功し，1988年より販売を開始し[40,41]，健康食品やサプリメント用の「純粋培養おたね人参」として現在も工業的に生産されている．

また，ドイツでは，75kLの大型培養槽で免疫賦活作用のあるハーブとして人気のあるキク科のエキナセア（*Echinacea purpurea*）の細胞を培養し，免疫賦活活性を有する多糖類の生産が実施された[42]．しかし，すべての二次代謝物質が植物培養細胞で容易に工業生産できる訳ではない．

ここでは，植物組織培養による有用物質の生産を効率良く行うための種々の試みを紹介する．

2.　二次代謝物質生産のための環境制御

二次代謝物質の生産性は，様々な環境条件によって左右される．ここではこれらを化学的環境と物理的環境の2つに大別し，物質生産性との関係についてまとめるとともに，これらの環境を制御するための培養槽について解説する．

2.1　化 学 的 環 境

化学的環境とは，培地条件と言い換えることができる．培地には，無機塩として，主要無機栄養素および微量無機栄養素が含まれている．これらは，植物の生育に不可欠な元素を供給する．クノップ（Knop，1865）は水耕法（水耕栽培）を利用した研究により，水素・炭素・窒素・酸素・リン・硫黄・マグネシウム・カリウム・カルシウム・鉄を植物に不可欠な10元素とした．その後の研究で，銅・亜鉛・マンガン・モリブデン・塩素・ホウ素・コバルト・チタン・バナジウムの必要性も示唆されている．また，植物によってはナトリウム・アルミニウム・ケイ素・塩素を要求するものもある．現代では，ホーグランドの水耕液がよく利用されている．

表4.3に，古典的なクノップ水耕液とホーグランド水耕液（Hoagland and Arnon，1950）の組成を示す．

水耕液は，このほか，酸性度が中性付近に保たれていること（緩衝作用を持つこと），植物細胞の浸透圧維持に適切な濃度に保たれていること，などの条件を満たす必要がある．さらに，水の温度・酸素量を最適化すると，植物は驚くほど成長できる．例えば，トマトにとって最適な根圏環境を実現した結果，トマトの根は水の中を縦横無尽に伸び，必要な養分を必要なだけ吸収し，地上部は驚くほどの枝葉を伸ばして，1株から13 132個の実を収穫できたという（図4.6）[43]．

しかし，その地上部には大きな重力がかかるため，多くの支柱を立てて支えるなどして保護し

表 4.3　クノップ水耕液とホーグランド水耕液の組成

	クノップ水耕液 (mg/L)	ホーグランド水耕液 (mg/L)
KNO_3	200	606
$Ca(NO_3)_2 \cdot 4H_2O$	800	657
$MgSO_4 \cdot 7H_2O$	200	241
KH_2PO_4	200	200
$NH_4H_2PO_4$		115
H_3BO_3		2.86
$MnCl_2 \cdot 4II_2O$		1.81
$ZnSO_4 \cdot 7H_2O$		0.22
$CuSO_4 \cdot 5H_2O$		0.08
$FeSO_4 \cdot 7H_2O$	微量	
Fe-tartarate・$7H_2O$		0.005
pH	5.7	5.8

図4.6　根と枝葉を広げて結実するトマトの木（協和株式会社提供）
左：筑波科学万博 '85，右：試験栽培場

てやる必要がある．細胞培養では，植物細胞は液体培地の中に浮遊し，重力の枷から開放され，さらなる増殖力を手に入れることができる．

細胞培養のための培地では，一般に，エネルギー源である炭素源としてショ糖（スクロース），ブドウ糖（グルコース）が添加され，ビタミン，アミノ酸や植物ホルモンも添加される．また，固形培地の場合には，培地支持体として，海草からとれる寒天（アガー）や微生物の発酵産物である多糖類（ジェランガム）が一般的に使用される．

植物組織培養に用いる培地は種々の塩基組成のものが知られている．Murashige & Skoog（MS）培地は最も頻繁に用いられるが，このほか Linsmaier & Skoog（LS），White，Gamborg（B5），Nitsch & Nitsch（N & N）培地などがあり，それぞれ培地の無機塩類成分が異なっている（表4.4）[44]．そのため，特定の培地を用いて物質生産に対する個々の成分の影響を調べる前に，各種培地を用いて物質生産を調べるのは比較的容易な方法であり，しかも時には顕著に物質生産性が高まることもある．

例えば，Fujita ら[45]は，ムラサキ（*Lithospermum erythrorhizon*）培養細胞によるシコニンの生産能を，White，N & N，B5，LS，Blaydes の各培地を用いて検討した．その結果，シコニン生成は White 培地でのみ検出され，しかもその生産量は 130mg/L に達したと報告している．

これは，培地を構成している成分の組合せが，二次代謝物質の生産性に大きく影響を及ぼすことを示す代表的な例である．たとえカルス化した細胞から目的とする物質が検出されなくとも，

表 4.4 植物組織培養培地の組成[44)]

成分	Murashige & Skoog (1962)*	White (1963)	Gamborgら (1968)	Nitsch (1961)	Nitsch & Nitsch (1967)
$(NH_4)_2SO_4$	—	—	134	—	—
$MgSO_4 \cdot 7H_2O$	370	720	500	250	125
Na_2SO_4	—	200	—	—	—
KCl	—	65	—	1 500	—
$CaCl_2 \cdot 2H_2O$	440	—	150	25	—
$NaNO_3$	—	—	—	—	—
KNO_3	1 900	80	3 000	2 000	125
$Ca(NO_3)_2 \cdot 4H_2O$	—	300	—	—	500
NH_4NO_3	1 650	—	—	—	—
$NaH_2PO_4 \cdot H_2O$	—	16.5	150	250	—
$NH_4H_2PO_4$	—	—	—	—	—
KH_2PO_4	170	—	—	—	125
$FeSO_4 \cdot 7H_2O$	27.8	—	27.8	—	27.85
Na_2EDTA	37.3	—	37.3	—	37.25
$MnSO_4 \cdot 4H_2O$	22.3	7	10 (1 水塩)	3	25
$ZnSO_4 \cdot 7H_2O$	8.6	3	2	0.5	10
$CuSO_4 \cdot 5H_2O$	0.025	—	0.025	0.025	0.025
H_2SO_4	—	—	—	0.5	—
$Fe_2(SO_4)_3$	—	2.5	—	—	—
$NiCl_2 \cdot 6H_2O$	—	—	—	—	—
$CoCl_2 \cdot 6H_2O$	0.025	—	0.025	—	0.025
$AlCl_3$	—	—	—	—	—
$FeCl_3 \cdot 6H_2O$	—	—	—	—	—
$FeC_5O_5H_7 \cdot 5H_2O$	—	—	—	10	—
KI	0.83	0.75	0.75	0.5	—
H_3BO_3	6.2	1.5	3	0.5	10
$Na_2MoO_4 \cdot 2H_2O$	0.25	—	0.25	0.25	0.25
ショ糖	30 000	20 000	20 000	50 000 または 36 000	2 000〜3 000
ブドウ糖	—	—	—		—
myo-イノシトール	100	—	100	—	100
ニコチン酸	0.5	0.5	1.0	—	5
塩酸ピリドキシン	0.5	0.1	1.0	—	0.5
塩酸チアミン	0.1〜1	0.1	10	1	0.5
パントテン酸カルシウム	—	1	—	—	—
ビオチン	—	—	—	—	0.05
グリシン	2	3	—	—	2
塩酸システイン	—	1	—	10	—
葉 酸	—	—	—	—	0.5
グルタミン	—	—	—	—	—

* Linsmaier & Skoog 培地（RM-1965 培地）は Murashige & Skoog 培地と次の点で異なる．すなわち，有機物組成中，塩酸チアミンの濃度を 0.4mg/L とし，グリシン，塩酸ピリドキシン，ニコチン酸を除く．

各種の培地を用いたり個々の培地成分を変化させたりして検討してみる必要があろう．

2.1.1 窒 素 源

窒素は，アミノ酸，タンパク質，核酸などの生成に必須の構成要素であり，窒素を与えなければ植物は成長できない．植物における窒素の欠乏は葉の老化を促進し，アントシアニン色素の蓄積を引き起こす．逆に過剰では，根の発達が悪くなる．植物において，窒素過剰はリン欠乏と同様の症状を示すといわれている．培地中には，窒素源として NH_4^+ および NO_3^- が添加される．

White 培地には NO_3^- しか含まれていないが，たいていの場合 NH_4^+ と NO_3^- の両方を含んでいる（表4.4）．これらのモル比が培養細胞に大きな影響を及ぼすことはよく知られている．培地中の NH_4^+/NO_3^- モル比は通常 1 以下に保たれており，よく用いられている MS 培地では約 1/2 である．このモル比が 1 よりかなり高い培地では，カルボン酸を添加しない限り細胞成長が抑制されてしまう[46]．細胞内では，NH_4^+ はカルボン酸を受容体として有機窒素化合物へと代謝される．一方，NO_3^- はカルボン酸の生成を誘導する働きを有している．NO_3^- が不足するとカルボン酸が枯渇し，その結果遊離の NH_4^+ が蓄積して生理障害を起こす．これに対し，NO_3^- は過剰に存在していてもほとんど無害であり，NO_3^- のみを含む培地でも比較的良い成長が見られることが多い．図 4.7[47] に示すようにアキカラマツ（*Thalictrum minus*）培養細胞でも同様の結果が得られた（LS 培地：総窒素濃度 60mM，ホルモン条件 100 μM NAA＋10 μM BA）．NH_4^+/NO_3^- モル比は，二次代謝に対しても大きく影響する．例えば，先に述べたようにシコニン生産は NH_4^+ を含まない White 培地でのみ認められ，White 培地で NO_3^- 量のわずか 3％を NH_4^+ に変更しただけでシコニンは全く生成されなくなった[45] という．オタネニンジン（*Panax ginseng*）におけるギンセノシド生産も NO_3^- のみで高い生産性を示した[46]．逆に，アキカラマツ培養細胞では NH_4^+ を完全に除去してしまうと細胞増殖はあまり影響を受けないにもかかわらず，ベルベリン生産量は顕著に抑制された（図 4.7）．

また，村中ら[48] は，ズボイシア（*Duboisia leichhardtii*）毛状根のクローン中にスコポラミンを培地中へ漏出する株を見出したが，NH_4^+ を除去した培地を用いることにより漏出量が増加すると報告している．

総窒素含量にも留意する必要がある．Hagimori ら[49] は，MS 培地中の総窒素含量を 1/10～10 倍の範囲で変更してジギタリス（*Digitalis purpurea*）の茎葉分化組織の液体振とう培養を行い，総窒素濃度が基本培地の 2/3 のときジギトキシン生産が最高になり，一方，細胞生育には 2/3～1 倍のときが最適であったと報告している．図 4.8（LS 培地：総窒素濃度 60mM，ホルモン条件 100μM

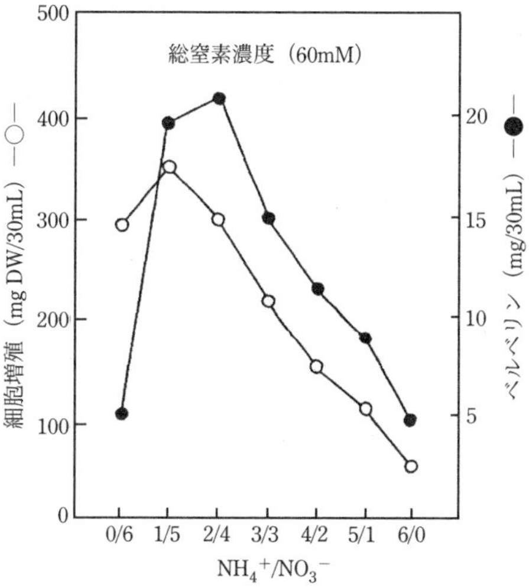

図4.7 アキカラマツ培養系で NH_4^+/NO_3^- モル比が細胞増殖およびベルベリン生産に及ぼす影響

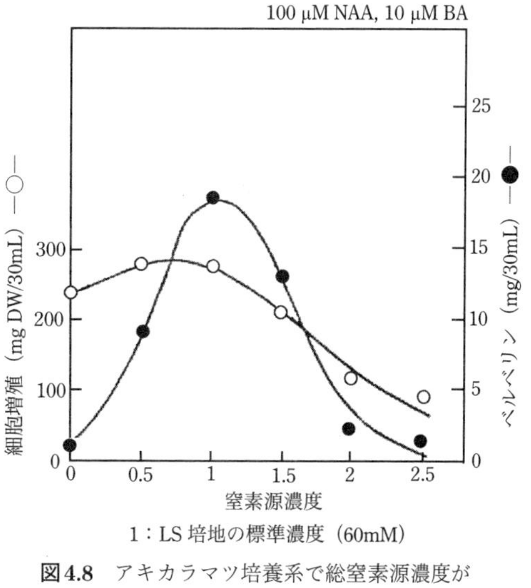

図4.8 アキカラマツ培養系で総窒素源濃度が細胞増殖およびベルベリン生産に及ぼす影響

NAA＋10μM BA)) にアキカラマツ培養細胞における細胞増殖およびベルベリン生産に対する総窒素量の影響を示す[47]．培養細胞においても，窒素過剰はリン酸欠乏と同様の症状を示すようである．

2.1.2　リ　ン　酸

リンはリン酸の形で植物に吸収され，植物体内では，高エネルギーリン酸結合を形成しエネルギー担体として働いているほか，核酸やリン脂質の形成に関与するなど，生体反応を調節する重要な役割を果たしている．また，リン酸イオンは液胞内に多量に存在し浸透圧調節や細胞液の pH 調節にも関与している．植物において，リン酸が欠乏すると成長障害や休眠の延長が認められる．リン酸は，微生物培養系では，古くから二次代謝を調節する重要な因子であることが知られていたが，植物の二次代謝においても重要な役割を果たしている．

植物培養細胞における二次代謝に対するリン酸濃度の影響を表 4.5 にまとめた．二次代謝に対するリン酸の至適濃度はまちまちであるが，細胞増殖量（一次代謝）はいずれの場合もリン酸濃度に依存して増加する．二次代謝物質は，アミノ酸など一次代謝系の代謝物質を前駆体として生合成される．そこで，リン酸の働きの 1 つとして細胞増殖（一次代謝）速度を加減することによって，二次代謝の前駆体（一次代謝物質）の供給速度およびその一次代謝系・二次代謝系での利用速度を調節していることが考えられる．著者ら[47]は，アキカラマツ（*Thalictrum minus*）培養細胞を NAA（1-ナフタレン酢酸）濃度の異なる培地で培養し，それぞれの条件下でベルベリン生

表 4.5　植物培養細胞における二次代謝に対するリン酸の影響

	タ イ プ Ⅰ	タ イ プ Ⅱ	タ イ プ Ⅲ
二次代謝に対する作用	阻 害 的	←――――――――→	協 調 的
細胞増殖(実線)と二次代謝物質生成(破線)との関係	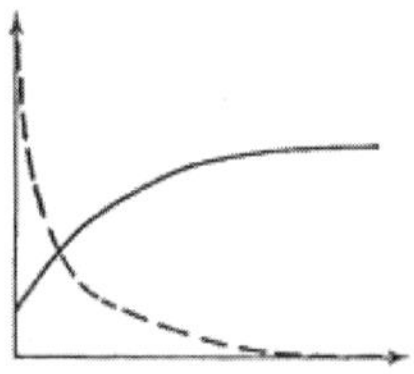 リン酸濃度	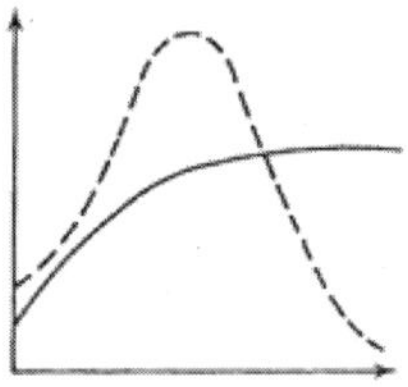 リン酸濃度	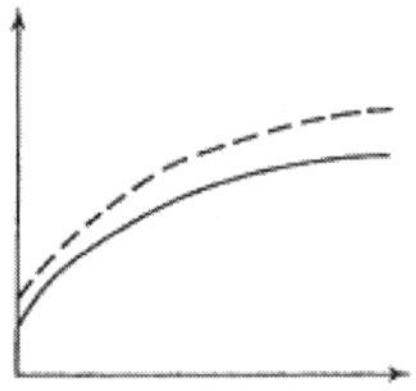 リン酸濃度
分 類 例	シンナモイルプトレッシン in *Nicotiana tabacum* [50] ハルマラアルカロイド in *Peganum harmala* [51] アジマリシン in *Catharanthus roseus* [52] リン酸による二次代謝阻害作用が大きいため，少量のリン酸の存在で，二次代謝は顕著に抑制される．	アントラキノン類 in *Morinda citrifolia* [19] ポリフェノール類 in *Hydrangea macrophylla* [48] シコニン in *Lithospermum erythrorhizon* [53] ジギトキシン in *Digitalis purpurea* [49] セルペンチン in *Catharanthus roseus* [52] ベルベリン in *Thalictrum minus* [46]	ローズマリー酸 in *Anchusa officinalis* [54] トリプタミン in *Chatharanthus roseus* [52] 二次代謝活性がリン酸の影響を受けないため，二次代謝物質の生成量は，一次代謝活性に依存して増大する．

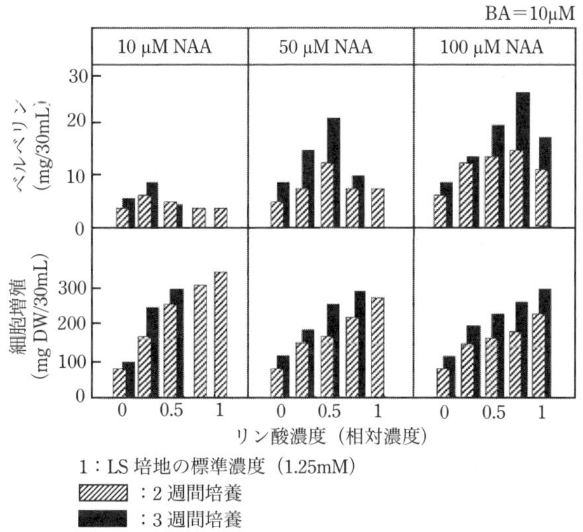

図4.9 異なるNAA条件下でのリン酸濃度の影響

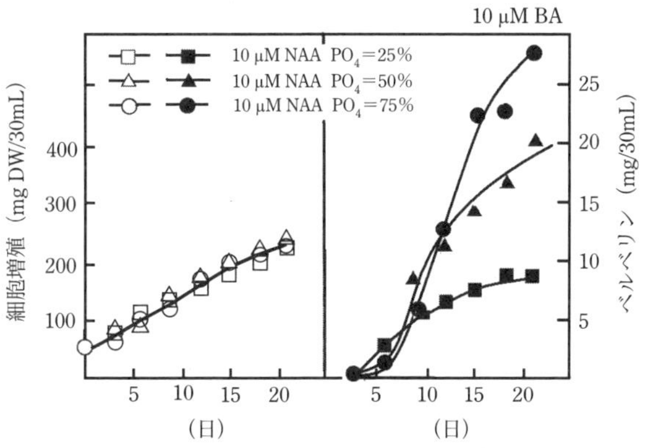

図4.10 それぞれのNAA条件下でベルベリン生成が最も促進されるようにリン酸濃度を制限した場合の細胞増殖およびベルベリン生成

産に適したリン酸濃度を求めて，そのときの細胞増殖速度を図4.9，図4.10で比較した（LS培地：総リン酸濃度1.25mM，ホルモン条件10〜100μM NAA＋10μM BA）．その結果，NAAの濃度が低いほど，細胞の増殖速度は増大するが，いずれのNAA濃度条件下でも，リン酸を制限して増殖をある一定の速度に設定した場合に最大のベルベリン生成量を示すことが明らかとなった．このように，リン酸を制限して，一次代謝と二次代謝のバランスを調節することが重要である．

また，ニチニチソウ（*Catharanthus roseus*）[55]やタバコ（*Nicotiana tabacum*）[50]培養細胞においては，リン酸がアルカロイド生合成経路の最初の段階を触媒するフェニルアラニンアンモニアリアーゼ（PAL）の活性調節に関与しているという報告もあり，二次代謝系への直接的な作用も考えられる．興味深いことに，ニチニチソウでは，代謝物質によりリン酸の至適濃度が異なることが報告されている[52]（表4.5）．

2.1.3 炭 素 源

独立栄養である植物体では光合成を行い，炭素源として二酸化炭素を利用することができるが，培養細胞は一般に従属栄養であるため，炭素源として糖を与える必要がある．組織培養における炭素源としてはショ糖が一般的であり，通常3%の濃度で用いられる．糖の濃度や種類が二次代謝に大きな影響を及ぼすこともある．Fowler と Stepan-Sarkissian[56] は，種々の糖を培地に添加してその細胞増殖に対する影響を検討した結果，ショ糖やブドウ糖が最も効果的であったと報告している．また，二次代謝に関しては，一般に，等濃度のショ糖とブドウ糖ではショ糖の方が促進的であり[19,56]，多くの培養細胞系で高い物質生産能を維持するためには，ショ糖の添加が重要であるという報告がなされている（表4.6）[56]．培地中に添加されたショ糖は，インベルターゼによりブドウ糖と果糖に分解された後に細胞内へ摂取される[56]．ブドウ糖は還元されやすいがショ糖は非還元糖なので，ショ糖はブドウ糖の還元末端を保護する役目も有していると考えられる．図4.11にアキカラマツ培養細胞に対するショ糖濃度の影響を示す[47]（LS培地：総ショ糖濃度3%，ホルモン条件100μM NAA＋10μM BA）．

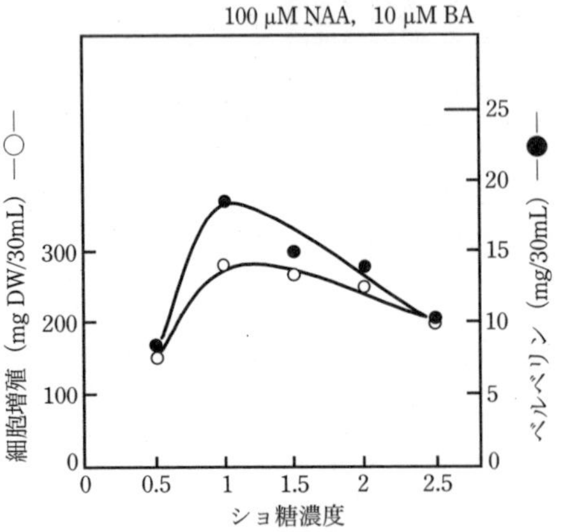

図4.11 アキカラマツ培養細胞系でショ糖濃度の細胞増殖およびベルベリン生成への影響

表4.6 高い物質生産能を維持するためにショ糖の添加が重要であると報告された例

植　　物	二次代謝産物	ショ糖濃度	文　　献
Morinda citrifolia	アントラキノン	2	Zenk *et al*. (1975)[19]
Nicotiana tabacum	ユビキノン	2〜5	Ikeda *et al*. (1976)[57]
Coptis japonica	ベルベリン	3〜10	Sato and Yamada (1984)[13]
Digitalis purpurea	ジギトキシン	3〜10	Hagimori *et al*. (1982)[49]
Vitis sp.	アントシアニン	1.5〜10	Yamakawa *et al*. (1983)[29]

2.1.4 その他の必須元素

その他の無機塩類の植物組織培養による物質生産に対する影響について厳密な検討がなされた報告は少ない．

Fujita ら[53] は，ムラサキ培養細胞によるシコニンの生産では，窒素源以外に銅濃度も重要であることを見出し，NH_4^+を除去しNO_3^-濃度を低下させるとともに銅濃度を30倍に増量した培地を開発して，シコニン生成量を10倍以上増加させることに成功している．

また，Zenk ら[12] によると，ニチニチソウ培養細胞におけるセルペンチン生産は，LS培地では認められなかったがMS培地では10.4mg/L であったという．LS培地とMS培地との違いは，ビタミン類のみであり（表4.4），ビタミン添加の重要性が示唆された．

2.1.5 植物ホルモン

植物ホルモン（植物成長調節物質）の影響については，最も基本的な事項の1つであり，報告も多い．植物ホルモンは，極微量で，基本的な代謝過程に作用して細胞の分化や生育を制御しており，これが二次代謝物質の生産に強く影響していると考えられている．

代表的植物ホルモンの種類としては，オーキシン類，サイトカイニン類，ジベレリン類，アブシジン酸，エチレンなどが知られている（図4.12，表4.7）．

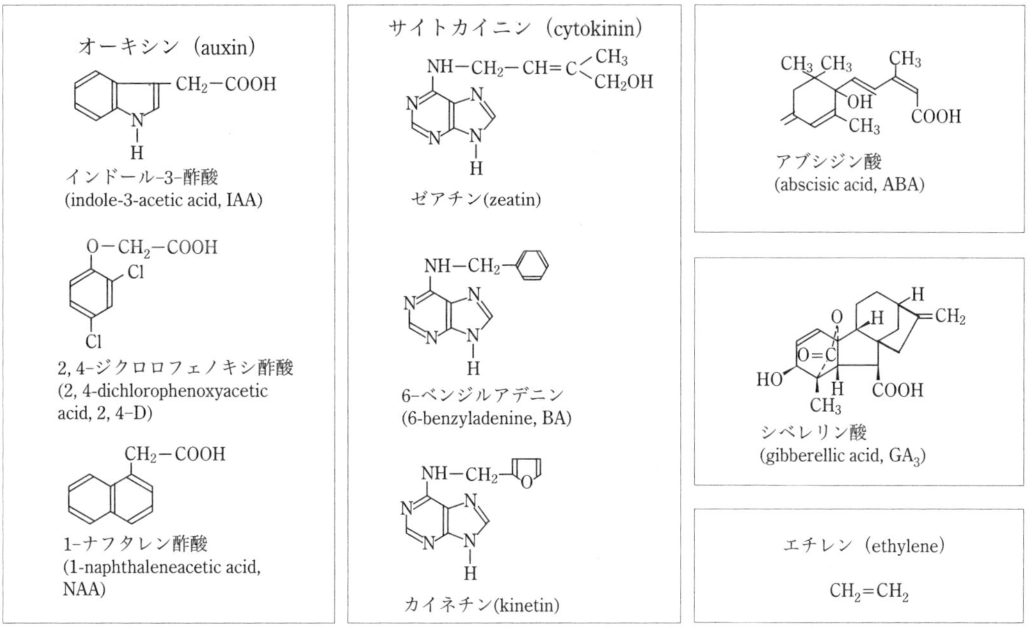

図4.12 代表的植物ホルモン

表4.7 植物ホルモンの働き

働き	オーキシン類	サイトカイニン類	ジベレリン類	アブシジン酸	エチレン
細胞の分裂・伸長	◎	◎	○	×	−
頂芽（側芽）の成長	○（×）	◎（◎）	◎（×）	−（−）	−（−）
茎の成長	○	○	◎	×	×肥大
根の成長	◎	−	−	−	−
落葉	×	−	−	◎	−
果実の成長	○	○	○	−	◎成熟
落果	−	−	−	◎	−
芽の分化	−	◎	−	−	−
根の分化	◎	−	−	×	×
休眠打破	−	−	◎	×	−

◎：非常に促進，○：促進，×：抑制，−：無効果．

以下に，培養細胞系での物質生産において植物ホルモンが重要な役割を示す例をあげる．2,4-Dは二次代謝物質の生産を抑制することが多いが，これは2,4-Dが特に顕著な脱分化作用を有していることと関連していると考えられる．2,4-Dと同じくオーキシンに分類されているNAAは，アントシアニンなどの生産を抑制する反面，ニコチンやインドールアルカロイドなどの生産を促進することが知られている．Zenkら[19]は，ヤエヤマアオキ（*Morinda citrifolia*）の液体培養細胞を用いてアントラキノン生産に対するオーキシンの影響を研究した結果，細胞増殖は10μM 2,4-Dあるいは2.5μM NAAで最も促進されたが，アントラキノンは2,4-Dでは全く生産されず，1.5μM NAAで最も良好な生産性（100μmol/L）が認められたと報告している．同一植物由来でしかも同一容器内で培養された細胞でも，細胞の状態によりオーキシンの効果が異なる場合も知られている．

小関[58]は，ニンジン（*Daucus carota*）培養細胞では，比重の違いにより2,4-Dの作用が異なることを報告している（図4.13）．

サイトカイニンとしては，主としてカイネチンやベンジルアデニン（BA）などがよく用いられている．一般に，サイトカイニンはアルカロイド，アントシアニン，アントラキノンなどの生産

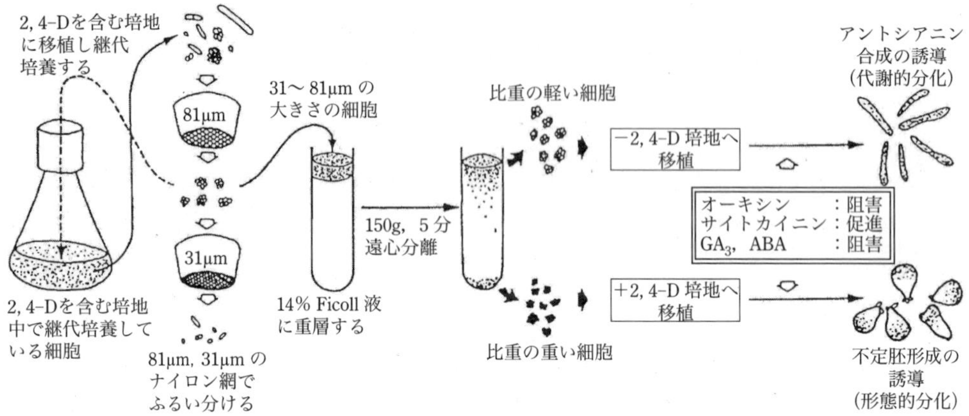

図4.13　ニンジン培養細胞におけるアントシアニン合成誘導と不定胚形成誘導との関係

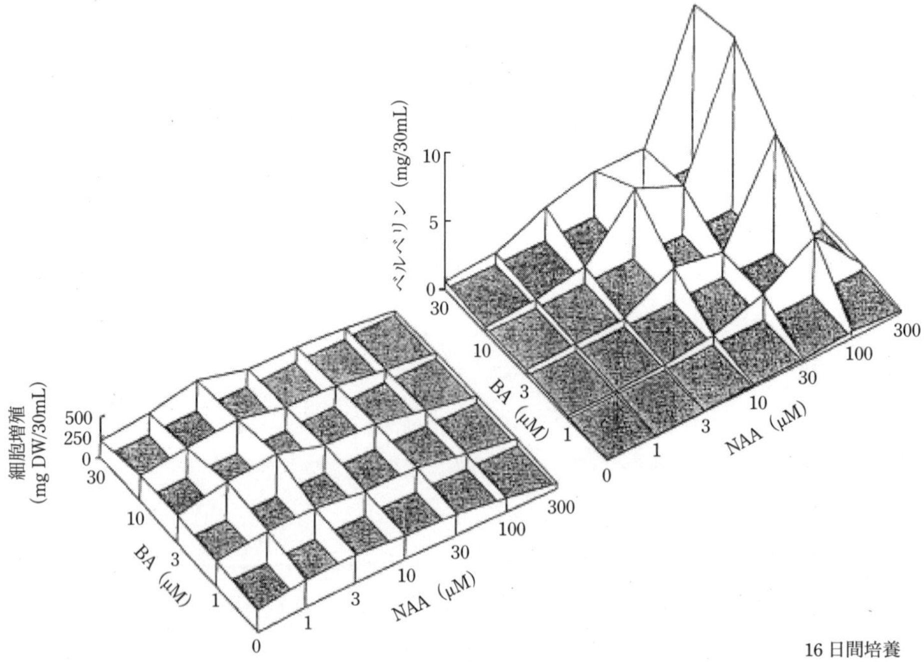

図4.14　NAAとBAの組合せがアキカラマツ培養細胞に及ぼす影響

を促進する例が多い．図 4.14 に示すように，アキカラマツ培養細胞によるベルベリン生産もオーキシンにサイトカイニンを組み合わせることにより顕著に促進される[46]（培養期間：16日）.

エチレンは，アキカラマツ培養細胞において，ベルベリン生合成に関与しており，エチレンの添加によってベルベリン生産量が 32％増加した．ベルベリンは 2 分子のチロシンから生成するドーパミンと 3,4–ジヒドロキシフェニルアセトアルデヒドが縮合した (*S*)–ノルラウダノソリンやイソキノリン型アルカロイドの共通の前駆物質である (*S*)–レチクリンなどを経て生合成されるが，アキカラマツ培養細胞では，ベルベリン生産の副産物としてマグノフロリンも生成する（図 4.15）．種々のエチレン阻害剤を添加したところ，ベルベリン生成量はエチレン阻害剤によって顕著に抑制されたが，マグノフロリン生成量は逆に大きく増大した．これは，エチレンがレチクリン以降の代謝調節に関与することを示唆する結果である．事実，エチレンはベルベリン生合成の最終段階の酵素であるテトラヒドロベルベリン酸化酵素の活性化に関与していることが明らかとなった[59]．つまり，エチレンの作用を阻害することにより，ベルベリンの生合成が抑制された結果，余剰のレチクリンがマグノフロリンの生合成に利用されるのである．また，スペルミジンなどのポリアミンは，エチレンと同様に*S*–アデノシルメチオニンから生合成され，互いに相手の生合成に影響を与えることが知られているが，アキカラマツ培養細胞において，スペルミジンはエチレンの生成開始を促進し，ベルベリン生産量を約 30％増加した[60]．また，エチレンはイチイ属植物（*Taxus baccata, T. media*）培養細胞におけるタキソール生産にも大きな影響を及ぼすことが報告されている[61].

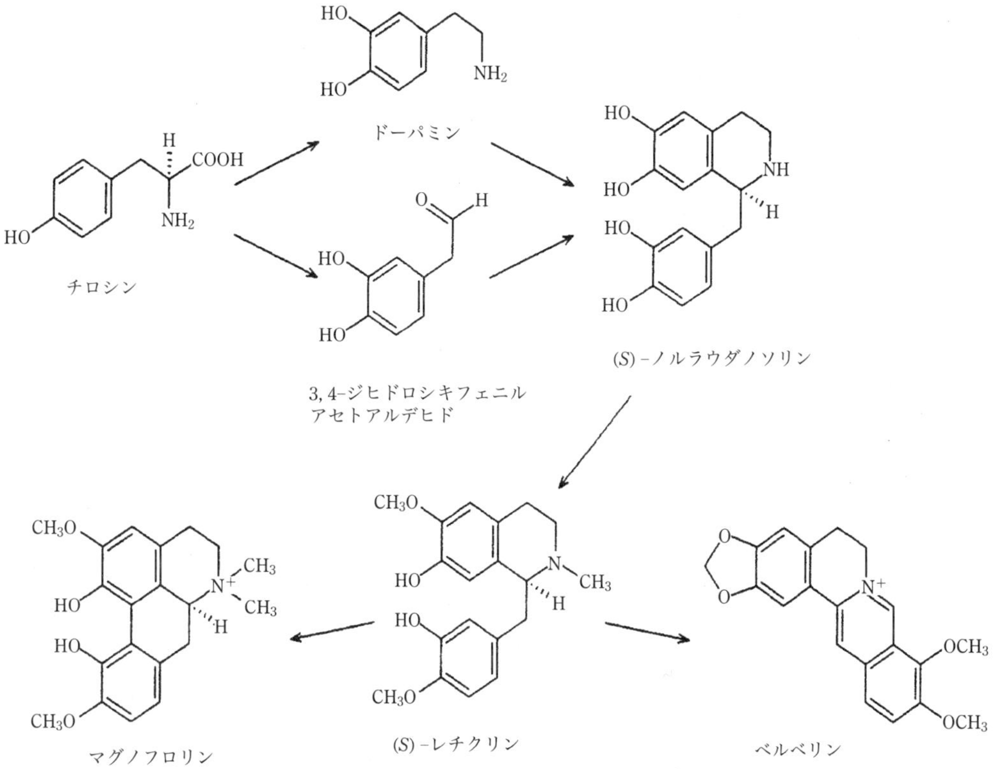

図4.15　ベルベリンとマグノフロリンの生合成経路

エチレンは，エリシター処理によるファイトアレキシン合成など生体防御物質生産誘導（後述）の際のシグナル伝達物質としても作用すると考えられており，植物組織培養における物質生産において検討すべき重要な因子の１つである．

上記のほかにも，ブラシノステロイドやジャスモン酸類などの植物ホルモン（図 4.16）が知られている．ブラシノリドは，最初に単離されたブラシノステロイドで，アブラナの花粉から単離された成長因子（230kg から 10mg を単離）である．葉の展開や木部の分化葉原基の発達などを促進し，様々な作物の収量を増加したり，ストレス耐性を誘導したり，アントシアニン生成を抑制したりする作用がある．

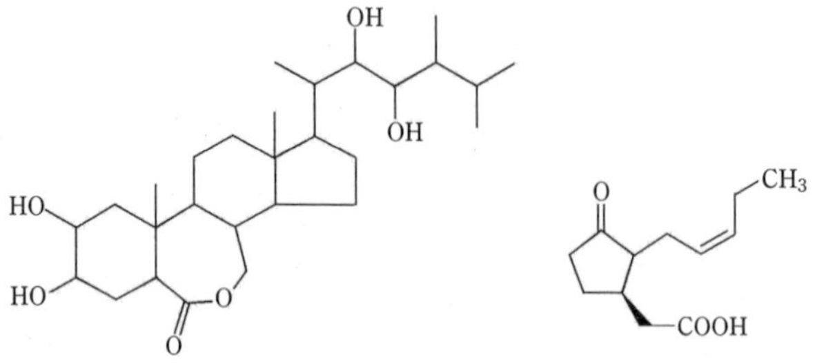

図4.16　ブラシノリド（左）とジャスモン酸（右）

ジャスモン酸やメチルジャスモン酸などのジャスモン酸類は，エチレンやアブシジン酸とよく似た作用を持つ成長因子で，オーキシンやサイトカイニンの作用阻害，老化促進などの作用を示す．ジャスモン酸類は，エリシター処理によるファイトアレキシン合成誘導の際のシグナル伝達物質としても作用すると考えられており，植物組織培養における物質生産において，重要な因子の１つである．ジャスモン酸類を投与すると種々の二次代謝物質の生成が増加する[62]．Yukimuneらはイチイの仲間（*Taxus* 属植物）の培養細胞に，メチルジャスモン酸を添加することにより，タキソール生産が数倍に増加することを報告している[4,63]．

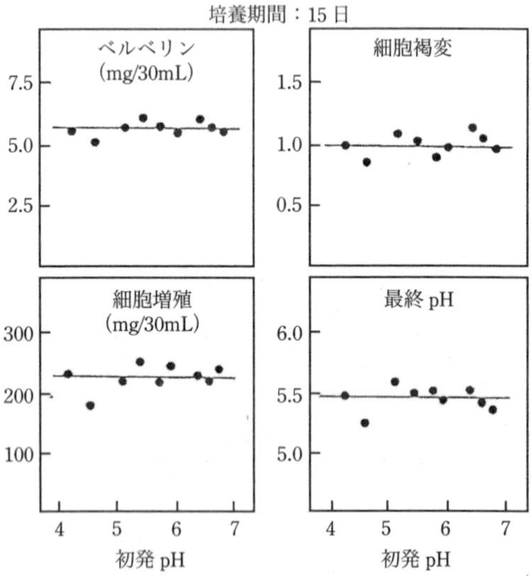

図4.17　アキカラマツ培養細胞に対する移植時培地pHの影響

2.1.6　pH

培養細胞自体が緩衝作用を有しているため，生育に対する初発培地 pH の影響はさほど厳密なものではない．著者ら[64]は，アキカラマツ培養細胞を用いて培地の初発 pH（4～7）の効果を検討した（図 4.17）が，培養中に一定の pH に調節され，ベルベリン生産にもほとんど影響はなかった（培養期間：15 日）．

一方，培養細胞自体の緩衝能を妨げると，培地の pH の影響は大きくなる．Payne ら[65]は，50mM　MES を添加して緩衝能を大きくした培地を用いて，チョウセンアサガオ（*Datura stramonium*）毛状根培養系で，pH（5〜7）の影響を検討している．その結果，pH 5.0 のとき生育およびヒヨスチアミン生成量ともに最大となり，また，これより高い pH では細胞成長の遅滞期が長くなったという．

2.1.7 培地固形化剤

茎や葉の切片からカルス，不定芽，不定根などを誘導する際には，寒天で固めた培地を用いるのが普通である．しかし，よく用いられている精製度の低い寒天には，様々な不純物が含まれている．タバコの葯培養では，このような不純物の存在により，半数体形成が阻害されることが知られている．この場合には，精製度の高い寒天を用いるか，または精製度の低い寒天でも活性炭を添加すれば，良好な結果が得られる[66]．

寒天自体が二次代謝に大きく影響する例も報告されている．Fukui ら[67] は，LS 寒天培地上では多量のシコニンを生産するムラサキ培養細胞が，寒天を含まない LS 液体培地ではシコニンを全く生産しなくなることを見出した．寒天（アガー）は，中性多糖（アガロース）70〜80％と酸性多糖（アガロペクチン）20〜30％からなっているが，このうちのアガロペクチンにシコニン誘導活性があったのである．このような酸性多糖類は植物やその病原菌の細胞壁にも含まれており，植物において二次代謝を誘導する物質「エリシター」（後述）として注目を浴びている[68]．

2.2 物理的環境

植物の培養細胞をフラスコから大型の培養槽にスケールアップすると，期待されるような結果が得られない場合が多い．その原因として，特に動力撹拌による強度の剪断ストレスや，通気方法の違いにより生じる培養槽内の気体環境の変化などが考えられる．また，一般に，光や温度などが植物の生理活性に大きな影響を与えることはよく知られている．ここでは，これらの物理的環境因子が培養細胞に与える影響について解説する．

2.2.1 撹拌方法

液体培養を行う場合，培養槽内のすべての細胞に十分な酸素およびその他の栄養源を供給するために，培地撹拌を行うことが重要である．フラスコや試験管での液体培養では，通常，振とう培養器や旋回培養器を用いて，穏やかな条件で容器内の培地を絶えず振とうもしくは旋回する（数十回〜100 回程度）ことにより，撹拌を行う．

一般に，培養槽が大きいほど，あるいは細胞が高密度になるほど，強い撹拌が必要になってくる．しかし，撹拌強度を高めるに伴い，細胞に対する剪断ストレスも増大する．微生物培養でよく用いられる通気撹拌型培養槽では，培地中で撹拌翼を回転させる動力撹拌を行うが，一般に植物細胞は微生物よりも物理的障害を受けやすく，動力撹拌では細胞組織が破壊され増殖率および物質生産能は低下する（表 4.8）．剪断ストレスを回避するためには，機械撹拌のない通気型，エアリフト型，ドラム型，気相型などの培養槽の利用が好ましいが，高密度培養を行うためには機械撹拌装置を有する培養槽（後述）が適している．

表 4.8 撹拌速度の細胞増殖および物質生産に及ぼす影響

撹拌速度	細胞新鮮重量 (g/L)	細胞乾燥重量 (g/L)	細胞内 アルカロイド量 (mg/L)	培地内 アルカロイド量 (mg/L)	総アルカロイド量 (mg/L)	アルカロイド 生産能 (mg/L/day)
100	200	12.5	8.9	13.2	22.1	2.2
300	239	13.6	15.0	14.2	29.2	2.9
500	177	8.6	10.3	1.9	12.2	1.2
700	142	9.5	7.0	2.0	9.0	0.9
フラスコ培養	200	10.7	39.9	0.3	40.0	3.1

Leckie ら[69] は，動力撹拌により生じる剪断ストレスを回避する目的で，ニチニチソウ培養細胞を傾斜角度を変更した回転翼を用いて培養し，そのときのアルカロイド生産能を調査した結果，60 度傾斜した回転翼を用いた場合には 1 000 rpm の高速撹拌条件下でも 1 日当たり 3.4 mg/L という高いアルカロイド生産能を維持することができ，しかも総アルカロイドの 90％は培地中に放出されていたという．

一般的には，大型の傾斜撹拌翼を用いて，10～100 rpm 程度の穏やかな撹拌によって細胞に対する剪断ストレスをあまり与えずに培養するのがよいようである．なお，このような低速の撹拌翼を用いる場合は，培養槽内の細胞が均一に撹拌できるように，培養槽の形状や撹拌翼の取付け位置にも注意を払う必要がある．

2.2.2 通気（酸素，二酸化炭素，エチレン）

植物培養細胞は液体培地中の溶存酸素を利用して増殖する．植物の培養細胞では，微生物に比べると酸素要求量は少ないが，酸素が細胞の生育に大きな影響を及ぼすことはよく知られている．また，二次代謝に対する影響も *Berberis wilsonae*（メギ科）培養細胞におけるベルベリン型アルカロイド生産[70]，ムラサキ培養細胞によるシコニン生産[71] などで報告されている．

アキカラマツ培養細胞によるベルベリン生産においても酸素は重要な役割を果たしている[72]．アキカラマツ培養細胞によるベルベリン生産は，通常，2 段階培養で行われるが，増殖培地と生産培地とでは，ベルベリン生産，細胞成長のみでなく，細胞の呼吸活性も大きく異なる（図 4.18）．増殖培地中では，細胞は速く成長するが，ほとんどベルベリンを生産しない．これに対して生産培地中では，大量のベルベリンを生産し直ちにこれを培地中に放出するが，成長はあまりよくない．興味深いことにベルベリン生産中の細胞は，増殖培地中の細胞に比べ約 2 倍の酸素を要求し，最大呼吸活性は培養開始後15 日目で乾燥細胞重量（DW）1g 当たり約 500 μmol/h に達した．これらの結果は，ベルベリン生産時における酸素供給の重要性を示唆するものである．

細胞の呼吸活性は，酸素の供給を停止した状態で，細胞による溶存酸素の消費速度を図 4.19 のような装置を用いて測定することにより求められる．このとき液内の細胞が均一に懸濁するように穏やかに撹拌することが重要である．

一般に，液体培地中への酸素供給効率は K_La で表される．K_La は，酸素移動容量係数と呼ばれ，総括酸素移動係数 K_L（m/h）と，液の単位容積当たりの気液界面積 a（m^2/m^3）の積であり，時間の逆数の次元を有する．その測定は亜硫酸ナトリウムあるいは窒素ガスで溶存酸素を追い出した

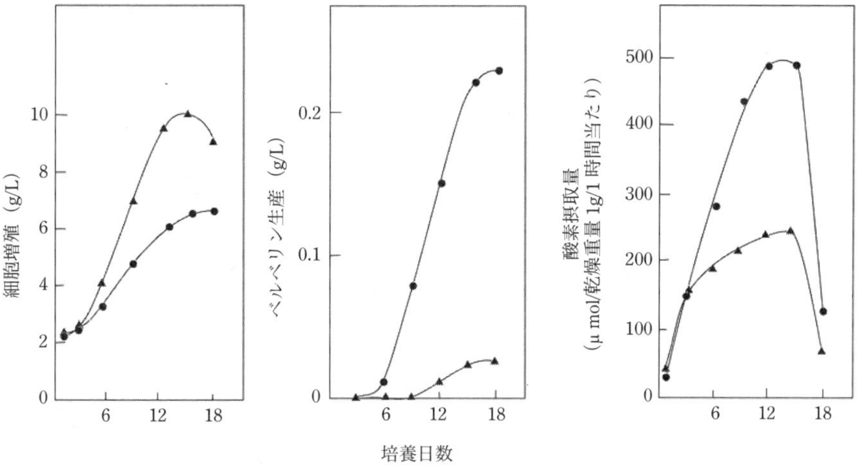

図4.18　アキカラマツ細胞培養系での増殖培地（—▲—）とベルベリン生産培地（—●—）における呼吸活性の違い

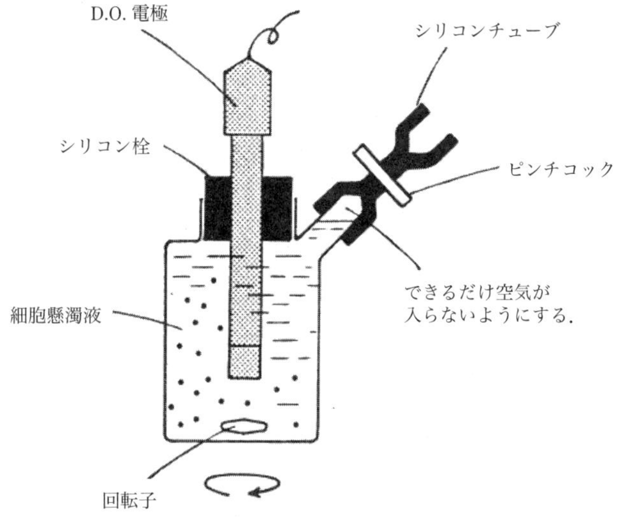

図4.19　細胞の呼吸活性の測定

後，所定の条件で通気を行って溶存酸素濃度の変化を溶存酸素電極で測定する．

K_La は，溶液中の溶存酸素濃度を C，飽和溶存酸素濃度を C_S とすると，

$$dC/dt = K_La\,(C_S - C)$$

で表されるが，初期条件を $t=0$, $C=C_0$ として積分すると，

$$\ln(C_S - C) = -K_La \cdot t - \ln(C_S - C_0)$$

したがって（C_S-C）の対数を t に対してプロットすると直線になり，この傾きから K_La が求められる．この K_La の値は，フラスコを用いた振とう培養では，容器内の培地量を減少することによって高めることができる（図 4.20）．なお，容量 100mL の三角フラスコ中に 30mL の培地を入れ，振幅 7cm で毎分 100 回振とうする通常の培地条件では，K_La は 17.5h^{-1} であった．このようにして変化させた K_La の，細胞増殖およびベルベリン生産に対する影響を調査した結果を図 4.21 に示す（培養期間：15 日）．酸素供給効率を 20h^{-1} 以上に増やしても，ベルベリン生産にも細

胞成長にもほとんど影響しないが，逆に低下させていくと細胞成長はほとんど影響されないにもかかわらず，ベルベリン生産は顕著に抑制される．このように，ベルベリン生産時の細胞は大量の酸素を必要とする[72]．

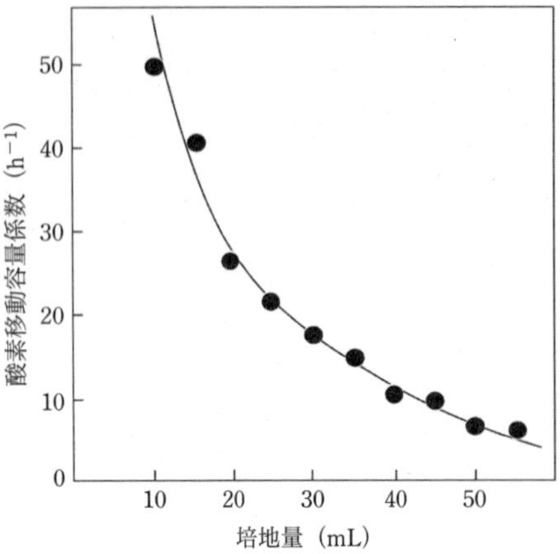

図4.20　液体振とう培養における100mL三角フラスコ中の培地量と酸素供給効率（K_La）との関係

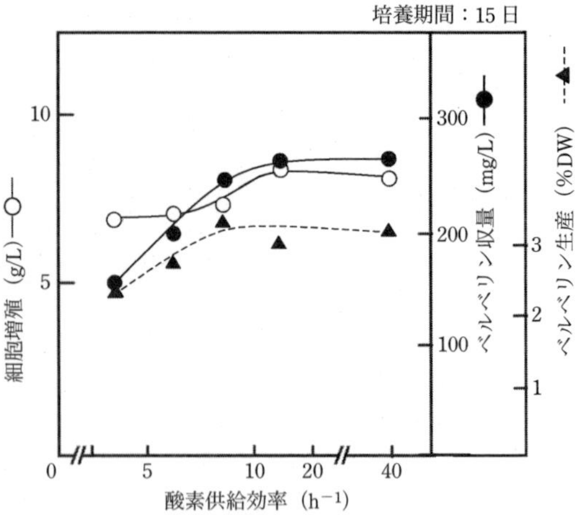

図4.21　アキカラマツ培養細胞における酸素供給効率（K_La）の影響

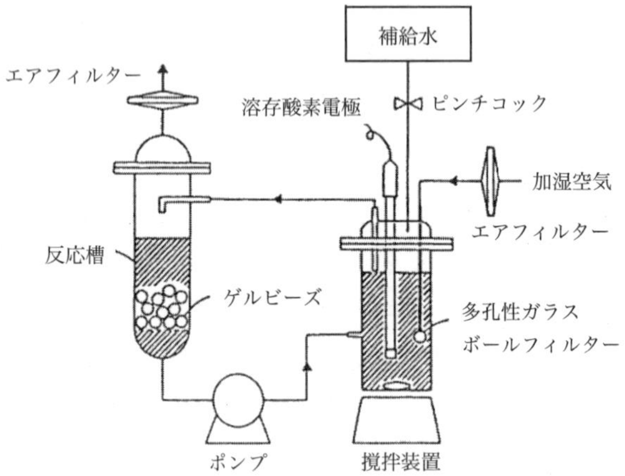

図4.22　通気撹拌型バイオリアクター

通気方法が重大な影響を及ぼすこともある．アキカラマツ培養細胞をアルギン酸カルシウムゲルでビーズ状に固定したものを培養すると，フラスコ培養では細胞の状態もよく，効率よくベルベリンを生産することができたが，図4.22に示す通気撹拌型のバイオリアクター（固定化生体触媒反応槽）を用いると，酸素供給効率がフラスコ培養と等しくなるように調整しても，細胞は急速に褐変してベルベリン生産量が低下した[73]．ところが，図4.23に示すような気液2相交替式バイオリアクターを用いると細胞の褐変は認められず，ベルベリン生成能も維持された（表4.9）[75]．この結果，細胞褐変の促進現象は，強制通気により引き起こされていることが示唆された．フラスコ培養では，フラスコを振とうあるいは旋回することにより壁面に培地の薄膜を形成して，培地一定量当たりの表面積を増加することによって酸素を供給しており，容器内の気体交換速度は遅く，特に空気より重い二酸化炭素は容器内に残存しやすい．図4.23の気液2相交替式バイオリアクターでは，ゲルビーズを直接空気中にさらすことにより酸素を供給しており，容器内の気体交換速度は遅い．これに対し，通気撹拌型バイオリアクターでは培地内で強制通気することにより酸素を供給しているため，容器内からの二酸化炭素排除速度は非常に速い[73]（図4.24）．

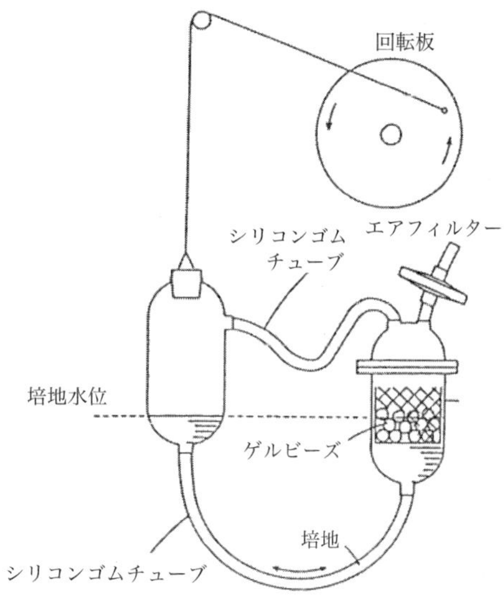

図4.23 気液2相交替式バイオリアクター

二酸化炭素の細胞褐変に対する効果を検討するため，次の2つの実験を行った．

① 2段フラスコを用い（図4.25），上段に培養細胞を，下段に二酸化炭素の吸着剤として20% KOHを入れて，フラスコ培養系から呼吸により生じた二酸化炭素を除去しながら培養すると，対照として上段に水を入れて培養したものに比べ，細胞が著しく褐変することを確認した．

表4.9 異なる培養法でのアキカラマツ培養細胞の増殖量およびベルベリン生産量の比較

培養法	細胞増殖率 (%)*	担体からの細胞漏出率 (%)*	ベルベリン 総生産量 (mg/100mL)	ベルベリン 乾燥細胞100mg当たりの生産量 (mg)
通常の液内振とう培養	255.7	—	49.7	7.63
固定化細胞をフラスコ内で培養	62.7	42.4	24.5	8.25
固定化細胞を気液2相交替式バイオリアクターで培養	5.7	3.5	14.9	7.70

$$* \ \frac{\text{収穫時細胞乾燥重量(mg)} - \text{移植時細胞乾燥重量(mg)}}{\text{移植時細胞乾燥重量(mg)}} \times 100$$

本実験では，いずれの培養法でも培養液100mL当たり乾燥重量で183mgに相当する培養細胞を移植した．

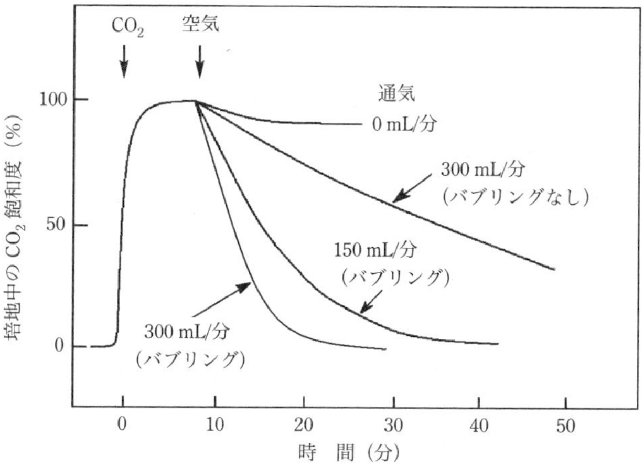

図4.24 強制通気量の増加に伴う二酸化炭素排除速度の変化

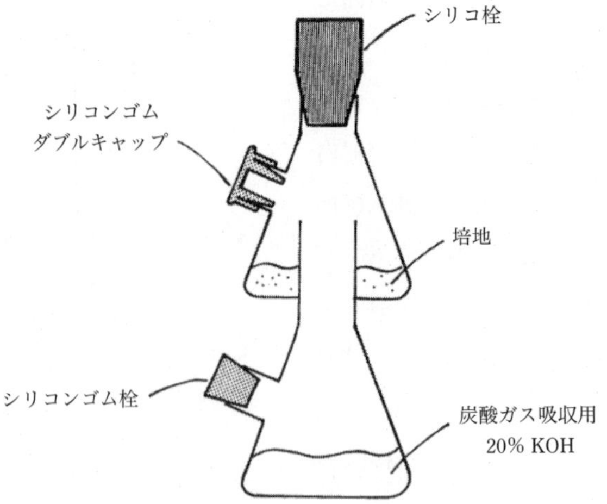

図4.25 2段フラスコ

② 通気撹拌型バイオリアクターに，2％の二酸化炭素を含む空気を通気して培養すると，細胞の褐変が生じず，ベルベリン生産も良好であった（表4.10）.

表 4.10 2％二酸化炭素を混入した空気を通気したときの効果

二酸化炭素添加量（mL/min）	6	0
通気量（mL/min）	300	300
細胞増殖量（g DW/L）	2.81	2.71
ベルベリン（mg/L）	382.8	110.6
細胞褐変度*	1	1.82

＊ 420nmにおける吸光度の比率.

これらの実験結果から，通気を行う上で二酸化炭素にも注意を払う必要があることが理解できる．なお，この二酸化炭素除去による細胞褐変促進効果は，エチレンの発生および作用が増強された結果，二次的に生じることが明らかとなっている[73].

すなわち，培養後期に多量に発生するエチレンは，ペルオキシダーゼ活性を増大し，その結果，ポリフェノールの重合が促進され，細胞が褐変する．二酸化炭素は，このエチレンの発生を抑え，またその活性を阻害する．また二酸化炭素にはポリフェノール酸化酵素（PPO）活性を阻害する働きがあり，直接褐変物質の生成を抑制する作用も有する．また，二酸化炭素を除去すると呼吸活性が増大し，エチレンの発生も促進される．このように，細胞呼吸によって生じる二酸化炭素には細胞褐変化による障害を抑制する働きがあり，これを強制排気で除去すると細胞に異常をきたす．

ただし，エチレンは，ベルベリン生合成の最終段階の酵素であるテトラヒドロベルベリン酸化酵素の誘導と活性化などベルベリン生合成にも関与しており，エチレンの生成や作用を抑制するとベルベリン生成も抑制されるので，単にエチレン阻害剤を添加するだけでは，ベルベリン生産量は激減してしまう[59].

以上に示したように容器内の換気は培養細胞に大きな影響を及ぼす．フラスコ培養の場合にも，使用する栓の種類による換気速度の違いが重大な影響を及ぼす可能性など気体環境にも考慮すべきである．また，カルス培養から液体懸濁培養へ移行しようとしたとき，細胞が褐変化してうまく培養できないときも気相環境を改善することで解決できる場合がある．

著者らは，ウド（*Aralia cordata*）のアントシアニン高生産株の液体培養を試みたところ，細胞が褐変して死滅し，培養できなかった．そこで，エチレンの発生を抑える二酸化炭素濃度の富化および褐変の原因物質であるポリフェノールの吸着剤ポリビニルポリピロリドン（PVPP）添加の効果を検討した．

二酸化炭素除去の実験で利用した2段フラスコ（図4.25）は，二酸化炭素富化の目的にも利用できる．二酸化炭素吸着液の代わりに，2Mの炭酸緩衝液を入れると徐々に二酸化炭素が放出され，フラスコ内の二酸化炭素濃度を約1〜2％に保つことができる．PVPPは直接培地に加えた．図4.26に示すように，両処理はいずれも細胞の褐変を防止し，細胞増殖を改善した．しかし，アントシアニン生成に関しては，二酸化炭素富化では細胞増殖量の増加に伴って生成量が増加したが，PVPP添加はアントシアニン生成に対し抑制的に働いた．これはおそらくPVPPが，褐変物質の前駆物質だけでなく，アントシアニン生合成系の中間体まで吸着除去したためであると思われる．

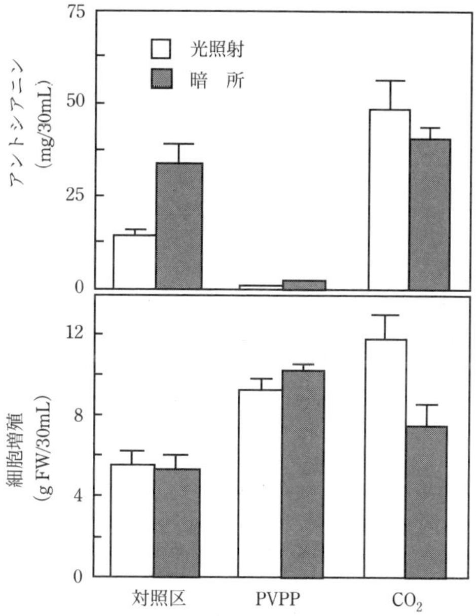

図4.26 ウド培養細胞においてPVPPと二酸化炭素の添加が細胞増殖とアントシアニン生成に及ぼす影響

このように，二酸化炭素富化によって，安定な懸濁培養系へ移行することが可能となった．フ

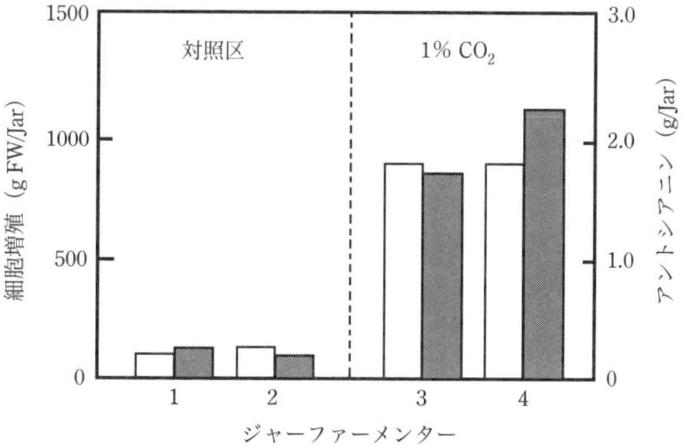

図4.27 10Lジャーファーメンター培養において1％二酸化炭素添加が細胞増殖とアントシアニン生成に及ぼす影響

ラスコ培養から，ジャーファーメンター培養へのスケールアップも，二酸化炭素の供給により，問題なく可能であった（図4.27）[28].

2.3.3 光 照 射

光は植物にとって単に光合成のエネルギー源として必要なだけでなく，二次代謝系にも様々な形で関与している．例えば，宿根ルピナス（*Lupinus polyphyllus*）培養系では，光を照射して得られる緑色の培養細胞は，暗所で増殖した培養細胞と比較してキノリジンアルカロイドの生合成が著しく促進される[75]．これは，キノリジンアルカロイドの生合成部位が葉緑体に極在しており，葉緑体の形成とともにアルカロイド生成も誘導されるためである[76].

フラボノイドやポリフェノール類も，光照射によって生合成が促進されることがいくつかの培養系で報告されている．パセリ（*Petroselinum hortense*）液体培養細胞ではフラボンやフラボノール配糖体の生合成が光によって促進されるが[77]，この生合成系の誘導は3つの光受容体，UV-B光受容体，青色光受容体，フィトクロムによって制御されており，効果的な誘導にはUV光が不可欠であり，青色光や赤/遠赤外光はその反応を調節する働きがあるという[78,79]．なお，これらの光受容体の中で最もよく研究されているフィトクロムは色素タンパク質の一種で，赤色光で活性型（P_R型）に変化し，近赤外光もしくは暗所で不活性型（P_{FR}型）にもどる．主な作用としては，発芽，茎の伸長抑制，維管束の形成促進，木部分化，リグニン化の誘導，葉緑体の分化，短日植物の開花促進などが知られている．

フラボノイドの生合成に関与する酵素は，一般的なプレニルプロパノイド代謝系の酵素（フェニルアラニンアンモニアリアーゼや4-クマル酸-CoAリガーゼ）とフラボンやフラボノール配糖体の生合成系の酵素（カルコン合成酵素など）に分類されるが，ChappellとHahlbrock[80]はこれらの酵素群がUV-B光（中波長紫外線，280〜320nm）によりmRNAレベルで制御されていることを明らかにした．他にも，ニチニチソウ培養細胞によるアントシアニン生成[81]，ハゲイトウ（*Amaranthus tricolor*）培養細胞によるベタシアニン生成[82]なども光照射により顕著に促進されることが報告されている．

フラボノイドやポリフェノール類以外にも光照射によって生合成が促進される例が報告されている．

浅田ら[83]によると，ニチニチソウ茎葉培養に近紫外光（極大波長370nm）を照射すると，アルカロイドの二量体化が促進されビンブラスチン含量が増加するという．またBanthorpeら[84]が得たラジアータマツ（*Pinus radiata*）の培養細胞株は光照射下で1年以上安定なモノテルペン（α-ピネン，β-ピネン）の生合成能を保持しているが，暗黒下に移すとその生合成能が低下するという．一般に，高等植物におけるモノテルペンの生成量や成分比が光によって影響を受けることはよく知られているが，まだその作用は明らかではない．Tanakaら[85]は，タイム（*Thymus vulgaris*）の黄化した幼植物において，チモールの生成量が赤色光の照射時間に比例して増加し，さらにこの赤色光の効果が赤色光と遠赤外光の反復照射によって可逆的に発現することを見出した．また，チモール生成の促進は，その蓄積部位である腺鱗数の増加と並行して起こっており，モノテルペン生合成の調節にはフィトクロム系が腺鱗生成を介して関与していると推定している.

逆に，二次代謝物質の生合成が光によって阻害される場合もある．ムラサキ培養細胞によるシコニン生成は光により阻害されるが，Heide ら[86]は，シコニン生成の律速段階の 1 つである *p*-ヒドロキシ安息香酸のプレニル化を触媒するゲラニルトランスフェラーゼが光によって可逆的に阻害されていることを明らかにした．また，Yamada と Sato[87]によると，オウレン（*Coptis japonica*）培養細胞系では，光は，細胞成長とベルベリン生産をともに抑制するという.

また，同じ二次代謝物質でも，植物の種類によって光照射の作用が逆になる場合もありうる．光照射は，ポドフィロトキシン生産に対し，ヒマラヤハッカクレン（*Podophyllum hexandrum*）細胞培養では抑制的に作用し[88]，*Callitris drummondii*（マオウヒバの一種）細胞培養では促進的に作用するという[89]．どちらの場合にも細胞の増殖に対する影響はみられず，光はポドフィロトキシン生合成自体に影響を与えていると考えられる.

2.2.4 温　　度

植物の細胞や組織は 25℃前後で培養するのが一般的であるが，温度は細胞の代謝や生理と密接に関係しており，培養細胞に対する影響も大きい.

温度が低下すると細胞の生理活性も低下する．そこで，細胞やカルスを保存する目的で冷蔵庫に入れておくことも可能である．一般に，リン酸や窒素源などは温度低下による吸収低下の割合が大きく[90]，二次代謝への影響も予想される.

Delfel ら[91]はイヌガヤ（*Cephalotaxus harringtonia*）の細胞に対する温度の影響を調べた結果，15～30℃では細胞の新鮮重に対する乾物重の比率が 4～5%であったのに対し，35℃では 10%近い値であったと報告している．このような細胞は代謝がかなり変化していることが考えられる.

また，de Capite[92]は，ニンジンのカルスを低温処理することによってアントシアニン生成が促進されることを報告している.

二次代謝物質生産の至適濃度を検討した例もある．Furuya ら[93]は，ケシ（*Papaver somniferum*）固定化細胞によるコデイノンからコデインへの変換反応に及ぼす温度の影響を検討したところ，20℃では変換率はやや低いものの 30 日間の繰り返し使用に耐えたが，最高の変換率を示した 25℃では 10 日後には活性が半減し，30℃では細胞がすぐに褐変し使いものにならなかったという.

2.3 培養槽の種類

培養槽の形式によっても物質生産能が大きく変わることがある．その原因は主として撹拌や通気の方法の違いによると考えられる．ここでは，植物組織培養で用いられる代表的な培養槽を紹介する.

2.3.1 通気撹拌型培養槽

最も一般的な培養槽で，微生物の培養において広く用いられている．回転翼を用いて機械的に撹拌すると同時に培養槽下部から通気を行い酸素を供給する．動力撹拌を採用しているので，細胞密度が高くなり培養液が高粘度になっても十分な撹拌を行うことができる．ただし，細胞に対する剪断ストレスが大きいのが問題である．田中[94]は，高密度培養においては，後述の通気型培養槽やエアリフト型培養槽に比べ，変形パドル型インペラー付培養槽が酸素供給の面で優れていたと報告している（図4.28）．

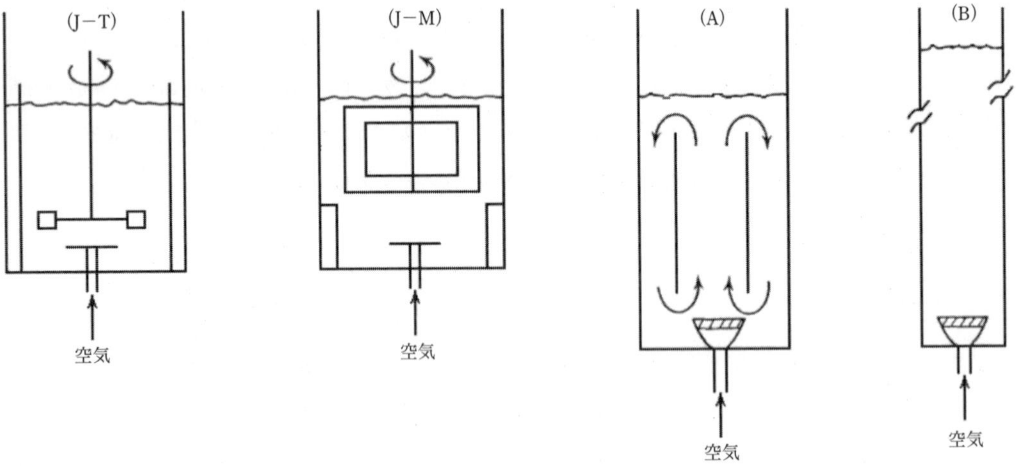

J－T：平羽根タービン型インペラー付培養槽
J－M：変形パドル型インペラー付培養槽
A：エアリフト型培養槽
B：気泡塔型培養槽

図4.28　種々の懸濁培養槽の概略図

2.3.2　通気型培養槽

最も単純な培養槽．動力撹拌を行わずに培養槽下部からの通気によって酸素供給と培地の撹拌混合を行う．培養槽の直径と高さの比が1対3以上のものは酸素供給効率が著しく高くなるが，これを特に気泡塔型培養槽という．

2.3.3　エアリフト型培養槽

上記の通気型培養槽の内部に円筒を設け，円筒の内部に通気することにより生ずる気泡の上昇によって培地を循環させる培養槽．培地の乱流を抑え，一方向に均一に流動するようにして撹拌効率を高めている．撹拌翼を用いないで撹拌するので，細胞に与える剪断ストレスが小さい．Wagnerら[95]は，アントラキノンを生産するヤエヤマアオキ（*Morinda citrifolia*）培養細胞を用いて，各種動力撹拌型培養槽とエアリフト型培養槽の培養特性を比較した結果，エアリフト型培養槽が最も優れていたと報告している．しかし，細胞濃度が高くなると撹拌が不十分になるほか，Wilsonら[96]が指摘したように，大型になると培養槽上端部の壁面に多量の細胞が付着する結果，通気が困難になる欠点がある．

2.3.4 回転ドラム型培養槽

田中[94]は，培地を入れたドラム自体を回転させて培養する円筒状のドラム型培養槽を考案した．回転ドラム型培養槽では，撹拌条件が穏やかであるため細胞への剪断ストレスが非常に小さく，かつドラムの内壁が常に培養液で洗浄されるため，壁面への細胞付着がまったく起こらないという利点がある（図 4.29）．藤田[97]は，回転ドラム型培養槽を用いてムラサキ培養細胞の大量培養によるシコニン生産を試みたところ，変形パドル翼付通気撹拌型培養槽に比べ，スケールアップが容易であることを見出した（図 4.30）．

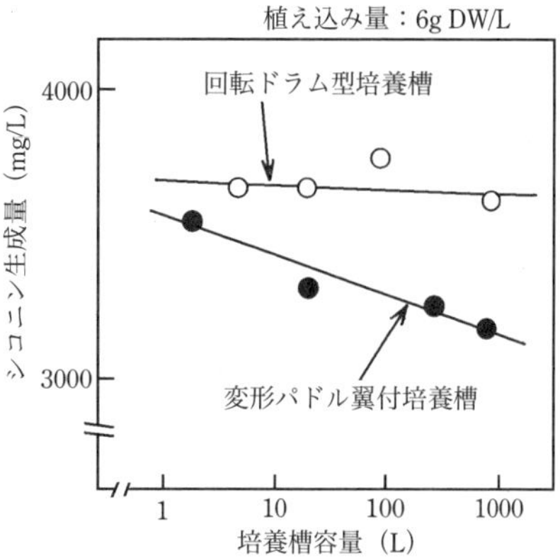

図4.30 ムラサキ細胞培養のスケールアップ

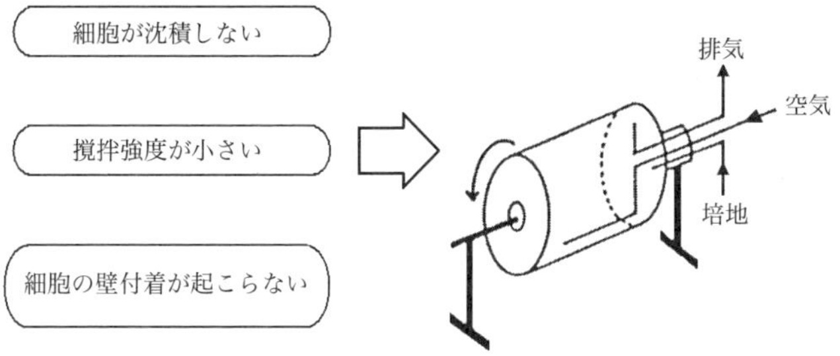

図4.29 回転ドラム型培養槽

2.3.5 気相型培養槽

牛山[41]は，培養槽内部に設置した多孔板あるいは多孔性のベルトコンベアー上に植物の細胞や器官を移殖し，上部からシャワー状に培地を噴霧して培養する装置を開発した（図 4.31）．この装置でオタネニンジン（*Panax ginseng*）のカルスを培養した結果，サポニン生産性が著しく優れていたと報告している．気相培養法は，従来の液体培養と比較し，細胞に対する物理的ストレスが少ないこと，酸素や養分の供給が良好であるなどの点で優れている．

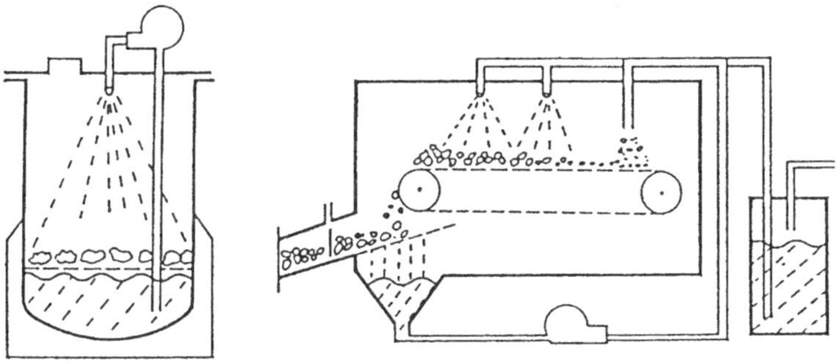

図4.31 気相型培養装置

2.3.6　光導入型培養槽

培養槽内に光を照射して培養する培養槽．不定芽などの緑色細胞や，前述のように二次代謝系の活性化に光を要求する培養細胞には光を照射する必要がある．

培養槽に光を導入するためには，ガラスや強化プラスチック製の透明な培養槽壁を通して外部から照射する方法と，培養槽内に光ファイバーなどを導入する方法とが考えられるが，特に高密度培養を行う場合，照射光は照射面から数 cm も到達しない．培養槽内に多数の光ファイバーを導入する方法は，照射面積を確保できるので効果的である．

また，光源からの照射強度は強ければ強いほどよい訳ではない．過度に強い光は酸化障害を誘発するだけでなく，細胞や培地を加熱し細胞に障害を与える．緑色細胞の場合は，光合成活性が飽和する照射強度以下に保つように調整する．光合成活性は，光を与えたときの溶存酸素の発生量から容易に測定できる．

2.3.7　スピンフィルター型培養槽

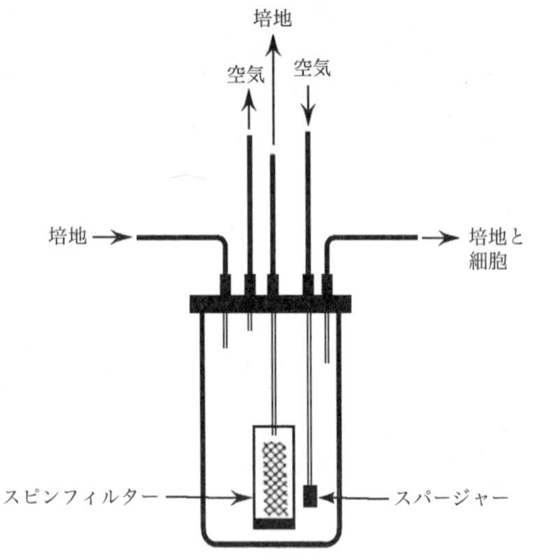

図4.32　スピンフィルター型培養槽

撹拌翼の代わりに磁石で回転するスピンフィルターを装着した培養槽で，通気撹拌型培養槽に比べ剪断ストレスが弱い．スピンフィルターを通して培地を交換することができるので，生育に応じて新しい培地を添加あるいは交換したり，連続的に培地を排出しながら新しい培地を添加して培養する連続培養や，バイオトランスフォーメーション（生物変換）に利用することが可能である（図 4.32）．Styer[98] は，この培養槽を用いて不定胚培養によるクローン植物の大量生産技術を確立している．

3.　植物組織培養における物質生産のための戦略

3.1　高生産株の選抜

植物の細胞培養系は，均一な細胞の集まりではなく，様々な生合成能を有する細胞が集まった不均一な細胞集団である．Zenk ら[12] は，ニチニチソウ単細胞から増殖した各クローン細胞株を図 4.33 に示すようなフローで調製し，セルペンチンとアジマリシンの生産能を比較した結果，全くアルカロイドを生産しないものから母植物を上回るものまで，様々な細胞株が存在することを明らかにした．さらに，これらの細胞株の中からアルカロイド含量が約 1.5％の高生産株を選抜することに成功した（図 4.34）．しかし，こうして得られたニチニチソウアルカロイド高生産株（SR28）の生産性（200mg/L）を維持するためには，クローン選抜を頻繁に行わなければならな

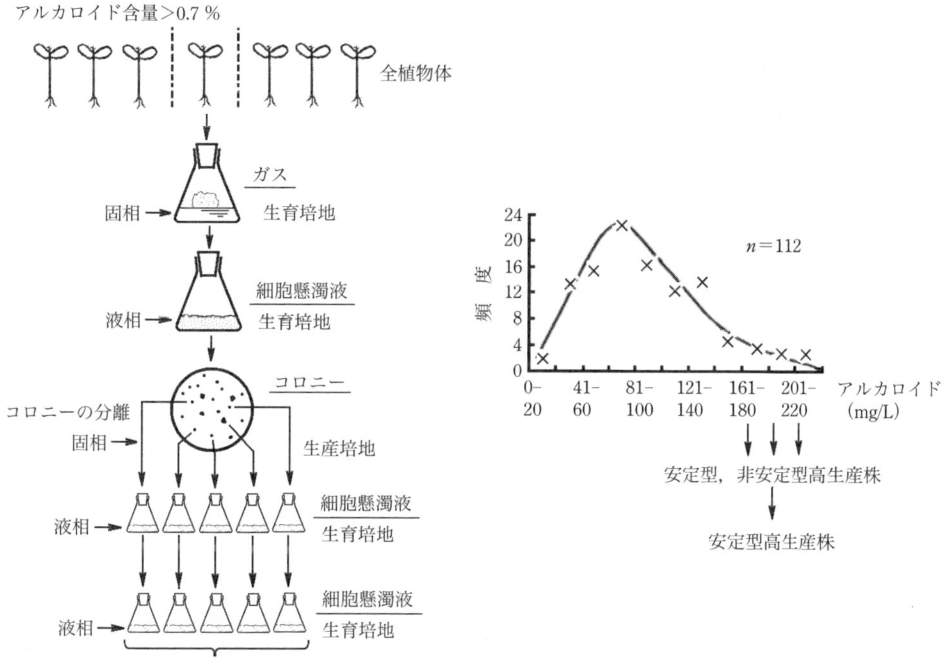

図4.33　アルカロイド高生産株の選抜フロー

い．7年間の継代培養期間中に3回のクローン選抜を行ったが，クローン選抜を行わなければアルカロイド含量は大きく低下してしまい，全期間を通じての平均アルカロイド含量は17mg/Lに過ぎなかった（図4.35）[99]．

クローン選抜は，微生物の高生産株の選抜法として以前から実施されていたものであるが，植物においても，上述のZenkらの報告以来多数の実験がなされ，基本的な技術として広く利用されるようになった．すでにアントラキノン[100,101]，シコニン[18,102]，ビンカアルカロイド[12]，ユビキノン[22,103]などの物質で成功例が報告されている．

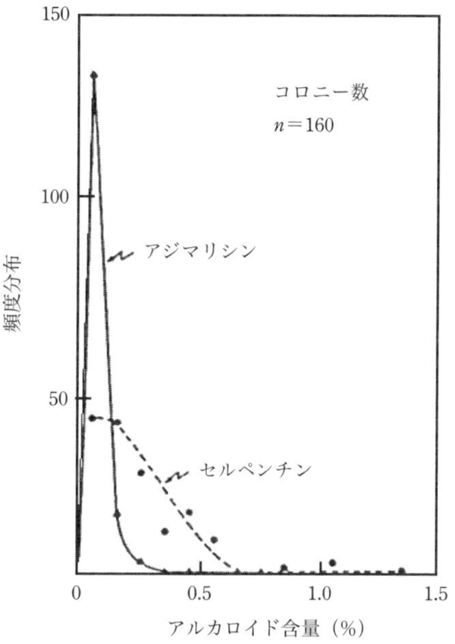

図4.34　ニチニチソウ培養細胞コロニーのアルカロイド含量の分布

細胞集塊の大きさによって物質の生産能が異なることもある．Frankeら[104]によると*Macleaya microcarpa*（タケニグサ属）の細胞によるアルカロイドの生産能は細胞集塊が小さくなるほど生産能が低下し，単細胞ではアルカロイド生産能の高いものは全く存在しなかったという．また，Kinnersleyら[105]はニンジン細胞集塊のサイズとアントシアニン生成量との関連を検討したところ，*Macleaya*の場合とは逆に，物質生産能は直径の小さな細胞集塊（<63μm）の方が高く，集塊の大きな細胞（>170μm）では低かったと報告している．

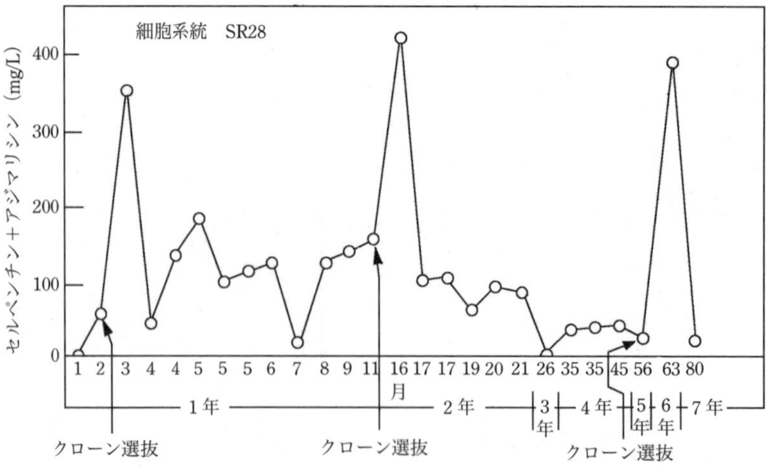

図4.35 ニチニチソウ培養細胞（SR28）の継代培養期間中のアルカロイド含量の変化

したがって，高生産株を選抜しようとする場合には，いきなり単細胞由来のコロニーを形成させて行うのではなく，まず細胞集塊の大きさで選別してその物質生産能の違いを検討し，次に同程度の細胞集塊間で高生産細胞集塊を選抜する，という手順を踏んだ方が良いようである．

3.2 連続培養・高密度培養

大量培養法における生産コストをできるだけ低下させるためには，培養槽の容積当たりの生産性をできるだけ向上させる必要がある．そのための最も単純な方法は，培養槽をできるだけ大きくするか，培養槽内の細胞密度をできるだけ高めることである．

最も単純な方法は，ジャーファーメンターによる半連続培養からのスケールアップである．図4.36 にウド（*Aralia cordata*）培養細胞によるアントシアニン生産の例を示す．容量 10L のジャーファーメンターに 8L の培地を入れて培養し，10 日ごとに培地 7L を回収し，残りの 1L に新鮮

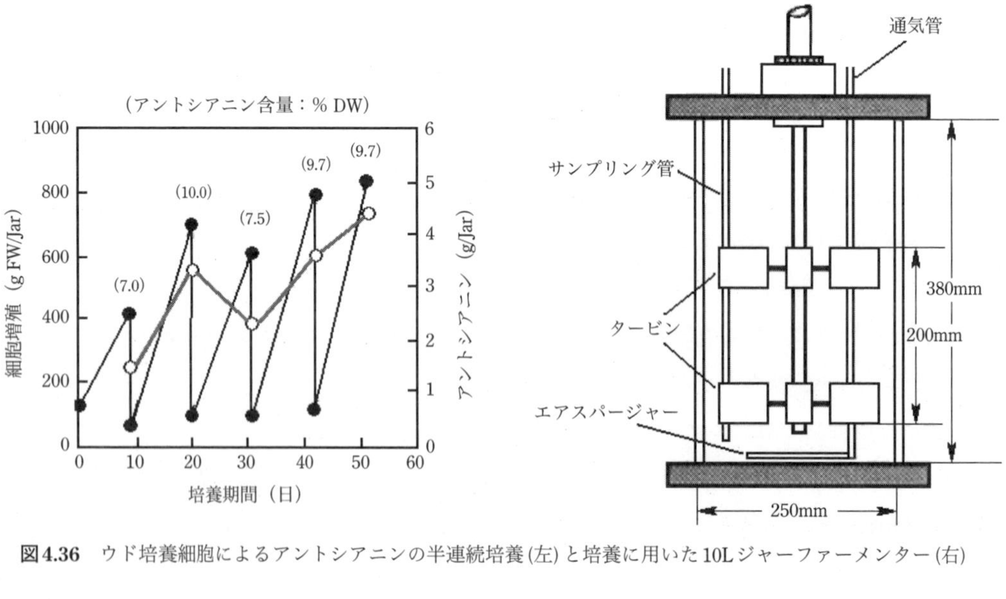

図4.36 ウド培養細胞によるアントシアニンの半連続培養(左)と培養に用いた10Lジャーファーメンター(右)

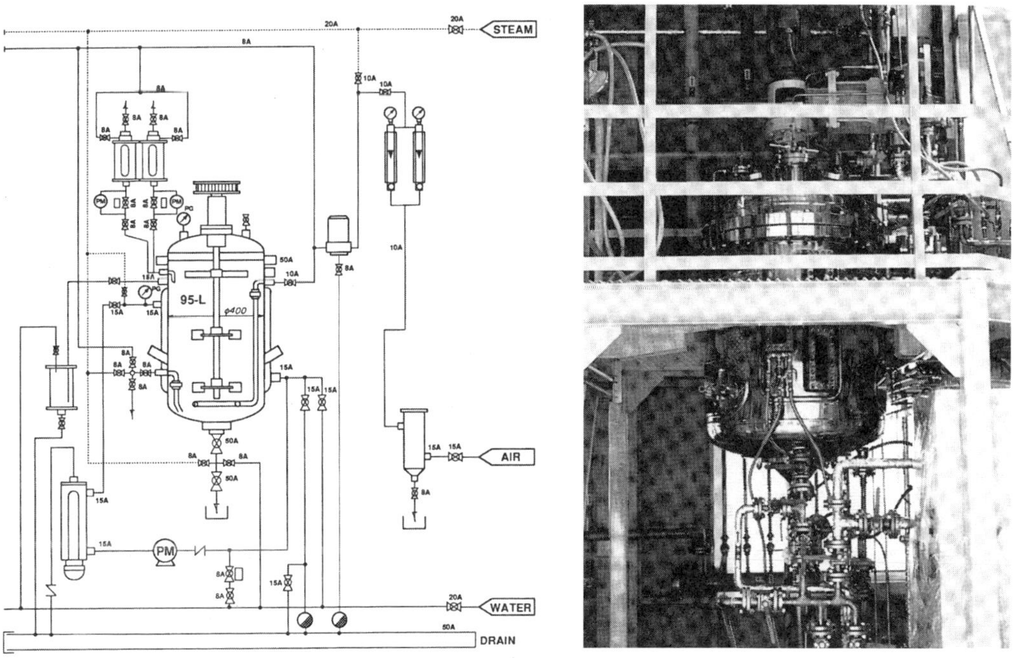

図4.37 95Lおよび500Lのジャーファーメンター

培地を添加して培養を繰り返し，2か月間培養を行ったところ，全培養期間を通じて乾燥重量当たり7〜10%の高いアントシアニン生産能を維持することができた．これをシードカルチャー（種培養）として95Lファーメンター（培地量50L）に移送して12日間培養し，続けて500Lファーメンター（培地量300〜340L）へとスケールアップして16日間培養したが，生産性は低下することなく維持することが可能で，最終的に545gのアントシアニンを含有する新鮮重量69.2kgの細胞を得た（アントシアニン含量は17.2%，図4.37）[28]．

一方，藤田[71]は，灌流培養法を開発することにより，オウレン培養細胞系において高いベルベリン生産能を保ったままで細胞密度を通常の5倍（70g DW/L）に高めて培養することに成功した．図4.38に通常のバッチ培養法（batch），細胞の増殖に応じて栄養源を逐次添加する流加培養法（fed-batch），希薄な培地を供給すると同時にその供給量と同量の培養液をフィルターを通して排出する灌流培養法（perfusion）の培養結果を示す．流加培養法では，バッチ培養法で認められた高密度培養時での細胞増殖速度の低下は改善されたがベルベリン生産能は低下した．灌流培養法ではこれらの問題点を同時に改善することができた．

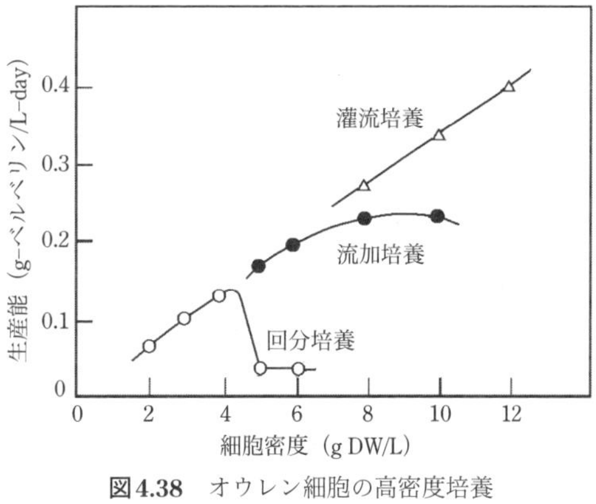

図4.38 オウレン細胞の高密度培養

3.3 生物変換

植物培養細胞の利用法は，有用物質の全合成のみではない．植物は多種多様な二次代謝物質を生成するのに必要な様々な酵素を持っており，酸化，還元，配糖化，エステル化，メチル化，加水分解など様々な変換反応を行うことができる[106]．一般に酵素は高い基質特異性，立体選択性，位置選択性を有しており，また植物に特有な酵素反応も多い．そこで，植物培養細胞を生体触媒とし，化学反応では困難な化学修飾を行う生物変換（バイオトランスフォーメーション）の試みも活発に行われている．

生物変換の反応の代表的な例として，ケジギタリス（*Digitalis lanata*）の培養細胞によるジギトキシンからジゴキシンへの転換反応を取り上げることができよう．Alfermann ら[107]は，遅効性（3〜6時間）で消失半減期が長い（7日）ため臨床的に扱いの難しいジギトキシンの 12β 位を水酸化することにより，速効性（1.5時間）で消失半減期が短く（1.6日）安全で扱いやすいジゴキシンに変換することに成功した（図4.39）．Heins[108]によって選抜されたケジギタリス培養細胞は，生育が良好であり，しかも添加したメチルジギトキシンの92％を医薬として利用できるメチルジゴキシンに転換するという効率の良いものである[109]．Alfermann ら[110]は，この転換反応をエアリフト型培養槽を用いて200Lにスケールアップすることに成功している．得られた結果は Heins[108]の成績とほぼ同等であり，しかも添加した基質の70％が転換生成物として培地中から回収されたと報告している．この200Lの培養槽によるメチルジゴキシンの生産量は，強心薬として，処方用の分包にして800 000個分，すなわち1 000人の心臓疾患の患者に対し1年間投薬を行うことができる量に相当するという．

Tabata ら[111,112]は，アカメガシワ（*Mallotus japonicus*）の培養細胞にサリチル酸を投与すると，基質特異的配糖化酵素により24時間以内に約70％の変換率でサリチル酸-*O*-β-グルコシドが生成することを見出した（図4.40）．このサリチル酸配糖体をマウスに経口投与すると，サリチル酸より速効性かつ持続性の鎮痛作用を示し，しかも後者と違って胃潰瘍をまったく引き起こさな

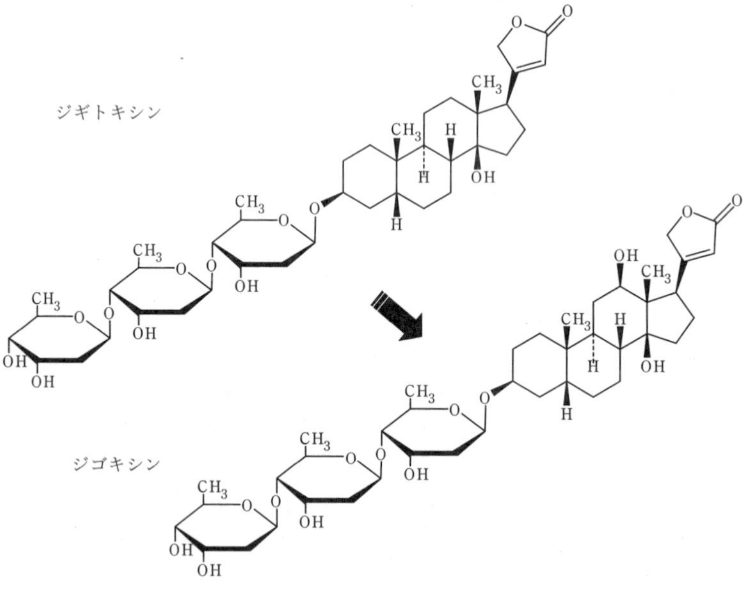

図4.39 強心配糖体のバイオトランスフォーメーション

いことが判明した．

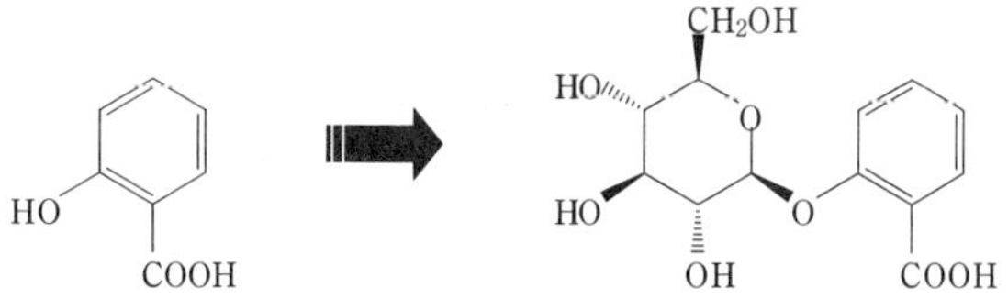

図4.40　サリチル酸の配糖化反応

アルブチンは尿路感染防止作用のほか，メラニン合成阻害による美白作用を有する化合物で，香粧品原料としても重要性が高い．ニチニチソウ（*Catharanthus roseus*）培養細胞にヒドロキノンを添加すると，これを配糖化してアルブチンを生成するが，培養条件を最適化することによって，培地1L当たり9.2gのアルブチンが生産された[113,114]（図4.41）．配糖化反応は，一般に，難水溶性の薬剤を可溶化できるので，利用価値は高い．

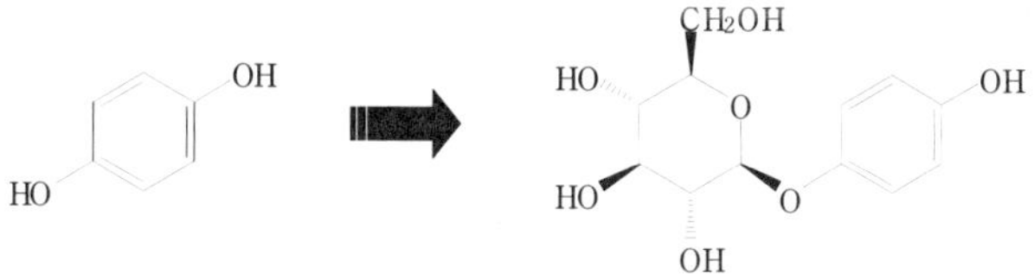

p-ヒドロキノン　　アルブチン

図4.41　バイオトランスフォーメーションによるアルブチンの生産

植物の酵素自体を取り出して利用することも可能である．Smithら[115]は，バイオリアクターで培養したニチニチソウ培養細胞からペルオキシダーゼを単離し，これを用いて70％という高い効率でカタランチンとビンドリンを重合して α-3′,4′-アンヒドロビンブラスチンを生成し，これをさらにニチニチソウ培養細胞粗酵素液により制がん剤として価値の高いビンブラスチンへ変換することに成功したという（図4.42）[116]．

これらの研究は，生物変換により，天然物質や合成物質をより優れた活性物質に変換できる可能性を示唆している．

また，多くの二次代謝物質生産制御において，一次代謝経路と二次代謝経路の分岐点の反応を触媒する酵素が律速酵素である場合が多い．ベルベリンは2分子のチロシンから生成するドーパミンと3,4-ジヒドロキシフェニルアセトアルデヒドが縮合した(*S*)-ノルラウドノソリンやイソキノリン型アルカロイドの共通の前駆物質である(*S*)-レチクリンなどを経て生合成されるが（図4.15参照），チロシンやドーパ，ドーパミンを30μM添加すると，ベルベリン生産量が約12～23％（1.3～4.3μM）増大した．同様の例は広く知られているので，安価に入手できる生合成経路上の中間体があれば，試す価値は十分ある．また，種々の段階の中間体が手に入るのであれば，それらの添加効果から生合成上の律速段階を推定することも可能である．

上述のような生物変換を行う上で，投与したい前駆物質が培養液に溶解しにくい，あるいは投与しても細胞内へ摂取されにくいといったことが問題になる場合がしばしばある．その対策として，有機溶媒による可溶化や高電圧パルス処理による細胞内への透過促進などが考えられる．し

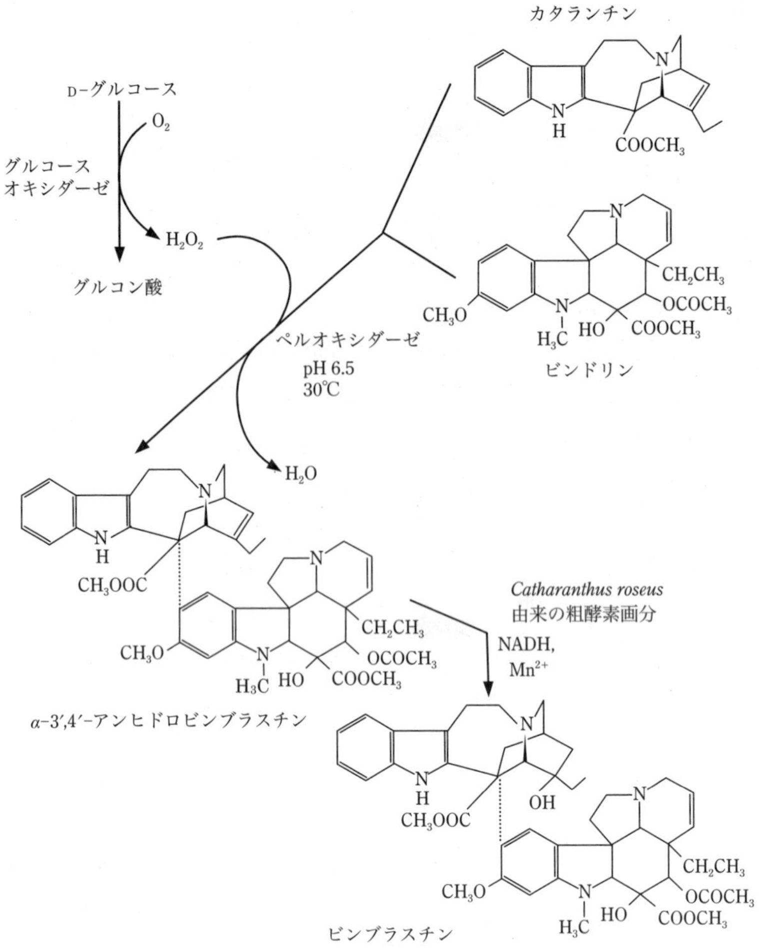

図4.42　*in vitro* でのα-3′,4′-アンヒドロビンブラスチンの合成

かし，いずれの方法も細胞への障害が大きいため，より温和な条件で細胞内への摂取を促進することが望ましい．この目的に，不安定物質や香料などの安定化剤として広く用いられているβ-シクロデキストリンが適している．シクロデキストリンはα-グルコピラノース基がα-1,4-グリコシド結合によって環状につながったもので（図4.43），環状オリゴ糖とも呼ばれる．この王冠のような構造の内側は疎水性，外側は親水性の性質を持つため，内部に疎水性の分子（あるいは環に取り込まれる大きさの疎水基を持つ分子）を取り込んで，包接化合物をつくる．この性質を利用して，植物組織培養において，種々の難溶性の前駆物質を投与することが可能である．Woerdenbag ら[117]は，ヒマラヤハッカクレン培養細胞系において，水溶性の低いコニフェリルアルコールをβ-シクロデ

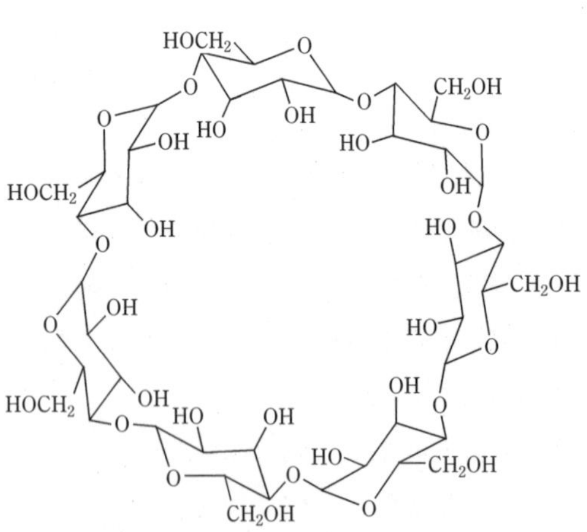

図4.43　β-シクロデキストリンの構造

キストリンとの複合体として投与することにより，ポドフィロトキシンの生産量を増加することに成功した．同様に，*Mucuna pruriens*（マメ科）培養細胞における17β-エストラジオールの4-ヒドロキシエストラジオールへの水酸化反応[118]，ゲジギタリス培養細胞におけるジギトキシンのジゴキシンへの変換[119]なども顕著に増加したと報告されている．

これまでに，ヒドロキシプロピル-β-シクロデキストリンやヒドロキシエチル-β-シクロデキストリンなど種々のシクロデキストリン誘導体が作り出されており，さらに幅広い化合物への応用が期待できる．

3.4 エリシターによる物質生産の誘導

植物病原菌が植物に感染すると，植物と微生物の相互作用により植物あるいは病原菌の細胞壁からオリゴ糖や糖タンパク質が切り出された断片や菌の分泌物が，植物に防御反応を誘導するエリシターとなって，ファイトアレキシンと総称される様々な抗菌性物質や二次代謝物質の生産を誘導する[120,121]．

ファイトアレキシンとは，植物が微生物の侵入を受けたときにそれに対抗して生成する低分子の抗菌性物質の総称で，マメ科のイソフラボノイド，ナス科のテルペノイドを初め多くの植物で生産されることが知られている．生成されるファイトアレキシンは植物の種類で決まっており，感染する微生物の種類には関係ない．

エリシターの種類は，グルカン，多糖類，キチン，キトサン，ペプチド，糖ペプチド，アラキドン酸などの脂質など多様である．バナジン酸やカルシウムイオノフォアなどもエリシターとして作用することが知られている．最も代表的なエリシターは，ガラクツロン酸オリゴマーやβ-グルカンオリゴマーである．菌の細胞壁はβ-1,3-グルカン，β-1,6-グルカン，キチンなど多糖類で構成されている．植物組織に侵入した菌に，植物のβ-1,3-グルカナーゼが作用してβ-グルカンオリゴマーをエリシターとして遊離する．一方，植物の細胞壁はβ-1,4-グルカンであるセルロース（菌のβ-グルカンとはグルコースの結合位置が異なる）のミクロフィブリルがペクチンなどの他の多糖類で束ねられたような構造をしている．ペクチンはガラクツロン酸を構成単位とする多糖で，植物組織に侵入した糸状菌などから分泌されたポリガラクツロナーゼ（PGase）によって加水分解を受け，エリシターとして作用するガラクツロン酸オリゴマーを生じる．いずれの場合も重合度が活性強度に影響し，加水分解の進行した低重合度のものは活性を失う（図 4.44）[122]．一般には重合度 10～20 程度のものが最も強い活性を示す．

エリシターは植物培養細胞においても代謝物質生産を誘導する．Kurosaki ら[123]は，*Aspergillus japonicus* から精製したポリガラクツロナーゼあるいはペクチンリアーゼで処理したニンジン培養細胞の分解物をニンジン培養細胞に添加すると顕著に6-メトキシメレイン生産が誘導されることを見出した．また，Heinstein[124]は，萎凋病（いちょうびょう）の病原菌である *Verticillium dahliae* の分生子を加熱処理によって不活性化した後，ワタ（*Gossypium arboreum*）の液体細胞培養に添加すると，ゴシポール生産が誘導されることを報告している．イヌガヤの培養細胞は，植物体から誘導された直後にはアルカロイド生産能を有するが，継代培養を数代繰り返すと生産能を失ってしまう．

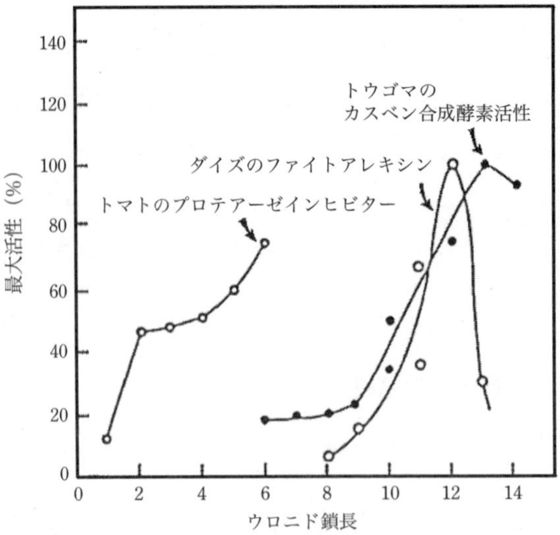

図4.44　α-1,4-ガラクツロン酸オリゴマーの重合度の違いによるストレス化合物誘導活性の変化

Heinstein[124]は，このイヌガヤ培養細胞にも同様の処理をした結果，培養6〜8日目に顕著なアルカロイドの蓄積を認めている．また，ケシの培養細胞でも，従来の報告ではほとんど検出されなかったモルヒネとコデインの生産が顕著に高まったという（表4.11）[124]．エリシターのシグナル伝達にはエチレンやジャスモン酸類も関与することが知られており，これらの植物ホルモンを投与することで，物質生産が誘導されたり増強される場合も多く報告されている（前述）．

表4.11　ケシの液体培養細胞における *Verticillium dahliae* と *Fusarium moniliforme* によるモルヒネおよびコデインの生産誘導

添　加　物	生産量（mg/L）		生産量（mg/g DW）	
	モルヒネ	コデイン	モルヒネ	コデイン
無　添　加	0.25	0.46	0.07	0.08
Verticillium dahliae	4.64	4.10	1.25	1.11
Fusarium moniliforme	3.91	4.04	1.40	1.44

3.5　代謝物質の細胞外透過促進

植物が生産する二次代謝物質には細胞内に蓄積されるものが多い．しかも，植物細胞は微生物と比較して生育が遅いので，細胞内に蓄積した代謝物質を細胞とともに培養槽から回収して生産する方法では，工業的に生産できる代謝物質はほんの一部の物質に限定されてしまう．代謝物質が培地中から回収できれば，バイオリアクターを利用した連続培養が可能となり，多くの植物二次代謝物質の工業的大量生産が可能になるものと期待される．しかし，現状では，アキカラマツ培養細胞によるベルベリン，ムラサキ培養細胞によるシコニン，ズボイシア（*Duboisia*）毛状根培養によるスコポラミン[48]など，ほんの一部の代謝物質の細胞外透過が知られているにすぎない[125]．

そこで，何らかの方法で生成物の細胞外への透過を促進する技術を開発する必要がある．以下に，細胞外透過促進技術に関するこれまでの研究報告をまとめる．

生成物が生産細胞から細胞外に放出されていても，その生成物が培地中に存在する酵素によって直ちに分解されたり，共に存在している貯蔵細胞に吸収されてしまい，見かけ上生成物が細胞外に放出されていない場合も考えられる[126]．このような場合には，トリグリセリド層[127,128]や液体パラフィン[129]などの有機層や，アンバーライトXAD-7のようなイオン交換樹脂を用いて細胞外画分における生成物保持能力を増大することにより生成物を回収することができる．また，細胞内の生成物濃度が低下することにより，細胞外への生成物放出量が増加し，その結果二次代謝系のフィードバック阻害が回避され，さらに生成物量が増加する可能性もある．

生成物が全く培地中に放出されない場合には，細胞膜の物質透過性を変化させることにより生成物を培地中に放出させることができる．DMSO，クロロホルム，トリトンXなどの有機溶媒・界面活性剤などによる透過処理が試みられ，一部では成功例も報告されている[130]（DMSO[131,132]，イオン強度を高める方法[133,134]，界面活性剤など）．しかし，著者らがオウレン培養細胞からのベルベリンの放出促進を試みたところ，これらの透過処理によって与えられる細胞毒性は甚大であり，細胞に障害を与えずにベルベリンを培地中から回収することは困難であった．小泉ら[135]は，ベラドンナ（*Atropa belladonna*）培養根を材料として用い，スコポレチンをマーカー物質にして透過に及ぼす有機溶媒の影響を詳細に調査した結果，いずれも呼吸活性阻害作用が強く，溶媒による透過促進効果は細胞に何らかの損傷が与えられた結果であることが示唆された．

他の透過促進処理方法として，遺伝子導入の手段としても用いられている方法である高電圧パルス処理による透過促進法が知られている．Brodelius ら[136]は，*Thalictrum rugosum*（キンポウゲ科）からのベルベリンの50％遊離には1kV/cm程度の電圧で十分であるが，*Chenopodium rubrum*（アカザ科）のベタニンの50％遊離には10kV/cmを必要とすること，細胞の生存率は5kV/cmでほぼ0となることを報告している．著者らは，撹拌処理，超音波処理，高電圧パルス処理，高温処理（43℃）などを検討した結果，高電圧パルス処理による透過効果が最も顕著であり，しかも細胞に対する損傷も少ないことを見出した．高電圧パルス処理による透過促進の効率には，電圧とパルス時間のほか，植物種，細胞齢，細胞塊の大きさなども影響するが，1～1.5kV/cm，100マイクロ秒程度のパルスで，細胞障害を最小限に抑えつつ細胞内代謝物を細胞外に放出させることが可能である．

比較的ストレスに強い細胞株では，上記の透過促進剤や高電圧パルス処理，あるいは高速撹拌処理[69]で透過を促進できるが，一般的に代謝機能を損なうことなく代謝物質の細胞外への透過を促進できる汎用性のある方法は，まだ見つかっていないのが現状である．

最も大きな問題点としては，植物細胞には液胞が発達しており，多くの植物細胞で，自身の二次代謝物質を特異的に細胞内に輸送する機構が存在している[125,137-139]ことがあげられる．逆に，この性質をうまく利用することで，細胞に障害を与えずに効率良く特定の代謝物質を回収できるようになる．例えば，オウレン培養細胞は細胞外へ投与したベルベリンを液胞内へ取り込む能力を有しており，培養後期にその能力が低下してくると，細胞外のベルベリン量が増大する（図

4.45)[140]．細胞膜ATPaseの阻害剤であるバナジン酸ナトリウムを添加してベルベリンの取り込みを阻害したところ，添加した濃度に依存してベルベリンが細胞外に漏出してくることが明らかとなった[125]．最近になって，Sakaiら[141]によって，オウレンにおけるベルベリンの再吸収にはABCタンパク質が関与していることが明らかにされた．ABCタンパク質は，元々複数の抗がん薬を細胞外に排出する特異なポンプとして見つかった膜輸送を担うタンパク質である．植物細胞における代謝産物の輸送を制御する上で，今後の研究成果が期待される．

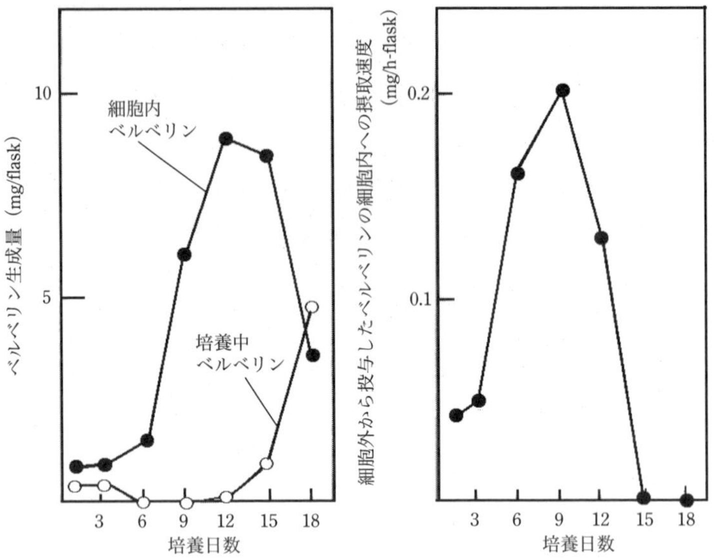

図4.45 オウレン培養細胞における細胞内へのベルベリン摂取能力

また，幾つかの例では，前述のエリシター処理によって，生合成が誘導されたり生産量が増大されるだけでなく，生成物が培地中に放出される例が報告されている（表4.12，Lindenら[142]の表を改変）．

表4.12 エリシター処理による生成物の細胞外蓄積

化合物	植物	増加倍率もしくは新規生合成	培地中への放出量（対総生産量%）	文献
サンギナリン	*Papaver somniferum*	26	43	143)
グリセオリン	*Glycine max*	新規生合成	大部分	144)
カンシン-6-オン	*Ailanthus altissima*	125	20〜27	145)
サンギナリン	*Papaver bracteatum*	500	75	146)
カプシジオール	*Nicotiana tabacum*	新規生合成	＞90	147)
アルカロイドエステル類	*Cephalotaxus harringtonia*	新規生合成	up to 82	148)
フロキノリンアルカロイド	*Ruta graveolens*	新規生合成	40〜60	149)

後述のトウガラシ（*Capsicum frutescens*）培養細胞によるカプサイシン生産のように固定化処理によって生合成が誘導され，かつ生成物が培地中に放出される例も報告されている．また細胞を固定化することで，生成物透過促進処理による障害も軽減できるので，固定化，エリシター処理と透過処理をうまく組み合わせることで，相乗的な生産性の向上が期待できる．

3.6 固定化細胞

適当な担体で固定した固定化培養細胞を適当な反応槽に入れ，その生物活性を利用したバイオリアクターによる物質生産も試みられている．固定化方法の種類としては，高分子ゲルによる包括法，多孔性フォームによる物理的吸着法，限外ろ過膜により保持する方法の3種が一般的であるが，植物の培養細胞は物理的または化学的衝撃により障害を受けやすいので，細胞の生理機能を損なわないように穏和な条件下で細胞を固定しなければならない．表4.13 [150] に代表的な植物培養細胞の固定化方法を示す．また，図4.46に著者らがアルギン酸による固定化に使用した固定化装置を示す．人工イクラも同様の方法で製造されている．

細胞を固定化すると，単に培養時の撹拌の際に生じる剪断ストレスが回避できるだけでなく，培地の回収や細胞の再利用が容易になり，バイオリアクターを用いた連続培養が可能になる．

前出のAlfermannら[110]は，アルギン酸カルシウム固定化細胞によるメチルジギトキシンの転換反応を実施し，170日間以上にわたって一定の反応速度で効率良くメチルジゴキシンを生産できたと報告している．著者ら[24]もアキカラマツ培養細胞をアルギン酸カルシウムで固定し，60日間にわたって高いベルベリン生産能（50mg/L/day）を保持することに成功した．また，Brodeliusら[151]は，親油性生成物を連続的に抽出できるバイオリアクターを考案し（図4.47），ニチニチソウ固定化培養細胞系に2つの前駆物質（トリプタミンとセコロガニン）を連続的に添加し

表4.13 植物細胞の固定化に利用される種々の固定法

固定化担体（原材料）	固定化方法（形　状）	固定化プロセス例	特　　徴
アルギン酸（褐藻類）	包括法（球状）	2％アルギン酸ナトリウム水溶液中に懸濁し，これを50mM塩化カルシウム水溶液中に滴下後，30分放置	1) 穏和な条件でゲル化 2) 均一な径のビーズ製造が容易 3) ゲルの維持に2mMのカルシウムイオンが必要
寒　天（紅藻類） アガロース（紅藻類） カラギーナン（紅藻類）	包括法（球状）	5％ポリマー水溶液（35℃）中に細胞を懸濁し，これを植物油（35℃）中に滴下，適当な径のビーズが形成されるまで撹拌後15℃に冷却し，固定化後，洗浄	1) 常温でゲル化するため，加温が必要 2) ビーズ径が不揃い 3) カラギーナンは，0.3M塩化カリウム水溶液中に滴下し1時間放置してもゲル化できる
キトサン（エビ・カニの殻）	包括法（球状）	1.6％アスコルビン酸水溶液に2.4％キトサンを溶かし，細胞を懸濁後，3％トリポリリン酸水溶液中に滴下した後，30分放置	1) アルギン酸と反対の電荷をもつ 2) 酸を加えて加熱しても溶けにくく，均一な試料を得にくい 3) ゲル化速度が遅い
ポリアクリルアミド（合成物）	包括法（球状）	5％モノマー水溶液に細胞を懸濁し，これを適当な容器に入れ，さらに架橋剤，重合開始剤，重合促進剤を添加	1) 発熱反応である 2) モノマー，その他の細胞毒性が強く，生きた細胞の固定には適さない
感光性樹脂（合成物）	包括法（シート）	10％感光性樹脂水溶液に細胞を懸濁し，これを適当な透明容器に入れ，30分間蛍光灯で照射後，適当な大きさに刻む	1) 可視光で重合するので無害 2) 合成樹脂なので，親水性などの性質を自由に変えることができる
ポリウレタンフォーム（合成物）	吸着法（立方体）（柱状）	細胞懸濁培養の容器中にウレタンフォームを入れ，一定期間培養し，フォーム内に細胞を吸着させる	1) 固定時の細胞障害が少ない 2) 培地中のイオン濃度に関する制限がない 3) 担体の物理的強度が大きい
限外ろ過膜（合成物）	包括法（平板状）（中空糸）	限外ろ過膜を用いて，細胞と培地とを分離する	1) 細胞に全く害を与えない 2) 煩雑な操作が不要 3) 目づまりの可能性がある

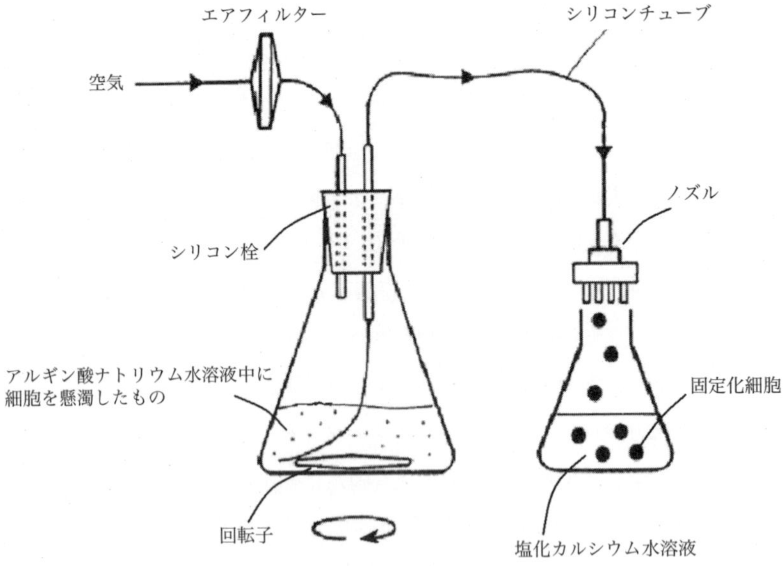

図4.46　アルギン酸カルシウムによる固定化装置

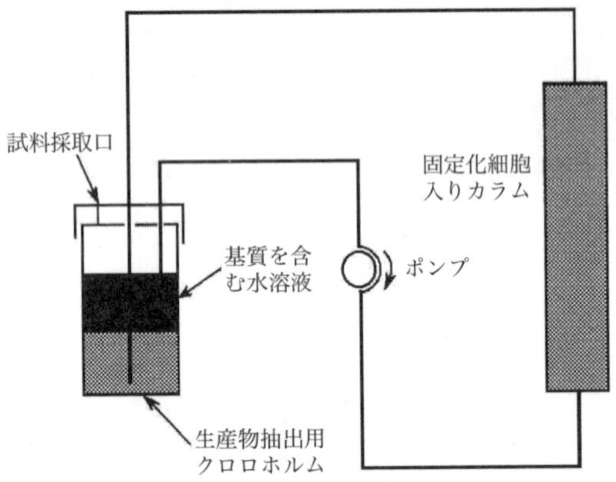

図4.47　親油性生産物の抽出機能を備えたカラム型反応器

つつ，変換されて生じるアジマリシン異性体を連続抽出することに成功している．ここでは，生成物回収に有機溶媒を用いているが，XAD–7などの樹脂を充填したカラムを利用することもできる．

また，細胞を固定化すると細胞の物質生産能が増加する事例が多く報告されている．最も顕著な例は，トウガラシ（*Capsicum frutescens*）培養細胞による辛味成分カプサイシンの生産で，Lindsey ら[152]はこの培養細胞をポリウレタンフォームで固定化するとカプサイシンの生成量が100倍以上増加し，しかもそのほとんどが培地中に放出されるという．その他ヤエヤマアオキ固定化細胞によるアントラキノン生産を始め[151]，アキカラマツ固定化細胞によるベルベリン生産[24]，*Glycyrrhiza echinata*（カンゾウ（甘草）の一種）固定化細胞によるエキナチン生産[153]，ハゲイトウ固定化細胞によるシュウ酸[154]など多くの培養系でも固定化による増産が報告されている．

植物細胞を固定化した場合，以下の作用を介して二次代謝が促進されていると考えられる．

① 生産最盛期の細胞を長期間安定化することができる.

② 細胞の成長と生合成が相反する場合，物理的に細胞増殖を抑制することにより二次代謝が促進される.

③ 担体中における固定化細胞間の接触，あるいは細胞間に形成される栄養分や代謝物の濃度勾配を通じて，機能的分化が誘導され，生合成活性が亢進される.

④ 固定化担体自体がエリシターとして作用し，二次代謝を活性化する.

以上に示したように，固定化培養系には様々な利点があるが，その能力を最大限に利用するためには，細胞固定時に，固定化担体のサイズや担体内の細胞密度を適正化する必要がある. 栄養分や生成物の培地中濃度は，培地を十分に撹拌すれば均一となるが，担体内部では培地成分が細孔中を拡散し担体内の細胞により順次消費されていく過程で濃度勾配が形成される[154]. 固定化担体のサイズが大き過ぎたり，担体内の細胞密度が高過ぎたりすると，担体内部で栄養分が枯渇し，細胞が死滅してしまう[72,150,155].

固定化細胞担体内部における濃度分布による基質の不足度は，「有効係数」で表すことができる. 有効係数とは，固定化細胞の実際の栄養源摂取量と，全固定化細胞が担体表面と同じ条件にあると仮定した場合の仮想的な栄養源摂取量との比である. この値が1であれば栄養源の供給は十分であり，0に近づくほど担体内部への供給が不足していることを表す. 著者ら[72]は，アキカラマツ固定化細胞培養系において，主要栄養源である糖，リン酸，硝酸，アンモニウムおよび酸素の吸収に関する有効係数をそれぞれ求めた（表4.14）. その結果，酸素供給の有効係数のみが0.39と著しく小さくなっており，固定化培養系では特に酸素が不足しやすいことが明らかとなった. 酸素供給の過不足のみを問題にするのなら，次式によって推定できる[72,150,156].

$6C_m D/R_2 \rho Q \geqq 1$：酸素供給十分

$6C_m D/R_2 \rho Q < 1$：酸素供給不足

C_m：ビーズ表面の溶存酸素濃度（μmol/cm^3）で培地中の溶存酸素濃度と等しいとする.

D：担体内における酸素の拡散係数（cm^2/s）

一般に，担体内部では拡散抵抗のために基質の拡散速度が水中に比べて低くなり，その低下度は主として担体内の細孔径により異なるが，アルギン酸ゲルの場合は，他のゲルに

表4.14 アキカラマツ固定化細胞（半径2.5mm，初期細胞密度22.4mgDW/cm^3）による各種栄養源の摂取に関する有効係数

栄養源	初期濃度 (mM)	細胞内摂取量		有効係数
		懸濁細胞 (mM/3日)	固定化細胞*1 (mM/3日)	
ショ糖	86.7	9.28	9.1	0.99
リン酸塩	1.25	0.30	0.3	1.00
硝酸塩	39.4	1.46	2.17	1.49
アンモニウム	20.6	0.78	1.0	1.29
酸素	253*2	507*3	199*3	0.39

*1 対照として細胞を含まないゲルビーズを用いた.
*2 μmol/L
*3 μmol/L・h

比べて細孔経が大きいので，分子量２万以下の物質の拡散速度は水中の場合とほとんど同じである[157]．

R ：ゲルビーズの半径（cm）

ρ ：ゲル内部の細胞密度（g DW/cm^3）

Q ：細胞の呼吸活性（μmo1/g DW/s）

これら５項目の中では，ビーズの半径（R）とゲル内部の細胞密度（ρ）が任意に変更できる．R と ρ の値を小さく変更することにより固定化条件を適正化できることがわかる．この式によって，固定化条件を改善した固定化ゲルビーズの断面を図 4.48 に示す．固定化条件改善前では，酸素の供給不足のため増殖細胞はゲルの表面近くに偏在しており，ゲルの中心に近い部分では細胞は不活化あるいは死滅していると考えられる．これに対し，改善後はゲルの中心部に至るまで比較的均一な細胞増殖が認められ，ゲル内のほとんどの細胞が機能していると思われる．図 4.49 は，R＝1mm の小さいゲルビーズにおける固定化時の細胞密度のベルベリン生産に対する影響を示したものであるが，ゲル内の細胞密度により細胞乾燥重量当たりの生産性が大きく変化することが理解できる（培養期間：18 日）．この改善後の固定化細胞でのベルベリン生産性は，改善前と比較すると約 4 倍近く向上していた[72,150]．なお，細胞密度が大きすぎるとゲル表面付近での活発な細胞分裂のためゲルが破損しやすくなり，その結果，細胞漏出量が増加する．これと同時にゲル内部では酸素不足のため細胞は死滅してしまうので，ビーズ内細胞量は減少してしまう．

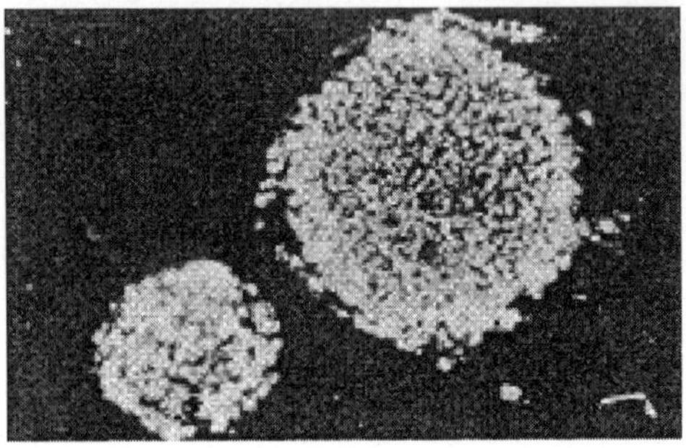

図4.48　固定化条件改善前後でのゲル内における細胞分布の比較
右上：改善前：R=2.5mm，ρ_0=22.4mg DW/cm^3
左下：改善後：R=1.0mm，ρ_0=5.9mg DW/cm^3

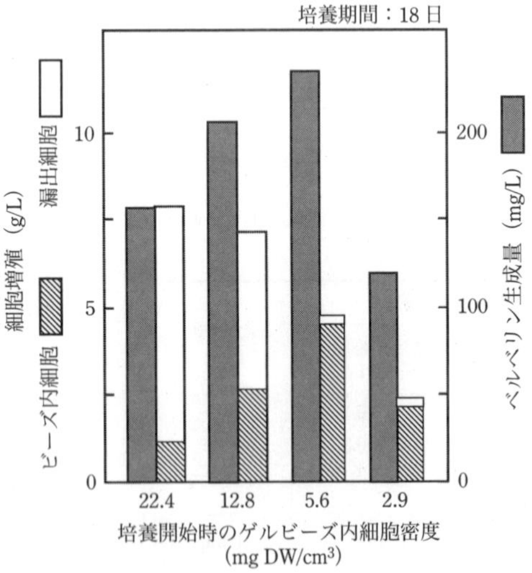

図4.49　半径 1mm のアルギン酸ゲルビーズ内における培養開始時の細胞密度を変化させたときの細胞増殖量およびベルベリン生産量

3.7　器官培養による物質生産

植物の二次代謝系の発現は器官分化が密接に関係している場合が多く，現時点では脱分化細胞培養では生産することができない物質が多い．このような物質を生産させる最も有効な手段として期待されているのが，分化した茎葉・根・植物体などの器官培養によって，植物が本来有している生合成および物質蓄積機能を再現し有用物質を生産させる技術である．

器官培養による有用二次代謝物質生産は古くから試みられている．1956 年に Tryon[158]

は，タバコ培養細胞によるスコポレチンの生産性を，芽を分化させることにより顕著に高めることができたと報告している．その後も同様の研究はトロパンアルカロイド，強心配糖体，サポニンなどいくつかの物質の生産で報告されている．例えば，Lui と Staba[159] は，ケジギタリス培養系でジゴキシン含量をラジオイムノアッセイで定量したところ，未分化の細胞培養では 0.06mg/g DW（乾燥重量）であったのに対し，葉および根の培養ではそれぞれ 9.0 および 1.9mg/g DWであったと報告している．

また，Zeig ら[160] は，ジョチュウギク（除虫菊）（*Chrysanthemum cinerariaefolium*）の茎葉培養において殺虫成分ピレトリンを乾燥重量 100g 当たり 341.8mg 生産することができたと報告しており，一方，Chung ら[161] は，ボリビアキナノキ（*Cinchona ledgeriana*）の茎葉培養でも母植物並みのキニーネおよびキニジンの収量が得られたことを報告している．

培養根による物質生産も *Tagetes patula*（マリーゴールドの一種）によるチオフェン誘導体[162] やヒヨス（*Hyoscyamus niger*）によるトロパンアルカロイド[163] など多数報告されている．また，サフラン（*Crocus sativus*）では柱頭培養による色素・香気・苦味成分の生産が報告されている[164]．

このように，器官培養は有力な物質生産方法であるが，二次代謝物質の多くは個体の発生の特定の時期，あるいは特定の組織でだけ生成されることに注意しなければならない．

例えばタバコ（*Nicotiana tabacum*）では，ニコチンは根で合成されて，道管を通って葉に蓄積される．根で合成されたニコチンは道管を通って葉に移動するのである．このことを非常に明確に検証した実験例をあげる．同じナス科のタバコとトマトを接木して，葉に蓄積されるニコチン含量を調べると，トマトの根に接木したタバコの葉のニコチン含量は増えないが，タバコの根に接木したトマトの葉にはニコチンが蓄積される．これは，ある器官で合成された最終生成物が別の器官に輸送される例であるが，最終生成物ではなく生合成上の前駆体が別の器官で合成される場合も考えられる．

植物組織培養技術，特に器官培養を利用して特定の代謝物質を生産しようとする場合にはこのことに十分留意しておく必要がある．

植物細胞がグラム陰性の土壌細菌の一種，毛根病菌（*Agrobacterium rhizogenes*）に感染した時に発生する毛状根を利用した物質生産に関する研究も活発に行われている．毛根病菌は，菌体内に巨大なプラスミドを有しており，植物に感染するとその中の T-DNA と呼ばれる領域が植物の核 DNA 中に組み込まれて植物細胞中で遺伝子を発現し，毛状根の形成を誘導する．こうして得られた毛状根は，ホルモン無添加の培地で活発に増殖し，しかもその増殖速度は通常の不定根培養に比べ非常に速い特徴を有しており，植物組織培養による物質生産のための有力な手段である．村中ら[48] は，ズボイシア培養細胞に毛根病菌を感染させて誘発させた毛状根を培養し，効率の良いスコポラミンの生産を認めている．また，吉川と古谷[165] は，薬用ニンジンの毛状根を利用してニンジンサポニンの生産を試み，好成績を得たと報告している．このほかにも多くの薬用植物において毛状根培養による物質生産が報告されており，毛状根が二次代謝物質を生産する上で非常に有用な方法であることが確認されているが，その生産物は植物体の根で生産されるものに限らない．Sauerwein ら[165]は，毛状根を照明下で培養し，緑色になった *Lippia dulcis*（クマツヅラ科）毛状根において，根では合成されないと思われていた有用代謝物質ヘルナンズルシン（甘いセスキテルペン）が効率よく生産されることを見出している．

なお，毛状根培養系は，YEB 培地（固形もしくは液体）で増殖させた毛根病菌を，無菌培養植物の葉や茎などの切り口に直接塗布し，2〜4 週間後に形成される毛状根を，セフォタキシムナトリウムなどの抗菌剤を含む培地に移植して除菌することで誘導できる．また，形質転換は，遺伝子レベルでの確認以外に，オパインと総称される本来植物体内では合成されない非タンパク性アミノ酸（植物は利用できず毛根病菌のみが利用できる）が合成されるようになるので，これを検出することでも確認できる．

大型培養槽を用いた分化組織の大量培養の技術も開発されている．1981 年に Takayama と Misawa[166]が，容量 3L の気泡塔型培養槽および 10L の通気撹拌型培養槽によるベゴニアなどの茎葉培養を報告したのをはじめ，すでに 1985 年には 20kL の大型培養槽による薬用ニンジンの培養が開始され安定に運転されているという．

植物の分化器官，特に不定根や毛状根を培養するとそれが大きな集塊を形成し，集塊の内部では酸素の供給不足のために枯死することがあるので注意を要する．Akita ら[167]は，植物分化器官大量培養用のほぐし器付培養槽を開発した（図4.50）．本培養槽を用いてベラドンナ不定根を 10L 培養槽で培養した場合，不定根が集塊を形成することなく培養槽内で均一に分散して培養され，ほぐし器付の培養槽ではほぐし器のないものに比べ生育は約1.5倍，トロパンアルカロイドの生産量は約2倍に増加した．なお，ほぐし器は3日ごとに40分間，回転方向を交互に切り替えながら30rpm で稼働した．

3.8　遺伝子操作による二次代謝系の制御

植物の代謝系は複雑に分岐している．そこで，それぞれの分岐点において，不必要な経路への代謝中間体の流出を阻害すれば目的物質の収量を増加することができる．そのためには，分岐点

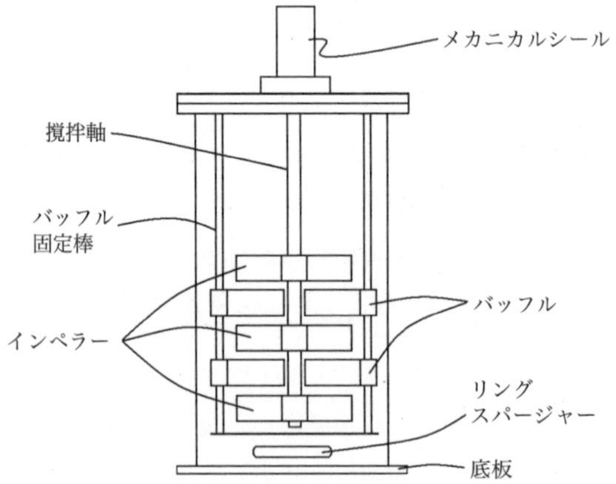

図4.50　植物分化器官培養用ほぐし器付培養槽

からの最初の反応を触媒する酵素をコードしている遺伝子のアンチセンス遺伝子を導入してブロックすれば良いと考えられる．実際に van der Krol[168] らは，フラボノイド生合成の律速酵素であるカルコン合成酵素（*chs*）をコードしている遺伝子のアンチセンス遺伝子を導入することによってブロックし，フラボノイド生合成を抑制することに成功し，中には全く色素を生産しない変異体も得られたという．ただし，個々の遺伝子導入植物には，様々な変異が認められ，遺伝子導入の位置効果が重要であることが示唆された．

逆にセンス遺伝子を導入することも考えられる．律速になっている反応をコードしている遺伝子を過剰に発現させれば生成物の増収が期待できる．しかし，ペチュニア（*Petunia hydrida*）にフラボノイドの生合成を促進するために *chs* のセンス遺伝子を導入すると，在来および外来の *chs* 遺伝子がともに抑制されるというコサプレッションが認められ，結果的にはアンチセンス遺伝子を導入したのと同じ結果になってしまったという[169, 170]．

遺伝子の導入と抑制を上手に利用した例としては，青いバラの分子育種がある．アントシアニン系の化合物は代表的な花色色素であるが，B 環に水酸基を 1 つ有するペラルゴニジン型アントシアニンは橙色，B 環に水酸基を 2 つ有するシアニジン型は赤色，B 環に水酸基を 3 つ有するデルフィニジン型は青色を呈する（図 4.51）．カーネーションやバラはデルフィニジンを生合成することができないため，天然には青色の品種が存在しないが，Katsumoto ら[171] は，パンジー由

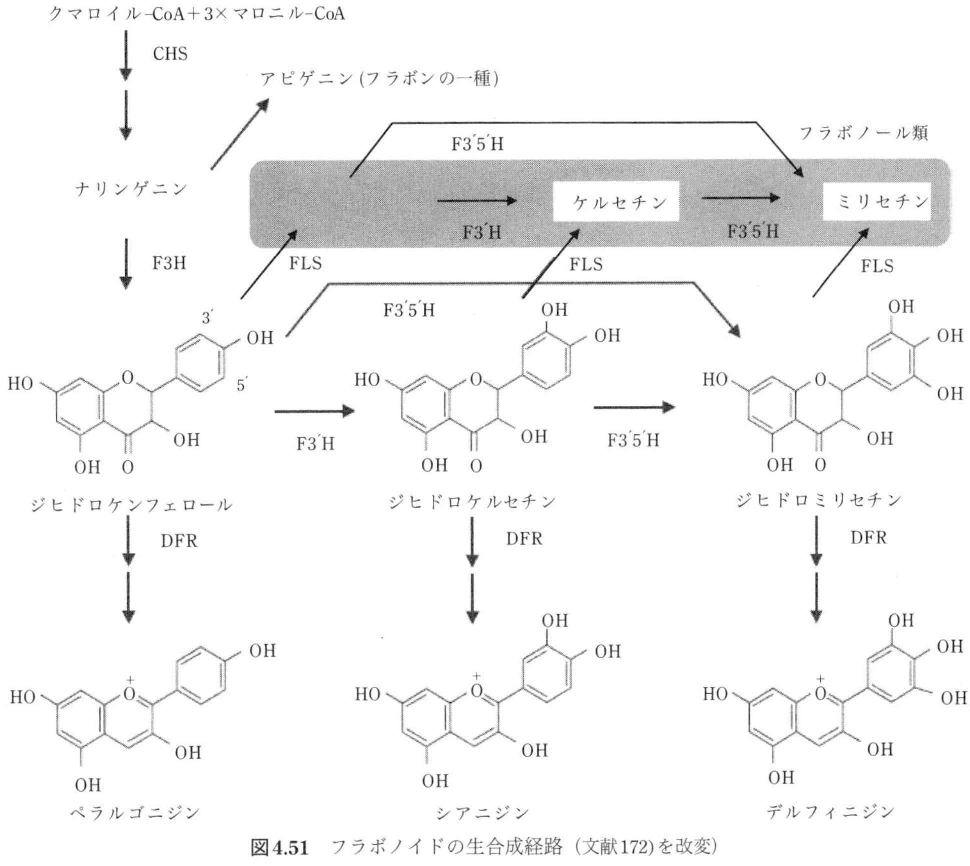

図4.51　フラボノイドの生合成経路（文献172)を改変）

来のデルフィニジン型アントシアニンを合成する酵素（*F3'5'H*遺伝子）を赤いバラ（*Rosa hybrid*）に導入することによってデルフィニジン系色素を生成させることに成功した．興味深いことに，青色色素を合成する酵素は種々の青花植物に存在するが，いずれもバラでは機能せず，パンジー由来の遺伝子のみが機能したという．また，元々真っ赤なバラに青色色素を生成させても紫色にはなるが青くは見えなかったため，さらに内在性のジヒドロフラボノール4-還元酵素（*DFR*）遺伝子を抑制し，かつアイリス（*Iris hollandica*）由来のDFRを発現させることによって，赤色色素の生成を抑制し，青いバラの作出に成功したという．

微生物由来の酵素を植物で発現させて目的物質の収量を増加させようという試みもある．プトレッシンはニコチンなどのアルカロイドとスペルミン，スペルミジンなど他のポリアミンの共通の前駆物質であり，両生合成系により競合的に利用されている．マルバタバコ（*Nicotiana rustica*）の毛状根培養系に1～5mMのプトレッシンを添加するとニコチン生成が促進されるというWaltonら[172]の報告があることから，Hamillら[173]は，マルバタバコ毛状根にオルニチン脱炭酸酵素（*ODC*）遺伝子を導入して細胞内のプトレッシン量を増やせばニコチンの増収が可能であると考えた．そこで，酵母由来の*ODC*を導入したところ，細胞内のODC活性は顕著に増強され，ニコチン生成量も約2倍弱ではあるが増加することができたという．

また，Boehmら[174]は大腸菌のユビキノン生合成酵素遺伝子*ubiA*をムラサキ（*Lithospermum erythrorhizon*）で高発現させたところ，本酵素反応の直接の産物である*m*-geranyl PHBの生成量の増加は500％にも達したが，シコニンの生産量の増加は22％程度であったという．

以上に示したように，遺伝子導入により物質生産を行うためには，解明しなければならない点が多数残っている．また，遺伝子操作によって代謝物質の生産性を向上させるためには，まず代謝に関与している酵素遺伝子を単離する必要があるが，まだ代謝経路さえもはっきりと解明されていない二次代謝物質は無数にある．また，単一の反応段階の促進は必ずしも期待される最終産物の蓄積にはつながらない．このように問題点は多いが，遺伝子操作による植物代謝制御は，植物バイオによる物質生産を研究している者の最終目標であり，今後の成果が大いに期待される．

4. おわりに

大量培養による有用二次代謝物質の生産技術が進歩しており，技術的には多様な二次代謝物質を工業的スケールで生産することも可能になってきている．しかし，細胞増殖が遅い，遺伝的に不安定で高生産を維持するためには絶えず選抜を繰り返さなければならない，代謝物質の含量が低い，代謝物質が細胞内に蓄積される場合は代謝物質の回収が煩雑な上に細胞の再利用ができない，など未解決の植物固有の問題点がある．そしてこれらの問題のために製造コストが非常に大きなものとなり，商業生産を阻んでいる．色素や香料などは大量に消費されるが，価格が高いものは敬遠される．医薬品原料は消費量がそれほど大きくないものが多く，従来どおりの植物からの抽出物を原料にした製法で十分供給できるものが多い．これでは，畑地で栽培できる植物成分に，太刀打ちできない．現状では，成長が遅くて栽培が困難で，乱獲や環境破壊などのために枯

表4.15 植物培養細胞で生産された機能性タンパク質の発現量，活性，品質

機能性タンパク質	発現量	活性	品質	文献
エリスロポエチン	26 ng/g 総タンパク質	*in vitro* 赤芽球コロニー形成	均一，糖化	179)
ヒトインターロイキン-2	0.10 mg/L（分泌量）	細胞増殖	未報告	180)
ヒトインターロイキン-4	0.18 mg/L（分泌量）	細胞増殖	不均一	180)
Guy's 13 マウスモノクローナル抗体	18 μg/g 可溶性タンパク質	*Streptococcus mutans* の増殖阻害	不均一	181)
ヒト顆粒球マクロファージコロニー刺激因子	0.25 mg/L（分泌量）	細胞増殖	不均一	182)
マウス抗 *p*-アゾフェニルアルソネート抗体H鎖	0.36 mg/L（分泌量）	Gタンパク質結合	不均一	183)
マウス抗タバコモザイクウイルス抗体	9 μg/g 可溶性タンパク質	タバコモザイクウイルス結合	均一	184)
α-フィトクロム抗体単鎖可変領域フラグメント	5 μg/g 可溶性タンパク質	抗原結合	均一	185)
クロラムフェニコールアセチルトランスフェラーゼ（CAT）	17 units/mL	ポジティブCATアッセイ	未報告	186)
プレプロリシン	1 μg/g 可溶性タンパク質	*in vitro* 翻訳阻害	均一，糖化した二量体	187)
ヒトα-アンチトリプシン	22 mg/L	ブタ膵臓エラスターゼ阻害	不均一	188)

渇寸前の野生植物が生産する，非常に付加価値が高く，供給が大きな需要に追いつかない医薬品をターゲットにした場合以外は，商業的生産が難しい．そこで，現在は，タキソール自体の生産や，水溶性，吸収性などの物性や活性，毒性を改善したタキソール誘導体の生産が，最もホットなターゲットとなっている．

一方で，従来とは異なるアプローチも模索されている．Kutchan ら[176]は，植物特有な物質変換反応を，形質転換した微生物を利用して，より大量により短期間に効率良く行うことを目的として，ニチニチソウ由来のストリクトシジン合成酵素を大腸菌でクローニングし，菌体内でその酵素活性を発現させることに成功したという．

逆に，医薬品原料の商業的生産を目標として形質転換した植物培養細胞による動物性の機能性タンパク質の生産に関する研究も多数報告されている（表 4.15，James と Lee[177]）．植物培養細胞で生産した機能性タンパク質は，糖鎖形成や重合，酵素による分解などが原因で，分子量や化学的な性質が不均一になりがちな問題点もあるが，ほとんどの場合，植物で生産されたタンパク質は，動物由来のタンパク質と同様の三次元構造を取り，生物学的にも同等の活性を示したという．これまでに報告されている生産性は，総可溶性タンパク質の 0.0064～4％もしくは培養液当たりで 0.5μg/L～200mg/L である．植物の培養細胞を利用した生産は，肥料や農薬，微生物などの混入の心配がない，精製工程が単純化できるなどの利点があるが，実用化のためにはさらに生産性を向上させなければならない．一方で，ジャガイモやその他の作物で経口ワクチンの生産に関する研究も実施されており[178]，ワクチンを生産する遺伝子組換え植物をマウスなどに経口摂取させて，希望通りの抗体ができた例も報告されている．作物による生産は，大規模な培養施設が不要で生産コストが安価である上に，植物細胞は動物細胞と異なり，人体に危険な病原体が混入する可能性が非常に低いという長所がある．ワクチンは，安価であること，注射による接種ではなく経口投与できること，発熱などの副作用がないこと，冷蔵輸送・保存が整備されていない熱帯地域へ常温で供給できること，発展途上国でも自主生産できるワクチンであることが理想である．形質転換植物は，これらワクチンの条件をすべて満足する理想的な食用ワクチンとして期待され

ている．

引 用 文 献

1) Larcher, W., 佐伯敏郎，舘野正樹監訳，植物生態生理学，シュプリンガー・フェアラーク東京 (2000)
2) Hashimoto, T. *et al*., *Phytochemistry*, **32**, 713 (1993)
3) Yun, D-J. *et al*., *Proc. Natl. Acad. Sci. USA*, **89**, 11799 (1992)
4) Yukimune, Y. *et al*., *Phytochemistry*, **54**, 13 (2000)
5) Constabel, F., Cell Culture and Somatic Cell Genetics of Plants, In : Constabel, F. and Vasil, I. K. eds., Cell Culture in Phytochemistry, Vol.4, p.3, Academic Press, New York (1987)
6) Zhong, J-J., Advances in Biochemical Engineering Biotechnology, In : Managing Editor: Scheper T., Volume Editor: Zhong J-J., Plant Cells, Vol.72, p.1, Springer-Verlag, Berlin, Heidelberg (2001)
7) Frischknecht, P. M. *et al*., *Planta Med*., **31**, 334 (1977)
8) Fukui, H. *et al*., Plant Tissue and Cell Culture (Fujiwara, A. ed.), p.313, Maruzen, Tokyo (1982)
9) Koblitz, H. *et al*., *Experientia*, **31**, 768 (1975)
10) Yamada, Y., *Nippon Nogeikagaku Kaishi*, **61**, 783 (1987)
11) Yamamoto, O. and Yamada, Y., *Plant Cell Rep*., **5**, 50 (1986)
12) Zenk, M. H. *et al*., Plant Tissue Culture and its Biotechnological Applications (Barz, W. *et al*. eds.), p.27, Springer-Verlag, Berlin and New York (1977)
13) Sato, F. and Yamada, Y., *Phytochemistry*, **23**, 281 (1984)
14) Smith, J. I. *et al*., *Plant Cell Rep*., **6**, 142 (1987)
15) Razzaque, A. and Ellis, B. E., *Planta*, **137**, 287 (1977)
16) Kaul, B. and Staba, J. E., *Lloydia*, **31**, 171 (1968)
17) Furuya, F. *et al*., *Planta Med*., **48**, 83 (1983)
18) Tabata, M. *et al*., Frontiers of Plant Tissue Culture (Thorpe, T. A. ed.), p.213, University of Calgary, Calgary (1978)
19) Zenk, M. H. *et al*., *Planta Med*., Suppl.27, 79 (1975)
20) Fujita, Y. and Tabata, M., Plant Tissue and Cell Culture (Somer, D. A. *et al*. eds.), p.169, Maruzen, Tokyo (1986)
21) Tabata, M. *et al*., *Lloydia*, **38**, 131 (1975)
22) Matsumoto, T. *et al*., *Agric. Biol. Chem*., **45**, 1627 (1981)
23) Cho, G. H. *et al*., *Biotechnol. Prog*., **4**, 184 (1988)
24) Kobayashi, Y. *et al*., *Plant Cell Rep*., **7**, 249 (1988)
25) Facchini, P. J. and DiCosmo, F., *Biotechnol. Bioeng*., **37**, 397 (1991)
26) Roberts, S.C. and Shuler, M. L., *Curr. Opin. Biotechnol*., **8**, 154 (1997)
27) Fujita, Y. *et al*., The 1989 International Chemical Congress of Pacific Basin Societies, Honolulu, Hawaii (1989)
28) Kobayashi, Y. *et al*., *Appl. Microbiol. Biotechnol*., **40**, 215 (1993)
29) Yamakawa, T. *et al*., *Agric. Biol. Chem*., **47**, 2185 (1983)
30) Ulbrich, B. *et al*., Plant Cell Biotechnology (Pais, M.S.S. *et al*. eds.), NATO ASI Series, Vol.H18, p.461, Springer-Verlag, Berlin (1988)
31) Ulbrich, B. *et al*., Primary and Secondary Metabolism of Plant Tissue Cultures (Neumann, K. H. *et al*. eds.), p.293, Springer-Verlag, Berlin (1985)
32) Martinez, B.C. and Staba, E. J., *Adv. Cell Culture*, **6**, 69 (1988)
33) Chattopadhyay, S. K. *et al*., *J. Med. Arom. Plant Sci*., **19**, 17 (1997)
34) Phisalaphong, M. and Linden, J. C., *Biotechnol. Prog*., **15**, 1072 (1999)

35) Flower, M. W. and Scragg, A. H., Plant Cell Biotechnology (Pais, M. S. S. *et al*. eds.), NATO ASI Series, Vol.H18, p.165, Springer-Verlag, Berlin (1988)
36) Deno, H. *et al*., *Plant Cell Rep*., **6**, 197 (1987)
37) Tabata, M. and Fujita, Y., Biotechnology in Plant Science (Zatlin, M. *et al*. eds.), p.207 (1985)
38) Terada, A., *Yuki Gosei Kagaku Kyokaishi*, **48**, 866 (1990)
39) 田端　守, 京都大学教授退官記念：ムラサキ研究小史—培養細胞に夢をたくして— (1994)
40) 吉川孝文, 古谷　力, 植物細胞工学, **2**, 21 (1990)
41) 牛山敬一, 生物の化学「遺伝」別冊, No.1, バイオテクノロジーによる有用物質生産, p.112 (1988)
42) Westphal, K., Progress in Plant Cellular and Molecular Biology (Nijkamp, H. J. J. *et al*. eds.), p.601, Kluwer Academic Publishers, Dordrecht, Boston, London (1990)
43) 野澤重雄, トマトの巨木は何を語りたいか—ハイポニカの科学・水気耕世界, 協和, ABC出版 (1985)
44) 原田　宏, 駒嶺　穆編, 植物細胞組織培養, p.390, 理工学社 (1979)
45) Fujita, Y. *et al*., *Plant Cell Rep*., **1**, 59 (1981)
46) 吉田文武, 河野　均, 植物組織培養, **4**, 53 (1987)
47) 小林義典ほか, 日本生薬学会第 34 回年会講演要旨集 (1986)
48) 村中俊哉, 大川秀郎, 昭和 63 年度日本醗酵工学会大会（大阪）講演要旨集, p. 93 (1988)
49) Hagimori, M. *et al*., *Plant Cell Physiol*., **23**, 1205 (1982)
50) Knoblock, K. H., *Plant Cell Rep*., **1**, 128 (1982)
51) Sasse, F. *et al*., *Plant Physiol*., **69**, 400 (1982)
52) Majerus, F. and Pareilleux, A., *Plant Cell Rep*., **5**, 302 (1986)
53) Fujita, Y. *et al*., *Plant Cell Rep*., **1**, 61 (1981)
54) De-Eknamkul, W. and Ellis, B. E., *Plant Cell Rep*., **4**,46 (1985)
55) Knoblock, K. H. and Berlin, J., *Plant Cell Tissue Organ Culture*, **2**, 333 (1983)
56) Fowler, M. W. and Stepan-Sarkissian, G., Primary and Secondary Metabolism of Plant Cell Cultures (Neumann, K. H. *et al*. eds.), p.66, Springer-Verlag, Berlin, Heidelberg (1985)
57) Ikeda, T. *et al*., *Agric. Biol Chem*., **40**, 1975 (1976)
58) 小関良宏, 植物組織培養, **4**, 60 (1987)
59) Kobayashi, Y. *et al*., *Phytochemistry*, **30**, 3605 (1991)
60) Hara, M. *et al*., *Plant Cell Rep*., **10**, 494 (1991)
61) 多葉田誉, 東　庸介, 触媒, **43**, 207 (2001)
62) Gundalch, H. *et al*., *Proc. Natl. Acad. Sci. USA*, **89**, 2389 (1992)
63) Yukimune, Y. *et al*., *Nature Biotechnol*, **14**, 1129 (1996)
64) 小林義典, 京都大学博士論文：アキカラマツ固定化細胞系におけるベルベリン生産に関する研究 (1990)
65) Payne, J. *et al*., *Planta Med*., **53**, 474 (1987)
66) Kohlenbach, H. W. and Wernicke, W., *Z. Pflanzen Physiol*., **86**, 463 (1982)
67) Fukui, H. *et al*., *Phytochemistry*, **22**, 2451 (1983)
68) Fukui, H. *et al*., *Plant Cell Rep*., **9**, 73 (1990)
69) Leckie, F. *et al*., Progress in Plant Cellular and Molecular Biology (Nijkamp, H. J. J. *et al*. eds.), p.689, Kluwer Academic Publishers, Dordrecht, Boston, London (1990)
70) Breuling, M. *et al*., *Plant Cell Rep*., **4**, 220 (1985)
71) 藤田泰宏, 日本植物組織培養学会第 1 回植物組織培養コロキウム(つくば)講演要旨集, p.36 (1988)
72) Kobayashi, Y. *et al*., *Plant Cell Rep*., **8**, 255 (1989)
73) Kobayashi, Y. *et al*., *Plant Cell Rep*., **9**, 496 (1991)
74) Kobayashi, Y. *et al*., *Plant Cell Rep*., **6**, 185 (1987)

75) Wink, M. *et al.*, *Planta*, **40**, 149 (1980)

76) Wink, M., Cell Culture and Somatic Cell Genetics of Plants, In : Constabel, F. and Vasil, I. K. eds., Cell Culture in Phytochemistry, Vol.4, p.17, Academic Press, New York (1987)

77) Heller, W. *et al.*, *Plant Physiol.*, **64**, 371 (1979)

78) Duell-Paff, N. and Wellmann, E., *Planta*, **156**, 213 (1982)

79) Ohl, S. *et al.*, *Planta*, **177**, 228 (1989)

80) Chappell, J., Hahlbrock, K., *Nature*, **311**, 76 (1984)

81) Knoblock, K. H. *et al.*, *Phytochemistry*, **21**, 591 (1982)

82) 吉川晃正ほか, 日本植物培養学会第10回植物組織培養シンポジウム(仙台)講演要旨集, p.198 (1987)

83) 浅田麻喜子ほか, 平成2年度日本醗酵工学会大会講演要旨集(大阪), p.185 (1990)

84) Banthorpe, D. V. and Njar, V. C. O., *Phytochemistry*, **23**, 295 (1984)

85) Tanaka, S. *et al.*, *Phytochemistry*, **28**, 2955 (1989)

86) Heide, L. *et al.*, *Phytochemistry*, **28**, 1873 (1989)

87) Yamada, Y. and Sato, F., *Phytochemistry*, **20**, 545 (1981)

88) van Uden, W. *et al.*, *Plant Cell Rep.*, **8**, 165 (1989)

89) van Uden, W. *et al.*, *Plant Cell Rep.*, **9**, 257 (1990)

90) 熊沢喜久雄, 西沢直子, Up Biology 植物の養分吸収, p.90, 東京大学出版会 (1985)

91) Delfel, N. E. *et al.*, *Planta Med.*, **40**, 237 (1980)

92) de Capite, L., *Amer. J. Bot.*, **42**, 869 (1955)

93) Furuya, T. *et al.*, *Phytochemistry*, **23**, 999 (1984)

94) 田中秀夫, 植物組織培養, **5**, 40 (1988)

95) Wagner, F. and Vogelmann, H., Plant Tissue Culture and Its Biotechnological Application (Barz, W. *et al.* eds.), p.245, Springer-Verlag, Heidelberg (1977)

96) Wilson, G., Frontiers of Plant Tissue Culture 1978 (Thorpe, T. A. ed.), p. 169, IAPTC, Calgary (1978)

97) 藤田泰宏, 植物の化学調節, **22**, 18 (1987)

98) Styer, D. J., Tissue Culture in Forestry and Agriculture (Henke, R. R. *et al.* eds.), p.117, Prenum Press, New York, London (1985)

99) Deus-Neumann, B. and Zenk, M. H., *Planta Med.*, **50**, 427 (1984)

100) 児玉 徹, 山川 隆, 化学と生物, **22**, 536 (1984)

101) Colin, C. M. *et al.*, *Protoplasma*, **107**, 63 (1981)

102) Mizukami, M. *et al.*, *Phytochemistry*, **17**, 95 (1978)

103) Matsumoto, T. *et al.*, Plant Tissue Culture 1982 (Fujiwara, A. ed.), p.275, Maruzen, Tokyo (1982)

104) Franke, J. *et al.*, *Biochem. Physiol. Pflanzen*, **177**, 501 (1982)

105) Kinnersley, A. M. *et al.*, *Planta*, **149**, 200 (1980)

106) Furuya, T., Frontiers of Plant Tissue Culture 1978 (Thorpe, T. A. ed.), p.191, IAPTC, Calgary (1978)

107) Alfermann, A. W. *et al.*, Plant Tissue Culture and Its Biotechnological Application (Barz, W. *et al.* eds.), p.125, Springer-Verlag, Heidelberg (1977)

108) Heins, M., Production of natural compounds by cell culture methods (Alfermann, A. W. and Reinhard, E. eds.), p.39, Bereich Projecttragerschaften (1978)

109) Wahl, J., *ibid.*, p.48.

110) Alfermann, A. W. *et al.*, Plant Biotechnology (Mantell, S. H. and Smithe, H. eds.), p.67 (1983)

111) Tabata, M. *et al.*, *Phytochemistry*, **27**, 809 (1988)

112) Tabata, M., Proceedings of an International Symposium on New Drug Development from National Products, in Seoul, Korea, The Korean Society of Pharmacognosy (1989)

113) Yokoyama, M. *et al.*, *Plant Cell Physiol.*, **31**, 551 (1990)

114) Inomata, S. *et al.*, *Appl. Microbiol. Biotechnol.*, **36**, 315 (1991)

115) Smith, J. I. *et al.*, *Biotechnol. Appl. Biochem.*, **10**, 568 (1988)

116) Dicosmo, F., Progress in Plant Cellular and Molecular Biology (Nijkamp, H. J. J. *et al.* eds.), p.717, Kluwer Academic Publishers, Dordrecht, Boston, London (1990)

117) Woerdenbag, H. J. *et al.*, *Plant Cell Rep.*, **9**, 97 (1990)

118) Woerdenbag, H. J. *et al.*, *Phytochemistry*, **29**, 1551 (1990)

119) Lee, J. E. *et al.*, Theories and Application of Chemical Engineering, Vol.1, p.479, Korean Institute of Chemical Engineers, Seoul (1995)

120) Eilert, U., Cell Culture and Somatic Cell Genetics of Plants, In : Constabel, F. and Vasil, I. K. eds., Cell Culture in Phytochemistry, Vol.4, p.153, Academic Press, New York (1987)

121) 西　荒介, 植物細胞工学, **2**, 14 (1990)

122) Ryan, C. A., Recent Advances in Phytochemistry, In : Conn, E. E. ed., Oportunities for Phytochemistry in Plant Biotechnology, Vol.22, p.163, Plenum Press, New York and London (1988)

123) Kurosaki, F. *et al.*, *Phytochemistry*, **24**, 1479 (1985)

124) Heinstein, P., *J. Natural Prod.*, **48**, 1 (1985)

125) 小林義典, 組織培養, **16**, 484 (1990)

126) Wink, M., Primary and Secondary Metabolism of Plant Cell Cultures (Neumann, K. H. *et al.* eds.), p.107, Springer-Verlag, Berlin and New York (1985)

127) Bisson, W. *et al.*, *Planta Med.*, **47**, 164 (1983)

128) Berlin, J. *et al.*, *Phytochemistry*, **23**, 1277 (1984)

129) Beiderbeck, R., *Z. Pflanzenphysiol.*, **108**, 27 (1984)

130) Brodelius, P., Handbook of Plant Cell Culture, Vol.4 (Evans, D. A. *et al.* eds.), p.283, Macmillan Publishing Co., New York, Collier Macmillan Publishers, London (1986)

131) 三上洋一, 第9回植物組織培養シンポジウム講演要旨集, p.80 (1985)

132) 吉川孝文ほか, 第9回植物組織培養シンポジウム講演要旨集, p.123 (1985)

133) 小林　猛, 魚住信之, 平成2年度日本醱酵工学会大会(大阪)講演要旨集, p.64 (1990)

134) Tanaka, H. *et al.*, *Biotechnol. Bioeng.*, **27**, 890 (1985)

135) 小泉蓉子ほか, 第1回植物組織培養コロキウム講演要旨集, p.108 (1988)

136) Brodelius, P.E. *et al.*, *Plant Cell Rep.*, **7**, 186 (1988)

137) Wink, M., Cell Culture and Somatic Cell Genetics of Plants, In : Constabel, F. and Vasil, I. K. eds., Cell Culture in Phytochemistry, Vol.4, p.17, Academic Press, New York (1987)

138) Deus-Neumann, B. and Zenk, M. H., *Planta*, **167**, 44 (1986)

139) Sato, H. *et al.*, *Plant Cell Rep.*, **9**, 133 (1990)

140) 小林義典, 高山真策, バイオインダストリー, **8**, 5 (1991)

141) Sakai, K. *et al.*, *J. Exp. Bot.*, **53**, 1879 (2002)

142) Linden, J. C. *et al.*, Plant Cell and Tissue Culture in Liquid Systems (Payne, G. *et al.* eds.), p.187, Hanser Publishers, Munich, Vienna, New York, Barcelona (1991)

143) Eilert, U. *et al.*, *J. Plant Physiol.*, **119**, 65 (1985)

144) Funk, C. *et al.*, *Phytochemistry*, **26**, 401 (1987)

145) Krauss, G. *et al.*, *Z. Naturforsch.*, **44C**, 712 (1989)

146) Cline, S.D. and Coscia, C. J., *Plant Physiol.*, **86**, 161 (1988)

147) Chappell, J. *et al.*, *Phytochemistry*, **26**, 2259 (1987)

148) Heinstein, P. F., *J. Natural Prod.*, **48**, 1 (1985)

149) Eilert, U., Primary and Secondary Metabolism of Plant Cell Cultures (Kurz, W. G. W. ed.), p.219, Springer-Verlag, Berlin (1987)

150) 小林義典, 田端 守, 植物細胞工学, **2**, 35 (1990)

151) Brodelius, P. *et al.*, Enzyme Engineering (Weetall, H. H. and Royer, G. P. eds.), Vol.5 , p.373, Plenum Press, New York (1980)

152) Lindsey, K. and Yeomann, M. M., *J. Exp. Bot.*, **35**, 1684 (1987)

153) 古谷 力, 古家健二, 生物の科学「遺伝」別冊, No.1, バイオテクノロジーによる有用物質生産, p.103 (1988)

154) Knorr, D. *et al.*, *Food Technol.*, **39**, 135 (1985)

155) 橋本健二ほか, 化学工学シンポジウムシリーズ 17, p.133, 化学工学協会 (1988)

156) 矢野俊正, 山田浩一, 生物化学工学, 東大応微研シンポジウム第 5 集, p.16, 東京大学出版会 (1963)

157) Tanaka, H. *et al.*, *Biotechnol. Bioeng.*, **26**, 53 (1984)

158) Tryon, K., *Science*, **123**, 590 (1956)

159) Lui, J. H. C. and Staba, E. J., *Phytochemistry*, **18**, 1913 (1979)

160) Zeig, R.G. *et al.*, *Planta Med.*, **48**, S8 (1983)

161) Chung, C. T. and Staba, E. J., *Planta Med.*, **53**, 206 (1987)

162) Hay, C. A. *et al.*, *Plant Cell Rep.*, **5**, 1 (1986)

163) Hashimoto, T. and Yamada, Y., *Planta Med.*, **47**, 195 (1983)

164) 姫野俵太, 佐野孝之輔, 植物組織培養学会第 10 回植物組織培養シンポジウム(仙台)講演要旨集 (1987)

165) Sauerwein, M. *et al.*, *Plant Cell Rep.*, **9**, 579 (1991)

166) Takayama, S. and Misawa, M., *Plant Cell Physiol.*, **22**, 461 (1981)

167) Akita M. *et al.*, Proceeding of International Symposium on Application of Biotechnological Methods and Recent Accomplishments of Economic Value in Asia, Chulalongkom Univ., Bangkok (1991)

168) van der Krol, A. R. *et al.*, *Nature*, **333**, 866 (1988)

169) Napoli, C. *et al.*, *Plant Cell*, **2** , 279 (1990)

170) van der Krol, A. R. *et al.*, *Plant Cell*, **2**, 291 (1990)

171) Katsumoto, U. *et al.*, *Plant Cell Physiol.*, **48**, 1589 (2007)

172) Walton, N. J. *et al.*, *Plant Sci.*, **54**, 125 (1988)

173) Hamill, J. D. *et al.*, Progress in Plant Cellular and Molecular Biology (Nijkamp, H. J. J. *et al.* eds.), p.732, Kluwer Academic Publishers, Dordrecht, Boston, London (1990)

174) Boehm, R. *et al.*, *Plant Cell Physiol.*, **41**, 911 (2000)

175) Kutchan, T. M. *et al.*, *FEBS Lett.*, **237**, 40 (1988)

176) James, E. and Lee, J. M., Advances in Biochemical Engineering Biotechnology, In: Managing Editor: Scheper, T., Volume Editor: Zhong, J-J., Plant Cells, Vol.72, p.127, Springer-Verlag, Berlin, Heidelberg (2001)

177) Mason, H. S. *et al.*, *Trends Mol. Med.*, **8**, 324 (2002)

178) Matsumoto, S. *et al.*, *Plant Mol. Biol.*, **27**, 1163 (1995)

179) Magnuson, N. S. *et al.*, *Protein Exp. Purif.*, **13**, 45 (1998)

180) Wongsamuth, R. and Doran, P. M., *Biotechnol. Bioeng.*, **54**, 401 (1997)

181) James, E. *et al.*, *Protein Exp. Purif.*, **19**, 131 (2000)

182) Magnuson, N. S. *et al.*, *Protein Exp. Purif.*, **7**, 220 (1996)

183) Fischer, R. *et al.*, *J. Immunol. Methods*, **226**, 1 (1999)

184) Firek, S. *et al.*, *Plant Mol. Biol.*, **23**, 861 (1991)

185) Hogue, R. S. *et al.*, *Enzyme Microb. Technol.*, **12**, 533 (1990)

186) Tag, E. P. *et al.*, *Protein Exp. Purif.*, **8**, 109 (1996)

187) Takeshima, M. *et al.*, *Appl. Microbiol. Biotechnol.*, **52**, 516 (1999)

(小林義典)

V　遺伝子操作

1.　植物の遺伝子組換え

1.1　遺伝子組換え作物の利用

遺伝子組換え技術によって，植物に外来遺伝子を導入したり，機能を改変したりできる．この技術は，収量の高い作物の作出，劣悪な環境条件に耐える作物の育成，環境を浄化する植物の作出，予防薬や治療薬を生産する植物の作出など様々な面で利用できる．生産コストが安い，日々口にするものなので病気の予防や治療に対する患者の苦痛を軽減できる，といった効果も期待される．現在，遺伝子組換え植物としてよく知られている作物は，害虫抵抗性や除草剤耐性を単独で，あるいはともに有するトウモロコシ，ナタネ，ダイズ，ワタなどであるが，試験段階のものを含めると相当の種類にのぼる．一方，これらの利用に対して非常に慎重な意見が多いことも事実である．遺伝子組換え植物に対するリスクアセスメントも慎重に行われている[1)]．

遺伝子組換え作物は，世界的に見れば，相当の規模で栽培されている．その利点は数多く挙げられている．例えば，害虫抵抗性をトウモロコシに付与した場合，害虫によるトウモロコシの食害が低減する．それは，収量の増加をもたらすであろうし，農薬の使用量が減るので環境への負荷も減る．益虫を含めた全ての昆虫を一度に殺してしまうことが少なくなって圃場(ほじょう)における生物の多様性は改善されるとも言われる．食害を受けたトウモロコシはカビなどの病害を受けやすく，結果，アフラトキシン（カビ毒．天然に存在する物質のうち最強の発がん性物質の1つとして知られている）に汚染されやすくなるが，害虫抵抗性トウモロコシではアフラトキシン含量が従来の1/20以下になったとの報告もあり，したがって，より安全な穀物が得られることになる．（参考：世界的にみて，食品の安全性をめぐる問題のうち最大のものは微生物汚染による食中毒であり，次いで，アフラトキシンなどによる汚染であるとされている．）

除草剤耐性を付与したダイズを大規模栽培しているアルゼンチンでは，それによって不耕起栽培が可能になり，除草剤の散布が年に1回になった効果も加わって，燃料の使用量が4分の1程度になったという報告もある．不耕起栽培が可能になって圃場に有機物が多く残されるようになったことは，土壌の流亡が防止されることとあいまって，地力の維持と向上にとって大きな意義がある．実際，アルゼンチンにおけるダイズの収量は有意に向上した．また，ワタは，その生産に費やされる農薬が非常に多い作物であるが，害虫抵抗性を付与したワタに切り替えただけで，世界で使われている農薬の4割にあたる3.3万トンの使用が削減されるという推計もある．2001年には，米国で栽培された6つの遺伝子組換え作物によって2.3万トンの農薬が節約されたとされる（国際アグリバイオ事業団（ISAAA）資料による．裏を返せば，現在，それだけ大量の農薬が使われているということでもある）．

除草剤耐性作物では，年に1回，特定の除草剤を散布することで栽培が可能になる．しかも，この除草剤は強力ながら分解性に優れ，環境に対してより安全な農薬であることが確かめられている．それよりは，従来どおり何回も農薬を散布するほうが，環境に対する負荷は大きい．また，やはり心配されていたアレルギーについては，問題がないことが慎重に確かめられて初めて栽培が許可されてきたという経緯がある．安全性が確かめられていない遺伝子組換え作物には厳重な管理が求められ，それゆえ，未承認の遺伝子組換え作物の混入が起こると生産者は甚大な損失をこうむることなる．そのような種子は流通できないので，それをあえて無視し，生産者が積極的にこれを栽培することは現実的にありえないであろう．

遺伝子組換え作物に切り替えることに伴う労働時間の短縮もまた，期待される効果の1つである．生産者（農家）が農薬にさらされる機会を減らすこともできる．さらに，スギ花粉症治療効果のあるコメ，インスリン分泌促進（糖尿病治療）効果のあるコメ，高オレイン酸ダイズ（コレステロール抑制），インターフェロンを生産するジャガイモなど，医療や生活習慣病予防に効果のある遺伝子組換え作物も開発されており，これらを利用できないとなれば，特に患者は不利益をこうむることになる．また，遺伝子組換え植物による医療用の有用物質（ワクチンなど）の生産技術には，家畜を使う生産技術と比較して，安全性に関しても大きな利点がある．家畜には人間にも感染しうる病原体が含まれる可能性がある．したがって，供給源を家畜とする場合，その物質はきわめて高度に精製される必要がある．これに対して植物には人間と共通の病原体が存在しない．

以上は，遺伝子組換え作物の栽培を推進する側の主張であるが，反面，遺伝子組換え作物に対して根強い反対運動と不信感がある．当初は，アレルギー性物質など予期しない成分の生産が疑われたが，研究の結果，それはほぼ問題の焦点ではなくなってきたということができる．ただし，これは，慎重に試験を繰り返し，アレルギー性について安全性が確かめられたものについてのみ栽培が認められてきたということでもある．

一方，近年の反対派の主張の中心は，不用意な遺伝子拡散（遺伝子汚染）の問題ということができる．核ゲノムに導入された遺伝子は，花粉にも含まれる．したがって，花粉の飛散にともなって，予期しない植物にその遺伝子が持ち込まれる可能性がある．花粉の飛散は，それと近縁種が交配する可能性を示唆する．特に日本のように狭い国土に耕地が密集している場合には，花粉の飛散に神経をとがらせざるを得ない．例えば，除草剤耐性や防虫性を獲得した雑草が出現し，それが生態系に深刻な影響を及ぼす危険性を指摘する意見もある．遺伝子組換え作物の圃場付近では，このようないわゆる「遺伝子汚染」がすすんでいるという報道もある．特に医療目的で開発された遺伝子組換え植物（生理活性の強い物質を生産する植物）で「遺伝子汚染」が起こると，大きな被害が生じかねない（そのため，厳密に制御された地下環境で遺伝子組換え植物を栽培するプロジェクトもある）．ただし，花粉ができない，あるいは，自家受粉性が強い作物や花粉が飛散しにくい作物が材料に選ばれている場合には，この危険性は低いとみるべきであろう．

また，導入した遺伝子が種の壁を超えて伝播する可能性を指摘する声もある．例えば，遺伝子組換え作物の作出に利用された抗生物質耐性遺伝子が，腸内の微生物に移る可能性を指摘した報告がある．それが起こりうることだとしても，それは，実際にどれだけの影響を生物にもたらすのかは明らかでない．言うまでもないことであるが，これまで多種の抗生物質が大量に使われ，その結果，抗生物質耐性を有する菌が早くから多数誘導されてきた．我々は，そのような微生物と一緒に生きてきたのである．（注：抗生物質耐性遺伝子は選択マーカー（1.2.3 参照）として使われ，植物には関係がない．したがって，そのような遺伝子を使わないか除去したいと考えるのが当然であり，実際にマーカー遺伝子が残らない選抜システムも開発されている．）

遺伝子組換え植物に関する科学的な議論は，上記のようになるであろう．一方，消費者としての感覚（安心感）はこれとは少し次元が異なると思われる．もし，遺伝子組換え作物を望まない消費者が多数を占めているならば，「遺伝子汚染」された可能性のある作物は市場から排除されることになり，生産者がこうむる経済的損失も大きい．

ところで，上に登場した作物について日本の栽培事情を考えてみると，ほとんどの場合，農家は種子を購入して栽培していると思われる．種子供給会社は製品に責任をもって生産しているのであるから，由来がわからない植物と交配してしまうような状態で採種しているとは考えられない．つまり，農家が遺伝子組換え作物を栽培したくないと考えるならば，栽培当年において，圃場は非組換え植物で占められると期待できる．種子供給会社にはこれに応えることが要求されるが，採種のほとんどを外国に頼っている現状では，採種植物の栽培には非常に神経を使っているのではないかと推察される．これは種子供給会社にとって会社の信頼度の確保という最も重要な問題なのである．

遺伝子組換え植物利用の問題は，政治・経済の問題や世界の食料戦略，食品供給システムへの信頼性などと深く関わっている．今日，農作物の消費者でもある我々には，遺伝子組換え植物の利用について深く理解し考え判断することが求められているのである．

1.2 遺伝子組換え植物の作出法

遺伝子組換え植物を得るためには，(1) 発現または発現調節のためのプロモーターと目的遺伝子を連結して発現カセットを作成する，(2) 遺伝子導入し形質転換する，(3) 組換え細胞を選抜する，(4) 組換え細胞から植物を分化させる，という操作の各々が適正にデザインされ実施されなければならない．また，翻訳効率を高めるために5′リーダー配列（5′ UTR）や翻訳エンハンサーを設計し発現カセットを改良することなどが行われる．うち (4) は培養に関する問題であり，他の章を参照されたい．以下に，(1) プロモーター，(2) 遺伝子導入法，(3) 選抜法について述べる．

1.2.1 プロモーター

構成的高発現プロモーター，組織特異的プロモーター，誘導発現プロモーターが利用される．以下のような植物用のプロモーターが知られている．

1) 構成的高発現プロモーター

CaMV35S プロモーターは，カリフラワーモザイクウイルス（CaMV）の 35S RNA 遺伝子のプロモーターである[2]．器官によらず植物全体で構成的に高発現するので，最もよく利用される．高発現させるためにさらに－419～－90bp の領域を 2 個連結したプロモーター（E12）や－290～－90bp の領域を 7 個連結したプロモーター（E7）などが作製されている[3]．

2) 組織特異的プロモーター

全草で発現させることが好ましくない場合，発現させる器官を限定できるプロモーターが使われる．多種類のプロモーターが植物から単離され利用されている．例えば，緑色組織で発現するリブロース 1,5–ビスリン酸カルボキシラーゼの小サブユニットをコードする *rbcS* 遺伝子のプロモーター[4]，種子で主に発現する *Lox*（エンドウのリポキシゲナーゼをコード[5]），*Psl*（エンドウのレクチンをコード[6]），*Bn-III*（ナタネのオレオシンをコード[7]），*Phas*（インゲンマメの β-phaseoline をコード[8]），*GluB-1*（イネのグルテリンをコード[9]）などのプロモーター，根で発現する *A6H6H*（ヒヨスチアミン 6β–ヒドロキシラーゼをコード[10]），*PMT*（プトレッシン *N*–メチルトランスフェラーゼをコード[11]）などのプロモーター，イモなど貯蔵タンパク質を含む器官で発現する patatin（ジャガイモ塊茎貯蔵タンパク質パタチンをコード[12]）のプロモーターなどが知られ，あるいは利用されている．

3) 誘導発現プロモーター

発現を ON/OFF 制御したい場合に用いられるプロモーターである．傷害や乾燥などの環境ストレスや，薬物処理により発現する遺伝子のプロモーターがこれにあたる．例えば，*PR1a* 遺伝子[13]のプロモーターは傷害やサリチル酸処理で誘導できる．環境ストレスで制御できるものとして *rd29A* 遺伝子[14]（乾燥，低温，アブシジン酸処理などで誘導）がある．薬物で誘導できる遺伝子の例としては，除草剤ジクロロミド処理で誘導される *GST-27* 遺伝子[15]（グルタチオン *S*–トランスフェラーゼのサブユニットをコード）などが知られている．

1.2.2 遺伝子導入法

植物に遺伝子導入する方法としては，(1) 細胞に直接的に DNA を導入する方法と，(2) アグロバクテリウムを利用して間接的に導入する方法とがある．

1) 直接法

細胞壁が存在するため，DNA 分子は簡単には植物細胞内に入らない．細胞壁を除去した細胞であるプロトプラストを経由する方法や，物理的に細胞壁と細胞膜に孔をあけ，細胞内に DNA を導入する方法などが採用される．直接法では，持ち込まれた DNA は細胞のもつシステムによってゲノムに組み込まれる．細胞内で DNA が分解されたり，ランダムに切れ目（ニック）が入ったり，細胞内で外来 DNA 間に組換えが起こったりするため，結果の解釈が複雑になる場合がある．また，組換え細胞の培養や再分化などに高度な技術を要する場合が多い．しかし，組換えに特別なベクターを使用する必要がなく，宿主域の制限もない．オルガネラへの遺伝子導入も可能である．

(1) プロトプラストを経由する方法

セルラーゼなどの酵素を使って細胞壁を除去したのち，ポリエチレングリコール（PEG）処理や電気穿孔(せんこう)法によってDNAを取り込ませる．プロトプラストは，その誘導や扱いに高い技術が求められ，特に，プロトプラストからの植物の再分化には熟練を要することが多い．培養も長期を要することが多い．そのため，現在は利用が比較的限られている．しかし，条件のそろった材料が入手でき，培養系も確立している場合には，この方法はよく選択される．特にPEG法は，特殊な機器を全く使用することなく小規模の研究室で実施できるという特長がある．

PEG法：ポリエチレングリコールを存在させると，細胞膜の流動性が変化して不安定化する．このとき，細胞外に高濃度でDNA分子を存在させると，それが細胞内に取り込まれる．温度処理したり，高pH–高Ca条件処理と組み合わせることが多い．このPEGの性質を利用し，DNAを包埋したリポソーム（人工的に合成した脂質の小胞）をプロトプラストに融合させる方法（リポソーム法）も行われる．

電気穿孔法：プロトプラストをDNA溶液中におき，パルス状に電場をかけると，瞬間的に細胞膜が不安定となって細胞内にDNA分子が取り込まれる．多くの場合は，プロトプラスト化したのち電気パルス処理する．

細胞膜をDNA分子が通過するメカニズムの詳細はいまだ明らかでない．なお，プロトプラストに取り込ませたDNAと葉緑体ゲノムとの間でも組換えが行われ得る[16–18]．その詳細もやはり明らかでないが，この現象を利用して，葉緑体ゲノムの組換えも行われている（1.3.1参照）．

(2) 遺伝子銃

遺伝子銃は，金やタングステンの微粒子にDNAを付着させ，高速で細胞に撃ち込む方法である．プロトプラストを扱う必要がないうえ，成長点など分裂能の高い組織を標的として，直接的に遺伝子導入ができるという利点がある．撃ち込む強さ，粒子の材質や直径，密度など条件検討と高い技術が必要とされるが，ルーティン化すれば定常的に実施できる．オルガネラもターゲットにできるため，葉緑体ゲノムの組換えにはよく利用される．

(3) その他の方法

細胞に強いストレスを与えることなく，細胞壁と細胞膜を通過させてDNA分子を細胞内に持ち込むことができれば，組換えが期待できる．例えば，微小注入（microinjection）法は，微小な針で細胞内にDNAを直接注入する方法であり，特殊な装置と熟練が必要である．シリコンカーバイドウィスカー法[19]もイネやコムギなどへの遺伝子導入に利用されている．この方法では，シリコンカーバイドの針状の微細な結晶とDNAと材料植物細胞を含む溶液をボルテックス処理することで遺伝子導入できる．また，より特殊な装置を利用する方法として，レーザー穿孔法（DNA溶液中に存在させた細胞やプロトプラストにレーザーで穿孔する方法）などがある．

2) 間接法（アグロバクテリウム法）

(1) *Agrobacterium tumefaciens* による遺伝子組換え

間接的遺伝子組換えには，アグロバクテリウムという植物病原菌が使われる．この細菌は，グラム陰性の土壌細菌であり，植物の傷口から感染し，菌が保有しているプラスミドの一部を宿主ゲノムに挿入する．すなわち，自然界にあって遺伝子組換え能を有する細菌である．遺伝子導入に利用されるアグロバクテリウムは主に *Agrobacterium tumefaciens* であるが，ほかに *A. rhizogenes* が毛状根の誘導に利用される．本来，*A. tumefaciens* は宿主にクラウンゴール腫瘍を誘導するが，遺伝子導入に利用される場合は，使いやすいように改良されている（後述）．また，バイナリーベクターを利用する場合が多いと思われるので，本章ではこれについて述べる．なお，ここでは詳しく触れないが，アグロバクテリウムの感染機構の詳細は比較的よく調べられている．種々のベクターの仕組みやその原理も含め他の成書などを参照されたい[20,21]．また，バイナリーベクターとは，この場合，大腸菌と *A. tumefaciens* の双方で複製されるベクターをさす．このような場合，大腸菌で機能する複製起点とアグロバクテリウムで機能する複製起点とが同一プラスミド上に存在する．大腸菌の実験系はよく確立されているので，種々の遺伝子工学的操作をより簡便に行うことができる．必要なコンストラクトを大腸菌で作製後，*A. tumefaciens* をトランスフォーメーション（形質転換）して利用する．

A. tumefaciens は，Ti プラスミド（tumor-inducing plasmid）と呼ばれるプラスミド（もともと 200〜800kbp の巨大なプラスミド）上の領域の一部を切り出し宿主ゲノムに挿入する．切り出される領域がいわゆる T-DNA（transferred DNA）である．この過程には，*vir* と呼ばれる領域に存在する複数の遺伝子産物が関係している．感染時にまず *vir* 遺伝子群が発現する．その結果，T-DNA 領域の二本鎖 DNA のうちの 1 本が切り出される．この一本鎖 DNA はある種のタンパク質群と複合体（T 鎖複合体，T-コンプレックス）を形成し，それが植物細胞内に運ばれる．*vir* 遺伝子群には，これらの一連の過程にかかわるタンパク質がコードされている．植物細胞内に移行した T 鎖複合体は，植物の有するシステムも利用しながら核膜を通過し，次いでゲノム DNA にニックが入って T-DNA が挿入され，最終的に，外来遺伝子が宿主ゲノムの一部として機能するようになる（図 5.1）．T-DNA には，植物にオパインと呼ばれる異常アミノ酸を高生産させる遺伝子やホルモン合成遺伝子などがコードされており，その遺伝子群が発現すると，クラウンゴール腫瘍が形成されるとともにオパインが大量に生産され，それを利用して菌が増殖する．

この T-DNA 領域に任意の遺伝子を組み込めば，それが最終的に植物のゲノムに組み込まれる．巨大なプラスミドは非常に扱いにくいが，好都合なことに，(1) T-DNA と *vir* 領域は同じプラスミド上になくてもよい，(2) T-DNA 領域の両側にボーダー配列（25 塩基長の繰り返し配列を含む特徴的な配列）が必要である，(3) 細菌の染色体上にあって植物細胞への接着に関係する遺伝子が必要である，ということがわかった．そこで，*vir* 領域を含むプラスミド（ヘルパーベクター）を導入した菌株に対してさらに T-DNA を含むプラスミドを導入して遺伝子組換え用アグロバクテリウム株を作出する方法が開発された．また，ホルモン合成遺伝子も，感染や遺伝子組換えには直接関係しないので除去された．このように，組換えが行われてもクラウンゴール腫瘍は形成されず，オパインも生産されないベクターが開発された．このようなベクターは武装解除された（disarmed）ベクターと呼ばれる．図 5.2 には，そのようにして作られた Ti プラスミドの例を示した．この改良された Ti プラスミドは全長が約 20kbp であり，バイナリーベクターであるため，

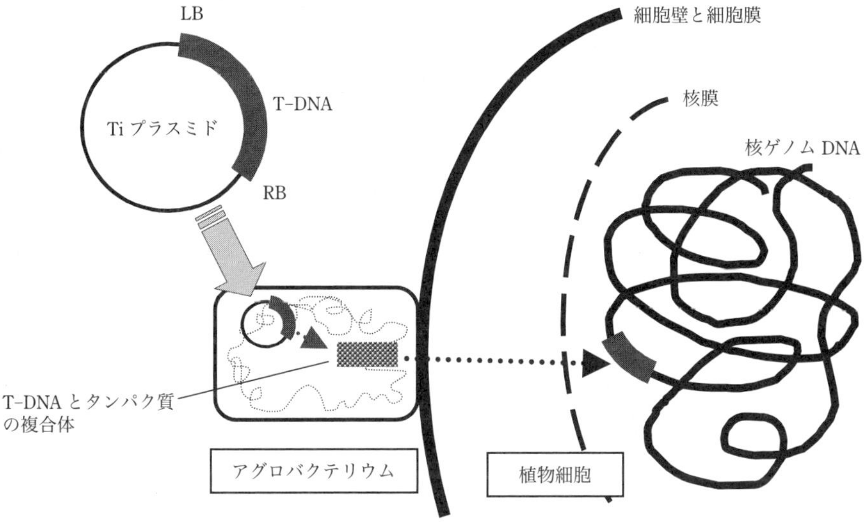

図5.1 *Agrobacterium tumefaciens*による遺伝子導入のしくみ
*Agrobacterium tumefaciens*は，植物細胞表面に接着し，細胞内に遺伝子を送り込むことができる．傷害を受けた植物細胞から生じる物質などを感知すると，TiプラスミドのRBとLBの間（T-DNA領域）が切り出され，他のプラスミド上の*vir*領域にコードされている複数のタンパク質と複合体を形成して植物細胞内に侵入する．次いで核膜を通過し，ゲノムDNAに差し込まれる．

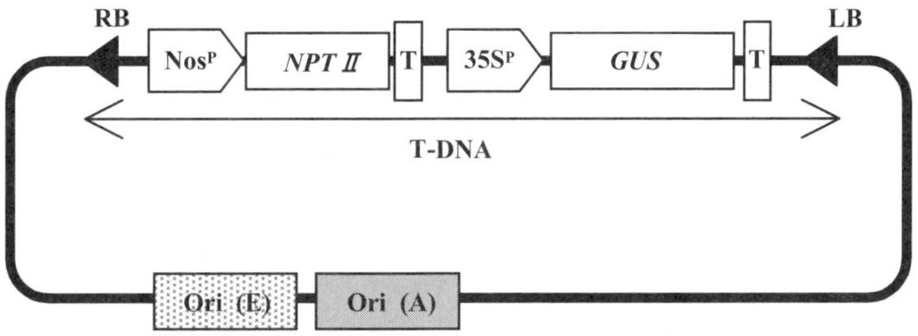

図5.2 Tiプラスミドを利用した植物組換え用ベクターの例
T-DNA領域に抗生物質（カナマイシン）耐性遺伝子とレポーター遺伝子（β-グルクロニダーゼ）の遺伝子発現用カセットを導入した例．プロモーターはいずれも植物の恒常的高発現プロモーターである。
Nos^{P}：ノパリン合成酵素のプロモーター，*NPT II*：neomycin phosphotransferase遺伝子，T：ノパリン合成酵素のターミネーター，35S^{P}：CaMV 35Sプロモーター，*GUS*：β-グルクロニダーゼ遺伝子，Ori(E)：大腸菌用の複製起点，Ori(A)：アグロバクテリウム用の複製起点．

格段に扱いやすい．現在ではもっと短いものも開発されている．なお，T-DNA両端のボーダー配列は各々レフトボーダー（LB）・ライトボーダー（RB）と呼ばれる．T-DNAの切り出しはRB（一本鎖DNAの5′末端）から始まりLB（3′末端）で終わるが，なかでもRBの存在は不可欠である．プラスミド上に残った一本鎖は修復される．なお，T-DNAの末端が正しくLBで切り出されない場合もあることが知られている[22,23]．

(2) *A. tumefaciens*を利用した遺伝子組換えの問題

*A. tumefaciens*を利用した遺伝子組換えでは，葉緑体ゲノムの組換え（1.3.1参照）はできない．また，T-DNAの挿入はゲノムDNA上にランダムに行われると考えられており，一種の突然変

異体を作出する作業と考えることができる．すなわち，重要な遺伝子のプロモーターやコード領域が破壊され，導入した遺伝子の影響以外の変化が生じる可能性がある．ポジション効果（DNAの高次構造が影響して転写抑制される）を受ける可能性もある．また，感染できる宿主が限られるという問題もある．ただし，宿主の問題は，アセトシリンゴン利用法と培養技術の改良によって，コケ，単子葉植物，樹木など，より多くの植物種で解決された．このアセトシリンゴンは，植物の合成するフェノール化合物の一種であり，*vir* 遺伝子を活性化する．*A. tumefaciens* がもともと感染する植物に対しては，この類のフェノール化合物が傷口で生産されるため，感染が成立する．このような化合物を作らない植物では，アセトシリンゴン処理することで *vir* 遺伝子を活性化させ，感染を成立させることができる．なお，*A. tumefaciens* は，特殊な条件では酵母など微生物や動物細胞にも遺伝子導入する能力があると報告されている[24,25]．

(3) *A. rhizogenes* を利用した遺伝子組換え

A. rhizogenes は，Ri プラスミド（root inducing plasmid）を有する．形質転換体には，毛状根と呼ばれる細根が多数誘導される．*A. tumefaciens* の場合と同様に，T-DNA がゲノムのどの位置に挿入されるのかを調整することはできない．よく選抜された毛状根培養株の中には，非常に活発に分裂・増殖し，また，元の植物とは異なる代謝物生産性を示すものがしばしば見出されるので，有用物質生産などへの応用が期待されてきた[26]．増殖速度は懸濁細胞培養系に匹敵するものもあるといわれ，代謝物生産ばかりでなく，人工種子（カプセル化）の材料としても利用できることが知られている[27]．Ri プラスミドを操作して *A. rhizogenes* によって任意の遺伝子を植物に導入することも行われている．また，*A. rhizogenes* を用いて毛状根を誘導し増殖能などの優れた株を選抜したのち，*A. tumefaciens* で遺伝子導入し，目的物質を生産する毛状根を得る方法も報告されている[28]．

1.2.3 選 抜 法

遺伝子組換えは細胞単位で行われる．アラビドプシス（シロイヌナズナ）では，減圧浸潤法により培養を経ず遺伝子組換え種子を得る方法が開発されているが，この方法を応用できる植物は限られる．したがって，ほとんどの場合，遺伝子導入された細胞を選抜し，そこから個体を再生させる必要がある．これらの操作は組織培養技術の裏づけがあって初めて可能になる．培養が困難な植物は多く，そのような植物では遺伝子組換え個体の作出はできない．

遺伝子導入された細胞を選抜するために目的遺伝子と同時に導入される遺伝子は選択マーカー遺伝子と呼ばれる[29]．選択マーカー遺伝子として現在最もよく用いられているのは，薬剤耐性遺伝子である．図 5.2 の例では，*NPT II* がそれにあたる．*NPT II* 遺伝子が発現した植物は，カナマイシンなどの抗生物質に対して耐性を示す．したがって，カナマイシン入りの培地で培養し，生育してきた細胞を集めればよい．選抜用の物質として，他にハイグロマイシン B，テトラサイクリン，ストレプトマイシン，ビアラフォス，グリフォセートなども用いられ，それを分解する遺伝子は，恒常的で強力なプロモーター下におかれる（1.2.1 参照）．この選抜法は容易であるが，いくつかの問題点が指摘されている．

① 耐性が獲得されるとはいえ，その物質が細胞分裂や分化に悪影響を及ぼすことが多い．

② 非組換え細胞が死ぬことによる影響を組換え細胞が受ける．周囲の死滅した細胞が阻害物質を生産することがある．周囲の細胞が死滅することによって，生きている細胞への基質の供給が妨げられることがある．

③ 社会的な受容性の点で問題がある．組換え植物に存在する遺伝子が病原性微生物に拡散する可能性などが指摘されている．また，本来植物が持っていない遺伝子産物を口にすることに心理的な抵抗感がある．

これらの問題に対して，薬物耐性以外の遺伝子で選抜する技術やマーカー遺伝子を残存させない方法が開発されている．あるいは，天然に存在し，人間が長く口にしてきたものをマーカーとして利用する．そのほうが社会的な寛容度も高いという考えである．一例を以下に示す．

1) ホスホマンノースイソメラーゼ（PMI）

PMIは，マンノース6-リン酸をフルクトース6-リン酸（植物が利用できる炭素源）に変換する酵素である．大部分の植物は，マンノース6-リン酸を炭素源として利用できない．これに対して，大腸菌由来の PMIを導入された植物は，マンノースを炭素源として生育できる[30]．

2) キシロースイソメラーゼ

キシロースイソメラーゼはD-キシロースをD-キシルロース（植物が利用できる炭素源）に異性化する酵素である．この酵素をもつ種も存在するが，そうでない種ならば，D-キシロース資化性の有無によって組換え細胞を選抜することができる[31]．

3) アセト乳酸合成酵素遺伝子を用いる方法

組換えイネを得る技術の1つである．除草剤ビスピリバックナトリウム塩はアセト乳酸合成酵素を阻害するが，この除草剤の影響を受けない突然変異体が見出された．そこで，この突然変異型遺伝子を利用する（http://www.naro.affrc.go.jp/top/seika/2002/kanto/kan010.html）．アセト乳酸合成酵素はアミノ酸合成に関係する酵素であり，もともとイネ自体が持っているので，マーカー遺伝子が残存しても問題にならない[32]．

4) MATベクター

MAT（Multi-Auto-Transformation）ベクターは日本製紙が開発した選抜システムである[33]（図5.3）．このシステムでは，植物のホルモン応答を利用して個体を選抜し，かつマーカー遺伝子が残らない．抗生物質耐性を合わせて利用する場合もある．ベクターには，サイトカイニン合成酵素遺伝子（*ipt*）と，酵母由来のR/RS（recombinase/recognition site）システムが存在する．遺伝子組換えの結果*ipt*遺伝子が導入されるとサイトカイニンが過剰生産され，そのため多芽体が誘導される．その後，R/RSシステムがはたらいて*ipt*遺伝子（抗生物質耐性遺伝子を付加している場合はそれも同時に）が除去されると分化が進み，結果，遺伝子が導入された個体だけが誘導される．マーカー

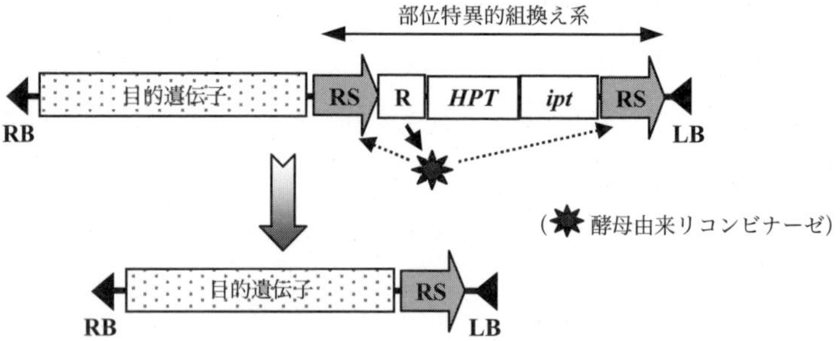

図5.3 MATベクターの構造と原理

*ipt*遺伝子とともにハイグロマイシン耐性遺伝子（*HPT*）を組み込んだ例をT-DNA領域のみについて示す．
MATベクターは，酵母由来のR/RSシステムを利用し，部位特異的に組換えが起こるように設計してある．初め*ipt*遺伝子の作用によりサイトカイニンが過剰生産されて植物が多芽状になる．R/RSシステムが作用すると，この領域が除去されるので，正常な植物体になる．これによって，マーカー遺伝子が残存しない組換え植物を得ることができる．□で示した各遺伝子には，各々植物用のプロモーターおよびターミネーターが接続されている．
RS：recognition site，R：recombinase，*HPT*：hygromycin phosphotransferase，*ipt*：*A. tumefaciens* 由来 isopentenyl transferase，RB・LB：各ボーダー配列．

遺伝子が残らない方法としては，他にCre/*lox*系を利用するベクターが知られている[34]．

1.2.4 遺伝子発現効率

適切にデザインされた発現カセットを用いて遺伝子組換えを行っても，導入した遺伝子が期待どおりの強さで発現するとは限らない．これは，いわゆるポジション効果，転写レベルのサイレンシング（TGS），転写後サイレンシング（PTGS）などによると考えることができる．このうちポジション効果は，染色体DNAの高次構造が影響した転写抑制とみなされている．高等植物では，遺伝子導入の際に染色体上のどの位置にDNAが挿入されるかを調節する方法はない．遺伝子導入後，もし強固なクロマチン構造が形成されると，転写効率は著しく低下する．また，TGSにはDNAのメチル化を伴うといわれている．例えば，プロモーター領域がメチル化されると転写は著しく抑制される．PTGSについては，細胞内のRNA量がある閾値（いきち）を越えると特異的な分解を受ける，不完全長のRNAができると異常なRNAと認識されて特異的な分解を受ける，宿主の遺伝子と類似したDNA配列間でコサプレッションが起こる，といったモデルが考えられている[35,36]（1.3.3参照）．この問題に対し，遺伝子発現を翻訳レベルで高めるための発現カセットのデザインが工夫されている．5′UTR（転写開始点から開始コドンに相当するATGまでの領域）の翻訳エンハンサーの改良はよく行われている．例えば，Ω配列はタバコモザイクウイルス（TMV）の5′UTR内に見出された配列であるが，エンハンサーとしてはたらく．これを利用して高発現ベクターの開発が行われている[3]．また，インスレーターと呼ばれる配列の利用などが試みられている．インスレーターは，染色体上の境界領域として機能すると考えられている配列であるが，これを導入した植物でポジション効果が抑制されたという．例えば，*Ars*インスレーター（ウニ由来）をCaMV35Sコアプロモーター（−90bp）の5′上流に連結した例では，安定した遺伝子発現が確認されている[37]．

1.3 植物の遺伝子組換え技術の利用

遺伝子組換え植物の実用化が様々な面で試みられていることは，前述のとおりである．これまで数万種以上の組換え植物が作出され，現在も数千種以上が野外試験中であると言われる．表5.1には，これまで報告された組換え植物の一例を示す．なお，表には，モデル植物のみで検討された例が多数含まれている．このほかにも非常に多くの試みがなされており，特に食用作物や医薬品生産への応用には社会的関心が高い．

植物を対象とした遺伝子組換えや遺伝子発現調節の技術は次々に開発・改良されている．以下に注目される技術例のいくつかを紹介したい．

1.3.1 葉緑体工学

高等植物の成葉1細胞当たりの葉緑体数は約100個とされている．1つの葉緑体には，やはり100コピー程度の葉緑体ゲノムが存在するので，細胞当たり約10 000コピーの葉緑体ゲノムが存在することになる．転写翻訳効率は核にはかなわないが，このように大量の遺伝子が細胞当たり存在することは，葉緑体のゲノムを操作できれば，植物の機能を改変し，あるいは，有用物質生産に有効であると期待させるに十分であろう[81,82]．事実，糖鎖付加や翻訳後修飾を必要とするタンパク質の生産には適していないものの，葉緑体遺伝子操作によって非常に効率よいタンパク質生産が可能と報告されている．この，葉緑体遺伝子を操作する技術は葉緑体工学といわれる．葉緑体の遺伝子操作には，以下の特徴がある．

① 組換え遺伝子が拡散しない：葉緑体の遺伝情報は母性遺伝する．葉緑体に導入した遺伝子は花粉には含まれず，花粉を媒体とした遺伝子拡散（遺伝子汚染）が起こらない．これは，遺伝子組換え植物の利用にとってきわめて重要である．

② コピー数が多い：上述のように，細胞当たり葉緑体のコピー数は非常に多い．導入した遺伝子の発現量が，可溶性タンパク質の4割程度に至った例も報告されている．

③ 原核生物型の組換えとタンパク質生産が行われる：葉緑体内では，原核生物型の遺伝子発現が行われる．葉緑体の分裂も原核生物に似ており，進化の過程で真核生物に原核生物が取り込まれたとする説の根拠となっている．遺伝子組換えも同様に相同組換え（1.3.2参照）によって行われる．したがって，葉緑体ゲノム上のどこに外来遺伝子を導入するのかを設計することができる．組換えに用いるプラスミドも，アグロバクテリウム法に用いられるものほど長くなくてよい．生産されたタンパク質は，葉緑体内では分解されにくいとされる．葉緑体内に蓄積できるタンパク質の量も多く，全可溶性タンパク質の40％以上という例も報告されている[83]．ジスルフィド結合は正しく行われ，生理活性を有するタンパク質も活性を失うことなく生産されうるが[84]，原核生物の場合と同様に，翻訳後に複雑な修飾を必要とするタンパク質の生産は困難とされている．

④ 特殊な装置が必要となることが多い：葉緑体への遺伝子導入には，主に遺伝子銃が用いられ，あるいはプロトプラストを経由して行われる．後者には特殊な装置を必要としないが，前述のとおり，材料に制限がある，培養に高い技術を必要とする，といった問題がある．遺

表5.1 遺伝子組換え植物開発例

遺伝子組換え植物	遺伝子組換えの目標	遺伝子組換え植物の性質*	文献（例）
塩・乾燥ストレス耐性	浸透圧耐性を付与する低分子化合物（適合溶質）の合成	ソルビトール，トレハロース，プロリン，グリシンベタインなどを高生産する．	38–40)
	イオンストレス耐性の強化	ナトリウムポンプ，プロトンポンプが強化され，ナトリウムイオンなどを効率よく排出したり液胞に隔離する．	41)
	ストレス応答シグナル伝達強度・機構の改変	塩・乾燥ストレスへ過敏に適応反応する．または，シグナル伝達分子が改良されている．	42)
	耐性に関与するタンパク質分子の改良	機能未知だが環境ストレスに応答するタンパク質が知られており，それを過剰に生産する．	43)
光・酸素毒性耐性	活性酸素種（AOS）消去酵素の強化	SOD，APX，Cat，GST や GPX などの酵素類を細胞内の適切な場所で高発現する．	44)
	抗酸化物質生産および生産系の強化	アスコルビン酸，グルタチオン，α-トコフェロールなどを高生産する．	45)
除草剤耐性	除草剤標的酵素の導入	他植物や他生物から単離した，除草剤の標的酵素遺伝子を過剰発現する．	46)
	除草剤分解酵素の導入	他植物や他生物から単離した，除草剤を代謝分解する酵素を過剰発現する．	47)
耐冷・耐凍性	低温応答遺伝子発現の強化	低温応答性シスエレメントを認識する転写因子を，ストレス応答性のプロモーター下で高発現する．	48)
	グリセロール 3-リン酸アシルトランスフェラーゼの強化	飽和脂肪酸含量が低下する．	49)
病害虫耐性	病害抵抗性遺伝子の強化	抵抗性遺伝子（抵抗性植物由来）を病原感受性植物で発現する．各種病原に抵抗性を示す．	50)
	PR タンパク質の高生産	キチナーゼや β-1,3-グルカナーゼを過剰生産する．抗菌タンパク質を過剰生産する．（ともに植物由来の遺伝子）	51)
	リボソーム不活化タンパク質の生産	リボソーム不活化タンパク質を高生産する．ウイルスに抵抗性を有する．	52)
	病原体遺伝子のサイレンシング	ウイルスのコートタンパク質や移行タンパク質遺伝子を高発現し，ジーンサイレンシング現象が行われる．	53)
	Bt トキシン生産	Bt トキシン（バクテリア由来殺虫タンパク質で鱗翅目の昆虫に対してのみ有効）を高発現する．	54,55)
	プロテアーゼインヒビターの生産	プロテアーゼインヒビター（昆虫の発育阻害効果を有する．昆虫に対してのみ有効）遺伝子を高発現する.．	54,56)
	その他の病害応答関連遺伝子の発現	NPR1，カルモジュリン，エリシターなどの遺伝子を過剰発現，あるいは病原体を誘導発現する．	57–60)
環境モニタリング	ダイオキシンのモニタリング	ダイオキシン受容体とそれを介したレポーター遺伝子発現によりダイオキシンの存在を可視化する．	61)
環境汚染軽減	シトクロム P-450 による環境汚染物質の代謝分解	化学物質応答性プロモーターを介してシトクロム P-450 を高発現し，異物を代謝分解する．	62,63)
酸性土壌耐性	クエン酸合成酵素の過剰発現	根からのクエン酸放出量が増大する．クエン酸はアルミニウムと錯体を形成し低毒性化し，リン酸吸収量を増大させる．	64)
二次代謝物質生産改変	花色の変化（ペチュニア）	ジヒドロフラバノール 4-レダクターゼを高発現し，ペラルゴニジン（アントシアニンの一種）を合成する．	65)
	スコポラミン含量の増加（ベラドンナ）	ヒヨスチアミン 6β-ヒドロキシラーゼを過剰発現し，ヒヨスチアミン(アルカロイドの一種)変換効率が向上する．	66)
医薬品生産	ワクチンの生産	HBs 抗原（B型肝炎用），エンテロトキシン LT-B（コレラ用），狂犬病ウイルス糖タンパク質（狂犬病用）などを生成する．	67–72)

医薬品生産	抗体の生産	抗ヒト IgG 抗体などの免疫グロブリン，腫瘍関連抗原マーカーの一本鎖 Fv 抗体などを生産する．	67,68,72, 73)
	治療用ホルモンやタンパク質の生産	ヒトソマトトロピン，ヒトエリスロポエチン，ヒトインターフェロン α，β などを生産する．	67,68,70, 72)
	産業用酵素の生産	β-グルクロニダーゼ，α-アミラーゼ，β-グルカナーゼ，フィターゼなどを生産する．	72,74)
栄養組成改変	リジン含量の増加	フィードバック阻害非感受性アスパラギン酸キナーゼと，同非感受性ジヒドロジピコリン酸合成酵素を導入する．	75)
	ラウリン酸含量の増加	中鎖アシル ACP-チオエステラーゼを発現し，高含量でラウリン酸を生産する．	76)
	オレイン酸含量の増加	Δ^{12}-不飽和化酵素遺伝子 *Fad2* の発現を抑制することにより，オレイン酸含量が著しく高まる．	77)
	カロテノイド含量の増加	フィトエンシンテターゼやリコペン β-シクラーゼなどを高発現し，カロテノイド類を高生産する．	78)
森林資源利用	木材のリグニン量の低減	木部特異的 4-クマル酸-CoA リガーゼ発現を抑制する．セルロース量増大．	79)
	樹木の成長速度の増大	GA20-オキシダーゼを過剰発現する．樹木の成長促進とともに，木部繊維が長くなる．	80)

＊ 複数の組換え植物事例を合わせて示している場合もある．

伝子銃を用いる場合，遺伝子組換え個体を作出するための培養にやはり難しさがあるものの，プロトプラストを利用するよりは操作しやすいということができる．最大の問題は，この特殊な装置を必要とすることであろう．また，遺伝子銃による遺伝子導入条件も，植物と材料の状態に応じて決定する必要がある．

葉緑体を形質転換するための遺伝子コンストラクトは，選抜マーカー（抗生物質耐性遺伝子など）や発現させたい遺伝子を，適当な長さの葉緑体ゲノムとの相同領域の間に挟むように配置して構築する．プロモーターとしては，*psbA*（光化学系Ⅱ反応中心D1タンパク質）や*rbsL*（リブロース1,5-ビスリン酸カルボキシラーゼの大サブユニットをコードする遺伝子）のプロモーターなどがよく利用される[85]．遺伝子銃などによってDNAが葉緑体に持ち込まれると，相同組換えによって葉緑体ゲノムに外来遺伝子が挿入される．すべての葉緑体にDNAが持ち込まれることはありえないが，適当な選抜条件下で細胞分裂させると，最終的にすべての細胞ですべての葉緑体が組み換えられた状態になることが知られている（図5.4）．

なお，核内のゲノムを組み換えて特定の酵素を葉緑体内で働かせることも可能である．この場合は，葉緑体に移行させるためのシグナルペプチドをそのタンパク質に結合させなければならない．

1.3.2 遺伝子ノックアウト（体細胞相同組換え系の利用）

相同組換えは，2種のDNA上の相同性の高い領域間でDNAが交換される現象である．受精の際には頻度高く行われる．体細胞でも，特に原核生物や酵母で頻度高く行われることが知られて

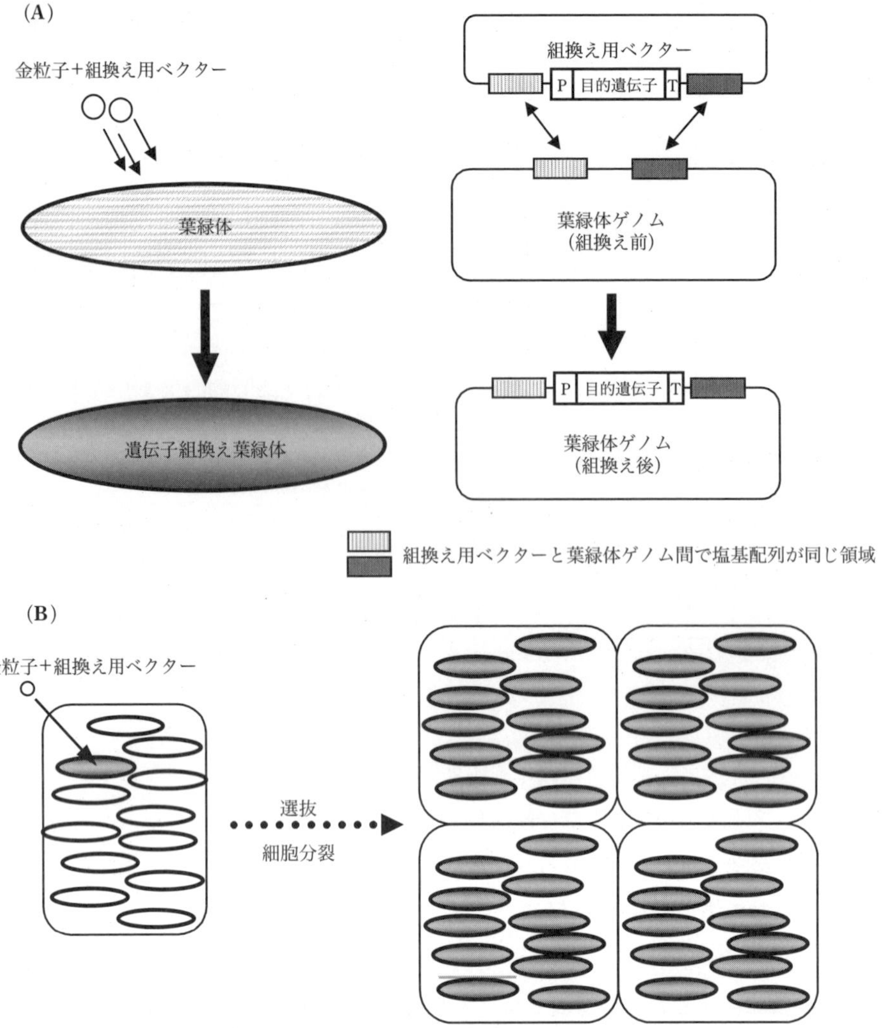

図5.4　葉緑体遺伝子組換え法

遺伝子銃で遺伝子導入する場合を示す．葉緑体ゲノムと同じ塩基配列部分を有するベクターを葉緑体内に導入すると，相同組換えが起こり，遺伝子が導入される（A. 図5.5も参照のこと）．最初は限られた葉緑体のみで遺伝子導入されるが，選抜培地上で細胞分裂を繰り返すと完全に組換え葉緑体で占められる（ホモプラズミック）ことが知られている（B)．ただし，途中で選択圧を除くと，非組換え葉緑体と混じった状態（ヘテロプラズミック）になるという問題がある．
P：葉緑体発現用プロモーター，T：葉緑体用ターミネーター．

いる．植物では，すでに述べたように，葉緑体などにおいて見られる．相同組換えでは，配列の交換は正確に行われるので，これを利用すれば，DNA上の任意の部分で配列を置き換えることができる（図5.5)．この技術は，「遺伝子ターゲティング」や「遺伝子ノックアウト」と呼ばれる．すなわち，対象遺伝子をコードするDNA配列を機能できない状態（遺伝子をノックアウトした状態）にした際に現れる変化を観察することによって，その遺伝子の機能を推定する．ただし，遺伝子ノックアウトの結果，もし致命的な影響があれば個体は得られないし，ノックアウトされた機能を補完するシステムが存在すると変化が現れないので，結果の解析が複雑になることがある．

遺伝子ノックアウト法は，原核生物や酵母，動物（マウス）などで利用されているが，高等植物では体細胞相同組換えの頻度が低いため，実験に用いられる例が限られている．しかし，ヒメ

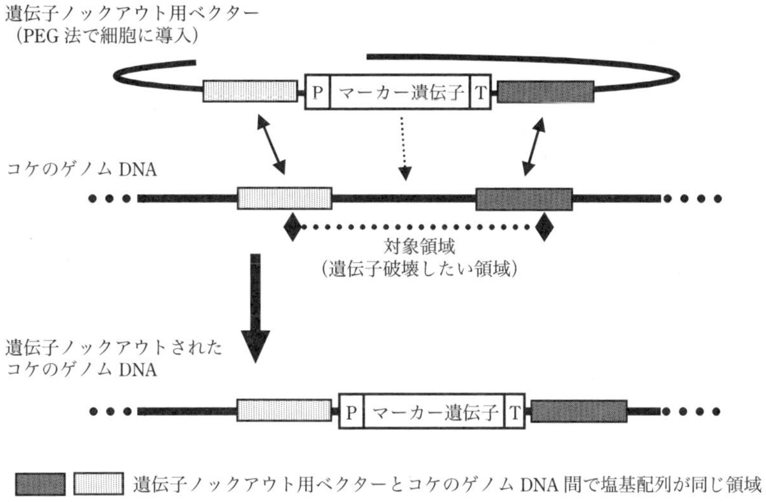

図5.5 ヒメツリガネゴケの遺伝子ノックアウト法

遺伝子破壊したい領域の少なくとも一部（プロモーター領域やコード領域）を挟むように相同領域（遺伝子ノックアウト用ベクターとコケのゲノムDNA間で塩基配列が同じ領域）を500〜1000bp選ぶ．遺伝子ノックアウト用のコンストラクトは，この相同領域間にマーカー遺伝子などを挿入した形に作製する．PEG法により細胞内に取り込ませる前に，何らかの方法でプラスミドを切断し一本鎖にしておいたほうが効率がよいとされる．組換え後，抗生物質耐性などのマーカーで選抜し，次いで，正しく相同組換えされたものを選んで表現型の変化を調べる．

ツリガネゴケ（*Physcomitrella patens*）では，植物としては例外的に高頻度（30〜90％という報告がある）で体細胞相同組換えが行われ得ること，したがって，実験材料として有用であることが見出された[86,87]．

ヒメツリガネゴケの遺伝子ノックアウトのためには，ノックアウトする遺伝子とその周囲の領域の情報が必要である．最初に，対象とする遺伝子の上流と下流の配列の約500〜1000bpをマーカー遺伝子の両側に接続したコンストラクトを作製する（図5.5参照）．このコケはプロトプラスト誘導も再分化も容易であり，PEG法によってDNAを細胞に取り込ませ，効率よく組換え個体を得ることができる．マーカー遺伝子は導入時の配列を保ったまま組み込まれる．また，マーカー遺伝子発現カセットと同時に他の遺伝子発現カセットも導入できる．しかも，ゲノム上のどこに組み込むかを自由に設計できる．したがって，例えば，ポジション効果を避けて遺伝子導入し，有用タンパク質遺伝子をコケで高発現させることも可能と考えられる．

なお，最近，MATベクター（1.2.3参照）を改良することによって，アグロバクテリウムのシステムを利用して高い効率で遺伝子ターゲティングが可能になったと報告されている．他にも，高等植物での遺伝子ターゲティングの実例が報告されるようになってきている．

1.3.3 RNAi

遺伝子ノックアウトとは別に遺伝子発現を強力に抑制する方法としてRNAi（RNA干渉）がある．これは，異常な遺伝子発現の結果二本鎖RNA（dsRNA）が生じると，その遺伝子に対して強力な抑制が引き起こされる現象を利用している．dsRNAは，まずRNaseⅢ（ダイサーと呼ばれる）によって分解され，21〜25残基程度の短いdsRNA（siRNAと呼ばれる）が生じ，これがさらに鋳型として，RNA-inducing silencing complex（RISC）に取り込まれ，このRISCが標的mRNAを分解するとされる[36]．また，siRNAを利用してさらに標的dsRNAが増幅され，分解や抑制が進むらしい．ヘアピン構造を形成したmRNA（hpRNA）もRNAiを引き起こす．低分子RNA（microRNA, miRNA）は，siRNAのような低分子のRNAであり，動植物の遺伝子発現に関係しているとされるものであるが，このmiRNAのプレカーサー（pre-RNA）もまた低分子のヘアピン構造を形成しうるためRNAiを引き起こす．センス鎖と相補的なアンチセンス鎖を導入した植物で遺伝子発現が抑制され（アンチセンス法），また，センス鎖を導入した植物でも遺伝子発現が抑制される（コサプレッション）ことが知られているが，これらの現象はRNAiと理解することができる．

RNAiの機構の解明やその利用法の開発は，急速に進められている[88]．一方，RNAiを抑制するタンパク質の存在も示唆されており，その応用が期待される[89]．

2. 植物の遺伝子解析

植物の遺伝子解析は，大腸菌などと比べて煩雑である．その最大の理由は，試料調製のしにくさにあると思われる．植物細胞は丈夫な細胞壁に囲まれていて抽出しにくいうえ，細胞重量当たり得られる核酸量が圧倒的に少ない．また，細胞破砕液にはフェノール性の化合物や多糖類が大量に混在する．これらが核酸に結合するなどして，回収率や精製度に悪影響を及ぼす．純度を高めようとすると，しばしば回収率が低下する．そこで，植物からの核酸の抽出時には，その後の解析にどれだけ高い純度の核酸が必要なのか判断し，適切な手法を選択する必要がある．純度の高いDNAが得られると謳（うた）っているキットも複数販売されているが，全ての植物でいつも満足のゆく結果が得られるとは限らない．条件最適化のための検討の手順を丁寧に説明しているキットもあるので，それらを参考にすると同時に，他のユーザーからの情報を得て，より適切な抽出・精製条件を決定することが必要である．しかし，精製後は，核酸の取扱い法は他の生物由来のそれと基本的に変わらない．以下に，一般的な遺伝子解析技術を紹介する．

2.1 遺伝子解析法の基本

遺伝子解析法をよく理解するためには，特に以下の基礎技術について理解しておく必要がある（図5.6）．

(1) DNAやRNAの二本鎖形成

(2) 各種酵素・タンパク質の利用

(3) 核酸・タンパク質の分離と確認

(4) 核酸・タンパク質の吸着や固定

2.1.1 DNAやRNAの二本鎖形成

DNA同士，RNA同士，またはDNA-RNAは，相補的な配列部分で水素結合して二本鎖を形成

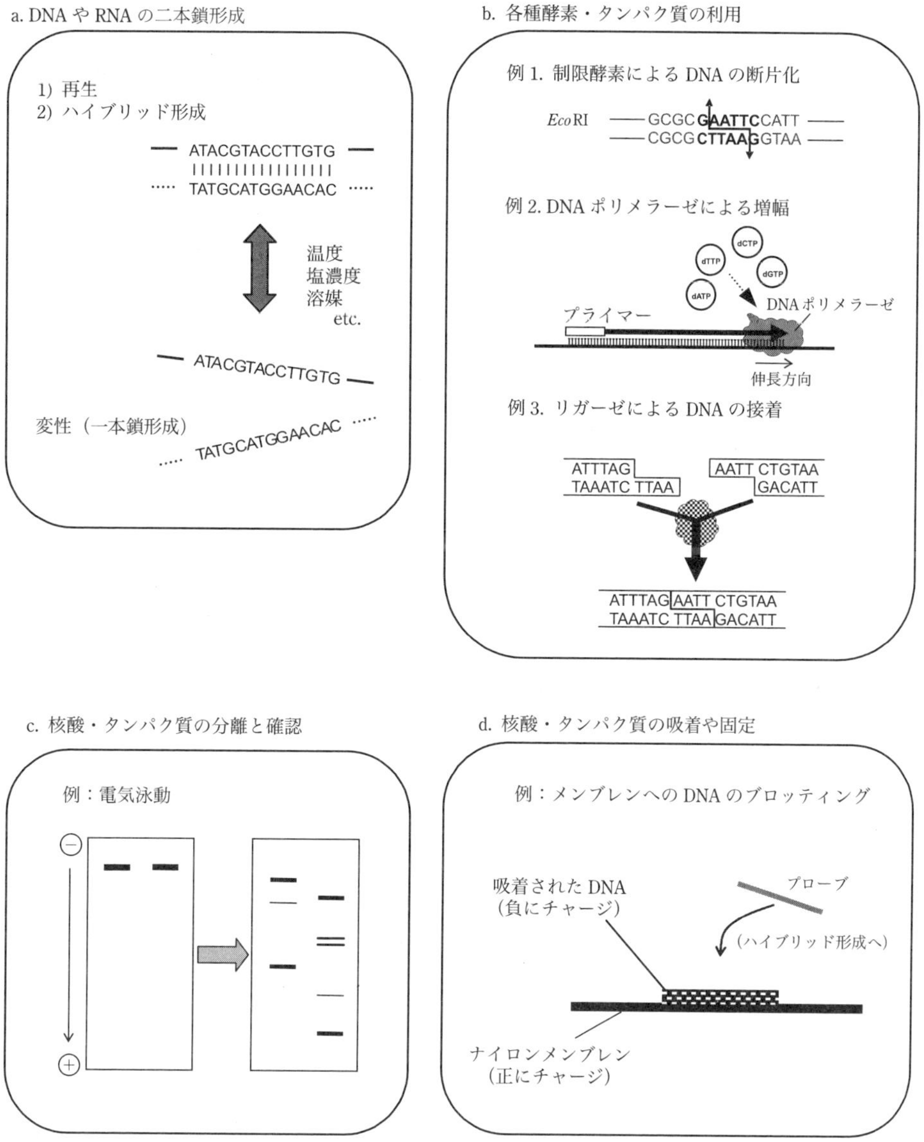

図5.6　遺伝子解析に利用される基本的操作

するという特性を有する（図5.6 a）．この特性の利用は，PCR反応においてプライマーと鋳型DNAとの塩基対形成を正しく行わせる技術や，サザンハイブリダイゼーション解析においてプローブと試料DNAとを選択的にハイブリッド形成させる技術など，遺伝子解析の中心的技術ということができる．

二本鎖を形成しているとき，個々の水素結合は弱いが，その結合数の多さのために安定して二本鎖を形成すると言われている．ところが，二本鎖を形成していても，種々の条件下では解離して一本鎖になる．これを核酸の変性という．変性は，熱，塩濃度，pHなどによって起こる．熱による変性の場合，二本鎖DNAの50%が一本鎖に解離する温度（melting temperature）はT_mと示される．また，いったん変性させても，再び適当な条件にもどすと元通りに二本鎖を形成する

(再生)，つまり変性と再生を繰り返させることができる．この変性と再生の過程において，別に調製したオリゴヌクレオチド（他の生物から取り出したものや化学的に合成したものなど）を試料に加えた場合，それと試料との間に相補的な関係があるならば，由来の異なるもの同士で二本鎖を形成する．このように，由来の異なるDNAやRNAが二本鎖を形成するので，これをハイブリッド形成（ハイブリダイゼーション）と呼ぶ．

もし，試料に比して過剰のオリゴヌクレオチドが加えられ，かつ高い相補性が認められるならば，ハイブリッド形成する分子のほうが，元通りに二本鎖を形成する分子よりも有意に多くなると期待できる．また，添加するDNAまたはRNAに適当な目印（酵素，放射性同位元素など）をつけ，適当な条件下におけば，二本鎖を形成する相手方，つまり高い相補性の見られる領域が試料中に存在するかどうかを目で見ることができる．DNAマイクロアレイによる解析（表5.4参照）も，核酸が特異的にハイブリッド形成することを利用して核酸を網羅的に解析している．あるいは，ポリメラーゼを作用させれば，ハイブリッド形成した領域を基点に相補鎖の合成を始めさせることができる．また，ハイブリッド形成には「あいまいさ」が許される．つまり，温度，塩類濃度，二本鎖形成阻害物質の濃度などをうまく調節すると，塩基配列が多少異なっているDNA同士でもハイブリッド形成させることができる．例えば，同じ緩衝液中であっても，相補性の高いDNA断片同士は，より高温でも二本鎖を保っているが，温度を下げると，より似ていないものとでもハイブリッド形成する．このことを利用して，「非常によく似たもの」と「ある程度似たもの」とを見分けることができる．

ところで，二本鎖形成のしやすさは塩基の並び方によって決まるので，これを計算によって予測することができる．プローブやPCRプライマー設計用の各種プログラムが開発されているが，これらは「二本鎖形成のしやすさ」を求めていると言うことができる（例えばPrimer3プログラム，http://frodo.wi.mit.edu/cgi-bin/primer3/primer3_www.cgiなど）．

2.1.2　各種酵素・タンパク質の利用

遺伝子解析には様々な酵素やタンパク質が利用される．分子生物学的な解析の成否は，これらの酵素やタンパク質をいかに上手に使うかにかかっていると言っても過言ではない．また，なぜその酵素が選ばれたのかを知ることは，実験結果を理解するうえで必要な知識である．以下に，代表的な酵素としてヌクレアーゼ，ポリメラーゼ，リガーゼについて説明する．このほか，ベクターの自己閉環（いったん切断されたベクターに，別のDNA断片が挿入されることなく，そのまま閉環してしまうこと）を防止するためなどに使われるアルカリ性ホスファターゼなどがある．

1)　ヌクレアーゼ

直鎖状につながった核酸を加水分解する酵素を総称してヌクレアーゼといい，エンドヌクレアーゼ（endonuclease）とエキソヌクレアーゼ（exonuclease）に分類される．うち，エンドヌクレアーゼは鎖の途中の結合を切断する酵素であり，分子生物学実験に多用される各種の制限酵素はこれに含まれる．エキソヌクレアーゼは，鎖の末端のヌクレオチドから順に加水分解を行って鎖

表5.2 代表的なヌクレアーゼ

酵 素 名	種 類	基 質	特徴，用途など
制限酵素（Ⅱ型）*	endonuclease	DNA	二本鎖DNAの3〜8ヌクレオチドからなる配列（認識配列）を識別し，切断して5′リン酸基と3′水酸基のついた断片を生成する．末端が制限酵素特異的な形状（突出末端，平滑末端）になる．
DNase Ⅰ	endonuclease	DNA	一本鎖および二本鎖DNAを切断し，5′リン酸基と3′水酸基のついた断片を生成する．試料からDNAを除去する際（逆転写反応時のRNAの調製など）によく利用される．
S1ヌクレアーゼ	endonuclease	DNA RNA	DNA，RNAに限らず一本鎖状の核酸を選択的に分解する．二本鎖DNA上に，ニックやギャップがあると反対側の鎖を分解する．
マングビーン ヌクレアーゼ	endonuclease	DNA RNA	DNA，RNAに限らず一本鎖状の核酸を選択的に分解する．二本鎖DNA上にギャップがあると反対側の鎖を分解するが，ニック部分は分解しない．
RNase A	endonuclease	RNA	一本鎖RNAを分解するが，二本鎖状のときは分解しない．3′末端にリン酸基のついた断片が生成される．
RNase H	endonuclease	RNA	RNA-DNAのヘテロ二本鎖を形成したRNAのみを選択的に分解する．逆転写反応後の鋳型RNAを除去することなどに利用する．
エキソヌクレアーゼⅢ	exonuclease	DNA	二本鎖DNAの末端を3′→5′方向に特異的に分解していく．したがって，平滑末端や5′突出末端をもつ二本鎖DNAの3′末端は分解するが，3′突出末端は分解できない．この活性以外に，ホスファターゼ，RNase H，APエンドヌクレアーゼ活性を示す．
ATP依存性DNase	exonuclease	DNA	ATP存在下で直鎖状のDNA特異的に5′末端，3′末端の両方から分解していく．一本鎖，二本鎖のどちらも分解する．環状のDNAには，ニックがあった場合も含め作用しない．

＊ 制限酵素にはⅠ型，Ⅱ型，Ⅲ型がある．DNA関連実験に最もよく使われる制限酵素はⅡ型である．

を短縮化する．条件によってこの両者の活性をもつ酵素もあるので，正しく使い分けることが必要である．表5.2には，遺伝子解析によく使用されるヌクレアーゼを示した．

制限酵素は，制限エンドヌクレアーゼとも呼ばれる．DNAの特定の配列（認識配列．4〜8塩基を認識する制限酵素が多く利用される）を認識して，その位置またはそこから特定の距離離れた位置を特定の形（5′あるいは3′突出末端や，平滑末端）になるように切断する（図5.6b，例1）．認識配列はパリンドローム（回文）になっているのがほとんどである．切断産物には，5′末端にリン酸基が，3′末端に水酸基が存在するので，DNAリガーゼ（図5.6b，例3）によって連結させることができる．遺伝子操作において，制限酵素がハサミに，DNAリガーゼがノリに，しばしば例えられるのはこのためである．

制限酵素は，遺伝子解析に多用される酵素であるため，利用者が正しい知識を持って使用することが必要である．種々の認識配列に対する制限酵素が知られているが，反応条件が適当でないと切断しないか，特異性が低くなって別の配列をも切断すること（Star活性）があるので注意が必要である．DNAのメチル化の影響を強く受けるものとそうでないものもある．ネット上に有用なサイトが複数あるのでそれらを利用すると効率的である（例：The Restriction Enzyme Database, http://rebase.neb.com/rebase/rebase.html）．

2)　ポリメラーゼ

A：T，G：Cの塩基対形成の規則に従い，4種のデオキシリボヌクレオチド三リン酸（dATP, dGTP, dCTP, dTTP. 以下dNTP）をDNA鎖の3′末端に次々に結合させることによって，そのDNA鎖を延長させる酵素を，DNA依存性DNAポリメラーゼという（図5.6b，例2）．この酵素は，鋳型となる一本鎖DNA（親鎖）を3′→5′方向に読み取り，親鎖と相補的な新しい鎖（娘鎖）を5′→3′方向に延長してゆくので，最終的に二本鎖DNAが得られる．

DNA依存性DNAポリメラーゼで娘鎖の合成を開始させるには，親鎖と相補的なDNA鎖やRNA鎖が存在しなければならなず，かつ，この相補鎖の3′末端には，遊離の水酸基が存在しなければならない．すなわち，DNAポリメラーゼは，dNTPを結合させる場所が用意されて初めて反応を開始できる．反応開始に必要な（相補的な）DNA鎖やRNA鎖は短いオリゴヌクレオチドでよく，これをプライマー（primer）という（図5.6b，例2）．また，DNAポリメラーゼには3′→5′DNAエキソヌクレアーゼ活性を合わせ持つものがあり，これによってDNAの複製時に生じた誤りが校正され得る．DNAポリメラーゼは，DNA断片の末端平滑化（5′突出末端の場合にはdNTPを付加し，3′突出末端の場合には平滑化するまでヌクレオチドを除去する），PCR，シークエンス反応など実験室で多用される酵素である．特にPCRは，DNAポリメラーゼのプライマー要求性を利用してDNA鎖の特異的な領域を効率よく増幅する方法であり，遺伝子解析になくてはならないものとなっている．

逆転写酵素は，RNAを鋳型としてプライマー依存的に相補的なDNA鎖の合成を行う．この結果得られたDNAはcDNA（相補的DNA，complementary DNA）と呼ばれる．逆転写酵素として，

表5.3　代表的なポリメラーゼ

酵素名	鋳型	特徴や用途など
DNAポリメラーゼI	DNA	プライマーを要求する．5′→3′エキソヌクレアーゼ活性と3′→5′エキソヌクレアーゼ活性とを有する．プローブのラベル化やcDNA合成の際などに利用される．
クレノウフラグメント	DNA	DNAポリメラーゼIから5′→3′エキソヌクレアーゼ活性を除去したもの．ランダムプライム法によるプローブの作成などに使用される．
T4DNAポリメラーゼ	DNA	プライマーを要求する．強い3′→5′エキソヌクレアーゼ活性を有する．3′突出末端（一本鎖部分）を削ることができる．DNA断片の末端平滑化などに利用される．
各種耐熱性DNAポリメラーゼ	DNA	プライマーを要求する．PCR反応やシークエンス反応に利用される．由来などによりいくつかの種類がある．詳細は，PCRの項および表5.5参照．
ターミナルデオキシヌクレオチジルトランスフェラーゼ（TdT）	要求性なし	一本鎖または二本鎖DNAの3′末端（水酸基が必要）にdNTPを重合する．5′RACE法（表5.6参照）においてcDNAの3′末端の調製などに利用する．
逆転写酵素（RNA依存性DNAポリメラーゼ）	RNA	プライマーを要求する．合成されたDNAに対する3′→5′DNAエキソヌクレアーゼ活性はない．cDNA合成などに使用する．
RNAポリメラーゼ（DNA依存性）	DNA	プライマーを要求しない．二本鎖DNAを鋳型に一方向的にRNA鎖を合成する．SP6，T7，T3由来のものがある．RNAプローブの合成などに利用される．

avian myeroblastosis virus（AMV）由来のものとMolony murine leukemia virus（M-MLV）由来のもの，およびそれらを遺伝子工学的に改変したものがよく利用される．天然型では，RNase H活性が存在する．合成されたDNAに対する3′→5′DNAエキソヌクレアーゼ活性はない．

RNAポリメラーゼは，プライマーを利用しない．鋳型は二本鎖DNAであるが，一方向的にRNA鎖を合成する．

表5.3には代表的なポリメラーゼを示した．ポリメラーゼには多くのタイプがあり，それを遺伝子工学的に改良した製品も多種類市販されている．

3) リガーゼ

DNAリガーゼは，二本鎖DNA上のニックを連結する酵素である（図5.6b，例3）．補酵素の要求性から，① NAD^+を要求する型（大腸菌，枯草菌）と ② ATPを要求する型（T4，T7ファージ，哺乳動物，植物）の2つに分類される．この酵素は，DNA鎖の5′末端と3′末端をホスホジエステル結合で結合するが，各末端には，リン酸基（5′末端）と水酸基（3′末端）が存在していなければなら

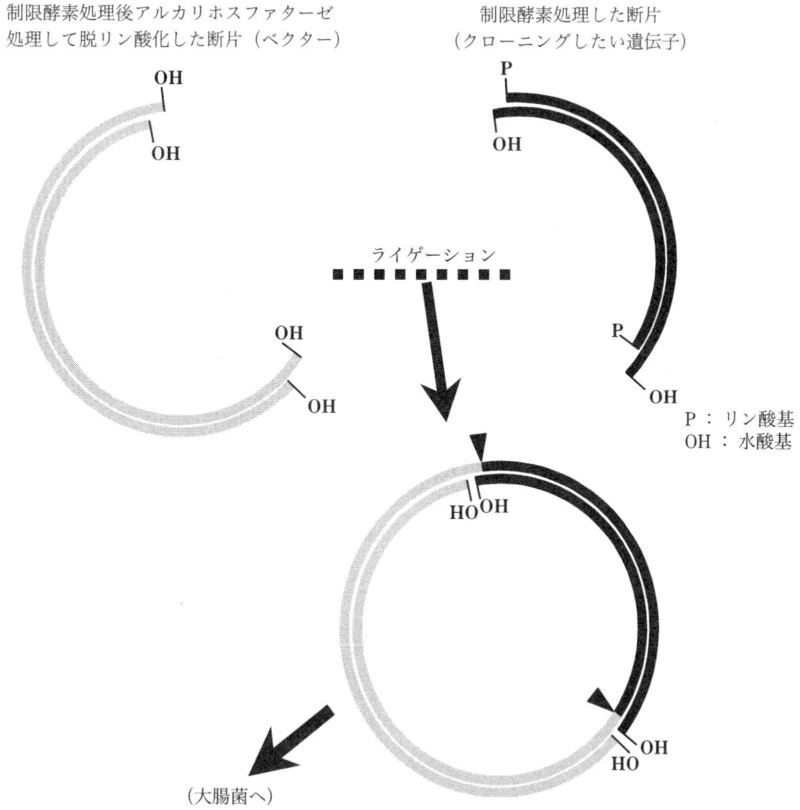

図5.7 DNAリガーゼの性質を利用してクローニング効率を高める方法（例）
DNAリガーゼが触媒するのは，DNA鎖の末端のリン酸基と水酸基とを結合する反応である．したがって，脱リン酸化処理することで，ベクター用のDNA断片のみが単独あるいは複数結合することを防止できる．脱リン酸化していない試料とライゲーション反応させると，試料の二本鎖DNAのうちリン酸基の存在する末端のみが結合できる（図中▼印で表示）．リン酸基のない末端には切れ目（ニック）が存在することになるが，この状態で大腸菌内に入れると大腸菌のもつシステムによって修復される．

ないし，正しく塩基対形成されていない場合には反応を行わない．すなわち，末端のリン酸化の状態や，末端の1塩基の違いによって結合させるかどうかが違う（図5.10(1)参照）．

DNAリガーゼの主な利用法は，制限酵素などで調製したDNA断片同士を連結することであるが，その厳密さを利用して種々に利用されている．例えば，制限酵素で切断したプラスミドの5′末端を脱リン酸化しておけば，結合反応（ライゲーション）は行われない．すなわち，DNAリガーゼを存在させても自己閉環は行われない．これを利用してクローニングの効率を高めることができる（図5.7）．また，好熱菌から得られた耐熱性のDNAリガーゼは，LCR（2.2.2参照）などライゲーション反応を種々に応用することを可能にした．

なお，一本鎖のRNAやDNAをライゲーションするためには，T4RNAリガーゼが使われる．

4) 抗　体

抗体は，組換えタンパク質の生産，遺伝子発現位置の確認など，幅広い用途に使われる．非常に多種類の抗体が市販されており，また，生産を請け負う企業も利用される．検出はELISA法によるか，適当な方法で標識化する（ペルオキシダーゼ，FITC，ビオチン，金コロイドなどを結合させる）ことで可能になる．各種の標識化した抗体を利用する検出法はイムノアッセイと言われる．

遺伝子解析において，抗体はじめ他分子と結合しうるタンパク質の利用はきわめて重要である．例えば，免疫沈降法は，特定のタンパク質を抗体と結合させ，さらに，固相化したプロテインAなどと反応させて沈降させる方法であり，タンパク質の単離法として重要である．特定の核酸と結合するタンパク質は，ゲルシフトアッセイ（表5.4参照）などにも利用される．

2.1.3 核酸・タンパク質の分離と確認

1) 分　離

研究室で日常的に行われる核酸・ポリペプチドの分離方法は電気泳動法である．電気泳動法は，電場をかけたゲルの中に試料をおき，そのゲル中における移動しやすさによって分離する方法である．ゲル中を移動しやすい分子はより長い距離を移動するので，分子の大きさや立体構造を推定することができる（図5.6c）．

DNAの分離にはアガロースゲルが最もよく用いられるが，DNAシークエンス解析のように1塩基長ごとに核酸を分離する必要がある場合などには，高純度のポリアクリルアミドゲルが使用される．ヌクレオチドは，リン酸基が電離して電荷を帯びやすい．二本鎖DNAは，このためにマイナスの電荷を帯びる（塩基の電荷は，相補鎖と水素結合することによって打ち消される）．リン酸基の数（ヌクレオチド数）は電荷の大きさに比例すると考えられるので，分子量が大きいほど大きい電荷を帯びると予想される．DNAは分子量によらず直線状なので立体構造に大きな違いはない．以上のことから，分子量（ヌクレオチド数）のみが電気泳動の際の移動しやすさの違いに関係する．また，DNA分子は，ゲルマトリックスの網の目の間を移動するので，大きな分子ほど網の目を通過しにくい．結果，分子量の大きさによって泳動距離に違いが生じる．一方，RNAや一本鎖DNAでは，塩基に由来する荷電も分子全体の荷電に影響し，さらに，分子内における水素結合により様々な高次構造をとるので，その影響を強く受ける．したがって，そのままでは泳動距離の違いが分子量を反映しない．そこで，これらの影響を無くすために，ゲル中に変性剤（尿素やホルムアルデヒド）を加える必要がある．

タンパク質の電気泳動には，SDS（sodium dodecyl sulfate）を含むポリアクリルアミドゲルがよく使われる（SDS-PAGE）．SDSは負電荷（陰イオン）界面活性剤であり，水溶液中で非極性基を内側にしてマイナスに荷電したミセルを作る性質がある．SDSの非極性基は，タンパク質のアミノ酸残基間の疎水結合を壊す．ペプチドのイオン性残基の電荷はミセル表面の負電荷にマスクされ，ちょうどポリペプチド鎖をSDSのミセルが取り囲んだ状態になる．そのため，ポリペプチド鎖はほぼ直鎖状に引き伸ばされ，単位長さ当たりほぼ一定の電荷を帯びることになる．この状態の分子のゲル内の移動距離は，やはり分子量を反映する．

実験の目的により上記の方法を変更することがある．例えば，一本鎖DNAの構造変化を解析するために，ゲルに変性剤を加えないで電気泳動する場合がある（未変性ゲルの使用）．変異による塩基の変化は一本鎖DNAの立体構造を変化させるので，未変性ゲルで対照と一緒に電気泳動すれば，変異を検出できる．変性しないでタンパク質を分離する（native-PAGE）と，分離後も酵素活性が失われないので，ゲル上に酵素活性を検出することができる．これによってアイソザイム（酵素としての活性が同じだが，アミノ酸配列が異なる酵素）の存在を検出することなどができる．

ゲル中の核酸やタンパク質は，ゲルから回収できる．まず，何らかの方法でゲル化剤とゲル中にトラップされている溶液とを分離する．緩衝液中で加熱する方法，遠心分離する方法などがある．その後，適当な吸着剤に試料を結合させ，洗浄して不要物を除去したのち，吸着剤から溶出させる．

2) 確　　認

核酸やタンパク質の存在を非特異的に検出するためには，DNAであれば臭化エチジウムなどが，タンパク質であればCBB試薬，銀などが使われる．特異的な検出（特定の配列を有する核酸や特定のタンパク質を同定し定量する）のためには，標識化された核酸や抗体などが利用できる．

核酸の標識化には，標識を化学的に結合する方法と，ポリメラーゼ反応を利用して標識化オリゴヌクレオチドを作製する方法などがある．標識としては，CyDye（蛍光色素），FITC（フルオレセインイソチオシアネート），ビオチン，ジゴキシゲニン，アルカリホスファターゼ（直接結合させる場合），西洋ワサビペルオキシダーゼ（直接結合させる場合），α-^{32}Pなど放射性同位元素，などが用いられる．このうち，ビオチン，ジゴキシゲニンを用いる方法では，各々に対する標識化抗体やアビジン-FITC（ビオチンの場合）などがさらに必要であり，酵素ラベルした場合には，反応基質が必要である．

化学的に結合する方法では，架橋剤などを利用する．ポリメラーゼ反応を利用する方法では，4種類のうち少なくとも1種類を標識化したdNTPと鋳型，酵素（クレノウフラグメントなど）を反応液に加えてDNAを合成させ，標識が導入されたDNAを得る．代表的な方法としてニックトランスレーション法とランダムプライマー伸長法がある．ニックトランスレーション法では，

DNase I によって二本鎖DNAにニックを入れ，DNAポリメラーゼ I を利用してニックの5′末端のヌクレオチドの除去と3′末端からの相補鎖DNAの修復を行わせる．この方法は，二本鎖DNAの標識に利用される．一方，ランダムプライマー伸長法は，100塩基対程度の短いDNAでも標識できる効率的な方法として多用されている．鋳型DNAは二本鎖でも一本鎖でもよい．ランダムな塩基配列をもつオリゴヌクレチド（プライマー）を試料に加え，クレノウフラグメントによる伸長反応を行わせる．ただし，反応産物は鋳型DNAよりサイズが小さく，長さも不均一となる．逆転写酵素を利用し標識化されたcDNAを合成する場合も，標識化したdNTPを基質に混合し反応させる．

タンパク質の標識化は，化学的に直接結合するか，遺伝子操作によって標識タンパク質（GFPなど）を結合させた組換えタンパク質を利用する．化学的に標識化する方法では，タンパク質の官能基をターゲットにFITCなどの蛍光色素や，ビオチン，ペルオキシダーゼなどを結合させる．

2.1.4　核酸・タンパク質の吸着や固定

核酸やタンパク質を各種の物質に吸着させ，あるいは固定する方法には，静電的な性質を利用して吸着・固定する方法と，適当な修飾を行うことで吸着・固定する方法とがある．

吸着・固定は，分離・精製法として重要である．核酸精製のキットが各種市販されているが，多くは，シリカゲルに核酸が吸着される性質を利用している．シリカゲルをビーズ状に加工したものとメンブレン状に加工したものがあるが，基本的に，高塩濃度の緩衝液中で核酸を吸着させ，洗浄後，低塩濃度の緩衝液で溶出する．また，陰イオン交換体を利用する方法も行われている．この方法では，DNAを陰イオン交換体（正に荷電）に結合させ，夾雑物から分離する．わずかな電荷特性の違いにより分離することができるため純度の高い試料が得られる．NaI存在下でDNAがガラスパウダーに吸着することを利用する方法も採用されている．このほか，mRNAでは，ポリ(A)尾部と相補的に結合するオリゴ(dT)セルロースパウダーに吸着させて特異的に精製する方法がある．また，吸着法以外に，ゲルろ過法や限外ろ過法なども核酸の精製に利用される．

タンパク質の場合には，タンパク質の種類に対応したイオン交換樹脂（DEAEなど陰イオン交換樹脂やCM-セルロースなど陽イオン交換樹脂）を用いて，塩（NaCl）濃度やpHを変化させて吸着と溶出を行う．あるいは，タンパク質中の疎水基を利用し，樹脂（疎水基を結合させてあるもの）やシリカゲルに結合させる．この場合，イオン強度を調節すれば，吸着や溶出がおこる．エチレングリコール，アルコール，界面活性剤などを加えると溶出が促進される．ヒドロキシアパタイトへの結合も利用される．さらに，目的タンパク質に特異的に結合する物質を表面に有する樹脂（アフィニティー樹脂，アフィニティーゲル）が調製できれば，これによって特異的なタンパク質精製が可能である．なお，吸着ではないが，ゲルろ過法や限外ろ過法などはタンパク質の精製法としてもよく用いられる．

また，吸着・固定は，核酸やタンパク質の同定や解析において重要である．まず核酸を，ナイロン膜，ニトロセルロース膜，あるいは，水酸基や他の親水基をもったSi，B，Alなどの化合物（強い陽性をもつ）に不可逆的に固定させる．固定させたのち，緩衝液で繰り返し洗浄すれば核酸を精製することができる．不可逆的に固定された核酸は室温下でも安定なため，核酸の保存法としても優れている．

例えば，サザンハイブリダイゼーションではDNAを，ノザンハイブリダイゼーションではRNAを，膜に固定し，ハイブリッド形成により解析する．DNAマイクロアレイでは，コーティングしたスライドガラスにDNAを固定する．ポリL-リシンでコートしたスライドガラスが多く利用されるようであるが，シリレン化，シラン化なども採用される．ポリL-リシンコートした場合は静電的にDNAが結合するが，シリレン化やシラン化する場合には，DNAを修飾したのち化学反応によって結合させる．後者の場合のように，核酸を修飾することによって，さらに多種の物質への固定が可能になる．

タンパク質の固定化には，ニトロセルロース膜などが利用される．ウエスタンブロッティングでは，電気的に膜にタンパク質を移して固定し，抗体で検索する．なお，抗体は標識化しておくことが必要である．目的タンパク質が，もしDNAと結合する性質のものであれば，標識化したDNAを検出に利用することができる．このようにしてDNAと結合するタンパク質を検出する方法はサウスウエスタン法と呼ばれる．

2.2 遺伝子解析技術の実際

表5.4に代表的な遺伝子解析法を列挙する．これらの方法の原理は，上記の要素技術により理解できよう．

表5.4 代表的な遺伝子解析法とその原理

遺伝子解析法	原　　理
サザンハイブリダイゼーション	DNAサンプルをメンブレン上に固定し，これと標識化したオリゴヌクレオチド（プローブ）をハイブリッド形成させる．ハイブリッド形成反応の有無とその強さによって，特定の配列をもつDNAの存在や量，および配列の類似性を判定する．DNAサンプルは，制限酵素処理し電気泳動によって長さ別に分けておく．
ノザンハイブリダイゼーション	RNAサンプルを用いて上記と同様にハイブリッド形成反応させ解析する．
ウエスタンブロッティング	タンパク質サンプルをメンブレン上に固定し，抗体との結合の有無とその強さによって，特定のタンパク質の存在や量を推定する．抗体は標識化するか，さらに別の標識化した抗体により検出できる．
PCR （polymerase chain reaction）	DNAポリメラーゼの反応を利用して特定の領域のDNA断片を大量に増幅する．
FISH （fluorescence *in situ* hybridizaton）	蛍光標識したDNAを染色体DNAとハイブリッド形成させ，目的DNAが染色体上のどこに分布するかを蛍光顕微鏡観察する．
ゲルシフトアッセイ	タンパク質試料と放射線ラベルしたDNA断片とを混合したのち，未変性ゲルで電気泳動し，DNA結合タンパク質を検出する．タンパク質と結合したDNAは泳動距離が短くなる．
DNAフットプリンティング	DNA結合タンパク質とDNA試料を混合したのち，DNaseI処理し，変性ゲルで電気泳動する．タンパク質と結合したDNAは分解を免れる．DNA結合タンパク質無添加コントロールと電気泳動パターンを比較すると，タンパク質と結合したDNAが抜けて見えるのでフットプリンティングと呼ばれる．
DNAマイクロアレイ	プレートの上に既知のDNAを多種類スポット（固定）しておき，これと標識化したcDNA（サンプルから調製）をハイブリッド形成させる．ハイブリッド形成したスポット位置により発現している遺伝子を知ることができる．

なかでも，PCR（polymerase chain reaction）は最もよく利用される解析法の1つである．PCRを利用した様々な解析技術も開発されている．特に，植物では，1回の抽出操作で得られる核酸の量が少ないため，PCRによる試料の増幅操作は非常に有用である．そこで，PCRの基礎と応用について以下に解説したい．

2.2.1 PCRの基礎

1) PCRの原理

PCRは，① DNAポリメラーゼはプライマーを要求すること，② プライマー（オリゴヌクレオチド）は鋳型DNAの相補的な配列部分に特異的に結合して二本鎖を形成しうること，③ 二本鎖形成はDNAの熱変性を繰り返すことで可逆的に行われること，を利用して，DNA鎖上の特定の領域を大量に増幅する方法である．同じ鋳型DNAを繰り返し利用し，かつ，新たに生じたDNA鎖も次の反応時に鋳型として利用されるため，ごく少量の試料から大量のDNA鎖を産生させることができる．このとき，例えば，標識化したプライマーやdNTPを利用すれば，標識化されたDNA鎖が大量に得られる．

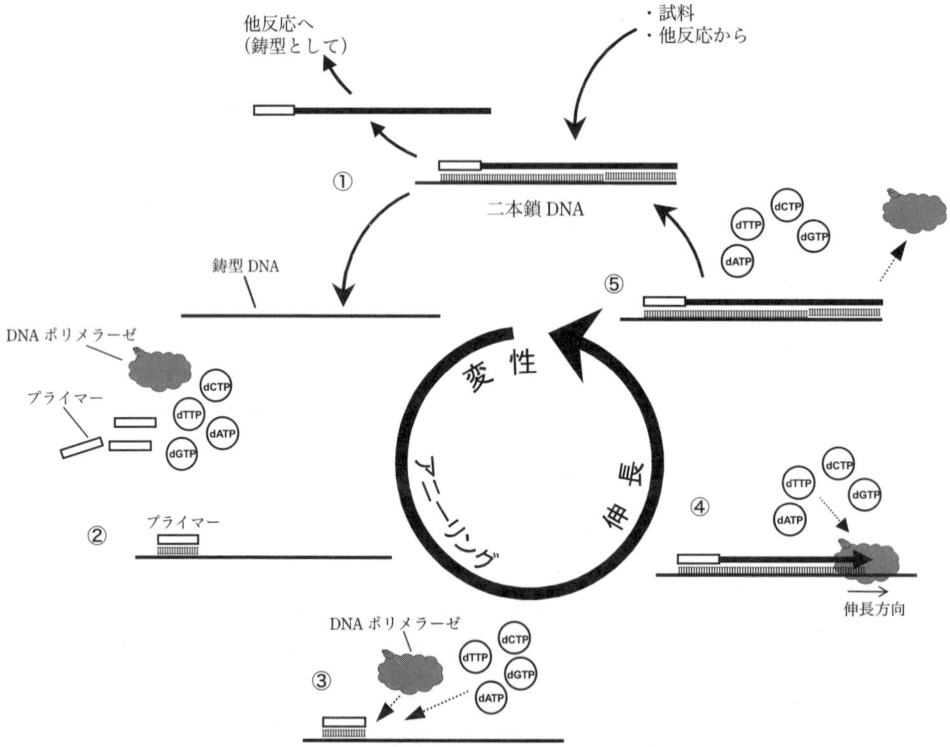

図5.8 PCR模式図

試料（二本鎖DNA）は高温下で変性され一本鎖DNAが生じる（①）．温度を下げると，この一本鎖DNAにプライマーがアニールする（②）．鋳型依存的DNAポリメラーゼが相補鎖合成を開始し（③），相補鎖を伸長させていく（④）．DNAポリメラーゼは，DNA鎖の末端に至るか，次の反応のための変性ステップで高温にさらされると外れる（⑤）．生成された二本鎖DNAは，再び高温下で変性されて次の反応の鋳型となる（再び①へ）．変性により生じたもう1本の一本鎖DNAは，相補的プライマーとアニールし，やはり鋳型として使われる．新たに合成されたDNA鎖もまた鋳型として次々に使われるので，結果，指数関数的にDNA鎖数が増大する．

PCRの進行を図5.8に示した.（PCRの原理については優れた解説書が多い. 章末にPCR法を含め参考書を挙げたので, 詳細はそれらを参照されたい.）PCRの最初のステップは, 熱変性させ一本鎖状のDNAにする（denature）ことである（図5.8①）. この反応は通常94℃で行われる. 増幅させたい塩基配列の5′末端付近と同じ配列のオリゴヌクレオチドを過剰に存在させ, 温度を下げると, オリゴヌクレオチドがその相補的な鎖上に二本鎖を形成する（図5.8②）. これをアニーリング（annealing）という. このオリゴヌクレオチドがPCRプライマー（センス側）である. この状態でDNAポリメラーゼを作用させると, 鋳型DNAと相補的なDNA鎖（娘鎖）が伸長してゆく（図5.8③④）. 鋳型DNAは二本鎖であるから, もう一方の鎖に対し, 別のPCRプライマーを用意する. そのプライマーは, 増幅させたい塩基配列の3′末端付近と相補的な配列を有していなければならない（アンチセンス側）. 反応の結果, 各鎖を鋳型として新しいDNAが伸長してゆく. この反応を繰り返す（通常20〜30回）と, 反応2回目以降では娘鎖も鋳型として使われるので, 結果, 連鎖反応的に大量のDNA鎖が合成される. なお, 両端にプライマーと同じ塩基配列を有する生成物が圧倒的多数を占める（娘鎖を鋳型とする場合, その末端のプライマー相補的配列を合成したところで伸長が終了する）ことに注意されたい.

PCR法による増幅には, ① DNAポリメラーゼの種類, ②プライマーの設計, ③反応温度, ④反応液組成と, ⑤ 鋳型DNAが大きく影響する.

2) DNAポリメラーゼの種類

PCRでは, 目的に応じ幾つかのDNAポリメラーゼが利用される. 二本鎖DNAを熱で融解させて一本鎖にする反応を何回も繰り返さなければならないため, いずれも高い耐熱性を有する. 代表的なDNAポリメラーゼは好熱菌*Thermus aquaticus*から単離された*Taq*DNAポリメラーゼである. この酵素の最適温度は72〜75℃と高温である. 通常, アニーリングを50〜72℃で行うので, この最適温度の高さは, より特異的に対象領域を増幅するうえで好都合である.

*Taq*DNAポリメラーゼを遺伝子工学的に改変した製品もあるが, 本来, この酵素は5′→3′DNAポリメラーゼ活性と5′→3′エキソヌクレアーゼ活性をもち, 3′→5′エキソヌクレアーゼ活性はもたない. そのため, DNA合成の途中に誤り（間違った塩基を取り込むこと）が生じても補修されない. 誤りの頻度はヌクレオチド10^4当たり1個と言われている. 誤りを補修するために, 補修能を有するDNAポリメラーゼ（後述）を使用したり, それを*Taq*DNAポリメラーゼと混合して使用することが行われる. また, *Taq*DNAポリメラーゼには, 3′末端にdATPを1個余分に付加する性質がある. このため, 反応生成物は3′突出末端（Aを1塩基突出）となっており, 3′末端にTを1塩基突出した他のDNA断片を用意しておけば, これらが効率的にライゲーションされる. このことを利用してクローニング効率を高めるのがTAクローニング法である.

*Taq*DNAポリメラーゼをはじめ, PCRによく利用されるDNAポリメラーゼを表5.5に示した. これらの酵素では, 補修能や忠実性, 末端の形状などに違いがある. 補修能は, 3′→5′エキソヌクレアーゼ活性を有している酵素に認められる. もともとDNAポリメラーゼは鋳型DNAと解離しやすく, 多くとも50〜100塩基ほど合成すると鋳型DNAから離れると言われる. DNAポリメ

表5.5 PCRに用いられる主なDNAポリメラーゼ

酵素名	由　　来	5′→3′エキソヌクレアーゼ活　性	3′→5′エキソヌクレアーゼ活　性	3′末端の構造	特　　徴
Taq	*Thermus aquatics*	＋	−	A突出	通常のPCRに最もよく使用される．
Tth	*Thermus thermophilus*	＋	−	A突出	耐熱性高くGCリッチな鋳型に適する．逆転写活性を有する．
Pfu	*Pyrococcus furiosis*	−	＋	平滑	反応速度は遅いが忠実度が最も高い（*Taq*の約12倍）．
Pwo	*Pyrococcus woesei*	−	＋	平滑	忠実度が高い（*Taq*の約10倍）．
Tfl	*Thermus flavus*	＋	−	A突出	逆転写活性を有する．
Tli	*Thermococcus litoralis*	−	＋	95％が平滑	忠実度は*Taq*の約5倍．

これらから3′→5′エキソヌクレアーゼ活性を除去する（*exo*−）など遺伝子工学的に改変されたものや，メーカーの商標をもつ酵素などが多種販売されている．

ラーゼが解離すると直ちに別のDNAポリメラーゼが結合し，伸長反応を引き継ぐので，長いDNA鎖が完成する．もし，誤ったヌクレオチドが末端に取り込まれると，正しく塩基対が形成されず，そこからの5′→3′DNAポリメラーゼ活性は著しく低下し，代わって3′→5′エキソヌクレアーゼ活性によって誤った塩基が除去される．正しい塩基対が供給されると，再び伸長が始まる．このようにして正確な相補鎖が合成される．この補修活性はプルーフリーディング（proof reading）活性とも言われる．

3）プライマーの設計

PCRでは，プライマーと目的配列とのアニーリング反応の正確さが重要なポイントとなる．すなわち，プライマーは増幅産物の特異性を決定する重要な要素である．PCRには，20〜30merの目的配列特異的なプライマーが一般的に用いられる．設計は実験者に委ねられているが，合成は業者に委託することが多い．設計時は，4種類の塩基がほぼ等しく含まれること，繰り返し配列がないこと，GCが局在する領域がないこと（特に3′末端付近），プライマーが二次構造をとらないこと，プライマー同士が特に3′末端付近で二本鎖になりにくいこと，2つのプライマーのT_m値（またはアニーリング温度）は類似していること，といった点に留意しなければならない．一般に，適当な温度範囲内ならば，アニーリング温度を高く設定するほうが，より特異的に増幅が行われる．プライマー設計支援用の各種プログラムがよく利用される．

DNAポリメラーゼが伸長反応を開始するためには，プライマーの3′末端の数塩基が鋳型鎖と塩基対を形成していればよい．このため，プライマー設計や反応条件が適当でないと，3′末端部分のみアニーリングして非特異的な増幅が行われる．これは逆に言えば，プライマーの5′側の塩基配列には，ある程度の「あいまいさ」が許される（あいまいであっても増幅できる）ということでもある．例えば，プライマーの5′末端付近に制限酵素認識配列をおけば，それを末端に有するPCR産物が得られる（2.2.2参照）．プライマーの5′末端を標識化しておけば，末端が標識化されたDNA鎖を得ることができる．このように，PCRを利用して両末端の塩基配列を作り変えることができる．

4) 反応温度

PCRでは温度を厳密に制御する必要がある．温度管理は，サーマルサイクラーで行われる．サーマルサイクラーには温度制御法などにいくつかの方式があり，また，分光光度計と一体になったもの（リアルタイムPCR用）やスライドガラスを温度処理するもの（*in situ* PCR用）など，特殊な機能を付加したものがある．

PCRは，一般に，熱変性94℃（92～98℃），アニーリング42～70℃（プライマーに依存），伸長反応72℃（65～80℃）を繰り返す．典型的には，熱変性とアニーリングは各々1分間，DNAの伸長は1000塩基当たり1分間を目安に設定される．各ステップ間の温度変化はすばやく行われる必要がある（1～2℃/秒）．アニーリング温度はPCRの成否に関係するので慎重に検討されなければならない．アニーリング温度が低すぎるとプライマーが非特異的な領域にアニーリングし，逆に高すぎると増幅が起こらない．

5) 反応液組成

反応用の緩衝液に含まれる成分のうち，Mg^{2+}濃度は酵素の特異性や反応の効率に大きく影響する．*Taq*DNAポリメラーゼのMg^{2+}至適濃度は1.2～1.3mMであるが，標準的なPCR用緩衝液中のMg^{2+}の濃度は1.5mMである．遊離のMg^{2+}はdNTPと等モルで結合するので，dNTPが存在するとMg^{2+}の濃度は減少する．一般に各200μMのdNTPが反応に用いられるので，上記の標準的なMg^{2+}濃度は反応初期において至適濃度よりも低いことになるが，全過程における産物の収量や増幅の正確さから，妥当な濃度として採用されている．したがって，すでにMg^{2+}が混合されている緩衝液を使う場合も，基本的にMg^{2+}濃度は至適化しなければならないと考えるべきであろう．

dNTPは50～200μMの範囲で使用される．高すぎる濃度では，上記のMg^{2+}との関係や誤りが多くなるという問題が生じる．低すぎると反応効率が低下し，3′→5′エキソヌクレアーゼ活性を有する酵素を使用している場合には，分解活性のほうが優先する．

KClはアニーリングに必要なので，緩衝液中に加えられる．Tris-HClが一般に緩衝剤として採用され，界面活性剤（Tween20，NP-40），ウシ血清アルブミン（BSA）などが酵素活性の安定化などの目的で添加される．

6) 鋳型DNA

PCRでは，植物細胞1個からでもDNAを増幅できる．プロトプラストから直接に増幅させる方法も知られている．一般に，鋳型DNA量は100μLの反応液当たり0.1μg以下が適当とされ，それ以上での利用は特異性を低下させる．

ゲノムDNAのように長い鋳型の場合，それを適当な制限酵素処理や物理的処理で細断したほ

表5.6　PCR反応を利用した代表的遺伝子解析法

ゲノム解析の研究	
RAPD (Random Amplified Polymorphic DNA PCR)	任意のプライマー（10塩基程度）を用い，ゲノムDNAを鋳型としてPCR反応を行う．得られたフラグメントの数と長さから，遺伝的多型を解析する．ゲノムDNAの塩基配列上の個体間差が，増幅されたDNA断片の種類や大きさの違いとして観察される．この多型をRAPD（増幅断片多型DNA）と呼ぶ．ゲノム全体を包括的に多型解析して，遺伝子レベルで遺伝学的分類を行う上で有効．
AFLP (Amplified Fragments Lengths Polymorphism)	制限酵素でゲノムDNAを断片化したのち，選択プライマーで増幅・検出するフィンガープリント法．制限酵素として*Mse*I（4bp認識）と*Eco*RI（6bp認識）を使うことが多い．アダプターを断片の両端に連結したのち，2回のPCR反応を行う．各回のPCRについて，アダプター配列に任意の塩基を付加する形で設計したプライマーを用いることで，約1/4 000のフラグメントパターン（フィンガープリント）が観察できる．再現性が高く，かつ多くの多型を同定することが可能．
LA-PCR (Long and Accurate PCR)	長い領域を誤りなく増幅する方法．DNA伸長反応のためのポリメラーゼと，3′→5′エキソヌクレアーゼ活性を有する別のDNAポリメラーゼ（伸長能は劣る）を混合して，伸長とproof reading反応を行わせる．遺伝子工学的に改良したDNAポリメラーゼ1種類でも可能である．
遺伝子の単離と解析	
Degenerate PCR	目的タンパク質の部分配列が分かっている，あるいは，共通のドメインを有するなど予想できる場合，そのアミノ酸配列をコードする可能性のある塩基配列は複数存在する（1種類のアミノ酸に対するコドンは1種類ではないため）．その塩基配列をもとに設計したプライマー混合物を用いてPCR反応を行う．配列未知の遺伝子のクローニングなどに有効．
IPCR (Inverse PCR)	既知領域に対して互いに逆方向に増幅するようにプライマーを設計するのでinverseと呼ばれる．鋳型DNAを，プライマー間に認識配列を持たない制限酵素で切断したのち，ライゲーションして自己閉環させる．これを鋳型とし，上記のプライマーを使って増幅する．Degenerate PCRなどによって得られた部分配列から遺伝子全長をクローニングするときに利用できる．
TAIL-PCR (Thermal Asymmetric Interlaced PCR)	既知の塩基配列特異的プライマーと任意配列プライマーを組み合わせてPCRする．プライマー間のT_m値が異なるように設計することからこの名がある．既知配列に隣接した未知配列領域を増幅する目的で用いられる．本法では，特異的な生産物が優先的に増幅するように反応条件を決め，3段階のPCRを繰り返す．このとき，既知配列特異的プライマーを3種類設計し，増幅したい領域に対し外側から順に（生成物が短くなるように）使用する．
RACE (Rapid Amplification of cDNA Ends)	既知領域に対して5′側の未知領域を解析する場合（5′RACE）と3′側を解析する場合（3′RACE）とがある．逆転写反応でcDNAを合成後，その端にアダプターを結合させ，既知領域の塩基配列特異的プライマーとアダプタープライマーとでPCR反応する．3′RACEの場合，アダプタープライマーには，ポリ（A）とアニールするようオリゴdTプライマーを用いる．5′RACEの場合は，TdT（表5.3参照）を用いてアンカー配列を付加するといった方法などが行われる．
TAクローニング	3′末端にAが1塩基突出した末端を作るという*Taq*DNAポリメラーゼの性質を利用し，T突出末端をもつクローニングベクターと効率よく連結させる．
サイクルシークエンシング	DNAシーケンス法．ラベル化したddNTPを利用するジデオキシ法による反応を，サーマルサイクラーで繰り返し行う．使用する鋳型DNAが極めて少量でよい．
遺伝子発現の解析	
リアルタイムPCR	定量的PCR（quantitative PCR）ともいう．サーマルサイクラーと分光光度計を一体にしてPCR反応を経時的にモニタリングする．これにより鋳型DNA量を推定できる．PCR産物をモニタリングする方法には，5′-エキソヌクレアーゼ法，インターカレーター法，Molecular Beacon法，ハイブリプローブ法などがある（詳細は参考図書参照のこと）．RNAを鋳型として最初に逆転写反応を行えばmRNAの定量ができる（quantitative RT-PCR）．
RT-PCR (Reverse Transcription PCR)	逆転写酵素を用いてcDNAを合成し，これを鋳型にPCRを行う．目的遺伝子のcDNAクローニングやmRNA発現量の定量など様々に利用される．逆転写反応時に用いるプライマーの種類によって，さらに様々な利用が可能．

Differential Display	異なる条件下，あるいは異なる細胞間で発現を比較し変化している転写産物を単離する方法．比較する2種類の試料からRNAを抽出し，11merのT（ポリ(A)にアニール）にさらに1〜2塩基を連結したプライマー4セットを使って逆転写する．得られたcDNAを，このプライマーと，適当に設計された10merのプライマーとを用いて増幅し比較する．増幅物は放射性同位体ラベルや蛍光ラベルされるが，後者は蛍光デファレンシャルディスプレイ法（FDD法）とも呼ばれる．
in situ PCR	細胞内でPCRを行い，目的とする遺伝子配列を増幅させ観察する方法．細胞を適当な方法でスライドガラス上に固定し，反応液を細胞内部に浸透させ，PCRする．dNTPの少なくとも1種類には標識化されたものを用いる．細胞中のきわめて少ないコピー数の遺伝子配列でも検出することができる．
競合的PCR	同じ反応チューブ内で，同じプライマーを用いて，未知試料と既知量の相同的な鋳型DNAを同時に増幅する．増幅はこの2種類の鋳型間で競合的に行われるので，生成物（長さにより区別）の量比により遺伝子発現の相対比を推定する．

うが，増幅反応がうまく進むことが知られている．GC含量が非常に高い領域などでは増幅が難しいことがある．PCR反応がうまく進まない場合には，単に反応液の組成や温度プログラムを変更するだけでなく，鋳型の性状も考慮する必要がある．

2.2.2 PCRの利用

PCRは，ゲノム解析，遺伝子の単離，遺伝子発現のモニタリングなど遺伝子解析に不可欠な要素技術となっている．代表的な解析法を表5.6にまとめた．

遺伝子工学的操作にもPCRが利用される．制限酵素認識部位の作出，変異の検出，変異の導入へのPCRの利用などがその一例である．さらに，近年，別の型のDNAポリメラーゼを巧みに利用することでサーマルサイクラーを使用せず遺伝子を増幅する方法（等温PCR）が開発されている．

1) 制限酵素認識部位の作出

DNAの切断には，一般に制限酵素が使われる．DNAを切断し，再結合して新しい配列を作成するためには，ほとんどの場合，複数の制限酵素を組み合わせて使用する．制限酵素は特定の配列を認識するものであるから，仮に，配列の特定の場所で切断したいとしても，そこでうまく切断する酵素が存在するとは限らない．例えば，6塩基認識の制限酵素（*Eco*RIなど）が切断する頻度は約4 000塩基対に1回（$1/4^6$回）である．もし制限酵素でうまく切断できないなら，PCRなどを利用して認識配列を導入する．これに対し，小宮山らのグループが，DNAを位置選択的に切断する方法を報告している[90]．この方法を利用できれば，DNAを加工し利用するうえでの制約がなくなると期待される．とはいえ，制限酵素認識配列の導入技術は，PCRの応用技術として重要であり，かつ，PCRの利用法を理解するうえでヒントになると思われる．

前述のとおり，プライマーの5′末端側の塩基配列には，ある程度のあいまいさが許される（あいまいであってもPCR反応で特定配列を増幅できる）．そこで，特定の制限酵素認識配列を5′末端側に，標的遺伝子特異的な配列を3′末端側に，各々有するプライマーを用意する．このとき，後で行う操作（他のDNAとの連結など）を考慮しなければならない．PCRによる増幅産物は圧倒的に

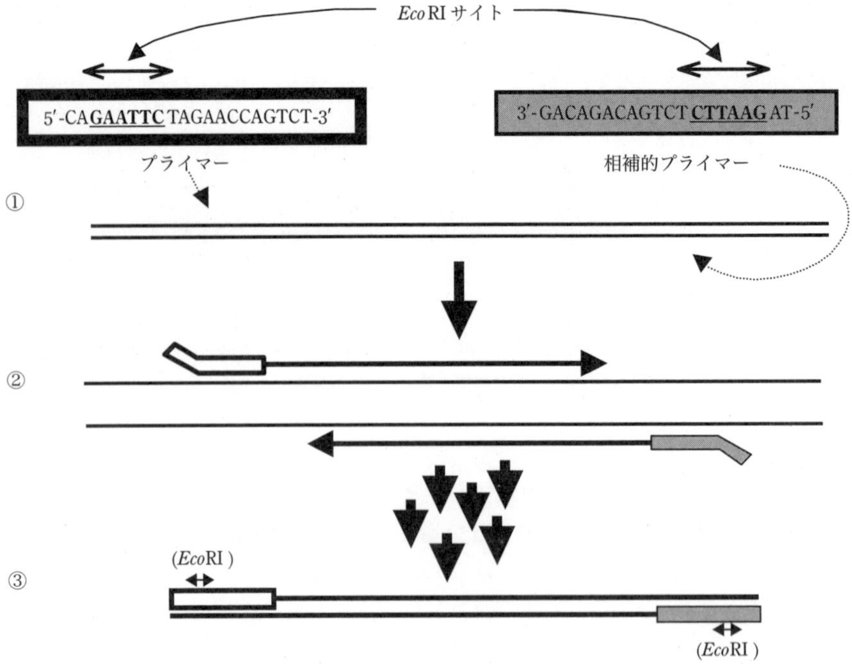

図5.9 PCR法の利用による制限酵素部位の導入法
3′末端側に領域特異的配列，5′末端側に制限酵素部位（例では*Eco*RI）を有するプライマーを用意する（①）．このプライマーの5′側はアニールしないが，3′側がアニールするので増幅が行われる（②）．サイクルを繰り返すと，両端に制限酵素部位を有する増幅産物が得られる（③）．

制限酵素認識配列を両端に有する断片である（図5.9）．増幅産物は，直接，あるいは，クローン化して利用する．

このように，任意の塩基配列（設計された塩基配列）を両端にもつDNAの断片が大量に合成できる．同様に，DNA配列中の希望する位置の塩基を任意のものに変換することも可能である．

2) リガーゼ連鎖反応法（ligase chain reaction；LCR）

LCRは，耐熱性のDNAリガーゼを使用する遺伝子増幅法である[91]．DNAリガーゼは，末端の1塩基の差でも連結するかしないかが異なるので，特に1塩基変異の検出法として有用である．DNAポリメラーゼを使用しないのでDNA鎖が新生するのではなく，反応に用いたプローブ（20～28bp）の連結反応が行われる．

反応は，① 試料DNAを高温下で変性させ一本鎖にする，② 目的領域に相補的であって連続する配列を有する2つのプライマーとアニールさせる，③ DNAリガーゼで連結する，という過程で行われる（図5.10）．この反応はPCRのように温度変化によって制御できる．反応を20～25サイクル繰り返すと連結反応産物は指数的に増加するので容易に検出できる．なお，2本のDNA鎖に対して各々プライマーを2つ用意する必要があるので，合計4つのプライマーが必要である．

変異の検出では，変異が予想される塩基をプライマーの一方の3′末端（連結反応が行われる3′末端）に配置する（図5.10(1)）．変異があると連結反応が行われないようにしても，逆に，予想された変異があった場合に連結反応が行われるようにしてもよい．反応生成物を電気泳動し，対照区

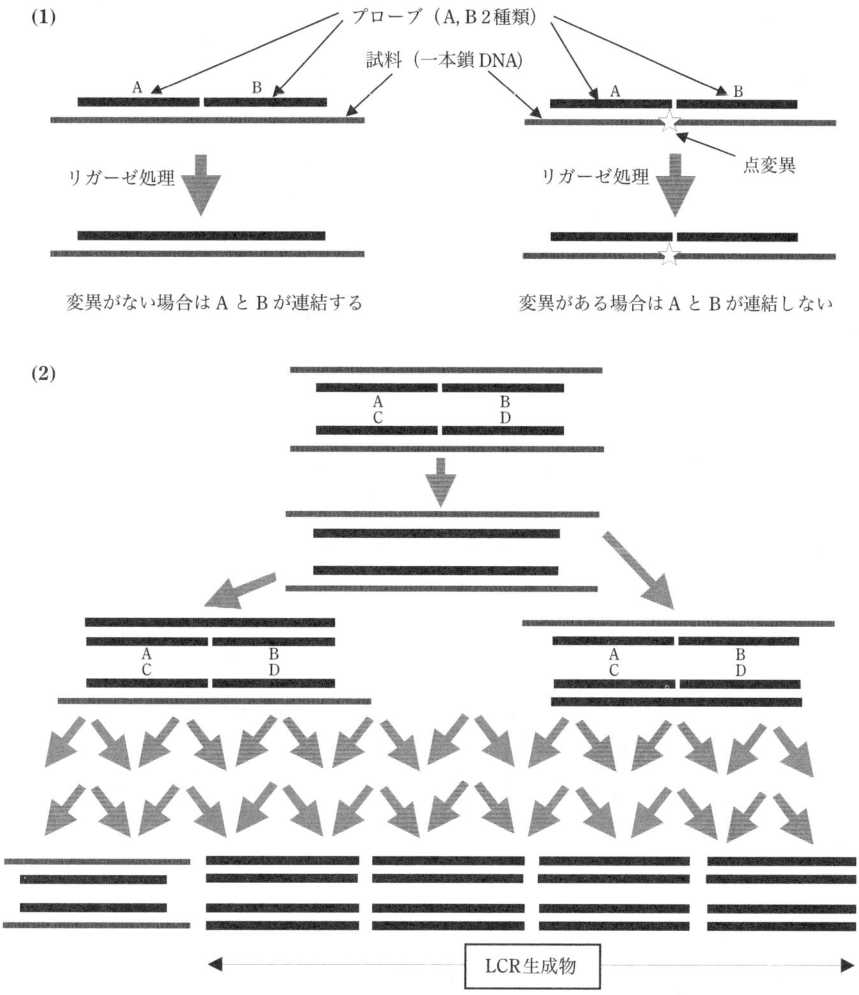

図5.10 リガーゼ反応の応用

(1) 点変異の検出．予想される点変異点と相補的な位置に3′末端が来るようにプローブAを設計する．点変異が存在すると隣接したプローブBとはライゲーションされない．

(2) LCR法の原理．リガーゼ反応用プローブ（2本）をDNAの各鎖（相補的）に対して用意する（図中ではAとB，CとDの組合せ）．一本鎖状にした試料DNAに対してアニールさせる．次いでDNAリガーゼ処理すると，プローブと相補的であって，かつライゲーション箇所に違いがない場合にのみプローブが連結される．再び高温下で一本鎖とし，プローブとアニールさせライゲーションさせることを繰り返す．別の反応で連結されたプローブも再度利用されるために，指数的にライゲーション産物が増加する．点変異の検出(1)と組み合わせると，点変異を感度良く検出できる．

と比較することで変異の存在を確かめることができる．なお，サイクルが多すぎると，非特異的な連結が無視できないほどの確率で起きるといわれる．

3) LAMP法

近年，等温でPCR反応を行う技術（LAMP法）が開発された．LAMPとはLoop-Mediated Isothermal Amplificationの略で，栄研化学株式会社が独自に開発した遺伝子増幅法である．原理を簡単な説明で理解してもらうことは難しいので，http://loopamp.eiken.co.jp/j/tech/index.htmlを

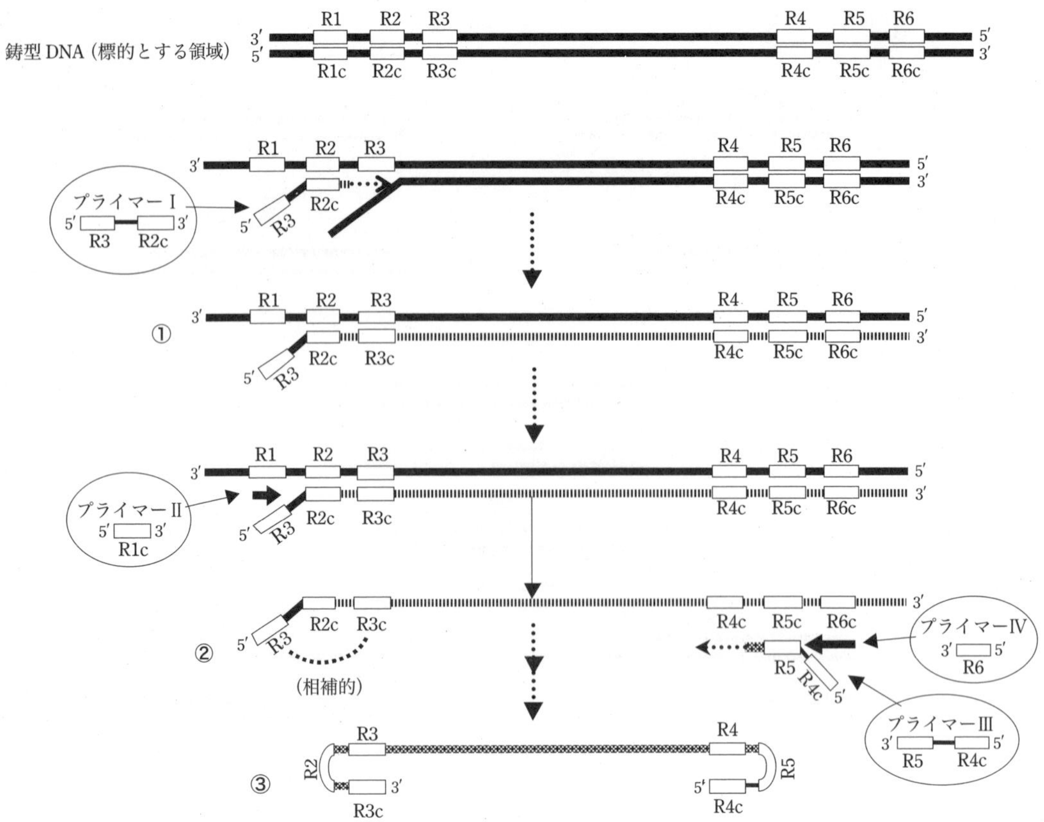

(1) LAMP 法の初期反応

図中 R1～R6 は標的とする遺伝子上の配列を，R1c～R6c は，その各々の相補的配列を意味する．プライマーⅠの存在下で鎖置換型 DNA ポリメラーゼが作用すると，① の DNA が合成される．① を鋳型にプライマーⅡの存在下で鎖置換型 DNA ポリメラーゼが作用すると，② の DNA が分離される（注：この図ではプライマーⅡを起点に新しく形成される二本鎖 DNA を省略している）．② の DNA の3′末端寄り（R4～R6）でも同様の過程で反応がおこる．これには，プライマーⅢ，プライマーⅣが必要である．一連の反応の結果，③ の DNA（増幅サイクルの起点構造，「ダンベル構造」と称される）が合成される（注：この図ではプライマーⅣを起点に新しく形成される二本鎖 DNA 側を省略している）．この図の中で省略されている各二本鎖 DNA も，新たな鋳型となることに注意．

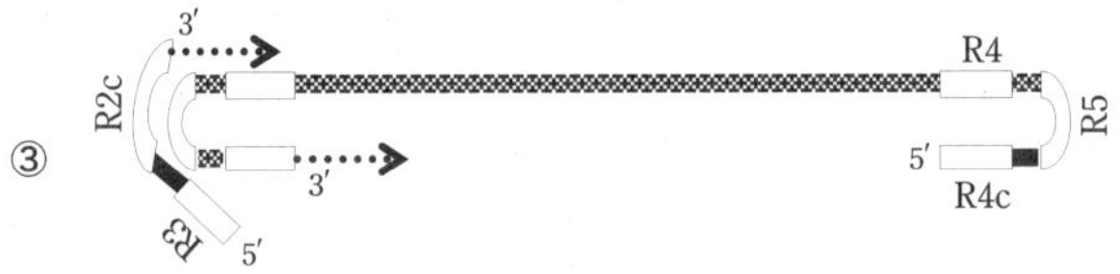

(2) LAMP 法の増幅サイクル

③ の DNA が生じると増幅サイクルが始まる．まず，③ の 3′ 末端を起点として自己を鋳型として DNA が合成され，末端に至る（新しく合成される 3′末端は R4 の配列）．また，プライマーⅠは R2にアニールすることができるので，そこを起点に DNA 合成が開始される．この反応は先に合成されている二本鎖をはがしながら進行する．したがって，先に合成されていた DNA 鎖ははがされ，最後にはその末端部分は，相補性によってループ構造をとる（3′末端は R4 の配列）．これによって 3′ 末端が新たに供給されることになり，そこを起点として再び自己を鋳型とする DNA 合成が進む．この新しく形成されたループ構造（R4c-R5c-R4-3′の構造）の領域には，プライマーⅢがアニールでき，新たに DNA 鎖が（二本鎖をはがしながら）自己を鋳型として合成される．プライマーⅠやⅢを起点として新たに合成された DNA の一部は，増幅サイクルの起点構造を再び作ることになり，あるいは，増幅領域が複数個連結された DNA を作ることになる．このような反応が繰り返しおこる．

上記のほかに，どのような DNA が生じうるかを考え，それらが同時に 1 本のチューブ内で反応に関わることを考えると，本方法の増幅効率の高さが理解されよう．

図 5.11 (1)　LAMP 法の原理（概要）

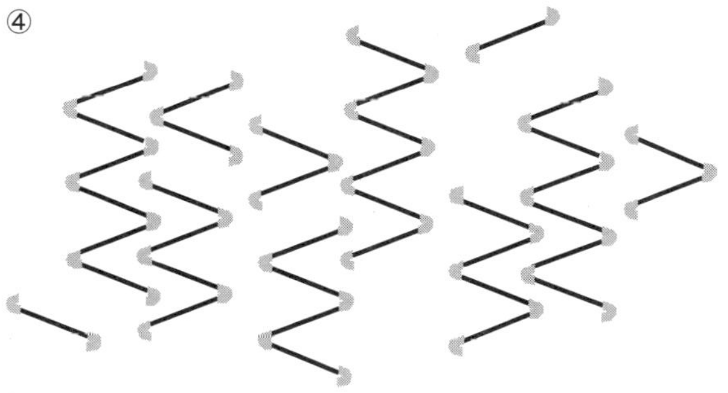

図5.11(2) LAMP法の原理（つづき）

鋳型DNA（二本鎖）を65℃付近におく．この条件下では，二本鎖DNAは動的平衡状態にあるため，プライマーが二本鎖DNAの相補的な箇所にアニールできる．鎖置換型DNAポリメラーゼを作用させると，片側の鎖をはがしながら娘鎖を伸長して二本鎖が形成されるとともに，一本鎖DNA（はがされた鎖）が生じる．このことを巧みに利用する方法である．上に示す4種類のプライマーを設計し，まず，ループ状の構造を両端にもつDNA鎖③を形成させる（初期反応）．すると，自己を鋳型として繰り返し合成が進行する（増幅サイクル）．次々にはがされた鎖が生成され，それらは再び鋳型となるので，著しく増幅効率が高い．反応生成物は，プライマー配列によって増幅領域が複数個連結された状態となる（④）．増幅物の長さは著しく不均一で，電気泳動すると，はっきりとしたスミアなバンドを与える．

参照されたい．

LAMP法では，鎖置換型DNAポリメラーゼを利用する．この酵素は，二本鎖DNAを引きはがしながら娘DNAを合成できる（図5.11）．プライマーの設計に工夫が必要であるが，適切なプライマーを設計できれば，簡便な操作（試薬とプライマー，サンプルを分注し60～65℃の一定温度で15分～1時間インキュベーションするだけ）で，大量の増幅がなされる．1時間当たりのDNAの増幅量をPCR法と比較すると100～1000倍多いと言われる．反応の副産物としてピロリン酸マグネシウムが生じるが，増幅が著しいので反応液が白濁するほどである．したがって，白濁の有無で標的遺伝子の有無を確認することもできる．

LAMP法の特徴は，プライマーがループ構造をとることである．このループ状のプライマーを起点にして，ジグザグを描くように連続的にDNAが複製される．また，標的遺伝子の6か所の領域に対し4種類のプライマーを使用することで，非常に特異性の高い検出を可能にしている．逆転写酵素を用いれば，RNA試料からの増幅も可能である．

LAMP法を利用したウシ胚性判別試薬キット，食中毒原因菌検出試薬キット，SARSコロナウイルス検出試薬キット，レジオネラ検出試薬キット，鳥インフルエンザウイルス検出キットなどが開発あるいは販売されている．植物については，植物ウイルス・ウイロイドの検出において実績がある[92]．LAMP法のような等温PCR反応は，今後，様々な分野で応用されるであろう．

2.2.3 塩基・アミノ酸配列の解析

PCRなどは，すでに配列情報が部分的にせよ明らかになった場合に有効であるが，全く新しい遺伝子を見出した場合には，その塩基配列情報を是非とも知りたい．それは、たとえ機能予測がついていたとしても同じである．DNAの塩基配列やタンパク質の一次配列の配列情報（シークエンス）を明らかにすることをシークエンシングといい，機器としてシークエンサーが多く用いられる．シークエンシングの方法や測定装置にはいくつかのタイプがある．得られた結果はコンピューターで解析する．シークエンシングの技術はゲノムやプロテオーム解析において極めて重要な意味をもち，技術開発も活発に行われている．例えば、次世代型と呼ばれるDNAシークエンシング装置では，一晩で30億塩基を解読可能と宣伝されている．質量分析計によるタンパク質の解析技術も進んでいる．それらの情報からは目が離せないが，現在，一般的に用いられている技術は，以下のとおりである．

1) DNAシークエンス

DNAのシークエンシングの代表的な方法は，ジデオキシ法（サンガー法）である．これにはダイプライマー法と，ダイターミネーター法があるが，現在，ダイターミネーター法とPCR反応を組み合わせたサイクルシークエンス法が主流となっている．

ジデオキシ法は，DNAポリメラーゼによる娘鎖の伸長反応の際に，ジデオキシヌクレオチド（ddNTP）が組み込まれると，それ以上dNTPを結合させることができなくなる（伸長できなくなる）ことを利用している．4種類の色素（dye）を各々結合させた4種類（ddATP，ddTTP，ddGTP，

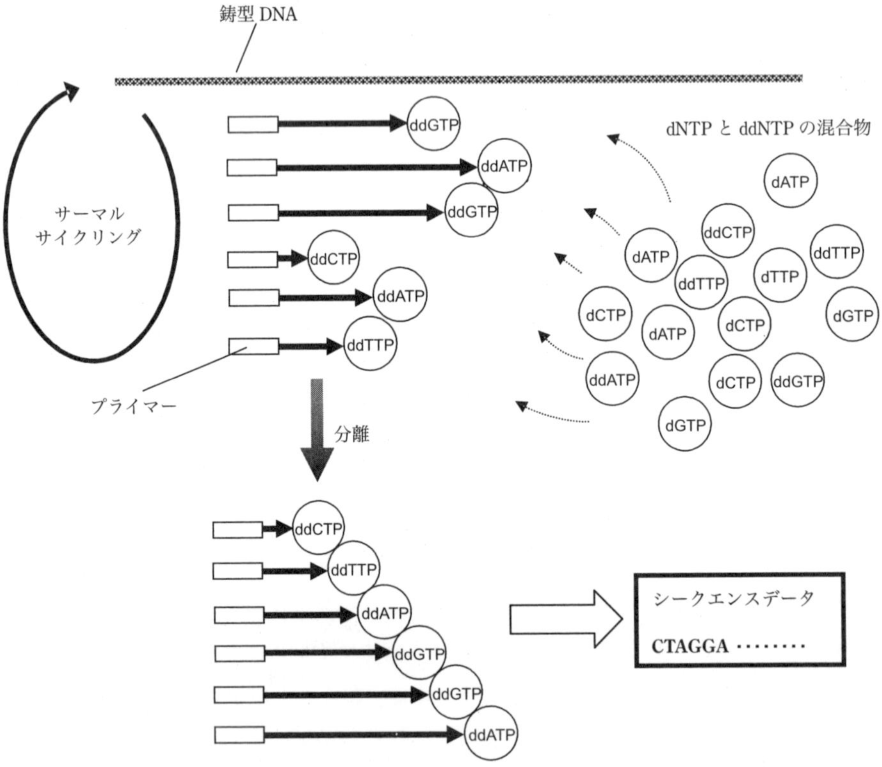

図5.12 サイクルシーケンス法（ジデオキシ法）によるDNAシークエンス
鋳型DNAに対し特異的プライマー1種類を使い，DNAポリメラーゼを用いて娘鎖を合成する．このとき，dNTPとddNTP（色素ラベル化したもの）を混合したものを基質とする．ddNTPがある確率で娘鎖に取り込まれると，それ以上伸長が起こらなくなるため，結果，末端にddNTPを有する娘鎖が生成される．反応を繰り返すと，1塩基ごとに長さの異なる娘鎖が多数得られる．各ddNTPは異なる色素でラベルしてあるので，生成物を長さ別に分離してから測定すると，シークエンスが明らかになる．反応をサーマルサーキュラーで行うため，同じDNAを鋳型に繰り返し利用できる．

ddCTP）のddNTPをdNTPと適当な比率で混合してDNAの伸長反応を行わせると，ddNTPが結合した場所で娘鎖の伸長が止まる．ddNTPは娘鎖の長さに関係なく結合するので，結果，1塩基ずつ長さの異なる娘鎖が生じ，それらは，いずれかの蛍光色素を3′末端に結合させていることになる．反応生成物を適当な方法で大きさ順に並べ，各々がどの色素を結合させているのかを判定すれば，塩基配列が明らかになる（図5.12）．分析には，反応生成物（娘鎖）を1塩基長の差で分離する手段が必要である．現在，分離システムには，キャピラリーカラム（細管を通過中に分離される）を使うことが多いが，アクリルアミドゲルによる分離も行われる．

サイクルシークエンス法では，このジデオキシ法の反応をサーマルサイクラーで繰り返し行う．ジデオキシ法では鋳型DNAをあらかじめ一本鎖にする必要があるが，サイクルシークエンス法ではその必要がない．PCR法と同様に，鋳型DNAを熱変性させることによって再度利用するので，使用する鋳型DNAが極めて少量でよいという利点がある．

2) プロテインシークエンス

タンパク質の一次配列情報を得る場合は，最初にタンパク質のN末端に標識を化学的につける．次いで，そのアミノ酸1個を外して高速液体クロマトグラフィーなど適当な方法で分析してアミノ酸を同定する．これを繰り返すとアミノ酸配列を明らかにすることができる．全アミノ酸配列をこの方法のみで決定することはできないが，この方法によってタンパク質の部分一次配列を決定し，それをもとにプローブやプライマーを設計して遺伝子をクローニングすることが多く行われる．

2.2.4 コンピューター解析（バイオインフォマティクス）

バイオインフォマティクス（計算生物学）は，生物に関する情報解析を扱う幅広い学問分野をさす．バイオインフォマティクスの最終的な目標は，コンピューターを用いて（*in silico*で）「完全な」生物を構築し，生物の「遺伝子ネットワーク」を含めた複雑なシステムを再現することである．しかし，現在，中心的に行われているのは，核酸やタンパク質の配列解析であるといってよいだろう（Ⅷ章参照）．実際，シークエンシングにより得られた配列情報は，コンピューターを用いて解析されなければ意味をもたないといってよい．

全ゲノム解析は，植物でもアラビドプシスとイネを始めとして複数の植物で活発に行われ，膨大な量の配列情報が日々蓄積されている．得られた配列情報の意味を知るためには，コンピューターを駆使した情報解析が必要不可欠である．様々な計算方法が開発されてきたが，1990年代以降，隠れマルコフモデルに代表される「確率モデル」にもとづく方法が次々に開発され，バイオインフォマティクスは大きく発展したといわれる．また，バイオインフォマティクスの成果を応用した様々な産業分野が急速に展開しつつある．企業の積極的な参入も目立ち，今後も，医療分野に限らず様々な解析技術が開発されるものと期待されている．

1) インターネット資源

バイオインフォマティクスの発展には，インターネットの普及が大きく寄与している．種々の生物学的データベースがインターネット上に公開され，オンラインで誰でもゲノム解析することが可能となり，また，解析ソフトウエアをダウンロードして利用できるようになった．これらインターネット上にあるデータベースなどは，インターネット資源と呼ばれる．

現在，インターネット資源を利用してかなりの解析が可能である．例えば，インターネット上に公開されている配列情報を集め，自身の興味ある配列と比較することは容易である．図5.13は，機能未知のタンパク質について解析した例である．このタンパク質は，P-loop（Walker-A）と呼ばれる配列をもっていることが分かった．P-loopは，GXXXXGKT/S（Xは任意のアミノ酸）と表されるアミノ酸配列を示し，多くのヌクレオチド結合タンパク質に共通して存在することが知られている．類似した配列をもつ遺伝子をデータバンクから抽出し，機能未知の配列と並べてみると（アライメント作成），抽出された遺伝子間に何らかの関係を見出すことができ，その機能を推定できることが分かる．

インターネット資源として代表的なものは，National Center for Biotechnology Information（NCBI）のページである．GenBank（遺伝子データバンクの1つ）はここに属し，代表的な遺伝子解析プログラムであるBLASTもここに含まれる．なお，GenBank，日本のDNA Data Bank of Japan（DDBJ），European Molecular Biology Laboratory（EMBL）は世界3大遺伝子データバンクと呼ばれる．これらのデータバンク間では配列情報が共有されている．研究者が，これらの1つに自分の見出した配列情報を登録（投稿）すると，いずれのデータバンクのホームページからもそれを見ることができる．また，これらのホームページから種々の解析プログラムを利用できる．このような代表的なインターネット資源の例を表5.7に示した．これらをどう利用して何ができるのか

			P-loop		Kinase-2		Kinase-3a		HD	
機能未知の配列	**XXX**	---	GMGGIGKTT	-------	ILVFDNV	-----	GSTLIMTTRD	--------	GLPL	---
既知の配列情報（抵抗性遺伝子）	L6	---	GMGGIGKTT	-------	LVVLDDV	-----	QSRFIITSRS	--------	GLPL	---
	M	---	GMGGIGKTT	-------	LVVLDDV	-----	GTRFIITSRN	--------	GLPL	---
	N	---	GMGGVGKTT	-------	LIVLDDI	-----	GSRIIITTRD	--------	GLPL	---
	RPP5	---	GQSGIGKST	-------	LILLDDV	-----	GSRIIVITQD	--------	SLPL	---
	Rx	---	GMGGIGKTT	-------	LILIDDV	-----	GSRILLTTRN	--------	GLPL	---
	PRF	---	GMPGLGKTT	-------	LVVIDDI	-----	RSRIILTTRL	--------	GLPL	---
	I2	---	GMGGMGKTT	-------	LVVLDDV	-----	GSKIIVTTRK	--------	GLPL	---
	PRM1	---	GMGGSGKTT	-------	IVVLDDV	-----	GSRVMMTTRD	--------	GLPL	---
	RPS2	---	GPGGVGKTT	-------	LLLLDDV	-----	KCKVMFTTRS	--------	GLPL	---

図5.13 塩基配列の相同性から遺伝子の機能を推定する方法（例）

機能不明の配列（XXX）の情報をもとに相同性検索し，マルチプルアライメントを作成する．図の例では，検索の結果提示されたL6からRPS2までの遺伝子がすべて植物の病害抵抗性に関係する遺伝子であった．さらに，周辺の配列を比較する．病害抵抗性遺伝子にはNBS（nucleotide binding region）を有するグループがあり，そのNBSではP-loopのほかKinase-2，Kinase-3a，HDと呼ばれるモチーフが見られる．これらのモチーフと類似の配列が見られるので，XXXも病害抵抗性に関連した遺伝子である可能性が示唆される．なお，ここで類似とは，変異（塩基置換）の結果生じやすいアミノ酸であるかどうかを考慮し判定される．例えば，ある疎水性のアミノ酸残基が変異する場合を考える．起こりやすい塩基置換を推定できるが，その結果疎水性のアミノ酸残基が生じる場合は，親水性のアミノ酸残基が生じる場合に比べて，もとのタンパク質の機能が維持される可能性が高く，進化の過程でより残りやすい（類似）と予想する．

表5.7 代表的なバイオインフォマティクス資源

データベースやプログラム名	主な利用法（例）
GenBank, EMBL, DDBJ, SWISS-PROT	代表的遺伝子データバンク．種々の核酸の塩基配列やタンパク質のアミノ酸配列の記録と公開．
BLAST, FASTA	解析したい遺伝子やタンパク質と相同な配列をデータベースから探し，相同性を計算する．
CLUSTALW, CLUSTALX	複数の遺伝子やタンパク質の配列に共通したパターンを探し，どの程度似ているか算出する．系統樹を算出する．
InterPro, BLOCKS, CD-Search	アミノ酸の特徴的な配列や保存領域を既知のデータと比較することによって，その遺伝子の機能を推定する．
GENSCAN, TWINSCAN, GenomeScan	新規なゲノムDNA配列の情報から，どこにどのような遺伝子が含まれているか推定する．
KEGG	遺伝子のネットワーク情報を手に入れる．マイクロアレイのデータから代謝系のどの酵素が働いているかを知る．

は本書Ⅷ章および他の成書に譲るが，代表的な解析作業例を以下に紹介する．

2) ORF（open reading frame）予測

ORF予測は，配列情報から読み枠（ORF）を抽出するプログラムである．ORF Finder（http://www.ncbi.nlm.nih.gov/gorf/gorf.html）が代表的である．このプログラムでは，全部の読み枠（相補鎖も含めるので6本）について，開始コドンと停止コドンとの距離が一定以上離れている場合にORFと判断し，同時に，予想されるアミノ酸配列を与える．一定以上の距離で停止コドンが現れない領域はコード領域（DNA配列上でタンパク質に翻訳される領域）である可能性が高いと判断できるので，その領域のみを対象にした相同性の解析は，遺伝子機能予測などにおいて極めて有用である．実際，ORF Finderでは，示された個々のORFから相同性検索（BLAST）のページへ飛ぶことができる．ただし，このプログラムでDNA（cDNAでなく）を解析した場合，コード領域候補の一部が提案されたのであって，それと実際のコード領域とは異なると考えるべきである（図

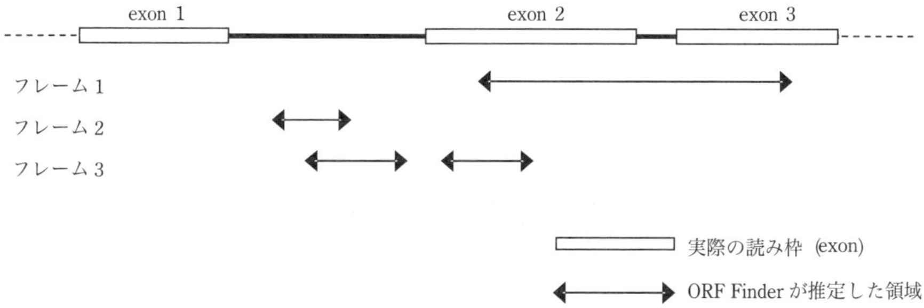

図5.14 ORF予測結果と実際の読み枠

簡略化するために相補鎖を省略して表した．その場合，フレームは3通り考えられるので，その各々についてORF FinderによってORFを予測した結果を示す．図のもとになった配列では，2か所イントロンが存在した．開始コドンを含まないので，このプログラムではexon 1をORFと推定しない．exon 2，exon 3もやはり開始コドンで始まらない．終止コドンがなかったのでexon 2の終わりは示されない．しかし，フレーム1についての推定ORFには，exon 2の配列の大部分が含まれているため，これを相同性検索のデータに用いることには大いに意味がある．

5.14). 真核生物にはイントロンが存在するので，ゲノムDNAの塩基配列情報だけからコード領域を推定することは難しい.

なお，スプライシング位置予測プログラムがアラビドプシスの情報をもとに開発され，インターネット上に公開されている. 情報の集積と解析手法の発達によって，将来，アラビドプシス以外の植物も含め精度の高いスプライシング位置予測が可能になるかも知れない.

3)　アライメント（整列化）と相同性検索

複数の配列間でどの領域がどのように類似しているかを示すために整列化が行われる（図5.15）. 整列化では，複数の配列上の類似している塩基やアミノ酸同士が縦に直線上に並ぶように示される. なお，ここでいう相同性（ホモロジー）とは，遺伝子やタンパク質の配列の類似性を示しており，進化生物学的にいうところの相同性とは異なる. 相同性検索では，データベース上の膨大な情報の中から，試料の配列と相同性の高い配列情報をピックアップする.

相同性検索し，アライメントを作成して相同的な領域がどこにあるのかを知ることは，新たな遺伝子の発見に直結する. 既知遺伝子と類似した配列が認められる領域には，遺伝子が存在する可能性が高いと考えられるためである. これはまた，単離された遺伝子の機能や立体構造を予測するうえでも極めて重要である.

相同性検索プログラム（BLASTやFASTAなど）では，検索結果とともにペアワイズアライメント（2本の鎖間での整列化）が示される. BLAST 2 SEQUENCESプログラムも，2つの配列情報間で整列する. マルチプルアライメント（多重整列化）に利用される代表的なプログラムは，CLUSTAL（CLUSTAL W, CLUSTAL X）である. 各々のプログラムの原理については他の成書に譲る. これらのプログラムは，インターネット経由で直接に，あるいはダウンロードして利用できる.

相同性検索プログラムのうち，BLASTは米国NCBI（National Center for Biotechnology Information）

```
UNKNOWN(P.patens)            87 LVEGGIVPGIKVDKGLVPLAGSNEESWCQGLDGLASRTAAYYKQGARFAKW
NP_178224(A.thaliana)       129 LRDANIVPGIKVDKGLSPLAGSNEESWCQGLDGLASRSAEYYKQGARFAKW
BAA77603(N.paniculata)      136 LVEQNIVPGIKVDKGLVPLAGSNDESWCQGLDGLASRTAAYYQQGARFAKW
Q01516(Pea)                  94 LIEQNIIPGIKVDKGLVPLAGSNDESWCQGLDGLASRSAAYYQQGARFAKW
ADSPAP(Spinach)             134 LIEQGIVPGIKVDKGWLPLAGSNDESWCQGLDGLACRSAAYYQQGARFAKW
Q4067740(Rice)              126 LTEQKIVPGIKVDKGLVPLAGSNNESWCQGRDGLASREAAYYQQGARFAKW
P22197(A.thaliana)           93 LMENGVIPGIKVDKGLVDLAGTNGETTTQGLDSLGARCQQYYEAGGRFAKW
P46256(Pea)                  93 LQENNVIPGIKVDKGVVELAGTDGETTTQGFDSLGARCQQYYKAGARFAKW
P17784(Rice)                 93 MKDGGVLPGIKVDKGTVELAGTNGETTTQGLDGLAQRCAQYYTAGARFAKW
ADSPAC(Spinach)              93 LKEGGVLPGIKVDKGTIEVVGTDKETTTQGHDDLGKRCAKYYEAGARFAKW
AAK19325(Algae)             115 LVENGIVPGIKVDKGLAPLANSNNEQWAMGLDGLDTRCAEYYKTGARFAKW
XP_082186(Fluit fly)         98 LKKKGIILGIKVDKGVVPLFGSEDEVTTQGLDDLAARCAQYKKDGCDFAKW
                                : .  :: *******   :.::  *    * *.*  *   *   *  ****
```

P.patens; *Physcomitrella patens*, A.thaliana; *Arabidopsis thaliana*, N.paniculata; *Nicotiana paniculata*, Pea; *Pisum sativum*, Spinach; *Spinacia oleracea*, Rice; *Oryza sativa*, Algae; *Dunaliella salina*, Fluit fly; *Drosophila melanogaster*

図5.15　マルチプルアライメント作成例

ヒメツリガネゴケ（*P. patens*）から単離された遺伝子（UNKNOWN）のアミノ酸配列（一部）を，他の生物由来のアルドラーゼと比較した例を示す. BLAST（図5.16参照）などで相同性を確かめた配列との間でアライメントを作成する. CLUSTALWでは，比較した配列中で完全一致（★）と類似（. と：）の箇所が提示される. この例では植物以外の配列も加えた.

により，FASTAはバージニア大学のPearsonにより開発された．どちらも，利用者が問い合わせ配列（query）を検索画面にペーストしてボタンを押すだけで検索が実行される．手軽に使うことができるが，実行させているのは，膨大な配列情報データベースと問い合わせ配列との網羅的な比較である．

このうち，BLASTの使用について説明したい．まず，利用者は問い合わせデータベース（核酸配列なのか，アミノ酸配列なのか，など）を正しく選択しなければならない．また，目的に応じて解析プログラムを選ぶことが必要である．BLASTには，BLASTN（塩基配列データを，塩基配列データベースで検索する），BLASTP（アミノ酸配列データを，アミノ酸配列データベースで検索する），TBLASTN（アミノ酸配列データを，塩基配列データベース上の配列を相補鎖も含めた6種類すべての読み枠で翻訳したもので検索する），BLASTX（塩基配列データを6種類すべての読み枠で翻訳し，アミノ酸配列データベースで検索する），TBLASTX（塩基配列データを6種類すべての読み枠で翻訳し，塩基配列データベース上の配列を相補鎖も含めた6種類すべての読み枠で翻訳したもので検索する）はじめ，PSI-BLAST（サイ-ブラスト），Conserved Domain Database（保存されたドメイン構造のデータベース）検索のRPS-BLASTなど複数のプログラムが用意されている．現在もプログラムの改良と開発が続けられており，DDBJやNCBIのサイトなどから最新の情報を得るようすすめたい．

図5.16には，あるアミノ酸配列のBLASTPによる解析結果を示した．検索結果は大きく3つの内容に分けて表示される．最初に，入力したデータとデータベースの大きさなどが出力される（図5.16a）．次に，データベース中でヒットした配列が一覧表示される．表示は類似度の高い順にランキングされる（図5.16b）．最後に，個々のヒットした配列の情報とその配列とのアライメントが出力される．2列に示された配列のうち，queryが問い合わせた配列である（図5.16c）．2つの配列間においてアミノ酸ペアが完全一致の時，BLASTでは文字が行間に表示される．また，類似のアミノ酸ペアの場合はプラス（+）が表示される．BLASTはqueryの特定の領域に繰り返し配列があったり，塩基組成やアミノ酸組成に大きな偏りがあったりすると，誤って過大な値を与えてしまう場合がある．このような領域をlow complexity region（LCR）とよび，BLASTのデフォルトではLCRを除去して検索を実行する設定になっている．この場合，LCRを塩基配列ではNに，アミノ酸配列ではXに置換して検索を行う（フィルタリング）．ただし，LCRにも生物的な意味がありうるので，その場合は，ユーザーがBLASTの最初の画面で設定を変更して計算させることが必要である．

4) 分子系統樹構成

進化系統樹を作成するのに用いられるプログラムは，CLUSTALに代表される．ただし，計算結果は，進化学的に相互に比較した場合に配列間がどれだけ近いのか（似ているのか）を示しているのであって，進化過程を直接に示しているのではない．

生物は変異する．変異が起こる際に，どの塩基置換が起こりやすいのかはよく調べられているので，分子系統樹構成プログラムでは，この置換頻度を考慮して，解析対象の配列間が進化的にどの程度近いかを計算する．アミノ酸配列に基づいて解析する場合は，コドンのうち，どのコド

```
BLASTP 2.2.6 [Apr-09-2003]


Reference: Altschul, Stephen F., Thomas L. Madden, Alejandro A. Schaffer,
Jinghui Zhang, Zheng Zhang, Webb Miller, and David J. Lipman (1997),
"Gapped BLAST and PSI-BLAST: a new generation of protein database search
programs",  Nucleic Acids Res. 25:3389-3402.
```

a.
```
Query= query
         (51 letters)

Database: PROTEIN: PIR + SWISS-PROT + DAD + PDBSH + PRF protein
sequence database [Last update Jun/29/2004]
          2,712,166 sequences; 860,428,764 total letters

Searching..................................................done
```

b.
```
                                                                 Score    E
Sequences producing significant alignments:                      (bits) Value

prf|2902322J|aldolase                                               108   3e-23
dad|AB027002-1|BAA77603.1|  398|Nicotiana paniculata plastidic a...  100   8e-21
dad|AY430081-1|AAR10885.1|  397|Trifolium pratense plastidic ald...   99   2e-20
dad|Y10380-1|CAA71408.1|  357|Solanum tuberosum homologous to pl...   99   3e-20
pir|T07418|T07418 probable fructose-bisphosphate aldolase (EC 4....   99   3e-20
dad|M97476-1|AAA33642.1|  356|Pisum sativum aldolase protein.         99   4e-20
sp|Q01516|ALFC_PEA Fructose-bisphosphate aldolase 1, chloroplast...   99   4e-20
pir|S29047|S29047 fructose-bisphosphate aldolase (EC 4.1.2.13) p...   99   4e-20
prf|1819186A|aldolase 1                                               99   4e-20
dad|M97477-1|AAA33643.1|  348|Pisum sativum aldolase protein.         98   5e-20
sp|Q01517|ALFD_PEA Fructose-bisphosphate aldolase 2, chloroplast...   98   5e-20
pir|S29048|S29048 fructose-bisphosphate aldolase (EC 4.1.2.13) -...   98   5e-20
dad|AF467803-1|AAM46780.1|  396|Hevea brasiliensis latex plastid...   98   7e-20
```

⋮

c.
```
Go to top
>pir|S31091|ADSPAC fructose-bisphosphate aldolase (EC 4.1.2.13),
           cytosolic - spinach
          Length = 357

 Score = 73.9 bits (180), Expect = 1e-12
 Identities = 34/49 (69%), Positives = 39/49 (79%)

Query: 3   EGGIVPGIKVDKGLVPLAGSNEESWCQGLDGLASRTAAYYKQGARFAKW 51
           +GG++PGIKVDKG V LAG+N E+  QGLDGLA R A YY  GARFAKW
Sbjct: 95  DGGVLPGIKVDKGTVELAGTNGETTTQGLDGLAQRCAQYYTAGARFAKW 143
```

⋮

図5.16 BLASTの表示例（BLASTPの例）

ヒメツリガネゴケ（*P. patens*）から単離された遺伝子（UNKNOWN）のアミノ酸配列（一部）をBLASTPで解析した出力例を示す．まず，a.入力したデータの大きさやデータベースの種類と大きさなどが示され，b.データベース中でヒットした配列の一覧やスコアの高さなどが類似度の高い順にランキングされ示される．c.その配列（query）とデータベース上の配列との間のアライメントがペアで出力される．BLASTは相補鎖も含めすべての6つのフレームについて解析し，結果を送り返してくる．

ンのどの塩基が変異しやすいのかという情報に基づき計算している．コドンの位置によって置換頻度が異なり，また，同義置換は非同義置換よりも高頻度で起こるので，これらを考慮して計算することも行われる．多くの場合は，ここで距離行列を求めて系統樹を作成する．距離行列とは，DNAやアミノ酸配列間の遺伝的な距離（推定された突然変異数）を行列にしたものである．この方法は，計算を簡単にできるので多く用いられている．ただし，変異が大きい場合は誤った結果を

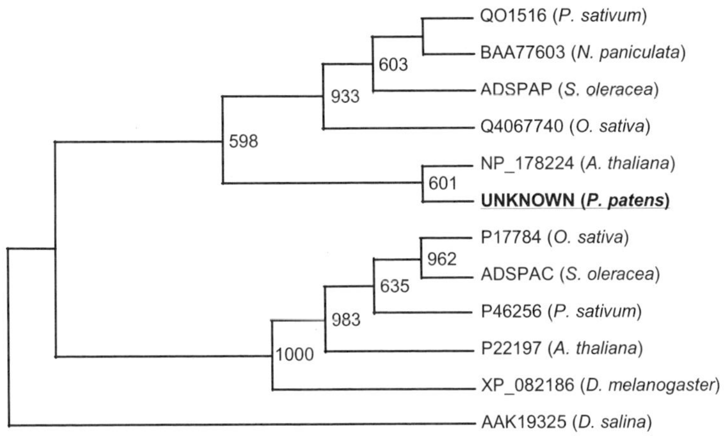

P. patens; Physcomitrella patens, A. thaliana; Arabidopsis thaliana, N. paniculata; Nicotiana paniculata, P. sativum; Pisum sativum, S. oleracea; Spinacia oleracea, O. sativa; Oryza sativa, D. salina; Dunaliella salina, D. melanogaster; Drosophila melanogaster

図5.17 系統樹作成例

ヒメツリガネゴケ（*P. patens*）から単離された遺伝子（UNKNOWN）のアミノ酸配列（一部）を、他の生物由来のアルドラーゼと比較した例を示す（図5.15のデータを一部改変して解析）．

導く可能性があるといわれている．距離行列から系統樹を作図するソフトウエアもインターネット経由でダウンロードできる．このようにして作成した系統樹の例を図5.17に示した．

系統樹の信頼性は，樹形と枝長に分けて考えるべきである．うち，樹形については，一般的にブートスラップを行って評価する．ブートスラップとは，計算を決められた回数ランダムに試行した際に同じ分岐が得られた回数を示すものである．計算は，少なくとも100回は必要といわれる．図5.17において系統樹の枝の途中の数字がそれであり，その枝の存在が支持された確率を示していると考えればよい．

5) タンパク質構造予測

アミノ酸の一次配列が明らかになったとしても，三次元構造を正確に予測することはできない．しかし，構造が知られた既知のタンパク質と相同性が高い場合，確度の高い予測を行うことができる．一般に，構造既知のタンパク質（データベース上）のアミノ酸配列と比較して25％以上の一致がみられたときにホモロジーが認められるものとする．そのようなタンパク質同士では，立体構造にも類似性がみられるという経験則に基づいて解析される．ただし，信頼性の高い相同性解析がなされていることが前提である．

例えばGTOP（http://spock.genes.nig.ac.jp/~genome/gtop-j.html）は，配列の相同性解析を基にタンパク質の立体構造予測とファミリー分類を行うためのデータベースである．このデータベースでは，相同性解析プログラムとしてPSI-BLASTを主に用いることで，より遠縁のタンパク質を少ない間違いで検出できるとしている．具体的には，全プロテオームを問い合わせ配列とし，Protein Data Bank（PDB．タンパク質立体構造のデータベース）およびSWISS-PROT（アミノ酸配列のデータベース）に対してPSI-BLASTで検索を行い，ヒットしたタンパク質の構造とファミリーが，それぞれ予測構造，ファミリーとして示される．同時に，配列モチーフ検索（PROSITE），ドメイン検索（Pfam），膜貫通領域予測（SOSUIb），コイルドコイル領域予測（MULTICOIL），シグナル配列予測（SignalP），重複領域予測（RepAlign）の解析結果も示される．

6) コンピューター解析は「完全」か

上述のとおり，今日，コンピューター解析は遺伝子解析に欠くことができない．しかし，その解析結果を最終的に判断するのは使用者である．コード領域の塩基配列情報からアミノ酸配列を予想するような簡単な計算の場合は別として，比較的高度な解析の結果は，別の方法やパラメーターの変更による検証が必要と考えるべきである．コンピューター解析結果は，あくまで予測である．モデル植物以外の植物（データが比較的少ない植物）を扱っている際には特に気をつけなければならない．また，植物という生き物を離れて遺伝子配列情報を理解しようとしても，得られるものは少ないかもしれない．植物がどのように生き，どのように巧みに環境に応答しているのかという長い研究の歴史があり，それらの研究成果をふまえて遺伝子解析結果を理解することが求められる．

一方，配列情報の正確さの問題を指摘する声もある．配列情報は遺伝子解析のもととなる重要な情報であるが，ある確率で誤りを含んでいることも予想される．このことに利用者は注意する必要があろう．

参考図書（さらに詳しく知るために）

1. 新名惇彦，吉田和哉監修，植物代謝工学ハンドブック，エヌ・ティー・エス（2002）
2. 長田敏行編，植物工学の基礎，東京化学同人（2002）
3. 駒野　徹編，PCR実験マニュアル：基礎から応用まで，学会出版センター（2002）
4. 中山広樹，新版 バイオ実験イラストレイテッド3+(細胞工学別冊 目で見る実験ノートシリーズ)，本当にふえるPCR，秀潤社（1998）
5. 菅野秀明編，あなたにも役立つバイオインフォマティクス，共立出版（2002）

引用文献

1) van den Eedea, G. *el al.*, The relevance of gene transfer to the safety of food and feed derived from genetically modified (GM) plants, *Food Chem. Toxicol.*, **42**, 1127–1156 (2004)

2) Odell, J.T., Nagy, F. and Chua, N.H., Identification of DNA sequences required for activity of the cauliflower mosaic virus 35S promoter, *Nature*, **313**(6005), 810–812 (1985)

3) Mitsuhara, I. *et al.*, Efficient promoter cassettes for enhanced expression of foreign genes in dicotyledonous and monocotyledonous plants, *Plant Cell Physiol.*, **37**, 49–59 (1996)

4) Outchkourov, N.S. *et al.*, The promoter-terminator of chrysanthemum *rbcS1* directs very high expression levels in plants, *Planta*, **216**, 1003–1012 (2003)

5) Forster, C. *et al.*, Isolation of a pea (*Pisum sativum*) seed lipoxygenase promoter by inverse polymerase chain reaction and characterization of its expression in transgenic tobacco, *Plant Mol. Biol.*, **26**, 235–248 (1994)

6) de Pater, S. *et al.*, A 22-bp fragment of the pea lectin promoter containing essential TGAC-like motifs

confers seed-specific gene expression, *Plant Cell*, **5**, 877–886 (1993)

7) Batchelder, C., Ross, J.H.E. and Murphy, D.J., Synthesis and targeting of *Brassica napus* oleosin in transgenic tobacco, *Plant Science*, **104**, 39–47 (1994)

8) Chamberland, S., Daigle, N. and Bernier, F., The legumin boxes and the 3′ part of a soybean beta-conglycinin promoter are involved in seed gene expression in transgenic tobacco plants, *Plant Mol. Biol.*, **19**, 937–949 (1992)

9) Takaiwa, F., Oono, K. and Kato, A., Analysis of the 5′ flanking region responsible for the endosperm-specific expression of a rice glutelin chimeric gene in transgenic tobacco, *Plant Mol. Biol.*, **16**, 49–58 (1991)

10) Suzuki, K. *et al.*, An *Atropa belladonna* hyoscyamine 6 beta-hydroxylase gene is differentially expressed in the root pericycle and anthers, *Plant Mol. Biol.*, **40**, 141–152 (1999)

11) Shoji, T., Yamada, Y. and Hashimoto, T., Jasmonate induction of putrescine *N*-methyltransferase genes in the root of *Nicotiana sylvestris*, *Plant Cell Physiol.*, **41**, 831–839 (2000)

12) Grierson, C. *et al.*, Separate cis sequences and trans factors direct metabolic and developmental regulation of a potato tuber storage protein gene, *Plant J.*, **5**, 815–826 (1994)

13) Ohshima, M. *et al.*, Analysis of stress-induced or salicylic acid-induced expression of the pathogenesis-related 1a protein gene in transgenic tobacco, *Plant Cell*, **2**, 95–106 (1990)

14) Yamaguchi-Shinozaki, K. and Shinozaki, K., Characterization of the expression of a desiccation-responsive *rd29* gene of *Arabidopsis thaliana* and analysis of its promoter in transgenic plants, *Mol. Gen. Genet.*, **236**, 331–40 (1993)

15) Jepson, I. *et al.*, Cloning and characterization of maize herbicide safener-induced cDNAs encoding subunits of glutathione *S*-transferase isoforms I, II and IV, *Plant Mol. Biol.*, **26**, 1855–1866 (1994)

16) O'Neill, C. *et al.*, Chloroplast transformation in plants: polyethylene glycol (PEG) treatment of protoplasts is an alternative to biolistic delivery systems, *Plant J.*, **3**, 729–738 (1993)

17) Kofer, W. *et al.*, PEG-mediated plastid transformation in higher plants, *In Vitro Cell Dev. Biol. Plant*, **34**, 303–309 (1998)

18) Koop, H.U. *et al.*, Integration of foreign sequences into the tobacco plastome via polyethylene glycol-mediated protoplast transformation, *Planta*, **199**, 193–201 (1996)

19) Dalton, S.J. *et al.*, Transgenic plants of *Lolium multiflorum*, *Lolium perenne*, *Festuca arundinacea* and *Agrostis stolonifera* by silicon carbide fibre-mediated transformation of cell suspension cultures, *Plant Science*, **132**, 31–43 (1998)

20) Gelvin, S.B., Agrobacterium and plant genes involved in T-DNA transfer and integration, *Annu. Rev. Plant Physiol. Plant Mol. Biol.*, **51**, 223–256 (2000)

21) 長田敏行, 遺伝子の導入, In: 長田敏行編, 植物工学の基礎, pp.36–50, 東京化学同人 (2002)

22) Ramanathan, V. and Veluthambi, K., Transfer of non-T-DNA portions of the *Agrobacterium tumefaciens* Ti plasmid pTiA6 from the left terminus of TL-DNA, *Plant Mol. Biol.*, **28**, 1149–1154 (1995)

23) Kononov, M.E., Bassuner, B. and Gelvin, S.B., Integration of T-DNA binary vector 'backbone' sequences into the tobacco genome: evidence for multiple complex patterns of integration, *Plant J.*, **11**, 945–957 (1997)

24) Bundock, P. *et al.*, Trans-kingdom T-DNA transfer from *Agrobacterium tumefaciens* to *Saccharomyces cerevisiae*, *EMBO J.*, **14**, 3206–3214 (1995)

25) Kunik, T. *et al.*, Genetic transformation of HeLa cells by *Agrobacterium*, *Proc. Natl. Acad. Sci. USA*, **98**, 1871–1876 (2001)

26) Doran, P.M. ed., Hairy roots: culture and application, Harwood Academic Publishers, Amsterdam (1997)

27) Repunte, V.P., Taya, M. and Tone, S., Preparation of artificial seeds using cell aggregates from horseradish hairy roots encapsulated in alginate gel with paraffin coat, *J. Fermentat. Bioengineer.*, **79**, 83–86 (1995)

28) Merritt, C.D. *et al.*, Direct *Agrobacterium tumefaciens*-mediated transformation of *Hyoscyamus muticus* hairy

roots using green fluorescent protein, *Biotechnol. Progr.*, **15**, 278–282 (1999)

29) Miki, B. and McHugh, S., Selectable marker genes in transgenic plants: applications, alternatives and biosafety, *J. Biotechnol.*, **107**, 193–232 (2004)

30) Wright, M. *et al.*, Efficient biolistic transformation of maize (*Zea mays* L.) and wheat (*Triticum aestivum* L.) using the phosphomannose isomerase gene, *pmi*, as the selectable marker, *Plant Cell Rep.*, **20**, 429–436 (2001)

31) Haldrup, A., Petersen, S.G. and Okkels, F.T., Positive selection: a plant selection principle based on xylose isomerase, an enzyme used in the food industry, *Plant Cell Rep.*, **18**, 76–81 (1998)

32) 抗生物質耐性遺伝子を使わない新しい遺伝子組換えイネ選抜技術 http://www.naro.affrc.go.jp/top/seika/2002/kanto/kan010.html

33) Ebinuma, H. *et al.*, Systems for the removal of a selection marker and their combination with a positive marker, *Plant Cell Rep.*, **20**, 383–392 (2001)

34) Zuo, J.R. *et al.*, Chemical-regulated, site-specific DNA excision in transgenic plants, *Nature Biotechnol.*, **19**, 157–161 (2001)

35) Gallie, D.R., Controlling gene expression in transgenics, *Curr. Opin. Plant Biol.*, **1**, 166–172 (1998)

36) Kusaba, M., RNA interference in crop plants, *Curr. Opin. Biotechnol.*, **15**, 139–143 (2004)

37) Nagaya, S. *et al.*, An insulator element from the sea urchin *Hemicentrotus pulcherrimus* suppresses variation in transgene expression in cultured tobacco cells, *Mol. Genet. Genomics*, **265**, 405–413 (2001)

38) Hong, Z.L. *et al.*, Removal of feedback inhibition of delta(1)-pyrroline-5-carboxylate synthetase results in increased proline accumulation and protection of plants from osmotic stress, *Plant Physiol.*, **122**, 1129–1136 (2000)

39) Sakamoto, A., Murata, A. and Murata, N., Metabolic engineering of rice leading to biosynthesis of glycinebetaine and tolerance to salt and cold, *Plant Mol. Biol.*, **38**, 1011–1019 (1998)

40) Mohanty, A. *et al.*, Transgenics of an elite *indica* rice variety Pusa Basmati 1 harbouring the *codA* gene are highly tolerant to salt stress, *Theor. Appl. Genet.*, **106**, 51–57 (2002)

41) Apse, M.P. *et al.*, Salt tolerance conferred by overexpression of a vacuolar Na^+/H^+ antiport in *Arabidopsis*, *Science*, **285** (5431), 1256–1258 (1999)

42) Kasuga, M. *et al.*, Improving plant drought, salt, and freezing tolerance by gene transfer of a single stress-inducible transcription factor, *Nature Biotechnol.*, **17**, 287–291 (1999)

43) Gisbert, C. *et al.*, The yeast *HAL1* gene improves salt tolerance of transgenic tomato, *Plant Physiol.*, **123**, 393–402 (2000)

44) Roxas, V.P. *et al.*, Stress tolerance in transgenic tobacco seedlings that overexpress glutathione *S*-transferase/glutathione peroxidase, *Plant Cell Physiol.*, **41**, 1229–1234 (2000)

45) Yabuta, Y. *et al.*, Thylakoid membrane-bound ascorbate peroxidase is a limiting factor of antioxidative systems under photo-oxidative stress, *Plant J.*, **32**, 915–925 (2002)

46) Saroha, M.K., Sridhar, P. and Malik, V.S., Glyphosate-tolerant crops: genes and enzymes, *J. Plant Biochem. Biotechnol.*, **7**, 65–72 (1998)

47) Gordon-Kamm, W. J. *et al.*, Transformation of maize cells and regeneration of fertile transgenic plants, *Plant Cell*, **2**, 603–618 (1990)

48) JagloOttosen, K.R. *et al.*, *Arabidopsis* CBF1 overexpression induces COR genes and enhances freezing tolerance, *Science*, **280** (5360), 104–106 (1998)

49) Yokoi, S. *et al.*, Introduction of the cDNA for *Arabidopsis* glycerol-3-phosphate acyltransferase (GPAT) confers unsaturation of fatty acids and chilling tolerance of photosynthesis on rice, *Mol. Breed.*, **4**, 269–275 (1998)

50) Wang, G.L. *et al.*, The cloned gene, *Xa21*, confers resistance to multiple *Xanthomonas oryzae* pv. *oryzae*

isolates in transgenic plants, *Mol. Plant Microbe Interact.*, **9**, 850–855 (1996)

51) Zhu, Q. *et al.*, Enhanced protection against fungal attack by constitutive co-expression of chitinase and glucanase genes in transgenic tobacco, *Bio/Technology*, **12**, 807–812 (1994)

52) Jach, G. *et al.*, Enhanced quantitative resistance against fungal disease by combinatorial expression of different barley antifungal proteins in transgenic tobacco, *Plant J.*, **8**, 97–109 (1995)

53) Beachy, R.N., Mechanisms and applications of pathogen-derived resistance in transgenic plants, *Curr. Opin. Biotechnol.*, **8**, 215–220 (1997)

54) Dempsey, D.A., Silva, H. and Klessig, D.F., Engineering disease and pest resistance in plants, *Trends Microbiol.*, **6**, 54–61 (1998)

55) Kuvshinov, V. *et al.*, Transgenic crop plants expressing synthetic *cry9Aa* gene are protected against insect damage, *Plant Science*, **160**, 341–353 (2001)

56) Zhu, S.K. *et al.*, Fusion of a soybean cysteine protease inhibitor and a legume lectin enhances anti-insect activity synergistically, *Agr. Forest Entomol.*, **5**, 317–323 (2003)

57) Ferry, N. *et al.*, Plant-insect interactions: molecular approaches to insect resistance, *Curr. Opin. Biotechnol.*, **15**, 155–161 (2004)

58) Cao, H., Li, X. and Dong, X.N., Generation of broad-spectrum disease resistance by overexpression of an essential regulatory gene in systemic acquired resistance, *Proc. Natl. Acad. Sci. USA*, **95**, 6531–6536 (1998)

59) Heo, W.D. *et al.*, Involvement of specific calmodulin isoforms in salicylic acid-independent activation of plant disease resistance responses, *Proc. Natl. Acad. Sci. USA*, **96**, 766–771 (1999)

60) Keller, H. *et al.*, Pathogen-induced elicitin production in transgenic tobacco generates a hypersensitive response and nonspecific disease resistance, *Plant Cell*, **11**, 223–235 (1999)

61) Inui, H. *et al.*, Monitoring of endocrine disruptors in transgenic plants carrying aryl hydrocarbon receptor and estrogen receptor genes, *New Discoveries in Agrochemicals, ACS Symp. Ser.*, **892**, 40–47 (2005)

62) Yamada, T. *et al.*, Enhancement of metabolizing herbicides in young tubers of transgenic potato plants with the rat CYP1A1 gene, *Theor. Appl. Genet.*, **105**, 515–520 (2002)

63) Yamada, T. *et al.*, Inducible cross-tolerance to herbicides in transgenic potato plants with the rat CYP1A1 gene, *Theor. Appl. Genet.*, **104**, 308–314 (2002)

64) de la Fuente, J.M. *et al.*, Aluminum tolerance in transgenic plants by alteration of citrate synthesis, *Science*, **276**(5318), 1566–1568 (1997)

65) Meyer, P. *et al.*, A new petunia flower colour generated by transformation of a mutant with a maize gene, *Nature*, **330**(6149), 677–678 (1987)

66) Yun, D.J., Hashimoto, T. and Yamada, Y., Metabolic engineering of medicinal plants: transgenic *Atropa belladonna* with an improved alkaloid composition, *Proc. Natl. Acad. Sci. USA*, **89**, 11799–11803 (1992)

67) Daniell, H., Streatfield, S.J. and Wycoff, K., Medical molecular farming: production of antibodies, biopharmaceuticals and edible vaccines in plants, *Trends Plant Sci.*, **6**, 219–226 (2001)

68) Giddings, G. *et al.*, Transgenic plants as factories for biopharmaceuticals, *Nature Biotechnol.*, **18**, 1151–1155 (2000)

69) Tacket, C.O., Plant-derived vaccines against diarrhoeal diseases, *Expert Opin. Biol. Ther.*, **4**, 719–728 (2004)

70) Walmsley, A.M. and Arntzen, C.J., Plant cell factories and mucosal vaccines, *Curr. Opin. Biotechnol.*, **14**, 145–150 (2003)

71) Streatfield, S.J. and Howard, J.A., Plant-based vaccines, *Int. J. Parasitol.*, **33**, 479–493 (2003)

72) Horn, M.E., Woodard, S.L. and Howard, J.A., Plant molecular farming: systems and products, *Plant Cell Rep.*, **22**, 711–720 (2004)

73) De Jaeger, G. *et al.*, Boosting heterologous protein production in transgenic dicotyledonous seeds using *Phaseolus vulgaris* regulatory sequences, *Nature Biotechnol.*, **20**, 1265–1268 (2002)

74) Hood, E.E., From green plants to industrial enzymes, *Enzyme Microb. Technol.*, **30**, 279–283 (2002)

75) Falco, S.C. *et al.*, Transgenic canola and soybean seeds with increased lysine, *Biotechnology* (*NY*), **13**, 577–582 (1995)

76) Voelker, T.A. *et al.*, Fatty acid biosynthesis redirected to medium chains in transgenic oilseed plants, *Science*, **257**(5066), 72–74 (1992)

77) Kinney, A.J., Development of genetically engineered soybean oils for food applications, *J. Food Lipids*, **3**, 273–292 (1996)

78) Shewmaker, C.K. *et al.*, Seed-specific overexpression of phytoene synthase: increase in carotenoids and other metabolic effects, *Plant J.*, **20**, 401–412 (1999)

79) Hu, W.J. *et al.*, Repression of lignin biosynthesis promotes cellulose accumulation and growth in transgenic trees, *Nature Biotechnol.*, **17**, 808–812 (1999)

80) Eriksson, M.E. *et al.*, Increased gibberellin biosynthesis in transgenic trees promotes growth, biomass production and xylem fiber length, *Nature Biotechnol.*, **18**, 784–788 (2000)

81) Bock, R. and Khan, M.S., Taming plastids for a green future, *Trends Biotechnol.*, **22**, 311–318 (2004)

82) Heifetz, P.B., Genetic engineering of the chloroplast, *Biochimie*, **82**, 655–666 (2000)

83) De Cosa, B. *et al.*, Overexpression of the Bt cry2Aa2 operon in chloroplasts leads to formation of insecticidal crystals, *Nature Biotechnol.*, **19**, 71–74 (2001)

84) Staub, J.M. *et al.*, High-yield production of a human therapeutic protein in tobacco chloroplasts, *Nature Biotechnol.*, **18**, 333–338 (2000)

85) Bateman, J.M. and Purton, S., Tools for chloroplast transformation in *Chlamydomonas*: expression vectors and a new dominant selectable marker, *Mol. Gen. Genet.*, **263**, 404–410 (2000)

86) Cove, D.J., Knight, C.D. and Lamparter, T., Mosses as model systems, *Trends Plant Sci.*, **2**, 99–105 (1997)

87) Koprivova, A. *et al.*, Functional knockout of the adenosine 5′-phosphosulfate reductase gene in *Physcomitrella patens* revives an old route of sulfate assimilation, *J. Biol. Chem.*, **277**, 32195–32201 (2002)

88) 伊福健太郎, 佐藤文彦, RNAi—植物遺伝子発現を制御する新たなツール, *Bio Industry*, **22**, 9–15 (2005)

89) Mette, M.F., Matzke, A.J. and Matzke, M.A., Resistance of RNA-mediated TGS to HC-Pro, a viral suppressor of PTGS, suggests alternative pathways for dsRNA processing, *Curr. Biol.*, **11**, 1119–1123 (2001)

90) Yamamoto, Y. *et al.*, Site-selective and hydrolytic two-strand scission of double-stranded DNA using Ce(IV)/EDTA and pseudo-complementary PNA, *Nucleic Acids Res.*, **32**, e153 (2004)

91) Cao, W., Recent developments in ligase-mediated amplification and detection, *Trends Biotechnol.*, **22**, 38–44 (2004)

92) Fukuta, S. *et al.*, Detection of Japanese yam mosaic virus by RT-LAMP, *Arch. Virol.*, **148**, 1713–1720 (2003)

（秋田　求）

VI　遺伝子組換え植物

1.　は じ め に

遺伝子組換え植物（transgenic plant, genetically modified plant；GM plant）が実用化され，世界各地で広く栽培されるようになった．すでに，様々な遺伝子を導入した遺伝子組換え植物が作出され，農作物，ワクチンなどの医薬品原料開発，工業原料植物などのいろいろな応用開発と，代謝，分化，進化，などあらゆる基礎研究の手段として利用されている．

植物への遺伝子導入や遺伝子組換えに関する研究論文の発表数の推移を見ると，この分野の研究開発の経緯を知ることができる（図6.1）．1960〜1970年代は関連論文の発表数は極めて少なかった．微生物で遺伝子の導入や組換えの基本技術が発表された1970年代には，植物でも遺伝子導入法，発現ベクター，導入する遺伝子などに関する研究成果が発表され，遺伝子組換えの基礎研究が進展した．1980年代になると遺伝子の組換え技術が普及し，微生物や動物の組換え体が多数作出されるようになり，これと時期を同じくして植物の遺伝子組換えも随所で行われるようになった．発表論文数も次第に増加し，1980年代末には年間数百件を超えるようになった．状況が急展開するのは1990年代に入ってからで，世界各地で植物の遺伝子組換え研究が行われるようになり，研究論文の発表数も急増している．その数は現在まで直線的に増加しており，2000年代の中ごろには関連文献の発表数は年間2000件に達するまでになった．それらの研究には，タバコ，イネ，ワタ，ジャガイモ，トウモロコシ，アラビドプシス（シロイヌナズナ）など，実用化や基礎研究分野で重要な植物が用いられており，広範な植物について研究論文が多数報告

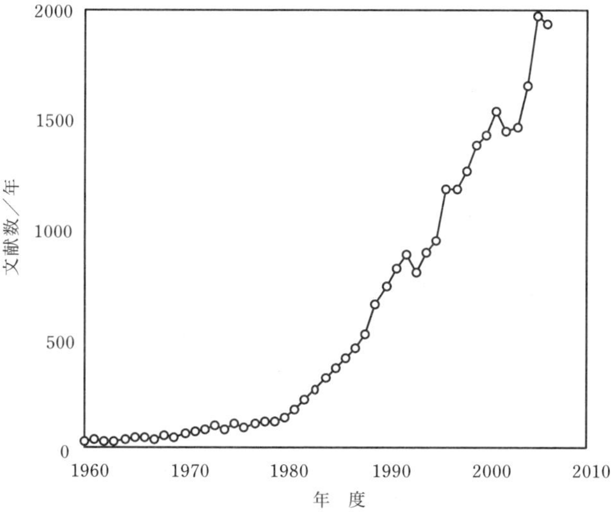

図6.1　植物への遺伝子導入，遺伝子組換え関連論文数の変遷（Biosis Previewsで検索）

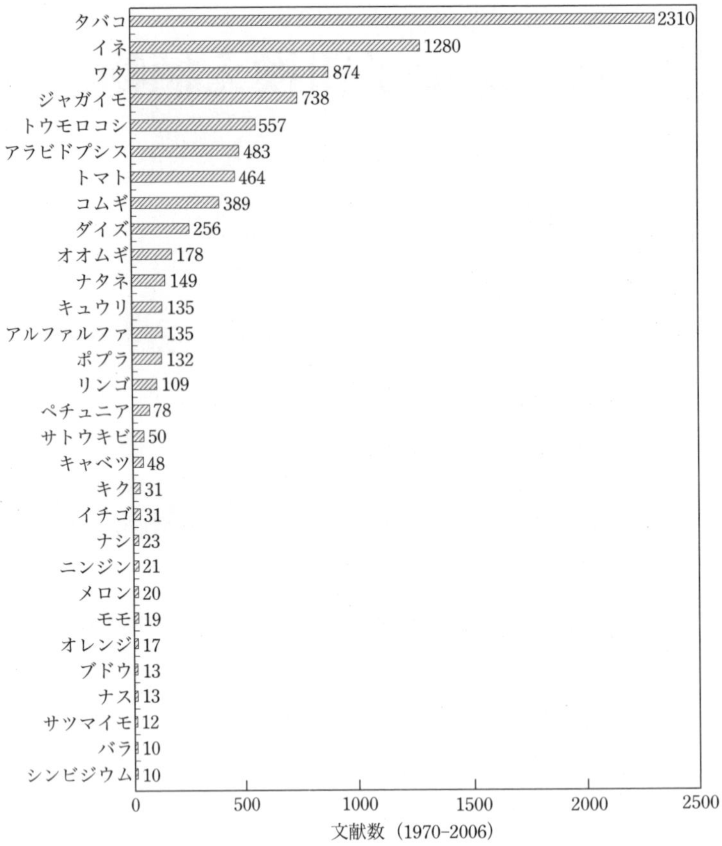

図6.2 各種植物への遺伝子組換え関連論文数（1970～2006年）

されている[1)]（図6.2）．また，Vain[2)]によると，1993～2003年の10年間の遺伝子組換え（GM）作物あるいはGM食品/飼料に関する文献総数は31 848件（ISIおよびCABのデータベースで検索）であり，組換え技術の応用21 145件（66.4%），組換え技術開発4 545件（14.3%），GM作物4 480件（14.1%），GM食品/飼料1 678件（5.2%）であった．GM作物とGM食品/飼料に関する論文を合計すると6 158件（19.3%）になる．GM作物では遺伝子の検出，野生植物や近縁作物への遺伝子流動（gene flow），非標的生物への影響などであり，GM食品/飼料では検出，成分・組成，毒性および栄養分析などである[2)]．

2. 遺伝子導入と遺伝子組換え研究の歴史

植物への遺伝子の導入や遺伝子組換えに関する研究は，すでに1960年代から開始されており，シュート，茎頂分裂組織，種子，培養細胞，プロトプラスト，花粉，などへの外来DNA（あるいは異種DNA，heterologous DNA）の取り込みが精力的に研究されている[3,4)]．Ledouxら[5)]は微生物由来の外来DNAを植物細胞へ取り込み，組換えと複製が起こることを報告するなど，基礎的な研究が多数報告されているが，その後の複数の実験では，多くの場合，導入した遺伝子は短時間で分解してしまうこと[6,7)]などが明らかにされており，組換えが確実に起こったことは確認されていない．遺伝子マーカーや遺伝子解析技術が未発達であった当時，実験の結果を遺伝子レベルで確認する手段がなく，科学的に証明することは困難であった．

このような中で，世界で最初の遺伝子組換え実験は，1972年にPaul Berg（1980年にノーベル賞受賞）らのグループによって行われた[8]．この実験では，SV40（シミアンウイルス40＝サルウイルス40）のDNAにλファージの遺伝子と，大腸菌のガラクトースオペロンの遺伝子とを共有結合させることに成功した[8]．翌1973年には，Cohenらは，2種類のプラスミドを切断し，*in vitro*で結合して再構築した二本鎖の環状プラスミドを大腸菌に組み込んで複製させるという，世界で最初の遺伝子組換え技術を発表した[9]（1986年ノーベル賞受賞）．彼らは，アフリカツメガエルのリボソームRNAの遺伝子を大腸菌に導入して発現させることにも成功しており[10]，様々な生物種の遺伝子を自由に組み換えて発現できることを示した．この技術は遺伝子組換えの基本技術とされ，3件の特許取得がなされており，コーエン-ボイヤー特許（Cohen-Boyer Patents）として有名である（主要な特許は，Cohen and Boyer，1974[11)]）．これらの特許は468社にライセンス供与され，特許が切れる1997年までのライセンス収入は2億5 500万ドル（1ドル110円として280億円）に達したという[12]．この技術は速やかに全世界に波及し，プラスミドを改変して作製したキメラ遺伝子を導入して遺伝子組換え体を作出する実験が，様々な生物で行われるようになった．数年後には実用化が始まり，1978年にはヒトのインシュリンの遺伝子を大腸菌に導入して発現させることに成功し[13]，1982年に組換え大腸菌により生産されたヒトインシュリンが，FDA（Food and Drug Administration，米国食品医薬品局）の承認を得て世界で始めて遺伝子組換え医薬品が実用化されている．

このような基本技術の進歩と相まって，動物や植物などの高等生物の遺伝子組換え研究も盛んに行われるようになった．1981年には最初の遺伝子組換え動物としてβ-グロブリン遺伝子を導入したマウスが発表され[14]，植物についても1983年にアグロバクテリウム・ツメファシエンスを利用してペチュニアとタバコの細胞に組換え遺伝子が導入され，導入した遺伝子の発現が確認されている[15]．

3. 植物の遺伝子導入法

植物の遺伝子導入では，土壌微生物アグロバクテリウム・ツメファシエンス（*Agrobacterium tumefaciens*）が重要である．この菌が植物に感染するとクラウンゴール（crown gall）と呼ぶ腫瘍（tumor）を形成することが知られていたが，その原因となる毒性遺伝子を有するプラスミド（Tiプラスミド：細胞質内に存在する環状プラスミド）が1974年に発見されるなど，植物への遺伝子導入の基盤技術が進展した[16]．この発見を契機として，アグロバクテリウム・ツメファシエンスの毒性系統（virulent strain）による植物細胞の形質転換が行われ，また，プラスミドの構造と機能の解析も進められた．その結果，アグロバクテリウム・ツメファシエンスの菌体内にあるTiプラスミドの一部分，T-DNAと呼ばれる領域が核DNAに転移して非常に高い効率で組換えを起こし，安定に存在するようになることが明らかにされた[17-19]．このような研究成果から，アグロバクテ

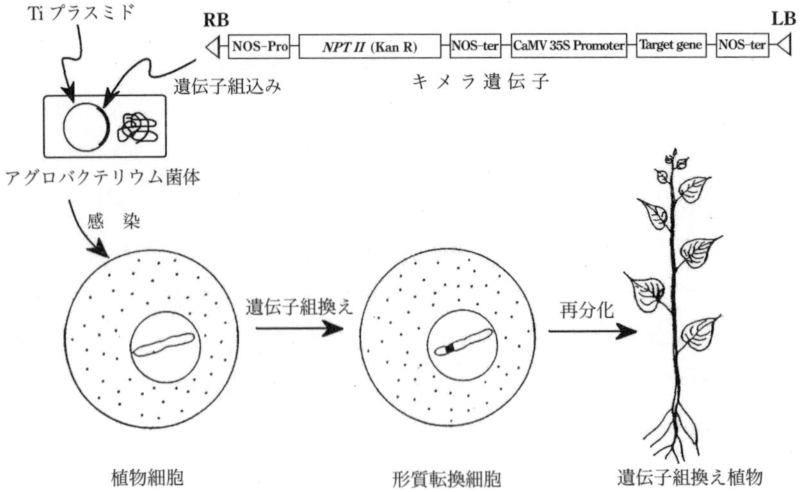

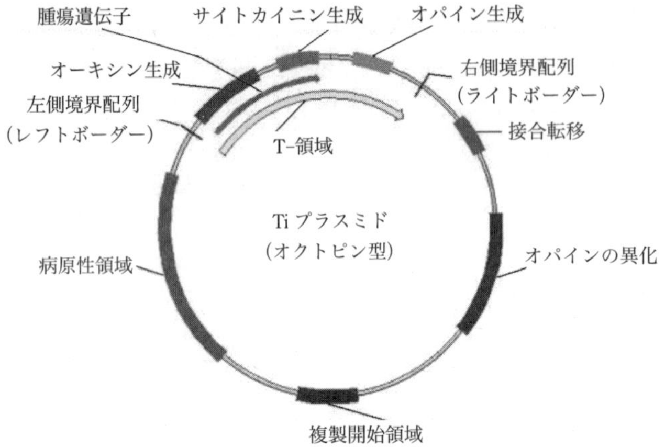

図6.3　アグロバクテリウムを用いた遺伝子組換え体の作製(上)と Ti プラスミドの構造(下)

リウム・ツメファシエンスのT-DNAを利用した遺伝子組換えが植物の遺伝子組換えの中心的な技術となった．その利点は，① Ti プラスミドの T-DNA 上の遺伝子組換え体の作製が容易である，② 作製した組換え体プラスミドは容易に植物の核 DNA に組換えを起こす，③ 導入された遺伝子は基本的にはメンデル遺伝する，などである．

遺伝子の導入技術についても，① 遺伝子組換えをした T-DNA を導入したアグロバクテリウムを感染させて組換えを起こす方法（アグロバクテリウム法，図 6.3），② 遺伝子銃（particle gun あるいは gene gun）を使用して細胞壁を持つ細胞や組織に直接遺伝子を導入する方法（パーティクルガン法），③ 組換え遺伝子溶液にプロトプラストを入れ，高電圧パルス処理をすることによってプロトプラストに穿孔（せんこう）して遺伝子を細胞内に導入する方法（エレクトロポレーション法）が植物遺伝子導入の主要技術となり，いずれも広く普及して利用されている．1973～2003 年までの 30 年間の発表論文は，アグロバクテリウム法が 57%，パーティクルガン法が 25%，エレクトロポレーション法などプロトプラストへの直接導入法が 14% となっている[2, 20]．

4. 遺伝子組換え植物の実用化

植物の遺伝子組換え研究も，基礎，応用ともに世界で広く研究が進められるようになり，多数の組換え体が作られるようになった（表6.1）．遺伝子組換え植物の栽培は，1986年にアメリカやフランスで圃場（ほじょう）栽培実験が行われたのが最初である[21]．1994年にはアメリカのFDAにより最初の遺伝子組換え植物が認可され，1996年にはアメリカで世界で始めて実用栽培が始まった．以来，穀類や野菜などを中心に普及が進んでいる．国際アグリバイオ事業団（ISAAA；International Service for the Acquisition of Agri-biotech Applications）の報告によると，2006年には世界の遺伝子組換え作物の栽培は22か国，栽培面積は1億200万haに達するまでになったという[22]．この面積は，世界の耕地面積の約7.3%，日本の国土面積の約3.2倍，日本の耕地面積の約20倍に相当する．

遺伝子組換え植物の特徴は，従来の育種技術では不可能であった形質の導入発現を可能にできる点にある．特に，作物栽培で最大の障害である雑草と病害虫の防除は，従来の育種では解決が困難であった．遺伝子組換えを利用することで，除草剤耐性遺伝子や殺虫性タンパク質を植物に導入し，従来の育種の限界を超えて，除草剤耐性作物や耐虫性作物という全く新しい植物育種を実現し，すでに実用化されている．

遺伝子組換え植物の実用化には，栽培試験を通して安全性と品種の特性を解明することが必要になる．遺伝子組換え植物の栽培はすべて許可が必要である．遺伝子組換え植物の栽培実用化がなされた1996年より以前の1986～1993年までの間に世界で行われた圃場栽培実験は3 647件（56作物）に達したという[21]．当時の遺伝子組換え体の栽培試験が行われた主要な作物にはジャガイモ，ナタネ，タバコ，トウモロコシ，トマト，シュガービート，ダイズなどがある．遺伝子組換えされた植物はあらゆる種類にわたる．その一例を表6.2に示した．主要な有用植物の多くが遺伝子組換えの対象となっていることがわかる．

表6.1 遺伝子組換えの導入植物種と導入形質

形質	植物の種類				
	ジャガイモ	ナタネ	タバコ	トウモロコシ	トマト
除草剤耐性	16	94	29	54	21
品質改善	31	57	13	15	39
ウイルス耐性	60	2	24	10	20
耐虫性	34	3	19	24	16
マーカー遺伝子	23	17	28	8	4
カビ耐性	9	5	9	2	
多形質	8	2	4		
バクテリア耐性	9	1			
その他	3	1	5	5	3
合計	193	182	131	118	103

Goy, P.A. and Duesing, J.H., *Bio/Technol.*, **13**, 454–458 (1995)

表6.2 遺伝子組換え植物の種類

穀　類	コムギ，イネ，トウモロコシ，ライムギ，ソバ
野　菜	トマト，ジャガイモ，レタス，ソラマメ，ニンジン，カリフラワー，キャベツ，セロリー，マスクメロン，イチゴ，サツマイモ，アルファルファ，ダイズ，ロータス，シュガービート，カンゾウ，ナス，アスパラガス，チコリ，キュウリ，セイヨウワサビ
花　き	アイリス，アサガオ，アルストロメリア，アンスリウム，ガーベラ，カランコエ，キンギョソウ，カーネーション，キク，シクラメン，トルコギキョウ，バラ，ベゴニア，ファレノプシス，ペチュニア，ユリ，リンドウ
果　樹	リンゴ，ブドウ，ナシ，キウイフルーツ，クルミ，パパイヤ，コケモモ，プラム，キンカン，ザクロ，プルーン
薬用植物	ジギタリス，ベラドンナ，アジュガ，ローマカミツレ，アストラガルス，ニチニチソウ，ダツラ，ズボイシア，ウラルカンゾウ，ロベリア，ケシ，チョウセンニンジン，ペガヌム・ハルマラ，ペレジア，アニス，キダチミカンソウ，タンジン，セイタカカナビキソウ，スクテラリア，セラチュラ，ニシキハリナスビ，ソラヌム・コムメルソニイ，スワインソニア，タバコ，ツルニチニチソウ
林　木	ギンドロ，クルミ，ニレ，ホワイトスプルース，ポプラ，ユーカリ
牧　草	オーチャードグラス
特用作物	タバコ，ワタ，ヒマワリ，ナタネ，アマ
そ の 他	アラビドプシス

Fraley, R., *Bio/Technol*, **10**, 40–43 (1992)を基に改変して作成.

5. 遺伝子組換え作物

1994 年にアメリカで最初の遺伝子組換え作物が認可されて以来，その直後から始まった遺伝子組換え作物の栽培は年ごとに栽培面積を広げ，2006 年度には世界の総面積は 1 億 200 万 ha，作付農家は 1 030 万と報告されている[22]（図 6.4）．主要な栽培国は，アメリカ，アルゼンチン，ブラジル，カナダ，インド，中国，パラグアイ，南アフリカ，ウルグアイ，フィリピン，オーストラリア，など 22 か国であり（栽培面積順，図 6.5），上位 5 か国で 90％を超える．栽培面積はなお拡大の一途を辿っており，2010 年には 1 億 5 000 万 ha，2015 年までには 40 か国，2 000 万

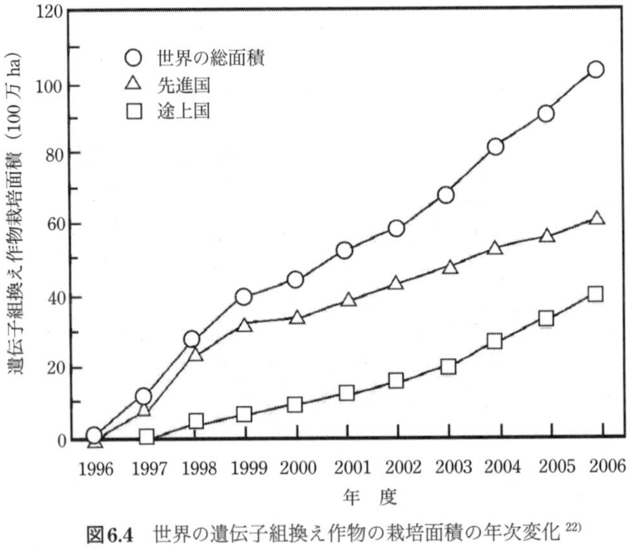

図6.4 世界の遺伝子組換え作物の栽培面積の年次変化[22]

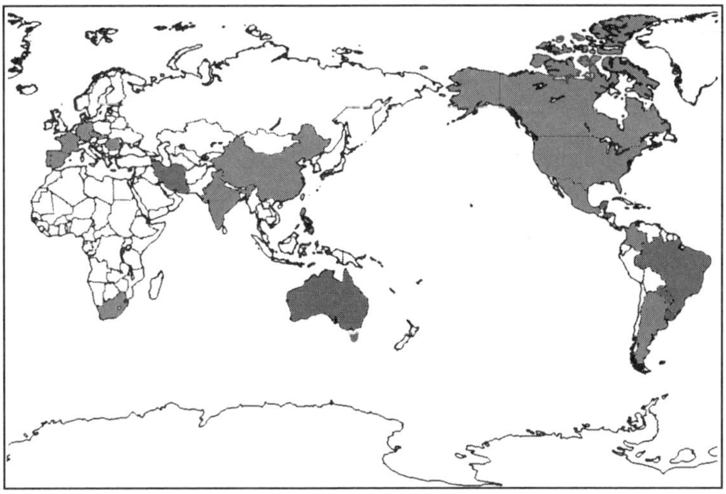

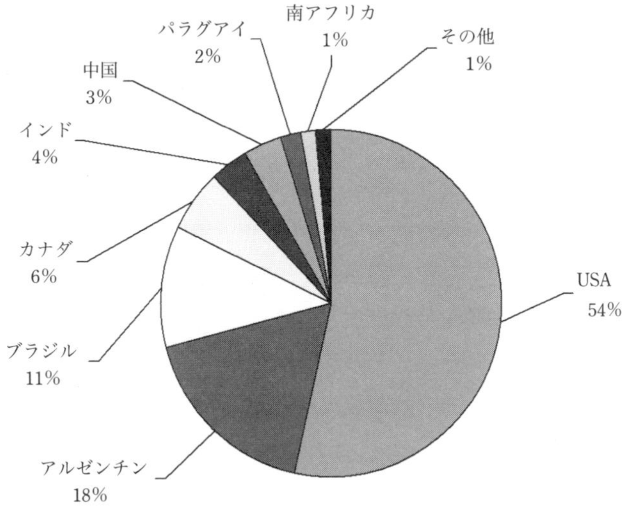

図6.5　遺伝子組換え作物の生産国[22)]

2006年現在の生産国はアメリカ，アルゼンチン，ブラジル，カナダ，インド，中国，パラグアイ，南アフリカ，ウルグアイ，フィリピン，オーストラリア，ルーマニア，メキシコ，スペイン，フランス，ドイツ，チェコ，スロバキア，イラン，コロンビア，ホンジュラス，ポルトガルの22か国．

の農家で2億haを超える作付けが行われると推測されている[22)]．世界の耕地面積は14億ha（1999-2001年の統計），そのうち，穀物収穫面積は6.7億haとされているので，遺伝子組換え作物の栽培がいかに大きな面積を占めているのかが理解できる．遺伝子組換え作物の栽培は，特にインド，中国，フィリピンなどのアジア諸国で急速な伸びを示しており，今後の遺伝子組換え作物の作付けは，これら途上国（developing countries）で顕著なものになると推測されている．

遺伝子組換え作物の主な種類は，ダイズ，トウモロコシ，カノーラ（ナタネ），ワタ，などである（図6.6）．2006年度の作物別栽培面積は，ダイズが5 800万haと最も多く，次いでトウモロコシが2 500万ha，ワタが1 300万ha，ナタネが480万ha，となっている．これら4作物で1億10万haとなり，遺伝子組換え作物の栽培面積の大半を占める．中でもダイズの作付面積は遺伝子組換え作物の全作付面積の半分以上，世界のダイズの作付面積の60%以上にも達する状況

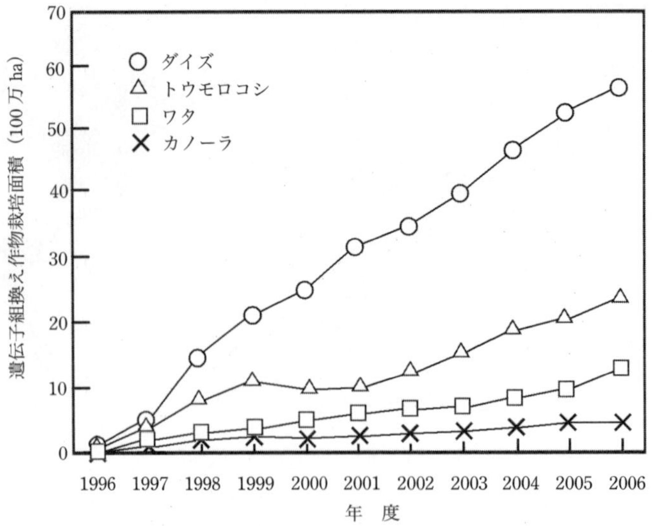

図6.6 世界の遺伝子組換え作物の作物別栽培面積の年次変化[22)]

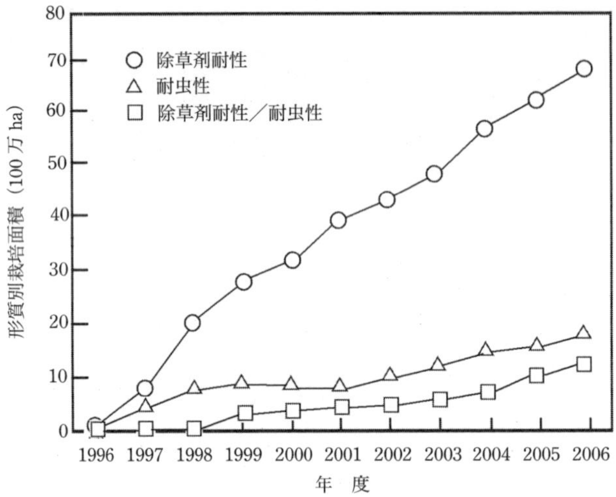

図6.7 世界の遺伝子組換え作物の形質別栽培面積の年次変化[22)]

になっている．これら遺伝子組換え作物への導入形質は，除草剤耐性，耐虫性，除草剤耐性と耐虫性の複合導入が主要なものであり，特に除草剤耐性作物の栽培が多い（図6.7）．

遺伝子組換え作物の中で最も栽培が多いのは，除草剤グリホサートに対する抵抗性遺伝子を導入したダイズである．最も栽培が多いアメリカでは，1996年には全ダイズ作付面積の2%であったが，1997年には13%，1998年には30%，2006年には91%になっている．

日本の遺伝子組換え作物（研究も含む）は，すべて「遺伝子組換え生物等の使用等の規制による生物の多様性の確保に関する法律」（いわゆるカルタヘナ法）に基づいて規制されている．日本でも遺伝子組換え植物の栽培は許可されており，2007年8月23日現在，カルタヘナ法に基づいて第一種使用が承認された農作物は10種類98品種，林木が1種類2品種である（表6.3）．第一種使用とは「環境中への遺伝子組換え生物等の拡散を防止しないで行う使用等」と規定されており，圃場栽培がこれにあたる．また，遺伝子組換え食品として認可されている作物は，ジャガイ

表6.3 カルタヘナ法に基づき，第一種使用が承認された農作物と林木

分類	植物名	主な内容						他の安全性確認状況	
		承認数	隔離圃場での試験栽培	栽培	食用	飼料用	観賞用	食品安全性（食品衛生法）	飼料安全性（飼料安全法）
農作物	アルファルファ	3	−	3	3	3	−	3	3
	イネ	20	20	−	−	−	−	−	−
	カーネーション	5	−	5	−	−	5	不要	不要
	セイヨウナタネ	8	−	6	8	8	−	8	8
	ダイズ	7	3	−	3	3	−	−	−
	テンサイ	2	1	1	1	1	−	2	1
	トウモロコシ	34	8	24	26	26	−	26	26
	バラ	2	2	−	−	−	−		
	クリーピングベントグラス	1	1	−	−	−	−	−	−
	ワタ	16	3	−	13	13	−	13	13
林木	ギンドロ	2	2	−	−	−	−	−	−
合計		100	40	39	54	54	5	52	51

農林水産省の資料（http://www.maff.go.jp/carta/list/index.html）から作成（平成19年8月23日現在のデータ）

モ（8品種），ダイズ（4品種），テンサイ（3品種），トウモロコシ（28品種），ナタネ（15品種），ワタ（18品種），アルファルファ（3品種）の合計79品種であり，導入されている形質は，除草剤耐性（61品種），害虫耐性（41品種），ウイルス抵抗性（6品種），高オレイン酸形質（1品種），高リシン形質（1品種）である（厚生労働省医薬食品局食品安全部，安全性審査の手続きを経た遺伝子組換え食品及び添加物一覧，平成19年8月23日現在）．カルタヘナ法が施行される以前に隔離栽培が認可された作物はさらに多く，平成15年現在で25種，207品種と報告されている（アズキ，アルファルファ，イチゴ，イネ，カーネーション，カリフラワー，キク，キュウリ，コムギ，ジャガイモ，ダイズ，タバコ，テンサイ，トウモロコシ，トマト，トレニア，ナタネ，ノシバ，パパイヤ，ブロッコリー，ペチュニア，ベントグラス，メロン，レタス，ワタ．遺伝子組換え植物（GMO）の安全性確認状況，平成15年5月23日現在，農林水産省，http://www.s.affrc.go.jp/docs/sentan/guide/develp.htm）．

5.1 除草剤耐性作物

5.1.1 除草剤耐性作物とは

植物の多くは除草剤耐性をもたない．単に栽培をしているだけでは，作物が雑草に覆われてしまい，病虫害の発生も顕著で収量は著しく減少する．作物の栽培は，除草をして作物を十分に生育させることが大きな仕事になっているが，除草に要する作業時間は膨大であり，全作業時間の半分以上にもなる．また，作物と雑草を完全に区別できる除草剤もないので，多くの場合，作物と雑草の生育ステージの差や，イネのような単子葉と広葉雑草の薬剤感受性の差を利用するなどで除草をしており，作物栽培における除草剤の使用は限定された技術になっている．

除草剤耐性の作物は農家にとって夢の技術であり，開発されればニーズは大きい．そんなことから，除草剤耐性遺伝子が得られれば，除草剤耐性植物を作ることができるので，これまで多くの研究がなされてきた．その成果として，あらゆる植物を除草する非選択性茎葉処理移行型除草剤であるグリホサート（図6.8）に対する抵抗性遺伝子が分離され，この遺伝子を導入した組換

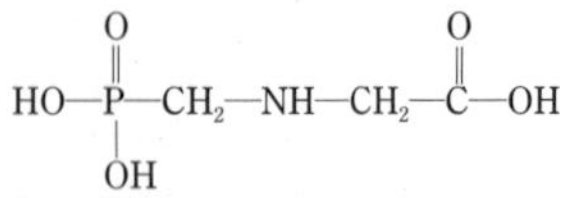

図6.8 グリホサートの構造

え作物（ダイズ，ワタ，トウモロコシ，ナタネ，テンサイなど）が作られている．除草剤耐性の遺伝子組換え作物を畑で栽培して除草剤を散布すると，すべての雑草が枯死し，遺伝子組換え作物のみが残るので，栽培の作業量や生産コストが低減し，作物の生育，品質が高まるメリットがあるとされている．

前述したように，多くの遺伝子組換え作物の中で，除草剤耐性遺伝子の組換え作物の栽培面積が最も大きい（図6.7参照）．ISAAAのまとめによると，2006年に全世界で栽培された遺伝子組換え作物1億200万haのうち除草剤抵抗性作物の栽培面積は68%の6 990万haに達している[22]．除草剤耐性と耐虫性（Bt作物）の両遺伝子の複合組換え作物の栽培面積1 310万ha（13%）を合計すると，8 300万haとなり，実に81%が除草剤耐性作物ということになる．

5.1.2 除草剤耐性遺伝子とその働き

除草剤耐性作物としてグリホサート（商品名ラウンドアップ），グルホシネート（商品名ベスタ）などに耐性を有するコムギ，イネ，ダイズ，ワタ，トウモロコシ，ナタネ，テンサイ，アマ，チコリ，タバコ，ターフグラス，などの形質転換植物が作られており，その一部はすでに実用栽培されている．特に，ダイズ，テンサイ，ナタネ，ワタ，アルファルファ，など双子葉一年生畑作物の除草剤耐性は重要度が高い．

遺伝子操作で導入された除草剤耐性遺伝子には，その作用から*ALS*（アセト乳酸合成酵素，acetolactate synthase），*EPSPS*（5-エノールピルビルシキミ酸-3-リン酸合成酵素，5-enolpyruvylshikimate-3-phosphate synthase），*SOD*（スーパーオキシドジスムターゼ，superoxide dismutase），*AHAS*（アセトヒドロキシ酸合成酵素，acetohydroxyacid synthase）などのように耐性を高める遺伝子と，*PAT*（ホスフィノトリシン-*N*-アセチルトランスフェラーゼ，phosphinothricin-*N*-acetyltransferase）のように除草剤を無毒化する遺伝子とがある．

1) ALS

分岐鎖アミノ酸（バリン，ロイシン，イソロイシン）の生合成酵素であり，水稲用一発処理除草剤の主成分として使用されているスルホニルウレアによって特異的に活性が阻害されて，植物が障害を受ける．変異したALS酵素はスルホニルウレアによって阻害されることがないので，この変異したALS酵素遺伝子を導入した植物体はスルホニルウレアに対して抵抗性を示す．

2) EPSPS

この酵素は，自然界では植物，カビ，バクテリアなどに広く分布するが，動物には見られない[23]．植物のEPSPSは葉緑体に分布し，シキミ酸経路（shikimic acid pathway）で芳香族アミノ酸（フェニルアラニン，チロシン，トリプトファン）を生成する代謝経路の鍵酵素（key enzyme）である．通常の植物は，あらゆる植物を枯死させる非選択性茎葉処理移行型除草剤グリホサートを処理することによって，EPSPSは特異的に活性が阻害され，アミノ酸の生合成が行われなくなるので，ついには細胞が死滅し，植物は致命的な障害を受け枯死する．グリホサートに対して抵抗性を有する EPSPS 酵素遺伝子（*CP4 EPSPS*）を導入した遺伝子組換え作物は，除草剤グリホサートを処理しても EPSPS の活性は阻害されないので，グリホサートに対して抵抗性を示す．

3) SOD

植物に普遍的に存在し，主として光合成の過程で発生する活性酸素（スーパーオキシド）を消去する酵素であり，植物の抗酸化代謝の中心的な役割を果たす．非選択型除草剤パラコート（Paraquat：ビピリジニウム系に分類される除草剤）を散布処理すると，酸素ラジカル（スーパーオキシド）の生成が亢進される．通常の植物は，このようにして生じた酸素ラジカルを処理しきれず，細胞損傷を起こして枯死する．SOD の発現を増強した遺伝子組換え植物は，酸素ラジカルによる細胞機能の損傷による細胞死を防ぐことができるので，パラコートに対して抵抗性を示す．

4) PAT

ビアラホスに対するアセチル化酵素であり，除草剤ビアラホスとグルホシネートをアセチル化して不活性化（無毒化）する．*PAT* 遺伝子は，土壌中から分離されたグラム陽性放線菌（*Streptomyces viridochromogenes*）から分離されている．ビアラホスとグルホシネートを通常の植物に散布処理すると，グルタミン合成を阻害し，その結果アンモニアが蓄積して障害をうけ，枯死する．*PAT* 遺伝子を導入した植物体はビアラホスをアセチル化することにより無毒化し，ビアラホスによるグルタミン合成酵素の阻害を受けることがなくなり，ビアラホスに対して耐性になる．

5.1.3 グリホサート耐性遺伝子（*CP4EPSPS*）の組換えによる除草剤耐性作物

1) グリホサート耐性遺伝子（*CP4EPSPS*）の導入

除草剤耐性作物は，除草剤の利用効果を高め，作物の増収に顕著に寄与することから，遺伝子操作の中心的な課題として開発が進められた．代表的な非選択性茎葉処理移行型除草剤であるラウンドアップ（モンサント社）に対する抵抗性遺伝子は，*Agrobacterium* cv. CP4（CP4 系統）から分離したグリホサートに対する耐性の EPSPS（*CP4 EPSPS*）である[24, 25]．この遺伝子をトウモロコシに導入するときに用いた導入用プラスミド PV-ZMGT32 の構造を図 6.9 に示した[26]．*nptII* 遺伝子を持つ pUC119 由来のベクターを基に，2 つの *cp4 epsps* 遺伝子発現カセット（[P-ract1]-[ract1 intron]-[CTP2]-[*CP4 EPSPS*]-[NOS3′] 及び [e35S]-[*Zmhsp70*]-[CTP2]-[*CP4 EPSPS*]-[NOS3′]）を連結したプラスミド PV-ZMGT32 を構築し，植物細胞に遺伝子を導入する際には，この PV-ZMGT32 を制限酵素 *Mlu*I で処理し，*nptII* 遺伝子領域を含むプラスミド外骨格を除いた直鎖状 DNA 断片（PV-ZMGT32L）を用いている[27]．同様な遺伝子（*CP4 EPSPS*）がダイズ，ワタ，ナタネなどにも導入されている．

2) グリホサート耐性作物の実用栽培

グリホサート耐性遺伝子（*CP4 EPSPS*）を導入した遺伝子組換え作物が 1996 年にアメリカで

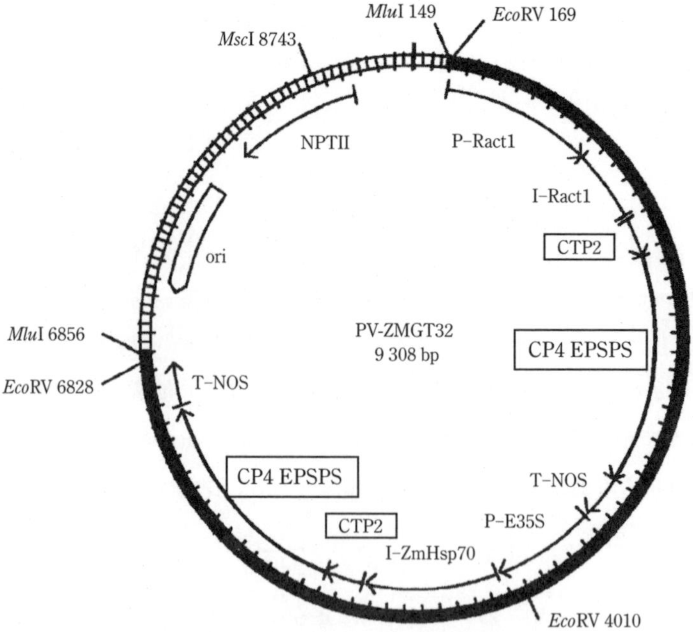

図6.9　トウモロコシへのグリホサート耐性遺伝子(*CP4 EPSPS*)の導入に用いたプラスミドの構造[26]

グリホサート耐性のCP4 EPSPSと一緒に，EPSPSの酵素タンパク質を葉緑体に運搬するCTP（chloroplast transporter peptide）の遺伝子も導入している．これらの遺伝子は，いずれもカリフラワーモザイクウイルス（CaMV）の35Sプロモーター制御下におかれているので，発現性が高く，導入した作物では植物体全体で発現する．

P-Ract1：イネ由来のアクチン1遺伝子のプロモーター領域，I-Ract1：イネ由来のアクチン1遺伝子のイントロン部分，目的遺伝子の発現量を高めるはたらきがある，T-NOS：アグロバクテリウムのT-DNA由来のノパリン合成酵素（*NOS*）遺伝子の3′非翻訳領域で，転写を終結させる（NOSターミネーターという）．プラスミドの外部に記載された記号は制限酵素の切断部位．ori：DNA複製開始領域（replication origin）．

FADの承認を受け，ラウンドアップ・レディー（Roundup Ready™，モンサント社）の商標で実用栽培に使用されるようになった[23, 28]．*CP4EPSPS*遺伝子を使用して，トウモロコシ，ワタ，ナタネ（カノーラ）にも同様の遺伝子組換えが行われ，広く実用栽培されている．ラウンドアップ・レディーの中で，最も栽培面積が大きい作物はダイズである．2006年度の遺伝子組換えダイズの栽培面積は5800万haであり，世界のダイズの作付面積の60％以上に達している．そのほとんどが除草剤耐性遺伝子*CP4EPSPS*を導入した遺伝子組換えダイズである．この面積は，日本の国土面積の1.5倍，日本の全耕地面積の12倍である．トウモロコシ，ワタ，ナタネ（カノーラ）についても，他の除草剤耐性遺伝子と比較してグリホサート耐性遺伝子が導入された割合が高いと思われる．

3)　グリホサート耐性作物の安全性

Agrobacterium cv. CP4に由来するEPSPSの酵素タンパク質（CP4 EPSPS）は，人工胃液および腸液で分解するので，食品あるいは飼料として哺乳類の消化管でも分解されると推測されている．マウスに体重1 kg当たりCP4 EPSPSを572 mg与えても，特に影響はみられなかった．この量

は，CP4 EPSPSを含む餌を与えた場合の1 000倍以上に相当する．このタンパク質がアレルギー性タンパク質の特徴を有していない（既知のアレルゲンや毒素タンパク質とアミノ酸配列相同性がないなど[29-31]）ので，CP4 EPSPSはアレルゲンとしての心配もないとされている．このタンパク質のダイズ種子中の含量と，飼料としての給餌実験の結果から，CP4 EPSPSを発現するダイズは，非組換え体ダイズと同様に安全であることが示された[32]．

また，グリホサート耐性遺伝子に組み換えたトウモロコシを，サイレージとしてホルスタイン種のウシに飼料として給餌した場合，ミルクの生産量，ミルクの成分組成など（栄養価，発酵特性，ミネラル成分，アミノ酸組成）は非組換え体のサイレージを給餌した場合と差がなかった．組換えサイレージに由来するtDNAはPCRでもELISA法でも検出限界（LOD；limit of detection）以下で，遺伝子組換えトウモロコシは生産物であるミルクには影響しないことが示された[33]．

このほか，除草剤耐性遺伝子を導入した飼料を給餌した家畜の乳生産量，乳成分，栄養成分の消化性，肥育成績，枝肉の性状，肉の成分などについて，乳牛，肉牛，ブタ，ブロイラー，などで調べられているが，飼育結果が非組換え体を給餌した場合と異なるという証拠は示されていないという[34]．また，毒性を有する分解代謝物であるアミノメチルホスホン酸（aminomethylphosphonic acid；AMPA，図6.10）が葉とダイズ粒に検出されている[35]が，Kuiperらは，これらを給餌した反芻（はんすう）動物や家禽（かきん）には残留は検出されなかったとしている[36]．

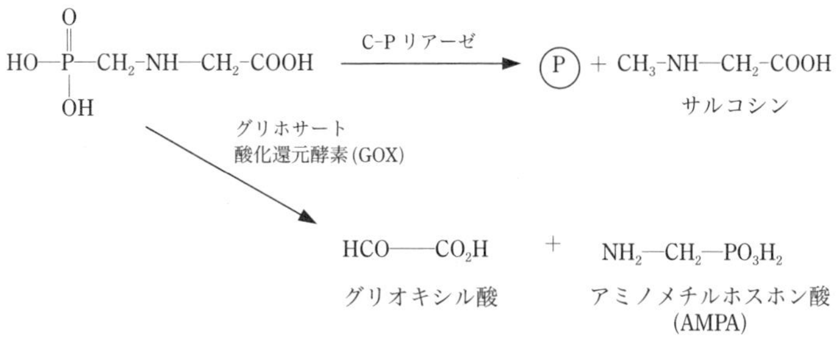

図6.10　グリホサートの分解経路[28]
分解代謝物であるアミノメチルホスホン酸が生成される．
C–Pリアーゼ：C–P結合の切断酵素．

4)　グリホサート耐性ダイズの特性

*CP4 EPSPS*遺伝子を導入した組換えダイズは，遺伝子挿入部位が単一であり，導入した遺伝子は単一優性遺伝子として働き，数世代にわたって安定であった[23]．

*CP4 EPSPS*遺伝子を導入したグリホサート耐性ダイズ（ラウンドアップ・レディー・ダイズ，RRダイズ）の収量についてモンサントの研究者らが報告している．それによると，1992年17か所，1993年23か所，1994年18か所で栽培を行い，生育初期から結実期（pod fill）までグリホサートの散布を行ったが，いずれの場所でも収量の低下は見られなかったとしている[37]．土壌微生物相に及ぼす影響もほとんどないようである[38]．山本ら[39]は，土壌微生物相について希釈培養法で検査した結果，グリホサート耐性ダイズは細菌，糸状菌，放線菌数には非遺伝子組換えダイズと有意な差が認められないと報告している．

一方で，*CP4 EPSPS* 遺伝子を導入した RR ダイズは，収量が低下するという報告もある[40, 41]．特に，単作よりも二毛作の場合にその傾向が顕著であった[42]．その原因はグリホサートの散布によるものではなく，組換え体の特性によるもので，非組換えダイズより 5%収量が低下していたという．このような収量低下の原因として，ブラジリゾビウム菌（ダイズ根粒菌）の共生が阻害され，窒素固定が低下することが推測されている[23]．グリホサート耐性ダイズが持っている芳香族アミノ酸合成酵素 CP4 EPSPS はグリホサートに対して抵抗性を持つが，ダイズの根に共生している窒素固定共生菌（nitrogen fixing symbiont）である根粒菌（*Bradyrhizobium japonicum*）の EPSPS は耐性を持たない[23]．グリホサートを散布処理すると，グリホサート耐性ダイズは CP4 EPSPS が正常に機能して芳香族アミノ酸を生成して生育するが，根粒菌の EPSPS はグリホサートによって活性が阻害され，芳香族アミノ酸合成が正常に行われず，シキミ酸（shikimic acid）とプロトカテク酸（protocatechuic acid）のようなヒドロキシ安息香酸が蓄積し，根粒菌の生育が抑制されたり，グリホサートの処理濃度が高いと死滅する．これらのことから，窒素固定能が低下して生育が抑制されると推測されるが，グリホサート耐性ダイズではグリホサート処理による窒素固定の低減による収量低下は明らかにされていない[43]．また，グリホサートは葉，茎，ダイズ粒中に残留することが確認されているが，グリホサートの分解代謝物であるアミノメチルホスホン酸（AMPA）も葉とダイズ粒に検出されている[35]．AMPA は毒性が強く，AMPA の毒性による生育阻害が確認されており，これが収量低下の原因とする見解もある[44]．一方で，第一世代の除草剤耐性ダイズと比較して収量の高い第二世代のグリホサート耐性ダイズも開発されている．

5) グリホサート耐性遺伝子（*CP4 EPSPS*）の検出

遺伝子組換え作物の食品，飼料，栽培への利用は法的に規制されており，安全性を確保するためには十分な監視のもとで利用されなければならない．そのために組換え遺伝子（DNA）や生成物であるタンパク質の検出が必要になる．

ポリメラーゼ連鎖反応（polymerase chain reaction；PCR）法は，遺伝子の塩基配列に特異的な遺伝子領域増幅法であり，遺伝子の検出に最もよく利用される方法である．代表的な遺伝子組換え作物の除草剤耐性遺伝子と耐虫性遺伝子を PCR 法で検出するためのプライマーの配列を表 6.4 に示した．導入された植物種に特異的な PCR プライマーとして，トウモロコシはトウモロコシのインベルターゼ遺伝子，ダイズはダイズレクチン遺伝子を増幅する配列がそれぞれ使用されている．遺伝子組換え体の特異的なPCRプライマーとして，導入したベクターに使用したカリフラワーモザイクウイルス（CaMV）の 35S プロモーター配列，グリホサート耐性遺伝子 *CP4 EPSPS* の酵素タンパク質遺伝子を増幅する配列が用いられている（殺虫性タンパク質であるCryAbタンパク質の遺伝子を増幅する配列もこの表6.4には記載されている）．グリホサート耐性ダイズの遺伝子 *CP4 EPSPS* を検出した結果，ダイズ食品であるアイスクリーム，ダイズ粉，ダイズの抽出物，デンプンでは 35S プロモーター遺伝子と *CP4 EPSPS* 遺伝子を増幅検出することができたが，脂質が多かったり，加熱加工された食品（スナック，マヨネーズ，クリーム状のスープ）などでは検出することができなかった[45, 46]．DNA の抽出法として，シリカゲル膜法がCTAB法に比較して食品の種

表6.4 遺伝子の検出に使用したPCRプライマー

名　称	プライマーの塩基配列	ターゲット遺伝子	温　度	増幅産物	方　　法
IVR1 IVR2	5′-CCGCTGTATCACAAGGGCTGGTACC-3′ 5′-GGAGCCCGTGTAGAGCATGACGATC-3′	トウモロコシのインベルターゼ	68℃	226bp	種特異遺伝子
LE1 LE2	5′-AAGCAACCAAACATGATCCTC-3′ 5′-ATGGATCTGATAGAATTGACGTTA-3′	ダイズのレクチン	44℃	407bp	種特異遺伝子
35S-1 35S-2	5′-GCTCCTACAAATGCCATCA-3′ 5′-GATAGTGGGATTGTGCGTCA-3′	CaMV	17℃	195bp	スクリーニング
GM07 GM08	5′-ATCCCACTATCCTTCGCAAGA-3′ 5′-TGGGGTTTATGGAAATTGGAA-3′	EPSPS	57℃	169bp	組換え遺伝子
CRY1 CRY2	5′-ACCATCAACAGCCGCTACAACGACC-3′ 5′-TGGGGAACAGGCTCACGATGTCCAG-3′	CryIAb	71℃	184bp	組換え遺伝子

DNAの抽出法として，シリカゲル膜法がCTAB法に比較して食品の種類に関係なくDNAを効率良く抽出することが可能であり，また，DNAを抽出する前に検体をエーテル処理することによって，水分が多かったり，加工（精製，加熱，添加物など）された食品からのDNA抽出量が増加することが明らかにされている[47]．光学式薄膜バイオセンサーチップを使用した迅速（30分以内）な高感度検出技術も開発されている[48]．このほか，組換え遺伝子に由来するタンパク質を検出する検出キットとして，ラテラルフロー法（イムノクロマト法）やELISA法のキットが商品化されており，多くの労力と長時間を要するPCR法と比較して極めて短時間（10分以内）で検出できる利点がある．

6) その他の課題

グリホサート耐性遺伝子 *CP4 EPSPS* を導入した遺伝子組換え作物は，ダイズ，トウモロコシ，ワタ，ナタネ（カノーラ）を中心に，広く普及しつつある．これらの作物の栽培は多くの利点を有する反面，様々な課題も生じている．すでに明らかになってきたのは，遺伝子流動（gene flow）であり，グルホシネート耐性ナタネの圃場に，隣接するグリホサート耐性ナタネから花粉由来の遺伝子流入が生じ，グルホシネートとグリホサートの複合耐性株の発生が観察されている[49]．同様な現象はグリホサート耐性ダイズと感受性（つまり非組換え体）ダイズとの間[50]，トウモロコシ[51]などでも観察されている．Yoshimuraらは，ダイズの場合には70cmあるいは2.1mの隔離距離では最高他花受精率はそれぞれ0.16～0.19％，0.052％であったが，10.5mの隔離距離では他花受精は皆無であったとし，農林水産省がガイドラインに定めた10mの隔離距離の妥当性を実証するものであるとしている[50]．一方で，グリホサート耐性作物圃場の境界から500mの距離でもグリホサート耐性の交雑後代が得られたとの報告もある[49]．

グリホサート耐性の雑草の発生（ヒメムカシヨモギ，ブタクサ，ヒユなど）が増加しつつあるとの報告[52]もあり，懸念されている．

5.2 耐 虫 性 作 物

遺伝子組換え耐虫性作物（GMIR；genetically modified insect resistant）は，すでに実用栽培されて

いる遺伝子組換え作物であり，除草剤耐性作物に次いで栽培面積が多い（図 6.7 参照）．これまでに導入された遺伝子には，Bt トキシン遺伝子，植物レクチン遺伝子，トリプシンインヒビター遺伝子，α-アミラーゼ，キチナーゼ，リポキシゲナーゼなどがある[53, 54]が，実用化されたのはほとんどがバチルス・チューリンゲンシスの Bt トキシン遺伝子である．

5.2.1　Bt トキシン（Bt toxin）

バチルス・チューリンゲンシス（*Bacillus thuringiensis* Berliner；Bt と略称する）はグラム陽性の土壌細菌の一種である．この菌は，カイコ（*Bombyx mori*）の幼虫に発生する軟化病（卒倒病，sotto disease）の原因菌であり，1901 年に石渡繁胤によって京都蚕業教習所で分離され，これに卒倒病なる病名を付し，その体内に繁殖する桿菌を卒倒菌と名付けた[55]．この菌は，1908 年に岩淵平介によって *Bacillus sotto* Isiwata と命名された[56]．その後，類似の菌が，エルンスト・ベルリナー（Ernst Berliner）によってドイツのチューリンゲンで採集されたスジコナマダラメイガ（*Ephestia kuehniella* Zeller, 英語名 Mediterranean flour moth）の病死した幼虫から分離され，チューリンゲンの地名に因んでバチルス・チューリンゲンシスと命名された[57]．現在では，石渡が発見した菌も Bt の一種，*Bacillus thuringiensis* subsp. Sotto Ishiwata とされている．Bt はカイコ以外のチョウ，ガなどの幼虫でも軟化病を起こす．それらの原因は，すべてバチルス菌が生産する Bt トキシン，すなわち結晶性毒素タンパク質（殺虫性毒素タンパク質，ICP；insecticidal crystal protein）を摂取することによる．このような作用から，Bt の菌体（生菌もしくは死菌），あるいは分離された ICP は，殺虫剤として 30 年以上も前から使用されており，細菌学的性質，殺虫メカニズム，殺虫スペクトラム，培養による生産技術，毒性や圃場散布の影響などについて広範に研究されている．

Bt は，べん毛抗原（flagellar antigen）によって血清型（serotype）や亜種（subspecies）に分類されている．Bt の多くは鱗翅目（りんしもく）（チョウ目，Lepidoptera）の幼虫に対して殺虫活性を有するが，鞘翅目（しょうし）（コウチュウ目，Coleoptera）や双翅目（ハエ目，Diptera）に対して活性を有する系統，また，中には結晶性タンパク質を生産するが，毒性をもたない系統もある[58]．

Bt が生産する結晶封入体（crystalline inclusions）は，幼虫の中腸内で溶解し，27〜140 kDa（キロダルトン）の 1 個あるいはそれ以上の殺虫性毒素タンパク質（ICP，あるいはデルタ内毒素（δ-endotoxin）という）を遊離する[58]．結晶性タンパク質のほとんどは 130〜140 kDa の不活性形態の ICP（プロトキシン，protoxin）であるが，昆虫が摂取すると中腸（midgut）のアルカリ環境下でタンパク質分解酵素（プロテアーゼ，protease）によって分解され，もはや分解されない分子量の小さな毒性を有するポリペプチド（60〜70 kDa の毒素タンパク質）になる．これが中腸上皮細胞の受容体（レセプター，receptor）に結合し，細胞膜を穿孔する結果，細胞は浸透圧調節ができずに膨潤して破壊される．このようにして細胞が破壊された昆虫は摂食を停止し，やがて黒くとろけるようにして死ぬ[58]．

ICP（プロトキシン）は，アミノ酸配列の相同性や殺虫活性によって CryI〜CryVI，および Cyt に分類されている．その後，この分類は，殺虫性毒素タンパク質の遺伝子（*cry* 遺伝子）による分類に移行し，*cry1*, *cry3*, *cry5*, *cry7*, *cry8*, *cry9*, *cry11*, *cry12*, *cry13*, *cry14*, *cry21*，あるいは*cyt*といった22系統，100種もの種類が確認された[59, 60]．2007年現在，その数はさらに増加を続けており（図6.11），*cry*遺伝子が53系統，382種，*cyt*遺伝子が2系統，25種にもなっている（Full list of delta-endotoxins, http://www.lifesci.sussex.ac.uk/home/Neil_Crickmore/Bt/toxins2.html，2007年10月現在）．それらの遺伝子産物である毒素タンパク質は，対象生物によって毒性が異なっており，Cry1, Cry9, Cry2は鱗翅目，Cry3, Cry7, Cry8, Cry1B, Cry1Iは鞘翅目，Cry2, Cry4, Cry10, Cry11, Cry16, Cry17, Cry19, Cytは双翅目，Cry5, Cry12, Cry13, Cry14はネマトーダ（nematode）に対して毒性を有する[59]．

ICP（プロトキシン）すなわちBtトキシンの遺伝子を導入した遺伝子組換え植物は，すでにトウモロコシ，ワタ，ジャガイモで実用化しており，関連する多くの論文が発表されている[61-67]．日本で承認されているのはトウモロコシとワタであり，導入された遺伝子は，*cry1Ab*，*cry1Ac*，*cry2Ab*，*cry3B1*，*cry3Bb1*である．標的昆虫は，トウモロコシでは，アワノメイガ（corn borer），ネキリムシ（corn rootworm），ワタでは，オオタバコガ（cotton bollworm），アオムシ類，ヨトウムシ類などとなっている（表6.5）．

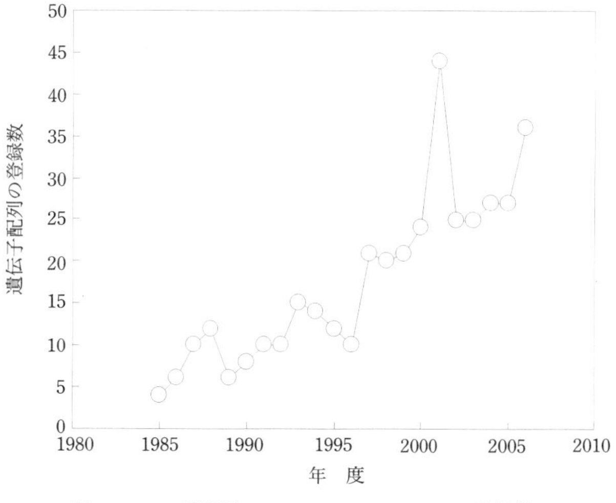

図6.11 *cry*遺伝子のDNAデータベースへの登録数

表6.5 モンサントの遺伝子組換え耐虫性作物

遺伝子組換え作物	標的昆虫	導入遺伝子による発現タンパク質
トウモロコシ	アワノメイガ（corn borer）	Cry1Abタンパク質
	ネキリムシ（corn rootworm）	Cry3Bb1タンパク質
	アワノメイガ（corn borer）， ネキリムシ（corn rootworm）	Cry1Abタンパク質 Cry3B1タンパク質
ワタ	オオタバコガ（cotton bollworm）	Cry1Acタンパク質
	オオタバコガ（cotton bollworm）， アオムシ類，ヨトウムシ類など	Cry1Acタンパク質 Cry2Abタンパク質

品種名 トウモロコシ：イールドガード（YieldGard），ワタ：ボールガード（Bollgard）．
http://www.monsanto.co.jp/biotech/development/insect.shtmlより作成．

結晶性毒素タンパク質遺伝子 *bt2* のクローニングと性状，殺虫特性について，Höfte らの研究がある[58, 68, 69]．この毒素タンパク質遺伝子 *bt2* を導入した遺伝子組換えタバコは，導入した遺伝子を発現して殺虫性毒素タンパク質を生産し，タバコスズメガ（tobacco hornworm）の幼虫の摂食害を防止した[70]．導入遺伝子の発現効率を高めるために様々な試みがなされている．それらの事例を以下に示す．

a）カリフラワーモザイクウイルス（CaMV）の 35S プロモーター遺伝子にエンハンサー領域を二重に有する Ti プラスミドベクターを使用して，*Bacillus thuringiensis* HD-1（*cryIAb*）とHD-73（*cryIAc*）の遺伝子をワタに導入した結果，発現した毒素タンパク質は可溶性タンパク質の 0.05〜0.1％であった[71]．

b）毒素タンパク質遺伝子（*cryIAb*）の塩基配列を，導入するイネ（ジャポニカ種）の塩基の組成比率および G+C 含量に近似するように改変した結果，組換え体は mRNA およびタンパク質ともに高い発現となった．得られた組換え体の 2 世代目の植物は，ニカメイガ（striped stemborer, *Chilo suppressalis*）とコブノメイガ（leaffolder, *Cnaphalocrocis medinalis*）に対して改変前のイネよりも活性が高かった[72]．

c）新たな性状を有する毒素タンパク質を作製し，毒素タンパク質の活性領域を解析するために，異種の毒素タンパク質遺伝子（*cryIC* と *cryIE*）の活性領域を含むハイブリッド遺伝子を組換えによって作製した結果，CryIC のドメインIII がシロイチモジヨトウ（*Spodoptera exigua*）とヨトウガ（*Mamestra brassicae*）に対する殺虫性に関与していることが明らかとなった．このドメインIII をシロイチモジヨトウとヨトウガに対する活性をもたない CryIE に導入したところ，得られた遺伝子が発現した融合タンパク質はこれらの昆虫に対する活性をもち，広い活性を有する新たな毒素タンパク質となった[73]．

d）毒素タンパク質 CryIAc をコードしている遺伝子を葉緑体に導入して発現することによって，細胞当たり約 10 000 コピーに増幅され，導入したタバコの葉中で可溶性タンパク質の 3〜5％に達する高発現を実現した[74]．

これらの事例のように，遺伝子の導入方法を工夫することによって，毒素遺伝子の発現を高めたり，毒素タンパク質の活性を改変したりすることに成功している．

Bt トキシンの遺伝子を導入した遺伝子組換え作物は，作物ごとに標的とする昆虫が決まっている（表 6.5 参照）．標的昆虫以外の生物（すなわち非標的生物）に影響を与える場合は，環境影響が生じる危険がある．そのため，実用栽培が開始されて以来，他生物に対する影響について広く研究が行われている．特に，標的となる種以外の生物（非標的生物，non-target organisms）に及ぼす影響については，見るべき影響があるとする報告[75, 76]と，影響は無い，あるいは軽微であるとする報告[77]がみられる．Bt の毒素タンパク質遺伝子を導入した組換え体のトウモロコシ（N4640-Bt トウモロコシ）と非組換え体のトウモロコシとから採集した花粉を，トウワタ（*Asclepias curassavica*）の葉の表面に散布し，非標的生物種であるオオカバマダラ（*Danaus plexippus*）の幼虫の生育を調べた結果，非組換え体の花粉を散布したり，花粉を散布しなかった場合の生存が100％であったのに対し，組換え体の花粉を散布した場合には，生存率は 56％に低下したという[75]．

同じような影響が他にも報告されており[76]，衝撃を与えたが，一方，影響は軽微であるとする報告[77]もあり，慎重に検討が続けられ[78]，白井は著しい有害影響を示すことはないだろうとしている[79]．しかし，思わぬ経路で生態系に影響を与える可能性もあり得る．チョウ目（Lepidoptera）昆虫に対する抵抗性を発現するCry1Abタンパク質遺伝子を導入した遺伝子組み換えトウモロコシ（Bt corn）が広範囲に栽培されているアメリカの中西部で，河川の源流部に隣接する畑から組換え体トウモロコシの花粉や植物遺体が河川に流入し，非標的生物であるトビケラに生育遅延や致死などが生じる可能性が指摘されている[80]．多面的かつ継続的な影響評価が必要であろう．

5.2.2 植物レクチン（plant lectins）

レクチンは，微生物，動物，植物に広く分布する糖結合性タンパク質，あるいは糖タンパク質であり，糖鎖を介して凝集する性質を有する．赤血球凝集活性（HA 活性，haemagglutinin activity）が広く観察されており，レクチンの活性を評価する方法としてヒトやウサギの赤血球を使用した赤血球凝集活性測定が一般的に利用されている．植物が生産するレクチンを植物レクチンと呼び，フィトヘマグルチニン（PHA；phytohaemagglutinin），コンカナバリン A（ConA；concanavalin A）をはじめとするマメ科植物が生産するレクチンがよく知られている．植物レクチンは多くの動物，微生物，昆虫に対する毒性を有しており，植物の生態防御分子としての役割を担っている[81]．

スノードロップ（*Galanthus nivalis*）のレクチン（GNA；*Galanthus nivalis* agglutinin：マンノース特異的レクチン）の遺伝子（*gna*）を導入したタバコは吸汁性昆虫であるアブラムシの生育を阻害する[82]．スノードロップのレクチン遺伝子（*gna*）をCaMV35Sプロモーターの制御下に接続して導入したタバコは，GNAの生産性が顕著に促進され，葉から切り出したディスクや植物体全体でバイオアッセイを行った結果，モモアカアブラムシ（*Myzus persicae*，peach potato aphid）に対して顕著な抵抗性を有しており，吸汁性昆虫の防御に応用できることが明らかにされている[83]．また，師管特異的プロモーター（イネのスクロース合成酵素 *RSs1* 遺伝子のプロモーター）と恒常的な強さのプロモーター（constitutive promoter：トウモロコシのユビキチン *ubi1* 遺伝子のプロモーター）で発現制御された *gna* を導入した遺伝子組換えイネはGNAタンパク質を顕著に発現し，全タンパク質の2%に達するものもあった．導入した遺伝子は自殖後代に受け継がれた．RSs1プロモーターに接続された *gna* 遺伝子の発現は組織特異的であり，組換え植物のリグニン化していない維管束組織に特異発現していることが免疫化学的に観察されている．バイオアッセイと給餌とで調べた結果，トビイロウンカ（*Nilaparvate lugens*，brown planthopper；BPH）の生存率，繁殖，生育，吸汁を阻害した[84]．GNAは，植物体の茎，葉，根など組換え体のあらゆる部位の師管のみでなく，師管の汁液でも発現しており，師管の汁液を吸汁する昆虫類の防除に有益である．このほか，タイワンツマグロヨコバイ（*Nephotettix virescens*，green leafhopper）[85]，ジャガイモヒゲナガアブラムシ（*Aulacorthum solani*）[86]などに対する活性が報告されている．

インゲンマメの種子から分離された α-アミラーゼ阻害剤（αAI）は，マメ科レクチンの1つ（フィトヘマグルチニン，PHA）であり，動物や昆虫の α-アミラーゼ活性を強力に阻害する[81]．αAIは，昆虫や動物の α-アミラーゼと1：1で結合するが，植物やバクテリアの α-アミラーゼとは反応しない．αAI は 15～18 kDa のサブユニットから成る 45 kDa の耐熱性の糖タンパク質である．αAI はレクチン様タンパク質（LLP；lectin-like protein）の遺伝子にコードされているが，この遺伝子と PHA-L の遺伝子から成るキメラ遺伝子をタバコに導入したところ，得られた形質転換タバコの種子中にはインゲンマメの αAI の抗体と交差活性のある分子量 10 000～18 000 のポリペプチドが検出され，さらに種子抽出物は，ブタ膵臓とチャイロコメゴミムシダマシ（*Tenebrio molitor*）の中腸の α-アミラーゼを阻害した[87]．αAI 遺伝子を導入したエンドウは，アズキゾウムシ（adzuki bean weevil）とヨツモンマメゾウムシ（cowpea weevil）に対して抵抗性を有していた[88]．

5.2.3 プロテアーゼインヒビター（protease inhibitor，タンパク質分解酵素阻害剤）

プロテアーゼインヒビターは，タンパク質分解酵素の活性を阻害する酵素阻害剤であり，昆虫の食物消化を阻害する代謝阻害タンパク質でもある．この遺伝子を導入した形質転換植物は顕著な摂食阻害効果を有する．プロテアーゼインヒビターには，ササゲのプロテアーゼインヒビター（CpTI），トマトのプロテアーゼインヒビター I および II（PI-I，PI-II），ジャガイモのプロテアーゼインヒビター II（PPI-II）などがあり，いずれも摂食した昆虫の生育抑制効果が報告されている[82]．なお，プロテイナーゼインヒビター（proteinase inhibitor）という用語もよく使用されているが，プロテイナーゼはプロテアーゼのうち，エンドペプチダーゼ活性を有するものをいう．

ササゲトリプシンインヒビター（cowpea trypsin inhibitor；CpTI）をコードしている *CpTI* 遺伝子を，イネアクチン 1 遺伝子のプロモーターに接続して発現した結果，遺伝子組換えイネの CpTI タンパク質が高蓄積し，ウシのトリプシン活性を強く阻害した．このことから，得られたタンパク質が顕著な活性を有することが示唆された．*CpTI* 遺伝子を導入したイネを小規模な圃場実験に供した結果，ニカメイチュウに対する耐虫性が顕著に高まった．このことから，ササゲトリプシンインヒビターがイネの害虫防御に有効であることが示唆された[89]．

同様に，ジャガイモプロテイナーゼインヒビター II（PINII）の遺伝子（*pin2*）を，*pin2* の傷害誘導性プロモーターとイネアクチン 1 遺伝子（*act1*）のイントロンとに接続してイネ（ジャポニカ種）に導入した結果，形質転換したイネで PINII タンパク質が高蓄積した．導入した *pin2* 遺伝子は，4 代まで安定に遺伝しており，数個体の相同組換え体が得られた．5 世代目の組換えイネの耐虫活性を調べたところ，イネの主要害虫であるイネヨトウ（pink stem borer, *Sesamia inferens*）に対する耐虫性が高まっていた[90]．

耐虫性はプロテアーゼインヒビターの種類によって異なる．CaMV 35S プロモーターに連結したトマトのプロテアーゼインヒビター I および II，ジャガイモプロテアーゼインヒビター II をタバコに導入して検討した結果，トリプシンとキモトリプシンの両方を強力に阻害するプロテアーゼインヒビター II を発現する組換え体はタバコスズメガ（*Manduca sexta*）の生育を顕著に阻害した．一方，キモトリプシンは顕著に阻害するがトリプシンの阻害活性が弱いトマトのプロテアーゼインヒビター I を発現する組換え体タバコは，タバコスズメガの幼虫の生育にはほとんど影響しなかった．Johnson らは，これらのことから，キモトリプシン阻害活性ではなく，トリプシン阻害活性がタバコスズメガの幼虫の生育抑制の原因となっていることを明らかにしている[91]．

プロテアーゼインヒビターを誘導するポリペプチドに関する報告もある．Piarce らは，トマトの葉からプロテイナーゼインヒビターを誘導するシグナル物質を探索した結果，アミノ酸18個からなるポリペプチドを分離し，システミン（systemin）と名付けた[92, 93]．システミンは師部を通って全身に移行し，プロテイナーゼインヒビターを誘導する．システミン遺伝子のクローニングによって，システミンとその前駆タンパク質であるプロシステミンが見出された．プロシステミン mRNA はプロテイナーゼインヒビターと同様，傷を付けることによって誘導された．傷をつけなかった場合にはプロテイナーゼインヒビターは誘導されなかったがプロシステミンは少量ながら認められ，しかもプロシステミン mRNA は根以外のすべての器官で見出されたことから，どの部位の損傷によってもプロテイナーゼインヒビターの誘導が生じるものと推測された．プロシステミン遺伝子の発現がプロテイナーゼインヒビターの遺伝子発現に関与しているかどうかを調べるために，プロシステミンのアンチセンス遺伝子を導入した形質転換トマトをつくったところ，プロテイナーゼインヒビターの発現はほぼ完全に抑制されたことから，システミンがプロテイナーゼインヒビターの誘導に関与する全身抵抗性発現の重要な因子であると推測している[93]．

システミン前駆体によっても抵抗性が発現する．Ren と Lu は，2種類のタバコのヒドロキシプロリンリッチグリコペプチドシステミン前駆体タンパク質（TobpreproHypSys-A および B）システミンプレカーサーA（systemin precursor A）遺伝子を過剰発現した遺伝子組換え体のタバコは，プロテイナーゼインヒビター（PI）とポリフェノールオキシダーゼ（PPO）を蓄積しており，オオタバコガ（*Helicoverpa armigera*）の幼虫に対する抵抗性が高まったが，PI と PPO 以外の因子が活性に関与していた可能性も考えられるとしている[94]．

5.2.4　キチナーゼ（chitinase）

キチナーゼは節足動物の外骨格や，微生物の細胞壁の主要な構成成分キチン（ポリ-β-1,4-*N*-アセチルグルコサミン，poly-β-1, 4-*N*-GlcNAc）を加水分解する酵素である．キチナーゼ遺伝子を導入した形質転換植物は，各種微生物[95-101]や外骨格を有する節足動物[102, 103]に対する抵抗性を増加させる[104]．タバコスズメガのキチナーゼ遺伝子を，アグロバクテリウム・ツメファシエンスを使用してタバコに導入し，キチナーゼを高発現する後代を得て，タバコバッドワーム（tobacco budworm, *Helliothis virescens*）に対する生育阻害活性と採餌を調べた結果，タバコバッドワームは生育も採餌も共に顕著に抑制されたが，タバコスズメガは抑制されなかった．しかし，キチナーゼを発現しているタバコの葉に致死量以下の量の Bt トキシンを塗布すると，Bt トキシンを塗布したがキチナーゼを発現していない非組換え体のタバコと比較して，タバコバッドワームもタバコスズメガも共に顕著に萎縮し，葉の食害も減少したことから，昆虫のキチナーゼ遺伝子を発現した植物が害虫防除の手法として農業上有効であろうことが推測されている[102]．

5.2.5　そ　の　他

昆虫ウイルスの1種であるイラクサキンウワバ顆粒病ウイルス（*Trichoplusia ni* granulosis virus；TnGV）からクローン化したエンハンシン遺伝子を導入した形質転換タバコは，アワヨトウに対する生育阻害活性を有していたという[105]．

5.3　耐病性作物

植物は，植物病原菌と総称されるカビ（糸状菌）やバクテリア（細菌），あるいはウイルスが感染することによって発病し，収量や品質が低下する．中でもカビによる病害が多いといわれている．その対策として，農薬（殺菌剤）の利用や抵抗性品種の育種などが行われてきた．

植物は病原菌やウイルスが感染すると，細胞壁の増強，ファイトアレキシン（フィトアレキシン）の合成とフェノール性化合物の酸化，防御関連の遺伝子の活性化，および細胞死や過敏感反応（hypersensitive response；HR）の局所発現，といった一連の防衛機構を誘導発現することによって防御する[106]．特に，病害抵抗性の発現が過敏感反応と関連しており，感染部位の細胞が壊死し，病原生物の生育がこの部位で停止することが多い[107]．これらは，免疫システムをもっていない植物独特の耐病性発現機構であるといえよう．これらの耐病性と，それに関連する様々な遺伝子が分離され，それらを導入した遺伝子組換え体が作出されている．

これまでに作出された耐病性の遺伝子組換え体の分類を表6.6に示した．それらは，①病原体に対し直接毒性を有するか，生育を抑制する遺伝子産物を発現，②病原体の病原成分を破壊あるいは緩和する遺伝子産物を発現，③植物体内で構造的に防御活性を促進することができる遺伝子産物を発現，④植物の防御を制御するシグナルを放出する遺伝子産物を発現，⑤抵抗性遺伝子産物を発現，に分類される[108]．以下にそれらの組換え体の事例について述べる．

表6.6　遺伝子組み換えによる耐病性発現の分類[108]

病原体に対し直接毒性を有するか，生育を抑制する遺伝子産物を発現する．
感染特異的タンパク質（pathogenesis-related proteins）
加水分解酵素（キチナーゼ，グルカナーゼ）
抗糸状菌タンパク質
オスモチン様タンパク質，ソーマチン様タンパク質
抗菌ペプチド
レクチン
リボソーム不活化タンパク質（RIP）
ファイトアレキシン
病原体の病原成分を破壊あるいは緩和する遺伝子産物の発現
ポリガラクツロナーゼ，シュウ酸，リパーゼ
植物体内で構造的に防御活性を促進することができる遺伝子産物の発現
ペルオキシダーゼ，リグニン
植物の防御を制御するシグナルを放出する遺伝子産物の発現
エリシターの産生，過酸化水素（H_2O_2），サリチル酸（SA），エチレン（C_2H_4）
抵抗性遺伝子産物の発現
過敏感反応（HR），非感染性因子（Avr）

5.3.1　病原体に対し直接毒性を有するか，生育を抑制する遺伝子

①感染特異的タンパク質（PR；pathogenesis-related proteins[109]），例えば，キチナーゼ（前述）[95-101]やグルカナーゼ[110-112]といった加水分解酵素（hydrolytic enzymes），②抗糸状菌タンパク質（オスモ

チン様タンパク質[113]，ソーマチン様タンパク質[114]），③ 抗菌ペプチド（チオニン[115-118]，ディフェンシン[119, 120]，レクチン[81]），④ リボソーム不活化タンパク質（RIP）[121]，⑤ ファイトアレキシン[122, 123]がある．

オスモチン様タンパク質（osmotin-like proteins）は，浸透圧ストレスと植物病原菌に対する防御の両方の作用を有する．このタンパク質遺伝子の cDNA（*pA13*）をカリフラワーモザイクウイルス（CaMV）の 35S プロモーターに連結してジャガイモに導入した結果，組換え体のジャガイモはオスモチン様タンパク質 pA13 を高いレベルで発現しており，ジャガイモ疫病菌（lateblight, *Phytophthora infestans*）に対する抵抗性が高まった[113]．

リボソーム不活化タンパク質（RIP）を，傷害によって誘導される *wun1* 遺伝子のプロモーターに連結して導入した組換え体のタバコは，組換え体の当代（R_0）と後代（R_1）で土壌病害菌であるイネ紋枯病菌（*Rhizoctonia solani*）に対する抵抗性が増大した[121]．

このほか，バクテリオファージの T4 リゾチーム遺伝子の導入によるジャガイモの軟腐病菌（*Erwinia carotovora* spp.）に対する抵抗性誘導[124]，トウモロコシ黒穂病菌（*Ustilago maydis*）の分泌性ポリペプチド KP6 の遺伝子導入によるタバコのカビ抵抗性[125]，など多くの報告がある．

5.3.2 病原体の病原成分を破壊あるいは緩和する遺伝子

ポリガラクツロナーゼの阻害タンパク質[126]，シュウ酸酸化酵素[127]，シュウ酸脱炭酸酵素，などの遺伝子を導入した組換え体が報告されている[108]．

シュウ酸を酸化分解するコムギのシュウ酸酸化酵素（oxalate oxidase）の遺伝子を，35S プロモーターの制御下に接続して導入したハイブリッドのポプラ（*Populus* × *euramericana* 'Ogy'）は，葉，茎，根でこの遺伝子を発現し，シュウ酸に対する抵抗性が高まり，ポプラに感染しシュウ酸を生産して生育するセプトリア菌（*Septoria musiva*）の接種に対する抵抗性も高まった[127]．また，タバコ野火病菌（wild fire of tobacco, *Pseudomonas syringae* pv. *tabaci*）の毒素タブトキシン（tabtoxin）を分解して不活化するアセチル化酵素の遺伝子（タブトキシン耐性遺伝子（*ttr*））をアグロバクテリウム法でタバコに導入した結果，得られた組換え体のタバコはタブトキシン耐性遺伝子（*ttr*）を特異的に発現し，タブトキシンの処理やタバコ野火病菌に対して抵抗性を示した[128]．

5.3.3 植物体内で構造的に防御活性を促進することができる遺伝子

細胞の木化，コルク化などに対して，ペルオキシダーゼ（peroxidase；POX）は促進的に作用する．すなわち，ペルオキシダーゼによって，シンナミルアルコールの重合[129]によるリグニン生成と，木部繊維の二次壁の肥大が促進される[130]．その結果，物理性が向上して菌類の感染を防御する．

セイヨウワサビのペルオキシダーゼ遺伝子（*prxC2*）を高発現させたヒラナス（*Solanum integrifolium* Poir. cv. Hiranasu）は，ペルオキシダーゼ活性，リグニン含量ともに増加し，さらに，これら形質転換体はハスモンヨトウ（common cutworm, *Spodoptera litura*）およびオオタバコガ（corn earworm, *Heliothis armigera*）の幼虫に対して耐虫性を示したという[131]．

5.3.4 植物の防御を制御するシグナルを放出する遺伝子

エリシター，過酸化水素（H_2O_2），サリチル酸（SA），エチレン（C_2H_4）などは，病原微生物の感染により発現し，感染のシグナル伝達経路を介して防御遺伝子であるPR遺伝子を活性化し，局所的な獲得抵抗性あるいは全身獲得抵抗性（SAR）を誘導する．例えば，サリチル酸は，SARの誘導にかかわる不可欠なシグナルであることが明らかにされており[132–134]，さらに，サリチル酸のアナログであるINA（2,6–ジクロロイソニコチン酸，2,6–dichloroisonicotinic acid）やBTH（ベンゾ(1,2,3)チアジアゾール–7–カルボチオ酸*S*–メチルエステル，benzo (1,2,3) thiadiazole–7–carbothioic acid *S*–methyl ester）を処理するとSARが誘導される[135, 136]．

これらのシグナル分子の産生にかかわる遺伝子を導入した組換え体が，PR遺伝子を活性化し，局所的な獲得抵抗性あるいはSARを誘導して耐病性を制御する様々な事例が報告されている[108, 137]．一例として，サリチル酸のシグナル伝達に関与してSARを誘導する*NPR1*遺伝子（アラビドプシスからクローニング）をクローニングし，この遺伝子のcDNAをCaMV 35Sプロモーターの制御下に接続してシロイヌナズナ（*Arabidopsis thaliana*）に導入した結果，*NPR1*遺伝子が高レベルで発現した植物はNPR1タンパク質を高レベルで含有しており，ベト病菌（*Peronospora Parasitica* strain Noco）および斑点細菌病菌（*Pseudomonas syringae* pv. *maculicola* ES4326）に対して抵抗性を示しており，1つの遺伝子が植物の非特異的な病害抵抗性を誘発できる事例とされている[137]．

5.3.5 病害抵抗性遺伝子（disease resistance genes；R genes）

植物は，病原菌を認識する病害抵抗性遺伝子を有しており，病原菌が，抵抗性遺伝子に認識される非病原性遺伝子を有しているときだけ抵抗性を発現する（図6.12）．病害抵抗性遺伝子の産物は，病原体の受容体（receptor）として働くか，あるいは副受容体（coreceptor）を通して間接的に非病原体を認識する．このような遺伝子対遺伝子の関係（gene for gene interaction）[138]によって単一あるいは複数のシグナル伝達経路が誘発され，これによって植物体内で防御反応が活性化されて病原体の生育が阻止される（図6.12）．活性化される防御反応には，過敏感反応（HR）の発達，感染特異的タンパク質（PRタンパク質，pathogenesis relating proteins）の発現，サリチル酸の蓄積，などがあり，これらの活性化を通して全身獲得抵抗性（SAR）が発達する[108, 139]．エチレンやジャスモン酸（JA）も遺伝子対遺伝子の関係における防御反応におけるシグナリングに関与している（図6.12）．

これまでに病害抵抗性遺伝子は，トマト，タバコ，イネ，アラビドプシスなどから分離されており，そのタンパク質は主要な5クラスに分類され，いずれも類似した構造（similar motifs）を有している（図6.13）．病害抵抗性遺伝子の構造には，セリンあるいはスレオニンキナーゼモチーフ（モチーフ：保存性の高い共通の構造を有する部位），ヌクレオチド結合部位（nucleotide binding site；NBS），ロイシンジッパー（leucine zipper），ロイシンリッチ反復配列部位（leucine-rich repeat region；LRR region）などがあり，いずれも病原体の認識に関与していると考えられている[108]．これらの構造の中で，植物にはNBS–LRRタイプの遺伝子[140]が多いことが見出されている[141, 142]．

抵抗性遺伝子（R gene）を発現した組換え体が複数報告され，抵抗性の発現についても報告さ

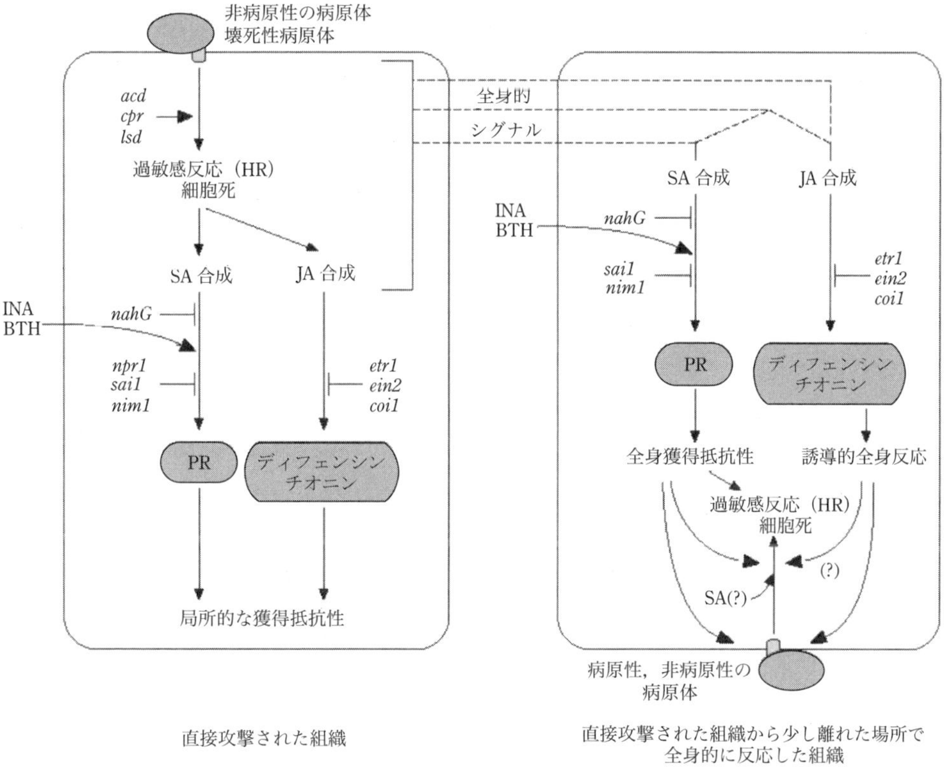

図 6.12 病原菌の感染による防御反応の発現経路[108, 139]

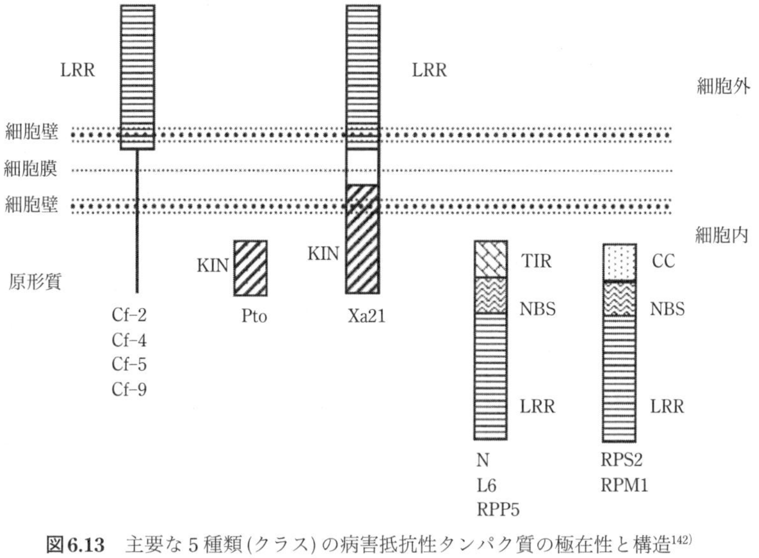

図 6.13 主要な 5 種類（クラス）の病害抵抗性タンパク質の極在性と構造[142]

LRR：ロイシンリッチ反復（leucine-rich repeats），NBS：ヌクレオチド結合部位，KIN：セリン-スレオニンタンパク質キナーゼ，CC：コイルドコイルドメイン，TIR：Toll 様およびインターロイキン受容体ドメイン．各モデルの下の記号は病害抵抗性タンパク質の名称．

ロイシンリッチ反復は 20〜29 アミノ酸残基からなる配列モチーフで，特に保存性の高い 11 残基は LxxLxLxx$^{N}/_{C}$xL（x は任意のアミノ酸，L はバリン，イソロイシン，フェニルアラニン）からなる（Kobe and Kajava, 2001）.

れている[143, 144]が，病原体の認識に必要な因子やシグナリングの制御は複雑であり，病害抵抗性獲得の制御条件の解明が続けられている[143-145]．

5.4　ウイルス抵抗性作物

遺伝子導入によるウイルス抵抗性の発現は，米コーネル大学の Sanford と Jhonston によって提出された病原体由来抵抗性（pathogen-derived resistance；PDR）の概念がよりどころとされている場合が多い[146, 147]．この概念をよりどころとして，ウイルス由来遺伝子やゲノム断片遺伝子を導入発現して，ウイルス抵抗性を持つ組換え体を作製する試みがなされてきた．Beachy らは，多くの試みを通して，タバコモザイクウイルス（TMV）の外皮タンパク質（coat protein；CP）遺伝子をクローニングし，当初はこれをカリフラワーモザイクウイルス（CaMV）の 19S プロモーターに接続（ligated）してタバコ品種キサンチに導入し全身獲得抵抗性（SAR）の発現を目指したが成功せず，その後モンサントが開発した発現性が著しく高い CaMV 35S プロモーターを使用することによって CP を発現することに成功している[148]．この組み換え体の外観は非組換え体と変わらないが，栽培をして TMV を接種すると非組換え体よりも病徴の発現がずっと遅くなった．この現象がウイルス抵抗性の遺伝的な発現であることを確認して 1986 年に報告したが，これが，TMV の *CP* 遺伝子を発現する形質転換タバコが TMV の感染に対して抵抗性であることが報告された最初の論文である[149, 150]．

タバコモザイクウイルス普通系（TMV-common (U_1) strain）の *CP* 遺伝子を導入した遺伝子組換えトマト（VF36 系統）は，TMV およびトマトモザイクウイルス（ToMV）のL，2，および 2^2 系統の感染と病徴発現に部分的な抵抗性を示した．圃場で栽培して TMV を接種した場合，組換え体の CP 発現系統では病徴が見られたのは 5％以下であったが，組換えをしていない VF36 系統は 99％に病徴が見られた．温室で栽培したウイルス未接種の組換え体 CP 発現系統（306 系統）と組換えをしていない CP 未発現系統の葉と茎の乾物蓄積はほぼ同じであった．圃場栽培では，組換えをしていない VF36 系統はウイルス感染によって果実の収量が 26～35％低下したのに対して，組換え体 CP 発現系統では影響が見られず，ウイルス未感染の VF36 系統の収量とほぼ同じであったという[151]．これらの結果は，遺伝子組換え植物がウイルス抵抗性の育種の有力な手段となることを示している．

これまでに植物に導入された *CP* 遺伝子，あるいは，そのアンチセンス RNA 遺伝子には，キュウリモザイクウイルス（CMV），アルファルファモザイクウイルス（AMV），ジャガイモウイルス X（PVX），ジャガイモウイルス Y（PVY），ジャガイモウイルス S（PVS），ジャガイモ葉巻ウイルス（PLRL）などの RNA ウイルスがある．これらは，トマト，アルファルファ，ジャガイモ，パパイヤ，カボチャなどに導入され，すでにジャガイモ，パパイヤ，カボチャなどで実用栽培されている．作出された形質転換植物ではそれぞれのウイルスに対する抵抗性が発現しており，CP を介した防御（あるいは抵抗性）という意味で CPMP（coat-protein-mediated protection）あるいは CPMR（coat protein-mediated resistance）と呼ばれている[152]．これらは，一次ウイルスの感染が二次ウイルスの感染を阻害するという干渉（interference, cross protection）が働いた結果であると考えられている．

干渉という現象は，動物細胞ではインターフェロンとして以前から知られており[153]，広くウイルス病の治療や予防に使用されている．植物でも，同一のホスト細胞に類似したウイルスが感染するとお互いに干渉しあう現象がすでに1929年に報告されており[154]，弱毒ウイルスやウイルス抵抗性の遺伝子組換え植物などに応用されて実用化されてきた．

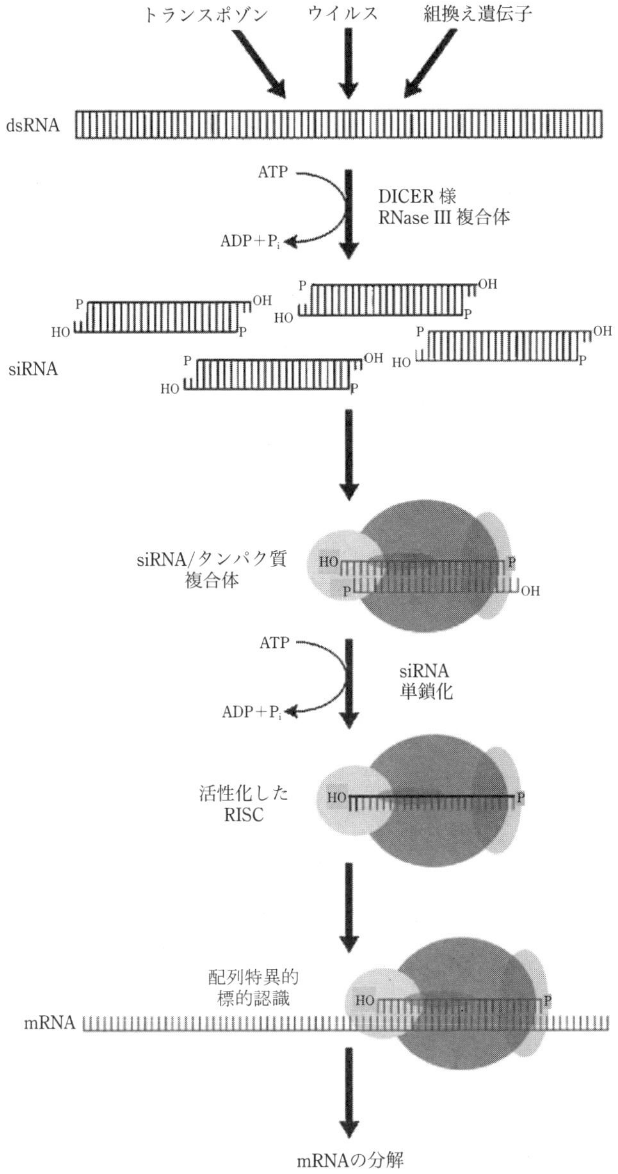

図6.14 RNAサイレンシングの経路

(Roth *et al*., *Virus Res*., **102**, 97–108, 2004)

dsRNAがDICER (RNAIII) によって開裂し，20〜25塩基のsiRNAを生成する．siRNAはタンパク質と複合体（RNA誘導サイレンシング複合体）を形成し，単鎖化したsiRNAが標的mRNAを認識して分解する．

dsRNA：二本鎖RNA，siRNA：短縮干渉RNA（small interfering RNA），RISC：RNA誘導サイレンシング複合体（RNA-induced silencing complex）．

ウイルス抵抗性の遺伝子組換え植物は前述のように1980年代に始めて作出され，1990年代に実用化が始まって現在に至っている．ウイルスの*CP*遺伝子，あるいは，そのアンチセンスRNA遺伝子を導入することで発現するウイルス抵抗性は，干渉作用によるウイルス抵抗性であると考えられてきた．同様な現象は，遺伝物質として環状一本鎖DNAを持つジェミニウイルスの一種トマト黄化葉巻ウイルス（tomato yellow leaf curl virus；TYLCV）のキャプシドタンパク質（capsid protein：ウイルス粒子の核酸を包む外皮タンパク質）遺伝子を導入した形質転換トマトでも報告されている[155]．

最近では，ウイルスRNAを介する抵抗性，すなわち，病原体由来抵抗性（PDR）の発現は，転写後ジーンサイレンシング（post transcriptional gene silencing；PTGS）と呼ばれ，転写後にウイルスRNAが分解されて不活化されてしまうRNA干渉（RNA interference；RNAi，図6.14参照）が重要な役割を果たしていることが明らかになっている[156]．

病害抵抗性遺伝子（R gene）を発現する組換え体によってウイルスを防御する手法も報告されている．病害抵抗性遺伝子は，前節で述べた経路（図6.12）によって過敏感反応（HR）を誘導し，ウイルスの感染部位の細胞が壊死して局部病斑（local lesion）を生じることにより，ウイルスの感染を局部感染に封じ込め，ウイルスの全身感染（systemic infection）を防止する．病害抵抗性遺伝子は5クラスに分類されていることについては前述した[142]が，NBS-LRRタイプの抵抗性遺伝子[140, 142]であるタバコ由来の*N*遺伝子を，感受性作物であるトマトに導入した組換え体植物は，本来の植物であるタバコと同様にトマトでもTMVに対して過敏感反応を示し，ウイルスを接種した部位に局部病斑を生じることにより，TMVに対して抵抗性を示した[157]．

このほか，CMVのサテライトRNA（cucumber mosaic virus satellite RNA）の遺伝子導入によるCMV抵抗性発現[158–162]をはじめ，RNAレプリカーゼ（RNA replicase：RNAウイルスのゲノムRNAを複製する酵素）[163]，植物で生産する外皮タンパク質抗体（プランチボディ，plantibody）[164]，ヨウシュヤマゴボウ（pokeweed, *Phytolacca americana*）が生産するウイルス感染阻害タンパク質PAP（pokeweed antiviral protein）[165]などの遺伝子を導入した組換え植物が，ウイルス抵抗性を発現したと報告されている．

5.5 線虫（ネマトーダ）耐性作物

植物寄生性線虫（plant-parasitic nematodes；PPN，植物寄生性ネマトーダ）は，根の表面（外部寄生，ectoparasite）や組織に寄生（内部寄生，endoparasite）して植物を加害する．代表的な植物寄生性線虫には，内部寄生するネコブ線虫（root-knot nematode）やシスト線虫（cyst nematode）がある．その防除には殺線虫剤や生態的防除が適用されているが，殺線虫剤は毒性や環境汚染の問題から製品の撤退や利用制限などがなされており[166]，利用は減少している．ネマトーダ耐性作物が一部では育成されているが，線虫の被害は甚大で生産量の約20％といわれ，世界で年間770億ドル（8兆円）[167]～1 000億ドル（10兆6 000億円）[168]に上るといわれている．

線虫抵抗性を発現する遺伝子は多様である．それらは，抵抗性遺伝子（resistant genes）やエフェクター（effectors：機能や応答を変える作用を有する）などである．前者には，*Mi*遺伝子や*Hs*

遺伝子（*Hs1*, *Hs2*, *Hs3*）などの抵抗性遺伝子が[166]，また，後者には酵素阻害剤（プロテアーゼインヒビター，protease inhibitor），毒素（Bt トキシン，Bt toxin），特異的結合物質（レクチン；lectins，モノクローナル抗体（あるいは単クローン抗体）；monoclonal antibodies）），分解酵素（コラゲナーゼ，collagenase，キチナーゼ；chitinases），摂食細胞のかく乱物質（feeding-cell disrupture），細胞毒素（cytotoxin）などがある[166]．

線虫抵抗性遺伝子として *Mi* 遺伝子[169]や *Oc-I*（oryzacystatin I）遺伝子[170]が分離され，遺伝子組換え植物が作られている．*Mi* 遺伝子はトマトの原種（*Lycopersicon peruvianum*）から栽培品種に導入されている．広範な病原体に対する認識に関与する NBS-LRR タイプ（図 6.13 参照）の遺伝子であり[171]，多くの作物で被害をもたらしているネコブ線虫（*Meloidogyne* spp.）に対して強い抑制活性を有している．*Mi-1.2* 遺伝子を導入したネコブ線虫感受性トマト（品種マネーメーカー，Moneymaker）は，ネコブ線虫（*Meloidogyne incognita*）に対する抵抗性を発現しており[172, 173]，さらにはアブラムシ（aphids）[173]やタバココナジラミ（whitefly, *Bemisia tabaci*）[173, 174]など，広範な抵抗性育種の有力な手段となることが示されている．

線虫抵抗性の他の手段は，エフェクター遺伝子（effector genes）の導入である．例えば，昆虫の接触阻害などで知られているプロテイナーゼインヒビターの 1 つ，ササゲのトリプシンインヒビターを発現するように形質転換したジャガイモは，シスト線虫（*Globodera pallida*）の初期成長と繁殖能力を抑制した[175]．また，動物の寄生性線虫で報告されているシステインプロテイナーゼに対するインヒビターであるシスタチン（cystatin）の遺伝子（オリザシスタチン-I（*Oc-I* と *Oc-I ΔD86*））[170]を導入したトマトの毛状根は，*Globodera pallida* のメスの成長を抑制し，繁殖が顕著に阻害された．プロテイナーゼインヒビターは菌類や昆虫などの防御にも有効であるとされていることから，多面的な応用が期待される．

前述したバチルス・チューリンゲンシスの結晶性毒素タンパク質[176]の遺伝子を導入したトマトが線虫に対して抵抗性を有するという報告もある[177]．

6. 遺伝子組換え植物による有用代謝物質生産

植物は多様な代謝物質を生産する能力があり，医薬品，食品原料，工業用化学品，農薬，化粧品，などとして利用されるものも多数存在する（IV章参照）．中でも，薬として利用される植物は 13 000 種にもなり，また，医薬品の化合物の 25％が植物に由来するという[178]．植物の代謝物質には一次代謝物質と二次代謝物質とがある．一次代謝物質はあらゆる植物が含有し，生命維持に必要とされる化合物であり，有機酸，糖，脂質，アミノ酸，核酸，タンパク質などがある．二次代謝物質は一次代謝から派生して生産され，生命維持には直接関与せず，一部の植物に限定して見出されることが多い化合物であり，芳香族化合物，テルペン類，ステロイド類，アルカロイドなど多様な化学構造を有する．植物体内における二次代謝物質の機能は明らかではないことが多いが，主として生体防御に関与していると考えられている．

遺伝子組換えによる植物代謝物質生産に関する研究は，1990 年代から現在に至るまで発表論文数が増加し続けている．中でも，遺伝子の直接の転写翻訳産物であるタンパク質（抗体，ワクチン，酵素など）に関する研究は，付加価値の高い医療への応用を中心に多数の報告がなされている[179-189]．タンパク質以外の代謝物質はいずれも酵素による代謝変換を経由して生合成されている．そのため，目的とする代謝物質を高生産するためには目的とする代謝物質に至る経路の酵素活性を高める（up regulation）だけでなく，それ以降，あるいはそれと競合する代謝経路の酵素活性を低下させる（down regulation）などの制御を行う代謝工学（metabolic engineering，metabolic pathway engineering，あるいは単に pathway engineering[190] という）の技術も必要とされる[191-194]．これまでに，植物の代謝に関与する酵素遺伝子は数多く分離されており，それらの遺伝子の導入と発現制御によって，有用な代謝物質の生産性が高まる事例などが報告されている．

6.1 糖（オリゴ糖，oligosaccharide）

6.1.1 フルクタン（fructan）

フルクタンは，貯蔵炭水化物として被子植物の 15％の種類で生産されており，β-2,1 結合のイヌリン型（不溶性，可溶性，主として双子葉植物）のものと，β-2,6 結合のレバン型（可溶性，主として単子葉植物）のもの（図 6.15）があり，直鎖あるいは分岐鎖からなるポリフルクトシルスクロース（polyfructosylsucrose）である[195]．多くの植物がデンプンを貯蔵炭水化物としているのに対し，身近な植物では，トウモロコシ，コムギ，オオムギ，チコリ，チューリップ，タマネギなどが貯蔵炭水化物としてフルクタンを含有している．デンプンが葉緑体で生産され，不溶性であるのに対し，フルクタンは細胞の中でも大きな容積を占める液胞に溶解して蓄積するので，より貯蔵性の高い炭水化物であるといえる[196]．フルクタンは貯蔵物質としてだけではなく，乾燥や低温に対する耐性においても重要な役割を果たしていると考えられている[195, 197, 198]．久野らは，コ

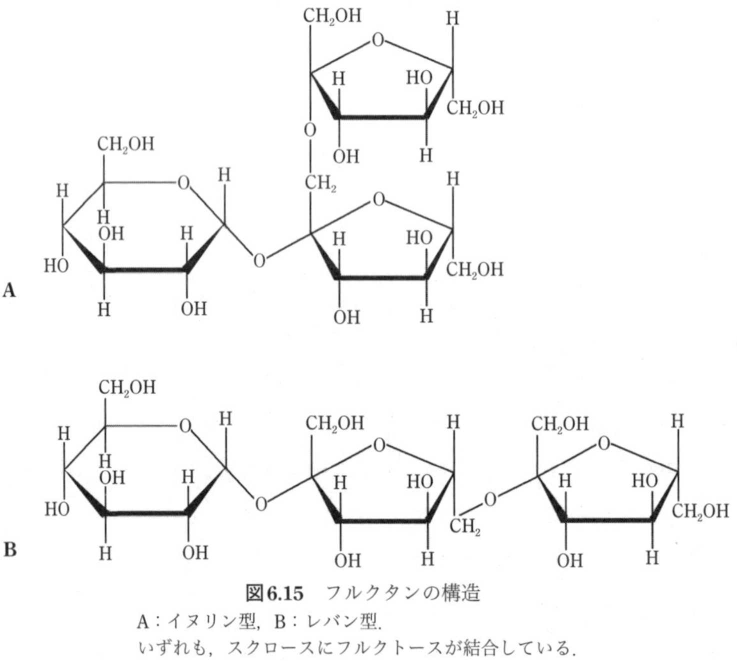

図6.15 フルクタンの構造
A：イヌリン型，B：レバン型．
いずれも，スクロースにフルクトースが結合している．

ムギからフルクトシルトランスフェラーゼ遺伝子を分離し，*wft1* と *wft2* の2つの遺伝子をペレニアルライグラスに導入し，作出した遺伝子組換え体の細胞を調べた結果，組換え体ではフルクタンが顕著に高まり，細胞レベルで耐凍性が高まったと報告している[199]．また，フルクタンを蓄積する遺伝子組換えタバコでは，乾燥抵抗性が高まったと報告されている[196]．

フルクタンは，ヒトの消化器官では消化されないので，低カロリー食品の原料としても利用される．低分子のフルクタンは甘味があり，低カロリーである特性を利用して低カロリー甘味料となる．高分子のものには甘味はない．フルクタンを植物に生産させる研究としては，バチルス属の微生物（*Bacillus subtilis*）から分離したフルクトシルトランスフェラーゼ（レバンスクラーゼ，EC 2.4.1.10）遺伝子である *SacB* 遺伝子[200, 201]をアグロバクテリウム・ツメファシエンスでタバコ[196, 202, 203]やチコリ[197]に導入した結果，得られた形質転換植物はフルクタンを顕著に蓄積したという報告がある．形質転換タバコが生産蓄積したフルクタンはバチルスと同様に分子量が大きく，フルクタンの蓄積量は細胞の乾燥重量当たり3〜8%に達したという[202]．細胞へのフルクタンの蓄積については，同じく *SacB* 遺伝子を導入した遺伝子組換えタバコでは，フルクタンの蓄積により組織が損傷を受けることが報告されている．

6.1.2 シクロデキストリン（cyclodextrin；CD）

シクロデキストリンは，α-D-グルコピラノース残基がシクロデキストリングリコシルトランスフェラーゼ（cyclodextrin glycosyltransferase；CGTase，EC 2.4.1.19）の作用によって，6，7あるいは8分子がα-1,4グリコシド結合した環状のオリゴ糖である（図6.16）．6，7あるいは8分子の環状オリゴ糖は，それぞれα，β，γ-シクロデキストリン（α-CD，β-CD，γ-CD）と呼ばれる．分子の外部は親水性，内部は疎水性（親油性）という独特な構造を有しており，分子内環構造の中に多様な化合物を取り込み，放出することができる．この性質を利用して，分子内に薬物を包接したシクロデキストリンを投与し，目的部位まで安定に薬物を運搬して届ける薬物キャリヤーシステム（drug carrier system）[204]，あるいは薬物送達システム（drug delivery system）[205]が開発されている．その一例として，シクロデキストリンは，胃や小腸では分解されず，大腸では速やかにグルコースに分解される性質を利用し，大腸ターゲティングの薬物投与法が開発されている．遺

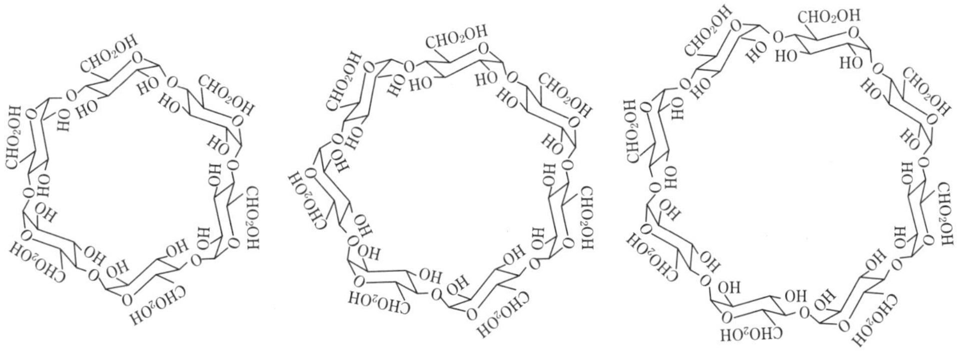

α-CD　β-CD　γ-CD

図6.16　シクロデキストリンの化学構造

伝子を結合して遺伝子治療のための遺伝子送達システムとする場合もある[206-208].

また，薬物以外にも様々な機能性成分を分子内に取り込み，熱や酸化などに対して安定化することができること，難消化性であることから低カロリー増量剤となること，などから広く食品に利用されている．シクロデキストリンの生産には，主としてデンプンの加水分解物にバクテリア（*Bacillus* 属や *Klebsiella pneumoniae*）の酵素 CGTase を作用させることによって行われる．

植物は CGTase を持たず，シクロデキストリンを生産しない．クレブシエラ・ニューモニエ（*Klebsiella pneumoniae* M5al）から分離した CGTase 遺伝子を導入した形質転換植物によってシクロデキストリンを生産する試みは，Oakes ら[209, 210]が報告している．*Klebsiella pneumoniae* M5al から得た CGTase 遺伝子を，ジャガイモ（*Solanum tuberosum*）の塊茎で特異的に発現するパタチン（patatin：ジャガイモの主要な貯蔵タンパク質）プロモーターの下流に結合したキメラ遺伝子を，ジャガイモに組み込んだ結果，ジャガイモ塊茎中に α-CD が 2〜20 μg/gfw（fw：新鮮重），β-CD が 2〜5 μg/gfw 生産された[209]．今後，生産性を顕著に高めることができれば非常に有用な技術になるし，従来得ることができなかった新規な炭水化物の生産技術としても注目される．

シクロデキストリンを環境浄化に使用する試みもなされている．多環芳香族炭化水素（PAH；polycyclic aromatic hydrocarbons）は発がん性，突然変異性を有し，土壌に吸着されているので可溶化して分解することが困難な有機汚染物質であるが，生物界面活性剤で土壌処理することによって有機汚染物質を効率的に生物分解することが知られている．シクロデキストリンも生物界面活性剤の一種であり，土壌中の有機汚染物質や無機汚染物質を可溶化し，特に，PAH の 1 つフェナントレンの生物分解を促進することが明らかにされている．そこで，Settavongsin は，シクロデキストリンの生産酵素であるパエニバチルス・イリノイジエンシス（*Paenibacillus illinoisiensis*）の CGTase 遺伝子を分離し，タバコに導入した遺伝子組換え植物（PI-cgt）を作出し，その機能を調べている[211]．PI-cgt は CGTase 酵素を分泌し，培養液のデンプンを分解することが示された．土壌汚染物質 PAH の入った土壌で PI-cgt タバコを栽培し，浄化されたのかどうかは明らかではなかったとしているが，β-CD が汚染物質を溶解，分解できるようになると大きな意味がある．

6.2 アミノ酸

アミノ酸は，食用作物（特に穀類）の栄養価を高めることだけでなく，植物自体の生理的，代謝的特性を制御する重要な役割を担っている[212]．リシン，メチオニン，スレオニンの 3 つの必須アミノ酸は，食料や家畜の飼料に使用される穀類には少ししか含有されていない[213]．これら 3 つのアミノ酸はアスパラギン酸から複数の分岐したアスパラギン酸ファミリーの経路を経由して合成される[214]．アミノ酸の生合成経路は複雑な代謝の制御からなっており[215]，遺伝子組換えによっても特定のアミノ酸の合成のみを自由に制御できるわけではなく，生合成に関連する他のアミノ酸や関連成分，異化経路の成分なども変動する．

これまでの代表的な研究成果の 1 つは，リシンの生産性を高める遺伝子組換えの成功である．1995 年にダイズとカノーラ（アブラナ）で成功[216]して以来多くの組換え体の報告があり，すでにアメリカ，カナダ，日本，フィリピン，オーストラリア，ニュージーランドでは飼料やデンプン原料として使用されるデント種のトウモロコシの組換え体が認可され，栽培や利用が実用化されている．日本では高リシントウモロコシ 2 種類（高リシントウモロコシ LY038 と高リシンおよびチョウ目害虫抵抗性トウモロコシ LY038×MON810）が，それぞれ 2007 年 8 月 23 日と 2007 年 11 月 20 日に，カルタヘナ法に基づく第一種使用規定が承認された遺伝子組換え農作物として環境大臣および農林水産大臣の承認を受けている．承認を受けた第一種使用等の主な内容は，栽培，食用，飼料用であり，食品安全性（食品衛生法）と飼料安全性（飼料安全法）の確認もされている．

リシンはヒトや家畜が食べる食品の中で重要な必須アミノ酸の 1 つであり，タンパク質の構成アミノ酸となるだけでなく，植物の成長や環境に対する反応を制御するシグナル伝達の役割をする重要なアミノ酸であるグルタミンの前駆物質でもある[217]．リシンは，食料や家畜の飼料にさ

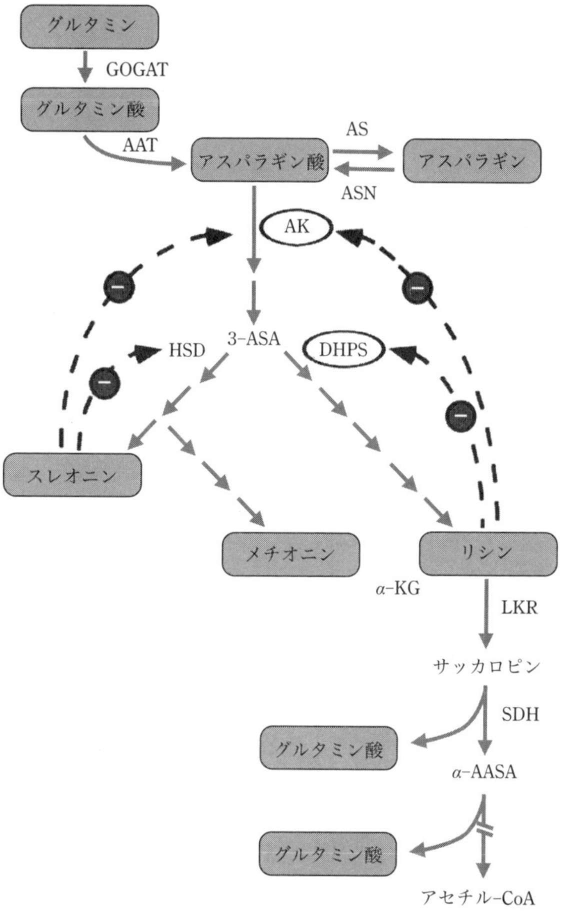

図 6.17 アミドアミノ酸 (上)，アスパラギン酸ファミリーの経路 (中央)，リシン異化経路 (下) の模式図（Zhu and Galili, 2003）

フィードバック阻害回路（feedback inhibition loops），GOGAT：グルタミン酸合成酵素，AAT：アスパラギン酸-アミノ酸転移酵素，AS：アスパラギン合成酵素，ASN：アスパラギナーゼ，AK：アスパラギン酸キナーゼ，DHPS：ジヒドロジピコリン酸合成酵素，HSD：ホモセリン脱水素酵素，LKR：リシン-ケトグルタル酸還元酵素，SDH：サッカロピン脱水素酵素，3-ASA：3-アスパラギン酸セミアルデヒド，α-KG：α-ケトグルタル酸，α-AASA：α-アミノアジピン酸セミアルデヒド．最下部の矢印の破断は，アセチル-CoA 生成に至る数段階の酵素反応を示している．

れる穀類では制限アミノ酸となっており，含量が少ないので，年間20万トンのリシンが発酵法で作られているのが現状であり[216]，穀類のリシン含量増加が重要な育種課題となっている．リシンは，含量が高まるとフィードバック制御によって上流の2つの生合成酵素，アスパラギン酸キナーゼ（AK）とジヒドロジピコリン酸合成酵素（DHPSあるいはDHDPS）（図6.17）が阻害されるので，主要な穀類では含量が低い．フィードバック制御が解除されたコリネバクテリウム菌（*Corynebacterium*）から得たDHPSと大腸菌変異株から得たAKの2つの酵素はいずれもリシンに非感受性であり，フィードバック阻害がないのでリシンの生産能が著しく高い．これらの酵素遺伝子を，ダイズとカノーラ（アブラナ）の種子特異的なプロモーターに連結して導入した結果，得られた遺伝子組換え体は，カノーラの種子では可溶性リシンが100倍以上，種子貯蔵タンパク質中のリシンが約2倍に増加し，ダイズでも可溶性リシンが100倍以上，種子タンパク質中のリシンが5倍に増加したという[216]．同時に，リシンの異化代謝経路の代謝中間体であるα-アミノアジピン酸（AA）とサッカロピンの蓄積も観察されている[216]．得られた種子は，リシン含量が総アミノ酸の12％までは外観，発芽ともに正常であったが，15％以上になると種子にしわができ，発芽率も低下した[216]．目的形質以外に，代謝的・生理的影響が生じており，代謝制御の複雑さがうかがわれる[218]．

すでに実用化された高リシントウモロコシLY038系統（モンサント社）は，フィードバック制御を解除（deregulate）したリシンの生合成酵素であるDHPSを発現する遺伝子*cordapA*の発現と，リシンの異化経路で働く二機能性酵素（bifunctional enzyme），リシン-ケトグルタル酸還元酵素/サッカロピン脱水素酵素（LKR/SDH）[219]の抑制とを同時に発現する単一遺伝子組換えカセット（single transgene cassette）を使用してトウモロコシに遺伝子導入を行っている[220]．

このほか，メチオニン[221]やトリプトファン[222]などの報告もある．

6.3 脂　肪　酸

脂肪酸は脂質の主要な構成成分であり，細胞膜や核，葉緑体，ミトコンドリアなどの細胞小器官の膜質の構成成分であるほか，代謝においても重要な役割を果たしている．脂肪酸は，食品に含まれて栄養学上重要であるばかりでなく，工業製品としても炭素数や不飽和度の違いによって洗剤，界面活性剤，医薬品，化粧品，乳化剤，ニス，オイル，潤滑油，印刷用インク，可塑剤，塗料などに加工され，広い産業分野で利用されている（表6.7）[223]．

植物による脂肪酸の生産は，ダイズ，オイルパーム，カノーラ（ナタネ），ヒマワリが主要な原料作物であり[224]，いずれも種子から抽出されている．その生産量は，世界で年間8 700万トンに達しており[225]，2008年から2012年の平均では，1億800万トンと推定されている[226]．脂肪酸には，飽和脂肪酸と不飽和脂肪酸があり，炭素数と不飽和結合の位置とによって異なった性質を示す．植物種子中の脂肪酸の多くは炭素数12～22，シス型二重結合が0～3であるが，官能基にヒドロキシル基，エポキシ基，シクロプロペン，アセチレンなどが結合し，200を超える多くの種類があり，色素体と小胞体で生合成される[227-231]（図6.19参照）．それらのうち，主要な脂肪酸はリノール酸（$\Delta 9,12C_{18:2}$），パルミチン酸（$C_{16:0}$），ラウリン酸（$C_{12:0}$），オレイン酸（Δ9

表6.7 脂肪酸の種類と利用分野[223)]

炭素鎖の長さ	利用分野	
	食　品	食品以外
C_8〜C_{10}	マーガリン	石けん，界面活性剤，化粧品
C_{12}〜C_{14}	菓子，合成クリーム	界面活性剤，洗剤，化粧品
C_{16}	ショートニング	界面活性剤，キャンドル，潤滑油，化粧品
$C_{18:0}$	菓子	界面活性剤，医薬品，キャンドル
$\Delta 6C_{18:1}$		界面活性剤，ポリマー，化粧品，医薬品
$\Delta 9C_{18:1}$	マーガリン，てんぷら油，サラダ油	石けん，界面活性剤，コーティング剤，可塑剤，化粧品，医薬品，ポリマー
$\Delta 9,12C_{18:2}$	サラダ油，マーガリン	コーティング剤，乾性油
$\Delta 9,12,15C_{18:3}$	サラダ油，マーガリン	ワニス，コーティング剤，リノリューム，乾性油
$12OH\text{-}\Delta 9C_{18:1}$		潤滑油，可塑剤，コーティング剤，医薬品，化粧品，印刷インク，織物染料，皮革製造，医薬品の処方
$\Delta 13C_{22:1}$		ポリマー，化粧品，潤滑油，可塑剤，界面活性剤，医薬品

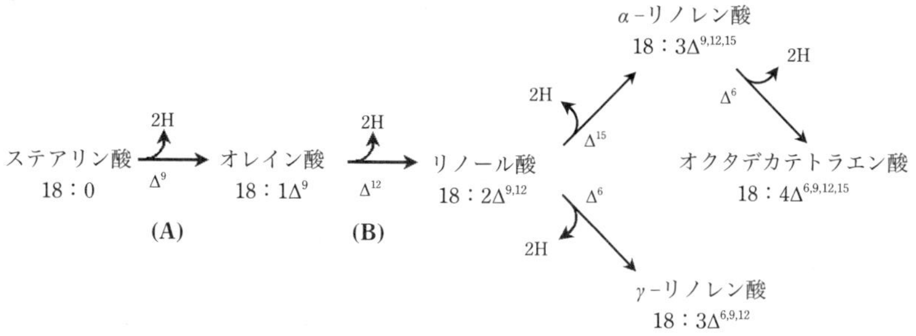

図6.18 C_{18} 脂肪酸の不飽和化経路
(Reddy and Thomas, *Nature Biotechnol.*, **14**, 129, 1996)
(A) Δ^9-デサチュラーゼ（*ghSAD-1* 遺伝子）
(B) Δ^{12}-デサチュラーゼ（*ghFAD2-1* 遺伝子）

$C_{18:1}$)，リノレン酸（$\Delta 9,12,15C_{18:3}$）の5種類にすぎない[224, 228)]．そこで，目的とする様々な脂肪酸を効率良く生産するために，遺伝子組換えによって，脂肪酸の炭素数や不飽和度を制御することが重要な課題となってくる（図6.18）．

遺伝子操作は，脂肪酸の合成に関与する多くの酵素遺伝子（図6.19）が対象とされている．目的とする脂肪酸より手前（上流）の代謝経路の酵素遺伝子の発現を高めるように制御するか（発現上昇；up regulationという），あるいは，目的とする脂肪酸より先（下流）の代謝経路の酵素遺伝子の発現をアンチセンスやRNAiによって低下させる（発現低下；down regulationという）と，目的とする脂肪酸の生産が高まる．このような制御を遺伝子組換え植物で行うことにより，セイヨウアブラナ（*Brassica napus*），アラビドプシス，ダイズ，ワタ，タバコ，カラシナ（*Brassica juncea*）など多くの植物でカプリル酸（オクタン酸，$C_{8:0}$），カプリン酸（デカン酸，$C_{10:0}$），ラウリン酸（$C_{12:0}$），パルミチン酸（$C_{16:0}$），ステアリン酸（$C_{18:0}$），ペトロセリン酸（$C_{18:1}\Delta^6$），γ-リノレン酸（$C_{18:3}\Delta^{6,9,12}$），オレイン酸（$C_{18:1}\Delta^9$）など様々な脂肪酸の生産を顕著に高めることに成功している[228, 230)]．導入遺伝子はアシル-ACP チオエステラーゼ遺伝子（クフェア，カリフォルニアベイ，アラビドプシス，マンゴスチン），ステアロイル-ACP Δ^9-デサチュラーゼ（ダイズ，ブラシカ，ワタ），

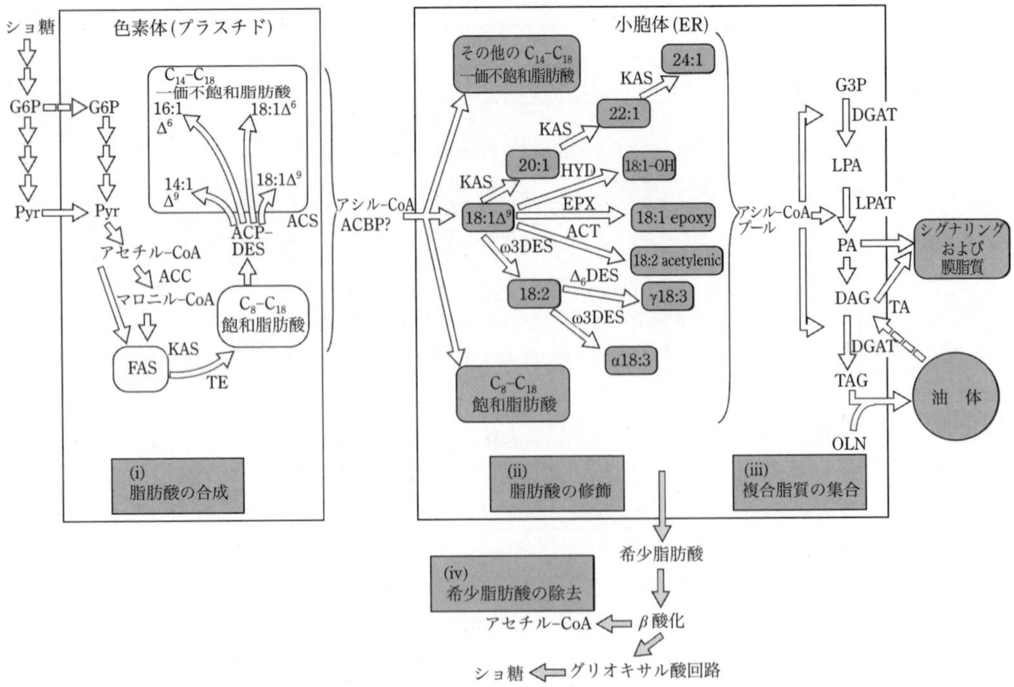

図6.19　植物組織における貯蔵脂質の代謝[227]

ピルビン酸やマロン酸などの脂肪酸前駆体がプラスチドに取り込まれ，アセチル-CoA に変換される．さらに脂肪酸合成酵素（FAS）によって C_8～C_{18}の飽和アシル-ACP（アシルキャリヤータンパク質，acyl carrier protein）になる．炭素鎖の数は β-ケトアシル-ACP 合成酵素（β-ketoacyl-ACP synthetases；KAS）およびチオエステラーゼ（thioesterases；TE）によって制御される．C_8～C_{18}の飽和脂肪酸は各種可溶性アシル-ACP不飽和化酵素（acyl-ACP desaturases；ACP-DES）によって不飽和化される．アシル-ACP はアシル-CoA に変換され，小胞体（ER）へと移送される．このとき，アシル-CoA 結合タンパク質（acyl-CoA binding protein；ACBP）が関与していると考えられる．小胞体膜ではオレイン酸（$C_{18:1}\Delta^9$）が中心的な代謝物であり，様々な不飽和化酵素（desaturases；DES），アセチレナーゼ（acetylenases；ACT），エポキシダーゼ（epoxidases；EPX），ヒドロキシラーゼ（hydroxylases；HYD），β-ケトアシル-ACP 合成酵素依存伸長酵素（β-ketoacyl-ACP synthetase-dependent elongases；KAS 依存型の鎖長伸長酵素）によって様々に修飾される．これらの修飾された脂肪酸とプラスチドで生じた一価不飽和脂肪酸が小胞体のアシル-CoA プールを構成する．このプールは，トリアシルグリセロール（triacylglycerol；TAG）の合成のために，グリセロール-3-リン酸アシルトランスフェラーゼ（glycerol-3-phosphate acyltransferase；GPAT），リゾホスファチジン酸アセチルトランスフェラーゼ（lysophosphatidate acyltransferase；LPAT），ジアシルグリセロールアシルトランスフェラーゼ（diacylglycerol acyltransferase；DGAT）によって利用され，貯蔵トリアシルグリセロールとされ，さらに一部の脂質はチャンネルを通過してシグナル伝達脂質や細胞膜の脂質になる．遺伝子組換え植物の一部には，希少脂肪酸（膜脂質上の）の蓄積が，β酸化とグリオキシソームの脂肪酸代謝回路（グリオキシル酸回路）によるアシル分解を誘導する．最終的に貯蔵油体は小胞体から分離してオレオシン（脂質結合タンパク質）の孔部に結合する．この場合も，トリアシルグリセロールはトランスアシラーゼ（TA）を経由してさらに代謝される．
ACS：アシル-CoA合成酵素，DAG：ジアシルグルセロール，G3P：グリセロール 3-リン酸，G6P：グルコース 6-リン酸，LPA：リゾホスファチジン酸，OLN：オレオシン，PA：ホスファチジン酸．

オレオイル-Δ^{12}-デサチュラーゼ（ダイズ），パルミトイル-ACPΔ^4-デサチュラーゼ（コリアンダー），オレオイル-Δ^6-デサチュラーゼ（シアノバクテリア），コンジュガーゼ（ニガウリ），β-ケトアシル-CoA 合成酵素（メドウフォーム），アシル-CoA デサチュラーゼ（メドウフォーム），アセチレナーゼ（クレピス），エポキシゲナーゼ（クレピス），β-ケトアシル合成酵素（ホホバ）などである（カッコ内は遺伝子の起源植物）[224, 228]．

代謝経路の酵素遺伝子の発現を高めるように制御（up regulation）された例として，飽和脂肪酸を不飽和化することによって脂肪酸組成を変え，栄養価を改善した例を紹介する．従来の育種法では不飽和化することは困難であったが，不飽和化に関与する酵素（不飽和化酵素，デサチュラーラーゼ）の遺伝子を導入することによって作出することが可能になった[232]．導入したのはラットのステアロイル–CoA デサチュラーゼ（cyanide-sensitive factorともいう；*CSF*）遺伝子であり，アグロバクテリウム・ツメファシエンスの Ti プラスミドに組み換えてタバコ細胞に導入すると，飽和脂肪酸のパルミチン酸（$C_{16:0}$）とステアリン酸（$C_{18:0}$）が不飽和化し，パルミトレイン酸（$C_{16:1}\Delta^9$）とオレイン酸（$C_{18:1}\Delta^9$）の比率が顕著に高まったという．非組換え体細胞は主として飽和脂肪酸で構成されているので，遺伝子組み換えの効果は明確であり，食品として脂肪酸が改質されたといえよう．

また，目的とする脂肪酸より後方の代謝経路の酵素遺伝子の発現をアンチセンスや RNAi によって低下させた（down regulation）事例を，図 6.18[233]に示した．ステアリン酸からオレイン酸への Δ^9–不飽和化酵素（A：ステアロイル–ACP Δ^9–デサチュラーゼ，*ghSAD-1* 遺伝子）とオレイン酸からリノール酸への Δ^{12}–不飽和化酵素（B：オレオイルホスファチジルコリン ω6–デサチュラーゼ，Δ^{12}–デサチュラーゼともいう，*ghFAD2-1* 遺伝子）の 2 つの遺伝子の cDNA 配列は，ダイズのレクチンプロモーターに逆位反復配列（自己相補性，self-complementarity）を有し，ヘアピン RNA（hpRNA）をコードしてヘアピン RNA の二本鎖 RNA 部位を標的として塩基配列特異的な mRNA 分解を引き起こす．これによって転写産物のヘアピン RNA はターゲット遺伝子の発現を抑制する遺伝子サイレンシング（gene silencing）を誘導する．一方，アンチセンス配列として連結したキメラ遺伝子（図 6.20）を作製し，ワタ（*Gossypium hirsutum* cv. Coker 315）に導入した[233]場合と，逆位配列で導入した場合を比較すると，得られた組換え体は，アンチセンスよりも逆位配列（Δ 9–HP，Δ 12–

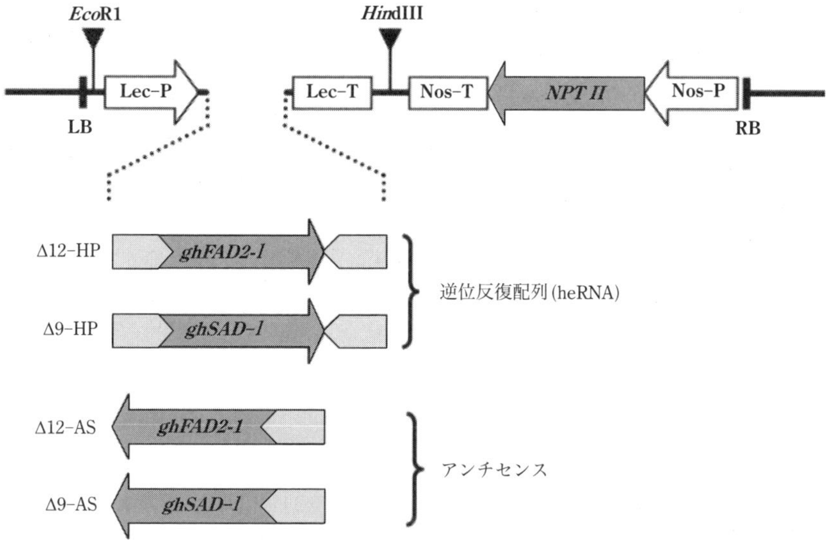

図6.20 ワタに組換えをしたキメラ遺伝子

Δ12–HP と Δ9–HP：逆位配列で接続した Δ^{12}–デサチュラーゼ遺伝子と Δ^9–デサチュラーゼ遺伝子，Δ12–AS と Δ9–AS：Δ^{12}–デサチュラーゼ遺伝子と Δ^9–デサチュラーゼ遺伝子のアンチセンス，*ghSAD-1*：ステアロイル–ACP Δ^9–デサチュラーゼ遺伝子，*ghFAD2-1*：オレオイルホスファチジルコリン ω 6–デサチュラーゼ遺伝子（Δ^{12}–デサチュラーゼ遺伝子ともいう），Lec–P：レクチンプロモーター，Lec–T：レクチンターミネーター，*NPTII*：ネオマイシンホスホトランスフェラーゼ遺伝子（選抜マーカー遺伝子），Nos–P：ノパリン合成酵素遺伝子のプロモーター，Nos–T：ノパリン合成酵素遺伝子のターミネーター，LB と RB：T–DNA のレフトボーダーとライトボーダー，*Eco*RI と *Hin*dIII：制限部位．

表6.8　ワタ品種 Coker 315，Δ9-HP（系統150），Δ12-HP（系統23）およびF_2の脂肪酸含量，SDP値，ODP値

系　統	脂肪酸含量（%）						SDP*2	ODP*3
	パルミチン酸（16：0）	ステアリン酸（18：0）	オレイン酸（18：1）	リノール酸（18：2）	リノレン酸（18：3）	アラキドン酸（20：4）		
Coker 315	25.6	2.3	13.2	58.5	0.1	0.3	0.97	0.82
Δ9-HP（系統150）	14.9	39.8	3.8	38.3	0.2	2.4	0.52	0.91
Δ12-HP（系統23）	15.3	2.3	78.2	3.7	0.1	0.3	0.97	0.05
F_2*1	13.7	39.9	37.4	6	0.6	2.4	0.52	0.15

＊1　Δ9-HP（系統150）とΔ12-HP（系統23）の交配2代目（ホモ接合体と思われる）
＊2　SDP：stearic desaturation proportion，（オレイン酸＋リノール酸）/（ステアリン酸＋オレイン酸＋リノール酸）
＊3　ODP：oleic desaturation proportion，（リノール酸）/（オレイン酸＋リノール酸）

で導入したヘアピンRNA遺伝子（*hpRNA*）による遺伝子サイレンシングの方が目的とする脂肪酸の組成が優れていた．遺伝子サイレンシングによる脂肪酸の生産制御の結果を表6.8に示した．*ghSAD-1*遺伝子の発現をサイレンシングによって低下（down regulation）させたΔ9-HP株（系統150）は，この酵素が作用する代謝経路の手前（上流）の代謝物質であるステアリン酸が39.8%となり，非組換え体（Corker 315株）のステアリン酸が2.3%であったのに対して顕著に増加した．また，*ghFAD2-1*遺伝子の発現をサイレンシングによって低下させたΔ12-HP株（系統23）は，この酵素が作用する代謝経路の手前（上流）の代謝物質であるオレイン酸が78.2%となり，非組換え体（Corker 315株）のオレイン酸が13.2%であったのに対して顕著に増加した．さらに，Δ9-HP株（系統150）とΔ12-HP株（系統23）との交配2代目のF_2株は，ステアリン酸が39.9%%，オレイン酸が37.4%となり，非組換え体（Corker 315株）とは大きく異なった．このように，非組換え体（Corker 315株）では主成分が多価不飽和脂肪酸（リノール酸，$C_{18:2}$）で液体であったものが，主成分が飽和脂肪酸（ステアリン酸，$C_{18:0}$）や一価不飽和脂肪酸（オレイン酸，$C_{18:1}$）に変化し，水素添加をすることなくマーガリン，ディープフライ，高価な菓子への応用などが可能となる[233]．

このほかにも，植物では希少な成分であるγ-リノレン酸（γ-linorenic acid, $C_{18:3}\Delta^{6,9,12}$）[234, 235]，抗腫瘍作用などを有する共役リノール酸（conjugated linoleic acid；CLA）[236]，ヒトの生体内では合成されず，食物として摂取する必要があり，栄養的にも生理的にも重要性の高いエイコサペンタエン酸（eicosapentaenoic acid；EPA，$C_{20:5}\Delta^{5,8,11,14,17}$），ドコサヘキサエン酸（docosahexaenoic acid；DHA，$C_{22:6}\Delta^{4,7,10,13,16,19}$），アラキドン酸（arachidonic acid，$C_{20:4}\Delta^{5,8,11,14}$）[237, 238]などの極長鎖高度不飽和脂肪酸（very-long-chain polyunsaturated fatty acids；VLCPUFA，炭素数20～22の多価不飽和脂肪酸）を生産する遺伝子組換え体も作出されている．中でも，極長鎖高度不飽和脂肪酸として，通常は魚油に多く含まれるEPA[229, 237-239]とDHA[229, 238, 240]は，脂肪酸の組成には改良の余地があるものの，EPAそのものの含量は魚油に匹敵するまでになっている一方で，DHAの含量は魚油に含まれるDHAの最低濃度10%を達成していないという[229]．

油脂の総量を高める試みも成果を上げている．トリアシルグリセロール（triacylglycerol；TAG，図6.19参照）は，1分子のグリセロールに3分子の脂肪酸がエステル結合したアシルグリセロールであり，植物に広く分布する貯蔵型の油脂である[241]．トリアシルグリセロールは小胞体でグリセロール3-リン酸（Gly3P）から生成されるが，グリセロール-3-リン酸デヒドロゲナーゼ

(Gly3PDH) により, グリセロール 3-リン酸の前駆物質であるジヒドロキシアセトンリン酸 (dihydroxyacetone phosphate ; DHAP) が還元されることで, NAD^+と, グリセロール 3-リン酸 (α-グリセロリン酸) が生成される. 細胞質のグリセロール-3-リン酸デヒドロゲナーゼをコードする酵母の遺伝子 (*gpd1*) を種子特異的タンパク質 napin のプロモーターの制御下に連結して, セイヨウアブラナで発現させた結果, 発育中の種子でグリセロール 3-リン酸が 3〜4 倍に増加し, 最終的には種子の油体 (オイルボディ, oil body) のタンパク質は変化せずに脂質が40%増加した. グリセロール-3-リン酸デヒドロゲナーゼの活性向上とグリセロール 3-リン酸の増加がその後の代謝を促進して, アシルグリセロールを最終的な貯蔵型とする脂質の顕著な増加を誘導したと考えられる[241].

6.4 タンパク質

植物が含有するタンパク質は, 成長, 分化, 防御などに多面的な役割を果たしている. 植物のタンパク質は細胞内タンパク質と細胞外タンパク質とに分類される. 前者は, 細胞の構築や生理的な機能, 後者はシグナリング (情報伝達) や生体防御を主として担っている.

タンパク質は多様な機能を有しており[187], 工業用 (酵素, 原料用タンパク質, 食品用など), 分析用 (酵素, 抗体, 標識タンパク質), 治療用 (抗体, ワクチン, バイオ医薬品 (biopharmaceuticals)) など広く利用されている[242, 243]. タンパク質を生産する手段として, 微生物, 動物, 植物などの生物材料からの分離精製, 大型発酵槽を使用した微生物大量培養[244-248], 動物細胞大量培養[249-254]などが行われてきた. 最近は遺伝子組換えによる異種タンパク質 (異種生物の遺伝子によって発現する遺伝子組換えタンパク質のこと. heterologous protein という. heterogenous protein, xenogenic protein あるいは foreign protein ということもある) の生産が活発である. これらに関して多くの報告があるが, 微生物や動物細胞大量培養による生産は, 設備投資や運転コスト, 安全性の問題など[188]から実用化できる対象タンパク質が限定されたものとなっている[244]. 特に, バクテリアによるタンパク質生産の場合には, ヒト生理活性タンパク質の多くに見られ, 活性発現の構造的特徴である糖鎖が形成されないことや, 生産されたタンパク質の精製が容易ではないこと, 酵母の場合には糖鎖が過剰修飾されることがあり, これらが免疫原性を有すること, また, 動物細胞培養ではタンパク質が糖鎖プロセシングを経て糖鎖修飾され, 活性を有する機能性タンパク質となるが, 大量培養が困難であること, 病原性微生物やウイルスなどの危険性を伴う[180, 255, 256]こと, 培養コストが著しく高価であること, などが問題点である.

植物を異種タンパク質の発現系として用いると, これらの問題点を克服することが容易であるばかりでなく, 生産性が高いこと, 栽培の場合には設備コストと運転コストが著しく安価であること, ヒトホルモンなど糖鎖を有するタンパク質には酵母, バクテリア, カビなどと比較して *N*-グリカン (*N*-glycan) がより本来のものと類似した構造に糖鎖が修飾され[257], 活性タンパク質が形成されること, など多くの利点を有している[180, 185, 189, 258]. 植物を使用しても分離精製をする場合にはコストが高くなることは当然であるが, 野菜や果実などを異種タンパク質の発現系とし, そのまま利用する場合はコストが低減される. 例えば, 野菜や果実で発現させたワクチンは, 加

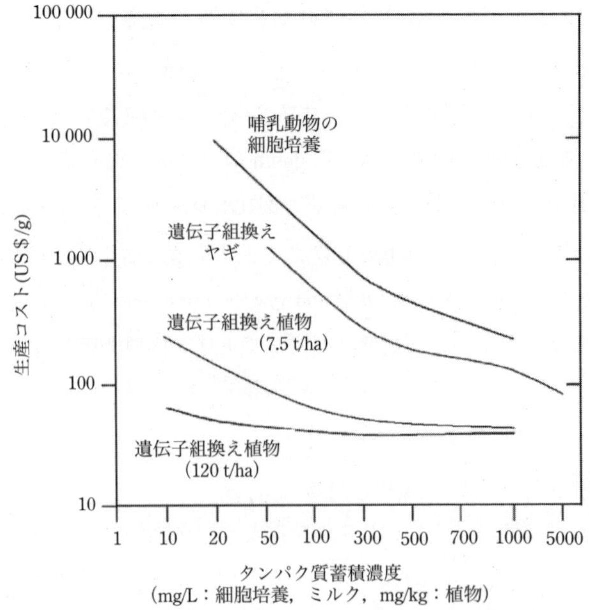

図6.21 異なった遺伝子発現システムにおける，精製したIgAの抗体1g当たりの推定生産コスト（横軸は回収して精製する前の出発材料のタンパク質蓄積濃度）[185, 266]

工精製することなくそのまま経口投与して免疫誘導できる[185, 255, 257, 259-263]ので，これまでのワクチンと比較して著しく生産性が高く，生産コストも顕著に低減される．ただし，野菜や果実は本来食料であることから，品質管理の問題や，誤って販売されたり摂食される可能性があるので，カプセル化して正しく処方することが必要であるとされてもいる[264, 265]．

異種タンパク質の生産コストの試算例として，精製したIgAの抗体1g当たりの推定生産コストを，動物細胞培養，遺伝子組換えヤギ，植物種子，植物体（グリーンバイオマス）の各遺伝子発現システムで比較すると，植物で生産した場合には動物細胞培養の1/10～1/100のコストとなる(図6.21)[185, 266]．

異種タンパク質の生産は様々な植物で行われており，それぞれに特徴がある[188, 257]．葉菜（タバコ，レタス，アルファルファ，クローバー）は生産性が高く，広く利用されているが，安定性は必ずしも高くないので，収穫後直ちに処理する必要がある．一方，穀類の種子（トウモロコシ，コメ，コムギ，オオムギ）で発現したタンパク質は，室温でも長期にわたって安定である．マメ類（ダイズ，エンドウ，キマメ）なども同様であろう．果実や野菜（ジャガイモ，トマト，バナナ，ニンジン）はそのまま，あるいは簡単な調理で食することができるので，経口ワクチン（oral vaccine，あるいは食べるワクチン（edible vaccine）ともいう）としての研究が進められている．

油糧作物（アブラナ，アマナズナ）は脂質の生成という重要な機能を有している．小胞体膜で生成された脂質（トリアシルグリセロール）は小胞体から切り離され，オレオシン（oleosin）というタンパク質とリン脂質から成る単層膜につつまれて微細粒子化した状態（油体あるいはオイルボディ，oil body, oleosome）で細胞質内に存在する[267, 268]（図6.22，図6.23 A，B）．油体のタンパク質オレオシンと標的タンパク質を発現する融合遺伝子をオレオシンのプロモーターに連結して導入すると，

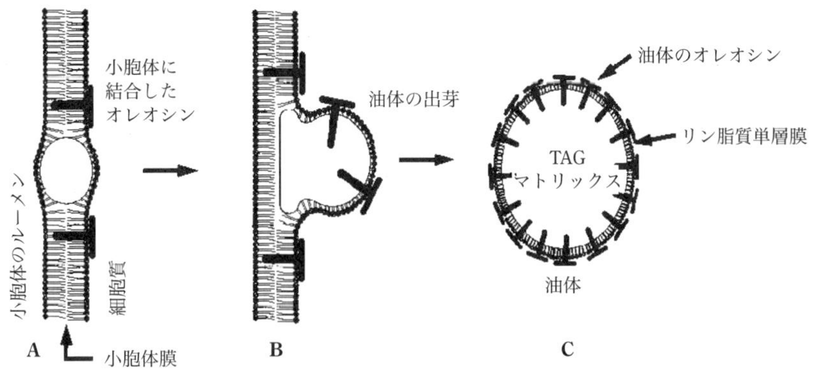

図6.22　植物種子中における油体の形成[268]

A：小胞体膜の間で脂質の蓄積が始まる，B：出芽によってオレオシン分子が貫入したリン脂質の単層膜につつまれた油体の形成が始まる，C：小胞体膜から分離し，オレオシン分子が貫入したリン脂質の単層膜につつまれた油体が形成される．

TAG：トリアシルグリセロール．

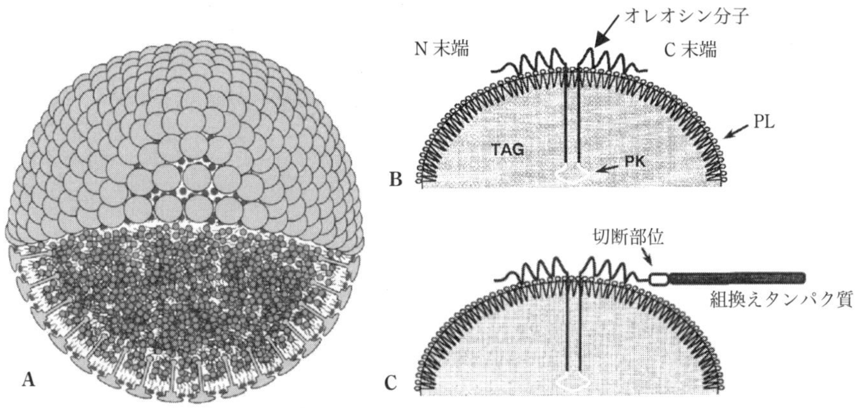

図6.23　油体の構造とオレオシンの融合分子による組換えタンパク質の生産[267,269]

A：油体とオレオシン分子の配列，B：オレオシン分子の構造モデル，C：オレオシン分子と組換えタンパク質との融合タンパク質の発現モデル（A：Hsieh and Huang，B と C：Boothe *et al*.）

PL：リン脂質単層膜，PK：オレオシンの油体ターゲティングのための proline knot motif（プロリン結び目のモチーフ），TAG：トリアシルグリセロール．

オレオシンに標的タンパク質が共有結合した融合タンパク質が油体の膜タンパク質として形成される（図 6.23 C）．オレオシン膜に包まれた油体は，油脂を抽出すると水溶液上に浮遊するので，これを遠心回収し，融合タンパク質の切断部位（cleavage site）をエンドプロテアーゼ（endoprotease：タンパク質の分子内を切断する酵素）で処理して切断し（cleaved），さらに精製をして目的タンパク質を効率良く得ることができる[185, 269–278]．その他として，小型の水草，蘚類，藻類（コウキクサ）[279, 280]，ヒメツリガネゴケ[281–284]，ゼニゴケ，クラミドモナス[285]についても検討されており，上述の発現系と比較して遺伝子組換えの系が単純であること，栽培や培養によって容易に増殖できること，スケールアップができる[188]ことなどが利点である．また，クラミドモナスなどは葉緑体の遺伝子組換えの発現効率が非常に高いことなどの利点を有する[257, 286]．

異種タンパク質遺伝子の発現を高率化するための手法には，① 遺伝子発現を高める分子生物学的手法（異種タンパク質の発現に関わる遺伝子の複製，転写，転写の安定性，翻訳の促進），② 遺伝子の発現を高める遺伝学的手法（組換え遺伝子のコピー数の増加，発現に使用する遺伝資源の選択），③ 生成したタンパク質の蓄積と安定性を高める手法（ターンオーバー（代謝回転）の速いタンパク質のアミノ酸配列をN末端に導入するのを避ける（例えばN末端にアミノ酸の特異配列を有する細胞質や核タンパク質のアミノ酸配列：N末端規則，N-end rule という），細胞内（subcellular）のオルガネラを標的指向化（ターゲティング，targeting）した異種タンパク質の発現，組織特異的な一過性発現あるいは誘導的発現，融合タンパク質の生成，タンパク質分解酵素をチモーゲン（酵素前駆体）で発現する）などの方法がある[189].

以上のうちでも，特に ① は遺伝子組換え技術の基本的な課題でもあるので，これまでに報告されている異種タンパク質遺伝子の発現を高率化する手法について以下に説明する.

a)　タンパク質をコードしている配列を複製する複製酵素の発現を高める方法

ウイルスの外皮タンパク質遺伝子と目的タンパク質とが結合したキメラ遺伝子をウイルスベクターに導入した植物ウイルスシステム（plant virus system）を利用すると，ウイルスが複製することによって目的遺伝子のコピー数が増大し，高い一過性発現（transient expression）が生じ，目的タンパク質が融合タンパク質として高発現する．この方法で抗体やワクチンなどの効率的な生産が検討されている[189, 287-295]．この手法の欠点はウイルスの感染率が低く，発現が安定しない点である．この点を克服した画期的な手法が開発されている．それは，アグロバクテリウムなどによって植物ゲノムに組み込んだウイルスの発現システムを利用して目的遺伝子の発現を高める方法であり，解体して導入したウイルス遺伝子が発現することによってRNAウイルスが再構成され，細胞間あるいは全身への移行によって増殖し，導入した異種タンパク質を極めて迅速に高効

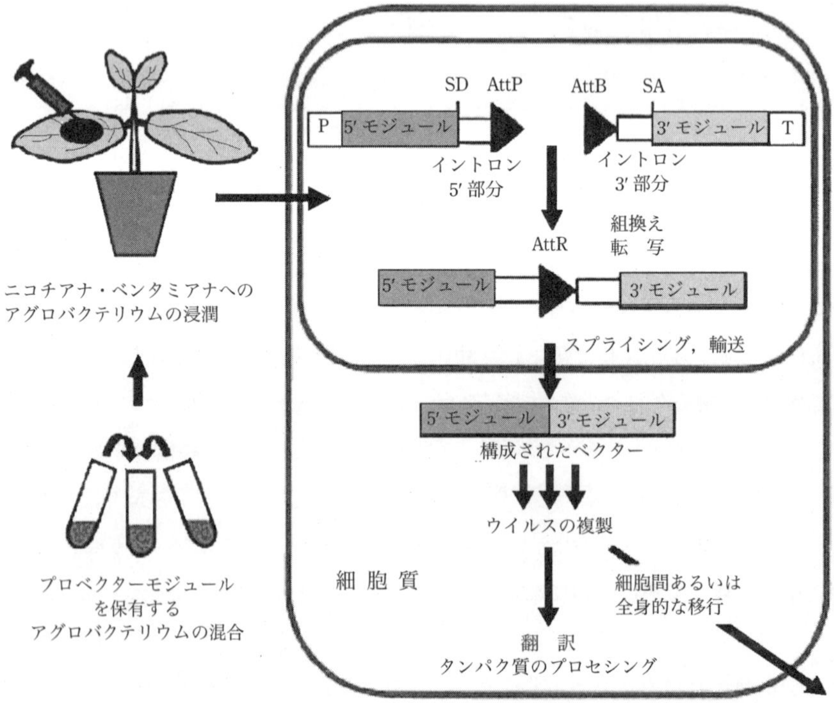

図6.24　植物体内におけるウイルス性プロベクターモジュールの構成[296]

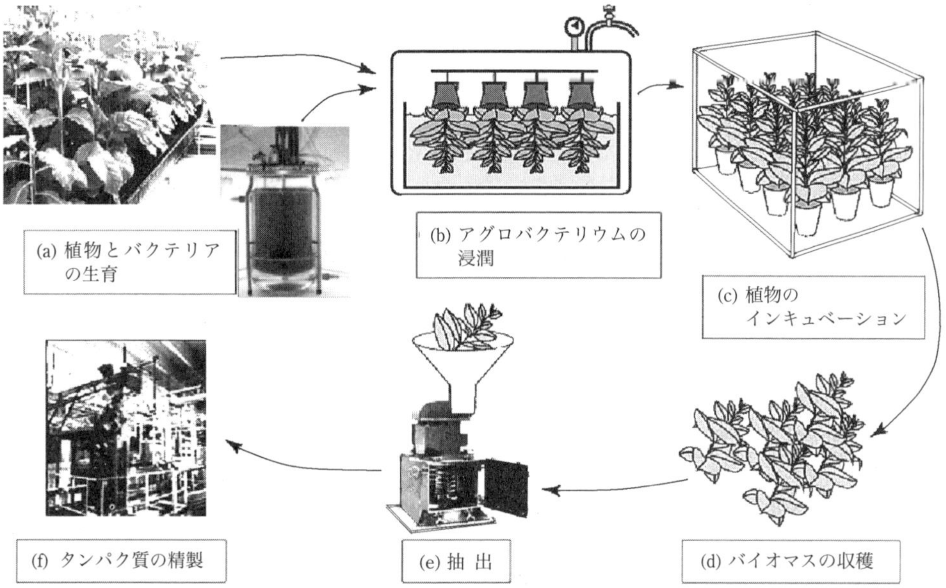

図6.25 マグニフェクションを用いた植物による組換えタンパク質生産の一般的なスキーム[300)]

率で生産することができる[296–307)]（図6.24）．この手法はマグニフェクション（magnifection）と呼ばれ[299)]，異種タンパク質の生産手法として注目されている（図6.25）．

b) 高発現プロモーターの利用

植物ウイルスプロモーター（CaMV（cauliflower mosaic virus）35S プロモーター，CVMV（cassava vein mosaic virus）プロモーター，CLCMV（cotton leaf curl Multan virus）の C1 プロモーターなど）は高発現プロモーターであり，その多くは組織特異性が低い．アグロバクテリウム菌や植物のプロモーターも利用される．

c) 足場付着領域の配列の利用

足場付着領域（スキャホールド付着領域（あるいは結合領域），scaffold attachment region；SAR，マトリックス付着領域（あるいは結合領域），matrix attachment region；MAR ともいう）を発現用コンストラクト内に含める（発現遺伝子の隣接する両隣（franking region）に SAR（あるいは MAR）を結合する）ことにより，導入された遺伝子のコピー数に比例して遺伝子の発現が高まり，発現が安定化することが知られている[308–313)]．SAR（あるいは MAR）は，核マトリックスに 3 か所で結合しており，3 か所のうち両側の 2 か所で DNA を固定することによって他の配列から切り離し，中央の付着部分との間で DNA 鎖がループを形成する．ループ部分に存在する DNA に転写因子（transcription factor，あるいは転写調節因子（transcription activator））が結合することによって配列内の遺伝子の発現が促進される[314)]．なお，この手法によって発現が影響されない事例[315)]も報告されている．

遺伝子組換えによって生産されるタンパク質は多様な用途に使用される．甘味タンパク質などは食品加工原料用として，ペルオキシダーゼ，セルラーゼ，α-アミラーゼなどが工業用として，抗体，ワクチン，ヒトインシュリンやエリスロポエチンなどの生理活性タンパク質が医療用や検査用などとして開発が進められている（表 6.9）．

表6.9 植物によって生産される遺伝子組換えタンパク質

原料タンパク質
　甘味タンパク質(モネリン，ソーマチン，ミラクリン)

工業用タンパク質，酵素
　アプロチニン(aprotinin)，アビジン(avidin)，β-グルクロニダーゼ(β-glucuronidase；GUS)，トリプシン(trypsin)，ラクトフェリン(lactoferrin)，リゾチーム(lysozyme)，フィターゼ(phytase)，ペルオキシダーゼ(peroxidase)，セルラーゼ(cellulase)，α-アミラーゼ(α-amylase)

抗体(治療用，検査用)
　がん胎児性抗原(carcinoembryonic antigen)，虫歯菌(*Streptococcus mutans*)，クレアチンキナーゼ(creatin kinase)

ワクチン
　ビブリオ菌(Vibriocholerae)，B型肝炎(hepatitis B virus)，ノロウイルス(Norwalk virus)，狂犬病ウイルス(rabies virus)，ウサギ出血病ウイルス(rabbit hemorrhagic disease virus)，ヒトサイトメガロウイルス(human cytomegalovirus)，口蹄疫(foot and mouth disease virus)，伝染性胃腸炎ウイルス(transmissible gastroenteritis coronavirus)，自己免疫性糖尿病(autoimmune diabetes)，コレラ(cholera)，ヒト免疫不全ウイルス(human immunodeficiency virus；HIV)，ライノウイルス(rhinovirus)，マラリア(malaria)，インフルエンザ(influenza)，ガン(cancer)，コレラトキシンB(cholera toxin B)

バイオ医薬品
　抗凝固剤(anticoagulants)
　　プロテインC(protein C)，間接トロンビン阻害剤(indirect thrombin inhibitors)
　組換えホルモン，タンパク質
　　ヒトプロテインC(human protein C)，ヒト顆粒球-マクロファージコロニー刺激因子(human granulocytes-macrophage colony-stimulating factor；GM-CSF)，ヒトエリスロポエチン(human erythropoietin)，ヒトエンケファリン(human enkephalins)，ヒト上皮成長因子(human epidermal growth factor)，ヒトインターフェロン-α(human interferon-α)，ヒト血清アルブミン(human serum albumin)，ヒトヘモグロビン(human hemoglobin)，ヒトホモ3量体コラーゲンI(human homotrimeric collagen I)，ヒトα1アンチトリプシン(hymanα1-antitrypsin)，ヒトアプロチニン(human aprotinin)，アンジオテンシン1変換酵素(angiotensin 1-converting enzymes)，TMV-U1外殻タンパク質からのα-トリコサンチン(α-trichosanthin from TMV-U1 subgenomic coat protein)，グルコセレブロシダーゼ(glucocerebrosidase)，スイセン由来のフィトエン合成酵素(daffodil phytoene synthase)，アマランサス(*Amaranthus hypochondriacus* L.)種子アルブミンAmA1(AmA1 seed albumin)

6.4.1 甘味タンパク質，味覚修飾タンパク質

熱帯原産の果実から分離されたタンパク性の甘味物質（甘味タンパク質，sweet protein）にはソーマチン（thaumatin），モネリン（monellin），ブラゼイン（brazzein）などがあり，砂糖（スクロース）と比較してごく微量で甘味を呈することから低カロリー甘味料として利用されている．また，酸味と反応して味覚を変化させ，甘味に変える味覚修飾タンパク質（taste-modifying protein）にはミラクリン（miraculin），クルクリン（curculin）などがあり，これらも低カロリー食品添加物としての開発が進められている．いずれも遺伝子組換え植物による効率的な生産は産業上有用であり，開発が進められている[316-318]．

1) モネリン

アフリカ原産のディオスコレオフィルム・クミンシー（*Dioscoreophyllum cumminsii*，ツヅラフジ科）に含まれる分子量10 700，アミノ酸残基数91の甘味タンパク質であり[319]，モル当たりの比較では砂糖の100 000万倍甘いとされる．甘味タンパク質のモネリン遺伝子を，トマトの果実の成熟期に特異的に発現するプロモーター（E8）ならびにカリフラワーモザイクウイルス（CaMV）の35Sプロモーターに連結し，アグロバクテリウム・ツメファシエンスを使ってトマトとレタスに導入した[320]．その結果，得られた形質転換植物は，トマトの場合にはE8プロモーターにモ

ネリン遺伝子を繋いだ場合，50％赤色の果実でモネリンタンパク質の生成が始まり，赤色果実ではモネリンタンパク質の生産蓄積が顕著であった．エチレン処理を行うことによりモネリン含量が高まり，果実の可溶性タンパク質の0.92％に達した．35Sプロモーターとモネリン遺伝子を繋いで導入した形質転換レタスの葉でもモネリンが検出されたが，35Sプロモーターに繋いだモネリン遺伝子をトマトに組み込んだ場合，モネリンは検出されなかった．

2) ソーマチン

アフリカ原産のソーマトコックス・ダニエリー（*Thaumatococcus daniellii*, クズウコン科）に含まれる甘味タンパク質である．すでに1980年代から糸状菌アスペルギルス・ニガー（*Aspergillus niger* var. *awamori*）[321, 322]や酵母（サッカロミセス・セレビジエ，*Saccharomyces cerevisiae*），クリベロミセス・ラクチス（*Kluyveromyces lactis*）[323]などの各種微生物や植物の組換え体での生産が試みられたが，生産性が低く，組換え体による生産は実用化していない[324, 325]．ソーマチン遺伝子をアグロバクテリウムで導入したトマトでは，組換え後代2代目のトマトの果実は非組換え体の果実よりも甘く，ソーマチン特有の後味を有していた[326]．果実でのソーマチン遺伝子の発現は，果実の味覚を改善する優れた方法であろう．なお，ソーマチン遺伝子を発現したタバコが病原糸状菌や非生物的ストレスに対する抵抗性をつとの結果が報告されている[327]．

このほか，甘味タンパク質のブラゼイン[328]や甘味修飾タンパク質のミラクリン[329, 330]の組換え体が作出されており，前者はトウモロコシ種子の総可溶性タンパク質の4％，後者はトマトの新鮮重1g当たり102.5 μg（葉）あるいは90.7 μg（果実）の蓄積が報告されている．

6.4.2 産業用タンパク質，酵素

産業用タンパク質には様々な種類があり，製紙の漂白処理用などの工業用，精製や検査用，食品用，など多様である[181–183, 331]．産業用タンパク質の生産には微生物の大量培養が利用されることが多いが，設備の建設，運転のコストは高いので，組換え植物で安価に大量生産できるようになることが期待されている．

組換え植物で発現した異種タンパク質には生体組織接着剤成分として使用されるアプロチニン（aprotinin）[332–334]，ビオチンとの特異結合を利用したタンパク質の高感度検出試薬であるアビジン（avidin）[335, 336]，遺伝子の発現マーカーのβ-グルクロニダーゼ（β-glucuronidase；GUS）[337]，バイオマスの主成分であるセルロースを単糖に分解するセルラーゼ[338]，化学漂白剤に代えてリグニンを分解し，紙を漂白するペルオキシダーゼ[181, 339]やラッカーゼ[336, 340, 341]，デンプンを単糖のグルコースに分解するα-アミラーゼ[336]，などがある．

6.4.3 抗　体

抗体（antibody；Ab）は動物に発達した生体防御システムであって，本来，植物には存在しないが，遺伝子組換えによって抗原との結合活性を有する多様な抗体を植物で作ることができるようになった[336, 342–349]．植物が作る抗体（plantibodyという）[350, 351]は本来の抗体と類似した構造や活性を

有し，しかも，きわめて安価に大量生産することが可能であり，開発が加速している．

抗体は軟骨魚以上の脊椎動物に発達した生体防御システムであり，病原菌，ウイルス，異物などが体内に入ると，これらを認識して結合する．病原菌，ウイルス，異物などは抗体の生産を誘導する抗原であり，これらがBリンパ球（B細胞）と接触すると抗体タンパク質，つまり抗体の本体であるイムノグロブリン（免疫グロブリン，immunoglobulin；Ig）を生産する．抗体は血液から血球など（血餅）を遠心分離やろ過によって除いた液体である血清中に存在するので，抗体を生産する免疫を体液性免疫（humoral immunity）という．抗体にはIgM，IgG，IgA，IgD，IgEがあり，分子量や機能などが異なるが，いずれも類似した基本構造を持つ．主要な抗体はIgGで特に量が多く，生体防御の中心的な役割を担っている．IgGは4本のポリペプチド鎖からなる単量体構造をとる（図6.26）．4本のうち2本は軽鎖（light chain），残る2本は重鎖（heavy chain）と呼ばれるポリペプチドであり，各ポリペプチド鎖はジスルフィド結合（R-S-S-R）で強く架橋している．軽鎖にはラムダ（λ）とカッパ（κ）があり，1つの軽鎖はこのどちらかになる．また，重鎖の定常領域（後述）にはガンマ（γ），デルタ（δ），イプシロン（ε），アルファ（α），ミュー（μ），があり，これらを持つ抗体がそれぞれ前述したIgG，IgD，IgE，IgA，IgMである．基本構造はいずれもY字型のモデルで示される類似した単量体構造であるが，IgG，IgD，IgEは単量体，IgAは2量体，IgMは5量体として存在している．

代表的な抗体であるIgGの場合，4本のポリペプチド鎖（軽鎖2本と重鎖2本）は，いずれも構造が類似している（図6.26）．多様な構造を有して様々な抗原に結合する機能を備えた可変領域（variable fragment region；Fv region）と，安定した構造（アミノ酸配列の変異が少ない）を有する定常領域（constant region fragment，あるいは結晶可能領域（fragment crystallizable region）；どちらもFc region）からなる．軽鎖（L鎖）の可変領域と定常領域をそれぞれV_L，C_Lと呼び，重鎖（H鎖）の可変領域と定常領域をそれぞれV_H，C_Hと呼ぶが，重鎖の定常領域はC_H1，C_H2，C_H3の3部分か

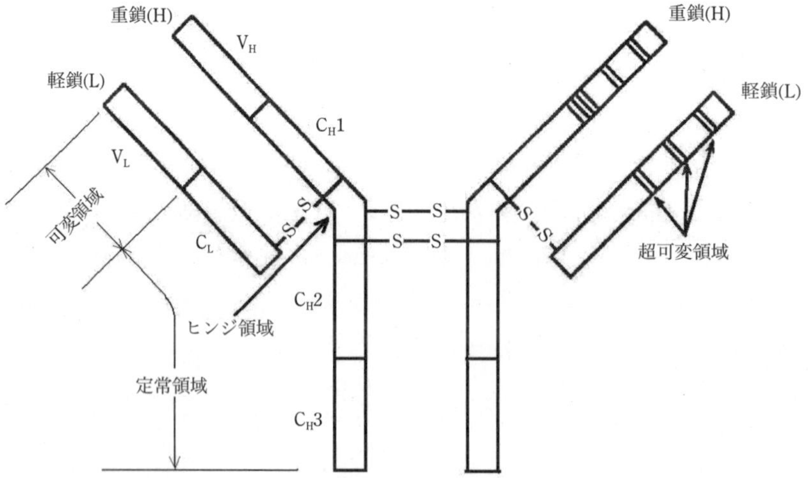

図6.26　IgGの構造

H：重鎖，L：軽鎖，V_H：重鎖の可変領域，V_L：軽鎖の可変領域，C_H1～C_H3：重鎖の定常領域，C_L：軽鎖の定常領域．

ら構成されており，類似した配列が反復するタンデム構造（tandem repeat）をとる．軽鎖と重鎖の可変領域にはそれぞれ3か所の超可変領域（hypervariable region．相補性決定領域（complementarity determining regions；CDR）ともいう）があり，この部位が抗原との結合の特異性を特徴づけている（下記のパラトープと同じ）．超可変領域は変異率が高く，抗体によってアミノ酸配列がそれぞれ異なっており，抗体に無限ともいえる多様性を与えている．

生産された抗体は，抗原（antigen）となる病原菌やウイルス全体ではなく，それらの表面タン

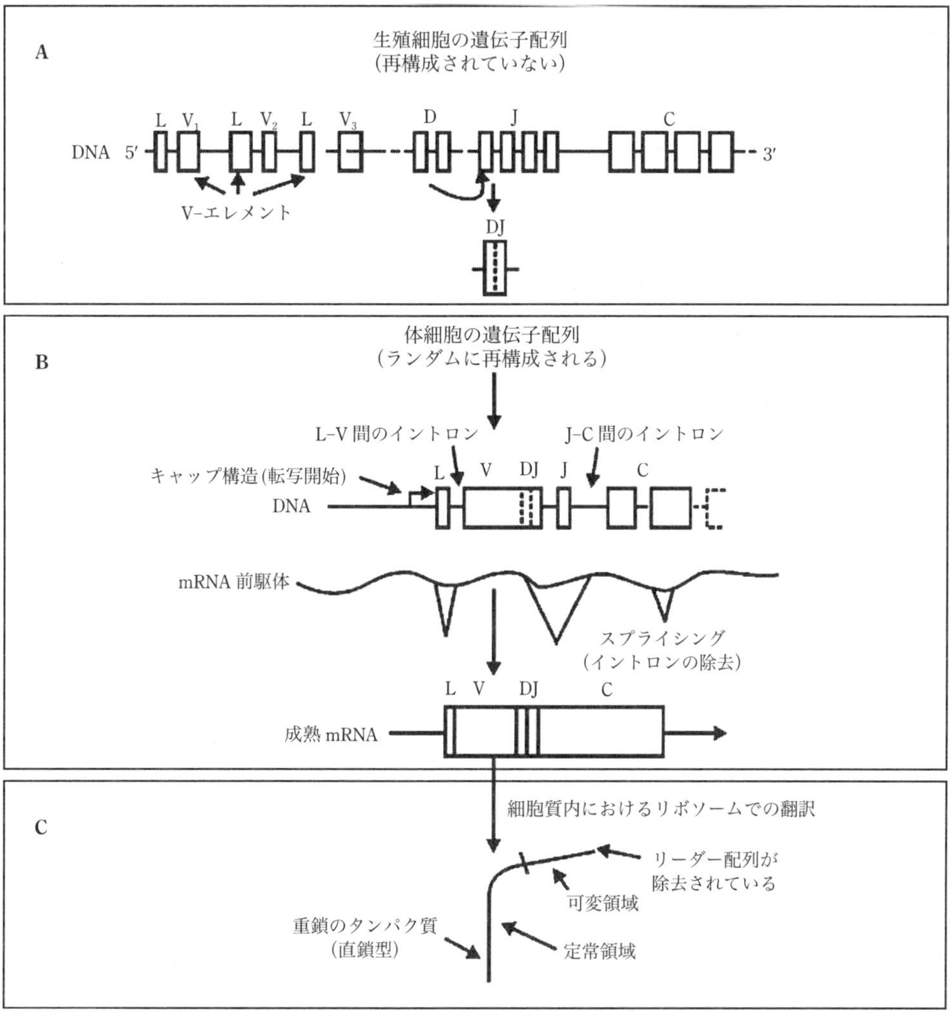

図6.27 抗体の重鎖の遺伝子の再構成による可変領域の多様性の発現[356)]

A：生殖細胞の遺伝子配列．生殖細胞では遺伝子はまだ再構成されておらず，可変領域（V）の遺伝子はV（variable），D（diversity），J（joining）と呼ばれる遺伝子群からなっており，その下流には定常領域（C）をコードしているエキソン配列（Cg, Cd, Ce, Ca, Cm）が存在している．VとCの間に多様性領域（D，diversity）と結合領域（J, joining）のエレメントがある．V-エレメントの先にはリーダー配列（L）があり，シグナルペプチドと呼ばれる短いアミノ酸配列をコードしている．

B：体細胞の遺伝子配列．哺乳動物の免疫システムでは，骨髄でB細胞が発育するとき，個々のリンパ球は重鎖のV, D, Jエレメントをランダムに再構成し，これによって成熟Bリンパ球内に再構成された可変領域の塩基配列であるVDJができ，これが体細胞の配列（somatic configuration）になる．mRNA前駆体のL-V間とJ-C間のイントロンはスプライシングによって取り除かれ，成熟mRNAが出来上がる．

C：リボソームでタンパク質への翻訳が行われた後，抗体の重鎖は定常領域と可変領域で構成され，リーダー配列は削除される．

パク質の一部分を認識して結合する．抗原と結合する抗体側の部位（すなわち抗原結合部位，antigen binding domain；ABD）をパラトープ（paratope，上記の相補性決定領域と同じ），抗原側の部位をエピトープ（epitope，抗原決定基（antigenic determinant）ともいう）と呼ぶ．分子量の大きい抗原は複数のエピトープを有しており，それぞれのエピトープ領域に結合する複数の抗体が生産される．これをポリクローナル抗体（polyclonal antibody）という．1つのB細胞は1つの抗体をつくるので，ポリクローナル抗体は複数のエピトープに結合する抗体を複数のB細胞によって生産していることになる．通常ウサギやマウスで作られる抗体はポリクローナル抗体である．また，抗体産生を確認した後に脾臓を摘出してB細胞（脾臓B細胞）を得て，これと増殖能の高い骨髄腫細胞（株化したミエローマ細胞を使うことができる）とを融合したハイブリドーマ（hybridoma）細胞を作製して培養増殖し，目的とする抗体を生産している細胞を選抜する．選抜したハイブリドーマは単一の抗体のみを生産する．これをモノクローナル抗体（単クローン抗体，monoclonal antibody）という．ハイブリドーマは大量培養が可能であり，モノクローナル抗体を大量生産することができる．

抗体は無限ともいえる多様な抗原に対して免疫反応を有するが，その遺伝的メカニズムは，利根川らによって解明された[352-355]．ヒトの場合，主要な抗体であるIgGの遺伝子は，IgGを構成する軽鎖と重鎖のそれぞれをコードする遺伝子から構成される．無限とも言われる多様な抗原に対応する多様な抗体が形成されるための遺伝子構造とその発現を重鎖について図6.27に示した[356]．重鎖の可変領域はそれぞれ複数のセグメント（断片）からなるV（virable，75～250断片），D（diversity，30断片），J（joiningあるいはjunctional，6断片）と呼ばれている遺伝子にコードされており，V，D，Jからランダムにそれぞれ1セグメントずつが連結してVDJセグメントを形成する．これだけで75～250×30×6＝13 500～45 000通りになる．この領域の遺伝子は，B細胞が形成されるときに変異することが多く，実際の遺伝子の構造はさらに多様性を増し，限りなく存

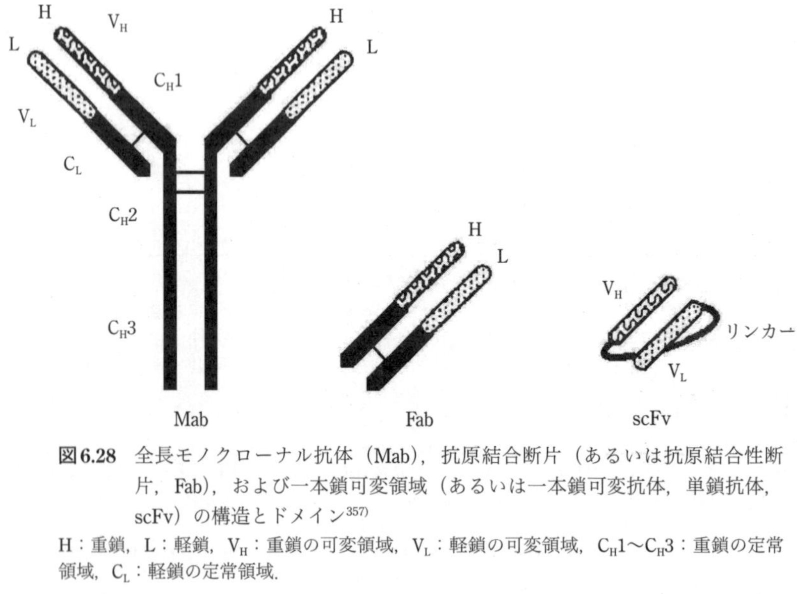

図6.28　全長モノクローナル抗体（Mab），抗原結合断片（あるいは抗原結合性断片，Fab），および一本鎖可変領域（あるいは一本鎖可変抗体，単鎖抗体，scFv）の構造とドメイン[357]

H：重鎖，L：軽鎖，V_H：重鎖の可変領域，V_L：軽鎖の可変領域，C_H1～C_H3：重鎖の定常領域，C_L：軽鎖の定常領域．

在する抗原に対する抗体を作製することが可能になる．V，D，Jの後に，定常領域のC鎖が結合して重鎖全体をコードする遺伝子となる[357]．

遺伝子組換えによって生産される抗体の構造を図6.28に示す．これらの抗体生産は主としてIgGについて行われている．これらの組換え抗体を作製するための遺伝子は，モノクローナル抗体を産生するハイブリドーマからmRNAを単離し，このmRNAから作製した全長cDNA（重鎖の全長と軽鎖の全長）を発現ベクターに導入して植物を形質転換するとIgGの完全な構造を有する全長モノクローナル抗体（完全抗体分子，Mab）が作られる[342, 358]．また，mRNAからcDNAを合成して，IgGの軽鎖の可変領域と定常領域ならびに重鎖の可変領域と定常領域のC_H1をコードする遺伝子領域をPCR法でクローニングし，ベクターに導入して組換え体を作製すると抗原結合断片（Fab；antigen binding fragment）[359–361]が，軽鎖と重鎖の可変領域断片（V_LとV_H）のみをPCR法で増幅し，ポリペプチドリンカーの配列でつないでベクターに導入して組換え体を作製すると一本鎖可変抗体（単鎖抗体，scFv；single chain variable fragment）が作られる[343, 357, 362–364]．

繊維状ファージ（filamentous phage）を用いて，抗体分子の重鎖および軽鎖の可変領域の遺伝子をファージのコート（外皮）タンパク質に融合タンパク質として発現するファージディスプレイ法（phage display）も抗体遺伝子の分離に広く用いられている[365–374]．この方法は，免疫のプロセスやハイブリドーマを必要とせず，抗体遺伝子をPCR法で増幅し，分離した抗体遺伝子（Fabあるいは scFv）をファージのコートタンパク質遺伝子に導入すると，ファージ上で抗体遺伝子が融合タンパク質として発現する．1個のファージ粒子当たり1分子の抗体タンパク質を発現させると，膨大な変異を有するファージライブラリーからは，活性が高く，かつ安定な抗体遺伝子を高い確率で分離することが可能になる．すでに植物でも，抗体遺伝子の分離にこの手法が利用されている[375–377]．

植物が生産する抗体は，検査用に用いられるばかりではなく，ヒト抗体化によって抗体医薬品として病気の治療への利用や，ヒトの生育や代謝の制御などへの応用など，用途開発は拡大している．

6.4.4 ワクチン

ワクチンは，微生物菌体あるいはウイルスを構成する成分（タンパク質や糖鎖など）が抗原になり，免疫効果（抗体産生を誘導すること）を生じて病原体に対する抵抗性を発揮し，感染症を予防する（免疫学的予防，immunoprophylaxis という）．ワクチンには，生きた菌体あるいはウイルス（弱毒化した菌あるいはウイルス）を使用した生ワクチン（live vaccine，あるいは弱毒ワクチン（attenuated vaccine）），死滅して不活性化した菌体あるいはウイルスを使用した不活化ワクチン（inactivated vaccine）[263]，組換え体によって生産される抗原タンパク質を使用するサブユニットワクチン（subunit vaccine）[186]，および核酸ワクチン（nucleic acid vaccine，DNAワクチン，RNAワクチン）[378]がある．

ワクチン治療の対象となる伝染病は，全世界の死の約25%，低所得の国の死の45%，全世界の子供の死の63%を占めている[346]．伝染病の防止にはワクチンの予防接種が最も効果的な方法であるが，毎年誕生する1億3 000万人の子供のうち，約3 000万人の子供はワクチン接種を満足に受けられないのが現状であり，十分量のワクチンが低コストで配布されることや，熱に対して安定なワクチンが注射針を使用しないで経口投与されること（経口ワクチン）が求められている[346]．

経口ワクチンは，安全で接種が容易であるという利点を有するが，効力が弱い，免疫反応よりも免疫寛容（immunotolerance：抗原に対する免疫反応が欠如すること）を誘導しやすい，消化管を通過し，胃の内部で強い酸にさらされることで抗原タンパク質が分解する，といったことが利用の妨げになっている[379]．安定でカプセル化した天然の抗原は消化管の過酷な環境にも耐えて生き残ることが知られているが，不活性粘液免疫原としては，大腸菌（*Escherichia coli*（LT））のエンテロトキシン（enterotoxin，タンパク質毒素），その類縁のコレラ菌（*Vibrio cholerae*）の毒素およびそのBサブユニットが知られているに過ぎない[379]．これらが局所投与によって比較的強い免疫原性を有するのは，内因性粘膜アジュバント作用（intrinsic mucosal adjuvant activity）と関連したものであると考えられているが，詳細は明らかではない[379]．

遺伝子組換えによって植物でワクチンを生産させる研究は，B型肝炎ウイルスなど多数報告されている（表6.9参照）．トマトやイチゴの果実が生産するワクチンは，動物や動物の細胞培養では生産が困難かつ高価なワクチンを，圃場をワクチンの生産工場にして大規模に生産することができる利点があるとされている．生産されたワクチンは，トマトの果実や，ダイズを食することによって免疫効果を発揮するので，特に患者が多く，十分な治療ができないでいる途上国に広範かつ安価に普及することができると期待されている[380]．生のジャガイモはおいしくないことと，ワクチン含量が一定していないことから，トマトを錠剤（pills）に加工成型することに開発の方向を定めている[260]．また，バナナ，トマト，ジャガイモのような主要な食用作物での食べられるワクチン（edible vaccine）は生産物が誤って食される可能性があるため，食用作物以外での開発を進め，タバコの一種ニコチアナ・ベンタミアナ（*Nicotiana bentamiana*）を発現系とし，葉を破砕粉末として凍結乾燥したものを，従来の製薬工程でゼラチンカプセルの経口ワクチン（oral vaccine）としている[265]．このような，薬として品質の保証された錠剤化はそれなりのコストを必要とするが，本来医薬品であるワクチンが過剰摂食されたり，薬としてではなく安易に摂食されることで発生する薬禍を防止するためには必要な手順であるといえよう．

Masonら[381]は，B型肝炎ウイルスの表皮抗原（HBsAg）をコードしている遺伝子を，CaMV 35Sプロモーターの下流に連結したキメラ遺伝子を作製し，*Agrobacterium tumefaciens* strain LBA4404を経由してタバコに導入した．生産された抗原は，ワクチンとして使用されているヒトの患者の血清あるいは形質転換した酵母から得られた抗原と同質のものであった．Thanavalaら[382]は，得られた形質転換タバコから精製した抗原の免疫活性を調べ，免疫に必要な抗体産生を行うB細胞やT細胞に対するエピトープ（抗原決定基）が，形質転換したタバコで生産された抗原でも保持されていたことを確認している．さらに，葉緑体の形質転換（chloroplast transformation）で発現を高めたり，食料として加工することで腸にまで安定に運ばれるワクチンの生産が研究されるなど，基礎から応用に至る膨大な数の論文が報告されている．

6.4.5 二次代謝物質（secondary metabolites）

植物は，タンパク質，核酸，脂質，アミノ酸，有機酸，糖類などの一次代謝物質の他に，一次代謝から派生して生産される多様な二次代謝物質を含有している．一次代謝物質は，酵素や抗体などのタンパク質を除けば，それぞれ100種類にも満たないのに対して，二次代謝物質の種類は極めて多い．これまでに同定された化合物の種類は，フェニルプロパノイドが約8 000種類，アルカロイドが約12 000種類，イソプレノイドが約25 000種類といわれている[192, 383]が，さらに多くの成分が記載された文献もある[384, 385]．このほかに，まだ明らかにされていない化合物が多数存在していると考えられており，その数は90 000～200 000に達すると推測されている[386]．これらの二次代謝物質には工業用，食品，医薬品などとして利用されている化合物が数多くある．遺伝子操作を応用した代謝工学（metabolic engineering）の手法で目的化合物の生産を効率化しようとする試みが進められており[192, 387–392]，代謝工学の概念は新しいものではないが，遺伝子組換えを利用することで目的代謝物質の生産性を高めたり，新規な代謝物質の生産を可能にする効率の高い手法（図6.29）として研究開発や代謝の研究に利用されている．研究開発は活発であり，実用化も時間の問題であると思われる．以下には研究事例の多いアルカロイドについて述べる．

アルカロイドは，多様な化学構造と様々な生理活性を有し，植物由来医薬品の主要な原料成分として利用されている．それらの代謝経路は複雑であり，未解明の部分が多いが，生合成経路の

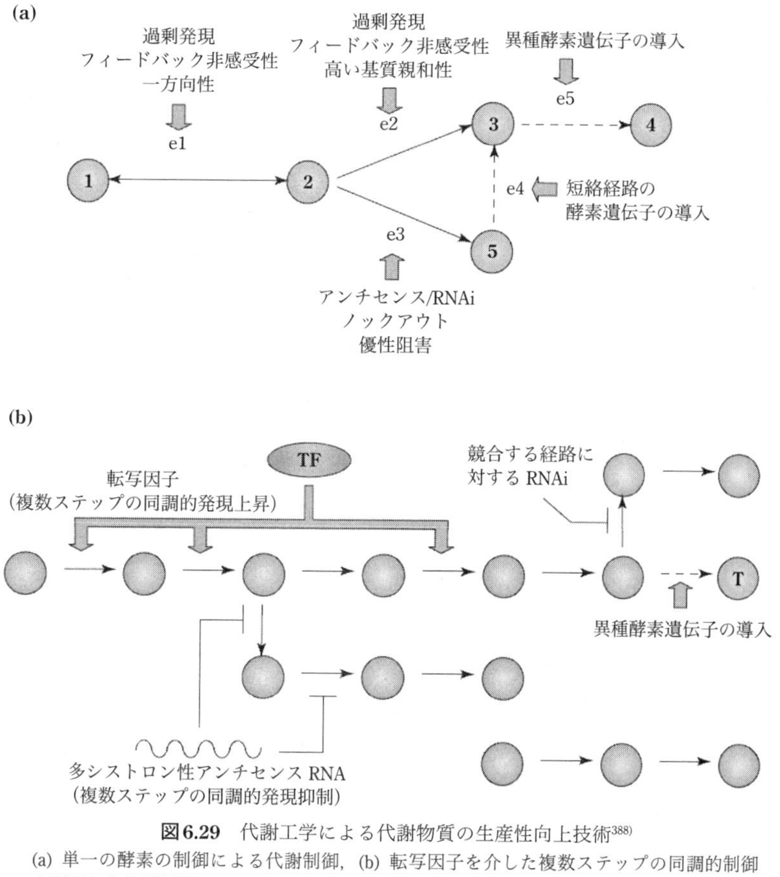

図6.29 代謝工学による代謝物質の生産性向上技術[388]
(a) 単一の酵素の制御による代謝制御，(b) 転写因子を介した複数ステップの同調的制御を利用した代謝制御．

酵素遺伝子として，モノテルペノイドインドールアルカロイド，ベンジルイソキノリンアルカロイド，ベンゾフェナントリジンアルカロイド，ビスベンジルイソキノリンアルカロイド，トロパンアルカロイドなどの合成に関与する遺伝子が分離報告されている[178, 393–397]．分離された遺伝子を導入した形質転換植物のアルカロイド生合成特性について種々検討がなされており，アルカロイドの生成における代謝制御機構について研究が進められている[178, 393, 397–399]．

遺伝子組換え植物のアルカロイド生産特性に関する報告の中には，目的とするアルカロイドを蓄積する事例としてトロパンアルカロイド（tropane alkaloid）[400–404]，モノテルペノイドインドールアルカロイド（monoterpenoid indole alkaloid：ビンカアルカロイド（vinca alkaloid）はその中のニチニチソウに含まれるアルカロイド）[178, 397, 405]，イソキノリンアルカロイド（isoquinoline alkaloid：ケシアルカロイド（morphinan alkaloid）はその中のケシ（*Papaver somniferum*）に含まれるアルカロイド）[392, 397, 404, 406, 407]，ベンゾフェナントリジンアルカロイド（benzophenanthridine alkaloid）[393]，ビスベンジルイソキノリンアルカロイド（bisbenzylisoquinoline alkaloid）[178, 393]などがある．

トロパンアルカロイドについては早くから詳細な研究がなされている．ヒヨスから分離したヒヨスチアミン 6β–ヒドロキシラーゼ（hyoscyamine 6β–hydroxylase；H6H）の遺伝子をアグロバクテリウムを用いて導入したベラドンナ（*Atropa belladonna*）の場合，もとの植物が主としてヒヨスチアミンを生産したのと比較して，植物体[400]や毛状根[401]のスコポラミン（scopolamine）含量が顕著に高まり，含有するアルカロイドのほとんどがスコポラミンであったと報告されている．同様に H6H の遺伝子を導入したヒヨス（*Hyoscyamus muticus*）の毛状根でもスコポラミンが顕著に高まり，生産量の高い組換え体では非組換え体の 100 倍にもなったが，スコポラミンの前駆体であるヒヨスチアミンからスコポラミンへの変換は完全ではなく，さらにスコポラミンの生産性を高めることができる可能性があるという[402]．代謝の末端部分の酵素である *H6H* 遺伝子の導入によってスコポラミンの生産が顕著に促進されたのとは対照的に，トロパンアルカロイドの生合成の上流の生合成酵素であるプトレッシン–*N*–メチルトランスフェラーゼ（putrescine–*N*–methyltransferase；PMT）の遺伝子をベラドンナやヒヨスに導入して高発現させた場合，PMT の活性が高まり，メチルプトレッシン（methyl putrescine；MPUT）は増加したがトロパンアルカロイドの生成は変化しなかったという[403, 404]．このような場合にも，メチルジャスモン酸（methyl jasmonate；MeJA）を処理すると PMT と H6H の活性が顕著に高まり，PMT の遺伝子を導入した遺伝子組換え体だけでなく，非組換え体でもスコポラミンが増加したという[144]．なお，代謝経路が異なるニコチン（nicotine：ピリジンアルカロイドの一種）を生産するニコチアナ・シルベストリス（*Nicotiana sylvestris*：タバコの一種）では，PMT を高発現させることによってニコチンとメチルプトレッシンが増加する反面，アルカロイドの生合成と競合して生産されるスペルミジン（spermidine）とスペルミン（spermine）が低下し，PMT の発現を抑制した場合にはニコチンの含量が低下する反面，スペルミジンとプトレッシンが増加したという[404]．複雑な代謝のバランスが代謝の分岐部分で支配されていることから，目的とする代謝物質の生産制御にはこの部分の代謝制御が重要になる．

表6.10 各種遺伝子組換え植物に導入された遺伝子

項目	形質	導入植物	遺伝子	起源
有用物質生産	フルクタン	タバコ	フルクトシルトランスフェラーゼ	微生物
	シクロデキストリン	ジャガイモ	ソリロデキストリングルコシルトランスフェラーゼ	微生物
	脂肪酸	タバコ	ステアロイル-CoA デサチュラーゼ	ラット
	リシン	ダイズ	ジヒドロジピコリン酸合成酵素	微生物 (CB)
		カノーラ	アスパラギン酸キナーゼ	微生物 (EC)
	アルカロイド	ベラドンナ	ヒヨスチアミン-6β-ヒドロキシラーゼ	ヒヨス
	タンパク質			
	モネリン	トマト，レタス	モネリン	ディオスコレオフィルム
	単クローン抗体	タバコ	イムノグロブリンG1	ラット
	ワクチン	タバコ	B型肝炎ウイルスの表皮抗原	B型肝炎ウイルス
		ジャガイモ	エンテロトキシン	微生物 (EC)
		ササゲ	パルボウイルスのキメラ遺伝子	ウイルス (MEV)
	酵素	タバコ	α-アミラーゼ	微生物 (BL)
品質	固形物含量の高いトマト	トマト	イソペンテニルトランスフェラーゼ	トマト
	軟化，成熟抑制	トマト	ポリガラクツロナーゼ (アンチセンス)	トマト
		トマト	ACC合成酵素 (アンチセンス)	トマト
	低アレルゲンタンパク質	イネ	アルブミン (アンチセンス)	イネ
	低タンパク酒造原料米	イネ	グルテリン (アンチセンス)	イネ
	褐変防止	ジャガイモ	ポリフェノールオキシダーゼ (アンチセンス)	ジャガイモ
ストレス耐性	耐塩性	タバコ	マンニトール-1-リン酸デヒドロゲナーゼ	微生物
	大気汚染耐性	タバコ，トマト	スパーオキシドジスムターゼ	ニコチアナ
耐病性	全身抵抗性	トマト	プロシステミン (アンチセンス)	トマト
	シュードモナス抵抗性	タバコ	ファゼオロトキシン抵抗性のオルニチントランスフェラーゼ	微生物 (PS)
	ウイルス抵抗性	カボチャ	CMVなどの表皮タンパク質	ウイルス
		トマト	CMVのサテライトRNA	ウイルス
		トマト	TYLCVのキャプシドタンパク質	
耐虫性	Btトキシン	トマト，ワタなど	Btトキシン遺伝子	微生物 (Bt)
	植物レクチン	エンドウ	α-アミラーゼインヒビター	インゲンマメ
	プロテアーゼインヒビター	イネ	トリプシンインヒビター	ササゲ
		タバコ	トリプシンインヒビター	ジャガイモ
除草剤耐性	グリホサート抵抗性	ダイズ	エノールピルビルシキミ酸-3-リン酸合成酵素	微生物 (A-CP4)
	グルホシネート抵抗性	カノーラ	ホスフィノトリシンアセチルトランスフェラーゼ	微生物 (SV)
	スルホニルウレア抵抗性	ワタ	アセト酪酸合成酵素	タバコ
ネマトーダ耐性		トマト	*Mi* 遺伝子	トマト

CMV：サイトメガロウイルス，ACC：1-アミノシクロプロパン-1-カルボン酸，TYLCV：トマト黄化葉巻ウイルス，AT：アグロバクテリウム・ツメファシエンス，CB：コリネバクテリウム，EC：大腸菌，MEV：ミンク腸炎ウイルス，BL：バチルス・リケニホルミス，PS：シュードモナス・シリンガエ，Bt：バチルス・チューリンゲンシス，A-CP4：アグロバクテリウムCP4系統，SV：ストレプトミセス・ビリドクロモゲネス．

7. その他の遺伝子組換え植物の開発と今後の展望

遺伝子組換え植物の開発は，植物，動物，微生物などの遺伝子を使用し，あらゆる植物を対象にして行われている（表6.10）．前述した主要形質のほか，例えば作物の品質のみについてみても，固形物含量の高いトマト[408]，果実や葉の成熟軟化や老化の抑制[409-411]，ジャガイモ塊茎の褐変防止[412, 413]，高デンプン・低グルコースのジャガイモ[414]，アレルギータンパク質の低減[415, 416]，低タンパク酒造原料米品種の開発[417, 418]，プロビタミンA（β-カロテン）を胚乳に蓄積したゴールデンライス[419-426]など，いずれも従来の育種では達成が困難な課題についてそれぞれ成果が得られている．これまでに報告された遺伝子組換え植物は膨大な数にのぼり，その一部はすでに実用化されたり，あるいは実用化が可能なレベルに達している[427-431]．

遺伝子組換えが行われるようになってさほど年月が経過しているわけではないが，実用化や研究開発は急速に広まっている．人類の将来にとってはほんのスタートにすぎないが，将来の人類や地球の運命を担うキーテクノロジーとなる可能性もあり，大いに期待されている．

引用文献

1) Vain, P., *Plant Biotechnol. J.*, **5**, 221–229 (2007)
2) Vain, P., *Nature Biotechnol.*, **25**, 624–626 (2007)
3) Hess, D., Cell modifications by DNA uptake, In: Reinert, J. and Bajaj, Y.P.S. eds., Plant Cell, Tissue and Organ Culture, pp.506–531, Springer-Verlag (1977)
4) Siemens, J. and Pickardt, T., Transformation of plants, In: Spier, R.E. ed., Encyclopedia of Cell Technology, pp.1164–1171, Wiley (2000)
5) Ledoux, L. *et al.*, *Nature*, **249**, 17–21 (1974)
6) Kleinhops, A. *et al.*, *Proc. Natl. Acad. Sci. USA*, **72**, 2748–2752 (1975)
7) Ohyama, K., *Plant Physiol.*, **61**, 515–520 (1978)
8) Jackson, D.A. *et al.*, *Proc. Natl. Acad. Sci. USA*, **69**, 2904–2909 (1972)
9) Cohen, S.N. *et al.*, *Proc. Natl. Acad. Sci. USA*, **70**, 3240–3244 (1973)
10) Morrow, J.F. *et al.*, *Proc. Natl. Acad. Sci. USA*, **71**, 1743–1747 (1974)
11) Cohen, S.N. and Boyer, H.W., U.S. Patent 4 237 224 (1974)
12) Maryann, F. , Commercializing Cohen-Boyer 1980–1997, http://www.kauffman.org/pdf/tt/Feldman_Maryann.pdf (2007)
13) Genentech, Inc., First Successful Laboratory Production of Human Insulin Announced, Press Release (Sep. 6, 1978)
14) Wagner, T.E. *et al.*, *Proc. Natl. Acad. Sci. USA*, **78**, 6376–6380 (1981)
15) Fraley, R.T. *et al.*, *Proc. Natl. Acad. Sci. USA*, **80**, 4803–4807 (1983)
16) Van Larebeke, N. *et al.*, *Nature*, **252**, 169–170 (1974)
17) Chilton, M.D. *et al.*, *Cell*, **11**, 263–271 (1977)
18) Marton, L. *et al.*, *Nature*, **277**, 129–131 (1979)
20) Vain, P., *Trends Biotechnol.*, **24**, 206–211 (2006)
21) James, C. and Krattiger, A.F., Global review of the field testing and comercialization of transgenic plants: 1986–1995. The first decade of crop biotechnology, pp.1–31, ISAAA: Ithaca and SEI: Stockholm (1996)
22) James, C., Global Status of Commercialized Biotech/GM Crops: 2006, ISAAA Brief 35, ISAAA, Ithaca, N.Y.

(2006)

23) Padgette, S.R. *et al.*, *Crop Sci.*, **35**, 1451–1461 (1995)

24) Barry, G. *et al.*, Biosynthesis and Molecular Regulation of Amino Acids in Plant, In: Singh, B.K., Flores, H.E. and Shannan, J.C. eds., Current Topics in Plant Physiology, Vol.7, pp.139–145, American Society of Plant Physiologists, Rockville, MD. (1992)

25) Kishore, G.M. and Shah, D.M., *Ann. Rev. Biochem.*, **57**, 627–663 (1988)

26) Heck, G.R. *et al.*, *Crop Sci.*, **44**, 329–339 (2005)

27) 日本モンサント，除草剤グリホサート耐性トウモロコシ (*cp4 epsps*, *Zea mays* subsp. *mays* (L.) Iltis)(NK603, OECD UI：MON-OO6O3-6) 申請書等の概要, pp.1–17 (2004)

28) Padgette, S.R. *et al.*, New weed control opportunities：Development of soybeans with a Roundup Ready™ gene, In：Duke, S.O. ed., Herbicide resistant crops. Agricultural, Environmetnal, Econimic, Regulatory, and Technical Aspects, pp.53–84, CRC Press, Boca Raton, FL. (1996)

29) Astwood, J.D. *et al.*, *Nature Biotechnol.*, **14**, 1269–1273 (1996)

30) Sen, M. *et al.*, *J. Immunol.*, **169**, 882–887 (2002)

31) Taylro, S.L., *Ann. Rev. Pharmacol. Toxicol.*, **42**, 99–112 (2002)

32) Harrison, L.A. *et al.*, The expressed protein in glyphosate-tolerant soybean, 5-enolpyruvylshikimate-3-phosphate synthase from *Agrobacterium* sp. strain CP4, is rapidly digested *in vitro* and is not toxic to acutely gavaged mice, *J. Nutr.*, **126**, 728–740 (1996)

33) Phillips, R.H. *et al.*, *J. Dairy Sci.*, **88**, 2870–2878 (2005)

34) OECD，遺伝子組換え作物を原料として利用する飼料の安全性評価に関する検討，OECD環境衛生と安全性分野の出版物，新規食品及び新規飼料の安全性シリーズ, No.9, pp.1–39 (2003)

35) Arregui, M.C. *et al.*, *Pest Management Sci.*, **60**(2), 163–166 (2003)

36) Kuiper, H.A. *et al.*, *Crop Protection*, **19**, 773–778 (2000)

37) Delannay, X., *Crop Sci.*, **35**, 1465–1467 (1995)

38) Kim, S.J., Rhizobacteria associated with glyphosate-resistant soybean (*Glycine max*). Dissertation presented to the Faculty of the Graduate School, University of Missouri-Columbia, pp.1–186 (2006)

39) 山本理恵ほか，複合生体フィールド教育研究センター報告, **21**, 13–16（2005）

40) Elmore, R.W. *et al.*, *Agron. J.*, **93**, 404–407 (2001)

41) Elmore, R.W. *et al.*, *Agron. J.*, **93**, 408–412 (2001)

42) Johnson, B.F. *et al.*, *Weed Technol.*, **16**, 554–566 (2002)

43) Zablotowicz, R.M. and Reddy, K.N., *J. Environ. Qual.* **33**, 825–831 (2004)

44) Reddy, K.N. *et al.*, *J. Agric. Food Chem.*, **52**, 5139–5143 (2004)

45) Cazzola, M.L. and Petrucceli, S., *Electronic J. Biotechnol.*, **9**(3), Special Issue, 320–325 (2006)

46) Brod, F.C.A. e*t al.*, *Food Sci. Technol.*, **40**, 748–751 (2007)

47) 渡邉　節ほか，宮城県保険環境センター年報, **20**, 59–63 (2002)

48) Bai, S.L. *et al.*, *Plant J.*, **49**, 354–366 (2007)

49) Hall, L. *et al.*, *Weed Sci.*, **40**, 688–694 (2000)

50) Yoshimura, Y. *et al.*, *Environ. Biosafety Res.*, **5**, 169–173 (2006)

51) Jemison, Jr. J.M. and Vayda, M.E., *AgriBioForum*, **4**, 87–92 (2001)

52) Behrens, M.R. *et al.*, *Science*, **316**, 1185–1188 (2007)

53) Estruch, J.J. *et al.*, *Nature Biotechnol.*, **15**, 137–141 (1997)

54) Gatehouse, A.M.R. and Gatehouse, J.A., *Pesticide Sci.*, **52**, 165–175 (1998)

55) 石渡繁胤，大日本蚕糸会報, **9**, 1–5 (1901)

56) 岩淵平介，通俗蚕体病理学, pp.1–428，明文堂書店（1908）

57) Berliner, E., *Z. Angew. Entomol.*, **2**, 29–56 (1915)

58) Höfte, H. and Whiteley, H.R., *Microbiol. Rev.*, **53**, 242–255 (1989)
59) Bravo, A. *et al.*, *Appl. Environ. Microbiol.*, **64**, 4965–4972 (1998)
60) Smith, P.H., Insect pathogens: their suitability as biopesticides, In: Evans, H.F. ed., Microbial insecticides: novelty or necessity?, pp. 21–28, Major Design & Production Ltd., Nottingham (1997)
61) Clark, B.W., Phillips, T.A. and Coats, J.R., *J. Agric. Food Chem.*, **53**, 4643–4653 (2005)
62) Zwahlen, C. *et al.*, *Mol. Ecology*, **12**, 765–775 (2003)
63) Garfinkel, D.J. *et al.*, *Cell*, **27**, 143–153 (1981)
63) Wirth, M.C. *et al.*, *Proc. Natl. Acad. Sci. USA*, **94**, 10536–10540 (1997)
64) Gao, Y. *et al.*, *J. Agric. Food Chem.*, **52**, 8057–8065 (2004)
65) Fitt, G.P., Implementation and Impact of Transgenic Bt Cottons in Australia, pp. 371–381, In: Cotton Production for the New Millennium. Proceedings of the third World Cotton Research Conference, 9–13 March (2003), Cape Town, South Africa, Agricultural Research Council—Institute for Industrial Crops, Pretoria, South Africa.
66) Meiyalaghan, S. *et al.*, *Potato Res.*, **49**, 203–216 (2006)
67) Romeis, J. *et al.*, *Nature Biotechnol.*, **24**, 63–71 (2006)
68) Höfte, H. *et al.*, *Eur. J. Biochem.*, **161**, 273–280 (1986)
69) Höfte, H. *et al.*, *Nucleic Acid Res.*, **15**, 7183 (1987)
70) Vaeck, M. *et al.*, *Nature*, **328**, 33–37 (1987)
71) Perlak, F. J. *et al.*, *Bio/Technol.*, **8**, 939–943 (1990)
72) Fujimoto, H. *et al.*, *Bio/Technol.*, **11**, 1151–1155 (1993)
73) Bosch, D. *et al.*, *Bio/Technol.*, **12**, 915–918 (1994)
74) McBride, K.E. *et al.*, *Bio/Technol.*, **13**, 362–365 (1995)
75) Losey, J.E. *et al.*, *Nature*, **399**, 214 (1999)
76) Jesse, L.C.H. and Obrycki, J.J., *Oecologia*, **125**, 241–248 (2000)
77) Sear, M.K. *et al.*, *Proc. Natl. Acad. Sci. USA*, **98**, 11937–11942 (2001)
78) 白井洋一, 応動昆, **47**, 1–11 (2003)
79) 白井洋一, 応動昆, **51**, 165–186 (2007)
80) Rosi-Marshall, E.J. *et al.*, *Proc. Natl. Acad. Sci. USA*, **104**, 16204–16208 (2007)
81) Chrispeels, M. J. and Raikhel, N.V., *Plant Cell*, **3**, 1–9 (1991)
82) Gatehouse, A.M.R. *et al.*, Approaches in insect resistance using transgenic plants, In: Bevan, M.W. *et al.* eds., The Production and Used of Genetically Transformed Plants, pp.91–98, Chapman & Hall, London (1994)
83) Hilder, V.A. *et al.*, *Transgenic Res.*, **4**, 18–25 (1995)
84) Rao, K.V. *et al.*, *Plant J.*, **15**, 469–477 (1998)
85) Foissac, X. *et al.*, *J. Insect Physiol.*, **46**, 573–583 (2000)
86) Down, R.E. *et al.*, *J. Insect Physiol.*, **42**, 1035–1045 (1996)
87) Altabella, T. and Chrispeels, M.J., *Plant Physiol.*, **93**, 805–810(1990)
88) Shade, R.E. *et al.*, *Bio/Technol.*, **12**, 793–796(1994)
89) Xu, D. *et al.*, *Mol. Breed.*, **2**, 167–173 (1996)
90) Duan, X. *et al.*, *Nature Biotechnol.*, **14**, 494–498 (1996)
91) Johnson, R. *et al.*, *Proc. Natl. Acad. Sci. USA*, **86**, 9871–9875 (1989)
92) Pearce, G. *et al.*, *Science*, **253**, 895–897 (1991)
93) McGurl, B. *et al.*, *Science*, **255**, 1570–1573 (1992)
94) Ren, F. and Lu, Y.-T., *Plant Sci.*, **171**, 286–292 (2006)
95) Xiao, Y.H. *et al.*, *Biosci. Beiotechnol. Biochem.*, **71**, 1211–1219 (2007)

96) Nishizawa, Y. *et al., Theor. Appl. Genet.*, **99**, 383–390 (1999)

97) Gentile, M. *et al., Plant Breed.*, **126**, 146–151 (2007)

98) Tabei, Y. *et al., Plant Cell Rep.*, **17**, 159–164 (1998)

99) Zhu, Q. *et al., Bio/Technol.*, **12**, 807–812(1994)

100) Dana, MdlM. *et al., Plant Physiol.*, **142**, 722–730 (2006)

101) Wong, K.W. *et al., Acta Hortic.*, **484**, 595–599 (1996)

102) Ding, X. *et al., Transgenic Res.*, **7**, 77–84 (1998)

103) Fan, Y. *et al., Appl. Environ. Microbiol.*, **73**, 295–302 (2007)

104) Carozzi, N. and Koziel, M., Advances in Insect Control: The Role of Transgenic Plants, pp.185–194, Taylor & Francis, London (1997)

105) Mori, M. *et al., Plant Biotechnol.*, **23**, 55–61 (2006)

106) Wu, G. *et al., Plant Cell*, **7**, 1357–1368 (1995)

107) Klement, Z. and Goodman, R.N., *Ann. Rev. Phytopathol.*, **5**, 17–44 (1967)

108) Punja, Z.K., *Can. J. Plant Pathol.*, **23**, 216–235 (2001)

109) Van Loon, L.C. and Van Strien, E.A., *Physiol. Mol. Plant Pathol.*, **55**, 85–97 (1999)

110) Chen, S. *et al., Russ. J. Plant Physiol.*, **53**, 671–677 (2006)

111) Dong, S. *et al., Plant Sci.*, **173**, 501–509 (2007)

112) Wrobel-Kwiatkowski, M. *et al., Physiol. Mol. Plant Pathol.*, **65**, 245–256 (2004)

113) Zhu, B. *et al., Planta*, **198**, 70–77 (1996)

114) Anand, A. *et al., J. Exp. Bot.*, **54**, 1101–1111 (2003)

115) Li, C.Y. *et al., Planta*, **221**, 286–293 (2005)

116) Epple, P. *et al., Plant Cell*, **9**, 509–520 (1997)

117) Melchers, L.S. and Stuiver, H., *Curr. Opin. Plant Biol.*, **3**, 147–152 (2000)

118) Iwai, T. *et al., Mol. Plant-Microbe Interact.*, **15**, 515–521 (2002)

119) Kawata, M. *et al., Jpn Agric. Res. Quarterly*, **37**, 71–76 (2003)

120) Kanzaki, H. *et al., Theor. Appl. Genet.*, **105**, 809–814 (2002)

121) Logemann, J. *et al., Bio/Technol.*, **10**, 305–308 (1992)

122) Kuc, J., *Ann. Rev. Phytopathol.*, **35**, 275–297 (1995)

123) Thomzik, J.E. *et al., Physiol. Mol. Plant Pathol.*, **51**, 265–278 (1997)

124) During, K. *et al., Plant J.*, **3**, 587–598 (1993)

125) Kinal, H. *et al., Plant Cell*, **7**, 677–688(1995)

126) Powell, A.L.T. *et al., Mol. Plant-Microbe Interact.*, **13**, 942–950 (2000)

127) Lian, H. *et al., Plant Mol. Biol.*, **45**, 619–629 (2001)

128) Anzai, H. *et al., Mol. Gen. Genet.*, **219**, 492–494 (1989)

129) Lagrimini, L.M. *et al., HortSci.*, **28**, 218–221 (1993)

130) Barcelo, A.R., *Protoplasma*, **186**, 41–44 (1995)

131) Tsuduki, M. *et al., Plant Biotechnol.*, **23**, 71–74 (2006)

132) Gaffney, T. *et al., Science*, **261**, 754–756 (1993)

133) Metraux, J.-P. *et al., Science*, **250**, 1004–1006 (1990)

134) Metraux, J.-P., *Eur. J. Plant Pathol.*, **107**, 13–18 (2001)

135) Metraux, J.P. *et al.*, Induced systemic resistance in cucumber in response to 2,6-dichloro-isonicotinic acid and pathogens, In: Hennecke, J. and Verma, D.P. S. eds., Advances in Molecular Genetics of Plant-Microbe Interactions, Vol.1, pp.432–439, Kluwer Academic Publishers (1991)

136) Gorlach, J. *et al., Plant Cell*, **8**, 629–643 (1996)

137) Cao, H., Li, X. and Dong, X., *Proc. Natl. Acad. Sci. USA*, **95**, 6531–6536 (1998)

138) Flor, H.H., *Ann. Rev. Phytopathol.*, **9**, 275–298 (1971)

139) Ryals, J.A. *et al.*, *Plant Cell*, **8**, 1809–1819 (1996)

140) Ellis, J. *et al.*, *Curr. Opin. Plant Biol.*, **3**, 278–284 (2000)

141) Martin, G.B. *et al.*, *Ann. Rev. Plant Biol.*, **54**, 23–61 (2003)

142) Lehmann, P., *J. Appl. Genet.*, **43**, 403–414 (2002)

143) Shirano, Y. *et al.*, *Plant Cell*, **14**, 3149–3162 (2002)

144) Zhang, X.-C. and Gassmann, W., *Plant Physiol.*, **145**, 1577–1587 (2007)

145) Gao, Y. *et al.*, *Genetics*, **177**, 523–533 (2007)

146) Sanford, J.C. and Jhonston, S.A., *J. Theor. Biol.*, **113**, 395–405 (1985)

147) Baulcombe, D., *Plant Cell*, **8**, 1833–1844 (1996)

148) Beachy, R.N. *et al.*, Transgenic plants that express the coat protein gene of TMV are resistant to infection by TMVB, In: Arnzten, C.S. and Ryan, C.A. eds., Molecular Strategies for Crop Improvement, pp.205–213, A.R. Liss, New York (1986)

149) Powell-Abel, P. *et al.*, *Science*, **232**, 738–743(1986)

150) Beachy, R.N., *Phil. Trans. Roy. Soc. London, Ser. B.*, **354**, 659–664 (1999)

151) Nelson, R.S. *et al.*, *Bio/Technol.*, **6**, 403–409 (1988)

152) Beachy, R.N. *et al.*, *Ann. Rev. Phytopathol.*, **28**, 451–472 (1990)

153) Isaacs, A. and Lindenmann, J., *Proc. Roy. Soc. London, Ser. B.*, **147**, 258–267 (1957)

154) McKinney, H.H., *J. Agric. Res.*, **39**, 557–578 (1929)

155) Kunik, T. *et al.*, *Bio/Technol.*, **12**, 500–504 (1994)

156) Schubert, J. *et al.*, *Virus Res.*, **100**, 41–50 (2004)

157) Whitham, S. *et al.*, *Proc. Natl. Acad. Sci. USA*, **93**, 8778–8781 (1996)

158) Cillo, F. *et al.*, *Mol. Plant-Microbe Interact.*, **17**, 98–108 (2004)

159) McGarvey, P.B., *J. Amer. Soc. Hort. Sci.*, **119**, 642–647 (1994)

160) Harrison, B.D. *et al.*, *Nature*, **328**, 799–802 (1987)

161) Yie, Y. *et al.*, *Mol. Plant-Microbe Interact.*, **5**, 460–465 (1992)

162) Kim, S.J. *et al.*, *Plant Cell Rep.*, **16**, 825–830 (1997)

163) Anderson, J.M. *et al.*, *Proc. Natl. Acad. Sci. USA*, **89**, 8759–8763 (1992).

164) Schillberg, S. *et al.*, *Mol. Breed.*, **6**, 317–326 (2000)

165) Lodge, J.K. *et al.*, *Proc. Natl. Acad. Sci. USA*, **90**, 7089–7093 (1993)

166) Jung, C. *et al.*, *Trends Plant Sci.*, **3**, 266–271 (1998)

167) Sasser, J.N. and Freckman, D.W., A world perspective on nematology; the role of society, In: Veech, J.A. and Dickerson, D.W. eds., Vistas on nematology, pp.7–14, Society of Nematologists, Hyattsville, Maryland (1987)

168) Cai, D. *et al.*, *Science*, **275**, 832–834 (1997)

169) Ho, J.-Y. *et al.*, *Plant J.*, **2**, 971–982 (1992)

170) Vain, P. *et al.*, *Theor. Appl. Genet.*, **96**, 266–271 (1998)

171) Hwang, C.-F. and Williamson, V.M., *Plant J.*, **34**, 585–593 (2003)

172) Milligan, S.B. *et al.*, *Plant Cell*, **10**, 1307–1319 (1998)

173) Vos, P.V. *et al.*, *Nature Biotechnol.*, **16**, 1365–1369 (1998)

174) Nombela, G. *et al.*, *MPMI*, **15**, 645–649 (2003)

175) Hepher, A. and Atkinson, H.J., U.S. Patent 5494813 (1996)

176) Sato, K. and Asano, S., *Jpn J. Nematol.*, **34**, 79–88 (2004)

177) Li. X.Q. *et al.*, *Plant Biotechnol. J.*, **5**, 455–464 (2007)

178) Kutchan, T.M., *Plant Cell*, **7**, 1059–1070(1995)

179) Giddings, G., *Curr. Opin. Biotechnol.*, **12**, 450–454 (2001)

180) Giddings, G. *et al.*, *Nature Biotechnol.*, **18**, 1151–1155 (2000)
181) Hood, E.E., *Enzyme Microb. Technol.*, **30**, 279–283 (2002)
182) Hood, E.E. and Howard, J., *Agro-Food-Industry Hi-Tech*, **10**(3), 35–36 (1999)
183) Hood, E.E. and Jilka, J.M., *Curr. Opin. Biotechnol.*, **10**, 382–386 (1999)
184) De Jaeger, G. *et al.*, *Nature Biotechnol.*, **20**, 1265–1268 (2002)
185) Daniell, H. *et al.*, *Trends Plant Sci.*, **6**, 219–226 (2001)
186) Sala, F. *et al.*, *Vaccine*, **21**, 803–808 (2003)
187) Farrokhi, N. *et al.*, *Biotechnol. J.*, **6**, 105–134 (2008)
188) Fischer, R. *et al.*, *Curr. Opin. Plant Biol.*, **7**, 152–158 (2004)
189) Streatfield, S.J., *Plant Biotechnol. J.*, **5**, 2–15 (2007)
190) Julsing, M.K. *et al.*, The engineering of medicinal plants: prospects and limitations of medicinal plant biotechnology, In; Kayser, O. and Quax, W. J. eds., Medicinal Plant Biotechnology: From Basic Resaerch to Industrial Applications, pp.3–8, Wiley-VCH Verlag GmbH & Co., Weinheim (2007)
191) Verpoort, R., Secondary metabolism, In: Verpoorte, R. and Alfermann, A.W. eds., Metabolic Engineering of Plant Secondary Metabolism, pp.1–30, Kluwer Academic Publishers (2000)
192) Wu, S. and Chappell, J., *Curr. Opin. Biotechnol.*, **19**, 145–152 (2008)
193) Kayser, O. and Quax, W. J. eds., Medicinal Plant Biotechnology: From Basic Resaerch to Industrial Applications, pp.1–618, Wiley-VCH Verlag GmbH & Co., Weinheim (2007)
194) Croteau, R. *et al.*, Natural Products (Secondary metabolites), In: Muchanan, B. *et al.* eds., Biochemistry & Molecular Biology of Plants, pp.1250–1318, American Society of Plant Biologists (2000)
195) Hendry, G.A.F. and Wallace, R.K., The origin, distribution, and evolutionary significance of fructans, In: Suzuki, M. and Chatterton, N.J. eds., Science and Technology of Fructans, pp.119–139, CRC Press, Boca Raton, FL. (1993)
196) Pilon-Smits, E.A.H. *et al.*, *Plant Physiol.*, **107**, 125–130 (1995)
197) Vijn, I. *et al.*, *Plant J.*, **11**, 387–398 (1997)
198) Van den Ende, W. *et al.*, *New Phytol.*, **166**, 803–815 (2005)
199) Hisano, H. *et al.*, *Plant Sci.*, **167**, 861–868 (2004)
200) Steinmetz, M. *et al.*, *Mol. Gen. Genet.*, **191**, 138–144 (1983)
201) Steinmetz, M. *et al.*, *Mol. Gen. Genet.*, **200**, 220–228 (1985)
202) Ebskamp, M.J.M. *et al.*, *Bio/Technol.*, **12**, 272–275 (1994)
203) Schellenbaum, L. *et al.*, *New Phytol.*, **142**, 67–77 (1999)
204) Li, J. *et al.*, *Int. J. Pharm.*, **278**, 329–342 (2004)
205) Andreas, B.S. and Margit, H., *Amer. J. Drug Deliv.*, **1**, 241–254 (2003)
206) Bellocq, N.C. *et al.*, *Bioconjugate Chem.*, **15**, 1201–1211 (2004)
207) Forrest, M.L. *et al.*, *Biotechnol. Bioeng.*, **89**, 416–423 (2004)
208) Li, S.D. and Huang, L., *Gene Therapy*, **13**, 1313–1319 (2006)
209) Oakes, J.V. *et al.*, *Bio/Technol.*, **9**, 982–986 (1991)
210) Shewmaker, D.K. and Stalker, D.M., *Plant Physiol.*, **100**, 1083–1086 (1992)
211) Settavongsin, R., Application and transgenic production of the biosurfactant cyclodextrin for enhanced polyaromatic hydrocarbon phytoremediation. Thesis, Michigan State University, AAT 3189738, pp.1–175 (2005)
212) Anzala, F. *et al.*, *J. Exp. Bot.*, **57**, 645–653 (2006)
213) Zhu, X. and Galili, G., *Plant Cell*, **15**, 845–853 (2003)
214) Lam, H.-M. *et al.*, *Plant Cell*, **7**, 887–898 (1995)
215) Ferreira, R.R. *et al.*, *Braz. J. Med. Biol. Res.*, **38**, 985–994 (2005)

216) Falco, S.C. *et al.*, *Bio/Technol.*, **13**, 577–582 (1995)
217) Galili, G., *Ann. Rev. Plant Biol.*, **53**, 27–43 (2002)
218) Krishnan, H.B., *Crop Sci.*, **45**, 454–461 (2005)
219) Tang, G. *et al.*, *Plant Physiol.*, **130**, 147–154 (2002)
220) Frizzi, A. *et al.*, *Plant Biotechnol. J.*, **6**, 13–21 (2008)
221) Altenbach, S.B. *et al.*, *Plant Mol. Biol.*, **13**, 513–522 (1989)
222) Wakasa, K. *et al.*, *J. Exp. Bot.*, **57**, 3069–3078 (2006)
223) Topfer, R. *et al.*, *Science*, **268**, 681–686 (1995)
224) Ohlrogge, J. *et al.*, Genomics approaches to lipid biosynthesis, In：New Directions for a Diverse Planet. Proceeding of the 4th International Crop Science Congress, 26 Sep.–1 Oct. 2004, Brisbane, Australia. Published on CDROM. Web site：www.cropscience.org.au, pp.1–11 (2004)
225) Gunstone, F.D., *Inform*, **11**, 1287–1289 (2001)
226) Murphy, D. J., *Trends Biotechnol.*, **14**, 206–213 (1996)
227) Murphy, D. J., *Curr. Opin. Biotechnol.*, **10**, 175–180 (1999)
228) Thelen, J. J. and Ohlrogge, J.B., *Metabolic Eng.*, **4**, 12–21 (2002)
229) Damude, H.G. and Kinney, A. J., *Physiol. Plant.*, **132**, 1–10 (2008)
230) Drexler, H. *et al.*, *J. Plant Physiol.*, **160**, 779–802 (2003)
231) Napier, J.A. *et al.*, *Curr. Opin. Plant Biol.*, **2**, 123–127 (1999)
232) Grayburn, W.S. *et al.*, *Bio/Technol.*, **10**, 675–678(1992)
233) Liu, Q. *et al.*, *Plant Physiol.*, **129**, 1732–1743 (2002)
234) Hong, H. *et al.*, *Plant Physiol.*, **129**, 354–362 (2002)
235) Ucciani, E., *Lipids*, **2**, 319–322 (1995)
236) Kohno-Murase, J. *et al.*, *Transgenic Res.*, **15**, 95–100 (2006)
237) Abbadi, A. *et al.*, *Plant Cell*, **16**, 2734–2748 (2004)
238) Wu, G. *et al.*, *Nature Biotechnol.*, **23**, 1013–1017 (2005)
239) Sayanova, O.V. and Napier, J.A., *Phytochemistry*, **65**, 147–158 (2004)
240) Singh, S.P. *et al.*, *Curr. Opin. Plant Biol.*, **8**, 197–203 (2005)
241) Vigeolas, H. *et al.*, *Plant Biotechnol. J.*, **5**, 431–441 (2007)
242) Walsh, G., Proteins：Biochemistry and Biotechnology, pp.1–560, John Wiley and Sons Inc. (2002)
243) Alberghina, L. ed., Protein Engineering in Industrial Biotechnology, pp.1–388, CRC Press (2000)
244) Litchfield, J.H., *Science*, **219**, 740–746 (1983)
245) Westlake, R., *Chem. Ing. Tech.*, **58**, 934–937 (1986)
246) Margaritis, A. and Wallace, J.B., *Bio/Technol.*, **2**, 447–453 (1984)
247) Hensing, M.C.M. *et al.*, *Antonie van Leeuwenhoek*, **67**, 261–279 (1995)
248) Gellissen, G., *Appl. Microbiol. Biotechnol.*, **54**, 741–750 (2000)
249) Rhodes, M. and Birch, J., *Biotechnology*, **6**, 518–523 (1988)
250) Hosoi, S. *et al.*, *Cytotechnology*, **5** (Suppl. 2), 17–34 (1991)
251) Hesse, F. *et al.*, *Biotechnol. Prog.*, **19**, 833 –843 (2003)
252) Schumpp, B. and Schlaeger, E.J., *J. Cell Sci.*, **97**, 639–647 (1990)
253) Fountoulakis, M. *et al.*, *J. Biol. Chem.*, **270**, 3958–3964 (1995)
254) Varley, J. and Birch, J., *Cytotechnology*, **29**, 177–205 (1999)
255) Daniell, H., *Biotechnol. J.*, **1**, 1071–1079 (2006)
256) Goldstein, D.A. and Thomas, J.A., *Q. J. Med.*, **97**, 705–716 (2004)
257) Jelaska, S. *et al.*, *Curr. Stud. Biotechnol.*, **4**, 121–127 (2006)
258) Khais, G. *et al.*, Plant-derived vaccines：progress and constrainsts, In: Fischer, R. and Schillberg, S. eds.,

Molecular Farming: Plant-made Pharmaceuticals and Technical Proteins, pp.135–157, Wiley-VCH, Weinheim (2006)

259) Walmsley, A.M. and Arntzen, C. J., *Curr. Opin. Biotechnol.*, **11**, 126–129 (2000)

260) Arakawa, T. *et al.*, *Nature Biotechnol.*, **16**, 292–297 (1998)

261) Ma, J.K.C. *et al.*, *Nature Med.*, **4**, 601–606 (1998)

262) Kapusta, J. *et al.*, *FASEB J.*, **13**, 17696–17699 (1999)

263) Tacket, C.O. *et al.*, *Nature Med.*, **4**, 607–609 (1998)

264) Khamsi, R., New@nature.com, 14 Feb. (2005), http://cmbi.bjmu.edu.cn/news/ 0502/51.htm

265) Coghlan, A., New Scientist, 14 Feb. (2005), http://www.newscientist.com/ article.ns?id=dn7006

266) Doran, P.M., *Trends Biotechnol.*, **24**, 246–432 (2006)

267) Hsieh, K. and Huang, A.H.C., *Plant Physiol.*, **136**, 3427–3434 (2004)

268) Waltermann, M. and Steinbuchel, A., *J. Bacteriol.*, **187**, 3607–3619 (2005)

269) Boothe, J.G. *et al.*, *Drug Develop. Res.*, **42**, 172–181 (1997)

270) Goodin, O. J.M. and Pen, J., *Trends Biotechnol.*, **13**, 379–187 (1995)

271) Van Rooijen, G. J.H. and Motoney, M.M., *Bio/Technol.*, **13**, 72–77 (1995)

272) Van Rooijen, G. J.H. and Moloney, M.M., *Plant Physiol.*, **109**, 1353–1361 (1995)

273) Pharmenter, D.L. *et al.*, *Plant Mol. Biol.*, **29**, 1167–1180 (1995)

274) Green, A. and Salisbury, P., Novel plant products from gene technology, Proceedings of the 10th Australian Agronomy Conference, Hobart (2001), http://www.regional.org.au/au/asa/2001/plenery/6/green.htm

275) Lee, T.T.T. *et al.*, *J. Cereal Sci.*, **44**, 333–341 (2006)

276) Ling, H., *Biologia*, **62**, 119–123 (2007)

277) Leite, A. *et al.*, *Mol. Breed.*, **6**, 47–53 (2000)

278) Nykiforuk, C.L. *et al.*, *Plant Biotechnol. J.*, **4**, 77–85 (2005)

279) Sun, Y. *et al.*, *Bioresource Technol.*, **98**, 2866–2872 (2007)

280) Cox, K.M. *et al.*, *Nature Biotechnol.*, **24**, 1591–1597 (2006)

281) Weise, A. *et al.*, *Plant Biotechnol. J.*, **5**, 389–401 (2007)

282) Baur, A. *et al.*, *Plant Biotechnol. J.*, **3**, 331–340 (2005)

283) Koprivova, A. *et al.*, *Plant Biol.*, **5**, 582–591 (2003)

284) Decker, E.L. and Reski, R., *Curr. Opin. Plant Biol.*, **7**, 166–170 (2004)

285) Koop, H.U. *et al.*, *Topics Curr. Genet.*, **19**, 457–510 (2007)

286) Manuell, A.L. *et al.*, *Plant Biotechnol. J.*, **5**, 402–412 (2007)

287) Hull, R. and Davies, J.W., *Crit. Rev. Plant Sci.*, **11**, 17–33 (1992)

288) Ooi, A. *et al.*, *J. Biotechnol.*, **121**, 471–481 (2006)

289) Nemchinov, L.G. and Natilla, A., *Protein Exp. Purif.*, **56**, 153–159 (2007)

290) Natilla, A. *et al.*, *Arch. Virol.*, **151**, 1373–1386 (2006)

291) Floss, D.M. *et al.*, *Transgenic Res.*, **16**, 315–332 (2007)

292) Yasawardene, S.G. *et al.*, *Ind. J. Med. Res.*, **118**, 115–124 (2003)

293) Yusibov, V and Rabindran, S., Plant viral expression vectors: history and new developments, In: Fischer, R. and Schillberg, S. eds., Molecular Farming: Plant-made Pharmaceuticals and Technical Proteins, pp.77–90, Wiley-VCH, Weinheim (2004)

294) Canizares, M.C. *et al.*, *Cell Biol.*, **83**, 263–270 (2005)

295) Yoshivob, V. *et al.*, *Drugs R & D*, **7**, 203–217 (2006)

296) Marillonnet, S. *et al.*, *Proc. Natl. Acad. Sci. USA*, **101**, 6852–6857 (2004)

297) Marillonnet, S. *et al.*, *Nature Biotechnol.*, **23**, 718–723 (2005)

298) Gleba, Y. *et al.*, *Curr. Opin. Plant Biol.*, **7**, 182–188 (2004)

299) Gleba, Y. *et al.*, *Vaccine*, **23**, 2042–2048 (2005)
300) Gleba, Y. *et al.*, *Curr. Opin. Biotechnol.*, **18**, 134–141 (2007)
301) Chung, S.M. *et al.*, *Trends Plant Sci.*, **11**, 1–4 (2006)
302) Gelvin, S.B., *Nature Biotechnol.*, **23**, 684–685 (2005)
303) Huang, Z. *et al.*, *Vaccine*, **24**, 2506–2513 (2006)
304) Huang, Z. *et al.*, *Plant Biotechnol. J.*, **6**, 202–209 (2008)
305) Gils, M. *et al.*, *Plant Biotechnol. J.*, **3**, 613–520 (2005)
306) Lindbo, J.A., *BMC Biotechnol.*, **7**, 1–11 (2007)
307) Giritch, A. *et al.*, *Proc. Natl. Acad. Sci. USA*, **103**, 14701–14706 (2006)
308) Vain, P. *et al.*, *Plant J.*, **18**, 233–242 (1999)
309) Allen, G.C. *et al.*, *Plant Cell*, **8**, 899–913 (1996)
310) Breyne, P. *et al.*, *Plant Cell*, **4**, 463–171 (1992)
311) Spiker, S. and Thompson, W.F., *Plant Physiol.*, **110**, 15–21 (1996)
312) Ulker, B. *et al.*, *Plant J.*, **18**, 253–263 (1999)
313) Abranches, R. *et al.*, *Plant Biotechnol. J.*, **3**, 535–543 (2005)
314) Holmes-Davis, R. and Comai, L., *Trends Plant Sci.*, **3**, 91–97 (1998)
315) Bolle, M.F.C. *et al.*, *Plant Mol. Biol.*, **63**, 533–543(2007)
316) Gibbs, B.F. *et al.*, *Nutr. Res.*, **16**, 1619–1630 (1996)
317) Witty, M., *Trends Food Sci. Technol.*, **9**, 275–280 (1998)
318) Masuda, T. and Kitabatake, N., *J. Biosci. Bioeng.*, **102**, 375–389 (2006)
319) Morris, J.A., *J. Biol. Chem.*, **248**, 534–539 (1973)
320) Panarrubia, L. *et al.*, *Plant Bio/Technol.*, **10**, 561–564(1992)
321) Patino, R.C. *et al.*, *Appl. Microbiol. Biotechnol.*, **49**, 393–398 (1998)
322) Moralejo, F. J. *et al.*, *Appl. Environ. Microbiol.*, **65**, 1168–1174 (1999)
323) Edens, L. and van der Wel, H., *Trends Biotechnol.*, **3**, 61–64 (1985)
324) Zemanek E.C. and Wasserman B.P., *Crit. Rev. Food Sci. Nutr.*, **35**, 455–466 (1995)
325) Faus, I., *Appl. Microbiol. Biotechnol.*, **53**, 145–151 (2000)
326) Bartoszewsk, G. *et. al.*, *Plant Breed.*, **122**, 347–351 (2003)
327) Rajam, M.V. *et al.*, *Biologia Plant.*, **51**, 135–141 (2007)
328) Lamphear, B. J., *Plant Biotechnol. J.*, **3**, 103–114 (2005)
329) Sun, H. J. *et al.*, *FEBS Lett.*, **580**, 620–626 (2006)
330) Sun, H. J. *et al.*, *Plant Biotechnol. J.*, **5**, 768–777 (2007)
331) Owen, M.R.L. and Pen, J. eds., Transgenic Plants : A Production System for Industrial and Pharmaceutical Proteins, pp.1–360, John Wiley and Sons Inc. (1996)
332) Azzoni, A.R. *et al.*, *J. Chem. Eng.*, **22**, 323–330 (2005)
333) Baszczynski, C. *et al.*, U.S. Patent 5824870 (1998)
334) Zhong, G.Y. *et al.*, *Mol. Breed.*, **5**, 345–356 (1999)
335) Hood, E.E. *et al.*, *Mol. Breed.*, **3**, 291–306 (1997)
336) Hood, E.E. *et al.*, *Curr. Opin. Biotechnol.*, **13**, 630–635 (2002)
337) Witcher, D.R. *et al.*, *Mol. Breed.*, **4**, 301–312 (1998)
338) Hood, E.E., *Plant Biotechnol. J.*, **5**, 709–719 (2007)
339) Clough, R.C. *et al.*, *Plant Biotechnol. J.*, **4**, 53–62 (2005)
340) Hood, E.E., *Plant Biotechnol. J.*, **1**, 129–140 (2003)
341) De Wilde, C. *et al.*, *Transgenic Res.*, **17**, 515–527 (2008)
342) Hiatt, A.C. *et al.*, *Nature*, **342**, 76–78 (1989)

343) Stoger, E. *et al., Plant Mol. Biol.*, **42**, 583–590 (2000)

344) Wongsamuth, R. and Doran, P.M., *Bioengineering*, **54**, 401–415 (1997)

345) Rademacher, T. *et al., Plant Biotechnol. J.*, **6**, 189–201 (2008)

346) Arntzen, C. *et al., Vaccine*, **23**, 1753–1756 (2005)

347) Bakker, H. *et al., Proc. Natl. Acad. Sci. USA*, **98**, 2899–2904 (2001)

348) Fiedler, U. *et al., Immunotechnology*, **3**, 205–216 (1997)

349) Schahs, M. *et al., Plant Biotechnol. J.*, **5**, 657–663 (2007)

350) Stoger, E. *et al., Curr. Opin. Biotechnol.*, **13**, 161–166 (2002)

351) Stoger, E. *et al., Curr. Pharm. Design*, **11**, 2439–2457 (2005)

352) Tonegawa, S., *Nature*, **302**, 575–581(1983)

353) Tonegawa, S. *et al., Proc. Natl. Acd. Sci. USA*, **71**, 4027–4031 (1974)

354) Tonegawa, S., *Proc. Natl. Acad. Sci. USA*, **73**, 203–207 (1976)

355) Hozumi, N. and Tonegawa, S., *Proc. Natl. Acad. Sci. USA*, **73**, 3628–3632 (1976)

356) Hoenigsberg, H., *Genet. Mol. Res.*, **2**, 7–28 (2003)

357) Karu, A.E. *et al., ILAR J.*, **37**, 132–140 (1995)

358) Ma, J.K.C. *et al., Nature Med.*, **4**, 1078–8956 (1998)

359) Wilde, C.D. *et al., Plant Cell Physiol.*, **39**, 639–646 (1998)

360) Wilde, C.D. *et al., Mol. Breed.*, **9**, 271–282 (2002)

361) Koen, P. *et al., FEBS Lett.*, **268**, 4251–4260 (2001)

362) Smith, M.D. and Glick, B.R., *Biotechnol. Adv.*, **18**, 85–89 (2000)

363) Artsaenko, O. *et al., Mol. Breed.*, **4**, 313–319 (1998)

364) Conrad, U. *et al., J. Plant Physiol.*, **152**, 708–711 (1998)

365) Smith, G.P., *Science*, **228**, 1315–1317 (1985)

366) Soltes, G. *et al., J. Biotechnol.*, **127**, 626–637 (2007)

367) Sidhu, S.S., *Curr. Opin. Biotechnol.*, **11**, 610–616 (2000)

368) Sidhu, S., *Biomol. Eng.*, **18**, 57–63 (2001)

369) Hodits, R.A. *et al., J. Biol. Chem.*, **270**, 24078–24085 (1995)

370) Watkins, N.A. *et al., Blood*, **102**, 718–724 (2003)

371) 杉村和久ほか, *DOJIN News*, **109**, 1–7(2004)

372) Conrad, U. and Scheller, J., *High Throughput Screen*, **8**, 117–126 (2005)

373) Rader, C. and Barbas, C.F., *Curr. Opin. Biotechnol.*, **8**, 503–508 (1997)

374) Huse, W.D. *et al., Science*, **246**, 1275–1281 (1989)

375) Griep, R.A. *et al., Phytopathology*, **90**, 183–190 (2000)

376) Prins, M. *et al., J. Gen. Virol.*, **86**, 2107–2113 (2005)

377) Orecchia, M. *et al., Arch. Virol.*, **153**, 1075–1084 (2008)

378) Ellis, R.W., *Vaccine*, **19**, 2681–2687 (2001)

379) Lauterslager, T.G.M. *et al., Vaccine*, **19**, 2749–2755 (2001)

380) Rigao, M.M., *Immunol. Cell Biol.*, **83**, 271–277 (2005)

381) Mason, H.S. *et al., Proc. Natl. Acad. Sci. USA*, **89**, 11745–11749 (1992)

382) Thanavala, Y. *et al., Proc. Natl. Acad. Sci. USA*, **92**, 3358–3361 (1995)

383) Wink, M., Plant secondary metabolites: Biochemistry, function, and biotechnology, In: Wink, M. ed., Biochemistry of Plant Secondary Metabolism, Vol.2, pp.1–16, Sheffield Academic Press, Sheffield (1999)

384) Verpoorte, R. and Alfermann, A.W. eds., Metabolic Engineering of Plant Secondary Metabolism, pp.1–300, Kluwer Academic Publishers (2000)

385) Roberts, S.C., *Nature Chem. Biol.*, **3**, 387–395 (2007)

386) Fiehn, O. *et al.*, *Curr. Opin. Biotechnol.*, **12**, 82–86 (2001)
387) Dixon, R.A., *Curr. Opin. Plant Biol.*, **8**, 329–336 (2005)
388) Capell, T. and Christou, P., *Curr. Opin. Biotechnol.*, **15**, 148–154 (2004)
389) Davies, K.M., *Mutation Res.*, **622**, 122–137 (2007)
390) Hanosn, A.D. and Shanks, J.V., *Metabolic Eng.*, **4**, 1–2 (2002)
391) Dudareva, N. and Pichersky, E., *Curr. Opin. Biotechnol.*, **19**, 181–189 (2008)
392) Allen, R.S. *et al.*, *Plant Biotechnol. J.*, **6**, 22–30 (2008)
393) Kutchan, T.M., *Gene*, **179**, 73–81 (1996)
394) Kutchan, T.M., The Alkaloids: Chemistry and Biology (Cordell, G.A. ed.), Vol.50, pp.257–316, Academic Press (1998)
395) Kutchan, T.M., *Rec. Adv. Phytochem.*, **36**, 163–178 (2002)
396) Hashimoto, T. and Yamada, Y., *Ann. Rev. Plant Physiol. Plant Mol. Biol.*, **45**, 257–285(1994)
397) Hughes, E.H. and Shanks, J.V., *Metabolic Eng.*, **4**, 41–48 (2002)
398) Facchini, P. J., *Ann. Rev. Plant Physiol. Plant Mol. Biol.*, **52**, 29–66 (2001)
399) Hughes, E., *Metabolic Eng.*, **4**, 41–48 (2002)
400) Yun, D.-J. *et al.*, *Proc. Natl. Acad. Sci USA.*, **89**, 11799–11803(1992)
401) Hashimoto, T. *et al.*, *Phytochemistry*, **32**, 713–718(1993)
402) Jouhikainen, K. *et al.*, *Planta*, **208**, 545–551 (1999)
403) Zhang, L. *et al.*, *Planta*, **225**, 887–896 (2007)
404) Sato, F. *et al.*, *Proc. Natl. Acad. Sci. USA*, **98**, 367–372 (2001)
406) Apuya, A.R. *et al.*, *Plant Biotechnol. J.*, **6**, 160–175 (2008)
407) Larkin, P. J. *et al.*, *Plant Biotechnol. J.*, **5**, 26–37 (2007)
408) Martineau, B. *et al.*, *Bio/Technol.*, **13**, 250–254(1995)
409) Ayub, R. *et al.*, *Nature Biotechnol.*, **14**, 862–866 (1996)
410) Bolitho, K.M. *et al.*, *Plant Sci.*, **122**, 91–99 (1997)
411) John, I. *et al.*, *Plant J.*, **7**, 483–490 (1995)
412) Coetzer, C. *et al.*, *J. Agric. Food Chem.*, **49**, 652–657 (2001)
413) Bachem, C.W.B. *et al.*, *Bio/Technol.*, **12**, 1101–1105 (1994)
414) McKibbin, R.S. *et al.*, *Plant Biotechnol. J.*, **4**, 409–418 (2006)
415) Tada, Y. *et al.*, *FEBS Lett.*, **391**, 341–345 (1996)
415) Whitmer, S. *et al.*, *Plant Physiol.*, **116**, 853–857 (1998)
416) Bhalla, P.L. and Singh, M.B., *Methods*, **32**, 340–345 (2004)
417) 角谷直人, *BRAINテクノニュース*, **36**, 12–14(1993)
418) Kubo, T., Development of low-glutelin rice by *Agrobacterium*-mediated genetic transformation with an antisense gene construct. Joint FAO/WHO Expert Consultation on Foods Derived from Biotechnology, Topic 10：Potential of foods from which unfavorable components have been removed, pp.2–5, FAO/WHO (2000)
419) Sakakibara, K.Y. and Saito, K., *Biotechnol. Lett.*, **28**, 1983–1991(2006)
420) Al-Babili, S. and Bayer, P., *Plant Sci.*, **10**, 565–573 (2005)
421) Ye, X. *et al.*, *Science*, **287**, 303–305 (2000)
422) Bayer, S. *et al.*, *J. Nutr.*, **132**, 506S–510S (2002)
423) Paine, J.A., *Nature Biotechnol.*, **23**, 482–487 (2005)
424) Potrykus, I., *Plant Physiol.*, **125**, 1157–1161 (2001)
425) Datta, K. *et al.*, *Plant Biotechnol. J.*, **1**, 81–90 (2003)
426) Baisakh, N. *et al.*, *Plant Biotechnol. J.*, **4**, 467–475 (2006)
427) Bajaj, Y.P.S. ed., Biotechnology in Agriculture and Forestry：Transgenic Crops I, pp.1–389, Springer Verlag

(2000)

428) Bajaj, Y.P.S. ed., Biotechnology in Agriculture and Forestry: Transgenic Crops II, pp.1–340, Springer Verlag (2001)

429) Bajaj, Y.P.S. ed., Biotechnology in Agriculture and Forestry: Transgenic Crops III, pp.1–370, Springer Verlag (2001)

430) Pua, E.C. and Davey, M.R. eds., Biotechnology in Agriculture and Forestry: Transgenic Crops IV, pp.1–476, Springer Verlag (2007)

431) Pua, E.C. and Davey, M.R. eds., Biotechnology in Agriculture and Forestry: Transgenic Crops V, pp.1–563, Springer Verlag (2007)

（高山真策）

VII 植物ゲノム

1. はじめに

生物学の進展により，細胞を構成する膨大な数の生体成分について1つひとつの構造や機能が明らかにされてきた．それらの成分は，核の命令により作動している秩序ある生命維持装置の一部として重要な働きを担っている．しかし生命現象を組織レベル，または個体レベルで理解するためには個々の生体成分の動態を追跡するだけでは不十分で，核内にある遺伝子全体の解析の必要性が叫ばれるようになった．そこで登場したのがヒトゲノムプロジェクトであり，その成果は医療分野において多大な貢献が期待されることから，プロジェクトの進展に伴いゲノム解析の方法が飛躍的に発展した．植物においても農学や薬学，環境科学など多方面において植物の機能向上が期待され，シロイヌナズナやイネをモデル植物としたゲノムプロジェクトが開始された．植物のゲノム研究はゲノムの複雑さが原因となってヒトや他の動物に比べると後塵を拝しているが，長年の研究で蓄積された遺伝学的，生理学的知識と融合させることにより，新たな研究の展開が期待されている．

この章ではゲノムを断片化したライブラリーを作成し，個々のライブラリーの塩基配列を解読した後つなぎ合わせることでゲノムの全体像を捉える道筋を2節に述べる．また，3節では植物におけるゲノム解析の方法と得られた知見について概説し，植物の変異体を利用した遺伝子機能の決定方法を例示する．4節ではゲノムプロジェクトの延長上にある転写，翻訳，または代謝レベルで生命の全体像を網羅的に解明する試みを紹介したい．

2. ゲノム解析の方法

2.1 ゲノムとは

ゲノムはある生物が持っている遺伝情報の完全な1セットのことで，生命現象をつかさどる遺伝子の総体，つまり生命の設計図である．ヒトの場合，46本の染色体中に30億塩基対からなるDNAが凝縮して収められている．この中には遺伝子が当初約10万個含まれていることが予想されたが，その後ゲノム解析が進むにつれて数の見直しが行われ，遺伝子数が最初の推測の4分の1となることが判明した[1)]．

真核生物では原核生物に比べて遺伝子構造が複雑であり，遺伝子の領域決定には慎重さを要する．その原因の1つは遺伝子内部のイントロン（intron）の存在である．転写過程でmRNAがスプライシングを受け，タンパク質に翻訳されないイントロンは原核生物や下等真核生物ではわずかに見られるのみだが，系統樹が上位の生物種になるにつれイントロンを持つ遺伝子の割合と遺伝子あたりのイントロンの数と長さが増大する傾向にある．また高等生物ではエキソン（exon）よりもイントロンが長くなることが知られているため，ゲノム配列情報だけでは遺伝子の領域を決定するのが困難となる．

一方，ゲノムの約98.5%に当たる遺伝子間にある無意味とされたDNA配列，すなわちジャンクDNAが生命現象の維持に重要な働きをしていることが明らかになった．例えばシロイヌナズナの葉には，タンパク質に翻訳されないマイクロRNAが存在し，この作用を妨害するだけで，違う形になることが示されている[2)]．

普通，ゲノムとは細胞内に含まれる遺伝子のセットを意味するが，植物には核外にミトコンドリアDNAと葉緑体DNAが存在し，呼吸や光合成に関与する重要な遺伝子が含まれている．実際にはこれらのDNAはゲノムの一部であるが，一般的にそれぞれ単独にミトコンドリアゲノム，葉緑体ゲノムと称し，核ゲノムと区別されることが多い．ミトコンドリアゲノムや葉緑体ゲノムは核ゲノムに比べてサイズが小さいため，核ゲノムよりはるかに早い時期に遺伝子の解析が完了している．

2.2 ゲノム解析の意味

DNAの塩基配列決定法が進歩するのに伴い，ヒトではがんや糖尿病の原因となる遺伝子が次々とクローニングされ始め，遺伝子の構造と発病の相互関係が明らかとなった．それによると，1つの病気に複数の病気関連遺伝子が関与し，病気の全貌を解明するためにはゲノム全体の遺伝子を研究する必要があること，また個々の遺伝子が想像以上に長大で，従来法ではクローニングに長い時間と労力，そして莫大な資金が必要であることが分かってきた．そこで，個々に病原遺伝子を探索するより全ゲノムの塩基配列（ゲノム配列）を解読し，その配列情報から得た遺伝子を網羅的に調べ，生命現象全体を1つのシステムとして捉えた方が効率的であるのではないかとの発想が生まれた．このようなゲノムを構成する全ての塩基配列情報を解読することをゲノミクスと呼んでいる．

21世紀中に世界的な食糧危機が起こると予想されているが，この問題を解決するには耕作面積の拡大と作物の収量増以外に方法はないと考えられている．しかし，人口の増加に伴う居住地の拡大と地球温暖化による耕地の減少が年々進んでおり，今後新たな耕地を確保することは困難である．したがって，植物をこれまで乾燥地や塩濃度の高い土地，寒冷地など栽培に適さなかった環境においても生育できるよう，植物そのものを改良する技術の進歩が期待される．同時に収量を悪化させ，年によっては収穫に壊滅的なダメージを与える病害虫被害を克服する新たな品種の作出が求められている．これらの形質はヒトの病気遺伝子同様ポリジェニックであり，従来の交雑育種では限界があった．そこで植物においてもゲノムの全遺伝子を解析し，全ての機能を明らかにする計画が次々と提唱された．

2.3 ゲノム解析の歴史

2.3.1 ヒトゲノム

ヒトゲノム計画は1986年，がんウイルス研究者でノーベル賞受賞者のR.ダルベッコが提唱し，DNAの二重らせん構造の発見者，J.D.ワトソンが賛同したことから1987年にアメリカで発足した．これに各国からの賛同が得られ，1988年には国際協力組織ヒトゲノム研究機構（Human Genome Organization ; HUGO）が設立された．続いて日米欧の協力によりヒトゲノム解読国際コンソーシアムが1991年に発足して正式に活動を開始した．当時のシークエンサーやコンピューターの処理能力から2005年の解読終了を目標に進められたが，その後キャピラリー型DNA自動シークエンサーの開発やスーパーコンピューターの高速化がなされ，研究が急速に進展した．またゲノム解読ベンチャー，セレラ・ジェノミクス社（Celera Genomics）の参入により両者の競争が激化し，2000年，双方からヒトゲノムの概要（ドラフトシークエンス）が発表され[3,4]，さらに2003年，すべての染色体について完成配列の発表をもって国際ヒトゲノムプロジェクトの終了が宣言された．約2.9Gbの長さから成るヒトゲノムの塩基配列情報は，アメリカのGenBank（http://www.ncbi.nlm.nih.gov/Genbank/），ヨーロッパのEBI（http://www.ebi.ac.uk/Databases/）と日本のDDBJ（http://www.ddbj.nig.ac.jp/fromddbj-j.html）のサイトに登録されている．

両研究グループによるドラフト配列の解析によりヒトゲノム中にある遺伝子の総数は3万～4万と推定された．しかしその後，国際ヒトゲノムシークエンシングコンソーシアム（IHGSC；

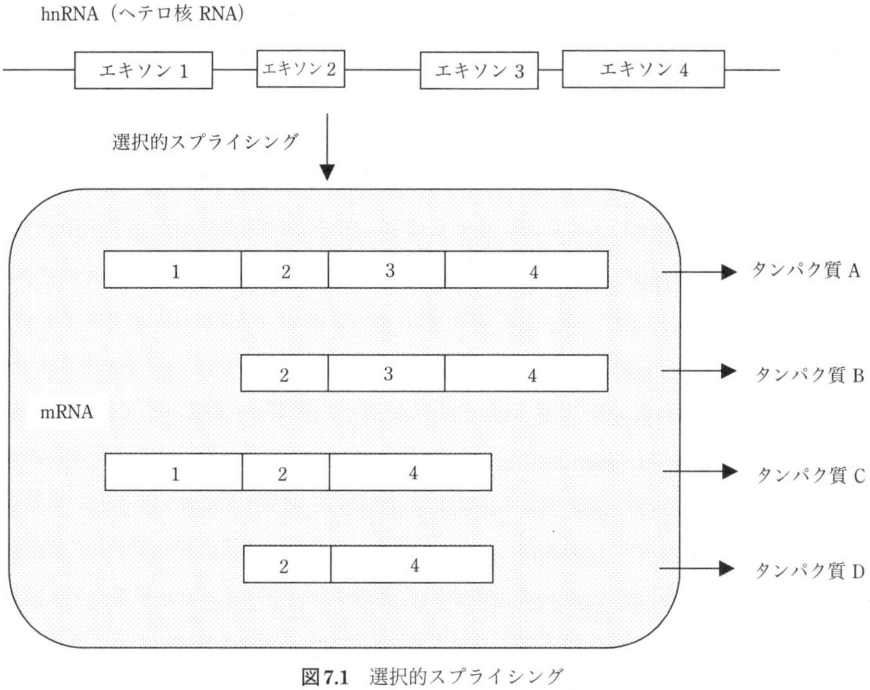

図7.1 選択的スプライシング

選択的スプライシングが起こると1つの遺伝子から複数の異なるmRNA分子種が生じ，機能の変化したタンパク質が産生される．ヒトの全遺伝子が下等動物の線虫とほとんど差がないにもかかわらず複雑な体制を有しているのは，選択的スプライシングの作用によるものであると考えられている．植物においても選択的スプライシングの制御機構と生じたタンパク質の機能解明が進められている．

International Human Genome Sequencing Consortium）は遺伝子数の検証と解析を実施し，遺伝子の総数は約22 000個であることが判明した[1]．その中にはマウスやラットにはない遺伝子（免疫，臭覚，生殖関連）が含まれ，一方ヒトにおいて機能を失った遺伝子も見つかった．当初予想された数より遺伝子数が少なく，高等動物にもかかわらずショウジョウバエとほぼ同数である理由は，ヒトでは1つの遺伝子から複数のタンパク質分子種が翻訳される機構（選択的スプライシング，alternative splicing）が発達しているからであると考えられている（図7.1）．

2.3.2 大腸菌ゲノム

ヒトゲノムの解読に先立ち，20世紀終わりまでにゲノムサイズが小さく，遺伝子数も少ない数種の微生物で全塩基配列が決定された．なかでも大腸菌（*Escherichia coli*）は原核生物のモデル生物として古くから遺伝学的研究材料となっているだけでなく，遺伝子工学のツールとしても重要である．日米のグループは独立に大腸菌のゲノムプロジェクトを発足させ，双方ともに，1997年，大腸菌K-12株の全ゲノム構造を明らかにした[5,6]．それによると大腸菌のゲノムサイズは4.64Mbで約4 000の遺伝子がコードされており，機能が未解明の遺伝子は全体の約半数にのぼることが判明した．

2.3.3 枯草菌ゲノム

枯草菌（*Bacillus subtilis*）は，大腸菌がグラム陰性菌であるのに対しグラム陽性菌であることや，胞子の形態形成過程の解明にモデルとなること，そして酵素，アミノ酸，核酸などの生産に工業利用されているなど有用微生物であることから，日欧共同のコンソーシアムが組まれ，1997年にゲノム塩基配列が決定された[7]．ゲノムサイズと遺伝子数は大腸菌とほぼ同数で，機能が既知または推定可能な遺伝子は約58％であった．

2.3.4 酵母菌ゲノム

発酵，醸造産業に用いられ，人類の歴史において深い関わりを持つ出芽酵母（*Saccharomyces cerevisiae*）は単細胞ながら真核生物であり，細胞分裂機構解明のモデル生物として古くから分子遺伝学的研究に用いられてきた．16本の染色体から成る出芽酵母のゲノムは真核生物として最初に約13.4Mbの全塩基配列が決定された[8]．これに続き，分裂によって増殖する分裂酵母（*Schizosaccharomyces pombe*）も興味が持たれ，2002年に全塩基配列が発表された[9]．

このほか，病原微生物を中心に500種を越える微生物ゲノムの解析が進行中で，現在の状況は次のホームページで確認できる．

GOLD™ Genomes OnLine Database　http://www.genomesonline.org/

The Institute for Genomic Research（TIGR）　http://www.tigr.org/

これら研究の成果は感染症の予防や治療，または工業用や食品加工用として高機能微生物の育種に役立つものと期待される．

2.3.5 線虫ゲノム

動物では線虫（*Caenorhabditis elegans*）が成体でも約 1 000 個と細胞数が少なく，受精卵からの細胞の系譜がすべて明らかにされているため細胞の分化モデルとして重要である．線虫のゲノム配列は 1998 年に動物のゲノム配列として最初に決定されたが，その後，精査が行われた結果，ゲノムは 99.3Mb，22 193 遺伝子から構成されていることが確定している（http://www.wormbase.org/）．

2.3.6 ショウジョウバエゲノム

古典的な遺伝学の研究材料として用いられてきたショウジョウバエ（*Dorsophila melanogaster*）のゲノム配列は 2000 年第 1 版が公開された[10] 後，2002 年の完成版が発表された．ゲノムサイズは 137.5Mb で 13 676 遺伝子が含まれ，ヒトの疾病関連遺伝子との相同性を比較すると，例えば先天性欠陥（birth defects），神経変性（neurodegeneration）や，がん遺伝子など約 3 分の 2 はショウジョウバエのゲノムにも存在していることが明らかとなった（http://www.fruitfly.org）．

発生学の研究に用いられるホヤ（*Ciona intestinalis*）やゼブラフィッシュ（*Danio rerio*）もゲノム解読が進められている．さらにニワトリの原種であるセキショクヤケイ（赤色野鶏）（*Gallus gallus*）のゲノム概要配列が発表され[11]，発生学や進化遺伝学分野への貢献が期待されている．

2.3.7 マウスゲノム

マウス（*Mus musculus*）は遺伝学や医学，薬学研究のモデル動物として用いられてきた長い歴史がある．マウスはトランスジェニックマウスやノックアウトマウスの作製が容易で，未解明の遺伝子機能を解析する優れた研究材料である．2002 年，マウスゲノムコンソーシアムによるゲノム配列（約 2.5Gb）[12] と，理化学研究所を中心としたグループによる完全長 cDNA 配列[13] がほぼ同時に発表された．2 つの情報を元にすると，考えられている遺伝子数は約 22 000 個あり，ヒト疾患関連遺伝子が 900 個以上存在することが見出されている（http://genome.gsc.riken.go.jp/）．

2.3.8 チンパンジーゲノム

約 600 万年前にヒトと分岐したと言われるチンパンジー（*Pan troglodytes*）とヒトのゲノムを比較することにより，両者の進化の道筋を遺伝的に解明することや，なぜ人間が高度な知能を有するようになったかを明らかにすることが期待できる．ヒト 21 番染色体に相当するチンパンジー 22 番染色体の解読を終了した段階では，ヒトとチンパンジーの間の塩基配列レベルのホモロジー（相同性）は 98.56％と非常に似通っているが，アミノ酸配列に違いがあったタンパク質は 83％で，両者のゲノムに生じたわずかな DNA の点突然変異がタンパク質の機能に影響を及ぼす可能性が示唆されている．また，塩基置換以外に転移因子などの挿入や欠失にも多数の違い（68 000 か所）が存在し，今まで考えられていた以上の違いが両者にあることが明確になった[14]．

2.4 ゲノムの解読

2.4.1 ホールゲノムショットガン法

後にセレラ社を設立したベンダーらのグループは，1995 年，細菌 *Haemophilus influenzae* の全ゲノム DNA を超音波などでランダムに切断後，細かい断片をλベクターに組み込んで塩基配列を決定し，最後にオーバーラップ部分をコンピューターで繋いでいくホールゲノムショットガン法（図 7.2）によって，初めて生物における全ゲノム配列の決定に成功した[15]．この方法ではゲノム DNA を大まかに断片化してベクターに組み込むゲノムライブラリーを作成する手間を省略で

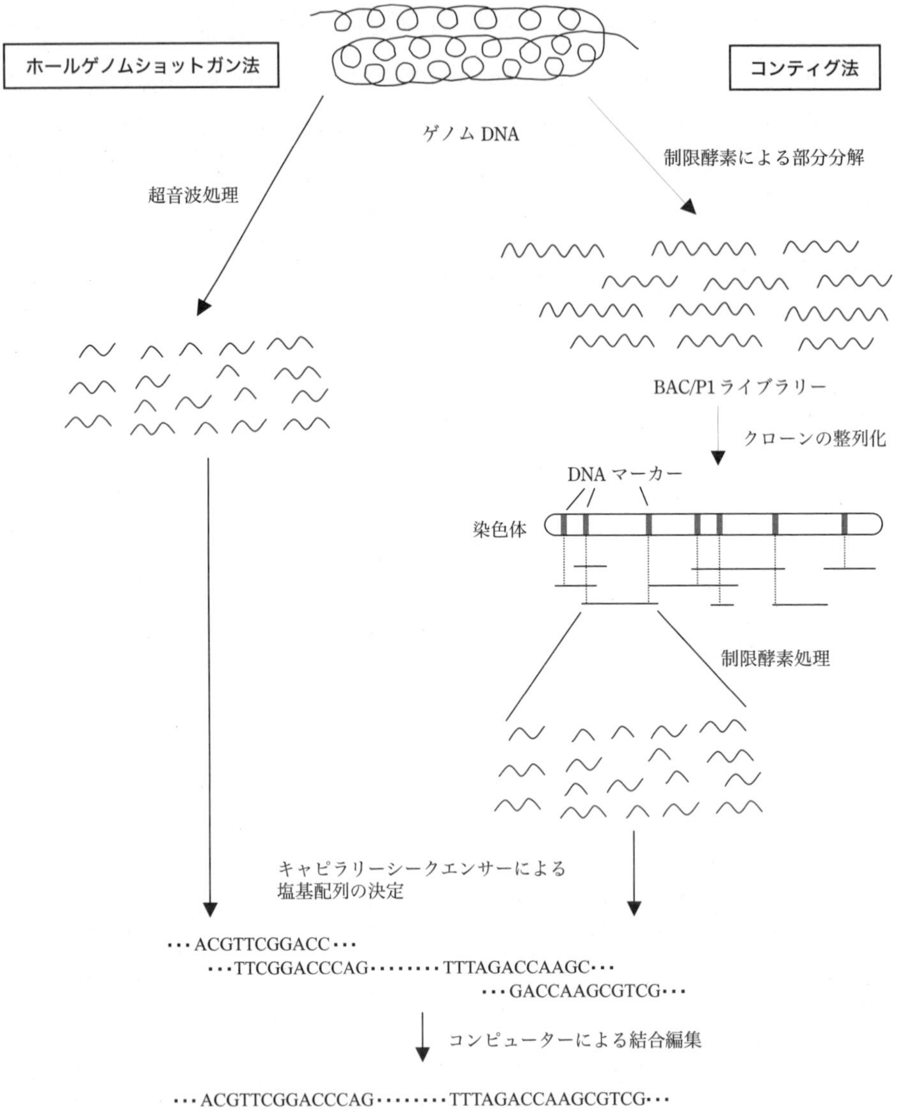

図 7.2 ゲノム解読の方法

ゲノム DNA を超音波で細かく断片化したホールゲノムショットガン法では，反復配列に富んだ領域を誤って結合する可能性が高いが，コンティグ法ではゲノム DNA をいったん BAC/P1 ベクターにクローニングした後さらに断片化させて塩基配列を決定するため，より誤りの少ないゲノム配列を解読可能である．しかしヘテロクロマチンやセントロメアは反復配列に富み，遺伝子がほとんど含まれない領域であるためゲノム解読の対象外となることが多い．

きるため，シーケンサーとコンピューターの高速化に伴い巨大なゲノムの解読も比較的短い時間で目的を遂げることが可能となった．また，ランダムに得られたシーケンスデータを何層にもわたり重複させるため，99.99％もの高い正確性をもった塩基配列が生み出されるのが特徴である．

ホールゲノムショットガン法は完全に繋がらない部分，すなわちギャップが生じる可能性がある点や，ゲノム内に多くの反復配列を持つ真核生物では異なる相同な配列を間違って同一とみなすことがある点がデメリットである．しかし，遺伝子地図や物理的地図を利用して断片を再構築することでこの問題の解決が可能であり，セレラ社はその後ヒトゲノムの解読にホールゲノムショットガン法を採用した．

2.4.2 コンティグ法

ホールゲノムショットガン法で欠点とされた複数の重複する塩基配列決定を避けるため，ゲノムを比較的大きなサイズに断片化（コンティグ）して許容量の大きいベクターに組み込み，その断片のサブクローニングを繰り返して，それぞれ短くなった断片の塩基配列を解読する．そして最後にオーバーラップするコンティグ同士を接続し，クローンコンティグを構築して全ゲノム配列を解読する方法をコンティグ法，または階層的ショットガン法と呼ぶ（図 7.2）．ヒトゲノム国際協力チームはこの方法で染色体ごとに担当を決め，日本は 21 番染色体と 22 番染色体を解読した[1)]．

2.4.3 ゲノムライブラリーの作成

コンティグ法においては塩基配列解読やゲノム構造の解析，またはマップを利用した遺伝子のクローニング（マップベースクローニング，map-based cloning）のために，ゲノム全体をカバーする数十 kb 以上の長い DNA 断片のライブラリーが必要である．ゲノムプロジェクトの初期においては酵母人工染色体（yeast artificial chromosome；YAC）がクローニングベクターとして利用された．YAC はパン酵母の染色体から，染色体の複製と維持に必要な自律的複製配列（*ars*）と 2 つのテロメア，動原体（セントロメア）部分を結合した直鎖状のDNAで，染色体と同じ挙動をし，他のクローニングベクターよりも長い数百 kb 以上の DNA 断片を組み込むことが可能である[16)]．しかし YAC が宿主中で非常に不安定となって，2 つの YAC 間で組換えを起こしキメラクローンとなる可能性が高いという欠点があった．

この問題を解決するために新たに開発されたのが，大腸菌 F プラスミドを改良した細菌人工染色体（bacterial artificial chromosome；BAC）ベクター[17)]や P1 ファージベクターを用いた P1 由来人工染色体（P1-derived artificial chromosome；PAC）ベクター[18)]である．PAC は約 300kb までの，また BAC は 300kb 以上の外来 DNA をクローニングすることができ，ヒトやマウスのゲノムライブラリーの構築には，ベクターのサイズがよりコンパクトな BAC ベクターが主に利用される．

2.4.4 BACライブラリーの作成手順

ベクターに組み込むインサートは長大なサイズであり，適切な制限酵素がないため，例えば制限酵素*Hin*dIIIや*Bam*HIなどで部分分解処理をし，さまざまなサイズに断片化した後，パルスフィールドゲル電気泳動（PFGE）によって断片をサイズ別に分画し，ライブラリーに必要な長さのDNAを回収する．これを制限酵素で直鎖状にしたBACベクターにライゲーション（連結）し，さらに形質転換してライブラリーを得る．

2.4.5 遺伝子地図の作製（マッピング，mapping）

イネやコムギなどの育種の歴史が長い作物については交配実験を通し，表現型を基にして遺伝的組換え頻度から算出された遺伝子地図が作製されている．しかし，ゲノム解析のためにはより詳細な標識（DNAマーカー）が必要である．そこで特定の遺伝子座に強く連鎖するDNAマーカーが多数開発された（図7.3）．

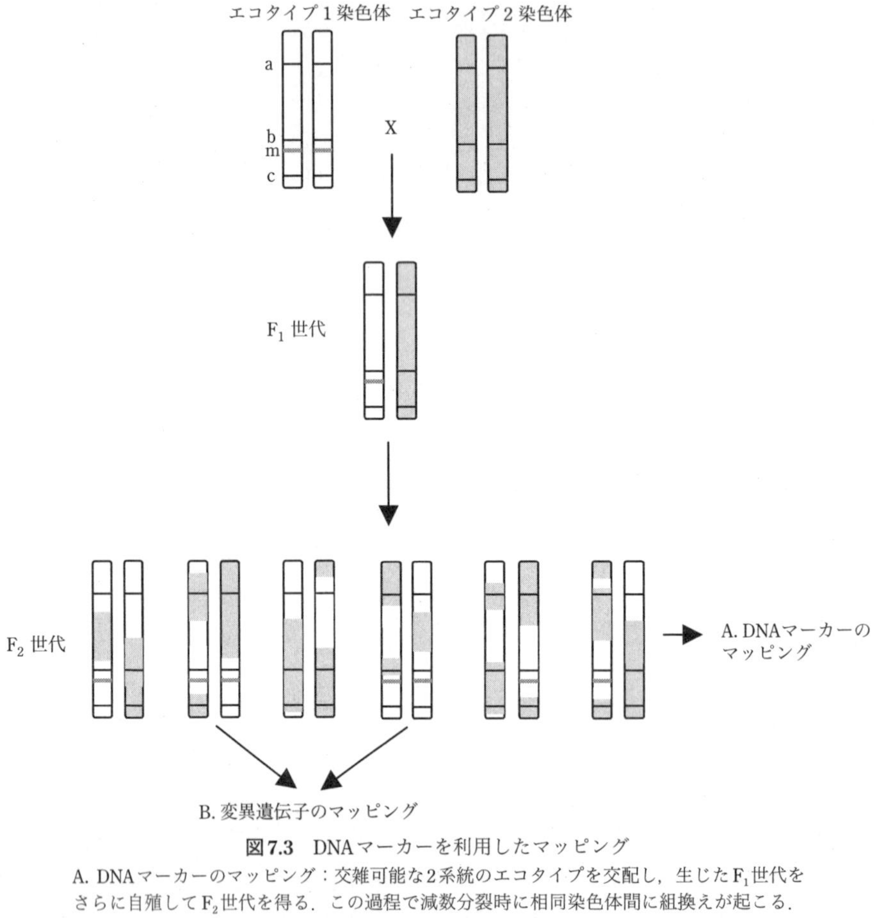

図7.3 DNAマーカーを利用したマッピング

A. DNAマーカーのマッピング：交雑可能な2系統のエコタイプを交配し，生じたF_1世代をさらに自殖してF_2世代を得る．この過程で減数分裂時に相同染色体間に組換えが起こる．F_2世代の各個体におけるDNAマーカーa, b, cの遺伝子型（エコタイプ1型かエコタイプ2型のいずれか）を調べ，マーカー間の遺伝子距離を算出してマーカー配列の位置を決定する．

B. 変異遺伝子のマッピング：交雑可能な2系統のエコタイプで，一方（エコタイプ1）をタギングや化学的変異原により突然変異処理し純系の変異系統を誘導する．エコタイプ2と変異系統を交配し，生じたF_1世代の植物を自殖させる．この時組換えが起こり多様な染色体構成を持つF_2世代が生じる．その中から劣性の変異遺伝子mをホモに持つ変異体を選抜し，それぞれの個体におけるDNAマーカーa, b, cの遺伝子型を調べる．図示した変異遺伝子mは連鎖分析によりbとcの間にマッピングされる．

同一の種内で，個体間に存在するゲノム配列の違いは多型（polymorphism）と呼ばれ，これをDNAマーカーとして利用してマッピングを行うのが一般的である．多型は突然変異によって主に1塩基置換が生じることが原因とされている．通常，便宜上集団内に1%以上の同一な突然変異が存在する場合に多型と呼んでいる．遺伝子の内部に生じた多型は形質的多様性を種内に生じさせることが多いが，コドンの3番目や非コード領域に生じた変異は形質に変化をもたらさず，必ずしも多型＝形質変異ではないことを知っておきたい．

2.4.6 ゲノム内にある多型の種類

(1) RFLP（restriction fragment length polymorphism，制限酵素断片長多型）

適当な制限酵素で処理したゲノムDNAを，特定のcDNAやクローン化された任意のゲノム断片をプローブとしてサザンハイブリダイゼーションを行うと，サンプル間で長さや本数に差異があるバンドが検出される場合がある．そのバンドパターンの多型をRFLPという（図7.4）．これは，品種や系統，個体間には挿入，欠失，塩基置換などが原因となったDNAレベルの差異があり，ある制限酵素で同じ領域のDNAを切断した場合，制限サイトの認識場所が変化することに伴って切断される断片の長さに違いが生じる．

(2) RAPD（random amplified polymorphic DNA）

任意の10mer程度のプライマーを用い低温でPCRを行うことで，ゲノム内の特定配列が増幅される多型で，個体間で増幅DNAの有無が検出されることが多い．プライマーが短く特異性がないため検出精度や再現性が劣る場合が多い．

(3) SSCP（single strand conformation polymorphism）

二本鎖DNAを加熱変性すると一本鎖DNAに分離し，変性剤を含まないゲル中で電気泳動すると塩基配列のわずかな違いで一本鎖DNAの立体構造が変化し，それに応じて移動度が異なることによって生じる多型をSSCPと呼ぶ．300bp以下の短い断片の差異を検出するのに適している．

(4) AFLP（amplified fragment length polymorphism）

DNAを4塩基認識と6塩基認識の制限酵素で消化し，切断サイトに塩基配列が20mer程の既知のアダプターを結合させる．アダプター配列の3′末端に1〜3塩基を付加したプライマーを用いてPCR増幅を行い，DNAシークエンサー用ゲルで電気泳動すると，付加した塩基の配列に応じて増幅断片に多型が生じる．

(5) VNTR多型

数塩基から数十塩基がタンデムに繰り返し並んでいて，その繰り返し個数が個体により異なることをVNTR（variable number of tandem repeat）と呼ぶ．ヒトでは非コード領域のVNTRが遺伝子の発現量に影響を及ぼすとの報告がある．

(6) マイクロサテライト多型

VNTRと同様，2塩基から4塩基の繰り返し単位がタンデムに繰り返す配列をマイクロサテライト（microsatellite）と言い，繰り返しの個数が個体によって異なり5〜20回となっているのが普

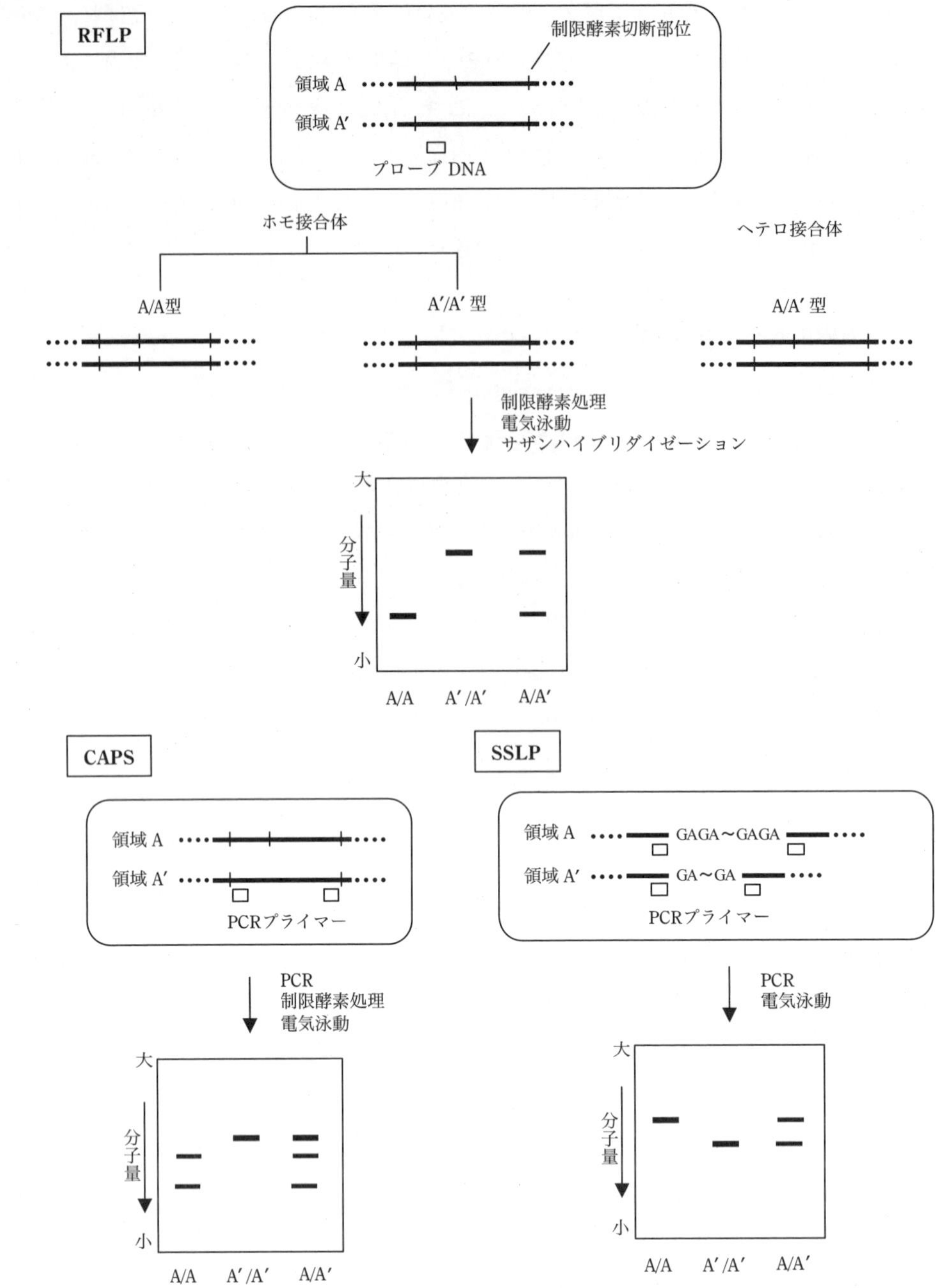

図7.4 多型の検出方法

領域AとA′は染色体上では同一の座位にあり，領域A′は領域Aの変異型とする．ここに示した方法は，いずれもホモ型とヘテロ型を電気泳動により識別することができる共優性マーカーとして広く用いられている．

通である．

(7) SNP（一塩基多型）

ヒトゲノムに含まれる30億の塩基配列のうち，個人間差を調べると平均1 000塩基に1か所の確率で突然変異が見つかる．これは一塩基多型（single nucleotide polymorphysm ; SNP，スニップと呼称）という．ヒトでは数百塩基対から1 000塩基対に1か所存在していると考えられ，ゲノム全体では約 300 万〜1 000 万の SNP を持つと推定されている．1 塩基の変異はアミノ酸が別のアミノ酸に置換することが多く，それによってタンパク質の構造に変化が生じることから，機能的にも活性の強弱が生じ，表現型の違いとなって現れる．RFLP が生じる原因は 1 塩基の突然変異であることが多く，その意味で SNP の一種であるとも捉えられる．

SNP は他の多型マーカーより 100 倍以上多く存在し，PCR によって容易に判定できることから，ヒトでは病気に関連する遺伝子を探索するためのマーカーとして非常に有用で，医学分野では最も注目されている多型マーカーである．

ヒトでは薬物代謝酵素，シトクロム P-450 の SNP を利用して薬に対する感受性の個人差を見極め，薬の処方を調節することが考えられている．

以上述べた DNA 多型を PCR により簡単に検出しマッピングに利用する手段として，次に述べる 2 つの方法が開発されている．

(1) CAPS（cleaved amplified polymorphic sequences）法

CAPS 法とは 24 塩基ほどのプライマーを用いて PCR により特定の DNA 配列を増幅し，その断片を制限酵素で処理したときに断片中の制限サイトの有無を調べ多型を検出する方法である．本法は原理的に RFLP 法の一種だが，サザンハイブリダイゼーションを必要とせず，用いる DNA も少量で済むことから，最近では CAPS 法が一般的となっている．

参考サイト　http://genome-www.stanford.edu/Arabidopsis/aboutcaps.html

(2) SSLP（simple sequence length polymorphism）法

これはゲノム中にあるマイクロサテライトの繰り返し数がエコタイプ（生態型）により異なることを利用して，PCR により特定のマイクロサテライトを増幅し多型を検出する方法である．CAPS 法とともにホモ型とヘテロ型を区別できる共優性マーカー（codominant marker）として植物のマッピングに使われている．得られた電気泳動のデータを，例えばマッピング解析ソフトの Mapmaker（ftp://ftp-genome.wi.mit.edu/distribution/software/mapmaker3/）に入力して分子マーカーのマッピングを行うことができる．

2.4.7　物理地図の作製

遺伝子地図は染色体の組換え頻度に基づいて作製されるが，染色体の位置によって組換えの起こりやすさに違いがあるため実際のマーカー間の距離を表していない．それに対し，DNA マーカー間の正確な距離を反映したのが物理地図である（図 7.5）．BAC または PAC ライブラリーにクローニングされたゲノム DNA について，何通りかの方法を組み合わせてクローンの整列化を行い物理地図を完成させる．

整列化のための 1 つの方法は BAC/PAC クローンを制限酵素で切断し，同一サイズの断片が生じたクローン同士を連結させてコンティグを作製するフィンガープリント法である．もう 1 つは多数の BAC/PAC クローンの両末端配列 300〜500bp を解読し，全長の塩基配列を決定したクローンと相同な配列を持つクローンを比較し徐々にコンティグを伸長させる末端配列法である．

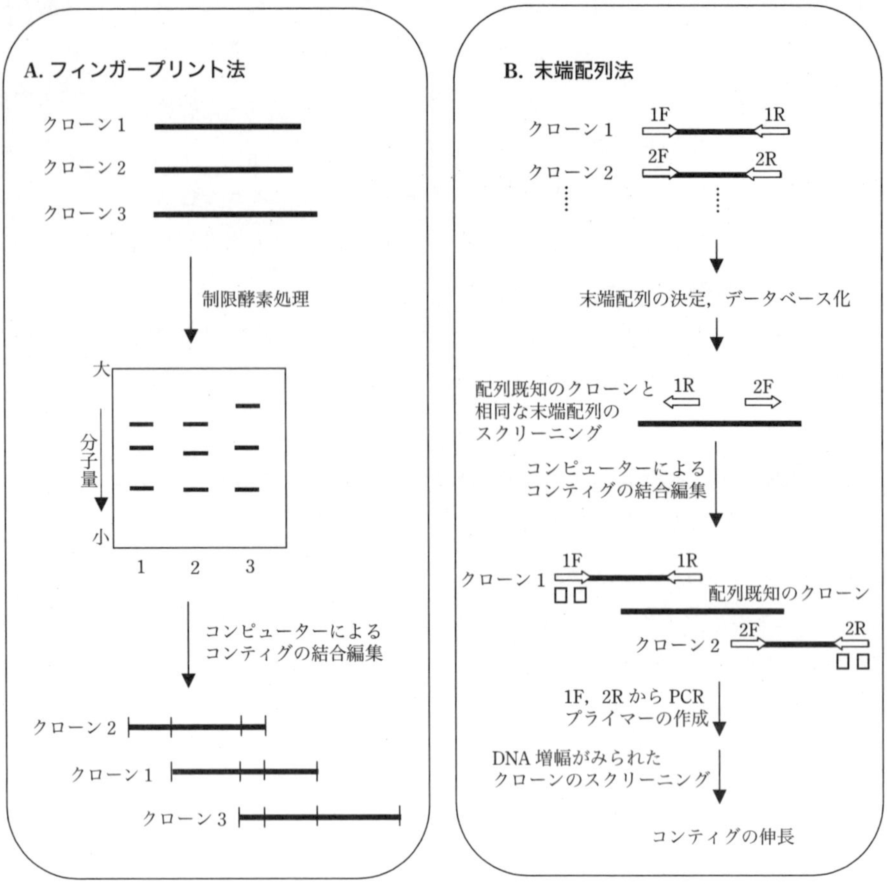

図7.5 物理地図の作製

A. フィンガープリント法：BAC/P1クローンを制限酵素で切断して電気泳動すると，クローン間で同一のパターンを示すバンドが見られる場合，クローン間にオーバーラップする領域がありコンティグを伸長させることができる．

B. 末端配列法：BAC/P1クローンが挿入されているクローンの両末端配列（約300～500bp）について塩基配列を決定し，末端配列データベースを作成する．全塩基配列が既知のクローンと配列がオーバーラップする末端配列をスクリーニングし，クローンを結合する．次に末端配列を増幅するPCRプライマーを合成し，DNAが増幅するクローンをスクリーニングする．これにより，さらにコンティグが伸長する．ここでPCRプライマーをプローブとしてハイブリダイゼーションし，オーバーラップするクローンをスクリーニングする方法も採られている．

2.4.8 EST

遺伝情報が発現しているmRNAの情報をcDNA（complementary DNA，相補的DNA）に写し取り，その部分的塩基配列すなわちEST（expressed sequence tags，発現配列タグ）を物理地図上にマッピングすることにより，突然変異体から変異遺伝子をウォーキングによって単離することが容易となる．そのため，数多くの植物種でESTの蓄積が進められている[19]．国内では，かずさDNA研究所がシロイヌナズナ，ミヤコグサ，スサビノリ，クラミドモナスのEST解析情報データベースを公開し（http://www.kazusa.or.jp/ja/database.html），他の研究機関も様々な種でESTの解読を進めている．

2.5 ゲノム配列の解析

2.5.1 塩基配列の解読

DNAの塩基配列の決定はサンガーが考案したジデオキシ法を基本として，蛍光ラベルをDNAの末端に標識するダイターミネーター法によって行うのが一般的である．またゲノムプロジェクトでは，従来法より高速で大量の解読が可能なキャピラリー型DNA自動シーケンサーにより塩基配列が決定される．これは内径50〜100μm，外径200〜300μm，長さ50cm程度の中空のガラス管（キャピラリー）にゲルまたは高分子溶液を充填し，キャピラリーの一方にシーケンス反応液を導入して電気泳動する装置であり，キャピラリーの放熱性の良さから高電圧の泳動に耐え，そのため高速で分離能も良い．

2.5.2 ゲノム配列の結合編集（アセンブル）

ゲノムプロジェクトで作成されたゲノムライブラリーについて次々と塩基配列決定を行う．得られた配列には大腸菌DNAやベクターなどのコンタミネーション（汚染）が含まれているため，それらの配列と解読された配列の相同性を解析し，不要な情報を除去する．ホールゲノムショットガン法では全断片を解読した後，総当たり制で1対1の断片間のオーバーラップを比較し，推移的にコンティグを伸長させる．このようにして一定以上の長さのコンティグが多数形成されるが，連続した塩基配列を得るためにはコンティグ間のギャップを閉じなければならない．そのためにはコンティグ両端部の配列を基にPCRプライマーをデザインし，コンティグの外側配列をPCRによって解読するプライマーウォーキングが行われ，コンティグ同士のギャップが埋められる（図7.5）．こうして全ゲノム配列の解読が完成する．

2.5.3 アノテーション

コンティグが十分な長さに伸張すると，コンピューターを用いてその配列の意味づけ（アノテーション，annotation）が行われる．どこに遺伝子がコードされているか，すなわちオープンリーディングフレーム（open reading frame ; ORF）の同定（ORF予測）には，遺伝子領域予測プログラムGENSCAN（http://genes.mit.edu/GENSCAN.html）やスプライスサイト予測プログラムSplice Predictor（http://www.bioinformatics.iastate.edu/cgi-bin/sp.cgi）が用いられる．しかし，ORF予測はイントロンがない原核生物では容易であるが，複数の，しかも長さが一定ではないイントロンを持つ真核生物では困難である．そこでEST配列が解析されている生物種では，ゲノム配列とEST配列をアライメント（整列化）することでスプライシング領域を特定することができる．

ある生物のゲノム内にある相同な遺伝子をパラログ（paralogue），また異なる生物間に存在する相同遺伝子をオーソログ（orthologue）という．既に機能解析が終了した他種のゲノムデータベースからオーソログが発見される可能性は高く，塩基配列情報を解析するソフトウェア（例：BLAST ; Basic Local Alignment Search Tool, http://www.ncbi.nlm.nih.gov/BLAST/）などを使って相同配列の比較（ホモロジー検索）をすることによって未知の遺伝子機能を類推することができ，こうした学問領域は比較ゲノム学と呼ばれている．

遺伝子領域の上流に存在するプロモーター・エンハンサー領域の構造の解析や，それらの領域に結合する転写調節因子のアノテーションも必要である．さらにORFから翻訳されたタンパク質の既知生物種との相同性比較や立体構造・機能の解析など，様々なプログラムが開発され，多面的なアノテーションが実施される．このようにコンピューターシステムを用いてゲノムのDNA配列から遺伝子の機能を予測する（*in silico* スクリーニング）技術がバイオインフォマティクス（生物情報科学）である．

2.6 ゲノム配列を利用した遺伝子のクローニング

真核生物はほとんどの遺伝子がエキソンとイントロンから成っており，開始コドンから一定以上の長さでORFがある場合，その領域は遺伝子であると推測できるが，最初のエキソンが必ずしも長いとは限らないため，コンピュータープログラムで遺伝子であることを確定できない場合がある．

2.6.1 cDNAプロジェクト

ゲノム中の遺伝子領域を決定するためには，転写される全mRNAを網羅的に解析する必要がある．mRNAは不安定な分子であり取扱いに注意を要するため，実際にはESTを解読することによりゲノム上の位置を確定する．高等生物では器官，組織によって発現する遺伝子が異なり，また病気やストレスによって発現が誘導される遺伝子も多いため，研究目的に応じてmRNAを抽出する細胞を準備する必要がある．

mRNAからcDNAの合成は逆転写酵素の作用によって可能となるが，mRNAの二次構造のために反応が途中で止まることが多く，5′末端を欠落したcDNAになることが課題であった．しかし東京大学の菅野らはオリゴキャップ法を開発し，効率的にヒトで完全長cDNAを合成することに成功している（図7.6）[20]．また，理化学研究所のCarninciらもキャップトラップ法を考案し，PCRを用いない完全長cDNAライブラリー作成法を開発した[21]．

2.6.2 遺伝子機能の抑制

解析中の遺伝子が未知の機能の遺伝子（オーファン，orphan）である可能性もある．一方，解析しているゲノムの塩基配列が既知の遺伝子と相同であっても，全く同じ機能であるとは限らない．これらの遺伝子の機能を明らかにするには突然変異体を誘導し，機能の知りたい遺伝子を形質転換して形質が相補されて復帰するかを調べること，すなわち逆遺伝学的手法を用いればよい．そのためには生体内の機能を明らかにしたい遺伝子を破壊する（ノックアウト），または人為的に遺伝子の発現を抑制する方法が考案されている．ノックアウトは遺伝子の相同組換えを利用して機能的遺伝子を機能しない配列と交換する方法で，ヒトでは倫理的に突然変異を誘発できないため，実験動物としてノックアウトマウスが販売され，他の動物においてもノックアウト変異体の作製が進んでいる．

一度転写された遺伝子の機能を抑制する物質がRNAi（RNA interference）やアンチセンスRNA,

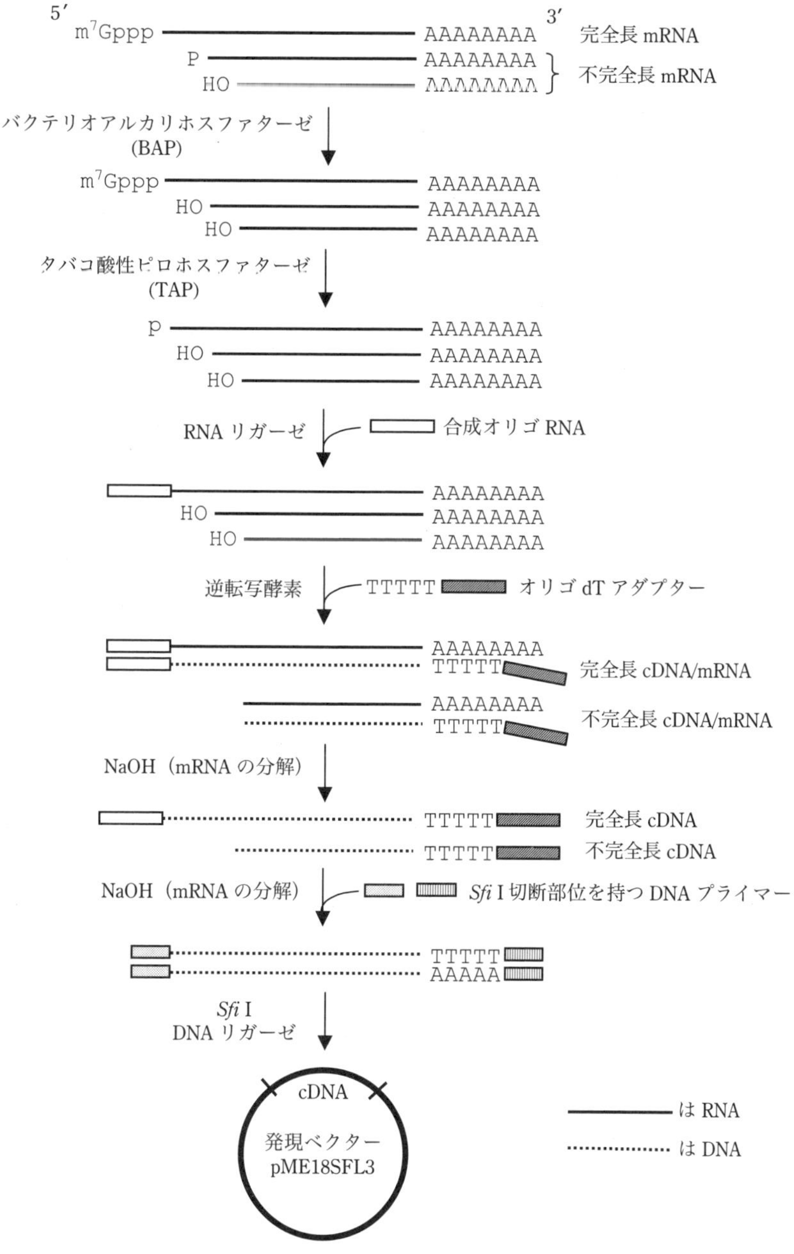

図7.6 オリゴキャップ法

m^7Gppp（7-メチルGTP）はキャップ構造と呼ばれ，完全長mRNAの5′末端にあるが，合成が途中で止まったり切れたりしたmRNAにはない．オリゴキャップ法はキャップ構造を持つ完全長mRNAのみからcDNAを合成する方法として多くのゲノムプロジェクトで利用されている．

リボザイムであり，これらは機能性核酸と呼ばれている．RNAi法は特定遺伝子に対する二本鎖RNA（dsRNA：doble strand RNA）配列を細胞内に導入すると，その遺伝子のmRNAが分解され，遺伝子の発現が抑制される現象を利用する[22]．はじめてRNAiの現象が発見されたとき，植物と無脊椎動物で作用することが分かっていたが，その後脊椎動物でも機能することが証明され，病気の原因遺伝子の発現抑制など，医療への貢献が期待されている．

アンチセンスRNA法とは，あるmRNAに相補的な一本鎖RNA，または一本鎖DNAを細胞内に導入すると，その分子が本来機能するmRNAとハイブリッドを形成して発現を抑制する方法で，植物ではポリガラクツロナーゼの発現を抑えて軟化と腐敗を遅らせたトマト[23]やウイルス抵抗性のイネなど，成功例が多い．ただし，この方法はRNAiに比べて抑制効果が弱いという欠点を有する．

リボザイム（ribozyme）は酵素と同様に触媒作用を有するRNA分子のことで，生体内ではスプライシングなど，多様な役割を担っているが，実験的にはRNA鎖を特異的に切断する機能を利用する．しかし，リボザイムを用いた特定遺伝子の抑制法は実用例が乏しく，近年ではRNAi法に取って代わられた．

3. モデル植物のゲノム

3.1 ゲノムプロジェクトの背景

遺伝学や分子生物学の分野では，農業上重要な作物種，すなわち穀物や花き類，野菜，果樹が研究材料として用いられ，それぞれ独自の展開を見せてきた．しかし，動物のゲノム研究にヒトやショウジョウバエ，マウスが用いられたのに対し，植物のゲノム構成は動物に比べてはるかに複雑かつ多様であり，植物の生命現象を解明するためのモデル植物の必要性が叫ばれた．そこで25万種もあるとされている植物の中から，双子葉植物の代表としてアブラナ科のシロイヌナズナ（*Arabidopsis thaliana* (L.) Heynh.）が，また単子葉植物のモデルとしてイネ科のイネ（*Oryza sativa* L.）が選ばれるに至った．シロイヌナズナは1980年代後半から様々な突然変異株が分離され，分子生物学的研究の対象として積極的に用いられてきた．またイネは従来の遺伝・育種学的研究の蓄積に加え，効率的遺伝子導入法の開発など周辺技術が進展してしてきた．これまでに30種を越える植物種がゲノム研究のモデル植物として取り上げられ，塩基配列の解析が進められている（表7.1）．本節ではゲノム配列の解読が終了したシロイヌナズナとイネを中心に，植物ゲノムプロジェクトの展開について概説する．

3.2 シロイヌナズナ

3.2.1 シロイヌナズナの特徴

シロイヌナズナは双子葉植物，アブラナ科一年生草本植物に分類されるいわゆる雑草の一種である．北半球のほぼ全域の冷温帯に分布し，春から夏にかけて日が長くなると開花する長日植物である．

シロイヌナズナがモデル植物として幅広く利用される理由は，① 植物体が小さく（高さ約20cm），実験室内での栽培が容易である，② 世代時間が短い（6〜8週間），③ 多数（100〜5 000個）の種子を付ける，④ ゲノムサイズが高等植物で最も小さい（イネの約3.5分の1）が，高等植物として必要最小限の遺伝子セットは持っていると考えられる，⑤ 成長，開花，環境応答，耐病虫性など高等植物が持つ基本的な遺伝子の機能を備えている，⑥ 極めて自殖性が強く，人工

表7.1 ゲノム解析の対象となる主な植物のゲノム

	種	名	ゲノムサイズ (Mb)
アブラナ科	シロイヌナズナ	*Arabidopsis thaliana*	125
	ナタネ	*Brassica napus*	1 200
	ハクサイ	*Brassica rapa*	500
	テンサイ	*Beta vulgaris*	720
イネ科	イネ	*Oryza sativa*	420
	オオムギ	*Hordeum vulgare*	4 800
	コムギ	*Triticum aestivum*	16 000
	カラスムギ	*Avena sativa*	16 000
	トウモロコシ	*Zea mays*	2 500
	モロコシ	*Sorghum bicolor*	750
	サトウキビ	*Saccharum* sp.	3 000
	ライムギ	*Secale cereale*	7 600
マメ科	エンドウ	*Pisum sativum*	4 100
	ダイズ	*Glycine max*	1 100
	ミヤコグサ	*Lotus japonicus*	450
	タルウマゴヤシ	*Medicago truncatula*	500
	インゲンマメ	*Phaseolus vulgaris*	
ナス科	ジャガイモ	*Solanum tuberosum*	840
	トマト	*Lycopersicon esculentum*	1 000
バラ科	モモ	*Prunus persica*	
	アーモンド	*Prunus dulcis*	
アオイ科	ワタ	*Gossypium hirsutum*	2 118
ブドウ科	ブドウ	*Vitis vinifera*	500
ツツジ科	ブルーベリー	*Vaccinium* spp.	
ヤナギ科	ポプラ	*Populus trichocarpa*	550
イワヒバ科	イヌカタヒバ	*Selaginella moellendorffii*	65〜88
ザクロソウ科	アイスプラント	*Mesembryanthemum crystallinum*	390
マツ科	テーダマツ	*Pinus taeda*	1 000
	ラジアータマツ	*Pinus radiata*	
コケ類	ヒメツリガネゴケ	*Physcomitrella patens*	400
褐藻類	スサビノリ	*Porphyra yezoensis*	13
緑藻類	ボルボックス	*Volvox carteri*	120

http://www.genomesonline.org/より引用
ゲノム配列全てが解読されていない種でのゲノムサイズは推測値であり，今後多少の変動が見込まれる．

交雑による他家受粉も可能である，⑦遺伝子マーカーが多数存在し染色体のマップが作製されている，⑧突然変異体の作出が容易であり，そこから変異遺伝子の単離が可能である，⑨形質転換が容易である，⑩研究材料や方法に関する世界的情報ネットワークが構築されている，などであり，多くの点で他の植物に比べてもゲノム研究の材料として優れている．

3.2.2 シロイヌナズナのゲノム

高等植物で最初のゲノムプロジェクトは，1990 年，シロイヌナズナ国際委員会が中心となってゲノム研究が開始され，DNA マーカーや EST の蓄積，ゲノムライブラリーの構築，ゲノム物理地図の作製が実施された．1996 年には日米欧による全ゲノムの塩基配列決定のための国際協調プロジェクト（Arabidopsis Genome Initiative ; AGI）が発足し，日本からは，かずさ DNA 研究所が参加した．当初 2004 年に終了する予定だったのが解析技術の進歩や研究予算の増額などによって早まり，2000 年にプロジェクトが終了してゲノムの全貌が発表された[24)]（TAIR；The Arabidopsis Information Resource, http://www.arabidopsis.org/）.

AGI の報告によると，ゲノムの概要は次のとおりである.

1) ゲノムサイズが約 125Mb で，染色体は 10 本（$2n=10$），遺伝子の総数は 25 498 個ある，2) ゲノムの 60％以上の領域は重複していて，100kb を越える長い領域の重複部分は 24 か所存在し，進化の過程でゲノム構成が重複や転移，欠失を起こしながらダイナミックに変化してきた，3) オルガネラ（ミトコンドリアと葉緑体）のゲノムの一部が核ゲノムに挿入され，ゲノム間で DNA の移行があった，4) シアノバクテリアの遺伝子と高い相同性を示す遺伝子が多数見つかり，シアノバクテリアの祖先が共生し葉緑体に進化する過程で植物の核にシアノバクテリアの遺伝子が移行した，5) 遺伝子は 4.5kb に 1 個の割合で存在し，遺伝子密度が高い，6) 機能は不明だが，ヒトの疾病遺伝子と似た構造を示す遺伝子が約 40 個見出された，7) 200 個以上の耐病性遺伝子が見つかった.

これまでにコンピューターによる既知遺伝子との類似性から機能が確定した遺伝子は全体の約 70％で，代謝に関わる遺伝子が最も多く全体の 22.5％を占めている（図 7.7）．その後，全長 cDNA と EST クローンの解析から遺伝子の個数と構造が随時更新されている．また，突然変異体を利用して個々の遺伝子機能を明らかにしたり，網羅的に機能未知遺伝子群の働きを全て解析しようとする 2010 年プロジェクトが進行中である.

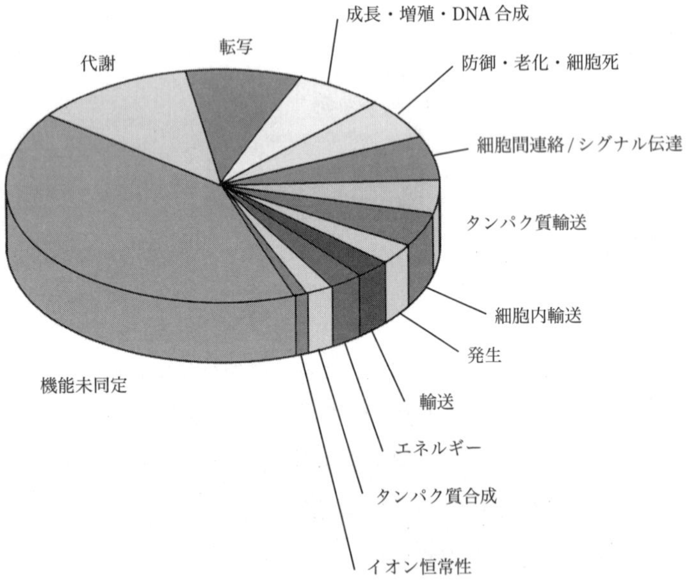

図 7.7 シロイヌナズナの遺伝子機能
シロイヌナズナ国際協調プロジェクトが解読したタンパク質の機能と，その割合.
2010年プロジェクトでは全ての機能未知遺伝子を解析する研究が進行中である.

3.2.3 突然変異体を利用した遺伝子機能の解析

植物において，ゲノム中にあるそれぞれの遺伝子がどのような機能を有しているかを解き明かす手段の 1 つが，突然変異体の誘導と変異体における表現型の解析であろう．表現型から，変異した遺伝子が代謝系のどこに関与し，発生段階のどの段階で発現しているかを推測することができる．しかし，それだけで遺伝子の機能全てが解明されたとは言えず，突然変異の原因遺伝子をクローニングし，その分子生物学的性質を解析することが不可欠である．

通常，突然変異誘起処理は種子に対して行い，変異原処理した種子をM1種子，育った植物体をM1植物と呼ぶ．一対の染色体の片方に劣性変異が生じるときは表現型として現れず，M1植物を自家受粉させて得たM2植物から劣性ホモの個体を選別するのが通例である（図7.8）．

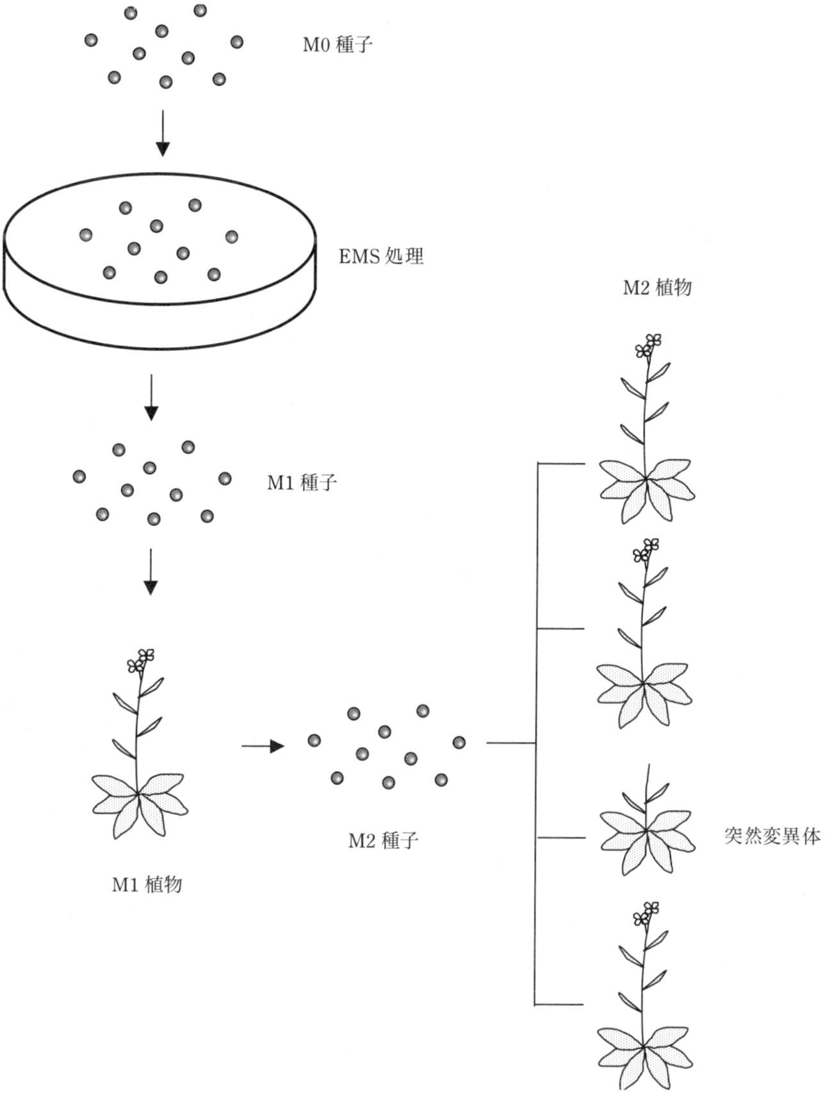

図7.8　突然変異体の誘導
突然変異原EMSなどで処理した種子を発芽させたM1植物では，劣性突然変異がヘテロの場合は表現型に出現しないが，M1植物を自殖して得られたM2植物では劣性ホモ個体が出現する．

1)　突然変異原

突然変異体の誘発には，物理的方法，化学的方法，生物的方法の3つの方法がある．

物理的方法では電離放射線のγ線やX線，速中性子線が用いられるが，これらを細胞に照射するとDNAの切断が起こり，DNAの修復の際に欠失が生じるものと考えられている．放射線の照射は特別な施設・設備を要するため，設備がない場合は速中性子線処理された種子を米国Lehle Seeds社（http://www.arabidopsis.com）から購入することも可能である．

一方，化学的方法では塩基の構造を変化させる薬剤で種子を処理する方法が行われ，シロイヌナズナでよく使われる物質はアルキル化剤のEMS（ethyl methanesulfonate，メタンスルホン酸エチル）である．EMSはDNA中のGC対をAT対に変換し，揮発性で発がん能があるため取扱いに十分な注意が必要である．そのほか，化学的変異原として核酸塩基アナログやアジ化ナトリウムなどがある．

既に遺伝子地図とゲノムDNAライブラリーが準備されていた場合，突然変異誘発処理により得られた突然変異体では，変異した形質と連鎖するDNA多型マーカーを起点に隣接したクローン（コンティグ）をクロモソームウォーキング（染色体歩行）によって次々にたどっていき，候補遺伝子を単離するマップベースクローニング法が用いられる（図7.3参照）．そして，最後は突然変異体へ遺伝子導入を行って相補性を調べることによって遺伝子の機能を確定する．

生物的方法では，高等植物は酵母で行われている相同組換えを利用した遺伝子破壊が困難であることから，塩基配列のわかっている外来DNAをランダムに植物ゲノムに挿入する方法が利用されている．これを外来DNA断片が挿入された位置によって大別すると，遺伝子破壊型変異体を誘導するT-DNAタギングやトランスポゾンタギングと，遺伝子過剰発現型変異体を誘導するジーントラップ法やエンハンサートラップ法，アクティベーションタギング法などが利用されている．

(1) T-DNAタギング

土壌細菌で植物病原体の一種，アグロバクテリウム（*Agrobacterium tumefaciens*）は菌体内にTiプラスミドを保持し，プラスミド上にあるT-DNAはアグロバクテリウムが植物に感染したとき植物ゲノム中に挿入される．T-DNA領域内にはオーキシンとサイトカイニンを合成する遺伝子が含まれるため，感染した植物ではこれらのホルモンが過剰に生産され，クラウンゴール（crown gall）と呼ばれる腫瘍が形成される．この腫瘍化に関する部分をT-DNAから取り除き，薬剤耐性遺伝子などの選抜マーカー遺伝子を代わりに組み込んで植物にアグロバクテリウムを感染させると，T-DNAはランダムに植物ゲノム中に挿入される（図7.9）．T-DNAが遺伝子のエキソン内部やイントロン，5′および3′の転写調節領域に挿入されると遺伝子機能が失われることになる．この，T-DNAの挿入によって誘導された変異体の集団はT-DNAタグラインと呼ばれ，通常は単一の劣性変異が生じるが，複数の表現型が変化した個体も多数報告されている[25]．これはT-DNAが挿入された領域に隣接するゲノムDNAに欠失や転座，逆位といった染色体の再構成[26]が生じるために起こることが確認されている．

通常，アグロバクテリウムを介した遺伝子導入は，植物の組織片や培養細胞へ感染させるのが一般的だが，シロイヌナズナでは花芽を付けはじめた段階の植物体に減圧状態でアグロバクテリウムを感染させる減圧浸潤法（vacuum infiltration method）が多く利用されている．感染させた植物

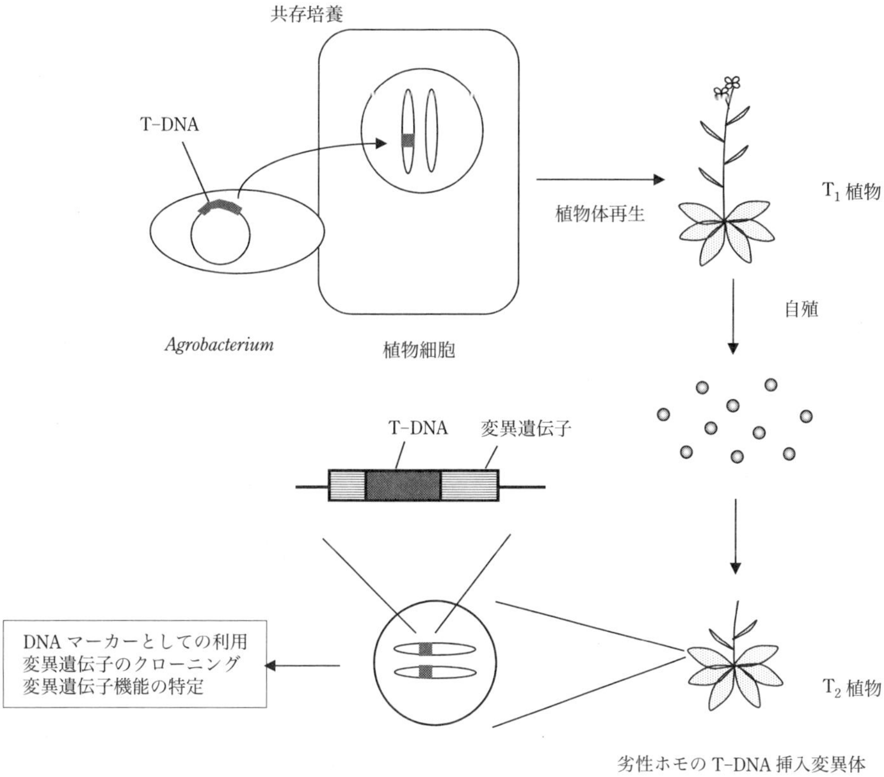

図7.9 T-DNAタギング

シロイヌナズナでは若い花芽に*Agrobacterium*を減圧状態で感染させることが可能であり，生じた種子の一部には分子タグのT-DNAが異なる染色体部位に組み込まれている．発芽したT_1植物を自殖して得られた種子を生育させると，特定遺伝子領域の内部にT-DNAが挿入された個体では遺伝子機能が損なわれ，劣性ホモの突然変異体が生じる．この個体に破壊された遺伝子の完全な配列を導入することで，復帰突然変異体が得られる．

から種子を収穫すると，種子の0.1％が相同染色体の片方にT-DNAが挿入された形質転換体が得られ，このT_1世代を自殖させることによって劣性ホモの個体ができる．約25 000ある遺伝子の変異株を作製するために約10万個体ものT-DNA挿入変異体が作製された．変異体から機能の失われた遺伝子を特定するには，導入されたT-DNAを指標として近傍の領域を単離することによって可能となる．

タグが挿入された遺伝子の回収には，TAIL-PCR法またはInverse PCR法と名付けられた，既知の配列からPCRによって近傍にある未知の配列を増幅する方法が利用される．さらに，確実な方法としてT-DNA挿入変異体からゲノムライブラリーを作成し，組み込まれたT-DNAをプローブとしてT-DNAが含まれるクローンを選抜する手段もとられる[27]．

(2) トランスポゾンタギング

トランスポゾンはゲノム中を自発的に転移するDNA配列である．トウモロコシ由来のトランスポゾン*Ac/Ds*（*Activator/Dissociation*）は種を越えて転移能を有することから，遺伝子のクローニングツールとして利用されている．*Ac*は転移酵素トランスポゼース（TPase）を内部に含み，自分自身を転移させるのに加え，トランスポゼースを含まない*Ds*をも転移させることができる．これらトランスポゾンをシロイヌナズナに遺伝子導入し，表現型が変化した突然変異体を選抜し，

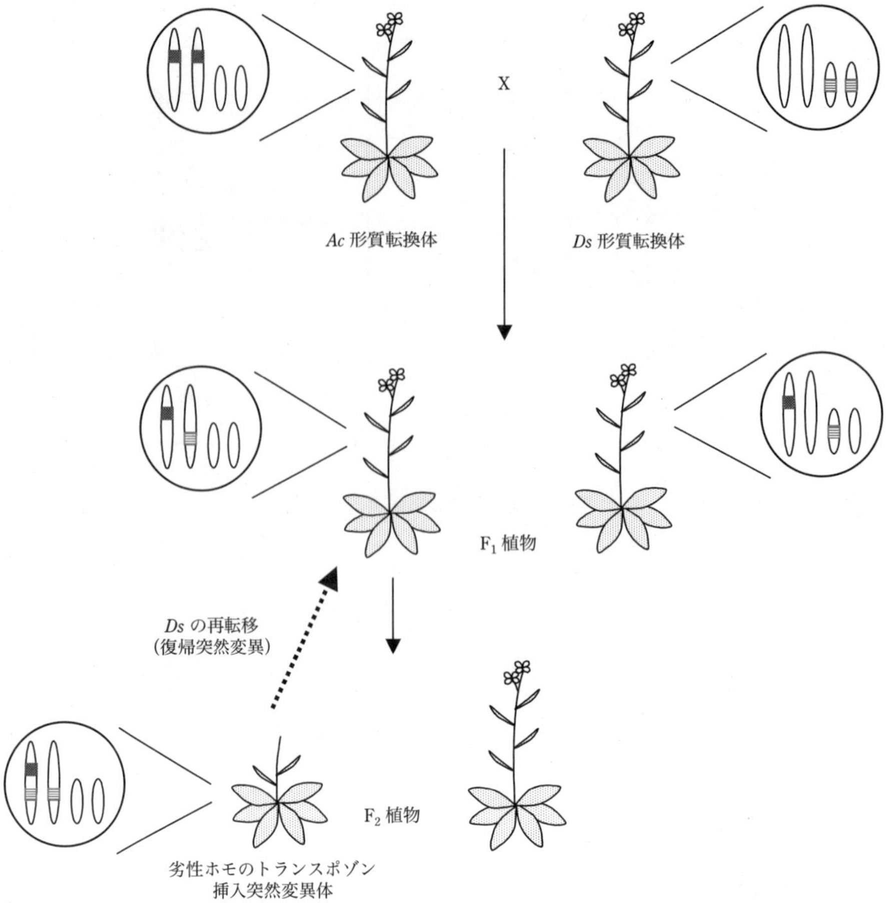

図7.10　トランスポゾンタギング

Ac と *Ds* がそれぞれホモで組み込まれている形質転換体を作出し，両者を交配すると F_1 植物の一部で *Ds* の転移が起こる．F_1 植物を自殖して得られた F_2 の集団に，特定遺伝子の内部に *Ds* が転移した劣性ホモのトランスポゾン挿入突然変異体が現れる．さらに F_2 植物内で *Ds* の再転移が起こると F_3 植物に復帰突然変異体が生じる．

トランスポゾンをマーカーとして *Ds* が挿入された領域をクローニングすることが可能となる（図7.10）[28]．

得られたクローンが目的とする遺伝子かどうか確認するには，突然変異体にクローン化遺伝子を組み込んだトランスジェニック植物を作製し，変異した形質が相補されて野生型に復帰すること（復帰突然変異体）を確認すればよい．また *Ac/Ds* による突然変異体ではトランスポゾンの再転移により復帰突然変異が起こるため，遺伝子の機能を知ることができる．

この *Ac/Ds* を利用したシステムではゲノム中の特定領域に挿入が集中しやすい，すなわちホットスポットの存在が確認されており，ゲノムへ均一に突然変異を起こすことには成功していない．

2) ジーントラップ法

エンハンサーやプロモーター，さらに開始コドン ATG を欠くレポーター遺伝子をゲノム中に導入した際，ある構造遺伝子の内部に組み込まれると，転写方向と読み枠が一致した場合，その遺伝子産物との融合タンパク質を発現させることができる（図7.11 A）．レポーター遺伝子とは細胞内に遺伝子が導入されたことを組織化学的に検出することができる遺伝子で，β-グルクロニダーゼ（*GUS*）遺伝子が最も一般的に使用され，その他ルシフェラーゼ（*LUC*）遺伝子やクラゲの緑色蛍光タンパク質（green fluorescense protein；*GFP*）遺伝子も利用される．*GUS* が発現した細胞は無色の基質 X-glucuronide（X-gluc）を分解して青色の色素を生みだし，発現を容易に可視化できることから最も利用される．

(1) エンハンサートラップ法

カリフラワーモザイクウイルス（CaMV）の 35S プロモーターの上流部を削除した最小限のプ

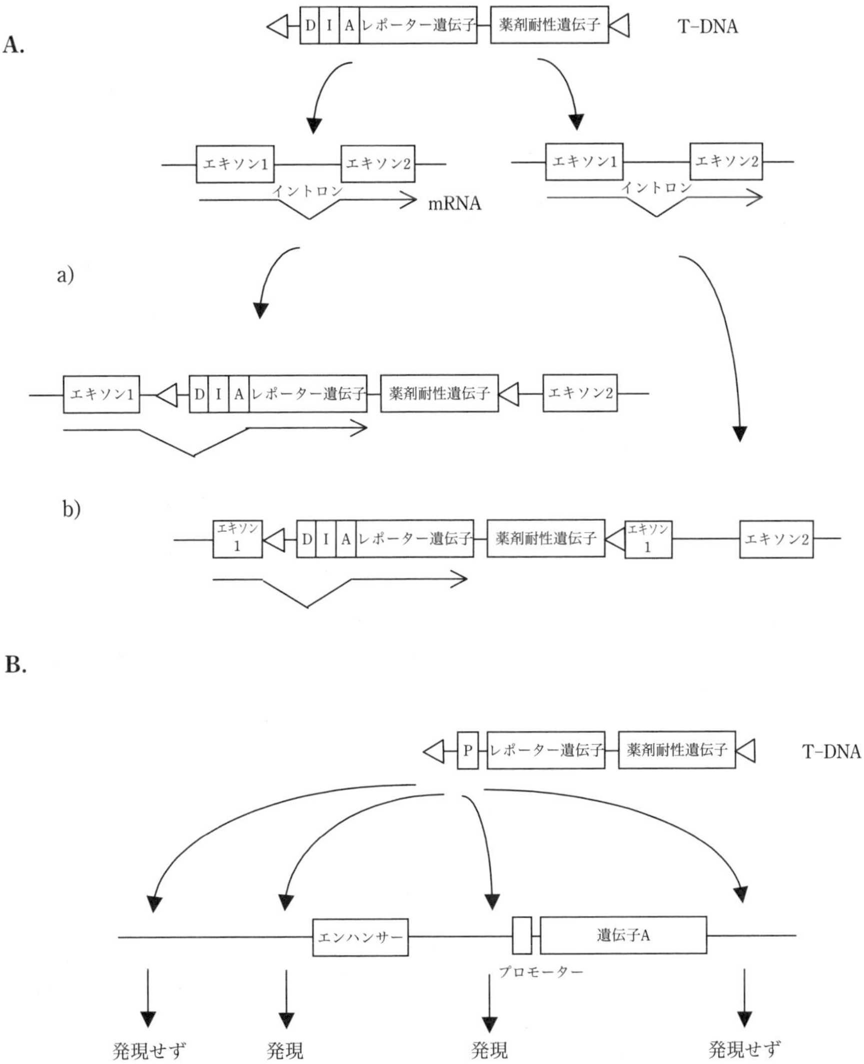

図7.11　ジーントラップ／エンハンサートラップ

A. ジーントラップ法：プロモーターを欠くレポーター遺伝子スプライシング供与配列(D)，イントロン(I)および受容配列(A)を接続しゲノム中に組み込むと，T-DNAがa)イントロン中，またはb)エキソン内部に挿入された場合，レポーター遺伝子が転写・翻訳され，融合タンパク質が合成される．

B. エンハンサートラップ法：最小限のプロモーター(P)を持つレポーター遺伝子がエンハンサーの前後に組み込まれると，エンハンサーの効果が及ぶ範囲内ではレポーター遺伝子が発現し，遺伝子Aの発現パターンがレポーター遺伝子の発現に置き換えられてモニターすることができる．

ロモーターは，近傍にエンハンサーがあると転写活性を有するようになる（図7.11B）．このプロモーターにレポーター遺伝子を接続し植物に導入すると，エンハンサーの近傍に挿入された場合にレポーター遺伝子の転写が活性化し，エンハンサーの近傍にある遺伝子の発現パターンを知ることができる．

(2) アクティベーションタギング法

カリフラワーモザイクウイルスの35Sプロモーターのエンハンサー領域（−90〜−440bp）4コピーをタンデムに接続し，これを植物ゲノムに導入すると，組み込まれた近傍の遺伝子の転写が活性化された突然変異体が得られる．この表現型を調べることにより，組み込まれた近傍の遺伝子の機能を知ることができる．この技術によってフェニルプロパノイド合成の調節因子[29]，開花誘導に関わる遺伝子[30,31]などが単離されている．一般的に機能のわからない遺伝子を植物体に形質転換する場合，35Sプロモーターに接続するため，ほとんど全ての組織で構成的に発現するのに対し，アクティベーションタギング法では未知の遺伝子が組織特異的に発現するため，その機能を類推しやすい点が特徴である．

3) ポジショナルクローニング法

シロイヌナズナにはいくつかのエコタイプ（生態型）が知られているが，ゲノム解析にはColumbiaやLandsbergなどの系統が使われる．マッピングは一方のエコタイプで突然変異体を作製し，もう一方の野生株と交配してそのF_2世代における変異体を解析することによって行われる．F_2世代では染色体の組換えが生じ，染色体の構成が異なった個体が生じる．これらの個体からゲノムDNAを抽出して変異遺伝子と連鎖する多型マーカーを決定し，そのマーカーが含まれるYAC/BACコンティグを選抜することにより変異遺伝子をマッピングし，遺伝子をクローニングするのがポジショナルクローニング法である．

T-DNAタグラインなどの突然変異体は理化学研究所バイオリソースセンター リソース基盤開発部実験植物開発室（http://www.brc.riken.jp/lab/epd/index.html），かずさDNA研究所のシロイヌナズナ・タグライン共同利用システム（http://www.kazusa.or.jp/ja/plant/tagline）や，アメリカのArabidopsis Biological Resouce Center（ABRC；http://www.biosci.ohio-state.edu/~plantbio/Facilities/abrc/abrchome.htm）から入手が可能である．

4) RNAi法

植物においてもRNAiが遺伝子発現の抑制に効果的であることが報じられ[32]，その後ヘアピン構造とイントロンを含むRNAi（ihpRNA）が高い抑制能を有することが知られるようになった．現在25 000を越す遺伝子のihpRNAによる遺伝子破壊系統の作製が試みられている（AGRIKOLA, http://www.agrikola.org/）．

5) 完全長cDNAの収集と機能アノテーション

理化学研究所のグループは独自にビオチン化キャップトラッパー法を開発し，ストレスやホルモン処理した植物体を用いてシロイヌナズナ完全長cDNA（RIKEN *Arabidopsis* Full-Length cDNA；RAFL cDNA）の単離を進め，14 668個のcDNA配列と機能アノテーション情報を発表した[33]（http://pfgweb.gsc.riken.go.jp）．完全長cDNAとゲノム配列を対比することにより，遺伝子のゲノム上の位置が確定され，同時に遺伝子発現調節に関わるプロモーター情報を得ることができる．また，種々の遺伝子発現系を用いて完全長cDNAがコードするタンパク質を精製し，その機能や構造の解析に利用できる．さらに完全長cDNAを形質転換したトランスジェニック植物は，発現プロファイルの研究やストレス耐性・病害虫耐性の応用研究を推進するための有用な材料となり，今後の進展が期待されている．

3.3 イネのゲノムプロジェクト

これまで欧米諸国では，単子葉植物における遺伝学的材料として主食のコムギやトウモロコシが用いられてきたが，これらはゲノム構成が複雑でサイズが非常に大きく（コムギはヒトの約5倍），また形質転換が容易ではなかったためゲノム研究には適切ではなかった．一方，栽培イネ（*Oryza sativa* L.）は全世界の約50％の人々が主食としており，1万年にわたる人類の栽培の歴史を通してインド型（*indica*）と日本型（*japonica*）の2亜種に分化し，現在亜寒帯に至るまで広い範囲で栽培されている．古くから遺伝・育種学の材料として用いられてきたが，人類の嗜好に適合した品種を安定的に栽培するため，収量，耐病性，耐寒性，耐乾燥性，耐倒伏性や食味などを向上させる試みが今も続けられている．そのゲノムサイズは穀類の中で最小（430Mb）で効率的形質転換法が確立しているため，モデル植物としてはもちろん，得られた研究成果をすぐに実用的な品種改良に還元できる利点を有する．今後予想される世界人口の急増に対処できる品種を育成するためには，従来の選抜を基盤とした育種技法では不十分であり，ゲノム情報を活用した品種改良が必須であると考えられた．

3.3.1 イネゲノムの構造

このような背景から，1991年に日本が世界に先駆けてイネゲノム解析プロジェクトをスタートさせた．これまでに農林水産省イネゲノム研究チームはDNAマーカーによる精密な遺伝子地図，YAC物理地図，PAC・BACコンティグ，および約1万種の遺伝子の部分塩基配列（EST）カタログを作成し，INE（INtegrated rice genome Explorer）と名付けたwwwで利用できるデータベースを構築した（http://rgp.dna.affrc.go.jp/）．

イネは病害虫抵抗性などの多くの形質に関する自然突然変異体が見つかっており，また変異原処理によって誘導突然変異体も多数作製され，突然変異遺伝子座が連鎖地図上にマップされている．DNAマーカーを利用したポジショナルクローニング法では，イネの重要な形質である，いもち病抵抗性遺伝子 *Pib* [34]，白葉枯病抵抗性遺伝子 *Xa1* [35] などが単離され，それらの構造と機能が明らかとなっている．

RFLPマッピングの解析からイネとイネ科穀類（ムギ類やトウモロコシ）は広範囲にわたるゲノム構造の類似性，つまり遺伝子の並びの共通性（シンテニー）が確認され[36,37]，イネゲノム解析の重要性はコメを主食としているアジア諸国のみならず，世界的なゲノム研究の対象として位置付けられるようになった．そこで1998年より日本を始め10か国が参加する国際コンソーシアム，イネゲノム塩基配列解析プロジェクト（International Rice Genome Sequencing Project ; IRGSP, http://rgp.dna.affrc.go.jp/IRGSP/）が発足し，各国分担でBAC/PAC物理地図の作製とゲノム塩基配列の解読をイネ品種「日本晴」を用いて進められた．しかし2001年にスイスのシンジェンタ社はイネゲノムの解読を99％終了[38]，また北京ゲノム研究所がインディカ型の高収量品種でゲノム解読を完了した[39]と発表したため日本の関係者は衝撃を受けた．両者はホールゲノムショットガン法で行ったため完全に配列がつながらない，断片化したもので精度的にやや劣っていた．これに対しIRGSPはイネ品種「日本晴」のゲノムの解読を階層式ショットガン方式により99.99％の精度で進め，2004年12月イネゲノムの完全な解読が終了した．

3.3.2 レトロトランスポゾン

イネの突然変異体から遺伝子を単離する方法は，シロイヌナズナと同様*Ac/Ds*を利用したトランスポゾンタギングのほか，農林水産省の廣近らにより発見されたレトロトランスポゾン*Tos17*の転移能を生かしたタギングが実用化されている[40]．レトロトランスポゾンは末端に繰り返し配列を持つ4.3kbの転移因子で，レトロウイルスと同様にRNAを転写し，逆転写反応により合成されたcDNAがゲノムの新規な場所に転移する．イネでは液体培養細胞でのみ染色体上のランダムな場所に転移活性をもつことが知られており，形質転換を行わずにタギングによる突然変異体を誘導する方法として利用価値が高い．

3.3.3 イネの遺伝子導入

単子葉植物のイネはアグロバクテリウムの宿主ではないため，イネへ外来遺伝子を導入する手法としてエレクトロポレーション（電気穿孔法）やPEG，パーティクルガンを用いた直接的遺伝子導入法が適用された．しかしマルチコピーの外来遺伝子が導入されたり，遺伝子の発現が抑制されるサイレンシングなどの現象が発生することが明らかとなってきた．一方，アグロバクテリウムのTiプラスミド上にある*vir*遺伝子を活性化させ，遺伝子導入の効率を高めるためにフェノール化合物のアセトシリンゴンを菌液に混合することと，イネ種子の分裂活性の高い胚盤由来カルスを用いることで，効率的な形質転換が可能となった[41]．

3.3.4 cDNAプロジェクト

イネゲノムにコードされる遺伝子の正確な数と機能を解明するため，農業・生物系特定産業技術研究機構の研究委託により，3研究機関が共同研究でイネ完全長cDNAプロジェクトを行っている．その結果，約32 000個の完全長cDNAクローンの構造決定がなされ，GENSCANやBLASTによる解析を組み合わせた結果，約4万個の遺伝子が存在することが確認された[42]（http://cdna01.dna.affrc.go.jp/cDNA/）．完全長cDNAの約半数は機能が未知であったが，代謝，輸送，翻訳や転写など，既知の遺伝子と相同性を有する遺伝子について機能が明らかになった．また，栽培上最も関心の高い耐病性・昆虫耐性遺伝子は少なくとも1 000個の遺伝子が関与していると考えられている．このように農業上重要な形質は複数の遺伝子にまたがって支配されており，ゲノム研究によってこうした量的形質遺伝子座（QTL ; quantitative trait loci）の解析が盛んに行われ，これを利用した病害抵抗性品種の育種も始まっている[43]．

イネに関するその他の情報は国立遺伝学研究所より提供されているOryzabase（http://www.shigen.nig.ac.jp/rice/oryzabase/top/top.jsp）に詳しい．また，実験材料は農林水産省の種子バンクやフィリピンの国際イネ研究所（IRRI ; International Rice Research Institute）から，品種や変異系統などの情報は国立遺伝学研究所のイネ資源のホームページ（http://www.shigen.nig.ac.jp/rice/rice.html）から入手できる．

3.4 その他のゲノム

3.4.1 ミヤコグサ

マメ科植物は根粒菌とともに共生窒素固定を行い，窒素含量の少ない痩せた土地でも生育することができる．このような両生物の共生システムを解明すべくミヤコグサ根粒菌やダイズ根粒菌のゲノムが，かずさDNA研究所により解読された[44,45]．これらのデータはhttp://www.kazusa.or.jp/rhizobase/で公開されている．

一方，マメ科のモデル植物としてミヤコグサ（*Lotus japonicus*）[46]が，世代時間が短く形質転換が可能など，多くの点でシロイヌナズナと共通点があることからゲノム解析の対象として取り上げられた．現在，共生窒素固定に関わる数々の遺伝子が解明され，染色体上に同定された遺伝子はhttp://www.kazusa.or.jp/lotus/で見ることができる．ミヤコグサはわが国の自生種であり，遺伝的に多様な系統が各種確保できていることから，かずさDNA研究所が中心となって，ミヤコグサのESTの解析などを進めている．なお，同研究所は2000年12月にミヤコグサに共生して窒素固定に寄与する根粒菌*Mesorhizobium loti*のゲノムの全塩基配列（ゲノムサイズ7.6Mb）を決定している．

マメ科ではアルファルファの近縁種であるタルウマゴヤシ（*Medicago truncatula*）について，アメリカおよびフランスの研究グループが遺伝子地図の作製やタグラインの作出を進めている（http: //www.genome.ou.edu/medicago.html）．

3.4.2 シアノバクテリア

シアノバクテリア（cyanobacteria）は酸素発生型光合成を行う真正細菌で，葉緑体の起源であると言われている．1996年，かずさDNA研究所の田畑らは世界で4番目の生物としてシアノバクテリア（*Synechocystis* sp. PCC6803）の全ゲノム配列を決定した[47]．作成されたゲノムデータベースはインターネットで閲覧することができる（http://www.kazusa.or.jp/cyano/cyano.html）．シアノバクテリアのゲノムサイズは3.6Mbで，少なくとも3 166の遺伝子が存在するが，これらのうち1) 既に報告されている遺伝子と同一のもの145（4.6%），2) 類似のもの1 257（39.6%），3) 既に報告されている未同定遺伝子と類似のもの340（10.8%），4) 類似遺伝子が全く無く機能不明のもの

1 424（45%）である．機能が確定しない多くの遺伝子，特に光合成および輸送体関連遺伝子を中心にして特定遺伝子の破壊（targeted mutagenesis）などの方法によって機能解析が進められている．

その後 *Synechococcus* sp. strain WH8102[48]，*Prochlorococcus* 2 種[49] そして *Prochlorococcus marinus* SS120[50] で相次いで全ゲノムの塩基配列が決定し，互いのゲノム構成の類似点が比較された．現在のところ，どの種が葉緑体の祖先に最も近いか分かっていないが，生育する環境に応じて光合成や栄養分の取り込みに関わる遺伝子は見つかっている．高等植物の葉緑体ゲノムはサイズがラン藻ゲノムの数十分の 1 にすぎず，ラン藻が宿主に共生したのち不要な遺伝子が脱落し，また一部の遺伝子が核に移行したため小さくなったと考えられている．シアノバクテリアのゲノム解読によって，高等植物における光合成能の高機能化，そして二酸化炭素濃度の抑制など，環境修復技術の進展が期待されている．

3.4.3 葉緑体ゲノム

葉緑体は光合成反応の他にもアミノ酸やヌクレオチド，脂質など，多くの生合成反応を行う細胞内小器官（オルガネラ）であり，それらの反応経路については歴史的に詳細な研究がなされてきた．一方，葉緑体には核とは別の独自なゲノム DNA が含まれており，葉緑体の起源を探るために多くの植物で葉緑体のゲノムが解析されてきた．

はじめて葉緑体ゲノムの全塩基配列が決定されたのがゼニゴケ（*Marchantia polymorpha*）[51] で，その後タバコ（*Nicotiana tabacum*）[52] やイネ（*Oryza sativa*）[53]，ミヤコグサ[46] などの陸上植物，またミドリムシ（*Euglena gracilis*）[54] や紅藻（*Porphyria purpurea*）[55] などの藻類で全塩基配列が決定されている．葉緑体ゲノムは環状二本鎖 DNA で葉緑体中に複数コピー存在する．ゲノムサイズは 89～400kb と植物種によって大きく異なるが，高等植物と下等植物の差は認められない．また，陸上植物の多くで 10～30kb の同一な 2 つの配列が逆向きに位置（逆位反復配列，inverted repeat；IR）していることが特徴である．

陸上植物の葉緑体ゲノム上にある遺伝子数は 100 個以上で，タンパク質生合成系遺伝子群，光合成反応関連遺伝子群，そしてその他の生合成系遺伝子群がコードされている．葉緑体ゲノム中の遺伝子数は高等植物ほど少なくなる傾向がみられ，これは進化の過程で遺伝子の一部が核ゲノムに移行したか，消滅したものと考えられている．

3.4.4 ミトコンドリアゲノム

ミトコンドリアは細胞内のエネルギー生産をつかさどる細胞内小器官で，植物，動物そして菌類と真核生物に広く存在している．ミトコンドリアも葉緑体と同様，核ゲノムとは独立したゲノム DNA を持っている．ヒトのミトコンドリアゲノムは 16.5kb とコンパクト[56] なのに比べ，植物では種によってサイズの幅が広く約 200～2 500kb と多様である．さらに，植物のミトコンドリアゲノムは物理的構造が大変複雑で，巨大な環状二本鎖 DNA がマスター染色体として全ての遺伝情報を保有しているが，内部で相同組換えを起こして複数の小さなサブゲノムに分割されている，いわゆるマルチパータイト（multipartite）構造であることが知られている．

植物ではゼニゴケで初めてミトコンドリアゲノムの全塩基配列が解読され[57]，ゲノムサイズが186kbと植物では最小クラスであり，96個のタンパク質生合成系遺伝子群と呼吸に関与する遺伝子群，そして機能未知のORFが同定された．ヒトと比べゲノムサイズが10倍以上大きいのは，ゼニゴケではイントロンやスペーサー領域が数多く存在するためであることが分かった．

花粉の発達が阻害されて不稔となった突然変異は雄性不稔と呼ばれている．その原因が細胞質にあると推定される細胞質雄性不稔株の遺伝的解析から，ミトコンドリアゲノムにある幾つかの遺伝子がその現象に関与していることが示唆された．農業分野において，雄性不稔株の利用は生産性や耐病性の向上に有益であり，雄性不稔現象の今後の解明が待たれる．

4. ゲノム研究の展開

ヒトでは全ゲノムの解析が終了し，蓄積された遺伝子情報をいかに病原遺伝子の特定や患者1人1人の特性に応じた治療，すなわちテーラーメード医療に結びつけていくかの段階に突入している．植物においてもゲノム解析によって個体差，系統間差が解明され，その違いを利用して品種の識別や鑑定が行われている．また新規の遺伝子は，植物の品種改良への応用に向けた機能の解明が進められている．

ゲノム情報を基にして，それぞれの遺伝子産物の機能や生理的役割を包括的・系統的に研究する分野は機能ゲノミクス（functional genomics）と呼ばれ，近年盛んに行われている．

ヒトの病気で，たった1種の病原遺伝子が原因となるのは一部の遺伝病に限られ，がん，糖尿病などの生活習慣病では数十～数百個の遺伝子が関連している．こうした遺伝子の発現を網羅的に解析する手段がトランスクリプトーム，プロテオームそしてメタボロームという新技術である．

ゲノムプロジェクトで生まれた成果の情報を利用した上記の解析はポストゲノムと呼ばれ，病気の治療のための新薬の開発に役立てるゲノム創薬という言葉も生まれた．植物では耐病性やストレス耐性の機構解明にこれらの技術は利用され，やがては農薬が不要で厳しい環境下でも生育する植物の育種に応用されるものと期待される．

4.1 遺伝子の大量発現解析

ゲノムプロジェクトによってゲノム中にどのような遺伝子がどこに位置するかの解明が着々と進んでいる．しかし，それらの遺伝子がいつ，どこで発現しているか，すなわち時間的・空間的な発現様式（プロファイル）を個々に明らかにしないと，生命現象の全体像はつかめない．

多くの遺伝子ではその転写産物であるmRNA量とタンパク質の発現量には相関関係があるため，タンパク質より取扱いが容易なmRNAの発現を網羅的に調べるアプローチがトランスクリプトーム（transcriptome）である．従来は1つの実験で1つの遺伝子の発現しか測定できなかったが，マイクロアレイまたはDNAチップは一度に数千個から1万個程度の遺伝子の発現を同時に調べる方法として画期的な技術である．

4.2 マイクロアレイ法

対象となる生物で発現している遺伝子の短い断片を数百〜1万程度ガラスやシリコン基板の表面に個別に接着し，整列させたものがDNAマイクロアレイである（図7.12）．これは基板に固定するプローブDNAの種類によってアフィメトリクス型とスタンフォード型の2つの方法に分けられる．

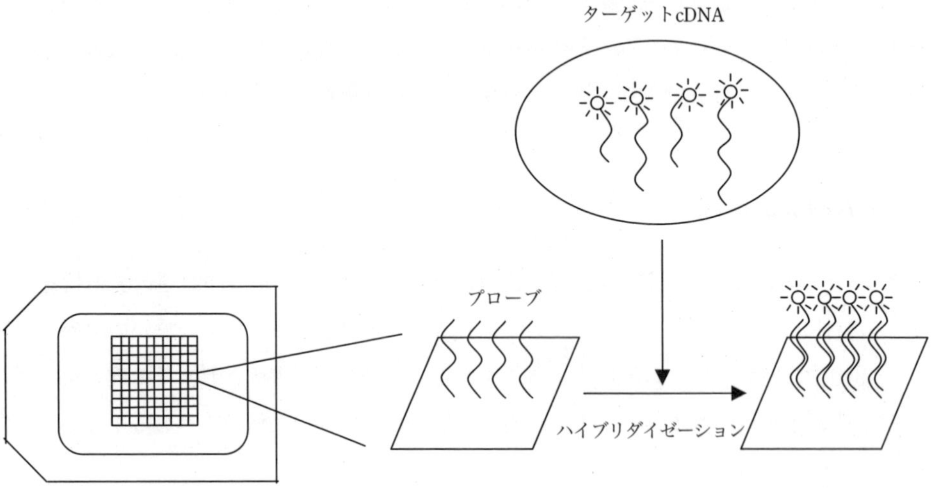

図7.12 DNAマイクロアレイの原理
アフィメトリクス型は基板上でセル別に数百万コピーの20〜30merから成るオリゴヌクレオチドを合成してプローブとし，蛍光標識したcDNAとハイブリダイゼーションを行う．

マイクロアレイは米国アフィメトリクス社（Affymetrix，http://www.affymetrix.com/index.affx）が発売した「アフィメトリクス型」のオリゴヌクレオチドアレイと，スタンフォード大学のパトリック・ブラウンらが考案した「スタンフォード型」のDNAマイクロアレイの2つに大別される．

アフィメトリクス型は半導体合成技術を応用した光リソグラフィー（photolithography）を利用して，基板上でオリゴヌクレオチドを20mer作製するもので，アフィメトリクス社のGeneChip™はDNAチップとも呼ばれる．一方，スタンフォード型はcDNAの一部をPCRで増幅した断片や，cDNA情報に基づいて合成したオリゴヌクレオチドをスポッターと呼ばれるロボットを用いてスポットしたものである．

双方ともに2種類の細胞から別々にmRNAを調製し，それを鋳型に逆転写酵素によってcDNAを合成するが，その際末端に蛍光色素（一方を赤に発色するCy5，もう一方を緑に発色するCy3など）で標識する．この場合，固相のDNA断片をプローブ（probe），液層の標識核酸をターゲット（targret）と呼んでいる（図7.13）．

2種類の標識cDNAを等量混ぜマイクロアレイ上のDNAとハイブリダイゼーションさせると，スポットの発色する色合いによって，どちらの細胞でどのmRNAの発現量が多いかがわかる（プロファイリング）．この手法によって，特定の細胞に多く発現する遺伝子が特定され，これまで機能の知られていなかった遺伝子の発現様式が解析されるようになった．

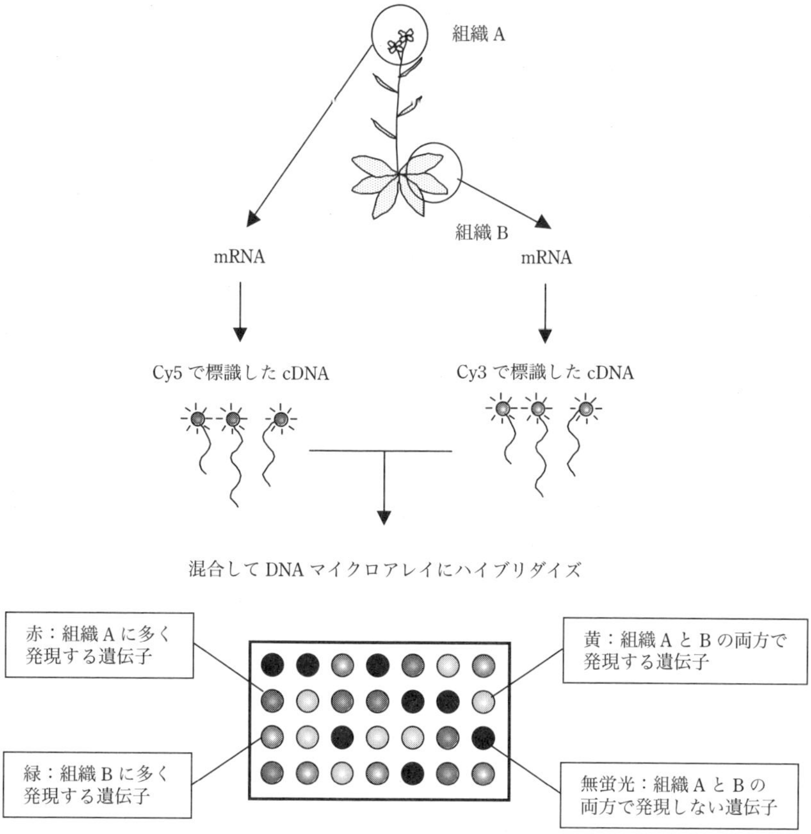

図 7.13 トランスクリプトーム解析
2 種の細胞や組織から mRNA を抽出し，逆転写酵素で cDNA を合成するとき，蛍光色素 Cy5（赤色）または Cy3（緑色）で標識する．2 種の cDNA を混合し DNA チップにハイブリダイズさせると，チップ上のオリゴヌクレオチドと相同な cDNA がハイブリッドを形成し，3 種の蛍光を発色する．この色をスキャナーで読み取りコンピューター解析することで，細胞や組織に特異的に発現する遺伝子をスクリーニングすることができる．

4.2.1 シロイヌナズナのマイクロアレイ

シロイヌナズナの DNA マイクロアレイ事業に参入した企業のうち，アフィメトリクス社で約 24 000 の遺伝子に対応する 22 500 以上のプローブセット，タカラバイオ社（http://www.takara-bio.co.jp/）で 8 590 遺伝子のアレイチップ，またアジレント社（Agilent，http://www.chem.agilent.com/scripts/cHome.asp?country=jp）では全ての遺伝子を含む 37 000 を超えるプローブセットを発売している．さらに，ジーンフロンティア（GeneFrontier）社はシロイヌナズナとイネのレディーメードアレイだけでなくオリジナルアレイを使った委託解析にも応じている．

シロイヌナズナでは，これまで多くのトランスクリプトーム解析が報告されていて，遺伝子の機能に関する知見が飛躍的に増加している[58,59]．理化学研究所のグループは，シロイヌナズナの完全長 cDNA を貼り付けたマイクロアレイを作製し，乾燥，低温，塩ストレス，または植物ホルモン ABA 処理により誘導される遺伝子群を経時的に調査し，発現レベルが 5 倍以上上昇する遺伝子を突き止めた[60,61]．それぞれの外的処理を組み合わせて同時に誘導される遺伝子数を調べたところ，乾燥と塩ストレスの両方に誘導される遺伝子，および乾燥と ABA の両方に誘導される遺伝子の個数が他の組合せよりも多く，それぞれ2つの外的処理に対するシグナル伝達経路は相互に交差するという仮説を支持する結果となった．さらに同グループはシロイヌナズナの全ゲノム配列に関して，対応する25merのオリゴヌクレオチド（25塩基からなる短いオリゴDNA）を約1 000万個用意し，それらを基板上に貼り付けた高密度シロイヌナズナ全ゲノムマイクロアレイを作製し，5 800種という多量の新たな発現遺伝子を発見した．これまでコンピューターによる遺伝子予測で発現遺伝子と認められなかった転写領域を新たに約2 000個も同定することに成功している．

一方，ヨーロッパでも遺伝子を特異的に識別できる長さとして150〜500bpの領域をPCRで増幅し，それをアレイ化した網羅的発現解析プロジェクトを開始している（Complete Arabidopsis Transcriptome MicroArray (CATMA) project，http://www.catma.org/）．

4.2.2　コメのマイクロアレイ

コメのゲノムをいち早く解読したシンジェンタ社はマイクロアレイを用いて21 000個の遺伝子を調査し，穀粒の形成時に発現する269個の遺伝子を同定した[62]．これらの遺伝子は成熟した穀粒の栄養組成を決定する何らかの役割を果たしていると考えられている．

マイクロアレイは遺伝子の機能解析に画期的な革命をもたらしたが，材料となる細胞でごく微量に発現するRNAや短期間一過的に発現するRNA，いわゆるレアーな分子種は捉えることが難しく，従来法であるディファレンシャルディスプレー法やサブトラクション法によって探しださなければならない．また発現プロファイル解析の最大の問題点は，スイッチのオン・オフのような明確な変化ではなく，発現量のわずかな変化が生物学的にどれだけの意味を持っているか，判定基準がないことであろう．

4.3　ポストゲノム

4.3.1　プロテオーム解析

さまざまな生物種でゲノムプロジェクトが完了したことによって，ゲノムの構造や機能が包括的に解析され，生命の全体像解明に向けて大きな前進を遂げたと言える．しかし，生体内で命を維持するために実際に機能している分子はタンパク質であり，DNAやRNAレベルだけでは生命現象を完全に説明できない．1つの細胞中で発現している遺伝子は，ゲノム全体からすると一部にしか過ぎない．にもかかわらず複雑で多様な細胞活動が営まれているのは，タンパク質が合成される時期や輸送される部位，リン酸化，アセチル化，グルコシル化，メチル化，水酸化などの翻訳後修飾の違い，さらに相互作用するタンパク質の違いなどから細胞が異なるプロファイルを示すからである．さらに，1つの遺伝子から複数のタンパク質が合成されることが見つかっていることからも，ゲノム解析の次はタンパク質を網羅的に扱うことの重要性が認識された．

生物が持つ遺伝子の1セットをゲノムと呼んだように，ゲノム中にコードされている全てのタンパク質，または特定の刺激・環境に応答して翻訳生産されるタンパク質の1セットをプロテオーム（proteome）と呼び，プロテオミクス（proteomics）は様々な生命現象において，細胞内タ

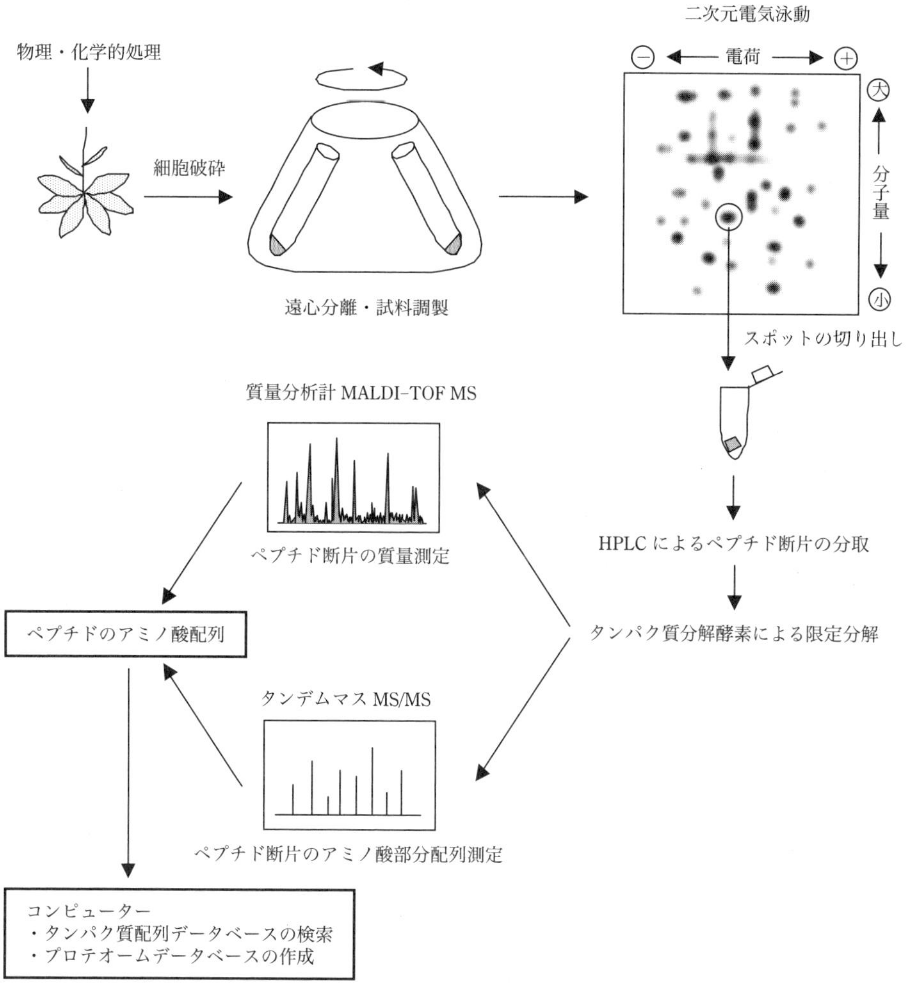

図7.14 プロテオーム解析の手順
ストレス処理や植物ホルモンなどの化学物質により処理された植物の組織からタンパク質を抽出し，二次元電気泳動にかけてタンパク質スポットを分離する．処理によって誘導された特異的スポットは，切り出した後タンパク質分解酵素によりいくつかの断片に限定分解され，HPLC でそれぞれの部分断片を分取する．個々の断片を質量分析やタンデムマス分析を行いアミノ酸配列が決定される．SWISS-PROT などのタンパク質配列データベースから類似の配列を検索することにより，タンパク質が同定される．

ンパク質の発現プロファイルやタンパク質の機能解析を行うための学問を指す（図7.14）．

1) プロテオームの実際

プロテオーム研究の中核となる技法は，組織内にある数千ものタンパク質を性質によって分離する二次元電気泳動法（two-dimensional electrophoresis ; 2-DE，特に O'Farrell 法）[63]である．これは一次元目の細胞抽出液由来のタンパク質画分を電荷に従って分離する等電点電気泳動と，二次元目の分子量の違いで分離する SDS ポリアクリルアミド電気泳動（SDS-PAGE ; sodium dodecyl sulfate polyacrylamide gel electrophoresis）を組み合わせたタンパク質の検出法である．

タンパク質スポットはクーマシーブリリアントブルー（Coomassie Brilliant Blue ; CBB）染色や，より感度の高い銀染色によって可視化することができる．これは多数のタンパク質を分離する点で優れた方法であるが，実験手順が複雑で同一サンプルのデータにばらつきが生じ，毎回スポットの位置に変動が生じるなどの問題点があった．これを解決するために，あらかじめ別々のタンパク質をそれぞれ異なる蛍光色素で標識し，同一ゲル上で泳動するタンパク質発現ディファレンシャル解析手法（2-dimension difference in gel electrophoresis；2D DIGE）が開発された．これにより，一度に数千のタンパク質について，複数のサンプル間での質的・量的変動を網羅的に解析することができるようになった．

タンパク質の同定は，二次元電気泳動で量的・質的違いが認められたスポットをゲルから切り出し，タンパク質分解酵素でペプチドに断片化したものを高速液体クロマトグラフィー（high performance liquid chromatography；HPLC）で分取し，それぞれ質量分析計（mass spectrometer；MS）にかけて質量を計測する．質量分析は試料分子をイオン化させて電場に送り込み，その移動速度からペプチドの質量を正確に測定する方法で，マトリックス支援レーザー励起飛行時間型質量分析（matrix-assisted laser desorption/ionization-time of flight mass spectrometry；MALDI-TOF）法の基礎となるソフトレーザーイオン法を開発した田中は2002年度のノーベル化学賞を受賞した[64]．また，質量分析計内部で特定の試料分子を選び出して，それを断片化する種々の装置（タンデムマス，MS/MS）をいくつか組み合わせてアミノ酸配列情報を導くことができる．最後にSWISS-2DPAGEなどの公開されているプロテオームデータベース（http://expasy.cbr.nrc.ca/ch2d/）とアミノ酸部分配列をマッチングさせてタンパク質を同定するのである．

以上の手法で数千ものタンパク質を短時間に取り扱う，すなわちハイスループット解析が可能となり，全てのタンパク質を網羅的に研究するプロテオーム解析が加速している．

生体内のタンパク質の種類は遺伝子よりもはるかに多く，ヒトでは10万を越えるタンパク質が存在していると言われている．これらタンパク質を短時間で大量に処理し，それぞれの機能を解析するハイスループットな系が次々と開発されており，現在では二次元電気泳動を使わずHPLC，キャピラリー電気泳動などと質量分析を組み合わせた方法が一般化しつつある．

2) 植物のプロテオーム解析

植物では特定の環境下に置かれたときに変動するタンパク質が2-DEで分析され，そのパターンの種間，品種間，系統間差異を比較した報告が多い[65,66]．また，生育段階や組織器官に特異的に出現あるいは消失するタンパク質[67]やホルモン処理により変動するタンパク質[68]，さらには病気やストレスで出現あるいは消失するタンパク質[69-71]が研究された．これらの研究の成果は病気やストレスに強い植物など，新品種の開発に応用されていくものと思われる．また，シロイヌナズナとイネではゲノム解析でクローニングされたESTと，それに対応するタンパク質のマッチングが進められている．

植物の2-DEパターンとタンパク質の性質，発表論文などの詳細な情報は下記のホームページ上にデータベース化されている．

シロイヌナズナ　NASC Proteomics database for Arabidopsis data　http://proteomics.arabidopsis.info/，SWISS-2DPAGE Two-dimensional polyacrylamide gel electrophoresis database　http://kr.

expasy.org/ch2d/

イネ　RICE PROTEOME DATABASE　http://gene64.dna.affrc.go.jp/RPD/

3) 2ハイブリッドシステム

生体内で多くのタンパク質は他のタンパク質と結合し，複合体となって機能を発揮する．したがって生命現象の全体像を解明するには，タンパク質自体の機能を探索するだけでは不十分で，タンパク質間の相互作用を網羅的に検出する必要がある．そこで酵母では2（ツー）ハイブリッドシステム（yeast two-hybrid system；Y2H）が開発された（図7.15）[72]．これは2種のタンパク質を細胞内で発現させ，両者が結合したときマーカー遺伝子が発現するように組み立てられたもので，出芽酵母ゲノムにある約6 000のタンパク質間の相互作用が調べられている[73,74]．このシステムはヒトではゲノム創薬の分野での利用が進められ，植物への応用も期待される．さらに多くのタンパク質の相互作用を包括的に調べる方法としてペプチドやタンパク質，または抗体をアレイ上に固定化したプロテインチップも考案され，今後一層利用が拡大していくものと思われる．

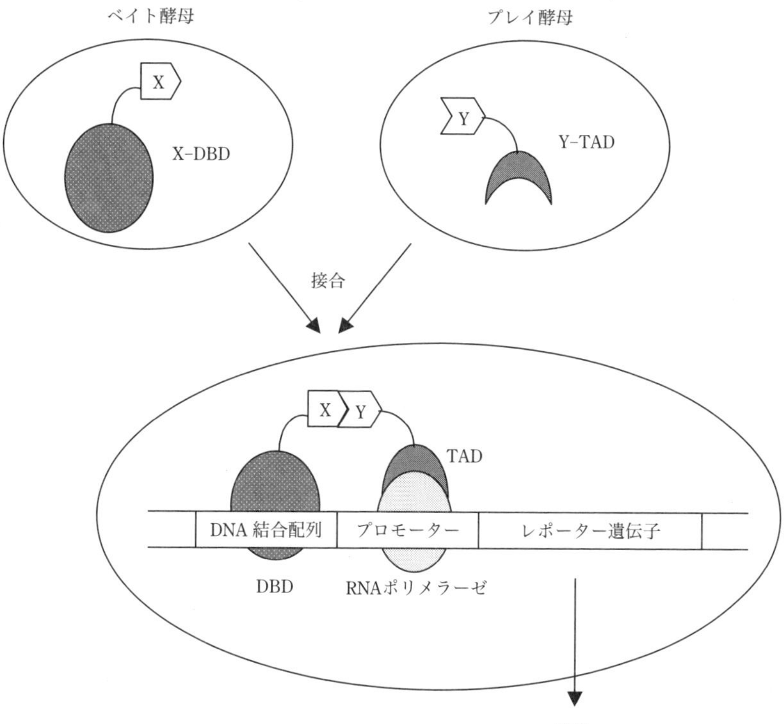

図7.15　酵母2ハイブリッドシステム

タンパク質Xに対して相互作用するタンパク質Yを調べるには，まずXにDNA結合領域(DBD)，そしてYに転写活性化領域(TAD)を接続した融合タンパク質X-DBD（ベイト）およびY-TAD（プレイ）をそれぞれ酵母内で発現させる．X-DBDを発現するベイト酵母とY-TADを発現するプレイ酵母を接合すると，生じた2倍体酵母でX-DBDがDNA結合配列(UAS)に結合し，XとYが相互作用したとき転写の活性化が起こり，レポーター遺伝子が転写される．これによりXに対し相互作用するタンパク質はレポーター遺伝子が発現するコロニーからスクリーニングされる．

4.3.2 メタボローム解析

プロテオーム研究の発展型として，特定の組織や細胞で，または特定の刺激や環境条件に応答して翻訳される代謝物を全体としてとらえるメタボローム（metabolome）研究も注目され，この研究分野はメタボロミクス（metabolomics）と呼ばれている．研究対象はタンパク質に加え，炭水化物，脂質などの一次代謝産物やアルカロイドなどの二次代謝産物も含まれている．生体成分の抽出物はガスクロマトグラフィー／質量分析（GC/MS）法によって精製され，分子量の決定，物質の同定および定量が行われる．

植物でのメタボローム研究例は非常に限られているが，シロイヌナズナではイソプレノイドのプロファイリングを行った研究などがなされ[75]，一方，代謝経路を網羅的に示したデータベースAracyc（http://www.arabidopsis.org/tools/aracyc/）が公開となり，逐次データが追加されている．そこにはシロイヌナズナの代謝経路と，それに対応する遺伝子情報がリンクされており，代謝研究を行う上で大変有益である．また特定遺伝子の形質転換によって変化した代謝物のプロファイルを解析した研究も報告されている[76]．植物のメタボローム研究は欧米を中心に大型プロジェクトが生まれてきており[77,78]，今後の成果が待たれる．

参考図書（さらに詳しく知るために）

1. 森　明彦編（代表），斎藤日向監修，バイオの扉—医薬・食品・環境などの32のトピックス，裳華房 (2000)
2. 太田博道，柳川弘志，生命科学への招待—生命機能の科学と工学の最前線，三共出版 (2003)
3. 野島　博，遺伝子工学への招待，南江堂 (1997)
4. 島本　功，岡田清孝監修，モデル植物の実験プロトコール—イネ・シロイヌナズナ編，秀潤社 (1996)
5. 才園哲人，そこが知りたい！　ポストゲノム，かんき出版 (2001)
6. 水島純子，ゲノムでわかることできること，羊土社 (2001)
7. 岩渕雅樹，岡田清孝，島本　功編，モデル植物ラボマニュアル　分子遺伝学・分子生物学的実験法，シュプリンガー・フェラーク東京 (2000)
8. 林崎良英編，大規模ゲノム解析技術とポストシーケンス時代の遺伝子機能解析，中山書店 (2001)
9. 松原謙一編，ゲノム機能　発現プロファイルとトランスクリプトーム，中山書店 (2000)
10. 伊藤隆司，谷口寿章編，プロテオミクス　タンパク質の系統的・網羅的解析，中山書店 (2000)
11. 榊　佳之，小原雄治編，ゲノムから個体へ　生命システムの理解に向けて，中山書店 (2001)
12. 高木利久，冨田　勝編，ゲノム情報生物学，中山書店 (2000)
13. S.B.プリムローズ，ゲノム解析ベーシック—シークエンシングから応用まで，シュプリンガー・フェアラーク東京 (1996)
14. 山田康之編，植物分子生物学，朝倉書店 (1997)
15. 佐々木卓治，田畑哲之，島本　功監修，植物のゲノム研究プロトコール—最新のゲノム情報とその利用法—，秀潤社 (2001)
16. 今中忠行監修，ゲノミクス・プロテオミクスの新展開—生物情報の解析と応用—，エヌ・ティー・エス (2004)

引用文献

1) International Human Genome Sequencing Consortium, Finishing the euchromatic sequence of the human

genome, *Nature*, **431**, 931–945 (2004)

2) Xuemei Chen, A microRNA as a translational repressor of *APETALA2* in *Arabidopsis* Flower Development, *Science*, **26**, 2022–2025 (2004)

3) International Human Genome Sequencing Consortium, Initial sequencing and analysis of the human genome, *Nature*, **409**, 860–921 (2001)

4) Venter, J.C. *et al.*, The sequence of the human genome, *Science*, **291**, 1304–1351 (2001)

5) Blattner, F.R. *et al.*, The complete genome sequence of *Escherichia coli* K-12, *Science*, **277**, 1453–1474 (1997)

6) Yamamoto, Y. *et al.*, Construction of a Contiguous 874-kb Sequence of the *Escherichia coli* K-12 Genome Corresponding to 50.0–68.8 min on the Linkage Map and Analysis of Its Sequence Features, *DNA Research*, **4**, 91–113, 169–178 (Suppl.) (1997)

7) Kunst, F. *et al.*, The complete genome sequence of the gram-positive bacterium *Bacillus subtilis*, *Nature*, **390**, 237–238 (1997)

8) Goffeau, A. *et al.*, The yeast genome directory, *Nature*, **387**(Suppl.), 1–105 (1997)

9) Wood, V. *et al.*, The genome sequence of *Schizosaccharomyces pombe*, *Nature*, **415**, 871–880 (2002)

10) Adams, M.D. *et al.*, The genome sequence of *Drosophila melanogaster*, *Science*, **287**, 2185–2195 (2002)

11) International Chicken Genome Sequencing Consortium, Sequence and comparative analysis of the chicken genome provide unique perspectives on vertebrate evolution, *Nature*, **432**, 695–716 (2004)

12) Mouse Genome Sequencing Consortium, Initial sequencing and comparative analysis of the mouse genome, *Nature*, **420**, 520–561 (2002)

13) The RIKEN Genome Exploration Research Group Phase I & II Team and the FANTOM Consortium, Analysis of the mouse transcriptome based on functional annotation of 60,770 full-length cDNA, *Nature*, **420**, 563–573 (2002)

14) International Chimpanzee Chromosome 22 Consortium, DNA sequence and comparative analysis of chimpanzee chromosome 22, *Nature*, **429**, 382–388 (2004)

15) Fleischmann, R.D. *et al.*, Whole-genome random sequencing and assembly of *Haemophilus influenzae* Rd., *Science*, **269**, 496–512 (1995)

16) Burke, D.T. *et al.*, Cloning of large segments of exogenous DNA into yeast by means of artificial chromosome vectors, *Science*, **236**, 806 (1987)

17) Shizuya, H. *et al.*, Cloning and stable maintenance of 300-kilobase-pair fragments of human DNA in *Escherichia coli* using an F-factor-based vector, *Proc. Natl. Acad. Sci. USA*, **89**, 8794 (1992)

18) Ioannou, P.A. *et al.*, A new bacteriophage P1-derived vector for the propagation of large human DNA fragments, *Nat. Genet.*, **6**, 84 (1994)

19) Rudd, S., Mewes, H.W. and Mayer, K.F., Sputnik: a database platform for comparative plant genomics, *Nucleic Acids Res.*, **31**(1), 128–132 (2003)

20) Maruyama, K. and Sugano, S., Oligo-capping: a simple method to replace the cap structure of eukaryotic mRNAs with oligoribonucleotides, *Gene*, **138**(1–2), 171–174 (1994)

21) Carninci, P. and Hayashizaki, Y., High efficiency full-length cDNA cloning, *Methods Enzymol.*, **303**, 19 (1999)

22) Fire, A. *et al.*, Potent and specific genetic interference by double-stranded RNA in *Caenorhabditis elegans*, *Nature*, **391**, 806–811 (1998)

23) Smith, C.J. *et al.*, Inheritance and effect on ripening of antisense polygalacturonase genes in transgenic tomatoes, *Plant Mol. Biol.*, **14**(3), 369–379 (1990)

24) The Arabidopsis Genome Initiative, Analysis of the genome sequence of the flowering plant *Arabidopsis thaliana*, *Nature*, **408**, 796–815 (2000)

25) Kobayashi, Y. *et al.*, A pair of related genes with antagonistic roles in mediating flowering signals, *Science*, **286**, 1960 (1999)

26) Nancy, P. *et al.*, Major chromosomal rearrangements induced by T–DNA transformation in *Arabidopsis*, *Genetics*, **149**, 641 (1998)

27) Sessions, A. *et al.*, A high-throughput *Arabidopsis* reverse genetics system, *Plant Cell*, **14**, 2985–2994 (2002)

28) Muskett, P.R. *et al.*, A Resource of Mapped Dissociation Launch Pads for Targeted Insertional Mutagenesis in the Arabidopsis Genome, *Plant Physiol.*, **132**, 506–516 (2003)

29) Borevits, J.O. *et al.*, Activation tagging identifies a conserved MYB regulator of phenylpropanoid biosynthesis, *Plant Cell*, **12**, 2383 (2000)

30) Lee, H. *et al.*, The AGAMOUS-LIKE 20 MADS domain protein integrates floral inductive pathways in *Arabidopsis*, *Genes Dev.*, **14**, 2366 (2000)

31) Kardailsky, I. *et al.*, Activation tagging of the floral inducer FT, *Science*, **286**, 1962 (2000)

32) Chuang, C.-F. and Meyerowitz, E.M., Specific and heritable genetic interference by double-stranded RNA in *Arabidopsis thaliana*, *Proc. Natl. Acad. Sci. USA*, **97**, 4985–4990 (2000)

33) Seki, M. *et al.*, Functional Annotation of a Full-Length *Arabidopsis* cDNA Collection, *Science*, **296**, 141–145 (2002)

34) Wang, Z-X. *et al.*, The *Pib* gene for rice blast resistance belongs to the nucleotide binding and leucine-rich repeat class of plant disease resistance genes, *Plant J.*, **19**, 55–64 (1999)

35) Yoshimura, S. *et al.*, Expression of *Xa1*, a bacterial blight resistance gene in rice, is induced by bacterial inoculation, *Proc. Natl. Acad. Sci. USA*, **95**, 1663–1668 (1998)

36) Devos, K.M. and Gale, M.D., Comparative genetics in the grasses, *Plant Mol. Biol.*, **35**, 3–15 (1997)

37) Gale, M.D. and Devos, K.M., Comparative genetics after 10 years, *Science*, **282**, 656–659 (1998)

38) Goff, S.A. *et al.*, A draft sequence of the rice genome (*Oryza sativa* L. ssp. *japonica*), *Science*, **296**, 92–100 (2002)

39) Yu, J. *et al.*, A draft sequence of the rice genome (*Oryza sativa* L. ssp. *indica*), *Science*, **296**, 79–92 (2002)

40) Hirochika, H. *et al.*, Retrotransposons of rice involved in mutations induced by tissue culture, *Proc. Natl. Acad. Sci. USA*, **93**, 7783 (1996)

41) Hiei, Y. *et al.*, Efficient transformation of rice (*Oryza sativa* L.) mediated by *Agrobacterium* and sequence analysis of the boundaries of the T–DNA, *Plant J.*, **6**, 271 (1994)

42) Kikuchi, S. *et al.*, Collection, mapping, and annotation of over 28,000 cDNA clones from *japonica* rice, *Science*, **301**, 376–379 (2003), Erratum in: *Science*, **301**, 1849 (2003)

43) Singh, S. *et al.*, Pyramiding three bacterial blight resistance genes (*xa5*, *xa13* and *xa21*) using marker-assisted selection into indica rice cultivar PR106, *Theor. Appl. Genet.*, **102**, 1011–1015 (2001)

44) Kaneko, T. *et al.*, Complete genome structure of the nitrogen-fixing symbiotic bacterium *Mesorhizobium loti*, *DNA Res.*, **7**, 331–338 (2000)

45) Kaneko, T. *et al.*, Complete genome structure of the nitrogen-fixing symbiotic bacterium *Bradyrhizobium japonicum* USDA110, *DNA Res.*, **9**, 189–197 (2002)

46) Kato, T. *et al.*, Complete Structure of the Chloroplast Genome of a Legume, *Lotus japonicus*, *DNA Res.*, **7**, 323–330 (2000)

47) Kaneko, T. *et al.*, Sequence analysis of the genome of the unicellular cyanobacterium *Synechocystis* sp. strain PCC6803. II. Sequence determination of the entire genome and assignment of potential protein-coding regions, *DNA Res.*, **3**, 109–136 (1996)

48) Palenik, B. *et al.*, The genome of a motile marine *Synechococcus*, *Nature*, **424**, 1037–1042 (2003)

49) Rocap, G. *et al.*, Genome divergence in two *Prochlorococcus* ecotypes reflects oceanic niche differentiation, *Nature*, **424**, 1042–1047 (2003)

50) Dufresne, A. *et al.*, Genome sequence of the cyanobacterium *Prochlorococcus marinus* SS120, a nearly minimal oxyphototrophic genome, *Proc. Natl. Acad. Sci. USA*, **100**, 9647–9649 (2003)

51) Ohyama, K. *et al.*, Chloroplast gene organization deduced from complete sequence of liverwort *Marchantia polymorpha* chloroplast DNA, *Nature*, **322**, 572–574 (1986)

52) Shinozaki, K. *et al.*, The complete nucleotide sequence of the tobacco chloroplast genome: its gene organization and expression, *EMBO J.*, **5**, 2043–2049 (1986)

53) Hiratsuka, J. *et al.*, The complete sequence of the rice (*Oryza sativa*) chloroplast genome: inter-molecular recombination between dinstinct tRNA genes accounts for a major plastid DNA inversion during the evolution of the cereals, *Mol. Gen. Genet.*, **217**, 185–194 (1989)

54) Hallick, R.B. *et al.*, Complete sequence of *Eugena gracilis* chloroplast DNA, *Nucleic Acids Res.*, **21**, 3537–3544 (1993)

55) Reith, M.E. and Munholland, J., Complete nucleotide sequence of *Porphyra purpurea* chloroplast genome, *Plant Mol. Biol. Rep.*, **13**, 333–335 (1995)

56) Anderson, S. *et al.*, Sequence and organization of the human mitochondrial genome, *Nature*, **290**, 457–465 (1981)

57) Oda, K. *et al.*, Gene organization deduced from the complete sequence of liverwort *Marchantia polymorpha* mitochondrial DNA. A primitive form of plant mitochondrial genome, *J. Mol. Biol.*, **223**, 1–7 (1992)

58) 嶋田幸久，モデル植物シロイヌナズナにおけるGeneChipを用いたトランスクリプトーム解析，化学と生物, **41**, 118–123 (2003)

59) Harmer, S.L. *et al.*, Orchestrated transcription of key pathways in *Arabidopsis* by the circadian clock, *Science*, **290**, 2110 (2000)

60) Seki, M. *et al.*, Monitoring the expression pattern of 1300 *Arabidopsis* genes under drought and cold stresses by using a full-length cDNA microarray, *Plant Cell*, **13**, 61 (2001)

61) Seki, M. *et al.*, Monitoring the expression profiles of 7000 *Arabidopsis* genes under drought, cold and high-salinity stresses using a full-length cDNA microarray, *Plant J.*, **31**, 279–292 (2002)

62) Zhu, T. *et al.*, Transcriptional control of nutrient partitioning during rice grain filling, *Plant Biotechnol. J.*, **1**, 59–70 (2003)

63) O'Farrell, P.H., High resolution two-dimensional gel electrophoresis of membrane proteins, *J. Biol. Chem.*, **250**, 4007 (1975)

64) 吉田多見男ほか，レーザー脱離TOF質量分析法による高質量分子イオンの検出，質量分析, **36**(2), 59–69 (1988)

65) Hirano, H., Varietal differences of leaf protein profiles in mulberry, *Phytochemistry*, **21**, 1513 (1982)

66) Thiellement, H. *et al.*, Proteomics for genetic and physiological studies in plants, *Electrophoresis*, **20**, 2013 (1999)

67) Masson, F. and Rossibnol, M., Basic plasticity of protein expression in tobacco leaf plasma membrane, *Plant J.*, **8**, 77 (1995)

68) Santoni, V. *et al.*, A comparison of two-dimensional electrophoresis data with phenotypical traits in *Arabidopsis* leads to the identification of a mutant (*cri1*) that accumulates cytokinins, *Planta*, **202**, 62 (1997)

69) Ramani, S. and Apte, S.K., Transient expression of multiple genes in salinity-stressed young seedings of rice (*Oryza sativa* L.) cv. Bura Rata, *Biochem. Biophys. Res. Commun.*, **233**, 663 (1997)

70) Rey, P. *et al.*, A novel thioredoxin-like protein located in the chloroplast is induced by water deficit in *Solanum tuberrosum* L. plants, *Plant J.*, **13**, 97 (1998)

71) Riccardi, F. *et al.*, Protein changes in response to progressive water deficit in maize, *Plant Physiol.*, **117**, 1253 (1998)

72) Fields, S. and Song, O., A novel genetic system to detect protein-protein interactions, *Nature*, **340**, 245 (1989)

73) Ito, T. *et al.*, Toward a protein-protein interaction map of the budding yeast: A comprehensive system to

examine two-hybrid interactions in all possible combinations between the yeast proteins, *Proc. Natl. Acad. Sci. USA*, **97**, 1143 (2000)

74) Uetz, P. *et al*., A comprehensive analysis of protein-protein interactions in *Saccharomyces cerevisiae*, *Nature*, **403**, 623 (2000)

75) Fraser, P.D. *et al*., Technical advance: application of high-performance liquid chromatography with photodiode array detection to the metabolic profiling of plant isoprenoids, *Plant J.*, **24**, 551–558 (2000)

76) Roessner, U. *et al*., Metabolic profiling allows comprehensive phenotyping of genetically or environmentally modified plant systems, *Plant Cell*, **13**, 11 (2001)

77) 斉藤和季, 植物メタボロミクス, 蛋白質核酸酵素, **48**, 2199–2204 (2003)

78) 鈴木秀幸, 斉藤和季, ポストゲノム科学における植物メタボロミクスの実例と課題, *BIO INDUSTRY*, **21**, 19–27 (2004)

(清川繁人)

Ⅷ　バイオインフォマティクス

1.　バイオインフォマティクスとは

バイオインフォマティクスとは，生物の生命現象に関するデータをコンピューターを道具として，生物学，計算科学，統計学などに従って処理を行い，そこから有用な情報の抽出を試みる生物科学の一分野である．この分野は初期にはアミノ酸配列や塩基配列のデータベースの構築から始まった．現在ではゲノム解析やDNAチップを使った発現情報の実験などから大量の情報が得られるため，その中から生物学的に有意な意味をコンピューターを用いずに抽出することは困難となっており，バイオインフォマティクスの重要性は年々高まっている．また，実験によって得られたこれらの様々なデータは，その関連性に従って互いにリンクされることで生物情報が有機的に結びつけられ，生物全体をシステムとして捉えて理解しようとする試みも進められている．

これらの配列データベースやバイオインフォマティクスのためのツールの発展は，インターネットの発展とは切っても切れない関係にある．インターネットの高速化に伴いデータベースへのアクセスも容易になり，実験データをバイオインフォマティクス・ツールによって誰でもが簡単に解析することができるようになっている．この章ではインターネットで公開されている様々なバイオインフォマティクス・データベースやツールを使って配列情報からどのように情報を抽出できるかを示す．

1.1　塩基配列やアミノ酸配列を扱うためのファイル形式

塩基配列やアミノ酸配列のデータベースには，配列情報がそれぞれのデータベース特有の形式で保存されている．また，バイオインフォマティクスのツールを使う際には，問い合わせを行いたい配列情報をテキストファイルでいずれかの形式にしておく必要がある．ここでは配列を扱うための主によく使われる3つのファイル形式，FASTA形式，GenBank形式，EMBL形式について示す．

1)　FASTA形式

FASTA形式はバイオインフォマティクスのツールでの問い合わせ配列の入力で最もよく使われる形式である．図8.1は*Nicotiana tabacum*のendochitinase遺伝子のFAST形式ファイルである．FASTA形式では，1行目は注釈行であり，1文字目に「>」を付けたあと配列に対する注釈が記述される．それに続く複数行に塩基配列やアミノ酸配列データが1文字表記で書かれる．配列データ行は半角80文字以内で改行して折り返すのが好ましく，またデータの途中にブランク行を入れることはできない．いくつかのプログラムでは，「*」を配列の終わりに付けないといけ

```
>gi|19860|emb|X16938.1|NTECHITG Nicotiana tabacum gene for endochitinase (EC 3.2.1.14)
GAATTCAATCAAAATGTGTTTTGTATATAGGGTGTCAACTACTAATATATTGTTATTTTCTAAAGACATA
CATGTATACATGTAAAATTTACCGAACTTTACGGATGTCGATAACCCCTCTCGATATAGCATAGGTCCGC
CTCTGATTTACGAAGGGACACGAGGAAATTCCTCTATGTAATTAGTTTTAGCAGTTACACGTTAAAGTAT
AAATACATATTACTTTACCATAGTTAAGACCAAACATGTGTATGATTGACATACATCTTGCATTCATTAA
TTAATTTGATTTGATGCGATTAAATTTTTTAAGGATAGAGTTTTTAGTCCAAGTTGAGCTAGTGTAACTC
TTATAGTCAATTGGACTCTCTATTACTAGATACTATATCAGTTCAAAAGACACCAATATTGTATTTTAAC
                                   .
                                   .
                                   .
TCTTGGAGTTAGTCCTGGTGACAATCTGGATTGCGGCAACCAGAGGTCTTTTGGAAATGGACTTTTAGTC
GATACTATGTAATTTCATGATCTGTTTTGTTGTATTCCCTTGCAATGCAGGGCCTAGGGCTATGAATAAA
GTTAATGTGTGAATGTGAATGTGTGATTGTGACCTGAAGGGATCACGACTATAATCGTTTATAATAAACA
AAGACTTTGTCCCAATATATGTGTTAATGAGCATTACTGTAGTTGGTTTAATTCGGCACCAGATAAATAG
ATAACCACCCGCACTATTATATTTCATTATTTAGAAAACCGAGATCTTTATTTGAGTGAATGAAAATCTT
CCTAACCAGATAGTCATACTAATCAGTCAAAAAAAAATCTAACCTCAAAATTTAAGCATCCGAGCTGCAG
```

図8.1 FASTA形式の塩基配列データ

Nicotiana tabacum の endochitinase 遺伝子の配列データを FASTA形式で表示してある.

ない場合がある.

2) GenBank形式

GenBank形式はNational Center for Biotechnology Information (NCBI, http://www.ncbi.nlm.nih.gov/) で公開している配列データベースGenBank (http://www.ncbi.nlm.nih.gov/Genbank/index.html) で使われているデータの形式である. 図8.2は図8.1のファイルと同じデータのGenBank形式のファイルである (アクセッション番号 : X16938). GenBank形式では文献情報や配列の生物学的な由来などの配列以外の情報についても, 行の先頭に付けた識別子によってそれぞれ1つのフィールドとして記録されている. 識別子ORIGINから//までが配列情報である. FEATURESフィールドの中の/translation以降が, その配列中のORFから翻訳される (または, 翻訳される可能性のある) アミノ酸配列を示す. 各フィールドの詳しい説明はGenBank Flat File Format (http://www.ncbi.nlm.nih.gov/Sitemap/samplerecord.html) を参照のこと.

3) EMBL形式

EMBL形式はEuropian Bioinformatics Institute (EBI, http://www.ebi.ac.uk/) で公開している配列データベースEMBL (http://www.ebi.ac.uk/embl/index.html) で使われているデータの形式である. 図8.3は図8.1のファイルと同じデータのEMBL形式のファイルである (アクセッション番号 : X16938). EMBL形式はGenBank形式と同様に文献情報や配列の生物学的な由来などの配列以外の情報についても, 行の先頭に付けた識別子によってそれぞれ1つのフィールドとして記録されている. 識別子SQから//までが配列情報である. FTフィールドの中の/translation以降が, その配列中のORFから翻訳される (または, 翻訳される可能性のある) アミノ酸配列を示す.

バイオインフォマティクスのツールでの問い合わせ配列の入力には, FASTA形式や自由形式がよく使われる. 自由形式はFASTA形式から1行目の注釈行を取り去り, 塩基・アミノ酸配列データだけの複数行からなる形式で, raw形式とも呼ばれる. GenBank形式やEMBL形式の配列

```
LOCUS       NTECHITG                3850 bp    DNA     linear   PLN 18-APR-2005
DEFINITION  Nicotiana tabacum gene for endochitinase (EC 3.2.1.14).
ACCESSION   X16938
VERSION     X16938.1  GI:19860
KEYWORDS    chitinase; endochitinase.
SOURCE      Nicotiana tabacum (common tobacco)
  ORGANISM  Nicotiana tabacum
            Eukaryota; Viridiplantae; Streptophyta; Embryophyta; Tracheophyta;
            Spermatophyta; Magnoliophyta; eudicotyledons; core eudicotyledons;
            asterids; lamiids; Solanales; Solanaceae; Nicotiana.
REFERENCE   1  (bases 1138 to 3850)
  AUTHORS   Shinshi,H., Neuhas,J.M., Ryals,J. and Meins,F. Jr.
  TITLE     Structure of a tobacco endochitinase gene: evidence that different
            chitinase genes can arise by transposition of sequences encoding a
            cysteine-rich domain
  JOURNAL   Plant Mol. Biol. 14 (3), 357-368 (1990)
   PUBMED   1966383
REFERENCE   2  (bases 1 to 3850)
  AUTHORS   Meins,F.
  TITLE     Direct Submission
  JOURNAL   Submitted (17-OCT-1989) Meins F.JR., Friedrich Miescher Institut,
            Post Box 2543, CH-4002 Basel, Switzerland
COMMENT     See <X16939> for cDNA sequence.
            Data kindly reviewed (08-MAY-1990) by Meins F.
FEATURES             Location/Qualifiers
     source          1..3850
                     /organism="Nicotiana tabacum"
                     /mol_type="genomic DNA"
                     /cultivar="Havana 425"
                     /db_xref="taxon:4097"
                     /clone="lambda CHN17"
                     /tissue_type="mature leaf"
                     /clone_lib="lambda-EMBL3"
     prim_transcript 1969..3654
     exon            1969..2421
                     /number=1
     CDS             join(1980..2421,2696..2849,3119..3512)
                     /codon_start=1
                     /product="chitinase precursor"
                     /protein_id="CAA34812.1"
                     /db_xref="GI:19861"
                     /db_xref="GOA:P08252"
                     /db_xref="InterPro:IPR000726"
                     /db_xref="InterPro:IPR001002"
                     /db_xref="UniProtKB/Swiss-Prot:P08252"
                     /translation="MRLCKFTALSSLLFSLLLLSASAEQCGSQAGGARCPSGLCCSKF
                     GWCGNTNDYCGPGNCQSQCPGGPTPTPPTPPGGGDLGSIISSSMFDQMLKHRNDNACQ
                     GKGFYSYNAFINAARSFPGFGTSGDTTARKREIAAFFAQTSHETTGGWATAPDGPYAW
                     GYCWLREQGSPGDYCTPSGQWPCAPGRKYFGRGPIQISHNYNYGPCGRAIGVDLLNNP
                     DLVATDPVISFKSALWFWMTPQSPKPSCHDVIIGRWQPSAGDRAANRLPGFGVITNII
                     NGGLECGRGTDSRVQDRIGFYRRYCSILGVSPGDNLDCGNQRSFGNGLLVDTM"
     sig_peptide     1980..2048
     mat_peptide     join(2049..2421,2696..2849,3119..3509)
                     /product="chitinase"
     intron          2422..2695
                     /number=1
     exon            2696..2849
                     /number=2
     intron          2850..3118
                     /number=2
     exon            3119..3654
                     /number=3
     polyA_signal    3565..3570
     polyA_signal    3633..3638
     polyA_site      3654
     intron          3655..>3850
                     /number=3
ORIGIN
        1 gaattcaatc aaaatgtgtt ttgtatatag ggtgtcaact actaatatat tgttattttc
       61 taaagacata catgtataca tgtaaaattt accgaacttt acggatgtcg ataacccctc
      121 tcgatatagc ataggtccgc ctctgattta cgaagggaca cgaggaaatt cctctatgta
      181 attagtttta gcagttacac gttaaagtat aaatacatat tactttacca tagttaagac
      241 caaacatgtg tatgattgac atacatcttg cattcattaa ttaatttgat ttgatgcgat
      301 taaatttttt aaggatagag tttttagtcc aagttgagct agtgtaactc ttatagtcaa

                                      .

                                      .

                                      .

     3601 gacctgaagg gatcacgact ataatcgttt ataataaaca aagactttgt cccaatatat
     3661 gtgttaatga gcattactgt agttggttta attcggcacc agataaatag ataaccaccc
     3721 gcactattat atttcattat ttagaaaacc gagatcttta tttgagtgaa tgaaaatctt
     3781 cctaaccaga tagtcatact aatcagtcaa aaaaaaatct aacctcaaaa tttaagcatc
     3841 cgagctgcag
//
```

図8.2　GenBank形式の塩基配列データ

図8.1と同じデータをGenBank形式で表示してある.

```
ID   X16938; SV 1; linear; genomic DNA; STD; PLN; 3850 BP.
XX
AC   X16938;
XX
DT   29-MAR-1990 (Rel. 23, Created)
DT   18-APR-2005 (Rel. 83, Last updated, Version 7)
XX
DE   Nicotiana tabacum gene for endochitinase (EC 3.2.1.14)
XX
KW   chitinase; endochitinase.
XX
OS   Nicotiana tabacum (common tobacco)
OC   Eukaryota; Viridiplantae; Streptophyta; Embryophyta; Tracheophyta;
OC   Spermatophyta; Magnoliophyta; eudicotyledons; core eudicotyledons;
OC   asterids; lamiids; Solanales; Solanaceae; Nicotiana.
XX
RN   [1]
RP   1-3850
RA   Meins F.;
RT   ;
RL   Submitted (17-OCT-1989) to the EMBL/GenBank/DDBJ databases.
RL   Meins F.JR., Friedrich Miescher Institut, Post Box 2543, CH-4002 Basel,
RL   Switzerland.
XX
RN   [2]
RP   1138-3850
RX   PUBMED; 1966383.
RA   Shinshi H., Neuhaus J.M., Ryals J., Meins F.Jr.;
RT   "Structure of a tobacco endochitinase gene: evidence that different
RT   chitinase genes can arise by transposition of sequences encoding a
RT   cysteine-rich domain";
RL   Plant Mol. Biol. 14(3):357-368(1990).
XX
CC   See  for cDNA sequence.
CC
CC   Data kindly reviewed (08-MAY-1990) by Meins F.
XX
FH   Key             Location/Qualifiers
FH
FT   source          1..3850
FT                   /organism="Nicotiana tabacum"
FT                   /cultivar="Havana 425"
FT                   /mol_type="genomic DNA"
FT                   /clone_lib="lambda-EMBL3"
FT                   /clone="lambda CHN17"
FT                   /tissue_type="mature leaf"
FT                   /db_xref="taxon:4097"
FT   CDS             join(1980..2421,2696..2849,3119..3512)
FT                   /product="chitinase precursor"
FT                   /db_xref="GOA:P08252"
FT                   /db_xref="HSSP:P23951"
FT                   /db_xref="InterPro:IPR000726"
FT                   /db_xref="InterPro:IPR001002"
FT                   /db_xref="UniProtKB/Swiss-Prot:P08252"
FT                   /protein_id="CAA34812.1"
FT                   /translation="MRLCKFTALSSLLFSLLLLSASAEQCGSQAGGARCPSGLCCSKFG
FT                   WCGNTNDYCGPGNCQSQCPGGPTPTPPTPPGGGDLGSIISSSMFDQMLKHRNDNACQGK
FT                   GFYSYNAFINAARSFPGFGTSGDTTARKREIAAFFAQTSHETTGGWATAPDGPYAWGYC
FT                   WLREQGSPGDYCTPSGQWPCAPGRKYFGRGPIQISHNYNYGPCGRAIGVDLLNNPDLVA
FT                   TDPVISFKSALWFWMTPQSPKPSCHDVIIGRWQPSAGDRAANRLPGFGVITNIINGGLE
FT                   CGRGTDSRVQDRIGFYRRYCSILGVSPGDNLDCGNQRSFGNGLLVDTM"
FT   exon            1969..2421
FT                   /number=1
FT   prim_transcript 1969..3654
FT   sig_peptide     1980..2048
FT   mat_peptide     join(2049..2421,2696..2849,3119..3509)
FT                   /product="chitinase"
FT   intron          2422..2695
FT                   /number=1
FT   exon            2696..2849
FT                   /number=2
FT   intron          2850..3118
FT                   /number=2
FT   exon            3119..3654
FT                   /number=3
FT   intron          3655..>3850
FT                   /number=3
FT   polyA_signal    3565..3570
FT   polyA_signal    3633..3638
FT   polyA_site      3654
XX
SQ   Sequence 3850 BP; 1255 A; 702 C; 662 G; 1231 T; 0 other;
     gaattcaatc aaaatgtgtt ttgtatatag ggtgtcaact actaatatat tgttattttc        60
     taaagacata catgtataca tgtaaaattt accgaacttt acggatgtcg ataacccctc       120
     tcgatatagc ataggtccgc ctctgattta cgaagggaca cgaggaaatt cctctatgta       180
     attagtttta gcagttacac gttaaagtat aaatacatat tactttacca tagttaagac       240
     caaacatgtg tatgattgac atacatcttg cattcattaa ttaatttgat ttgatgcgat       300
                                        .
                                        .
                                        .
     gacctgaagg gatcacgact ataatcgttt ataataaaca aagactttgt cccaatatat      3660
     gtgttaatga gcattactgt agttggttta attcggcacc agataaatag ataaccaccc      3720
     gcactattat atttcattat ttagaaaacc gagatcttta tttgagtgaa tgaaaatctt      3780
     cctaaccaga tagtcatact aatcagtcaa aaaaaaatct aacctcaaaa tttaagcatc      3840
     cgagctgcag                                                             3850
//
```

図8.3 EMBL形式の塩基配列データ

図8.1と同じデータをEMBL形式で表示してある.

データを自由形式にする場合には配列の部分のみを切り取って入力するが，多くのプログラムでは入力中の数字や空白は自動的に無視される．それ以外のアルファベットからなる文字は取り去っておかないと，間違って配列情報として扱われる．

1.2 データベースからの配列情報の取得

現在までに遺伝子情報に代表される様々な生物学的情報を集めたデータベースや，それを使うツールが作製され，さらに新たなデータベースやツールも開発され続けている．その多くがウェブ上で公開されて利用可能となっている．表8.1にはこの章で紹介するウェブ上で公開されている代表的なデータベースやツールのURLを示す．それぞれのデータベースには特徴があるので，調べたい内容に応じて使用するデータベースを選択する必要があるが，NCBIのEntrez cross-database search（http://www.ncbi.nlm.nih.gov/sites/gquery）では，様々なデータベースを同時に横断的に検索して多くの情報を得ることができる（図8.4）．このEntrez cross-database searchでは，キーワードを入力することで，ある生物種の遺伝子の配列情報だけでなく，関連する文献情報や分類学情報なども探すことができる．Search across databasesの入力欄（図8.4①）にキーワードを入力してGOをクリックすると，各項目の先頭にヒットした件数が表示され，その項目をクリックするとヒットした情報が表示される．キーワードの代わりにGenBank，EMBL，DDBJ，PDBなどのデータベースでのアクセッション番号を入力することで，特定の配列データを取り出すこともできる．また，項目を限定して検索を行いたい場合には，初めにPubMedやProteinなどのそれぞれの項目をクリックした後にキーワードを入力することで行うことができる．

2. 遺 伝 子 予 測

実験によって得られた塩基配列から生命現象にかかわる機能を予測するためには，まずその塩基配列のどの部分が翻訳されてタンパク質になるのかを知ることが必要となる（遺伝子予測）．ただし，対象となる生物が原核生物か真核生物かによって，遺伝子構造が大きく異なるため，遺伝子予測で行う作業も大きく異なる．原核生物ではイントロンが無く，遺伝子はオペロン構造を作り，複数の遺伝子が1つのプロモーターで調節されている．そのため配列中の非コード領域が少ないという特徴を持つ．また開始コドンの上流域にはリボソーム結合配列（RBS）を持つ場合が多く，そのためORFを予測することも容易である．これに対して，真核生物では遺伝子はエキソン-イントロン構造を持ち，イントロン部分はmRNAに転写された後スプライシングによって取り除かれる．そのため，タンパク質をコードしている部分を予測するためには，このエキソン-イントロン構造の予測が必要となる．ただし，cDNAの塩基配列はイントロン領域を含まないスプライシングされたmRNA由来であるため，エキソン-イントロン構造の予測を行う必要がない．

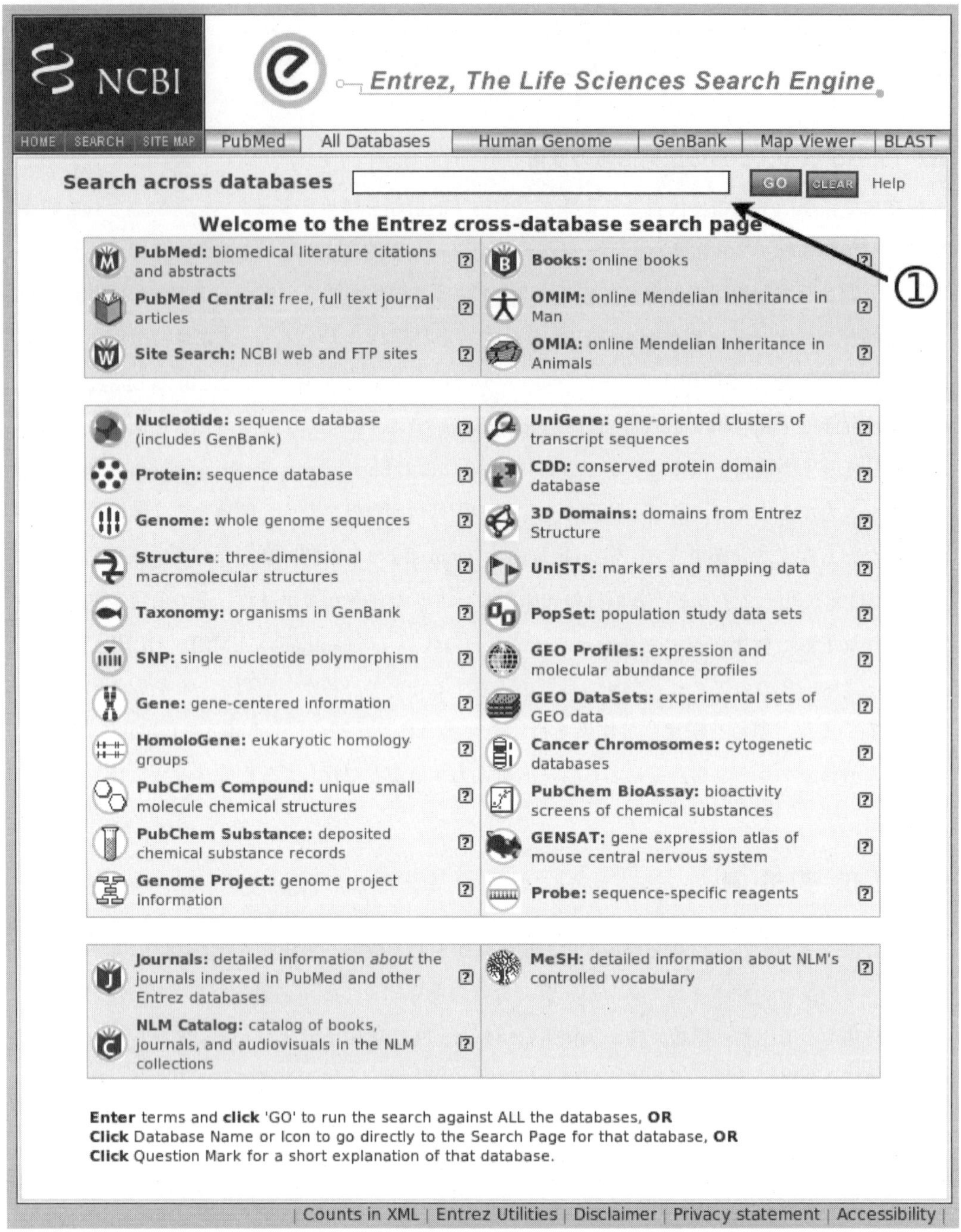

図8.4　NCBIのEntrez cross-database searchを使った横断的な検索の入力画面
①の入力欄にキーワードを入力することで，NCBIで公開している様々なデータベース中の関連するデータや文献情報や分類学情報を一度に探し出すことができる．

表8.1 データベース・ツールのURL

分野／名称	URL	特徴
ツール		
NCBI Entrez cross-database search	http://www.ncbi.nlm.nih.gov/sites/gquery	NCBIの複数のデータベースに対して横断的に検索をかけるシステム
GeneMark	http://opal.biology.gatech.edu/GeneMark/	遺伝子領域の予測サイト
GENSCAN	http://genes.mit.edu/GENSCAN.html	遺伝子領域の予測サイト
NCBI ORF Finder	http://www.ncbi.nlm.nih.gov/gorf/gorf.html	ORF領域の予測サイト
MOTIF	http://motif.genome.jp/	モチーフ検索サーバー
NCBI BLAST	http://www.ncbi.nlm.nih.gov/BLAST/	類似配列の検索サーバー
DDBJ CLUSTAL W analyzing system	http://clustalw.ddbj.nig.ac.jp/top-j.html	マルチプルアライメントを行うサーバー
TreeView	http://taxonomy.zoology.gla.ac.uk/rod/treeview.html	グラスゴー大学のRod Pageが開発した進化系統樹の表示プログラム
EBI InterProScan	http://www.ebi.ac.uk/InterProScan/	タンパク質のモチーフやドメインや機能部位などのデータベースInterProに対しての検索サーバー
SignalP	http://www.cbs.dtu.dk/services/SignalP/	シグナルペプチドの存在と切断部位の予測を行うサーバー
TMHMM	http://www.cbs.dtu.dk/services/TMHMM/	膜貫通ヘリックス領域の予測を行うサーバー
NCBI CD-Search	http://www.ncbi.nlm.nih.gov/Structure/cdd/wrpsb.cgi	conserved domain（生物種を限らずによく見出されるドメイン構造）の検索サーバー
PSORT	http://psort.ims.u-tokyo.ac.jp/	細胞内局在予測を行うサーバー
SOSUI	http://bp.nuap.nagoya-u.ac.jp/sosui/	膜タンパク質であるかどうかの予測を行うサーバー
塩基・アミノ酸配列データベース		
barley DB	http://www.shigen.nig.ac.jp/barley/	オオムギのゲノム情報のデータベースへの検索サイト
dbSNP	http://www.ncbi.nlm.nih.gov/projects/SNP/	Humanを主にMouseなどの様々な生物のSNPs（single nucleotide polymorphisms）データを集めたデータベース
DDBJ	http://www.ddbj.nig.ac.jp/	国立遺伝学研究所で公開している塩基配列データベース．DDBJ, EMBL, GenBankでは連携して互いに登録されたデータを登録しあっている．
EMBL	http://www.ebi.ac.uk/embl/index.html	Europian Bioinformatics Institute（EBI）で公開している塩基配列データベース
GenBank	http://www.ncbi.nlm.nih.gov/Genbank/index.html	National Center for Biotechnology Information（NCBI）で公開している塩基配列データベース
GEO	http://www.ncbi.nlm.nih.gov/geo/	遺伝子の発現情報をマイクロアレイやSAGEタグの実験結果から集めたデータベース
Kazusa DNA Res. Inst. DataBase	http://www.kazusa.or.jp/jpn/database/index.html	植物のEST解析情報データベースへの検索サイト
KOME	http://cdna01.dna.affrc.go.jp/cDNA/	japonica riceの全長cDNAのデータベースへの検索サイト
PlantGDB	http://www.plantgdb.org/	11種類の植物のゲノムデータベースの検索サイト
PRF	http://www.prf.or.jp/ja/os.html	ペプチド・タンパク質のアミノ酸配列のデータベースで，ホルモン・オータコイドなどの短いペプチドの配列も含まれている．
RefSeq	http://www.ncbi.nlm.nih.gov/RefSeq/	NCBIが公開している，主要な生物種・遺伝子のDNA, cDNA, アミノ酸配列を重複のないように整理し直したデータベース
SwissProt	http://www.expasy.org/sprot/	Swiss Institute of Bioinfomatics（SBI）が管理しているアミノ酸配列のデータベースで，高水準のアノテーションが特徴である．現在はUniProtに統合されている．

UniGene	http://www.ncbi.nlm.nih.gov/sites/entrez?db=unigene	NCBIが公開している，同じ生物種由来のESTとゲノムDNA配列を基にした遺伝子単位のクラスターのデータベースで，実際に発現した遺伝子配列のデータ
UniProt	http://pir.uniprot.org/	EBIが公開している，SwissProtとPIRと塩基配列データベースEMBLを機械的にアミノ酸配列に翻訳したTrEMBLを統合したアミノ酸配列のデータベース
UniRef	http://www.ebi.ac.uk/uniref/	EBIが公開している，UniProtの中で似た配列を1つにまとめて冗長性を減らしたもの．UniRef100, UniRef90, UniRef50があり，それぞれ100%，90%，50%以上似た配列を1つにまとめてある．
モチーフ・ドメインデータベース		
BLOCKS	http://blocks.fhcrc.org/	タンパク質中のよく保存された領域を集めたデータベース
CDD	http://www.ncbi.nlm.nih.gov/Structure/cdd/cdd.shtml	COG, SMART, Pfam, cdのデータベース中のconserved domain（生物種を限らずによく見出されるドメイン構造）の情報をまとめて，タンパク質の機能と関連づけて分類したデータベース
COG	http://www.ncbi.nlm.nih.gov/COG/	全ゲノムが決定された生物間でのオルソロガスなタンパク質のアミノ酸配列をまとめたデータベース
Gene3D	http://gene3d.biochem.ucl.ac.uk/Gene3D/	タンパク質のファミリーの構造と機能に関するデータベース
InterPro	http://www.ebi.ac.uk/interpro/index.html	タンパク質のモチーフやドメイン，機能部位などの複数のデータベースの情報を統合したデータベース
PANTHER	http://www.pantherdb.org/	タンパク質のファミリーと機能に関するデータベース
Pfam	http://www.sanger.ac.uk/Software/Pfam/search.shtml	タンパク質のドメイン構造とファミリー分類に関するデータベース
PIR	http://pir.georgetown.edu/	タンパク質のファミリーとその機能に関するデータベース．現在はUniProtに統合されている．
PLACE	http://www.dna.affrc.go.jp/PLACE/	植物のシス調節配列をまとめたデータベース
PRINTS	http://www.bioinf.manchester.ac.uk/dbbrowser/PRINTS/PRINTS.html	モチーフが集まって出来たfingerprintを使って，タンパク質のファミリーの分類を行ったデータベース
ProDom	http://prodom.prabi.fr/prodom/current/html/home.php	SwissProtとTrEMBLのデータベースを基にしたタンパク質ドメイン構造のデータベース
PROSITE	http://www.expasy.org/prosite/	タンパク質のドメイン・ファミリー・機能部位に関するデータベース
SMART	http://smart.embl-heidelberg.de/	タンパク質のドメイン構造に関するデータベース
SuperFamily	http://supfam.mrc-lmb.cam.ac.uk/SUPERFAMILY/	共通の祖先を持ったタンパク質を集めたsuperfamilyでの分類に関するデータベース
TIGRFAMs	http://www.tigr.org/TIGRFAMs/	タンパク質のファミリー分類に関するデータベース
TRANSFAC	http://www.gene-regulation.com/pub/databases.html	プロモーター配列中の転写因子結合領域のデータベース
立体構造データベース		
CATH	http://cathwww.biochem.ucl.ac.uk/latest/index.html	タンパク質の立体構造をドメインで分割して，その構造を階層的に分類したデータベース
PDB	http://www.rcsb.org/pdb/	タンパク質や核酸の立体構造のデータベースで，座標データおよび測定データが登録されている．
SCOP	http://scop.mrc-lmb.cam.ac.uk/scop/	タンパク質の立体構造を分類したデータベース

2.1 真核生物での遺伝子予測

真核生物での遺伝子領域予測のためのエキソン-イントロン構造予測を行うプログラムには様々な手法を使ったものが存在するが，どのプログラムも予測結果が間違っている可能性があるので，1種類のプログラムだけで判断するのではなく，様々なプログラムを使ってその結果を総合的に判断すべきである．ここでは，図8.1の配列に対してGeneMarkとGENSCANを用いて解析を試みる．

2.1.1 GeneMark

GeneMark[1]（http://opal.biology.gatech.edu/GeneMark/）は遺伝子領域を予測するためのプログラムであり，ウェブ上から異なる手法を用いた複数のプログラムを実行することができる（図8.5）．GeneMarkはマルコフチェーンモデルを用いて，GeneMark.hmm[2]は隠れマルコフモデルを用いて遺伝子領域の予測を行う．このほかにGeneMarkS[3]やHeuristic model[4]など，入力した問い合わせ配列からその遺伝子の特徴を取り出すプログラムもある．真核生物のエキソン-イントロン構造予測を含む遺伝子予測は，GeneMark-EとGeneMark.hmm-Eを組み合わせた問い合わせ（図8.5①）を用いて行う．実行はSequence（図8.6①）に問い合わせ塩基配列を入力し，Species（図8.6②）で解析したい配列に最も近い生物種を選び，Start GeneMark.hmmボタン（図8.6⑤）をクリックすることで行う．なお，400kbpを越える問い合わせ配列や，結果をPostscript画像で得たい場合には，図8.6③にEmail Addressを入力し，Emailで結果を受け取らないといけない．また，Generate PDF graphics（図8.6④）にチェックを入れておくと，予測結果の画像をPDFファイルで取り込むことができる．図8.1の配列をGeneMarkで解析した結果を図8.7に示す．

解析結果には，エキソンの場所や長さや読み枠が表示される（図8.7①）．エキソンは，開始コドンから5′スプライス部位までの最初のエキソン（Initial），スプライス部位から5′スプライス部位までのエキソン（Internal），スプライス部位から終止コドンまでの最後のエキソン（Terminal）のタイプに分類される．この解析例では，1916–1961（Initial），2050–2421（Internal），2696–2849（Internal），3119–3512（Terminal）という結果が得られている．このエキソン領域をアミノ酸配列に翻訳した結果も示される（図8.7②）．また，View PDF Graphical Output（図8.7③）をクリックすると，解析結果の図をPDFで見ることができる．

原核生物の遺伝子予測も，GeneMark-PとGeneMark.hmm-Pを組み合わせた問い合わせ（図8.5②）から行うことができる．

2.1.2 GENSCAN

GENSCAN[5]（http://genes.mit.edu/GENSCAN.html）もGeneMarkと同様にエキソン-イントロンの場所を予測するプログラムである．実行は図8.8①に問い合わせ塩基配列を入力し，Organism（図8.8②）で解析したい配列に合わせてVertebrate，Arabidopsis，Maizeの中から最も近いものを選択する．そして，Run GENSCANボタン（図8.8③）をクリックするとGENSCANが実行される．図8.1の配列をGENSCANで解析した結果を図8.9に示す．

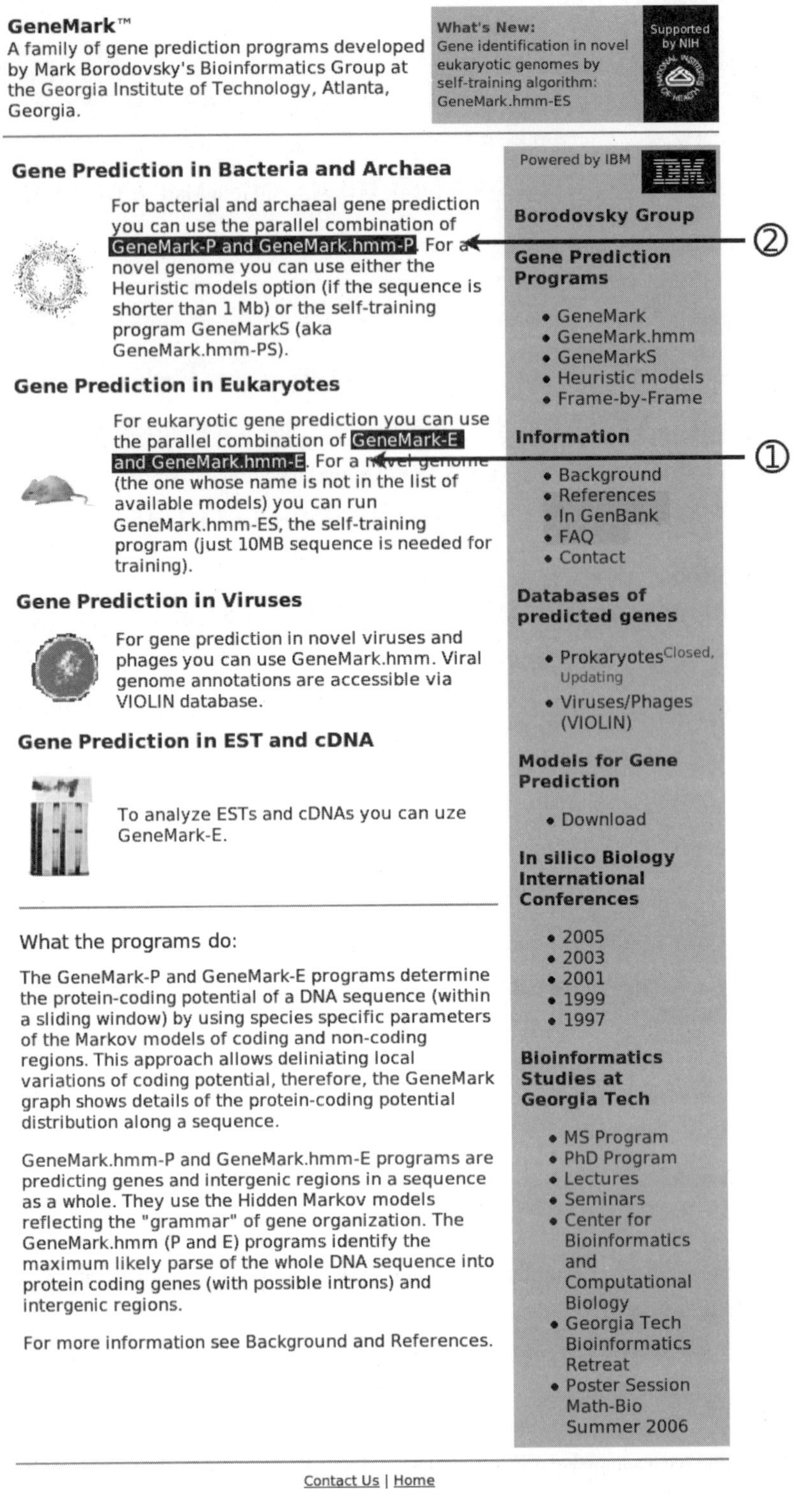

GeneMark™
A family of gene prediction programs developed by Mark Borodovsky's Bioinformatics Group at the Georgia Institute of Technology, Atlanta, Georgia.
What's New:
Gene identification in novel eukaryotic genomes by self-training algorithm: GeneMark.hmm-ES
Supported by NIH
Powered by IBM
Gene Prediction in Bacteria and Archaea
For bacterial and archaeal gene prediction you can use the parallel combination of GeneMark-P and GeneMark.hmm-P. For a novel genome you can use either the Heuristic models option (if the sequence is shorter than 1 Mb) or the self-training program GeneMarkS (aka GeneMark.hmm-PS).
Gene Prediction in Eukaryotes
For eukaryotic gene prediction you can use the parallel combination of GeneMark-E and GeneMark.hmm-E. For a novel genome (the one whose name is not in the list of available models) you can run GeneMark.hmm-ES, the self-training program (just 10MB sequence is needed for training).
Gene Prediction in Viruses
For gene prediction in novel viruses and phages you can use GeneMark.hmm. Viral genome annotations are accessible via VIOLIN database.
Gene Prediction in EST and cDNA
To analyze ESTs and cDNAs you can uze GeneMark-E.
What the programs do:
The GeneMark-P and GeneMark-E programs determine the protein-coding potential of a DNA sequence (within a sliding window) by using species specific parameters of the Markov models of coding and non-coding regions. This approach allows deliniating local variations of coding potential, therefore, the GeneMark graph shows details of the protein-coding potential distribution along a sequence.
GeneMark.hmm-P and GeneMark.hmm-E programs are predicting genes and intergenic regions in a sequence as a whole. They use the Hidden Markov models reflecting the "grammar" of gene organization. The GeneMark.hmm (P and E) programs identify the maximum likely parse of the whole DNA sequence into protein coding genes (with possible introns) and intergenic regions.
For more information see Background and References.
Borodovsky Group
Gene Prediction Programs
• GeneMark
• GeneMark.hmm
• GeneMarkS
• Heuristic models
• Frame-by-Frame
Information
• Background
• References
• In GenBank
• FAQ
• Contact
Databases of predicted genes
• Prokaryotes Closed, Updating
• Viruses/Phages (VIOLIN)
Models for Gene Prediction
• Download
In silico Biology International Conferences
• 2005
• 2003
• 2001
• 1999
• 1997
Bioinformatics Studies at Georgia Tech
• MS Program
• PhD Program
• Lectures
• Seminars
• Center for Bioinformatics and Computational Biology
• Georgia Tech Bioinformatics Retreat
• Poster Session Math-Bio Summer 2006
Contact Us | Home
①
②

図8.5 GeneMarkのウェブページのトップ

GeneMarkでは，①の真核生物のエキソン－イントロン構造予測をGeneMark-EとGeneMark.hmm-Eを組み合わせて行ったり，②の原核生物の遺伝子予測をGeneMark-PとGeneMark.hmm-Pを組み合わて行ったりすることができる．

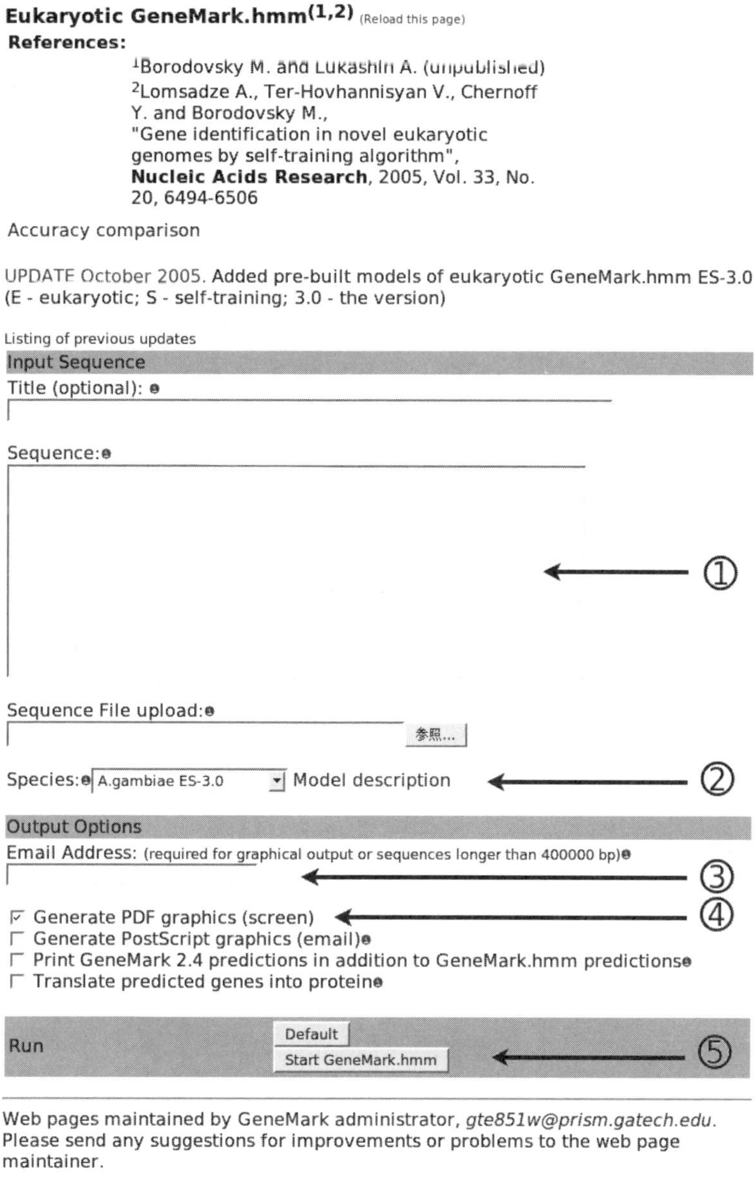

図8.6　Eukaryotic GeneMark.hmmの入力画面

①に解析したい塩基配列のデータを入力して，②で生物種の選択を行い，⑤の Start GeneMark.hmm ボタンをクリックすると，真核生物のエキソン-イントロン構造予測を行うことができる．

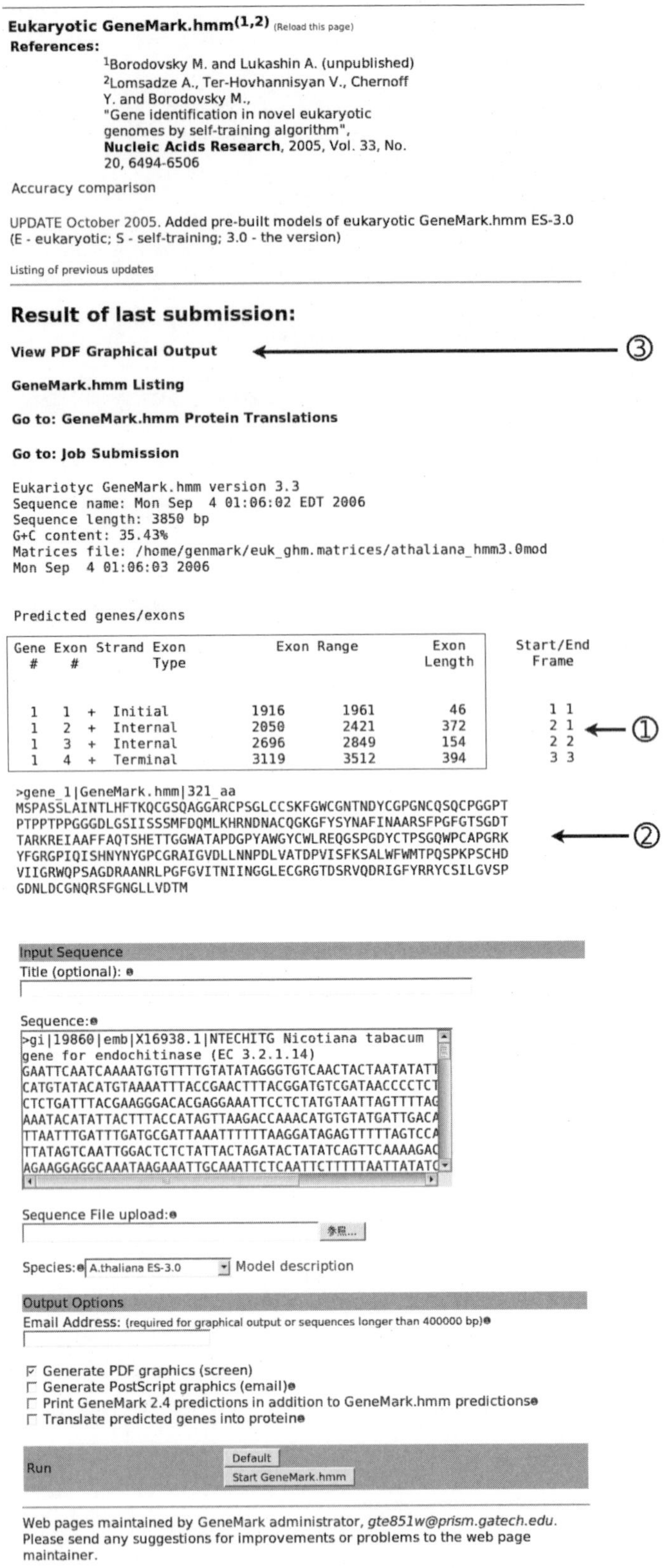

Eukaryotic GeneMark.hmm(1,2) (Reload this page)

References:

[1]Borodovsky M. and Lukashin A. (unpublished)

[2]Lomsadze A., Ter-Hovhannisyan V., Chernoff Y. and Borodovsky M., "Gene identification in novel eukaryotic genomes by self-training algorithm", **Nucleic Acids Research**, 2005, Vol. 33, No. 20, 6494-6506

Accuracy comparison

UPDATE October 2005. Added pre-built models of eukaryotic GeneMark.hmm ES-3.0 (E - eukaryotic; S - self-training; 3.0 - the version)

Listing of previous updates

Result of last submission:

View PDF Graphical Output ← ③

GeneMark.hmm Listing

Go to: GeneMark.hmm Protein Translations

Go to: Job Submission

```
Eukariotyc GeneMark.hmm version 3.3
Sequence name: Mon Sep  4 01:06:02 EDT 2006
Sequence length: 3850 bp
G+C content: 35.43%
Matrices file: /home/genmark/euk_ghm.matrices/athaliana_hmm3.0mod
Mon Sep  4 01:06:03 2006
```

Predicted genes/exons

Gene #	Exon #	Strand	Exon Type	Exon Range		Exon Length	Start/End Frame
1	1	+	Initial	1916	1961	46	1 1
1	2	+	Internal	2050	2421	372	2 1 ← ①
1	3	+	Internal	2696	2849	154	2 2
1	4	+	Terminal	3119	3512	394	3 3

```
>gene_1|GeneMark.hmm|321_aa
MSPASSLAINTLHFTKQCGSQAGGARCPSGLCCSKFGWCGNTNDYCGPGNCQSQCPGGPT
PTPPTPPGGGDLGSIISSSMFDQMLKHRNDNACQGKGFYSYNAFINAARSFPGFGTSGDT
TARKREIAAFFAQTSHETTGGWATAPDGPYAWGYCWLREQGSPGDYCTPSGQWPCAPGRK
YFGRGPIQISHNYNYGPCGRAIGVDLLNNPDLVATDPVISFKSALWFWMTPQSPKPSCHD
VIIGRWQPSAGDRAANRLPGFGVITNIINGGLECGRGTDSRVQDRIGFYRRYCSILGVSP
GDNLDCGNQRSFGNGLLVDTM
```
← ②

Input Sequence

Title (optional):

Sequence:

```
>gi|19860|emb|X16938.1|NTECHITG Nicotiana tabacum
gene for endochitinase (EC 3.2.1.14)
GAATTCAATCAAAATGTGTTTTGTATATAGGGTGTCAACTACTAATATATT
CATGTATACATGTAAAATTTACCGAACTTTACGGATGTCGATAACCCCTCT
CTCTGATTTACGAAGGGACACGAGGAAATTCCTCTATGTAATTAGTTTTAG
AAATACATATTACTTTACCATAGTTAAGACCAAACATGTGTATGATTGACA
TTAATTTGATTTGATGCGATTAAATTTTTTAAGGATAGAGTTTTTAGTCCA
TTATAGTCAATTGGACTCTCTATTACTAGATACTATATCAGTTCAAAAGAC
AGAAGGAGGCAAATAAGAAATTGCAAATTCTCAATTCTTTTTAATTATATC
```

Sequence File upload: 参照...

Species: A.thaliana ES-3.0 Model description

Output Options

Email Address: (required for graphical output or sequences longer than 400000 bp)

- [x] Generate PDF graphics (screen)
- [ ] Generate PostScript graphics (email)
- [ ] Print GeneMark 2.4 predictions in addition to GeneMark.hmm predictions
- [ ] Translate predicted genes into protein

Run Default Start GeneMark.hmm

Web pages maintained by GeneMark administrator, *gte851w@prism.gatech.edu*. Please send any suggestions for improvements or problems to the web page maintainer.

図8.7 GeneMarkの実行結果

①に予測されたエキソンの場所・長さ・読み枠などが表示され，この結果を使ってアミノ酸配列に翻訳した結果が②に表示される．

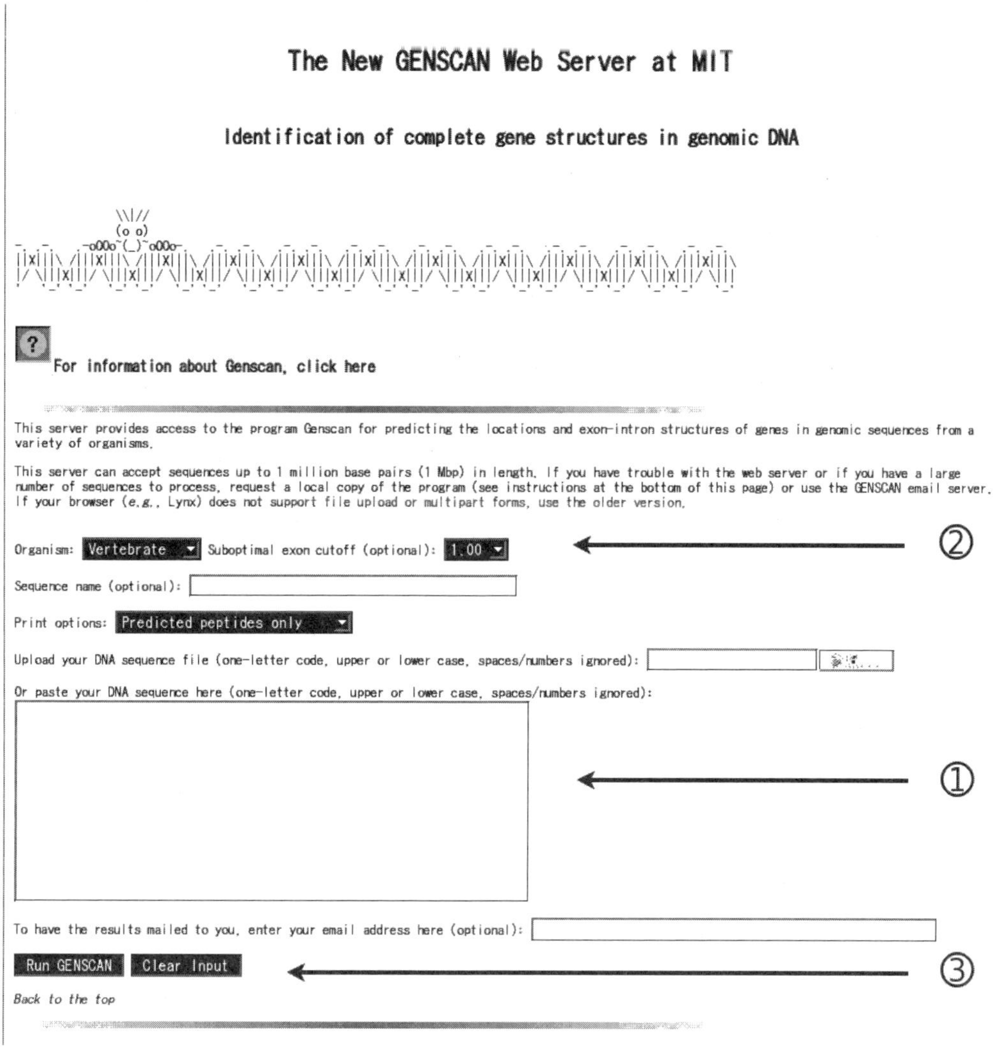

図8.8 GENSCANの入力画面

①に解析したい塩基配列のデータを入力して，②で生物種の選択を行い，③のRun GENSCANボタンをクリックするとGENSCANが実行される．

GENSCANW output for sequence 03:06:32

GENSCAN 1.0　Date run: 4-Sep-106　Time: 03:06:33

Sequence 03:06:32 : 3850 bp : 35.43% C+G : Isochore 1 (0 - 43 C+G%)

Parameter matrix: Arabidopsis.smat

Predicted genes/exons:

Gn.Ex	Type	S	.Begin	...End	.Len	Fr	Ph	I/Ac	Do/T	CodRg	P....	Tscr..
1.01	Intr	+	2050	2421	372	2	0	102	119	268	0.130	30.41
1.02	Intr	+	2696	2849	154	0	1	46	98	101	0.999	10.11
1.03	Term	+	3119	3512	394	2	1	10	28	512	0.918	35.92
1.04	PlyA	+	3565	3570	6							1.05

← ①

Click here to view a PDF image of the predicted gene(s)

Click here for a PostScript image of the predicted gene(s)

Predicted peptide sequence(s):

```
>03:06:32|GENSCAN_predicted_peptide_1|306_aa
XQCGSQAGGARCPSGLCCSKFGWCGNTNDYCGPGNCQSQCPGGPTPTPPTPPGGGDLGSI
ISSSMFDQMLKHRNDNACQGKGFYSYNAFINAARSFPGFGTSGDTTARKREIAAFFAQTS
HETTGGWATAPDGPYAWGYCWLREQGSPGDYCTPSGQWPCAPGRKYFGRGPIQISHNYNY
GPCGRAIGVDLLNNPDLVATDPVISFKSALWFWMTPQSPKPSCHDVIIGRWQPSAGDRAA
NRLPGFGVITNIINGGLECGRGTDSRVQDRIGFYRRYCSILGVSPGDNLDCGNQRSFGNG
LLVDTM
```

← ②

Explanation

```
Gn.Ex : gene number, exon number (for reference)
Type  : Init = Initial exon (ATG to 5' splice site)
        Intr = Internal exon (3' splice site to 5' splice site)
        Term = Terminal exon (3' splice site to stop codon)
        Sngl = Single-exon gene (ATG to stop)
        Prom = Promoter (TATA box / initation site)
        PlyA = poly-A signal (consensus: AATAAA)
S     : DNA strand (+ = input strand; - = opposite strand)
Begin : beginning of exon or signal (numbered on input strand)
End   : end point of exon or signal (numbered on input strand)
Len   : length of exon or signal (bp)
Fr    : reading frame (a forward strand codon ending at x has frame x mod 3)
Ph    : net phase of exon (exon length modulo 3)
I/Ac  : initiation signal or 3' splice site score (tenth bit units)
Do/T  : 5' splice site or termination signal score (tenth bit units)
CodRg : coding region score (tenth bit units)
P     : probability of exon (sum over all parses containing exon)
Tscr  : exon score (depends on length, I/Ac, Do/T and CodRg scores)
```

Comments

The SCORE of a predicted feature (e.g., exon or splice site) is a log-odds measure of the quality of the feature based on local sequence properties. For example, a predicted 5' splice site with score > 100 is strong; 50-100 is moderate; 0-50 is weak; and below 0 is poor (more than likely not a real donor site).

The PROBABILITY of a predicted exon is the estimated probability under GENSCAN's model of genomic sequence structure that the exon is correct. This probability depends in general on global as well as local sequence properties, e.g., it depends on how well the exon fits with neighboring exons. It has been shown that predicted exons with higher probabilities are more likely to be correct than those with lower probabilities.

図8.9 GENSCANの実行結果

①に予測されたエキソンの場所・長さ・読み枠などが表示され，この結果を使ってアミノ酸配列に翻訳した結果が②に表示される．

解析結果には，遺伝子をコードしているストランドの方向（S），エキソンの場所（Begin...End）や長さ（Len），読み枠（Fr），エキソンである確からしさ（P）などが表示される（図8.9①）．エキソンは，開始コドンから5′スプライス部位までの最初のエキソン（Init），スプライス部位から5′スプライス部位までのエキソン（Intr），スプライス部位から終止コドンまでの最後のエキソン（Term），ポリAシグナル（PlyA），イントロンのない遺伝子（Sngl）に分類される．この解析例では，2050–2421（Intr），2696–2849（Intr），3119–3512（Term）という結果が得られて，Initは見つからなかった．このエキソンを翻訳したアミノ酸配列も示される（図8.9②）．

2.1.3　発現配列タグ（EST）

mRNAからcDNAライブラリーを作り，このcDNAの5′末端と3′末端付近の配列だけを決定したものを発現配列タグ（EST）と呼ぶ．ゲノムから転写が行われて出来たmRNA由来のこの配列は，遺伝子としてタンパク質をコードしている可能性が高く，さらにスプライシングも受けているためにイントロンの領域が含まれていない．このEST配列を類似配列検索などでゲノム配列上にマッピングを行うと，スプライシング領域を特定して遺伝子を予測することができる．このとき，ESTと調べたい塩基配列の生物種は一致するのが望ましいが，近縁種でも有用な情報を得られる可能性がある．

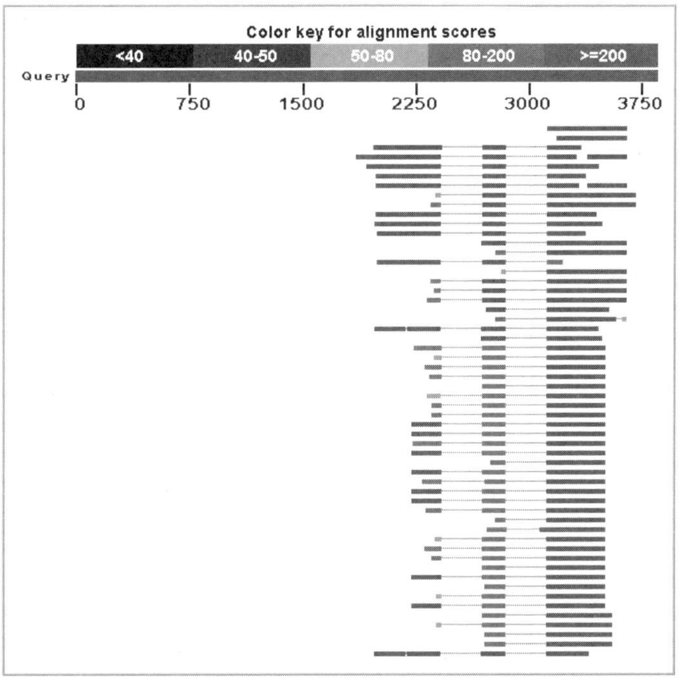

図8.10　endochitinase遺伝子のEST配列データベースに対する類似配列検索の結果

図8.1のendochitinase遺伝子をExpressed sequence tags（est）データベースを使ってblastn検索を行った結果のGraphical Overview表示の部分だけを示す．ヒットしたestデータベース中の配列を直線で表し，問い合わせ配列（Query）に対してアライメントして示してある．問い合わせ配列のエキソンに対応する部分にだけESTの配列がアライメントされているのが分かる．

ここでは図8.1の配列に対して，後述のNCBIのBLAST検索（blastn）を用いてExpressed sequence tags（est）データベース中の類似配列の検索を行った結果のGraphical Overview表示の部分だけを示す（図8.10）．検索の結果ヒットしたestデータベース中の配列を直線で表し，問い合わせ配列（Query）に対してアライメントして示してある．問い合わせ配列のエキソンに対応する部分でだけ，ESTの配列がアライメントされているのがわかる．類似配列として上位にヒットした配列は同じ生物種*Nicotiana tabacum*由来のEST配列だが，他の植物由来のESTもヒットしている．この検索例では，1970–2422（exon 1），2695–2849（exon 2），3119–3351（exon 3）の3つの部分がEST配列と一致して，エキソンと考えることができる．

このような作業を，同じ生物種由来のESTとゲノムDNA配列を使ってクラスター化して，実際に発現した遺伝子配列のデータベースにしたものに，NCBIのUniGene[6]データベース（http://www.ncbi.nlm.nih.gov/sites/entrez?db=unigene）がある．

2.2　イントロンを含まない配列でのORF予測

イントロンを含まない原核生物での塩基配列やcDNA配列での遺伝子予測は，開始コドンと終止コドンに挟まれたORF領域を予測することで行われる．NCBIのORF Finder（http://www.ncbi.nlm.nih.gov/gorf/gorf.html）は塩基配列からすべての可能なORF領域を見つけて表示・分析するためのツールである．実行は配列入力の欄（図8.11①）に問い合わせ配列を入力し，OrfFindボタン（図8.11②）をクリックすることで行われる．ミトコンドリアの場合のように標準的な遺伝コード

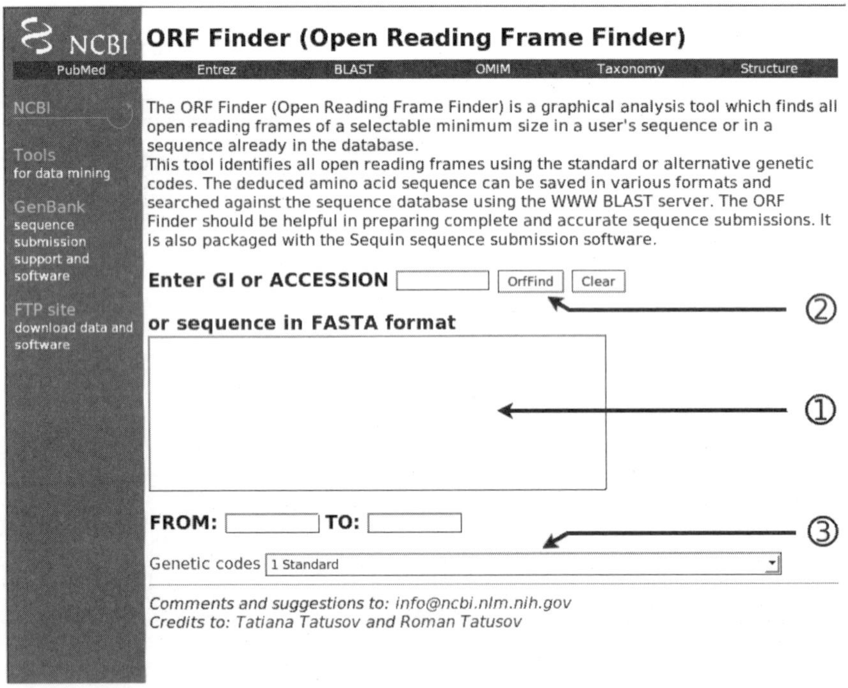

図8.11　NCBIのORF Finderの入力画面
ORF Finderでは原核生物の遺伝子予測を，開始コドンと終止コドンに挟まれたORF領域を予測することで行う．①に解析したい塩基配列のデータを入力して，②のOrfFindボタンをクリックして実行する．

と異なるものが使われる場合には，Genetic codes（図8.11③）から翻訳時に使うコドンの種類を選ぶこともできる．実行結果には，予測されたORF領域が長いものから表示され（図8.12①），それが6通りの読み枠ごとにグラフィック表示される（図8.12②）．右側の予測されたORFをクリックすると，その配列が表示される（図8.12③）．またBLASTボタン（図8.12④）をクリックすると，その予測されたアミノ酸配列を問い合わせ配列としたBLAST検索が実行される．

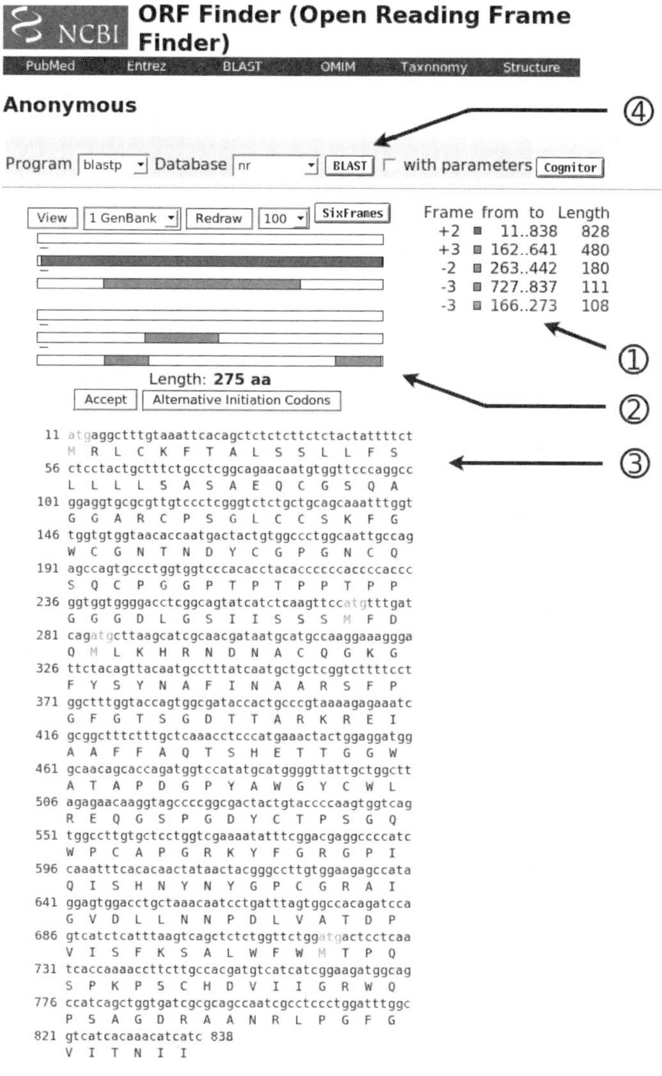

図8.12　ORF Finderの実行結果

②に6通りの読み枠の中の予測されたORF領域が表示され，③にそのORFを翻訳したときのアミノ酸配列が表示されている．

2.3　遺伝子予測の結果

図8.1の配列に対する遺伝子予測をGeneMarkとGENSCANを用いて行って得られたアミノ酸配列と，EST配列データベースで類似配列検索を行って得られた塩基配列をORF Finderでアミノ酸配列に翻訳したものをマルチプルアライメント（3.2項参照）によって比較したものが図8.13である．N末端側の予測はそれぞれで異なっており，C末端側の予測もEST配列ではmRNAの全

```
GeneMark        --------MSPASSLAINTLHFTKQCGSQAGGARCPSGLCCSKFGWCGNT
GENSCAN         -----------------------XQCGSQAGGARCPSGLCCSKFGWCGNT
ORF Finder      MRLCKFTALSSLLFSLLLLSASAEQCGSQAGGARCPSGLCCSKFGWCGNT
                                        **************************

GeneMark        NDYCGPGNCQSQCPGGPTPTPPTPPGGGDLGSIISSSMFDQMLKHRNDNA
GENSCAN         NDYCGPGNCQSQCPGGPTPTPPTPPGGGDLGSIISSSMFDQMLKHRNDNA
ORF Finder      NDYCGPGNCQSQCPGGPTPTPPTPPGGGDLGSIISSSMFDQMLKHRNDNA
                **************************************************

GeneMark        CQGKGFYSYNAFINAARSFPGFGTSGDTTARKREIAAFFAQTSHETTGGW
GENSCAN         CQGKGFYSYNAFINAARSFPGFGTSGDTTARKREIAAFFAQTSHETTGGW
ORF Finder      CQGKGFYSYNAFINAARSFPGFGTSGDTTARKREIAAFFAQTSHETTGGW
                **************************************************

GeneMark        ATAPDGPYAWGYCWLREQGSPGDYCTPSGQWPCAPGRKYFGRGPIQISHN
GENSCAN         ATAPDGPYAWGYCWLREQGSPGDYCTPSGQWPCAPGRKYFGRGPIQISHN
ORF Finder      ATAPDGPYAWGYCWLREQGSPGDYCTPSGQWPCAPGRKYFGRGPIQISHN
                **************************************************

GeneMark        YNYGPCGRAIGVDLLNNPDLVATDPVISFKSALWFWMTPQSPKPSCHDVI
GENSCAN         YNYGPCGRAIGVDLLNNPDLVATDPVISFKSALWFWMTPQSPKPSCHDVI
ORF Finder      YNYGPCGRAIGVDLLNNPDLVATDPVISFKSALWFWMTPQSPKPSCHDVI
                **************************************************

GeneMark        IGRWQPSAGDRAANRLPGFGVITNIINGGLECGRGTDSRVQDRIGFYRRY
GENSCAN         IGRWQPSAGDRAANRLPGFGVITNIINGGLECGRGTDSRVQDRIGFYRRY
ORF Finder      IGRWQPSAGDRAANRLPGFGVITNII------------------------
                **************************

GeneMark        CSILGVSPGDNLDCGNQRSFGNGLLVDTM
GENSCAN         CSILGVSPGDNLDCGNQRSFGNGLLVDTM
ORF Finder      -----------------------------
```

図8.13　GeneMark, GENSCAN, ORF Finderによって予測されたアミノ酸配列のアライメント

3種類の方法で予想されたアミノ酸配列のマルチプルアライメントの結果を示す．3つの配列で共通の部分には配列の下に＊印をつけてある．

長を読んでいないので短くなっている．このように遺伝子予測では必ずしも正解が得られる訳ではない．また，同じゲノムからスプライシングの位置が異なる複数のmRNAが存在する場合（オルタネーティブスプライシング）もあり，注意が必要である．

2.4　プロモーター配列の解析

遺伝子をコードする塩基配列の上流には，プロモーターと呼ばれる領域が存在する．このプロモーター領域の特定の部位に転写調節タンパク質（転写因子）が結合することで，遺伝子の転写・発現のコントロールが行われている．転写因子の結合する部位の塩基配列は短くてあいまいさも含んでいるため，その予測には偽陽性が多く現れるので注意が必要である．

MOTIF（http://motif.genome.jp/）はモチーフ検索のサーバーであり，塩基配列を問い合わせ配列とした場合には，プロモーター配列中の転写因子結合領域のデータベースTRANSFAC[7]を使用した検索を行うことができる．検索の実行は，問い合わせ配列を図8.14①に入力して，塩基配列での検索を選ぶためFor DNA（図8.14②）にチェックを入れる．検索時に生物種をVertebrates, Insects, Plants, Fungi, Nematodes, Bacteriaのどれかに限定することもできる（図8.14③）．Searchボタンをクリックすると検索が実行され結果が表示される．検索結果にはそれぞれのデータベース中で見つかったモチーフが表として示される（図8.15）．この表の中には，TRANSFAC

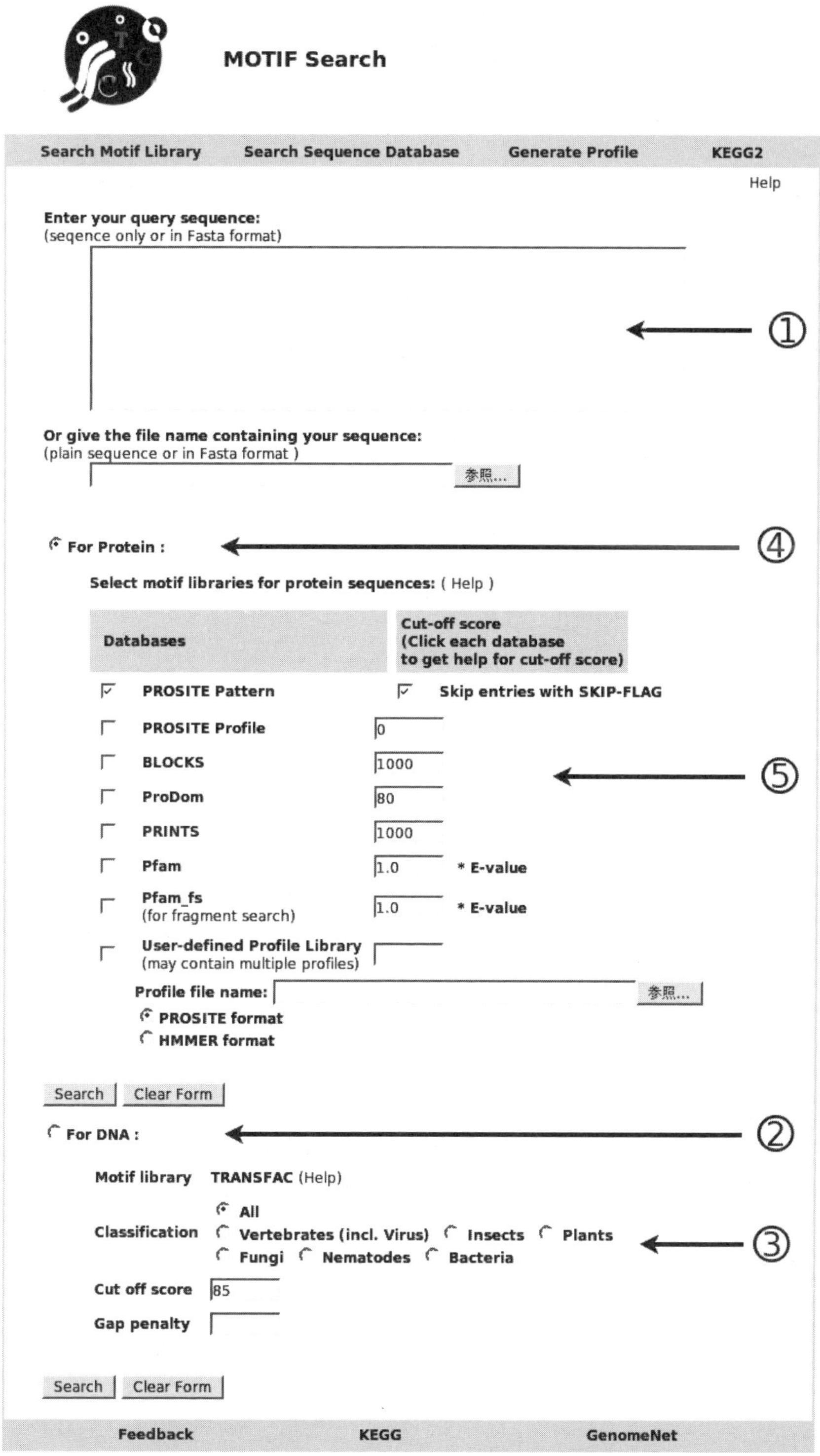

図8.14　MOTIFの入力画面

MOTIFは，①に解析したい配列のデータを入力して，問い合わせ配列中のモチーフの検索を行う．問い合わせ配列が塩基配列の場合には，②のFor DNAにチェックを入れる．この時には，問い合わせ配列中の転写因子結合領域の検索を行う．問い合わせ配列がアミノ酸配列の場合には，④のFor Proteinにチェックを入れる．この時には，問い合わせ配列中のモチーフやドメインの検索を行う．

Your Query Sequence:
GAATTCAATCAAAATGTGTTTTGTATATAGGGTGTCAACTACTAATATATTGTTATTTTC
TAAAGACATACATGTATACATGTAAAATTTACCGAACTTTACGGATGTCGATAACCCCTC
・
・
・
CCTAACCAGATAGTCATACTAATCAGTCAAAAAAAAATCTAACCTCAAAATTTAAGCATC
CGAGCTGCAG

Number of found motifs: 9

TRANSFAC

Transfac	Position(Score)		Name	Description
M00352	1184..1194(95) 3763..3753(94) 1645..1635(90) 2496..2486(88) 517..527(88) 3499..3489(88) 1216..1206(87) 2339..2329(87) 968..958(85) 1797..1787(85) 1158..1168(85) 3485..3475(85) 58..68(85)	Click	Dof1	Dof1 / MNB1a - single zinc finger transcription factor
M00353	517..527(95) 1216..1206(90) 1184..1194(90) 726..716(89) 1650..1640(89) 2396..2386(89) 3763..3753(89) 3054..3064(88) 1154..1144(87) 1662..1652(87) 1442..1452(87) 2496..2486(87) 200..210(87) 104..94(86) 230..220(86) 3564..3574(86) 1099..1089(86) 2370..2380(86) 2041..2031(86) 3499..3489(86) 2349..2339(85) 968..958(85) 1788..1778(85) 2319..2309(85) 2553..2543(85)	Click	Dof2	Dof2 - single zinc finger transcription factor
M00226	2118..2110(94) 2427..2419(87)	Click	P	maize activator P of flavonoid biosynthetic genes
M00354	1154..1144(93) 1320..1310(91) 3564..3574(90) 1216..1206(90) 1645..1635(90) 2349..2339(89) 2400..2390(89) 2041..2031(87) 726..716(86) 3054..3064(86) 1184..1194(86) 968..958(86) 2284..2294(86) 2496..2486(85)	Click	Dof3	Dof3 - single zinc finger transcription factor
M00344	1123..1134(92)	Click	RAV1	3'-part of bipartite RAV1 binding site, interacting with AP2 domain
M00089	2679..2666(90) 549..536(87)	Click	Athb-1	Arabidopsis thaliana homeo box protein 1
M00355	1216..1206(90) 1184..1194(88) 3054..3064(87) 2370..2380(87) 1645..1635(87) 517..527(87) 730..720(85) 2496..2486(85) 392..402(85)	Click	PBF	PBF (MPBF)
M00343	3018..3029(87) 1540..1551(86) 2702..2713(85)	Click	RAV1	5'-part of bipartite RAV1 binding site, interacting with AP2 domain
M00345	3712..3719(86)	Click	GAmyb	GA-regulated myb gene from barley

図8.15 MOTIFの塩基配列に対する検索の実行結果

MOTIFで塩基配列を問い合わせ配列として，プロモーター配列中の転写因子結合領域のデータベースTRANSFACに対して検索を行った結果を示す．

でのモチーフの登録番号，問い合わせ配列中でのモチーフの位置，名称，および簡単な説明が表示される．この表の中の登録番号をクリックするとそのモチーフの詳しい説明が，Clickボタンをクリックすると問い合わせ配列中でのモチーフの位置が詳しく表示される．

このほかに，これまでに報告されている植物のシス調節配列をまとめたデータベースとしてPLACE[8)]（http://www.dna.affrc.go.jp/PLACE/）がある．このウェブサイトのSignal Scan Search[9)]から，問い合わせ塩基配列中のシス調節配列の検索を行うことができる（図8.16）．

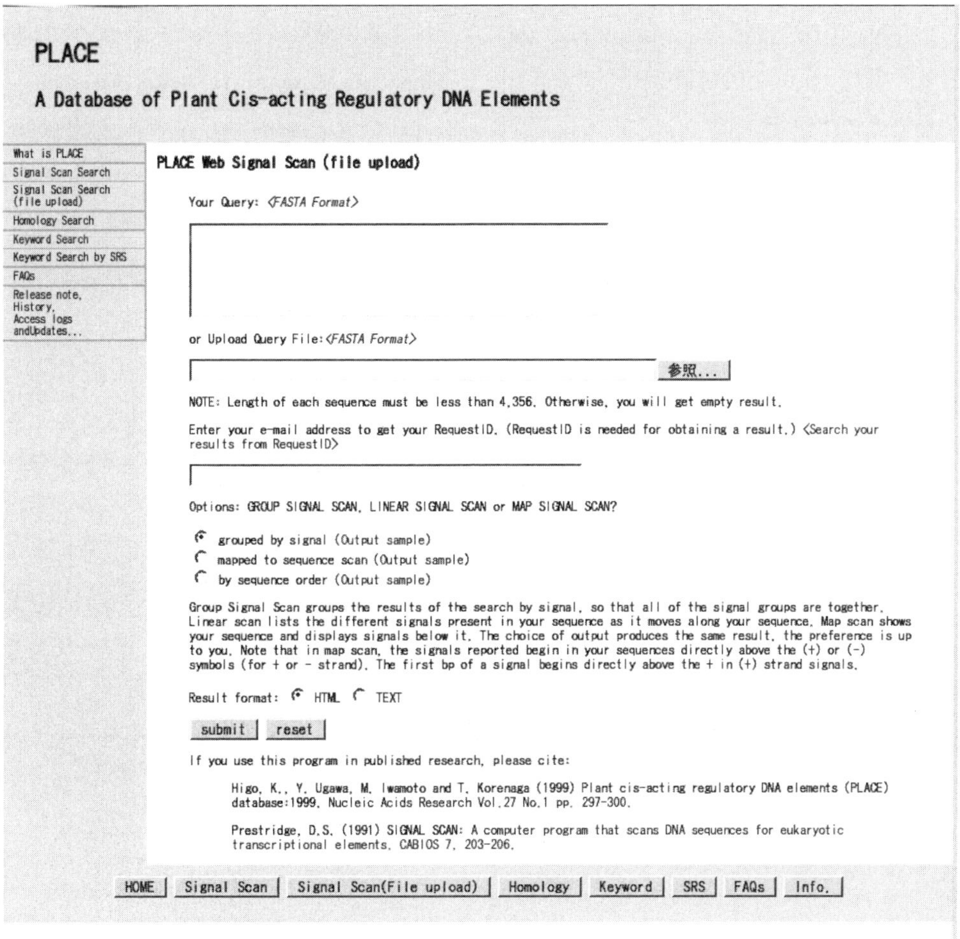

図8.16 PLACEのSignal Scanの入力画面

PLACE Web Signal Scanでは，植物のシス調節配列をまとめたデータベースのPLACEに対して，問い合わせ塩基配列中のシス調節配列を検索することができる．

3. 類似配列検索のためのツール

異なる生物種の遺伝子同士で共通の祖先の単一の遺伝子由来と考えられるものをオルソログ（オーソログ）遺伝子と呼ぶ．それらの遺伝子同士は配列もよく似ており，さらに類似した機能を持っていることが多い．実験から得られた機能未知の遺伝子の機能を調べる場合には，データベース上で，他の生物種でその遺伝子に対応するオルソログ遺伝子を探し出して，データ中に存在する機能に関する記述を調べることがよく行われる.

類似配列検索のためのツールでは，NCBIで開発されたBLASTパッケージ[10,11]やバージニア大学で開発されたFASTAパッケージ[12,13]が有名である．これらのツールはプログラムが公開されているだけでなく，インターネットのウェブサイト上からも利用することができる．ここでは最も有名な非常に多機能で高速に結果を得ることができるNCBIのBLASTサービス（http://www.ncbi.nlm.nih.gov/BLAST/）を例に取り上げるが，インターネット上にはこの他にも様々なBLASTサイトが存在している．例えば植物のESTとGSS（ゲノム由来の配列）の情報に特化したBLASTサイトとして，PlantGDB（http://www.plantgdb.org/）があり，11種類の植物のゲノムデータベースが利用できる．また，かずさDNA研究所のデータベース（http://www.kazusa.or.jp/jpn/database/index.html）でも，植物のEST解析情報データベースに対して，BLAST検索を行うことができる．このほかに，オオムギのデータベースbarley DB（http://www.shigen.nig.ac.jp/barley/）や，japonica riceの全長cDNAのデータベースKOME（http://cdna01.dna.affrc.go.jp/cDNA/）などもある．それぞれのBLASTサイトの特徴（データベースの種類など）をうまく利用して自分が必要な情報を効率的に探すことが必要である.

3.1 NCBI-BLAST

類似配列検索では，既存の配列を集めたデータベースの中から問い合わせ配列と類似した配列を探し出す．基本的な動作としては，1組の問い合わせ配列とデータベースの配列に対してペアワイズアライメント行い，類似性の高い配列を選んで結果として出力する．しかし，単純にすべての組合せでこれを行うと時間がかかりすぎるため，BLASTでは初めに問い合わせ配列とデータベース配列間で共通のワードと呼ばれる短い配列を探すなど，様々な高速化の手法を用いて検索速度を向上させている.

NCBI-BLASTで検索を行う際には，問い合わせ配列やパラメーターの指定に先だって，問い合わせ配列の種類（アミノ酸配列または塩基配列）や，検索するデータベースの種類や検索目的に合わせて，最も適切なサービスを選択する必要がある．図8.17がNCBI-BLASTのホームページであるが，ここでは大きく3つのサービスが用意されている（BLAST Assembled Genomes，Basic BLAST，Specialized BLAST)．これによって，使用されるプログラムやデータベースの種類，パラメーターの設定値が自動的に決定される．ここでは，それぞれのサービスの簡単な説明を行うが，BLASTは非常に多機能なため全ての説明はできないので，詳細はBLASTのHelp画面のGetting Started 中にある BLAST program selection guide （http://www.ncbi.nlm.nih.gov/BLAST/producttable.shtml）を参照してほしい.

3.1.1 特定の生物種のゲノムデータベースに対する検索

BLAST Assembled Genomes（図8.17①）では，特定の生物種のゲノムデータベースに対してBLAST検索を行うことができる．よく利用される生物種として，Human，Mouse，Rat，*Arabidopsis thaliana*，*Oryza sativa*，*Bos taurus*，*Danio rerio*，*Drosophila melanogaster*，*Gallus gallus*，

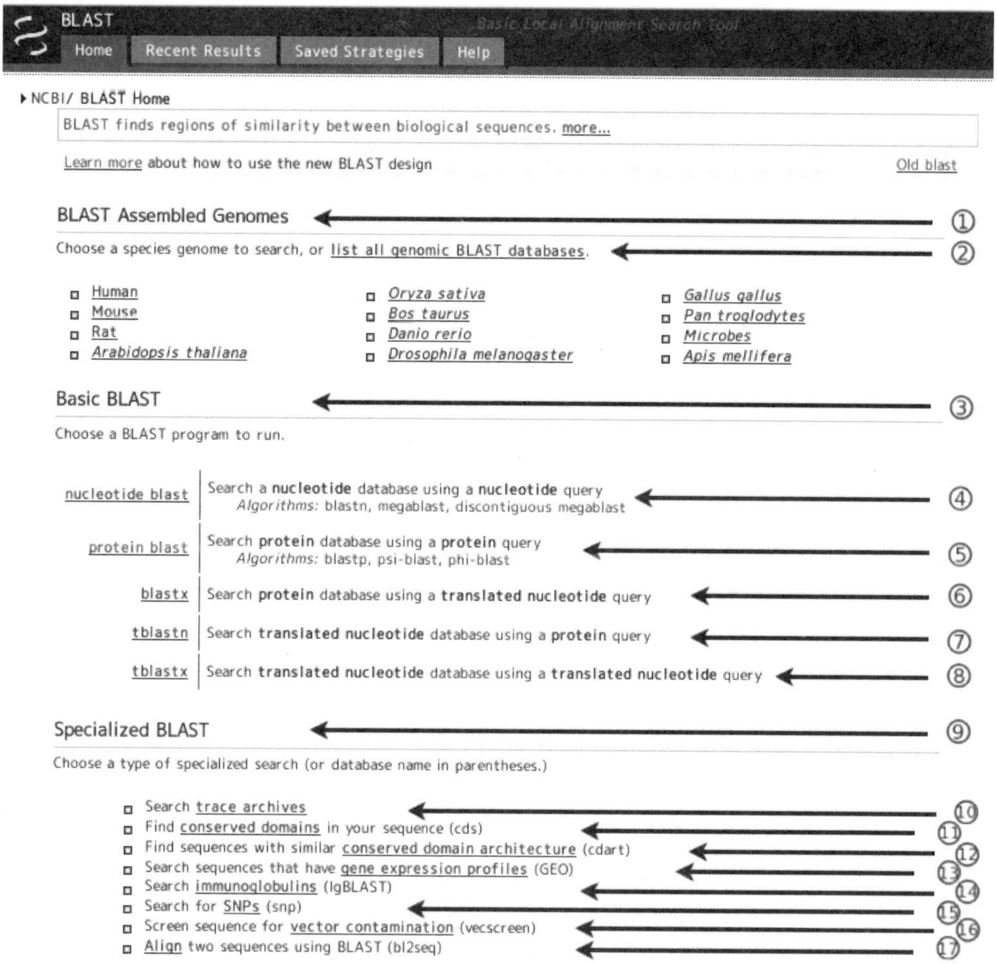

図8.17 NCBI-BLASTで公開されているサービスのメニュー画面

NCBI-BLAST では，大きく分けて①の BLAST Assembled Genomes，③の Basic BLAST，⑨の Specialized BLASTの3つの検索サービスを提供している．それぞれのサービスは問い合わせ配列やデータベースの種類によってさらに細かく分類されている．

Pan troglodytes, *Microbes*, *Apis mellifera* が示されているが，ここに示されていない生物種についても，list all genomic BLAST databases（図8.17②）をクリックすると，Vertebrates，Invertebrates，Protozoa，Plants，Fungi，Bacteria，Organelles，Viruses に大きく分類して様々な生物のゲノムが表示され，その生物種のゲノムデータベースに対して BLAST 検索を行うことができる（図8.18）．

3.1.2 通常の塩基・アミノ酸配列に対するBLAST検索

Basic BLAST（図8.17③）では，通常よく使われる，問い合わせ配列が塩基・アミノ酸配列の BLAST 検索を行うことができる．ここでは問い合わせ配列の種類と，使用するデータベースの組合せで以下の5種類の問い合わせが用意されている．

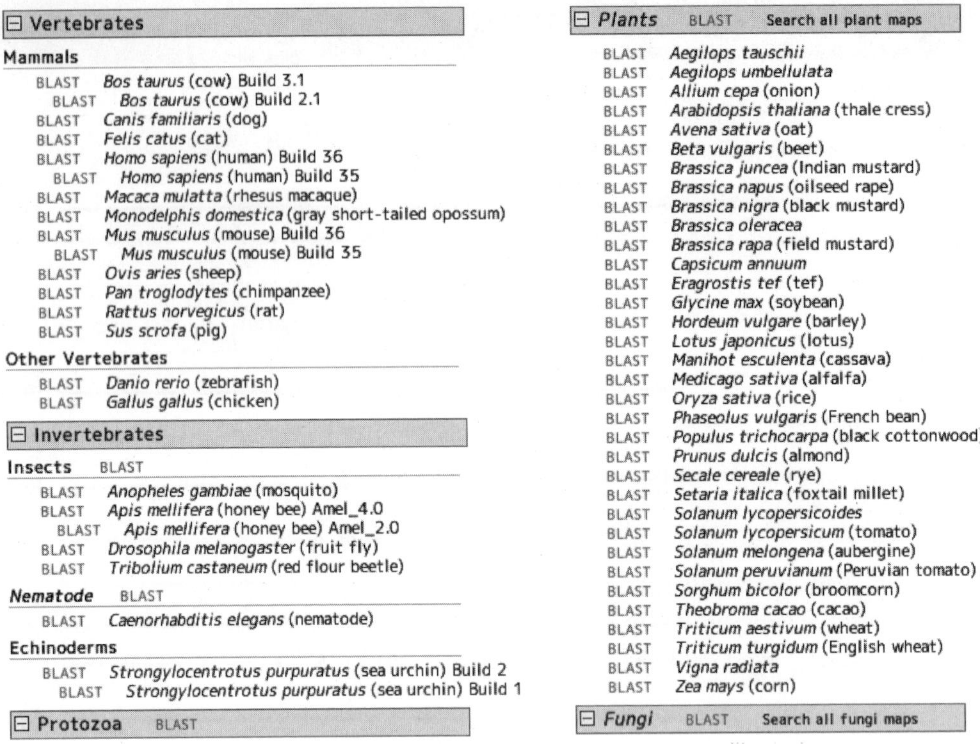

図8.18　BLAST Assembled Genomesで使用できるゲノムデータベースの種類

図8.17の②のlist all genomic BLAST databasesをクリックすると表示される，検索で使用できるゲノムデータベースの種類（一部）．Vertebrates，Invertebrates，Protozoa，Plants，Fungiに大きく分類されて表示され，BLASTの文字部分をクリックすることで検索入力の画面へと移る．このほかにBacteria，Organelles，Virusesのゲノムデータベースへの検索も用意されている．

1)　問い合わせ配列とデータベースが塩基配列（図8.17④）

nucleotide blastをクリックすると，塩基配列を問い合わせ配列として塩基配列のデータベースに対して検索を行うことができる．検索のアルゴリズムには，blastn，megablast [14]，discontiguous megablastの3種類があり，用途に合わせて選ぶ必要がある．blastnは最も一般的な塩基配列を使ったBLAST検索を行うためのもので，megablastやdiscontiguous megablastに比べて類似性が低い配列を探し出すことができる．また，短い配列を問い合わせ配列に使いたいときにはこれを使用するとよい．ただし，残りの2つの検索よりも実行には時間がかかる．megablastは比較的長い問い合わせ塩基配列に対して，データベース中に非常に類似性の高い配列が存在するかどうかを効率的に検索することができる．データベース中に同一の配列が存在するかどうかを探す場合に便利である．discontiguous megablastはmegablastよりも類似性の低い配列に対してもヒットするように検索感度を高めたものである．

2)　問い合わせ配列とデータベースがアミノ酸配列（図8.17⑤）

protein blastをクリックすると，アミノ酸配列を問い合わせ配列としてアミノ酸配列のデータベースに対して検索を行うことができる．検索のアルゴリズムには，blastp，PSI-BLAST [15]，

PHI-BLASTの3種類があり，用途に合わせて選ぶ必要がある．blastpは最も一般的なアミノ酸配列を使ったBLAST検索を行うためのものである．PSI (Position-Specific Iterated)-BLASTは，繰り返してBLAST検索を行うことで通常のblastpより感度の高い類似配列の検索ができる方法である．PSI-BLASTの1回目の検索では，通常のblastpと同じことを行うが，その結果を使ってPSSM（position-specific scoring matrix，位置特異的スコア行列）を求める．2回目以降の繰り返しのPSI-BLASTでは，このPSSMを使って検索を行うことで，全体の類似性は非常に低いが有意な類似配列をもつ配列を見つけ出すことができる．PHI (Pattern-Hit Initiated)-BLASTは，指定されたパターンを近傍に含み，かつ問い合わせ配列と類似性のある配列を検索するために使われる．パターンの指定は，タンパク質の配列モチーフのデータベースであるPROSITEで使われている形式で行う．

3) 問い合わせ配列の塩基配列を翻訳，データベースはアミノ酸配列（図8.17⑥）

blastxをクリックすると，問い合わせ配列である塩基配列をアミノ酸配列に翻訳してから，アミノ酸配列のデータベースに対して検索を行うことができる．アミノ酸配列への翻訳は，塩基配列の3つの読み枠とその相補鎖の3つの読み枠の計6種類について行われる．この時に使用する遺伝子コードは標準的なコードの他に，ミトコンドリアのコードなどを選択することができる．

4) 問い合わせ配列がアミノ酸配列で，データベースの塩基配列を翻訳（図8.17⑦）

tblastnをクリックすると，アミノ酸配列を問い合わせ配列として，塩基配列のデータベースをアミノ酸配列に翻訳したものを用いて検索を行うことができる．アミノ酸配列への翻訳は，塩基配列の3つの読み枠とその相補鎖の3つの読み枠の計6種類について行われる．

5) 問い合わせ配列が塩基配列，データベースが塩基配列で，共に翻訳（図8.17⑧）

tblastxをクリックすると，問い合わせ配列である塩基配列をアミノ酸配列に翻訳してから，塩基配列のデータベースをアミノ酸配列に翻訳したものを用いて検索を行うことができる．アミノ酸配列への翻訳は，塩基配列の3つの読み枠とその相補鎖の3つの読み枠の計6種類について行われる．問い合わせ配列の翻訳に使用する遺伝子コードは標準的なコードの他に，ミトコンドリアのコードなどを選択することができる．なお，このtblastxは計算量が非常に大きくなるため多用は勧められない．

3.1.3 その他の検索

Specialized BLAST（図8.17⑨）では，上記以外の様々な用途の検索が用意されている．

Search trace archives（図8.17⑩）では，塩基配列を問い合わせ配列としてTrace Archiveのデータベースに対してmegablast，discontiguous megablast，blastn検索を行うことができる．Trace Archiveのデータベース中には，まだGenbankの解析作業が終了していないため公式データではない配列情報が集められており，ここからも様々な有用情報を探し出すことができる．

Find conserved domains in your sequence（cds）（図8.17⑪）は，問い合わせアミノ酸配列中に存在するドメイン構造の同定を行うときに用いる．詳しい説明は，4.2項のCD-Searchを参照のこと．

Find sequences with similar conserved domain architecture（cdart）（図8.17⑫）では，問い合わせアミノ酸配列のタンパク質と同様なドメイン構造を持つタンパク質を探し出すことができる．cdartでは，問い合わせ配列中にある複数のconserved domain（生物種を限らずによく見出されるドメイン構造）をまず探し出し，これらと同じドメイン構造を含むタンパク質を検索し分類して表示する．

Search sequences that have gene expression profiles（GEO）（図8.17⑬）では，塩基配列を問い合わせ配列として，遺伝子の発現情報をマイクロアレイやSAGEタグの実験結果から集めたGEOデータベース[16,17]に対して検索を行うことができる．

Search immunoglobulins（IgBLAST）（図8.17⑭）では，HumanとMouseのimmunoglobulin germline配列のデータベースに対して検索（blastn，blastp）を行うことができる．

Search for SNPs（snp）（図8.17⑮）では，SNPs（single nucleotide polymorphisms）のデータベースであるdbSNPに対して検索を行うことができる．

Screen sequence for vector contamination（vecscreen）（図8.17⑯）では，問い合わせ塩基配列の中から，塩基配列決定の際に紛れ込んだベクター配列を探し出すことができる．

Align two sequences using BLAST（bl2seq）（図8.17⑰）では，2つの問い合わせ配列間のペアワイズアライメントを行うことができる．

3.1.4 BLASTの入力画面

図8.17から検索したい内容に応じたサービスを選択すると，BLASTの入力画面が表示される．図8.19はprotein blast（図8.17⑤）を選択したときに表れる入力画面であるが，一部のサービスを除いて他のサービスでも同様な入力画面が表示される．この入力画面は3つの部分（Enter Query Sequence，Choose Search Set，Program Selection）に分かれている．Enter Query Sequenceでは，問い合わせ配列の入力（図8.19①）や，Query subrangeでの検索範囲の指定（図8.19②）を行う．Choose Search Setでは，使用するデータベースの指定（図8.19③）を行う．NCBI-BLAST検索で使用可能なデータベースは，問い合わせ配列が塩基配列であるかアミノ酸配列であるかにより異なる．塩基配列のときには表8.2に示されるデータベースが，アミノ酸配列のときには表8.3に示されるデータベースが使用可能である．また，ここでは検索条件の指定をOrganismやEntrez Queryから行うことができる．Program Selection（図8.19④）では，BLAST検索時に使用するアルゴリズムを指定する．このアルゴリズムのパラメーターをさらに詳しく設定したい場合には，Algorithm parameters（図8.19⑥）をクリックすると，詳細設定の画面が表示され入力を行うことができる．

以上の設定を行った後に，BLASTボタン（図8.19⑤）をクリックすることでBLAST検索が実行される．なお，各入力項目の詳しい内容については，項目の後ろに付いた？マークをクリック

表8.2　NCBI-BLASTで問い合わせ配列が塩基配列のときに使用できるデータベース

データベース名	特　　徴
Genomic plus Transcript	
Human genomic plus transcript	Humanのゲノムデータとその転写産物のデータベース
Mouse genomic plus transcript	Mouseのゲノムデータとその転写産物のデータベース
Other Databases	
Nucleotide collection (nr/nt)	GenBank + RefSeq + EMBL + DDBJ + PDBの各データベースの塩基配列（重複データを含む．ただし，HTGS 0,1,2，EST，GSS，STS, PAT, WGSのデータは含まない）
Reference mRNA sequences (refseq_rna)	RefSeqデータベースのRNAエントリー
Reference genomic sequences (refseq_genomic)	RefSeqデータベースのgenomeエントリー
Expressed sequence tags (est)	GenBank + EMBL + DDBJのESTデータ
Non-human, non-mouse ESTs (est_others)	HumanとMouse以外のESTデータ
Genomic survey sequences (gss)	Genome Survey Sequenceと呼ばれる，複数回確認されていないゲノム配列やエキソントラップで決定された配列，Alu繰り返し配列などのデータベース
High throughput genomic sequences (HTGS)	High Throughput Genomic Sequencesと呼ばれる，配列決定が完了していない配列（phases 0, 1 and 2）のデータベース．配列決定が完了したもの（phase 3）はnrに登録されている．
Patent sequences (pat)	Genbankの特許関連のデータベースに登録されている塩基配列
Protein Data Bank (pdb)	PDBデータベースに登録されているデータの塩基配列
Human ALU repeat elements (alu_repeats)	HumanのAluリピートのデータベース
Sequence tagged sites (dbsts)	GenBank + EMBL + DDBJのSequence tagged sitesの配列のデータベース
Whole-genome shotgun reads (wgs)	WGS（Whole Genome Shotgun）法によって決定した配列のデータベース
Environmental samples (env_nt)	Sargasso Seaや坑内排水など，環境からサンプリングした試料をWhole Genome Shotgun法によって配列を決めたデータベース

表8.3　NCBI-BLASTで問い合わせ配列がアミノ酸配列のときに使用できるデータベース

データベース名	特　　徴
Non-redundant protein sequences (nr)	GenBankのデータをアミノ酸配列に翻訳したもの + RefSeq + PDB + SwissProt + PIR + PRFのデータベースから冗長な部分を取り去ったもの
Reference proteins (refseq_protein)	RefSeqのアミノ酸配列
Swissprot protein sequences (swissprot)	SwissProtの最終メジャーリリース
Patented protein sequences (pat)	Genbankの特許登録に関するデータベースに登録されているアミノ酸配列
Protein Data Bank proteins (pdb)	PDBデータベースに登録されているデータのアミノ酸配列
Environmental samples (env_nr)	Sargasso Seaなどの環境からサンプリングした試料をWhole Genome Shotgun法によって配列を決めたデータベース

すると説明のページが表示される．

3.1.5　BLAST検索の結果

BLASTボタンをクリックして検索を実行すると，まずFormatting Resultsという中間画面が表示され，リクエストID番号や検索を開始した時間が示される（図8.20）．また，protein blastを実行した場合には，ここにconserved domain検索の結果（図8.20①）も表示される（conserved domainに関しては4.2項CD-Searchを参照）．この画面は検索が終了するまで繰り返して表示される．

検索が終了すると結果の画面が表示される．図8.21はblastp検索での実行結果の一部を示した

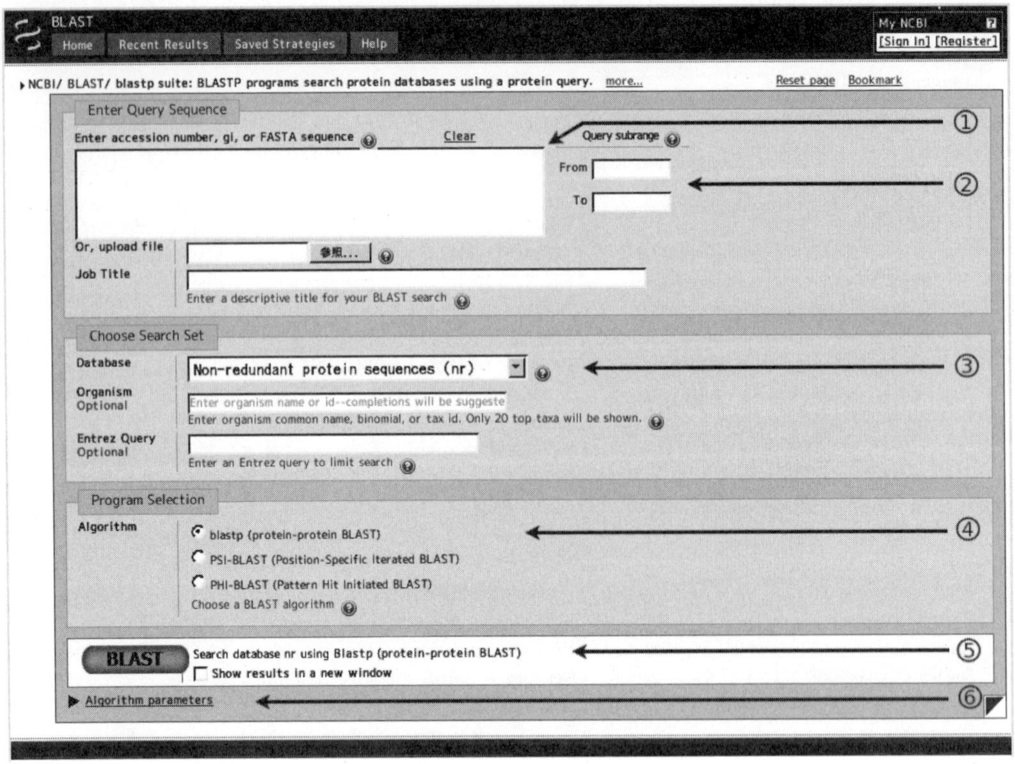

図8.19　protein blastの入力画面

入力画面はEnter Query SequenceとChoose Search SetとProgram Selectionの3つの部分からなる．①で問い合わせ配列の入力を行い，③でデータベースを選択し，④で検索アルゴリズムを選択した後，⑤のBLSASTボタンをクリックして検索を実行する．他のnucleotide blastなどでもほぼ同一の入力画面構成となっている．

図8.20　NCBI-BLAST検索終了待ちのFormatting Results画面

検索が終了するまで，この画面が再表示され続ける．protein blast実行時には，conserved domain検索の結果①も表示される．

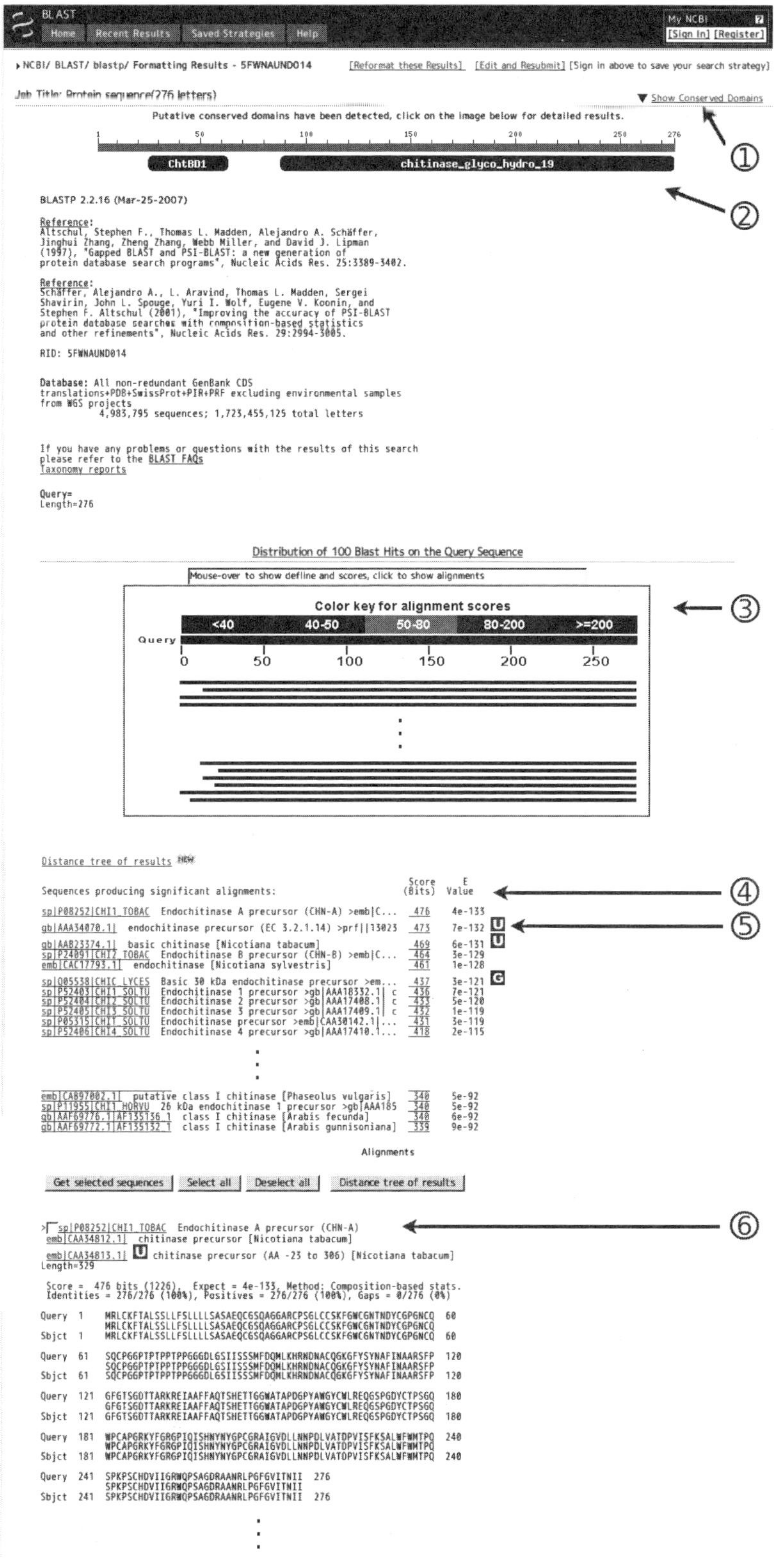

図8.21 NCBI-BLAST検索の実行結果（blastp）

blastp検索の実行結果は②のconserved domain検索の結果，③のGraphical Overview表示，④の検索結果のサマリー，⑥の配列のペアワイズアラインメントの部分に分けて表示される．

ものである．検索結果はGraphical Overview表示（図8.21③）と，検索結果のサマリー（図8.21④）と，配列のペアワイズアライメント（図8.21⑥）の3つの部分に分けて表示される．また，protein blastではconserved domain検索の結果もShow Conserved Domains（図8.21①）の部分をクリックすると表示することができる（図8.21②）．

Graphical Overview（図8.21③）では，ヒットしたデータベース中の配列をそれぞれ色をつけた直線で表して，問い合わせ配列（Query）の全長に対してどの位置で類似性を示したかを，問い合わせ配列に対してアライメントすることで示してある．直線の色はアライメントのスコアを示しており，スコアの高いものから赤色，ピンク色，緑色，青色，黒色と表示される．この直線をクリックすると，それに対応するヒットした配列と問い合わせ配列のペアワイズアライメント結果が表示される．

検索結果のサマリー（図8.21④）では，検索でヒットした配列がE値の小さい順に並べられ，その配列のアクセッション番号，簡単な説明，アライメントのスコア，E値が表示されている．E値とはアライメントの結果を評価するための統計的な値で，この値が小さいほど類似性が高いことを示す．一般的にE値が0.02より小さいときには，そのアライメントの結果の配列の一致は十分に有意だと考えられるが，E値が1より大きいときには，そのアライメントの結果の有意性は疑わしいと考えられる．各データのアクセッション番号の部分をクリックすると，データベースに登録された情報が表示される．また，アライメントのスコアの部分をクリックすると，問い合わせ配列とのペアワイズアライメントの結果へと表示が移動する．さらに，その配列に関する情報がNCBIで公開されている他のデータベースに存在する場合には，E値の右側にアイコンでリンク情報が表示される（図8.21⑤）．アイコンの文字はデータベースの種類を示しており，UはUniGeneデータベース，GはRefSeq[18]データベース，EはGEO Profilesデータベース，Sは立体構造のデータベースへのリンクを表している．このアイコンをクリックすると各データベース中の対応する内容が表示される．

配列のペアワイズアライメント（図8.21⑥）では，検索結果のサマリーで示されていた情報に加えて，問い合わせ配列（Query）とヒットした配列（Sbjct）の間でのペアワイズアライメントの結果が表示される．

3.1.6　BLAST検索での注意事項

数百から数千の配列をBLASTにかけて解析を行いたいは場合には，多くの人がアクセスする公共のNCBI-BLASTなどのデータベースを使うとサーバーに過重な負荷を与えるため，他のユーザーの迷惑になる可能性がある．また，問い合わせ配列をインターネット経由で外部に流すことができない場合もある．このような場合には，自前のコンピューター上にBLASTのプログラムとデータベースをインストールしてローカルな環境でBLASTを実行すると，この問題を解決することができる．NCBIではBLASTの実行形式のプログラムやソースコードだけでなく，データベースも公開しており（http://www.ncbi.nlm.nih.gov/BLAST/download.shtml），これを利用することでローカルな環境でBLASTを構築することができる．

3.2 マルチプルアライメントと進化系統樹

調べたい配列に対して相同性のある配列が複数存在する場合には，それらの配列を整列させる（マルチプルアライメント）ことで様々な情報を得ることができる．これを行うプログラムとしてCLUSTAL W[19]があげられる．CLUSTAL Wでは，初めにBLASTと同様にスコア行列を用いてペアワイズアライメントを行い，その結果からガイド系統樹を作製してからマルチプルアライメントを行う．このCLUSTAL Wは様々なウェブサイト上で実行することができるが，ここではDDBJのCLUSTALW analyzing system（http://clustalw.ddbj.nig.ac.jp/top-j.html）を使ってマルチプルアライメントを行う．

図8.22はDDBJのCLUSTAL Wの入力画面である．アライメントを行いたい複数の配列をFASTA形式で図8.22①に連続して入力し，TYPE（図8.22②）で，入力した配列がDNAであるかPROTEINであるかを選択する（AUTOMATICでは自動判別を行えるが，その時にはデフォルト状態での解析しか行えない）．また，ALIGNの項目（図8.22③）のチェックボタンをONにすると，アライメント時のパラメーターの設定を行える．例えばQUICKTREEをONにすると，ペアワイズアライメント実行時に速さを重視するように設定できる．TREEの項目（図8.22④）をONにすると，近隣結合距離法（NJ法）による進化系統樹の計算を行うことができる．BOOTSTRAPの項目（図8.22⑤）をONにすると，ブートストラップ確率計算を行い系統樹の信頼性を評価することができる．最後に入力内容の送信ボタンを押すと，CLUSTAL Wが実行され結果が表示される．

実行結果（図8.23）には，query.aln以下（図8.23①）にマルチプルアライメントの結果が，query.dnd以下（図8.23②）にガイド系統樹の結果が，そしてTREEやBOOTSTRAPを指定して進化系統樹の計算を行った時には，TREEの結果はquery.ph以下（図8.23③）に，BOOTSTRAPの結果はquery.phb以下に表示される．マルチプルアライメント結果では，複数の配列をギャップ（−）を挿入しながら最もうまく整列するようにアライメントして表示してある．アライメント行の最下部には，全ての配列中でそのサイトがどのくらい保存されているのかを，完全に保存されたサイトは＊で，高度に保存されたサイトは：で，中程度に保存されたサイトは.で示してある．query.alnの部分をクリックすると，この結果をファイルでダウンロードすることができる．

進化系統樹の計算結果はphylip形式で表示されており，query.phやquery.phbの部分をクリックするとそれぞれの結果をダウンロードすることができる．この結果はそのままでは判りにくいので，グラスゴー大学のRod PageによってTreeView（http://taxonomy.zoology.gla.ac.uk/rod/treeview.html）を使うことでグラフィック表示を行うと判りやすくなる（図8.24）．アミノ酸や塩基配列の違いを進化距離として隣接する配列をまとめる階層的クラスタリングによって系統樹を作製する近隣結合距離法は，配列間の類似性が高い場合にはよい結果を与えるが，類似性が低い場合には間違った結果を与えることもある．その場合には，最大節約法や最尤法（さいゆうほう）などのように，進化的変化のモデルに従って仮定する変異の数が最小になるものを最適な解として系統樹を作製する方法を試すことが必要となる．これらの各種の技法がまとめられた最も有名なプログラムとしてPHYLIPパッケージ（http://evolution.genetics.washington. edu/phylip.html）がある．

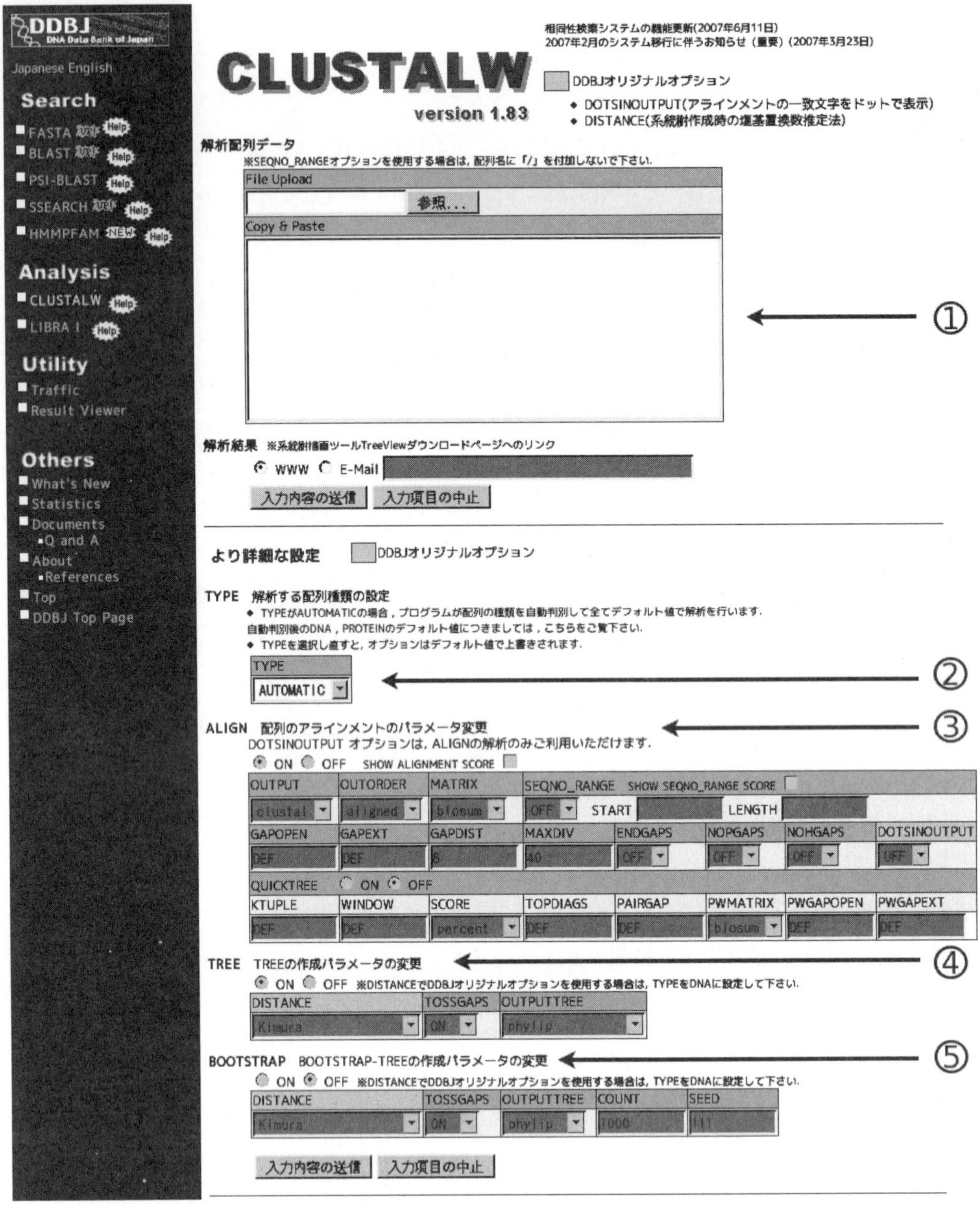

図8.22　DDBJのCLUSTAL Wの入力画面

①に配列のデータをFASTA形式で複数まとめて入力して，②で入力配列がDNAかPROTEINかを選択する．③，④，⑤を設定した後，入力内容の送信ボタンをクリックすると，CLUSTAL Wが実行される．

受付番号は、【　　　　　　　　　　　】です。

```
************** [align] **************

options = -align -type=protein -matrix=blosum -gapdist=8 maxdiv=40 -outorder=aligned -gapopen=10 -gapext=

 CLUSTAL W (1.83) Multiple Sequence Alignments



Sequence type explicitly set to Protein
Sequence format is Pearson
Sequence 1: P08252          329 aa
Sequence 2: BAB82473        319 aa
Sequence 3: 1DXJ_A          242 aa
Sequence 4: 1CNS_A          243 aa
Sequence 5: CAH58717        288 aa
Start of Pairwise alignments
Aligning...

== Aligned score is not displayed ==

Guide tree        file created:   [/disk/www/html/homology/c_results/20061110144537_16199/query.dnd]
Start of Multiple Alignment
There are 4 groups
Aligning...

== Aligned score is not displayed ==

Alignment Score 9769
CLUSTAL-Alignment file created  [/disk/www/html/homology/c_results/20061110144537_16199/query.aln]


query.aln                                                                        ①
CLUSTAL W (1.83) multiple sequence alignment


P08252          --------MRLCKFTALSSLLFSLLLLSASAEQCGSQAGGARCPSGLCCSKFGWCGNTND
1DXJ_A          ------------------------------------------------------------
BAB82473        -----------MRGVVVVAMLAAAFAVSAHAEQCGSQAGGATCPNCLCCSKFGFCGTTSD
1CNS_A          ------------------------------------------------------------
CAH58717        MGRTTGTSVGHQHHVAAFVVVALVALVRFVASQGECSESTACPDNTMCCSQYNYCGTGDA

                                      .
                                      .
                                      .


P08252          QDRIGFYRRYCSILGVSPGDNLDCGNQRSFGNGLLVDTM
1DXJ_A          GDRIGFYKRYCDVLHLSYGPNLNCRDQRPFGG-------
BAB82473        ADRIGFYKRYCDLLGVSYGDNLDCYNQRPFA--------
1CNS_A          ADRIGFYKRYCDILGVGYGNNLDCYSQRPFA--------
CAH58717        TNRVTYYTNFCNSLGVDPGTDLRC---------------
                 :*: :* .:*. * :. * :* *


query.dnd                                                                        ②
(
(
P08252:0.12981,
1DXJ_A:0.17597)
:0.01094,
(
BAB82473:0.08238,
1CNS_A:0.09869)
:0.05582,
CAH58717:0.46122);

************** [tree] **************                                           ③

options = -tree -outputtree=phylip -kimura -tossgaps
 CLUSTAL W (1.83) Multiple Sequence Alignments



Sequence format is Clustal
Sequence 1: P08252          339 aa
Sequence 2: 1DXJ_A          339 aa
Sequence 3: BAB82473        339 aa
Sequence 4: 1CNS_A          339 aa
Sequence 5: CAH58717        339 aa
Phylogenetic tree file created:   [/disk/www/html/homology/c_results/20061110144537_16199/query.ph]


query.ph
(
P08252:0.14283,
1DXJ_A:0.23658,
(
BAB82473:0.09886,
(
1CNS_A:0.09495,
CAH58717:0.73091)
:0.04265)
:0.03631);
```

図8.23　DDBJのCLUSTAL Wの実行結果

①にマルチプルアライメントの結果，②にガイド系統樹の結果，③に進化系統樹の計算結果が表示される

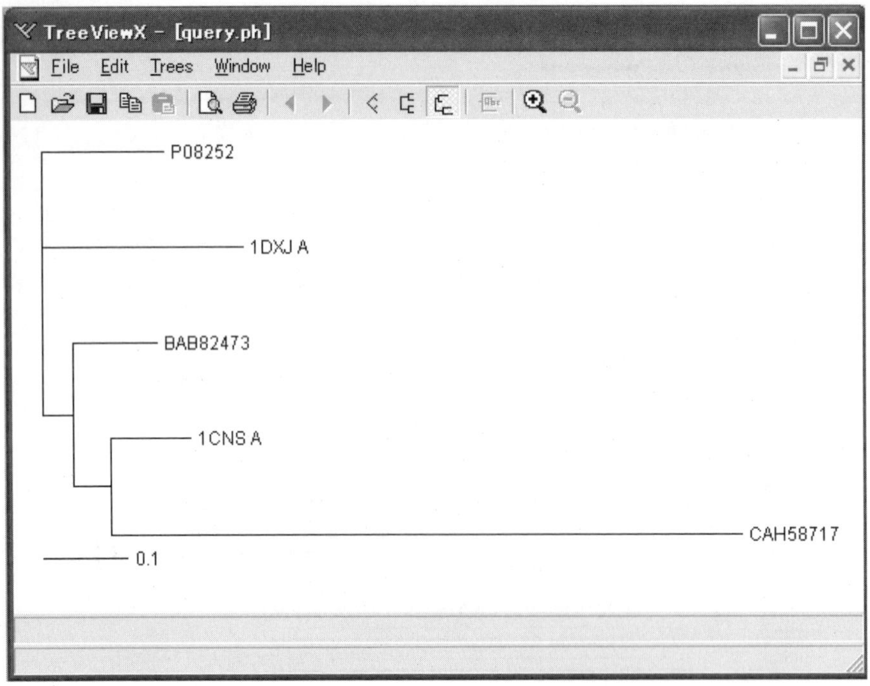

図8.24　TreeViewによる進化系統樹の表示

TreeViewはCLUSTAL Wなどで計算された進化系統樹計算の結果を，グラフィック表示するためのプログラムである．

4.　アミノ酸配列からの機能解析

タンパク質のアミノ酸配列は，それをコードしている塩基配列と比べて，進化的過程において配列が保存されることが多い．そのためタンパク質の機能解析を行う際には，アミノ酸配列を用いて解析を行う方が多くの情報が得えられる可能性が高い．機能が類似したタンパク質のアミノ酸配列中には，共通の特徴的な配列パターンが存在することがある．このような配列パターンのうち，短い配列をモチーフ（motif），複数のモチーフを含む長い領域をドメイン（domain）と呼ぶ．機能未知のタンパク質のアミノ酸配列中に存在するこのモチーフやドメインを調べることで，そのタンパク質の機能を予測することが可能になる場合がある．モチーフやドメインの情報は，配列のパターンとそのタンパク質の機能が関連づけられてデータベース化され，様々なウェブサイト上で公開され利用することができる．

4.1　InterProScan

EBIのInterPro[20]データベースは，各種のタンパク質のモチーフやドメインや機能部位などの複数のデータベースの情報を統合したデータベースであり，タンパク質のドメインやモチーフのデータベースであるProDom[21]（BlastProDom），PRINTS[22]（FPrintScan），PIR[23]（HMMPIR），Pfam[24]（HMMPfam），SMART[25]（HMMSmart），TIGRFAMs[26]（HMMTigr），PROSITE[27]（ProfileScan[28]，ScanRegExp），SuperFamily[29]，PANTHER[30]（HMMPanther），Gene3D[31]の内容が統合されている．

InterProScan[32]（http://www.ebi.ac.uk/InterProScan/）を用いると，この統合データベースに対してアミノ酸配列を使った横断的な検索を行うことができ，さらにシグナルペプチドの存在と切断部位の予測を行うSignalP[33]（SignalPHMM）や膜貫通ヘリックス領域の予測を行うTMHMM[34]も同時に実行できる(図8.25)．検索は，Enter or Paste a PROTEIN/DNA Sequence in any format(図8.25①)に問い合わせ配列（自由形式，FASTA形式，EMBL形式，GenBank形式など）を入力することで行う．問い合わせ配列に塩基配列を使った場合には，配列全体を6通りの読み枠でアミノ酸配列に翻訳してから検索を行う．このときには図8.25②の選択ボックスでDNAを選び，TRANSLATION TABLE（図8.25③）で翻訳に使用するコドンの種類を選択する．また，APPLICATIONS TO RUN（図8.25④）では検索時に使用するサービス（データベース）を選択することができる．RESULTS

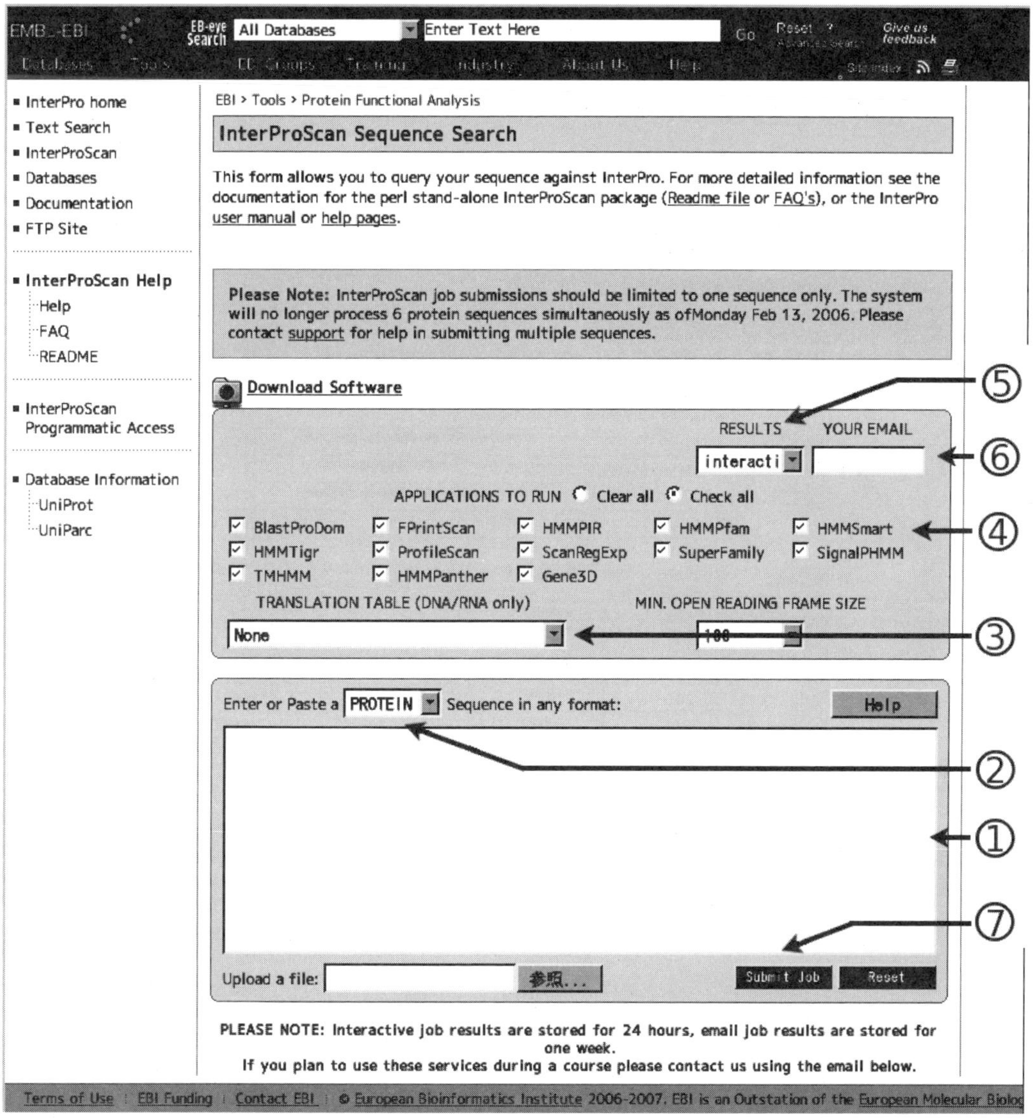

図8.25 EBIのInterProScanの入力画面

①で問い合わせ配列の入力を行い，②で塩基配列かアミノ酸配列かを指定する．④で検索時に用いるデータベースを指定したのち，⑦のSubmit Jobをクリックすると検索が行われる．

（図8.25⑤）では結果の出力方法を選ぶことができる．通常はinteractiveを選んでウェブブラウザ上で結果を見るが，検索に時間がかかる場合にはe-mailを用いる方が便利である．なお，e-mailを選択した際にはYOUR EMAIL（図8.25⑥）にメールアドレスを入力することで検索結果の表示されるURLが通知される．入力が完了したら，Submit Jobのボタン（図8.25⑦）をクリックすると検索が開始されて，interactiveモードでは実行の終了を待つ画面が表示される．

検索が完了するとPicture View形式で結果が表示される．図8.26は図8.1のendochitinase遺伝子で予測されたアミノ酸配列に対するInterProScanの結果である．ヒットした結果はDomain, Family, Repeat, Siteなどのタイプに分類されてテーブルで表示される．それぞれのタイプの左側カラムにはInterProデータベース中でヒットしたデータのアクセッション番号を表示し，右側カラムには各データベースごとのヒットしたデータのアクセッション番号と問い合わせ配列上での位置を図示してある．今回の検索結果では，このタンパク質がGlycoside hydrolaseドメイン中にchitinaseに関連するドメインを持ち，さらにN末端側にChitin結合ドメインを持つことが示されている．なお，アクセッション番号の頭のアルファベットはデータベースの種類を示しており

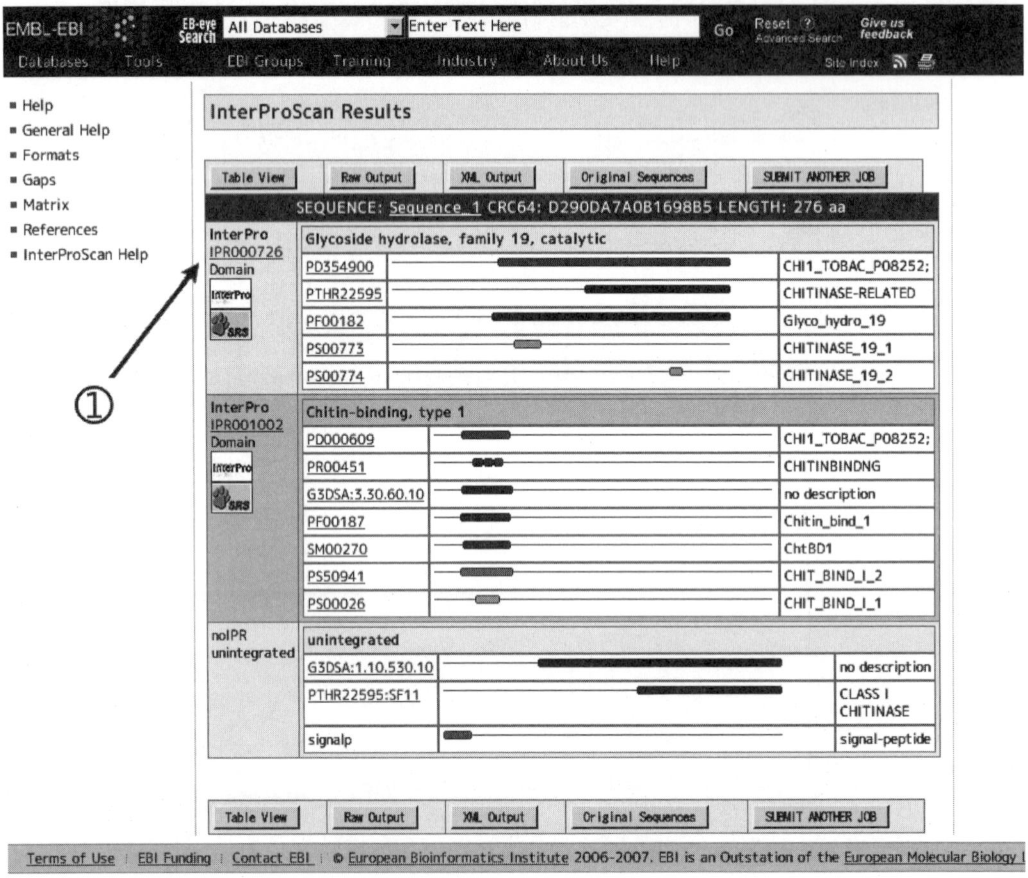

図8.26　InterProScanの実行結果

検索結果はPicture View形式で表示される．ヒットした結果はDomain, Family, Repeat, Siteなどのタイプに分類されてテーブルで表示される．テーブルの左側カラムにはInterProデータベース中でのアクセッション番号が表示され，右側カラムには各データベースでのアクセッション番号と問い合わせ配列上での対応する位置が表示される．

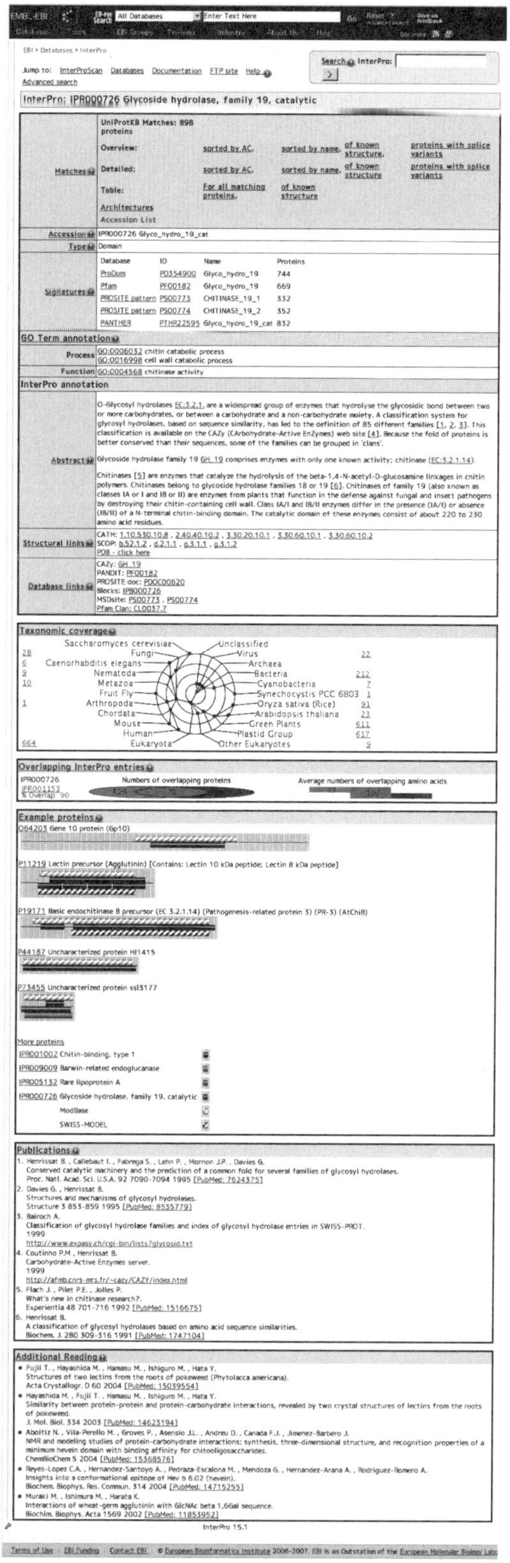

図8.27　InterProScanのIPR000726のデータの詳細画面

図8.26の①のIPR000726をクリックしたときに表示されるデータを示す．ここには各データベースに対するリンクと共に，このファミリーの機能や立体構造や文献に関する情報も表示されている．

表8.4　InterProScanでのアクセッション番号の頭文字とデータベース名

アクセッション番号の頭文字	データベース名
IPR	InterPro
PD	ProDom
PF	Pfam
PS	PROSITE
PR	PRINTS
SM	SMART
G3D	Gene3D
PTHR	PANTHER
SSF	SuperFamily

（表8.4），このアクセッション番号をクリックするとその内容が詳しく表示される．例えば，図8.26①のIPR000726をクリックするとInterPro中のGlycoside hydrolase family 19に関する記述（図8.27）が表示され，各データベースに対するリンクと共に，このファミリーの機能や立体構造や文献に関する情報も示される．

4.2　CD-Search（NCBI-BLAST）

NCBIのCCD[35]（Conserved Domain Database）は，様様な生物種のタンパク質のオルソログの配列をまとめたデータベースであるCOG[36]（Clusters of Orthologous Groups）と，タンパク質のドメインやモチーフのデータベースであるSMARTおよびPfamと，CDD独自のデータベース（cd）からconserved domain（生物種を限らずによく見出されるドメイン構造）の情報をまとめて，これをタンパク質の機能と関連づけて分類したデータベースである．NCBIのCD-Search[37]（http://www.ncbi.nlm.nih.gov/Structure/cdd/wrpsb.cgi）では，このデータベース中のPSSM情報を利用してRPS-BLAST検索を行うことで，問い合わせ配列中に存在するconserved domainの検索を通常のblastpよりも高感度に行うことができ，タンパク質の機能解析に便利である．CD-Searchの実行は，ウェブページ（図8.28）で問い合わせアミノ酸配列を入力して実行ボタンをクリックすることで行える．また，3.1.2項のアミノ酸配列を問い合わせ配列としたNCBI-BLAST検索（blastpなど）を行う時には，

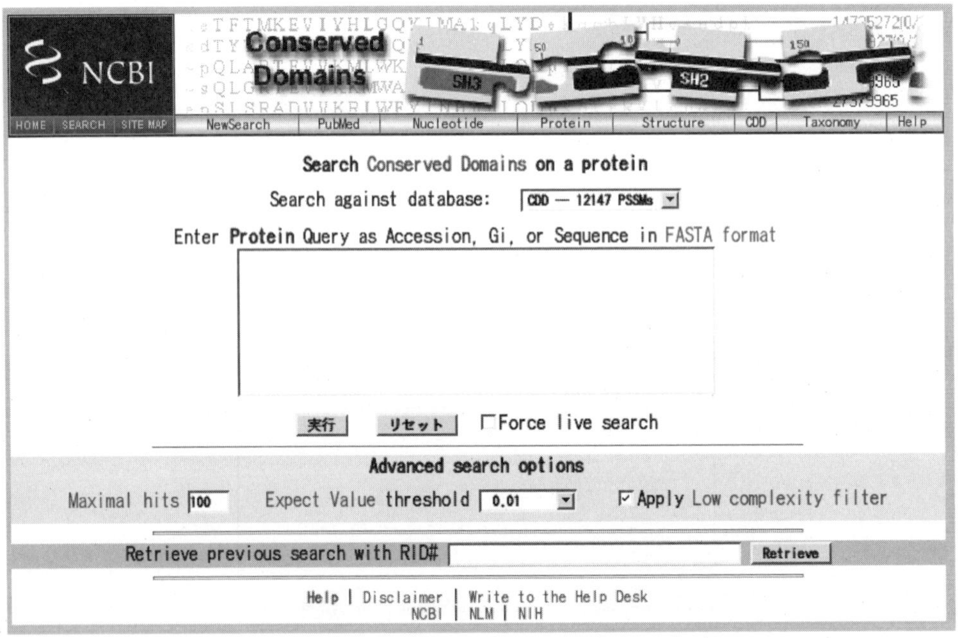

図8.28　NCBIのCD-Searchの入力画面

CD-Searchでは，問い合わせ配列中に存在するconserved domain（生物種を限らずによく見出されるドメイン構造）の検索を行える．

CD-Search検索も同時に行われる.

CD-Searchの結果の表示方式はチェックボックスを使って，簡略なConcise Result形式と詳しいFull Result形式の2つから選択することができる．図8.29は図8.1のendochitinase遺伝子で予測されたアミノ酸配列に対するFull Result形式での実行結果である．結果の上部には，ヒットしたconserved domainの問い合わせ配列上での位置を図で示してある．この例ではN末端側にChitin結合ドメインを持ち，残りの部分にGlycoside hydrolaseドメインがあることが示されている．それぞれのconserved domainの図の上にマウスカーソルを合わせると簡単な説明が表示され，

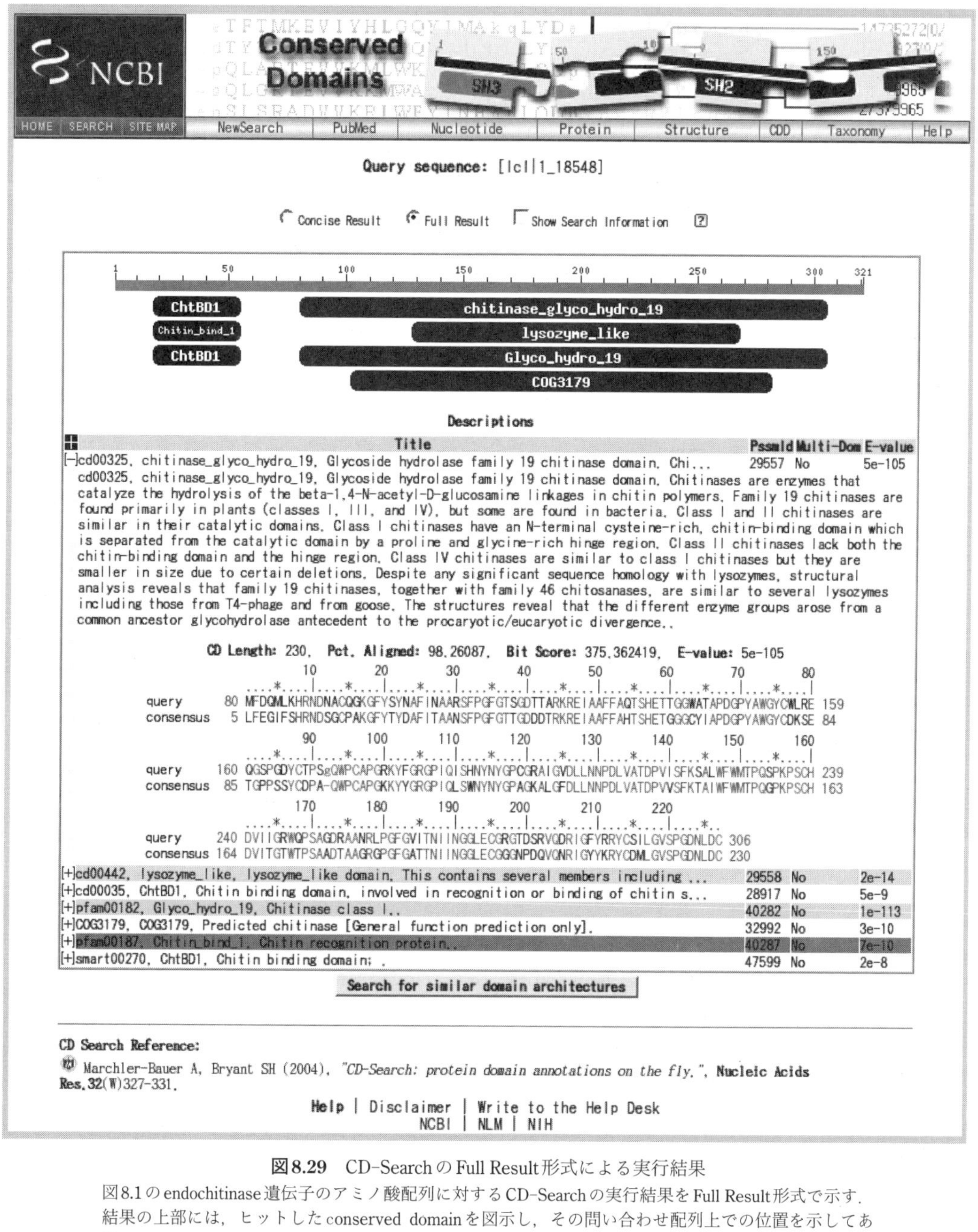

図8.29　CD-SearchのFull Result形式による実行結果

図8.1のendochitinase遺伝子のアミノ酸配列に対するCD-Searchの実行結果をFull Result形式で示す．結果の上部には，ヒットしたconserved domainを図示し，その問い合わせ配列上での位置を示してある．

クリックすると詳しい説明が表示される．結果の下部にはヒットしたconserved domainのリストが表示される．リスト先頭にある[+]をクリックすると，そのconserved domainの説明および，問い合わせ配列（query）とconserved domainのコンセンサス配列（consensus）のペアワイズアライメント結果が表示される．

4.3 MOTIF

2.4項で紹介したモチーフ検索のサーバーであるMOTIF（http://motif.genome.jp/）は，アミノ酸配列を問い合わせ配列とすると，配列中のモチーフやドメインの検索が行える．検索の実行は，図8.14①に問い合わせアミノ酸配列を入力して，For Protein（図8.14④）にチェックを入れ，Searchボタンをクリックすることで行う．検索時に使用するデータベースは，PROSITE, BLOCKS[38]，PRINTS，ProDom，Pfamの中から複数のものを選択することができる（図8.14⑤）．例として，図8.1のendochitinase遺伝子で予測されたアミノ酸配列をいくつかのデータベースで検索した結果が図8.30であり，それぞれのデータベースで見つかったモチーフが表として示されている．この表の中には，モチーフのアクセッション番号および問い合わせ配列中での位置とその簡単な説明などが表示されており，アクセッション番号をクリックすると詳しい説明が表示され，Detailボタンをクリックするとさらに詳しい説明が表示される．

またMOTIFでは，問い合わせ配列中のモチーフ検索とは逆に，ユーザーが定義したモチーフのプロファイルを使ってアミノ酸配列のデータベースの検索を行い，ユーザー定義のモチーフをもつタンパク質を探し出すこともできる．

4.4 細胞内局在予測

遺伝子が翻訳されて出来たタンパク質が正しく働くためには，そのタンパク質が働くべき細胞内小器官へと輸送されないといけない．これをコントロールする仕組みとしてタンパク質配列内の局在化シグナルがあり，この局在化シグナルの存在や細胞内局在部位を予想するシステムにPSORT[39]（http://psort.ims.u-tokyo.ac.jp/）がある．PSORTには予測の手法や対応する生物種によっていくつかの異なるシステムが存在するが，植物に対してはPSORT，iPSORTやWoLF PSORT[40]を使用することができる（図8.31）．例えばWoLF PSORTでの予測は，図8.32①に問い合わせアミノ酸配列を入力し，organism type（図8.32②）でAnimal/Plant/Fungiの中から当てはまる生物種を選択して，実行ボタン（図8.32③）をクリックすることで行う．なお，問い合わせ配列にはプロセシングを受けていない完全長の配列が必要で，部分配列ではよい結果が得られない可能性がある．

実行結果は，初めは局在場所の予測結果だけが1行で示される．予測される局在部位は略号で示され，それぞれ葉緑体（chlo），細胞質（cyto），細胞骨格（cysk），小胞体（E.R.），細胞外（extr），ゴルジ体（golg），ライソソーム（lyso），ミトコンドリア（mito），核（nucl），ペルオキシソーム（pero），細胞膜（plas），液胞膜（vacu）を表している．この結果のDetailをクリックすると，類似タンパク質のリストや局在化特徴量などの詳しい予測結果が表示される．図8.33は，図8.1の

Your Query Sequence:
mrlckftalssllfslllsasaeqcgsqaggarcpsglccskfgwcgntndycgpgncq
sqcpggptptpptppgggdlgsiisssmfdqmlkhrndnacqgkgfysynafinaarsfp
gfgtsgdttarkreiaaffaqtshettggwatapdgpyawgycwlreqgspgdyctpsgq
wpcapgrkyfgrgpiqishnynygpcgraigvdllnnpdlvatdpvisfksalwfwmtpq
spkpschdviigrwqpsagdraanrlpgfgvitnii

Number of found motifs: 183

No motif was found in prosite pattern.

PROSITE PROFILE

Found Motif	Position(Score)	PROSITE	Description	Related Structures
T_SNARE	1..63(310) Detail	PS50192	t-SNARE coiled-coil homology domain profile.	12
ATP_GRASP	1..195(0) Detail	PS50975	ATP-grasp fold profile.	44
ABC_TM2	1..229(0) Detail	PS51012	ABC transporter integral membrane type-2 domain profile.	--

BLOCKS

BLOCKS	Position(Score)	Description	Related Sequence
IPB000726D	181..224(1665) Detail	Glycoside hydrolase, family 19	259
IPB000726C	109..163(1553) 108..162(1041) Detail	Glycoside hydrolase, family 19	259
		⋮	
IPB004054G	70..81(1018) Detail	Kv4.1 voltage-gated K+ channel signature	4
IPB013099	138..154(1018) Detail	Ion transport 2, bacterial	19
IPB000494E	215..250(1017) Detail	Epidermal growth-factor receptor (EGFR), L domain	238
IPB001591A	78..128(1017) Detail	Orthomyxoviridae RNA polymerase, PB2 subunit	352
IPB002273A	55..73(1017) Detail	Lutropin-choriogonadotropic hormone receptor precu	11
IPB002473A	5..28(1017) Detail	Interleukin-8 signature	99

ProDom

ProDom	Position(Score)	Description
PD354900	89..276(320) Detail	CHITIN-BINDING CHITINASE HYDROLASE GLYCOSIDASE PRECURSOR SIGNAL ENDOCHITINASE CHITIN DEGRADATION CLASS
PD190656	88..148(89.7) Detail	DEGRADATION WIN6.2B CHITIN-BINDING GLYCOSIDASE CHITIN ACIDIC FAMILY MULTIGENE SIGNAL PRECURSOR

PRINTS

PRINTS	Position(Score)	Description	Related Sequence
GPCRRHODOPSN4	3..24(1048) 1..20(1045) 5..26(1020) 225..246(1019) Detail 10..31(1016) 6..27(1011) 102..123(1009)	Rhodopsin-like GPCR superfamily signature	--
GPCRRHODOPSN7	1..27(1008) Detail	Rhodopsin-like GPCR superfamily signature	--
GPCRRHODOPSN1	9..33(1006) Detail	Rhodopsin-like GPCR superfamily signature	--

図8.30 MOTIFのアミノ酸配列に対する検索の実行結果

MOTIFで図8.1のendochitinase遺伝子のアミノ酸配列を問い合わせ配列として，問い合わせ配列中のモチーフやドメインの検索を行った結果を示す．Detailボタンをクリックするとさらに詳しい説明が表示される．

PSORT:
Prediction of Protein Sorting Signals and Localization Sites in Amino Acid Sequences

PSORT WWW Server

PSORT is a computer program for the prediction of protein localization sites in cells. It receives the information of an amino acid sequence and its source orgin, *e.g.*, Gram-negative bacteria, as inputs. Then, it analyzes the input sequence by applying the stored rules for various sequence features of known protein sorting signals. Finally, it reports the possiblity for the input protein to be localized at each candidate site with additional information.

PSORT is mirrored at Tokyo, Okazaki, and Peking

- December 1, 1998, Official release of the PSORT II package
- June 1, 1999, K. Nakai moved to Univ. Tokyo
- October 13, 1999, The Web server has been moved from Osaka to Tokyo
- March 11, 2001, Introduction of iPSORT
- September 23, 2001, New mirror site at Peking University
- December 22, 2001, Distribution of caml-iPSORT
- January 18, 2003, Replacing the training data for PSORT II at Peking
- February 22, 2003, Rebuilding the PSORT II server at Tokyo
- April 16, 2003, Minor update of the top page
- November 9, 2003, Minor updates of several pages
- May 27, 2005, Link to WoLF PSORT; update some links

CONTENTS

WoLF PSORT (an update of PSORT II for fungi/animal/plant sequences)

WoLF PSORT Prediction

PSORT II (Recommended for animal/yeast sequences)

PSORT II Users' Manual
PSORT II Prediction

PSORT (Old version; for bacterial/plant sequences)

PSORT Users' Manual (WWW version)
PSORT Prediction

iPSORT (Detection of N-terminal sorting signals)

iPSORT Prediction
How to Obtain iPSORT (caml-iPSORT)

PSORT-B (Recommended for Gram-negative bacteria)

PSORT-B Prediction

Other Information

PSORT Bibliography
PSORT Users' Manual (e-mail version)

PSORT program was coded by: Kenta Nakai, Ph.D., Human Genome Center, Institute for Medical Science, University ot Tokyo, Japan (knakai@ims.u-tokyo.ac.jp). Binary program for Sun/Solaris OS is freely available upon request.

PSORT II is based on the collaboration with Paul Horton (horton-p@aist.go.jp). PSORT II based on the SWISS-PROT data is freely distributed under the GNU General Public License agreement. Send e-mail to: knakai@ims.u-tokyo.ac.jp to get a copy.

iPSORT is based on the collaboration with Hideo Bannai (IMS, U. Tokyo; now: Kyushu Univ.), Yoshinori Tamada (IMS, U. Tokyo), Osamu Maruyama (Kyushu U.), and Satoru Miyano (IMS, U. Tokyo). A version of iPSORT, written in the OCaml language, is distributed freely upon request. Contact Bannai for details.

PSORT-B, a program applicable to the sequences of Gram-negative bacteria, is available at the new portal site (www.psort.org) maintained by Fiona Brinkman's laboratory, Simon Fraser U., Canada since July, 2003.

WoLF PSORT, is developed and served by Paul Horton et al. (in collaboration with K. Nakai) at CBRC, AIST, JAPAN since April, 2005.

Notice
YPD<TM> localization information and title lines are provided by courtesy of Incyte Genomics, Inc. SWISS-PROT is now maintained by the EMBL and the Swiss Institute of Bioinformatics (SIB).

Special thanks to Minoru Kanehisa for support, to Toshiyuki Okumura, Toshiki Ohkawa, and Tomoki Miwa for technical assistance, and to Amos Bairoch and the people of Incyte Genomics, Inc. for the allowance of integrating an excerpt of SWISS-PROT and YPD<TM>, respectively. The mirror server at Peking is maintained by Yunjia Chen and Jingchu Luo (Thanks!).

Last update: May 27, 2005
knakai@ims.u-tokyo.ac.jp

図8.31 PSORTのウェブページのトップ

PSORTでは，アミノ酸配列内の局在化シグナルの存在や細胞内局在部位を予想するために，PSORT，iPSORT，WoLF PSORTなどのシステムが予測を行う生物種に合わせて用意されており，この画面から選択して実行することができる．

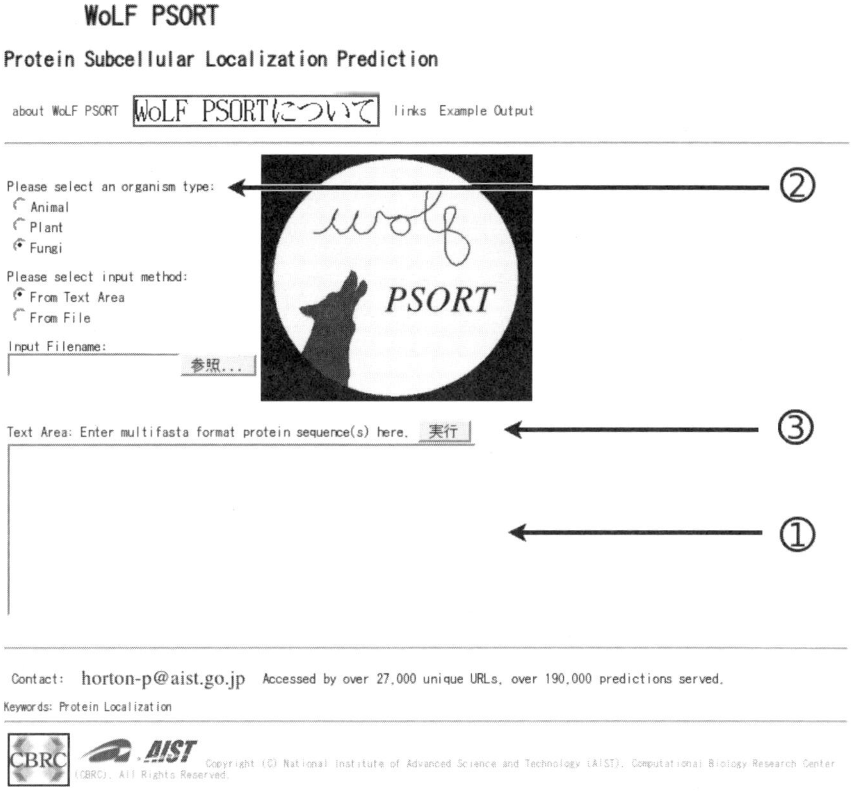

図 8.32　WoLF PSORT の入力画面
①に解析を行いたいアミノ酸配列を入力して，②で生物種を選択する．③の実行をクリックすると，WoLF PSORT が実行される．

endochitinase 遺伝子で予測されたアミノ酸配列に対して WoLF PSORT を使って予測を行った詳細な結果で，このタンパク質は細胞外分泌タンパク質であろうと予測された．

4.5　膜タンパク質予測

アミノ酸の配列から膜タンパク質であるかどうかを予測するシステムには，InterProScan で述べた TMHMM 以外にも SOSUI[41]（http://bp.nuap.nagoya-u.ac.jp/sosui/）というシステムが存在する．SOSUI は問い合わせ配列をもとに α–ヘリックスからなる膜タンパク質であるかどうかを予測するシステムで，β バレル構造を持つ膜タンパク質の予測には使えない．SOSUI の実行は，ウェブページの SOSUI system の SOSUI にて，問い合わせアミノ酸配列を入力して Exec ボタンをクリックすることで行える．予測結果には，膜タンパク質であるなら，問い合わせ配列上での膜貫通領域の予測位置（図 8.34①），疎水性プロファイルのプロット図（図 8.34②），膜貫通ヘリックスの Helical wheel diagram 表示（図 8.34③），そしてスネークライクプロット（図 8.34④）が図示される．水溶性タンパク質と予想された場合には，疎水性プロファイルのプロットのみが表示される．

queryProtein WoLFPSORT prediction extr: 6, chlo: 3, vacu: 3, golg: 2

PSORT features and traditional PSORTII prediction

14 Nearest Neighbors

id	site	distance	identity	comments
CHI4_BRANA	extr	245.107	38.0952%	[Uniprot] SWISS-PROT45:Extracellular.
GAS4_ARATH	extr	248.838	10.8696%	[Uniprot] SWISS-PROT45:Secreted.
FBH1_CUPWR	chlo	259.544	12.75%	[Uniprot] SWISS-PROT45:Chloroplast.
At2g30290.1	golg	261.852	11.36%	[Arath]
At4g35350.1	vacu	270.115	14.3662%	[Arath]
ASPR_CUCPE	vacu	301.175	12.6706%	[Uniprot] SWISS-PROT45:Vacuolar.
At2g44920.1	chlo	303.382	13.0435%	[Arath] Subclass:thylakoid
AMP1_MACIN	extr	309.853	10.5072%	[Uniprot] SWISS-PROT45:Secreted.
GST1_LYCES	extr	332.123	13.0435%	[Uniprot] SWISS-PROT45:Secreted.
At3g21920.1	extr	337.883	9.89399%	[Arath]
MPH1_HOLLA	extr	341.457	12.2302%	[Uniprot] SWISS-PROT45:Secreted.
FBH2_CUPWR	chlo	342.477	13.1841%	[Uniprot] SWISS-PROT45:Chloroplast.
At4g38240.1	golg	344.437	11.9369%	[Arath]
VCLC_PEA	vacu	346.228	12.1739%	[Uniprot] SWISS-PROT45:Cotyledonary membrane-bound vacuolar protein bodies.

Normalized Feature Values

id	site	iPSORT		PSORT Features														Amino Acid Content								Misc.
		MbHy1_30	Mx-1_20	dna	erl	m1b	m3a	mNt	mip	mit	nuc	pox	psg	rib	rnp	tms	yqr	A	C	Q	H	I	L	S	V	length
queryProtein	extr?	92	71	47	50	48	47	49	71	73	30	49	92	49	50	84	94	57	98	80	36	37	15	73	0	39
CHI4_BRANA	extr	96	45	47	50	48	47	49	100	48	30	49	88	49	50	84	94	36	99	66	23	23	23	48	5	38
GAS4_ARATH	extr	99	45	47	50	48	47	49	81	72	30	49	96	49	50	84	94	2	100	93	16	8	21	50	9	4
FBH1_CUPWR	chlo	71	71	47	50	48	47	49	75	80	30	49	88	49	50	84	94	83	91	61	37	77	50	91	36	61
At2g30290.1	golg	94	45	47	50	48	47	49	63	72	30	49	97	49	50	84	94	35	99	79	23	75	15	14	27	85
At4g35350.1	vacu	93	45	47	50	48	47	49	68	64	65	49	77	49	50	84	94	30	85	57	67	32	32	69	24	50
ASPR_CUCPE	vacu	96	45	47	50	48	47	49	70	57	30	49	85	49	50	84	94	35	87	66	40	57	39	60	81	75
At2g44920.1	chlo	90	45	47	50	48	47	49	71	84	30	49	78	49	50	84	94	36	72	68	35	13	89	97	29	25
AMP1_MACIN	extr	95	45	47	50	48	47	49	21	63	30	49	84	49	50	84	94	90	99	71	56	41	1	93	10	4
GST1_LYCES	extr	100	45	47	50	48	47	49	63	69	30	49	85	49	50	84	94	2	100	100	15	2	17	13	30	5
At3g21920.1	extr	96	71	47	50	48	47	49	67	76	30	49	38	49	50	84	94	1	96	72	35	60	59	83	67	40
MPH1_HOLLA	extr	99	45	47	50	48	47	49	48	61	30	49	88	49	50	84	94	50	86	1	52	19	10	17	34	36
FBH2_CUPWR	chlo	40	71	47	50	48	47	49	74	40	30	49	76	49	50	84	94	90	92	66	46	48	42	75	63	61
At4g38240.1	golg	93	45	47	50	48	47	49	64	74	30	49	80	49	50	84	94	27	29	95	41	57	51	36	37	67
VCLC_PEA	vacu	92	45	47	50	48	47	49	68	72	30	49	88	49	50	84	94	8	8	97	47	58	78	71	23	69

Raw Feature Values

id	site	iPSORT		PSORT Features														Amino Acid Content								Misc.
		MbHy1_30	Mx-1_20	dna	erl	m1b	m3a	mNt	mip	mit	nuc	pox	psg	rib	rnp	tms	yqr	A	C	Q	H	I	L	S	V	length
queryProtein	extr?	28.80	2.00	0	0	0	0	0	44	-2.28	-0.47	0	-2	0	0	1	3	0.083	0.054	0.043	0.014	0.047	0.062	0.091	0.018	276
CHI4_BRANA	extr	33.90	1.00	0	0	0	0	0	129	-4.73	-0.47	0	-3	0	0	1	3	0.071	0.063	0.037	0.011	0.041	0.067	0.075	0.041	268
GAS4_ARATH	extr	39.00	1.00	0	0	0	0	0	55	-2.30	-0.47	0	-0	0	0	1	3	0.038	0.113	0.057	0.009	0.028	0.066	0.075	0.047	106
FBH1_CUPWR	chlo	13.40	2.00	0	0	0	0	0	49	-1.06	-0.47	0	-3	0	0	1	3	0.107	0.030	0.035	0.015	0.065	0.085	0.115	0.065	400
At2g30290.1	golg	30.60	1.00	0	0	0	0	0	34	-2.42	-0.47	0	1	0	0	1	3	0.070	0.058	0.043	0.011	0.064	0.061	0.054	0.061	625
At4g35350.1	vacu	30.20	1.00	0	0	0	0	0	39	-3.40	-0.22	0	-4	0	0	1	3	0.068	0.025	0.034	0.023	0.045	0.073	0.087	0.059	355
ASPR_CUCPE	vacu	33.10	1.00	0	0	0	0	0	42	-3.92	-0.47	0	-3	0	0	1	3	0.070	0.027	0.037	0.016	0.057	0.078	0.082	0.088	513
At2g44920.1	chlo	22.40	1.00	0	0	0	0	0	44	-0.24	-0.47	0	-4	0	0	1	3	0.071	0.019	0.038	0.014	0.033	0.110	0.138	0.062	210
AMP1_MACIN	extr	32.90	1.00	0	0	0	0	0	0	-3.46	-0.47	0	-3	0	0	1	3	0.118	0.059	0.039	0.020	0.049	0.029	0.118	0.049	102
GST1_LYCES	extr	41.40	1.00	0	0	0	0	0	34	-2.88	-0.47	0	-3	0	0	1	3	0.036	0.107	0.107	0.009	0.018	0.062	0.054	0.062	112
At3g21920.1	extr	33.30	2.00	0	0	0	0	0	38	-1.67	-0.47	0	-4	0	0	1	3	0.029	0.043	0.040	0.014	0.058	0.090	0.101	0.079	278
MPH1_HOLLA	extr	38.80	1.00	0	0	0	0	0	16	-3.66	-0.47	0	-3	0	0	1	3	0.079	0.026	0.004	0.019	0.038	0.057	0.057	0.064	265
FBH2_CUPWR	chlo	7.10	2.00	0	0	0	0	0	47	-5.54	-0.47	0	-4	0	0	1	3	0.117	0.032	0.037	0.017	0.052	0.080	0.092	0.077	402
At4g38240.1	golg	29.30	1.00	0	0	0	0	0	35	-1.98	-0.47	0	-4	0	0	1	3	0.065	0.009	0.063	0.016	0.056	0.086	0.068	0.065	444
VCLC_PEA	vacu	27.50	1.00	0	0	0	0	0	39	-2.38	-0.47	0	-3	0	0	1	3	0.048	0.002	0.074	0.017	0.057	0.100	0.089	0.059	459

図8.33　WoLF PSORTの実行結果

図8.1のendochitinase遺伝子のアミノ酸配列を問い合わせ配列としてWoLF PSORTを実行した結果を示す．予測される局在化シグナルの数として，細胞外(extr)が6，葉緑体(chlo)が3，液胞膜(vacu)が3，ゴルジ体(golg)が2という結果が示され，細胞外分泌タンパク質であろうと予想された．

参考図書（さらに詳しく知るために）

1. 中村保一，礒合　敦，石川　淳編，バイオデータベースとウェブツールの手とり足とり活用法，羊土社 (2003)
2. D.W. マウント，岡崎康司，坊農秀雅監訳，バイオインフォマティクス　第2版―ゲノム配列から機能解析へ，メディカル・サイエンス・インターナショナル (2005)
3. A.M. レスク，岡崎康司，坊農秀雅監訳，小沢元彦訳，バイオインフォマティクス基礎講義，メディカル・サイエンス・インターナショナル (2003)

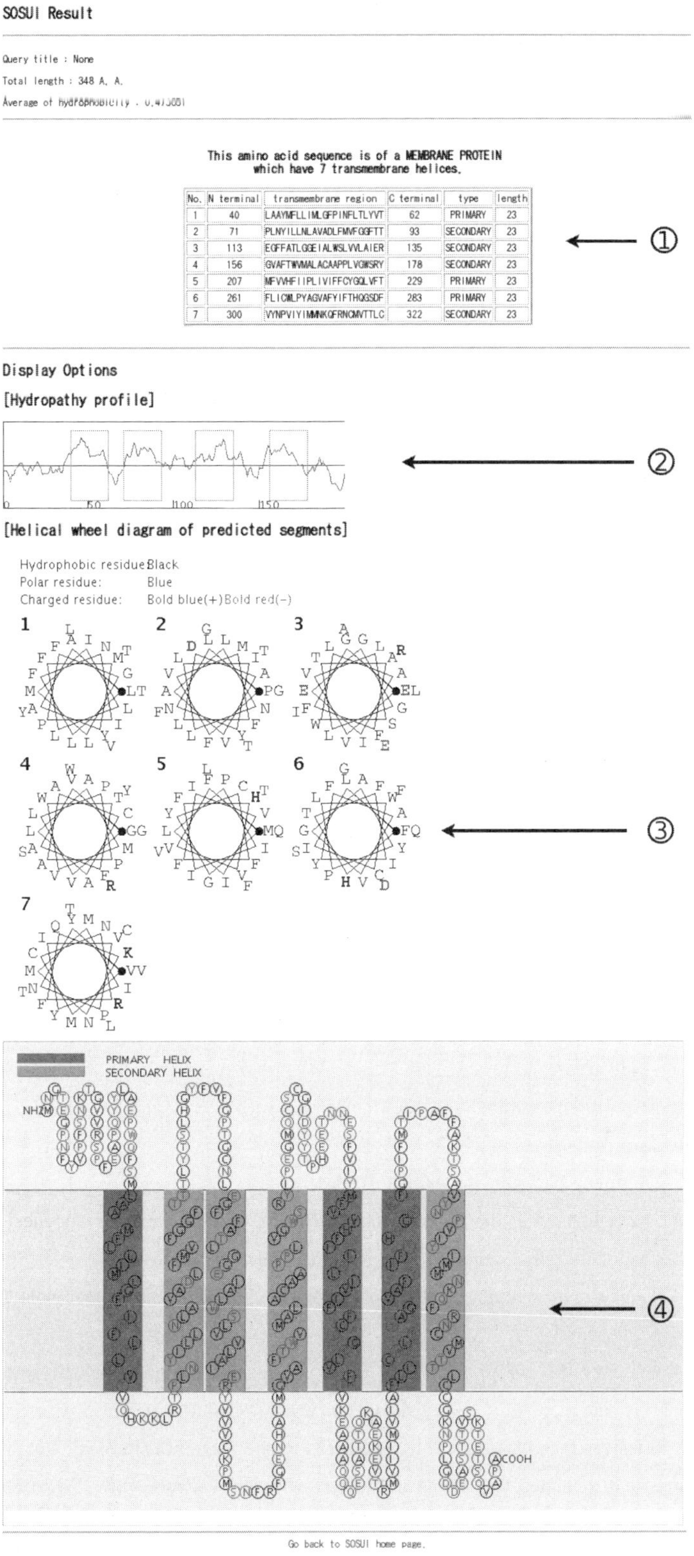
SOSUI Result
Query title : None
Total length : 348 A. A.
This amino acid sequence is of a MEMBRANE PROTEIN
which have 7 transmembrane helices.
No. | N terminal | transmembrane region | C terminal | type | length
1 | 40 | LAAYMFLLIMLGFPINFLTLYVT | 62 | PRIMARY | 23
2 | 71 | PLNYILLNLAVADLFMVFGGFTT | 93 | SECONDARY | 23
3 | 113 | EGFFATLGGEIALWSLVVLAIER | 135 | SECONDARY | 23
4 | 156 | GVAFTWVMALACAAPPLVGWSRY | 178 | SECONDARY | 23
5 | 207 | MFVVHFIIPLIVIFFCYGQLVFT | 229 | PRIMARY | 23
6 | 261 | FLICWLPYAGVAFYIFTHQGSDF | 283 | PRIMARY | 23
7 | 300 | VYNPVIYIMMNKQFRNCMVTTLC | 322 | SECONDARY | 23
①
Display Options
[Hydropathy profile]
②
[Helical wheel diagram of predicted segments]
Hydrophobic residue: Black
Polar residue: Blue
Charged residue: Bold blue(+) Bold red(−)
③
PRIMARY HELIX
SECONDARY HELIX
NH2
COOH
④
Go back to SOSUI home page.

図8.34　SOSUIの実行結果

SOSUIを使って膜タンパク質予測を行った結果を示す．①には膜貫通領域の予測位置，②には疎水性プロファイルのプロット図，③には膜貫通へリックスのHelical wheel diagram表示，そして④にはスネークライクプロットが図示されている．

4. 坊農秀雅，初心者でもわかる！　バイオインフォマティクス入門，羊土社（2002）
5. 郷　道子，高橋健一編，基礎と実習　バイオインフォマティクス，共立出版（2004）
6. 辻本豪三，田中利男編，ゲノム研究実験ハンドブック，羊土社（2004）

引 用 文 献

1) Borodovsky, M. and McIninch, J., GENMARK: parallel gene recognition for both DNA strands, *Computers & Chemistry*, **17**, 123–133 (1993)
2) Lukashin, A.V. and Borodovsky, M., GeneMark.hmm: new solutions for gene finding, *Nucleic Acids Res*., **26**, 1107–1115 (1998)
3) Besemer, J., Lomsadze, A. and Borodovsky, M., GeneMarkS: a self-training method for prediction of gene starts in microbial genomes. Implications for finding sequence motifs in regulatory regions, *Nucleic Acids Res*., **29**, 2607–2618 (2001)
4) Besemer, J. and Borodovsky, M., Heuristic approach to deriving models for gene finding, *Nucleic Acids Res*., **27**, 3911–3920 (1999)
5) Burge, C. and Karlin, S., Prediction of complete gene structures in human genomic DNA, *J. Mol. Biol*., **268**, 78–94 (1997)
6) Schuler, G.D., Pieces of the puzzle: expressed sequence tags and the catalog of human genes, *J. Mol. Med*., **75**, 694–698 (1997)
7) Heinemeyer, T. *et al*., Expanding the TRANSFAC database towards an expert system of regulatory molecular mechanisms, *Nucleic Acids Res*., **27**, 318–322 (1999)
8) Higo, K. *et al*., Plant cis-acting regulatory DNA elements (PLACE) database:1999, *Nucleic Acids Res*., **27**, 297–300 (1999)
9) Prestridge, D.S., SIGNAL SCAN: A computer program that scans DNA sequences for eukaryotic transcriptional elements, *Comput. Appl. Biosci*., **7**, 203–206 (1991)
10) Altschul, S.F. *et al*., Basic local alignment search tool, *J. Mol. Biol*., **215**, 403–410 (1990)
11) Altschul, S.F. *et al*., Gapped BLAST and PSI-BLAST: a new generation of protein database search programs, *Nucleic Acids Res*., **25**, 3389–3402 (1997)
12) Pearson, W.R. and Lipman, D.J., Improved Tools for Biological Sequence Comparison, *Proc. Natl. Acad. Sci. USA*, **85**, 2444–2448 (1988)
13) Pearson, W.R., Rapid and Sensitive Sequence Comparison with FASTP and FASTA, *Methods Enzymol*., **183**, 63–98 (1990)
14) Zhang, Z. *et al*., A greedy algorithm for aligning DNA sequences, *J. Comput. Biol*., **7**, 203–214 (2000)
15) Schaffer, A.A. *et al*., Improving the accuracy of PSI-BLAST protein database searches with composition-based statistics and other refinements, *Nucleic Acids Res*., **29**, 2994–3005 (2001)
16) Barrett, T. *et al*., NCBI GEO: mining millions of expression profiles-database and tools, *Nucleic Acids Res*., **33**, D562–D566 (2005)
17) Edgar, R., Domrachev, M. and Lash, A.E., Gene Expression Omnibus: NCBI gene expression and hybridization array data repository, *Nucleic Acids Res*., **30**, 207–210 (2002)
18) Pruitt, K.D., Tatusova, T. and Maglott, D.R., NCBI Reference Sequence (RefSeq): a curated non-redundant sequence database of genomes, transcripts and proteins, *Nucleic Acids Res*., **33**, D501–D504 (2005)
19) Thompson, J.D. *et al*., CLUSTAL W: improving the sensitivity of progressive multiple sequence alignment through sequence weighting, position-specific gap penalties and weight matrix choice, *Nucleic Acids Res*., **22**, 4673–4680 (1994)
20) Mulder, N.J. *et al*., InterPro, progress and status in 2005, *Nucleic Acids Res*., **33**, D201–D205 (2005)

21) Servant, F. *et al.*, ProDom: Automated clustering of homologous domains, *Brief Bioinform.*, **3**, 246–251 (2002)

22) Attwood, T.K. *et al.*, PRINTS and its automatic supplement, prePRINTS, *Nucleic Acids Res.*, **31**, 400–402 (2003)

23) Wu, C.H. *et al.*, The Protein Information Resource, *Nucleic Acids Res.*, **31**, 345–347 (2003)

24) Finn, R.D. *et al.*, Pfam: clans, web tools and services, *Nucleic Acids Res.*, **34**, D247–D251 (2006)

25) Letunic, I. *et al.*, SMART 5: domains in the context of genomes and networks, *Nucleic Acids Res.*, **34**, D257–D260 (2006)

26) Haft, D.H., Selengut, J.D. and White, O., The TIGRFAMs database of protein families, *Nucleic Acids Res.*, **31**, 371–373 (2003)

27) Hulo, N. *et al.*, The PROSITE database, *Nucleic Acids Res.*, **34**, D227–D230 (2006)

28) Gribskov, M., McLachlan, A.D. and Eisenberg, D., Profile analysis: detection of distantly related proteins, *Proc. Natl. Acad. Sci. USA*, **84**, 4355–4358 (1987)

29) Gough, J. *et al.*, Assignment of homology to genome sequences using a library of Hidden Markov Models that represent all proteins of known structure, *J. Mol. Biol.*, **313**, 903–919 (2001)

30) Mi, H. *et al.*, The PANTHER database of protein families, subfamilies, functions and pathways, *Nucleic Acids Res.*, **33**, D284–D288 (2005)

31) Yeats, C. *et al.*, Gene3D: modelling protein structure, function and evolution, *Nucleic Acids Res.*, **34**, D281–D284 (2006)

32) Quevillon, E. *et al.*, InterProScan: protein domains identifier, *Nucleic Acids Res.*, **33**, W116–W120 (2005)

33) Bendtsen, J.D. *et al.*, Improved prediction of signal peptides: SignalP 3.0, *J. Mol. Biol.*, **340**, 783–795 (2004)

34) Krogh, A. *et al.*, Predicting transmembrane protein topology with a hidden Markov model: Application to complete genomes, *J. Mol. Biol.*, **305**, 567–580 (2001)

35) Marchler-Bauer, A. *et al.*, CDD: a Conserved Domain Database for protein classification, *Nucleic Acids Res.*, **33**, D192–D196 (2005)

36) Tatusov, R.L., Koonin, E.V. and Lipman, D.J., A genomic perspective on protein families, *Science*, **278**, 631–637 (1997)

37) Marchler-Bauer, A. and Bryant, S.H., CD-Search: protein domain annotations on the fly, *Nucleic Acids Res.*, **32**, W327–W331 (2004)

38) Henikoff, J.G. *et al.*, Increased coverage of protein families with the blocks database servers, *Nucleic Acids Res.*, **28**, 228–230 (2000)

39) Nakai, K. and Horton, P., PSORT: a program for detecting the sorting signals of proteins and predicting their subcellular localization, *Trends Biochem. Sci.*, **24**, 34–35 (1999)

40) Horton, P. *et al.*, WoLF PSORT：protein localization predictor, *Nucleic Acids Res.*, **35**, W585–W587 (2007)

41) Hirokawa, T., Boon-Chieng, S. and Mitaku, S., SOSUI: classification and secondary structure prediction system for membrane proteins, *Bioinformatics*, **14**, 378–379 (1998)

（岡本明弘）

IX　遺伝子組換え実験の法的規制について

1.　これまでの経緯

わが国における遺伝子組換え生物の取扱いに係わる規制は，「組換え DNA 実験指針」（昭和 54 年 8 月内閣総理大臣決定，平成 13 年 1 月より文部科学大臣決定）に始まる．また，文部省より「大学等における組換え DNA 実験指針」（平成 3 年 1 月）が告示された．さらに，新たな「組換え DNA 実験指針」（平成 14 年 1 月 31 日付文部科学省告示第 5 号）が公表され，平成 14 年 3 月 1 日から施行された．これらの告示等はあくまで指針であり，罰則規定などはなかった．しかし，後述するカルタヘナ議定書の締結に伴い，遺伝子組換え実験に係わる法律が定められ，規制が一本化されることとなった．

2.　「生物の多様性に関する条約のバイオセーフティに関するカルタヘナ議定書」（Cartagena Protocol on Biosafety）（以下「議定書」）

2.1　議定書策定の経緯

1992 年に採択された「生物多様性条約」に，「遺伝子組換え生物等の安全な取扱い等について定める議定書の必要性等を検討すること」が規定された．これに基づき論議が進められ，1999 年 2 月にコロンビアのカルタヘナで，穀物等農産物輸出国グループ（マイアミ・グループ）の反対の中，EU を中心とした国から提案された議定書がまとめられた．反対意見に関しては政治決着が図られ，2000 年 1 月にモントリオールで「バイオセーフティに関するカルタヘナ議定書」が採択された．

その後，各国において議定書の締結が進められ，2003 年 6 月に発効に必要な 50 か国が締結し，同年 9 月に議定書が発効した．2007 年 10 月現在，143 か国（EU を含む）が締結しているが，穀物輸出大国であるアメリカ，カナダ，アルゼンチンなどは締結していない．

2.2　わが国の対応

日本は議定書の策定段階から検討に参加し，国内措置のあり方についても検討が進められた．その結果，2003 年 6 月に議定書を締結するために必要な法律が成立，公布された．同年 11 月に議定書を締結，施行規則等を公布した．2004 年 2 月 19 日に議定書がわが国に対して発効し，「組換え DNA 実験指針」（以下「指針」）は廃止された．

2.3 議定書の主な内容

1) 目　　的

現代のバイオテクノロジーにより改変された生物であって，生物の多様性の保全および持続可能な利用に悪影響（人の健康に対する危険も考慮したもの）を及ぼす可能性のある物の議定書締約国間の国境を越えた安全な移送（輸出），取扱いおよび利用の分野において十分な水準の保護を確保することに寄与することを目的としている．ここで言う遺伝子組換え生物等（Living Modified Organism；LMO）とは現代のバイオテクノロジーの利用によって得られる遺伝素材の新たな組合せを有する生物を指す．またバイオテクノロジーとは，自然界における生殖または組換えの障害を克服する技術であり，伝統的な育種および選抜では用いられない生体外核酸加工技術および異なる科に属する生物の細胞融合を指す．

2) 主 な 措 置

議定書では目的達成のためにいくつかの重要な措置を求めている．概要は以下のとおりである．

a.　通告の義務

改変された生物の最初の輸出締約国は輸入締約国に対して事前通告（Advance Informed Agreement；AIA）をしなければならない．輸入国は通告によって得られた情報に従ってリスク評価を実施し，通告を受けてから270日以内に輸入の可否を回答する．可とした場合にのみ輸出が認められる．

b.　危険性の評価と危険の管理

輸入締約国は最初の輸入に際してAIAに基づいて通告された情報に従って危険性について科学的に適正な方法で評価を実施する．さらに，その評価によって特定された危険を規制し管理する制度を確立する．

c.　通過および拡散防止措置の下での利用

上記a.およびb.の規定にかかわらず，改変された生物の通過については適用しない．さらに，輸入締約国の基準に従って行われる拡散防止措置の下での利用を目的とする改変された生物の国境を越える移動については適用しない．

d.　情報の提供

輸出締約国は改変された生物の国境を越える移動に際し，これらが改変された生物であることを明確に表示し，並びに安全な取扱い，保管，輸送および利用に関する要件並びに追加的な情報のための連絡先を明記した文書を添付しなければならない．

3. 「遺伝子組換え生物等の使用等の規制による生物の多様性の確保に関する法律」および施行規則

わが国が議定書を締約するために必要な基本となる法律，法律の施行規則，省令，告示などが整備された．その全体像を図9.1に示した．「遺伝子組換え生物等の使用等の規制による生物の

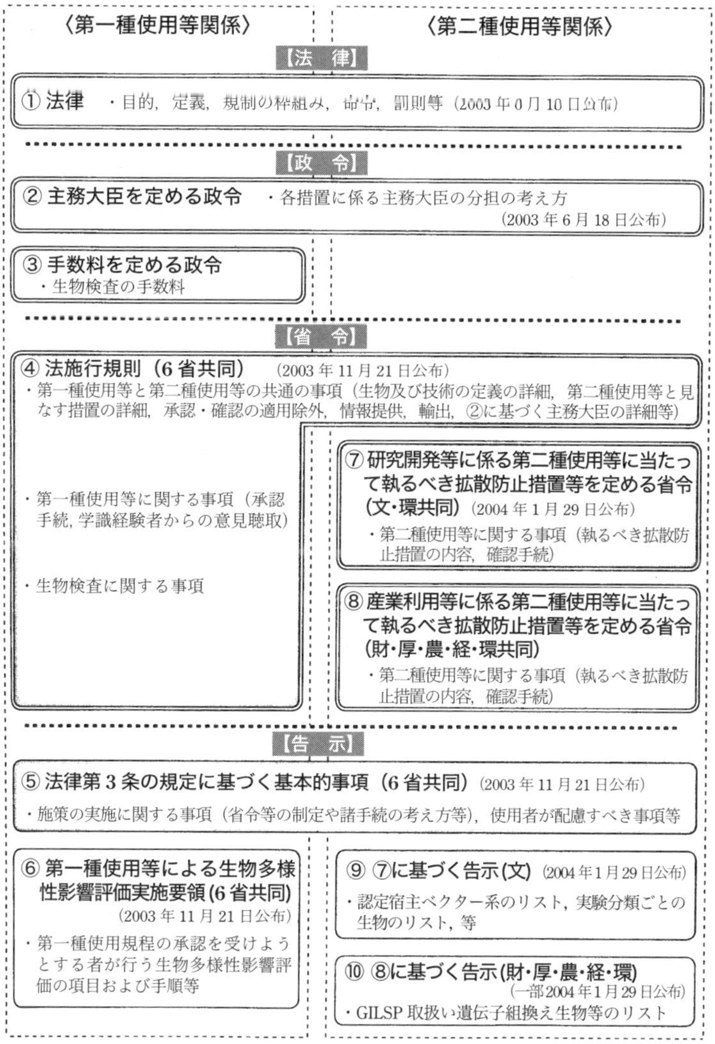
〈第一種使用等関係〉
〈第二種使用等関係〉
【法　律】
① 法律　・目的，定義，規制の枠組み，命令，罰則等（2003年6月18日公布）
【政　令】
② 主務大臣を定める政令　・各措置に係る主務大臣の分担の考え方
（2003年6月18日公布）
③ 手数料を定める政令
・生物検査の手数料
【省　令】
④ 法施行規則（6省共同）（2003年11月21日公布）
・第一種使用等と第二種使用等の共通の事項（生物及び技術の定義の詳細，第二種使用等と見なす措置の詳細，承認・確認の適用除外，情報提供，輸出，②に基づく主務大臣の詳細等）
・第一種使用等に関する事項（承認手続，学識経験者からの意見聴取）
・生物検査に関する事項
⑦ 研究開発等に係る第二種使用等に当たって執るべき拡散防止措置等を定める省令（文・環共同）（2004年1月29日公布）
・第二種使用等に関する事項（執るべき拡散防止措置の内容，確認手続）
⑧ 産業利用等に係る第二種使用等に当たって執るべき拡散防止措置等を定める省令（財・厚・農・経・環共同）
・第二種使用等に関する事項（執るべき拡散防止措置の内容，確認手続）
【告　示】
⑤ 法律第3条の規定に基づく基本的事項（6省共同）（2003年11月21日公布）
・施策の実施に関する事項（省令等の制定や諸手続の考え方等），使用者が配慮すべき事項等
⑥ 第一種使用等による生物多様性影響評価実施要領（6省共同）
（2003年11月21日公布）
・第一種使用規程の承認を受けようとする者が行う生物多様性影響評価の項目および手順等
⑨ ⑦に基づく告示(文)（2004年1月29日公布）
・認定宿主ベクター系のリスト，実験分類ごとの生物のリスト，等
⑩ ⑧に基づく告示(財・厚・農・経・環)
（一部2004年1月29日公布）
・GILSP取扱い遺伝子組換え生物等のリスト

図9.1　遺伝子組換え生物等の使用に係わる法律の全体像

多様性の確保に関する法律」（以下「法律」）は，国際的に協力して生物の多様性の確保を図るため，議定書の的確かつ円滑な実施を確保することを目的として制定された．したがって，この法律に日本国内における遺伝子組換え生物等の使用に当たって執るべき規制の根本が示されている．法律は5章からなっており，使用する言葉の定義，遺伝子組換え生物等の使用によって生じる生物多様性影響の防止に関する措置，輸出に関する措置，および罰則などが規定されている．この法律が制定されるまでのわが国における遺伝子組換え生物の利用に関する規制は文部科学省，厚生労働省，農林水産省および経済産業省がそれぞれ策定した指針に基づき行われてきた．例えば文部科学省の「指針」のように，法的拘束力を持つものではなかった．しかし，この法律における主務大臣は政令で定めるところにより，財務大臣，文部科学大臣，厚生労働大臣，農林水産大臣，経済産業大臣または環境大臣となり，これら6省の横割り体制が作られている．また，法律第3条には主務大臣が遺伝子組換え生物等の使用による生物多様性影響を防止するための施策の実施に関する基本的な事項を定めて公表するよう規定されており，これに基づき6省共同の告示

として公表されている．

法律の具体的内容および申請書類の書式に関しては6省共同で出された法律施行規則（以下「規則」）に規定されている．以下にその概要を述べる．

3.1 生物の定義

細胞外において核酸を加工する技術並びに異なる科に属する生物の細胞を融合する技術を利用して得られた核酸またはその複製物を有する生物を指す．また，ここで言う生物とは，核酸を移転し，または複製する能力のある細胞等，ウイルスおよびウイロイドである．以下の細胞等は生物と見なされない．

① ヒトの細胞等

② 分化能を有する，または分化した細胞等（個体および配偶子を除く）であって，自然条件において個体に成育しないもの．

したがって，動植物培養細胞，動物の組織，植物組織の断片・種無し果実は生物ではない．動植物の個体，動植物の配偶子，動植物の胚，種イモ・挿し木は生物として扱われる．また，セルフクローニングや自然条件下で起こる核酸の移転（例えば自然界での *Rhizobium* 感染），従来から用いられている交配などは除外される．

3.2 遺伝子組換え生物等の使用等に係わる措置

1) 第一種使用等

環境中への拡散を防止しないで行う使用等を言う．隔離されていない圃場（ほじょう）での栽培，飼料としての利用，食品工場での利用などがこれに該当する．第一種使用規定の承認の流れの概要を図9.2に示した．新規の遺伝子組換え生物等の環境中での使用等をする者（開発者，輸入者等）は遺伝子組換え生物等の種類と名称，第一種使用の内容と方法を記載した第一種使用規程承認申請書

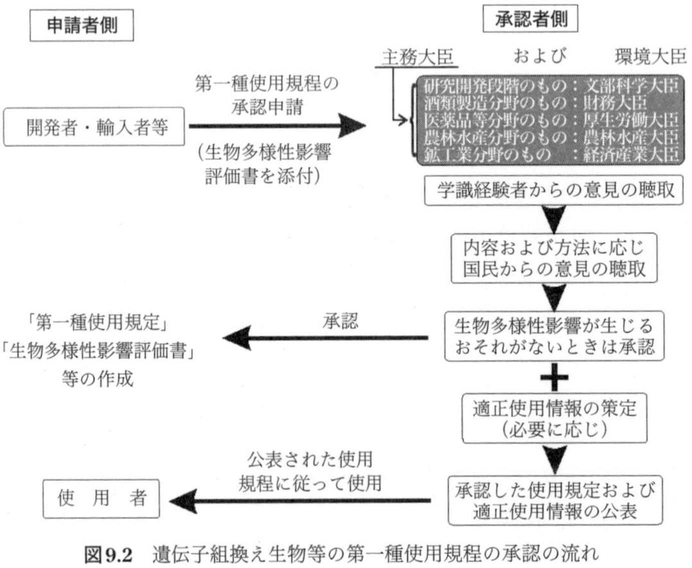

図9.2 遺伝子組換え生物等の第一種使用規程の承認の流れ

を主務大臣に提出する．この申請には「遺伝子組換え生物等の第一種使用等による生物多様性影響評価実施要領（6省共同告示）」に従って作成した評価書を添付する．申請を受けた主務大臣はあらかじめ選定された学識経験者から，あるいは国民からの意見も聴取し，必要があれば生物検査命令を行う．生物検査は主務大臣の登録を受けた登録検査機関において行われる．

当該の遺伝子組換え生物等によって生物多様性に影響が生じるおそれがない時は承認が行われ，また必要がある場合は適正使用情報が策定される．これらの内容は官報によって公表される．

2) 第二種使用等

環境中への拡散を防止しつつ行う使用等を言う．培養・発酵設備を含めた実験室での使用，網室・飼育区画を用いた使用，密閉容器を用いる運搬などがこれに該当する．施設の拡散防止に係わる措置が主務省令で定められている場合は，それに該当した措置をとる義務がある．定められていない場合は，あらかじめ主務大臣の確認を受けた拡散防止措置をとる義務がある．

3.3 罰　　則

遺伝子組換え生物の法規制が行われるようになり，最初に述べたとおり罰則が設けられた．第二種使用であっても，主務大臣の確認を受ける必要があるにもかかわらずそれに違反した場合は罰則の対象になるので，特に留意する必要がある．

4. 研究開発等に係わる遺伝子組換え生物等の第二種使用等に当たって執るべき拡散防止措置等を定める省令（以下「二種省令」）

研究機関等で遺伝子組換え生物に係わる実験を行う場合，第二種使用等が主となると思われる

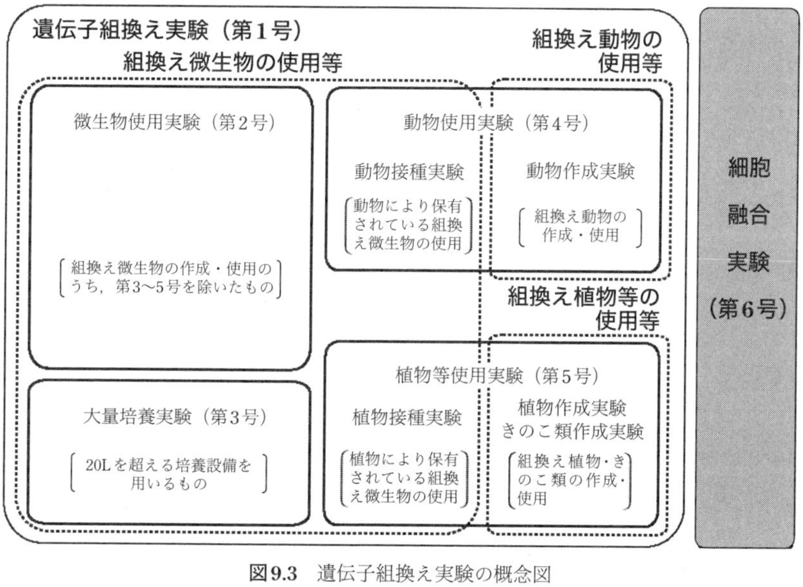

図9.3 遺伝子組換え実験の概念図

カッコ内の号数はそれぞれの実験に該当する二種省令2条の各号．

ので，これを定めた省令について解説する．

4.1　使用等の区分

使用を「実験」，「保管」，「運搬」の3つに大きく区分している．実験に関しては図9.3に示したとおり，遺伝子組換え実験と細胞融合実験に二分され，遺伝子組換え実験は扱う材料によって区分される．

保管および運搬に関しては大臣確認は不要であるが，実験に関しては機関実験と大臣確認実験とがある．指針において記載されていた，機関承認実験と機関届出実験の区別は無くなった．

4.2　機関実験において執るべき拡散防止措置

1)　用語の定義

「二種省令」第2条に，用語が定義づけられている．

2)　宿主または核酸供与体に基づく実験分類

宿主または核酸供与体の病原性および伝播性に従ってクラス1～4に分類される（「二種省令」第3条）．宿主と核酸供与体のクラスが異なる場合，原則として実験分類の高い方に従って定める（後述）．

4.3　大臣確認実験の範囲と確認申請

どの実験が該当するかについては，二種省令別表第1に詳細が示されている．植物等使用実験において，指針では供与核酸が未同定である遺伝子組換え生物等の使用等は全て大臣確認実験とされていた．しかし，宿主が植物個体であるものについて，宿主が微生物であるものと異なる取扱いとする必要はないとの考えから，核酸供与体がクラス1，2の場合には機関実験となる．また，指針では非閉鎖系区画の拡散防止措置をとる実験は，全てが大臣確認実験とされていたが，二種省令では新たに特定網室（後述）を設け，同網室の拡散防止措置を明らかにした上で，一部の実験を機関実験としている．

大臣確認の申請については様式が定められているので，それに従う．

4.4　実験実施時において執る拡散防止措置の内容

詳細は二種省令第5条および別表に記載されている．指針ではなかった区分として，動物使用実験および植物等使用実験のためのレベル（それぞれP1A～P3A，P1P～P3P）が設けられた．

1)　微生物使用実験（二種省令別表第2）

①　P1レベル

a.　施設等

・通常の生物の実験室

・実験中は窓および扉は閉鎖し，関係者以外の入室を制限する．

・遺伝子組換え生物等の付着・感染防止のための手洗い等を設置

・遺伝子組換え生物等の不活性化を講じる施設（オートクレーブ等）を設けるが，同一室内である必要はない．

b. その他

・「遺伝子組換え実験実施中」の表示をする．

・エアロゾルの発生を最小限にとどめる．

② P2 レベル

P1 レベルの措置に加え，以下の措置を講ずる．

a. 施設等

・エアロゾルが生じやすい操作をする場合には，研究用安全キャビネット（HEPA フィルタ実装）を設置し，その中で操作する

・実験室のある建物内に高圧滅菌器（オートクレーブ）を設置する．

b. その他

「P2 レベル実験中」の表示を行う．

③ P3 レベル

P1 レベルの措置に加え，以下の措置を講ずる．

a. 施設等

・前室を設置する

・実験室は容易に洗浄・燻蒸（くんじょう）でき，密閉状態が維持される構造をとり，空気が内側へ流れていくための吸排気設備を設ける．

・排水は，遺伝子組換え生物等の不活性化後に排出する．

・実験室内に高圧滅菌器を設置する．

b. その他

・専用の作業衣，保護履き物等を着用し，廃棄等の前に遺伝子組換え生物等を不活性化する．

・エアロゾルが生じる可能性がある操作をするときは，実験室に出入りしない．

・「P3 レベル実験中」の表示を行う．

2) 動物使用実験（二種省令別表第 4）

① P1A～P3A レベル

P1～P3 レベルの拡散防止措置に加えて，以下の措置（A 措置）が必要となる．

a. 施設等

通常の動物飼育室等に加え，逃亡防止設備と糞尿等を回収するための設備等が必要となる．

b. その他

個体識別ができる措置をとる．また，「組換え動物飼育中」の表示をする．

② 特定飼育区画の要点

a. 施設等

組換え動物等の習性に応じた逃亡防止の設備を二重に設置する.

b. その他

上記①b.の措置に加え，遺伝子組換え生物等の不活性化，飼育区画の扉を閉じておくこと，遺伝子組換え生物等の付着・感染を防止するための手洗い・アルコールスプレーの使用等が必要. また関係者以外の者の立入りを制限する.

3) 植物等使用実験（二種省令別表第5）

① P1P～P3Pレベル

P1～P3レベルの拡散防止措置に加えて，以下の措置（P措置）が必要となる.

a. 施設等

通常の植物の栽培室等に加え，排気中に含まれる植物等の花粉等を最小限にとどめる. 窓などの開口部には1mmの網を張って花粉を持ち出す可能性がある昆虫の侵入を妨げる.

b. その他

「組換え植物栽培中」の表示を行う.

② 特定網室の要点

a. 施設等

前室を設け，昆虫の侵入を最小限にとどめる網戸や換気口を設ける. 組換え生物等を含む排水が回収できる機器等の設置や床等の設計を行う.

b. その他

花粉等を持ち出す昆虫の防除を行う. 花粉飛散時期には窓を閉めたり，袋かけを行う. 「組換え植物栽培中」の表示を行う. 網室の扉を閉じておくこと. 遺伝子組換え生物等の付着・感染を防止するための手洗い・アルコールスプレーの使用等が必要. また関係者以外の者の立入りを制限する.

4.5 拡散防止措置のレベル決定の実際

実際に実験を設計するにあたり，どのレベルの拡散防止措置をとるべきなのかを慎重に検討する必要がある. 用いる宿主または核酸供与体がどのクラスに属するかを決定するにあたり，省令第3条が最初の拠り所となる. この表にある「文部科学大臣が定めるもの」は文部科学省告示第7号（以下「告示」）別表第2に示されている. 現在頻繁に使われている宿主ベクター系は認定されたものが告示別表第1に示されている. 拡散防止措置の決定については省令第5条に詳説されているが，かなりわかりづらいので以下に具体的な例を示す.

1) 組換え微生物等の実験（動植物への接種実験を含める）

① 実験分類クラスが同一の場合（植物）

宿　　主　　*Rhizobium radiobacter*（旧 *Agrobacterium tumefaciens*）

　　　　　　《クラス 1，B1 認定系》

ベクター　　宿主由来 Ti プラスミド

供与核酸　　植物《クラス 1》由来 G タンパク質 α サブユニット遺伝子

→P1 レベル

上記遺伝子組換えをした *Rhizobium* をイネカルスに感染させて作成した組換えイネの個体

→P1P レベル

② 実験分類クラスが異なる場合

原則として宿主の実験分類と核酸供与体の実験分類の高い方に従って定める．

宿　　主　　分裂酵母《クラス 1，B1 認定系》

ベクター　　宿主由来プラスミド

供与核酸　　*Salmonella* 属《クラス 2》の酵素遺伝子

→P2 レベル

③ 認定宿主ベクター系（B2）を用いた組換え微生物等の使用

B2 ベクター系は遺伝的欠陥を持つため，特殊な培養条件以外では生存が極めて困難であることから，1 段階レベルダウンできる．

宿　　主　　*E.coli* K12 DP50supF 株《B2 認定系》

ベクター　　シャロン系

供与核酸　　細菌《クラス 2》の cDNA ライブラリー

→P1 レベル

④ 供与核酸が同定済み核酸であり，かつ，哺乳動物に対する病原性等に関係しないことが科学的に明らかである場合は，宿主の実験分類に従って定めることができる．

2) 組換え動植物の実験

① 原則として，宿主の実験分類に従って定める．

宿　　主　　キク《クラス 1》

ベクター　　*Rhizobium radiobacter* の Ti プラスミド

供与核酸　　細菌《クラス 2》の peroxidase 遺伝子

→P1P レベル

② 供与核酸が哺乳動物等に対する病原性に関与し，かつ，その特性により宿主の哺乳動物等に対する病原性を著しく高めることが推定される場合は 1 段階レベルアップする．

③ 供与核酸が同定済み核酸であり，病原性等に関与しないなどの要件を満たす組換え動植物の使用等は，それぞれ特定飼育区画および特定網室の拡散防止措置を執ることができる．

3) 二種省令に拡散防止措置が記載されていない場合

執るべき拡散防止措置について，主務大臣の確認が必要となる．

4.6 遺伝子組換え生物の保管と運搬（二種省令第6条，第7条・基本的事項）

1) 保　管

遺伝子組換え生物が漏出，逃亡，拡散しないような構造の容器に入れ，容器の外側の見やすい場所に，遺伝子組換え生物等である旨を表示する．容器は所定の場所に保管し，保管場所が冷蔵庫等の設備である場合はその旨表示する．

2) 運　搬

遺伝子組換え生物が漏出，逃亡，拡散しないような構造の容器に入れる．P3レベル以上，大臣確認前のものに関しては二重に容器に入れる．最も外側の見やすい場所に，取扱いに注意する旨を表示する．

3) 記　録

基本的事項に記載されているとおり，遺伝子組換え生物等の使用の態様，譲渡等に際して提供し，また提供を受けた情報等を記録して保管する必要がある．具体的には，菌株の保存状況，種子の保管量，譲渡あるいは譲り受けた記録を保管しておく．

5. 各研究実施機関における対応について

指針においては遺伝子組換え実験を実施するに当たっての教育訓練と健康管理，また実験の安全を確保するための組織について詳細に定められていた．今回の法制化に伴って具体的な記載はなくなり，基本的事項第2の1，2項に概要が述べられているだけである．したがって，各機関において使用する遺伝子組換え生物等の特性および使用等の態様に応じて，各機関の判断に基づいて具体的な拡散防止措置等を決定する必要がある．

1) 健 康 管 理

労働安全衛生法等の人の健康の保護を図ることを目的とした法令等を遵守し，その他関係法令に従って健康管理を図ることが必要である．

2) 安全委員会等の体制整備と機関内での手続き

遺伝子組換え生物等の安全な取扱いについて検討する委員会を設置する．取扱い経験者の配置，実験従事者の教育訓練，事故時における連絡体制の整備を行う．

3) 内部規定について

基本的事項には具体的に規定されていないが，機関内での拡散防止措置の実施や，上記安全委員会の円滑かつ効果的な運営を図るために内部規定を定めることが望ましい．

6. 教育目的の遺伝子組換え実験について

「指針」では安全性が十分に確認されている遺伝子組換え実験に限って「教育目的組換えDNA実験」の枠組みが設けられていた．しかし，使用目的によって異なる基準を設けるのは不適切であるという観点から，二種省令などにおいてはこの枠組みに対する特別な規程は設けられなかった．

しかし，従来の「教育目的の遺伝子組換え実験」は第二種使用等に該当し，P1レベルでの拡散防止措置で行うことができる．したがって，限られた宿主ベクター系の使用ではあるが，大学での学生実験や高校でのデモ実験として取り上げることは可能である．実際，遺伝子組換え実験用のキットも発売されている．実験を行う際には，遺伝子組換え生物等の取扱いに関する経験者の配置，担当教員の教育訓練，実施記録の保管は配慮すべき点である．さらに，法令・告示に規定されてはいないが，機関の長（学校長等）の同意を得ておくことが望ましい．

7. お わ り に

遺伝子組換え実験に係わる法制化が行われるに当たって，文部科学省などの基本的な考え方は「できるだけ実験をやりやすくする」ことであった．これを実現するために，大学などの研究機関のスタッフの大変な努力があったことを忘れてはならない．2004年2月まで有効であった「指針」が遵守されたという実績に基づき，遺伝子組換え実験に携わる研究者が望むような形に近づいたことは評価されるべきである．しかし，逆にいうと今後，今回制定された法律が遵守されなかったら遺伝子組換え実験に厳しい規制がかかる可能性は十分にある．その点をよく考慮して，遺伝子組換え実験に取り組んでいただきたい．特に，大臣確認を受ける必要があるかどうか曖昧な場合は，文部科学省に直接確かめることをお勧めする．

関連ホームページ，連絡先など

文部科学省

〒100-8966　東京都千代田区丸の内2-5-1

文部科学省研究振興局ライフサイエンス課生命倫理・安全対策室

「遺伝子組換え実験担当」宛

電話：03-5253-4111（代表）（内線4108）

FAX：03-6734-4114

E-mail：kumikae@mext.go.jp

ホームページ　http://www.lifescience-mext.jp/bioethics/anzen.html#kumikae

Cartagena Protocol on Biosafetyに関する情報

ホームページ　http://www.cbd.int/biosafety/

福井県立大学遺伝子組換え実験安全委員会

ホームページ　http://horti.awr.fpu.ac.jp/kumikae/

（大城　閑）

X　環境バイオテクノロジー

1. はじめに

環境問題は地球環境（global environment）と地域環境（regional environment）の問題に大別される．地球環境問題は地球温暖化，オゾン層の破壊など，地域環境問題は地域的な土壌・水質・大気汚染など，双方に関わる問題として森林破壊，砂漠の拡大，酸性雨，地球規模での海洋・大気汚染，生態系の撹乱，水資源不足などがあげられる．環境問題解決への植物バイオテクノロジーの貢献の可能性を図 10.1 に示す．

地球環境問題解決への貢献としては，ストレス耐性植物の開発と炭酸ガス固定能力が高い植物の開発が考えられる．ストレス耐性植物とはさまざまな環境ストレス（乾燥，塩害，強光，低温，高温など）に強い植物のことで，これによって砂漠や荒廃地の緑化を行うことが可能となる．また炭酸ガス固定能力が高い高成長植物を開発すれば，大気中の炭酸ガス固定を促進することができ，同時に植物による水利用効率も上がる．さらにストレス耐性植物，および炭酸ガス固定能力が高い植物をバイオマスエネルギー生産に応用すれば，化石資源燃料消費の抑制と，それに伴う温室効果ガス排出抑制も期待できる．

地域環境問題解決に貢献できる技術としては，植物を利用した汚染浄化技術（ファイトレメディエーション）がある．ファイトレメディエーションは低エネルギー，低コストな環境修復技術で，浄化対象物質としては，重金属（カドミウム，鉛，ヒ素など），有機汚染物質（ダイオキシン，PCB，環境ホルモン，油分など），窒素酸化物（NO*x*）や硫黄酸化物（SO*x*）といった大気汚染物質，などが

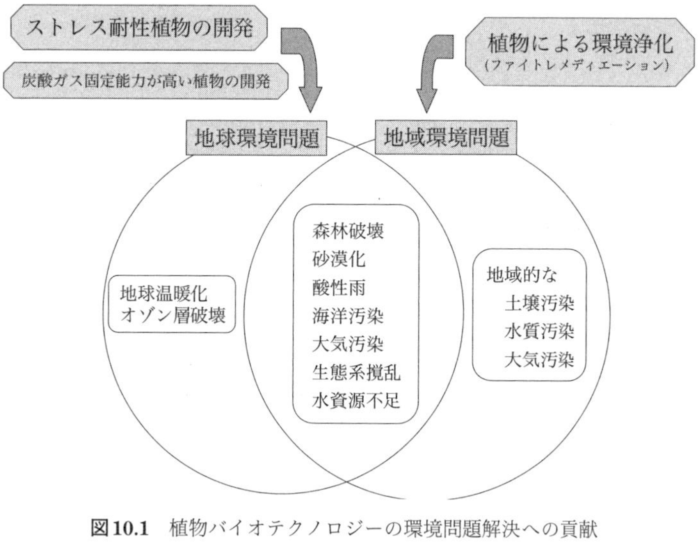

図 10.1　植物バイオテクノロジーの環境問題解決への貢献

ある．また河川，湖沼，沿岸域の富栄養化の原因となる窒素やリンも植物に吸収させて浄化することができる．

2. 環境ストレス耐性植物および炭酸ガス固定能力が高い植物の開発

2.1 遺伝子組換え技術を利用した環境ストレス耐性植物の開発

Boyerによるアメリカでの農作物の生産性に関する試算[1]によると，自然環境下で植物は，環境ストレス，その他（病気，虫害，雑草）の影響で，本来持っている生産性の3分の1から7分の1程度しか生産できておらず，その最も大きな要因は乾燥などの環境ストレスと考えられている．したがって，さまざまな環境ストレスに対して抵抗性がある植物を開発できれば，砂漠のような過酷な環境の緑化に利用できるだけでなく，通常の自然条件下の植物生産性も向上し，地球環境保全への貢献が期待できる．環境ストレス耐性植物を従来育種法（突然変異や交配）で開発することは一概に不可能とはいえないが，ある1つの種の耐性植物を作るためだけに膨大な試行錯誤と時間が必要であり，現実的ではない．そのため環境ストレス耐性植物の開発には遺伝子組換え技術を利用したアプローチが取られている．遺伝子組換え植物は農業分野では除草剤耐性，害虫耐性，などが実用化され，アメリカを中心にすでに市場に出回っている．2005年現在でアメリカのダイズの87%，世界のダイズの60%が除草剤耐性の組換え体といわれている．一方，2006年現在で，乾燥，塩害，低温，高温などの環境ストレスに強い遺伝子組換え植物が農業分野も含めて実用化された例はほとんどない．しかし地球環境問題解決を目的とした，砂漠・荒廃地の緑化のためのストレス耐性植物の作出については，これまで過去20年来の基礎研究で，さまざまなストレス耐性関連遺伝子が研究され，植物への導入実験が行われている．また，これらの遺伝子の発現制御には恒常的に働くプロモーターだけでなく，ストレス誘導性（ストレスがかかった時だけ働く）のプロモーターも利用され，効果を高めている．

植物細胞が乾燥，低温，塩害，高温，化学物質などのストレスにどのようなメカニズムで対応しているかの概要を図10.2に示す．これらのストレスは細胞内で酸化的ストレスを引き起こす（後述）．ストレスを受けた細胞は以下の3つのステップによってストレスに対して抵抗する．

1. ストレス感知と核へのシグナル伝達：ストレスが発生したことを細胞表層や細胞質からのメッセンジャーが核に伝える
2. 転写因子（transcription factor）によるストレス応答遺伝子発現のコントロール：シグナルを受けて核で転写因子遺伝子が活性化され，ストレス応答に特異的な転写因子群が発現する．
3. ストレス抵抗遺伝子の発現：転写因子でストレス抵抗遺伝子の転写が活性化されストレスへの抵抗に関わる酵素，タンパク質が生産される．

ストレス抵抗機能には，活性酸素種の消去，浸透圧調整，シャペロンによるタンパク質の保護，イオン輸送，代謝や膜構造の調節，などがある．

ストレス耐性植物の分子育種で従来最も多く試みられているアプローチは3の段階のストレス対応機能を外来遺伝子の導入によって増強することである．一方，1および2のステップについ

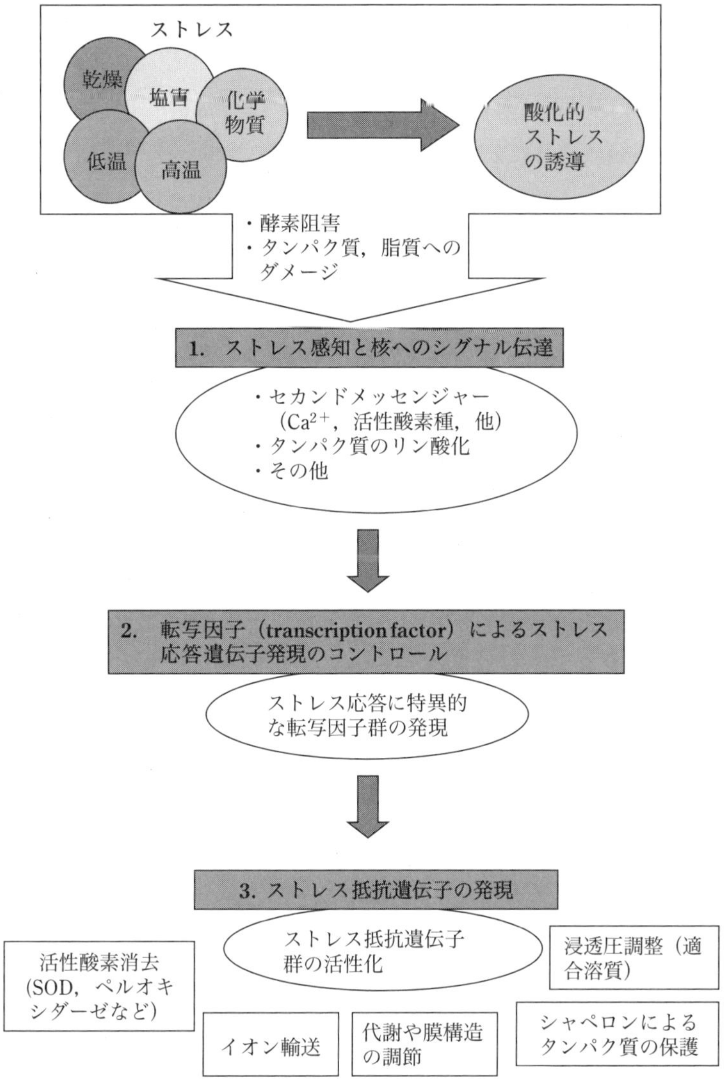

図10.2 植物のストレス応答メカニズム

ては，1つのシグナルまたは転写因子を増強することによって，結果として下流にある多数のストレス対応機能が一度に活性化されることがメリットとして期待できる．

以下にまず，3のストレス対応機能の外来遺伝子導入による増強について述べる．

2.1.1 活性酸素消去系の増強によるストレス耐性の向上

植物の光合成には明反応（光化学系）と暗反応（炭酸ガス固定系＝カルビン・ベンソン回路）がある．明反応では光エネルギーを利用して水から電子を引き抜いて酸素を発生し，同時に還元力と化学エネルギー（ATP）を生産する．暗反応ではその還元力とエネルギーを利用して炭酸ガスを炭水化物へと還元固定する．たとえるなら明反応はエネルギーを作り出す発電所であり，暗反応はそのエネルギーを消費して生産を行う工場である．植物が乾燥，塩害，強光，低温，高温などの環境ストレスを受けると，例えば乾燥では気孔が閉じることによる炭酸ガス取り込みの減少，低温では炭酸ガス固定酵素の活性低下，といったさまざまな理由で炭酸ガス固定系の活性が低下する．この結果，光化学系で生じた還元力が過剰になり過還元状態となる（工場がストップしているのに発電所が稼働してエネルギーが供給され続けている状態）．しかも光化学系では酸素を発生しているため，本来炭酸ガスの還元に使われるはずの還元力によって酸素が還元されて，図10.3–1の反応により活性酸素の一種のスーパーオキシドラジカルが生じる．スーパーオキシドラジカルはスーパーオキシドジスムターゼ（SOD）により過酸化水素に分解され（図10.3–2），過酸化水素は植物葉緑体では主にアスコルビン酸ペルオキシダーゼで水へと無毒化される（図10.3–3）．過酸化水素を分解する酵素にはペルオキシダーゼのほか，カタラーゼがある（図10.3–5）．カタラーゼは動物，植物，微生物に広く分布する酵素である．

スーパーオキシドラジカルの生成反応	$O_2 + e^- \longrightarrow \cdot O_2^-$	(1)
SODによるスーパーオキシドラジカルの分解	$\cdot O_2^- + \cdot O_2^- + 2H^+ \longrightarrow H_2O_2 + O_2$	(2)
ペルオキシダーゼによる過酸化水素の分解	$H_2O_2 + 2e^- + 2H^+ \longrightarrow 2H_2O$	(3)
ペルオキシダーゼによる過酸化脂質の分解	$LOOH + 2e^- + 2H^+ \longrightarrow LOH + H_2O$	(4)
カタラーゼによる過酸化水素の分解	$H_2O_2 \longrightarrow H_2O + (1/2)O_2$	(5)
フェントン反応によるヒドロキシラジカルの生成	$Fe^{2+} + H_2O_2 \longrightarrow Fe^{3+} + OH^- + \cdot OH$	(6)

図10.3　活性酸素種の生成と分解反応の式

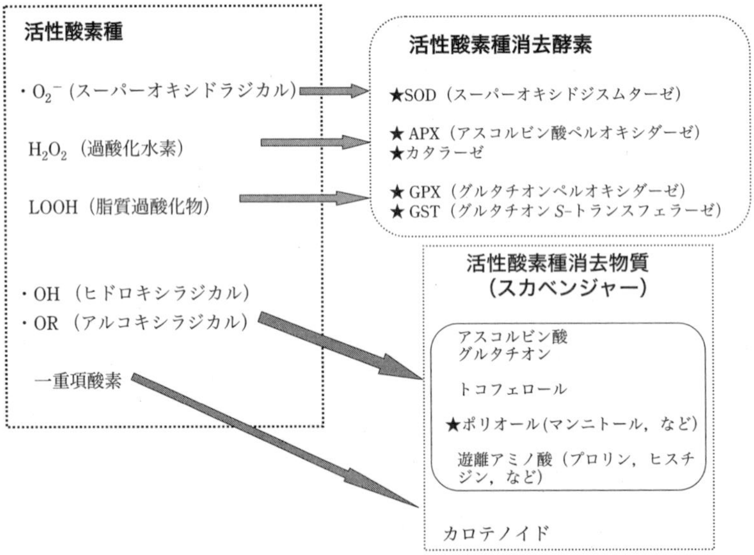

図10.4　活性酸素種とその消去系

★印は遺伝子組換えでストレス耐性向上効果が認められたものを示している．図中に示した活性酸素種消去酵素のほか，グルタチオン，アスコルビン酸の再生（酸化型→還元型）に関わる以下の酵素（図10.5を参照）を過剰発現させた組換え植物においてもストレス耐性向上が認められている．グルタチオンレダクターゼ（GR），デヒドロアスコルビン酸レダクターゼ（DAsAR），モノデヒドロアスコルビン酸レダクターゼ（MDAsAR）

見方を変えると植物はこうして水から引き抜いた電子（還元力）が過剰になった時，「スーパーオキシドラジカル→過酸化水素→水」の経路（water-water サイクルと呼ばれる[2]）で電子をもとの水の状態にもどして，過還元を防いでいるともいえる．ところが，この活性酸素消去系で活性酸素が十分処理しきれない場合，タンパク質，脂質，核酸などの生体成分がダメージを受け，最終的には枯死に至る．このことから植物の特に葉緑体の活性酸素消去系を増強することにより，さまざまな環境ストレスに対する抵抗性が増大することが期待できる．

図 10.4 にさまざまな活性酸素種とその消去酵素，および消去物質（スカベンジャー）を示す．図中★印がついた酵素はこれまでに遺伝子組換え技術による増強でストレス耐性向上効果が認められた酵素である．

1) スーパーオキシドジスムターゼ（SOD）

SOD は図 10.3-2の反応で 2 分子のスーパーオキシドラジカルを過酸化水素と酸素に変える．遺伝子組換えで植物の SOD 活性を高めた例がいくつかあるものの，酸化的ストレス耐性の向上が見られる場合と見られない場合がある[3]．これは，スーパーオキシドラジカルが過酸化水素を経て水まで解毒される過程の律速段階が，過酸化水素から水への分解の段階にあるためと考えられる．すなわち単に SOD 活性を高めても，その後の段階の過酸化水素の水への分解（図 10.3-3）が円滑に起こらなければストレス耐性の向上にはつながらない．生物学的な毒性もスーパーオキシドラジカルより，過酸化水素や過酸化水素から化学的反応で生成するヒドロキシラジカル（図 10.3-6）の方が高く，この点からも過酸化水素の分解は特に重要である．

2) アスコルビン酸ペルオキシダーゼ（APX），カタラーゼ

植物の葉緑体に存在する APX は，過酸化水素を水へと分解解毒（図 10.3-3）するが，葉緑体型の APX そのものが非常に酸化的ストレスに弱く，失活しやすい．これに対して細胞質型の APX は比較的酸化的ストレスに強い．このことから細胞質型の APX を遺伝子組換えにより葉緑体で発現させることで酸化的ストレス耐性を向上できる[4]．また植物プランクトンが持つ安定性が非常に高い APX を植物葉緑体で発現させることも試みられている．図 10.5 に SOD，APX，グルタチオンペルオキシダーゼ（GPX），グルタチオン *S*-トランスフェラーゼ（GST）による活性酸素種の消去反応の概略を示す．

カタラーゼについても，横田，重岡らのグループは，安定で過酸化水素に対する親和性も高く，反応速度も速い大腸菌のカタラーゼ遺伝子をタバコに導入して酸化的ストレス耐性を高めることに成功している[5]．

3) グルタチオン *S*-トランスフェラーゼ（GST），グルタチオンペルオキシダーゼ（GPX）

グルタチオンはグルタミン酸，システイン，グリシンが，この順番でペプチド結合したトリペプチド（L-γ-グルタミル-L-システイニルグリシン）である（図 10.6）．ただし，グルタミン酸とシステインの結合は通常のペプチド結合とは異なり，グルタミン酸のγ-カルボキシル基とシステイ

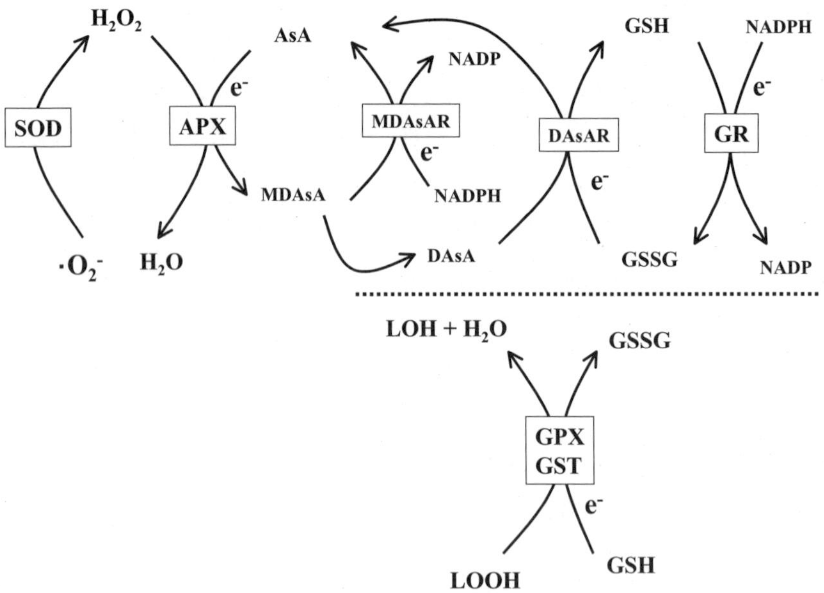

図10.5 植物の活性酸素種消去系酵素

AsA：アスコルビン酸，MDAsA：モノデヒドロアスコルビン酸，DAsA：デヒドロアスコルビン酸，GSH：還元型グルタチオン，GSSG：酸化型グルタチオン，SOD：スーパーオキシドジスムターゼ，APX：アスコルビン酸ペルオキシダーゼ，MDAsAR：モノデヒドロアスコルビン酸レダクターゼ，DAsAR：デヒドロアスコルビン酸レダクターゼ，GR：グルタチオンレダクターゼ，GPX：グルタチオンペルオキシダーゼ，GST：グルタチオン *S*-トランスフェラーゼ，LOOH：過酸化脂質

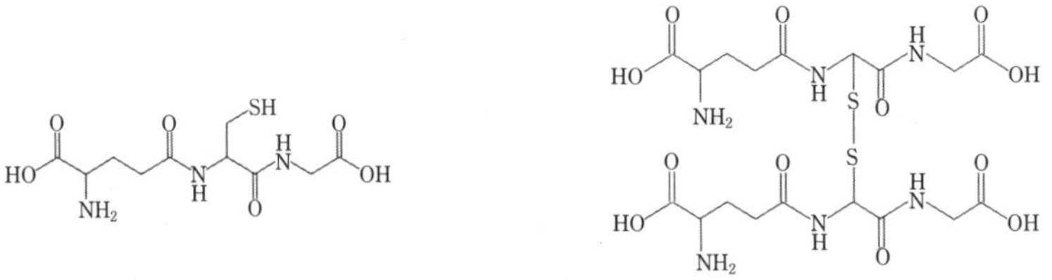

2GSH（還元型グルタチオン） ⇄ **2e⁻ ＋ GSSG**（酸化型グルタチオン）

図10.6 グルタチオンの構造

ンのアミノ基とが結合している（γ-グルタミル結合）．グルタチオンには還元型（GSH）と酸化型（GSSG）があり（図10.6），還元型グルタチオンは生体内でさまざまな反応の電子供与体として働いている．

GST の本来の機能は，還元型グルタチオンの -SH 基と，主に疎水性が高いさまざまな物質の結合を行う酵素であり，植物の異物（農薬など）代謝で重要な役割を担う．一方 GST は図 10.5 に示すように，脂質過酸化物を基質とする GPX の機能も併せ持つ二機能酵素（bifunctional enzyme）でもある．GPX は還元型グルタチオンを電子供与体（図 10.3-3 の 2e⁻を供与する）として過酸化水素，過酸化脂質の分解を行う．植物はリン脂質過酸化物を基質とする GPX を持っているが，その活性は非常に低い（後述）．そのため植物では GST が脂質過酸化物の分解（解毒）に大きな役割を果たしているものと推定される．GST 遺伝子を導入することによって酸化的ストレス耐性が向上した組換え植物（タバコ）が作られている[6].

植物ではAPXが過酸化水素分解の主役であるが，動物はこの酵素をもたない．動物では代わりにGPXが過酸化水素分解の主役を演じている．GPXの中には過酸化水素だけでなく，過酸化脂質の分解も行うものがある．GPX酵素の特徴は活性中心にセレノシステイン（Se–Cys：アミノ酸のシステインの硫黄がセレンに置き換わったもの）を持つことで，このSe–Cysがシステイン（Cys）に置き換わってしまうと酵素活性は大幅に減少する．植物にはこのSe–Cysを持つタンパク質がほとんど存在せず，植物のGPXもシステインタイプで非常に活性が低い．Se–Cysのタンパク質への取り込みはストップコドン（TGA）を認識するセレノシステインtRNAを介した非常に複雑なメカニズムであり，そのため動物型（セレノシステイン型）の高活性GPXを植物で働かせることは事実上不可能である．吉村らは，活性酸素ストレスに対して極めて高い耐性を持つ海産性緑藻クラミドモナスW80株のGPX酵素が，活性部位がシステインでありながら比較的高い脂質過酸化物の分解活性を保持していることを見出し，これをタバコに導入した．その結果，塩ストレス，活性酸素ストレス，低温ストレスに対する耐性が向上した[7].

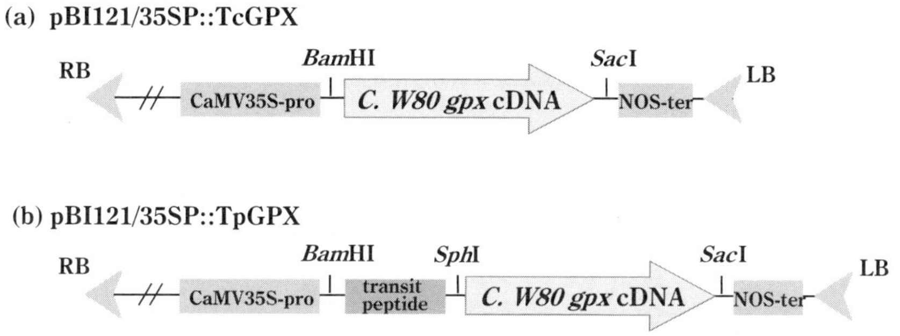

図10.7 クラミドモナスGPX発現用コンストラクト

コンストラクト(a) pBI121/35SP::TcGPXは，pBI121ベクターのカリフラワーモザイクウイルス(CaMV) 35Sプロモーターの下流にクラミドモナスGPX遺伝子を組み込んだものである．コンストラクト(b) pBI121/35SP::TpGPXは(a)に加えて，葉緑体の炭酸ガス固定酵素ルビスコ（ribulose 1,5-bisphosphate carboxylase/oxygenase；RuBisCO）のスモールサブユニット由来のトランジットペプチド（transit peptide）がタンパク質のN末端側に付けられている．CaMV35Sプロモーターは恒常的に強く発現するプロモーターである．
NOS-ter：ノパリン合成酵素遺伝子のターミネーター配列

図10.7にクラミドモナスW80のGPXをタバコに導入するための2種類の遺伝子コンストラクトを示す．コンストラクトの1つ(b)にはタンパク質の葉緑体への移行のためのトランジットペプチド（transit peptide）がN末端側に付けられている．トランジットペプチドによって細胞質で合成されたタンパク質が葉緑体に移送される．活性酸素の主な発生部位は葉緑体であることから，このようにトランジットペプチドを付けて，葉緑体で酵素を発現させることにより活性酸素消去効果がより高まる場合がある．トランジットペプチドがないコンストラクト(a)ではGPXタンパク質は細胞質で発現する．

図10.8はタバコの葉切片を活性酸素を発生させるメチルビオロゲン（MV；methyl viologen）という薬剤を含む水に浮かべて，GPX発現の効果を調べたものである．野生タバコ（非組換え体）とGPX導入タバコで，脂質過酸化の指標となるマロンジアルデヒド（MDA；malondialdehyde）生

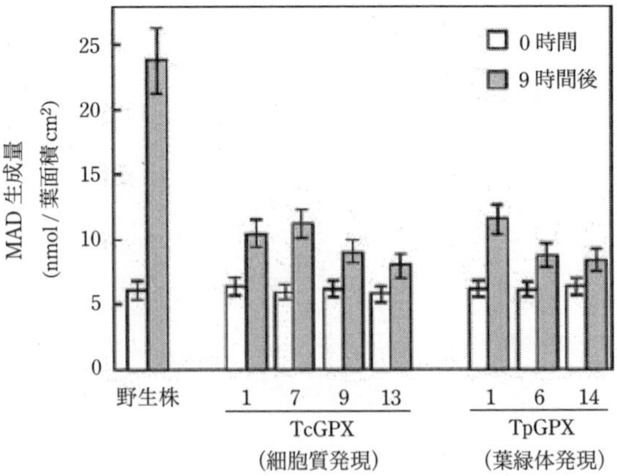

図10.8　クラミドモナスGPXの発現による酸化ストレス下での過酸化脂質生成の抑制[7)]

野生タバコ（非組換え体）とGPX導入タバコの葉切片を，メチルビオロゲン（MV）5μMを含む水に浮かべ，25℃で暗条件1時間，明条件（光強度：200 μmol quanta m^{-2} s^{-1}）9時間培養し，マロンジアルデヒド（MDA）生成量を調べた．

メチルビオロゲン：植物の光合成光化学系から電子を奪い，これを酸素に渡すことによってスーパーオキシド（$\cdot O_2^-$）を生成する．メチルビオロゲンはパラコートという商標名で除草剤として用いられる．

マロンジアルデヒド：脂質過酸化物からの代表的な二次生成物で，脂質過酸化の指標となる．

成を比較すると，GPX導入タバコではMDAの生成は有意に低くなっており，GPXの発現により脂質の過酸化が抑制されている．

図10.9は野生タバコとGPX導入タバコを，海水の半分程度の食塩水で灌水して塩ストレスをかけ，光合成活性を炭酸ガス固定速度と光化学反応活性で調べたものである．野生タバコでは塩ストレスをかけて24時間後には炭酸ガス固定活性も光化学系活性もほぼ完全に消失した．これに対してGPX導入タバコでは24時間後でも両活性を60％から30％維持しており，GPXの発現により塩ストレス耐性が向上していることがわかる．

4)　グルタチオンレダクターゼ（GR），デヒドロアスコルビン酸レダクターゼ（DAsAR）およびモノデヒドロアスコルビン酸レダクターゼ（MDAsAR）

図10.5に示すように還元型グルタチオンは電子供与体としてさまざまな活性酸素種の消去に関与する．したがって酸化型グルタチオンの還元型グルタチオンへの再生は酸化的ストレス耐性の非常に重要なステップといえる．この反応はGRによって行われる．大腸菌のGR遺伝子を細胞質，葉緑体に導入したタバコは活性酸素耐性が向上する[2)]．同様に，アスコルビン酸の再生（還元）を行うDAsAR，またはMDAsARを過剰発現した植物（それぞれシロイヌナズナ，およびタバコ）も塩，乾燥耐性が向上することが示されている[8,9)]．

2.1.2　活性酸素種消去物質（スカベンジャー）による酸化的ストレスの緩和

ヒドロキシラジカル（·OH）とアルコキシラジカル（·OR）は過酸化水素，過酸化脂質から化学

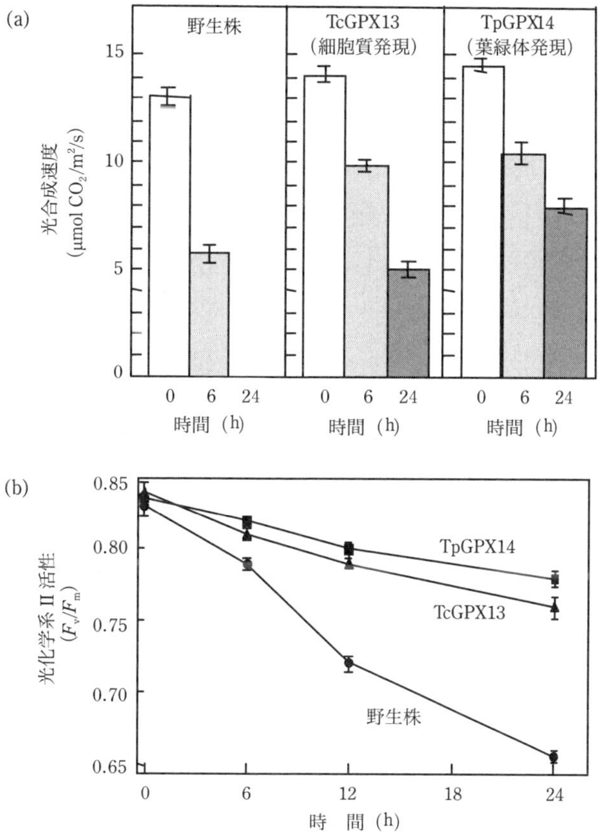

図10.9 クラミドモナスGPXの発現による塩ストレス耐性の向上（文献7) のデータを改変)

7週齢のタバコを250μMのNaCl溶液で二度（実験開始時と12時間後）灌水した．(a) 光合成速度は，炭酸ガス固定活性を携帯ガス分析器で0, 6, 24時間後に測定した．(b) 光化学系の活性は，光化学系IIからのクロロフィル蛍光の測定（F_v/F_m値）で測定した．

F_v/F_m値：光化学系IIの電子伝達が円滑に行われているかをクロロフィル蛍光の測定によって知ることができる．光化学系がダメージを受け電子伝達が円滑に起こらないと，光エネルギーがクロロフィル蛍光に変換される割合が高くなることを測定原理としている．健全な葉ではF_v/F_m値は0.8程度を示す．

的反応で生じる．図10.4に示すように生物はこれらの活性酸素種を酵素的に分解することができないため，活性酸素種消去物質による消去に頼らざるをえない．また光化学系IIで生じる一重項酸素の消去にはカロテノイドが必須で，葉緑体にはさまざまなカロテノイドが含まれている．ラジカル消去物質ポリオールの一種のマンニトール濃度が上昇した組換えタバコは酸化ストレスに対する耐性が向上することが示されている[2)]．

2.1.3 光呼吸を促進することによる酸化的ストレスの緩和

葉緑体の過還元による酸化的ストレスは光呼吸を促進することでも緩和できる．光呼吸とはカルビン・ベンソン回路（図10.13）でリブロース1,5-ビスリン酸カルボキシラーゼ／オキシゲナーゼ（ribulose 1,5-bisphosphate carboxylase/oxygenase；RuBisCO，ルビスコ）がリブロースビスリン酸（RuBP）への炭酸ガスの取り込みだけでなく，酸素との結合（酸化）も行うために起こる反応である．この反応の結果として光合成の過程であたかも呼吸のように炭酸ガスが放出され，還元力とエネルギー（ATP）が無駄に使われることになる．光呼吸で還元力とエネルギーを無駄に使うことになるが，過還元状態ではむしろこの機構が過剰な還元力の逃がし口として重要な役割をもっている．光呼吸に関与する酵素のグルタミン合成酵素（glutamine synthetase）は特に酸化的ストレスに弱く，この酵素活性の低下がストレス条件下で光呼吸が滞る原因となる．このことからグルタミン合成酵素遺伝子の過剰発現でストレス下での光呼吸を安定化させることにより，ストレス耐性が向上することが予想される．実際，グルタミン合成酵素遺伝子を過剰発現させたイネが作製され，酸化的ストレスに対する耐性が向上することが確かめられている[10]．

2.1.4 塩ストレス耐性植物の開発（浸透圧調整とイオン輸送）

塩集積土壌は世界各地で問題となっている．塩ストレスにより浸透圧が高まると細胞は水を失い，また細胞内に過剰なナトリウムイオンが蓄積することにより代謝が障害を受ける．塩ストレスを緩和する方法は2つある．1つは細胞内に代謝を乱さないような低分子有機物を蓄積して浸透圧を調整することであり，もう1つは細胞内から積極的にナトリウムイオンを汲み出すことである．塩ストレス耐性機構獲得メカニズムを図10.10に示す．

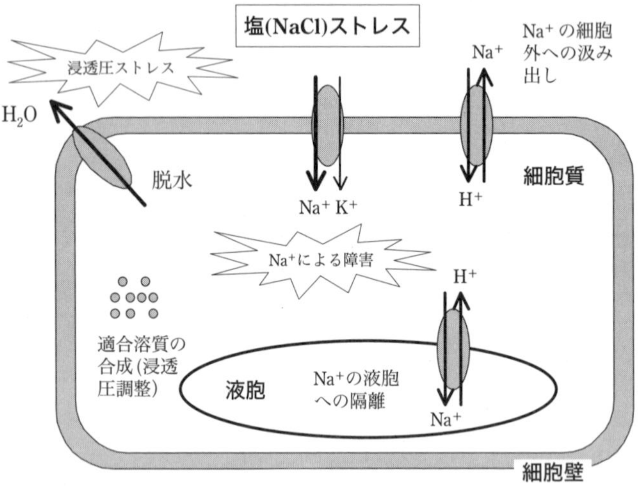

図10.10 植物の塩ストレス耐性機構（文献13)を改変）

細胞内の浸透圧を調整する低分子有機物は適合溶質（compatible solute）と呼ばれる．植物が塩ストレスに対応して生産する適合溶質としては，グリシンベタイン，プロリン，トレハロース，マンニトール，フラクタンなどがある[11]．また塩に強い特定の植物だけが合成できる適合溶質（耐塩性植物アイスプラント *Mesembryanthemum crystallinum* のオノニトール）や，好塩性微生物が生産する優れた適合溶質（*Halomonas elongata* のエクトイン）の合成遺伝子を植物に導入して植物の耐塩性を高めることも行われている[12]．代表的な適合溶質の構造式を図10.11に示す．

なお，適合溶質の中には単なる浸透圧調整物質の効果だけでなく，プロリンやポリオールのように活性酸素種のスカベンジャーとして機能するものもあり，これもストレス耐性獲得の上で重

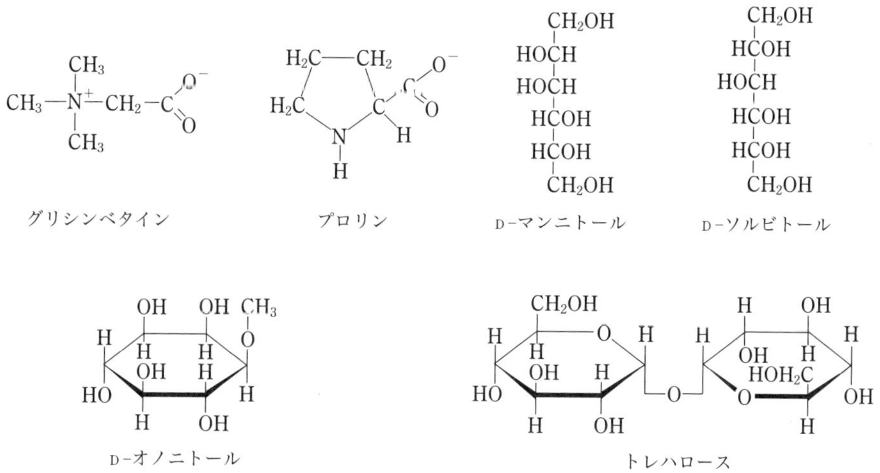

図10.11 適合溶質の構造式

要な機能である．

塩ストレスへのもう1つの対応は細胞中から積極的にナトリウムイオンを汲み出すことである．また，細胞外に汲み出さなくても植物細胞には液胞があるので液胞中に輸送することによってもイオンを無害化できる．ナトリウムイオンの汲み出しは，ナトリウムを排出し，替わりに水素イオンを取り込む Na^+/H^+ アンチポーターによって行われる（図10.10）．このポンプの駆動力は膜内外の水素イオン濃度差である．細胞膜または液胞に局在する Na^+/H^+ アンチポーターの過剰発現によりタバコの耐塩性が向上することが示されている[13]．

ナトリウムイオンの汲み出し機構には，Na^+/H^+ アンチポーターの他に Na^+ATPase がある．Na^+ATPase は ATP が ADP に加水分解される際の化学エネルギーを利用してナトリウムイオンを汲み出す．植物には一部の例外を除いてこの Na^+ATPase の活性がない．植物（タバコ培養細胞）に酵母の Na^+ATPase 遺伝子を導入することにより耐塩性が向上する[14]．

海水中の NaCl 濃度は約3％（500mM）である．植物がこの塩濃度で正常に育つことができれば，基本的には海水での灌漑が可能となる．これまでに耐塩性植物のさまざまな分子育種で，200mM 程度の塩濃度で生育できる組換え植物を作ることに成功しており，今後 500mM で育つことができる植物の分子育種が期待される．ちなみに緑藻などの植物プランクトンの多くはグリセロールを適合溶質として生産し，単細胞緑藻ドナリエラ（*Dunaliella salina*）のように海水の10倍を越える塩濃度でも生育できる種もある．

2.1.5 シャペロン（chaperone）によるタンパク質の保護とストレス耐性

脱水，低温，高温，などのストレスによってタンパク質は本来の三次元構造が崩れて機能を失う（タンパク質の変性）．シャペロンタンパク質はこのようなタンパク質の変性を防ぎ，また変性してしまったタンパク質の回復を行う．植物で機能しているシャペロンタンパク質には，ヒートショックタンパク質（heat shock protein；HSP）と LEA タンパク質（late embryogenesis abundant protein）がある．

1) ヒートショックタンパク質（HSP）

HSPは大腸菌から哺乳類まであらゆる生物に存在するタンパク質で，その名のとおり熱ショックで誘導されるストレス応答タンパク質である．例えば酵母を25℃からいきなり50℃にして培養するとほとんどが死滅するが，いったん37℃で30分程度培養してから50℃で培養すれば生存率がはるかに高くなる．これは37℃の培養によってHSP生産が誘導され，HSPによってタンパク質の熱変性が防がれているためと考えられる．HSPは熱誘導性タンパク質として発見されたが，その生体内での本来の役割は，新たに合成されたタンパク質が正しく折りたたまれる（folding）のを補助することである．HSPはストレス下ではタンパク質の変性を防ぎ，また変性したタンパク質を再度正しい三次元構造にもどす（refolding）働きもする．HSPは類似性が高いものがファミリーとして分類されており，おおよその分子量によってHSP100，HSP90，HSP70，HSP60と，低分子量HSP（small heat shock protein；sHSP）のファミリーがある．植物でストレス応答への関与が最も大きいのは低分子量HSPであり，高温ストレスのほか，塩ストレス，低温ストレス，酸化的ストレスによっても誘導される．低分子量HSPの過剰発現により組換え植物（ニンジン，シロイヌナズナ）の高温耐性，浸透圧ストレス耐性が向上することがわかっている[15)]．

2) LEAタンパク質（late embryogenesis abundant protein）

LEAタンパク質は，種子の胚発生後期に大量に蓄積するタンパク質として発見された．その後の解析から乾燥ストレス，塩ストレス，および，低温ストレスに応答して誘導されることが明らかになった．LEAタンパク質はHSPとは異なり，一部の例外を除いて植物に特異的なタンパク質である．LEAタンパク質の特徴は，親水性アミノ酸（リジン，アルギニン，グルタミン酸，アスパラギン酸など）を多く含み非常に親水性が高いことである．また熱安定性が高く高温でも変性しない．10から20個程度のアミノ酸からなる繰り返しモチーフを持ち，繰り返しモチーフとアミノ酸配列の相同性により少なくとも5つのグループに分けられている．LEAタンパク質の機能は正確にはわかっていないが，脱水状態での水の保持，有害イオンの除去，タンパク質や膜の安定化，などの作用が推定されている．また，一部のLEAタンパク質については試験管内（*in vitro*）で凍結による酵素の失活を防ぐ効果も確認されている．

LEAタンパク質を高発現させた組換え植物も作製され，低温ストレス（凍結ストレス），塩ストレス，乾燥ストレスに対する抵抗性が向上することが示されている[15)]．

2.1.6 不飽和脂肪酸をコントロールすることによる植物の高温，低温耐性の向上

細胞膜や，細胞内小器官（ミトコンドリア，葉緑体など）の膜は，いわゆる脂質二重層で出来ている．脂質二重層は簡単に言うならば，親水性のリン酸が外側に，疎水性の脂肪酸が内側に向いて，○<>○（○がリン酸，<が脂肪酸）の形をとっている．脂肪酸には飽和脂肪酸 $CH_3(CH_2)_nCOOH$ と，この飽和脂肪酸の何か所かにC=C二重結合が入った不飽和脂肪酸がある．膜の脂質二重層には膜貫通タンパク質が組み込まれているため，膜の流動性を保つことは生物機

能にとって非常に重要である．膜の流動性は主に構成脂肪酸の不飽和度によって決まる．すなわちC=C二重結合が多く入った不飽和脂肪酸が多いと膜の流動性が高く，少ないと流動性は低くなる．膜の流動性は低温になると低下してしまうので，低い温度で生活する生物ほど不飽和脂肪酸を多くして低温環境下でも膜の流動性を保つようにしている．

もともと植物は動物に比べると脂肪酸の不飽和度が非常に高く（ステーキの油は冷えると固まるが，ナタネ油は冷えても固まらないことを考えればよい），膜を構成する脂質の流動性が高い．また植物は，低温／高温に適応するために細胞膜やオルガネラ膜の脂質の不飽和度を常に変化させている．

以上のことから，植物の膜脂質を構成する脂肪酸の不飽和度を上げることによって植物の低温ストレス耐性を向上させることが期待できる．脂肪酸の不飽和化は脂肪酸不飽和化酵素（fatty acid desaturase）によって行われる．脂肪酸不飽和化酵素遺伝子の導入により脂肪酸の不飽和度が上がると，植物の低温ストレス耐性が向上することがタバコやイネで示されている[16]．

植物が低温にさらされた時に脂肪酸の不飽和度を上げるのに対して，高温にさらされた時は不飽和度を下げるという現象がみられる．組換え植物でも，脂肪酸不飽和化酵素導入組換え植物で，コサプレッションによって不飽和脂肪酸量が低下した個体の高温ストレスに対する耐性が高まっていることが報告されている．このメカニズムについては明らかではないが，不飽和脂肪酸が活性酸素と反応して生じる脂肪酸過酸化物（fatty acid peroxide）が膜タンパク質に大きなダメージを与えることから，不飽和度が下がった結果，脂肪酸過酸化物の生成が抑制されたためと推定されている[16]．

2.1.7 シグナル伝達制御によるストレス耐性の向上

植物はストレスを受けた時それを細胞内で様々なシグナルに変換して伝達し，核での転写因子などを介して様々なストレス応答（ストレスに対する抵抗）を行う（図10.2）．転写因子タンパク質は，遺伝子のプロモーター領域に存在する転写調整部位（シス因子）に結合して，遺伝子の転写をコントロールする（図10.12）．このことから，このようなシグナルや転写因子を強めてやれば，結果として複合的なストレス応答が強まることが期待できる．ストレスに関するシグナル伝達には植物ホルモンの一種のアブシジン酸（abscisic acid；ABA）が大きな役割を果たしていることがわかっている（図10.12）．アブシジン酸は休眠や成長抑制，気孔の閉鎖のほか，低温，乾燥，塩といったストレスに対する防御機構のシグナルにかかわる植物ホルモンである．植物内のABA量はこれらの条件で強く蓄積され，その後の種子発芽やストレス条件から解放された時に速やかに減少する．アブシジン酸によって制御されるストレス抵抗メカニズムの代表的なものとして前述のLEAタンパク質合成がある．アブシジン酸で活性化される遺伝子のプロモーターにはABRE（ABA responsive element）呼ばれる配列（PyACGTGGC）が存在することも知られている[17]．

図10.12から明らかなように，ある1つの転写因子によって複数のストレス対応遺伝子が活性化される場合，この転写因子の発現を増強すれば下流にある複数のストレス対応遺伝子を一度に活性化することができる．こうしたアプローチの代表的なものとして，乾燥・塩・低温に応答す

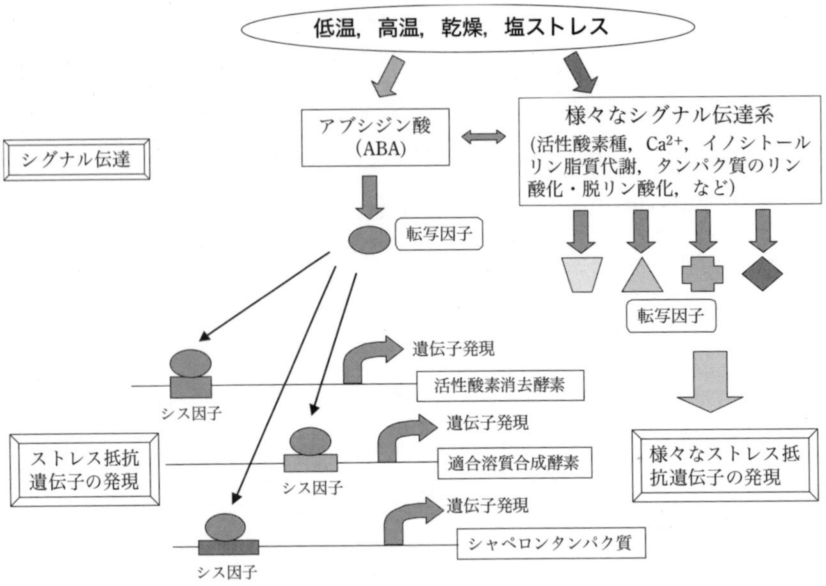

図10.12 植物のシグナル伝達とストレス抵抗機能の発現

るDRE（dehydration responsive element）配列に結合する転写因子DREBをストレス誘導性プロモーターの制御下で発現させることにより，組換えシロイヌナズナで凍結，乾燥，塩害のそれぞれのストレスに対する抵抗性が向上した例がある[18].

2.2 炭酸ガス固定能力が高い植物の開発

植物の光合成による炭酸ガスの固定反応は光合成の暗反応（光化学系が明反応）と呼ばれ，カルビン・ベンソン回路（Calvin-Benson cycle）で行われる．図10.13にごく単純化したカルビン・ベンソン回路を示した．カルビン・ベンソン回路は，

1. 炭酸ガスの取り込み固定によるD-リブロース1,5-ビスリン酸（RuBP，炭素数：C_5）から2分子の3-ホスホグリセリン酸（$C_3 \times 2$）の生成
2. 生じた3-ホスホグリセリン酸（C_3）のグリセルアルデヒド3-リン酸（C_3）への還元
3. グリセルアルデヒド3-リン酸（C_3）からD-リブロース1,5-ビスリン酸（C_5）への再生

の3つのステップからなる．カルビン・ベンソン回路で固定された炭酸ガスは，グリセルアルデヒド3-リン酸（C_3）から合成されるフルクトース6-リン酸（C_6）の形で回路を離れデンプン合成などの糖代謝系へと入っていく．

2.2.1 スーパールビスコ

カルビン・ベンソン回路で最も重要な反応と考えられる炭酸ガスの固定は，リブロース1,5-ビスリン酸カルボキシラーゼ／オキシゲナーゼ（ribulose 1,5-bisphosphate carboxylase/oxygenase；RuBisCO，ルビスコ）によって行われる．ルビスコは触媒速度が極めて遅く，CO_2認識能力も低いことが光合成全体の効率を低下させている．また，この劣悪な性能を補うために植物は大量のルビスコタンパク質を葉で生産しており，そのために大量の窒素を使うことになる．このことから

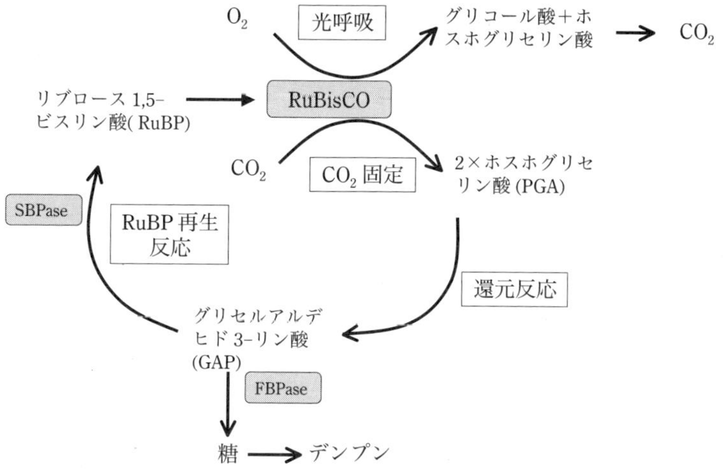

図10.13 カルビン・ベンソン回路
カルビン・ベンソン回路をごく簡略化して示している.
RuBisCO：リブロース1,5-ビスリン酸カルボキシラーゼ/オキシゲナーゼ，FBPase：フルクトース1,6-ビスホスファターゼ，SBPase：セドヘプツロース1,7-ビスホスファターゼ

1980年代からルビスコの劣悪な性質を改善して反応速度が速く，炭酸ガスとの親和性も高い「スーパールビスコ」の開発が試みられてきたが，いまだ成功した例はない．横田らのグループはガルディエリア（*Galdieria*）という原始紅藻に，植物の2〜3倍も炭酸ガスに親和性が高い（酸素を嫌う）ルビスコが存在することを見出した[19]．このガルディエリアのルビスコ酵素遺伝子を植物葉緑体で機能させることができれば，植物の光合成は30％増加すると試算されている．ルビスコタンパク質はラージサブユニット（56 kDa）とスモールサブユニット（14 kDa）各8個からなる巨大なヘテロ16量体（L_8S_8）を形成して機能する．ガルディエリアのルビスコを葉緑体内で正しく16量体としてホールディング（folding，折りたたむこと）することが重要なポイントで，このために前述のシャペロンタンパク質を利用した試みが行われている[20]．

2.2.2 フルクトース1,6-ビスホスファターゼ（fructose 1,6-bisphosphatase；FBPase）とセドヘプツロース1,7-ビスホスファターゼ（sedoheptulose 1,7-bisphosphatase；SBPase）の増強による植物の成長促進

カルビン・ベンソン回路で，どの酵素が反応全体を円滑に行うために重要かについては，各酵素活性が低下した変異体や，アンチセンス技術などで酵素活性を低下させた組換え植物が利用されて，さまざまな研究がなされている．こうした研究の結果からは，カルビン・ベンソン回路（図10.13）の中のFBPase（固定された炭酸ガスがフルクトースとして系を離れるステップの酵素）と，SBPase（炭酸ガスと結合するD-リブロース1,5-ビスリン酸を再生するステップの酵素）の活性が低下した植物では成長が著しく低下することが分かっている．重岡らのグループはこの点に着目し，シアノバクテリアから分離したFBPase/SBPase（FBPaseとSBPaseの両方の活性を合わせ持つ酵素）とFBPase，および耐塩性のクラミドモナスW80株から分離したSBPaseをタバコに導入した．その結果，これらの酵素活性が高まった組換え植物では，成長が速くなり草丈も乾燥重量も増大す

ることが示された[21].

3.　植物を利用した環境修復（ファイトレメディエーション）

3.1　ファイトレメディエーションとは

土壌および水質の汚染浄化技術は，現在，物理的・化学的方法が主流であるが，これらは多大なエネルギーを消費し，高コストなため，狭い範囲の高濃度汚染には有効でも，広範囲の低濃度汚染への適用には限界がある．これに対して植物を利用して低エネルギー，低コストで環境修復（汚染浄化）を行うのが「ファイトレメディエーション」である．ファイトレメディエーション（phytoremediation）のファイトはギリシャ語で植物を意味するphyto，レメディエーションはラテン語で修復を意味するremediumからなる合成語である．ファイトレメディエーションは広範囲な低濃度汚染にも対応でき，また低エネルギー，低コストであることから開発途上国での実施も期待できる．植物を利用することにより景観を保全しながら浄化できることも利点の1つである．一方，ファイトレメディエーションの短所としては，浄化に時間がかかる，冬季に植物が活性低下するなどの季節的影響を受ける，といったことがある．

植物による汚染浄化メカニズムを，表10.1と図10.14に示す．収穫部位に汚染物質を濃縮蓄積するファイトエクストラクション（phytoextraction），植物内または根の表層で汚染物質を分解または無害化するファイトデグラデーション（phytodegradation），ファイトトランスフォーメーション（phytotransformation），植物により根圏微生物が活性化されて分解・無害化が起こるファイトスティミュレーション（phytostimulation），植物による汚染物質の拡散や生物による取り込みが

表10.1　ファイトレメディエーションのメカニズム

1.	ファイトエクストラクション（Phytoextraction　植物による吸収蓄積）
2.	ファイトデグラデーション（Phytodegradation, Phytotransformation　植物による分解・無害化）
3.	ファイトスティミュレーション（Phytostimulation　微生物活性化による分解・無害化）
4.	ファイトスタビライゼーション（Phytostabilization　土壌固定）
5.	ファイトボラティライゼーション（Phytovolatilization　植物による気化・放散）

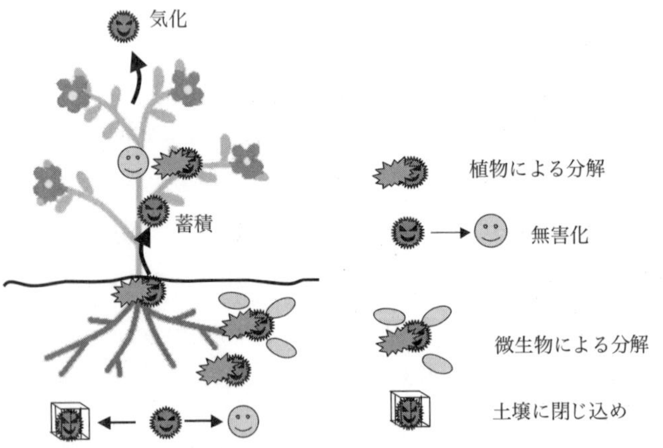

図10.14　ファイトレメディエーションのメカニズム

抑制される土壌固定効果ファイトスタビライゼーション（phytostabilization），植物が吸収した水銀やセレンなどを還元して大気中に放出するファイトボラティライゼーション（phytovolatilization），などがある．

3.2 ファイトレメディエーション技術の現状と将来

第一世代技術ともいうべき受動的（パッシブ，passive）なファイトレメディエーションは1990年代からアメリカですでに実用化・企業化されている．受動的なファイトレメディエーションとは，ポプラやヤナギなどの早生樹を汚染サイトに植栽することにより植物による水の吸い上げを利用して汚染の拡散を防ぐとともに，弱いながらも土壌微生物の活性化，植物による汚染物質の吸い上げにも期待するという技術である．これに続く技術として，油汚染土壌に植物を植栽することにより土壌微生物を活性化して浄化するファイトスティミュレーションや，重金属を高集積する植物を利用したファイトエクストラクションによる重金属浄化，といった技術がほぼ実用化されつつある．有機汚染物質（ダイオキシン，難分解性農薬，環境ホルモンなど）のファイトレメディエーションも近い将来の実用化が見込まれる．また遺伝子組換え技術によって植物の浄化能力を高める研究も活発に行われている．

3.3 アメリカのスーパーファンド法と日本の土壌汚染対策法

アメリカで浄化事業が活発になった背景として，1980年カーター政権時代に制定されたスーパーファンド法（Comprehensive Environmental Response, Compensation and Liability Act；CERCLA）がある．この法律では汚染の責任を負う者（現在の土地所有者，汚染発生当時の土地所有者，汚染を発生させた者，汚染物質の運搬投棄に関わった者）に浄化の義務が負わせるとともに，石油，化学業界へ課税して約85億ドルのスーパーファンド基金を設立し，汚染の責任を負う者が不明な場合でもスーパーファンド基金により浄化事業が行われる．このスーパーファンドにより2006年までに全米で1 600か所以上の浄化事業が行われている．また，スーパーファンド法によりファイトレメディエーションも含めた浄化技術開発が促進されたことも見逃せない．わが国では平成15年に「土壌汚染対策法」が施行された．この法律では有害物質使用施設（工場，ガソリンスタンドなど）廃止の際の調査を義務付け，汚染原因者（原因者が不明な場合は所有者）に汚染除去措置を都道府県知事が命令する．わが国でも汚染対策技術の開発はこのような法令・基準・ガイドラインなどの後押しを受けて発展することが多い．わが国では「土壌汚染対策法」のほか，「環境基準」，「ダイオキシン対策法（1999）」，「油汚染対策ガイドライン（2006）」などがある．

3.4 重金属汚染のファイトレメディエーション

3.4.1 ハイパーアキュムレーター（超集積植物）による重金属汚染浄化

自然界には重金属を高濃度に集積する植物が存在し，ハイパーアキュムレーター（hyperaccumulator）と呼ばれる．これまでに400種類以上のハイパーアキュムレーターが報告されている．代表的なハイパーアキュムレーターの地上部（茎葉部）での重金属濃度を表10.2に示

表10.2　ハイパーアキュムレーター中の重金属濃度[22)]

重金属	植　物　種	地上部(茎葉)の重金属濃度 (g/kg 乾燥重量)
Cd	*Thlaspi caerulenscens*	1.8
Cu	*Ipomoea alpina*	12.3
Co	*Haumaniastrum roberti*	10.2
Pb	*Thlaspi rotundifolium*	8.2
Mn	*Macadamia neurophylla*	51.8
Ni	*Psychotria douarrei*	47.5
Zn	*Thlaspi caerulenscens*	51.6

した[22)]．ハイパーアキュムレーターを利用した重金属浄化は図10.14のファイトエクストラクションに当たる．特定の植物のみが持つ特別な重金属浄化能力を利用したファイトレメディエーションが数多く試みられている．

ハイパーアキュムレーターとして実用化が実際に汚染フィールドで検討されたものには，セイヨウカラシナ（鉛，カドミウム，セレン，ストロンチウム），モエジマシダ（ヒ素），ヒマワリ（鉛，ウラン，セシウム）などがある．モエジマシダ（*Pteris vittata*）によるヒ素の浄化は特に有望で[23)]，このシダは地上部に乾燥重量1kg当たり最大で27 000mgものヒ素を蓄積する．アメリカで土壌および水質の浄化実証試験が行われている．水耕栽培による飲料水中からのヒ素の除去についてはパイロットプラントでの実証試験が行われ（シダ80株を用い3か月間で約60 000Lを処理），連続通水処理により，10ppb以上含まれていたヒ素を検出限界以下（2ppb以下）まで下げることができた[24)]．モエジマシダはわが国にも導入され，実用化が進められている．日本ではこのほかソバを用いた射撃場の鉛の浄化実証実験[25)]，ハクサンハタザオ（*Arabidopsis halleri*）というカドミウムのハイパーアキュムレーターを用いた水田のカドミウム浄化[26)]，などが行われている．

一方，イネを使ったカドミウム汚染水田浄化はユニークな試みとして注目に値する．イネはもともとカドミウムを吸収しやすい作物で，公害病のイタイイタイ病は鉱山廃水からのカドミウムがイネに吸収されて米粒に蓄積したことが原因となったものである．精米のカドミウム基準値はFAO（国際連合食糧農業機関）とWHO（世界保健機関）が合同設置したコーデックス委員会で国際的基準が検討され，2006年に，精米中のカドミウム基準値が0.4ppmに設定された．農林水産省の統計によると，わが国で0.4ppmを超えるカドミウムが検出される割合は約0.3％であるが，土壌中カドミウム濃度が高い水田のカドミウム浄化は今後重要な課題である．阿江らのグループは，イネがカドミウムを吸収しやすいことに着目し，イネの中からカドミウムを吸収しやすい品種を選んでカドミウム汚染土壌のファイトエクストラクションを行うことを提案した[27)]．この方法の利点は，苗作り，植え付け，栽培管理，収穫などの技術およびインフラが既存のものをそのまま利用できることである．インディカ米とジャポニカ米の交雑種「密陽23号」を用いた実証試験では，一作で1ha当たり200gのカドミウムが回収された．

3.4.2　回収バイオマスの処分技術

重金属をハイパーアキュムレーターで回収できたとして，その後には回収した重金属を多く含む大量のバイオマスをどうやって処理するかの問題が残り，この問題を解決しない限り，ファイトレメディエーションは低コストで有効な方法とはなりえない．有望な方法としては，バイオマスを水蒸気で高温処理して水素と一酸化炭素を発生させ，続いて水素と一酸化炭素からメタノールを合成する方法，セルロース系バイオマスから組換え微生物を用いた発酵でエタノールを生産する方法[28]などがある．

3.5 海域の浄化（自然再生）

汚染土壌浄化は土壌汚染対策法などの法律が整備され，次第にその対策が進んできた．一方，開発で損なわれた海岸域の環境を取り戻すことも今後の重要な課題である．植物を利用した方法として，アマモ場（ば）再生による海域の自然再生がある．アマモは胞子で増える藻類ではなく，単子葉類の草本であり，イネに似た細長い葉をもつ．遠浅の砂泥海底にアマモ場と呼ばれる群落を作り，富栄養化のもととなる窒素やリンを吸収するとともに，魚や小動物などの様々な生物の生息場所となっている．アマモ場の再生による自然再生がNPO，大学・研究機関，企業，などにより各地で行われている[29]．

3.6 遺伝子組換え技術を利用したハイパーアキュムレーターの開発

3.6.1 ハイパーアキュムレーターの分子育種

自然界に存在するハイパーアキュムレーターには，成長が遅い，バイオマスが小さい，育苗や栽培管理が容易でない，といった問題がある場合が多い．そこで成長が速くバイオマスが大きく育苗・栽培管理も容易な植物を遺伝子操作により，ハイパーアキュムレーター化することが試み

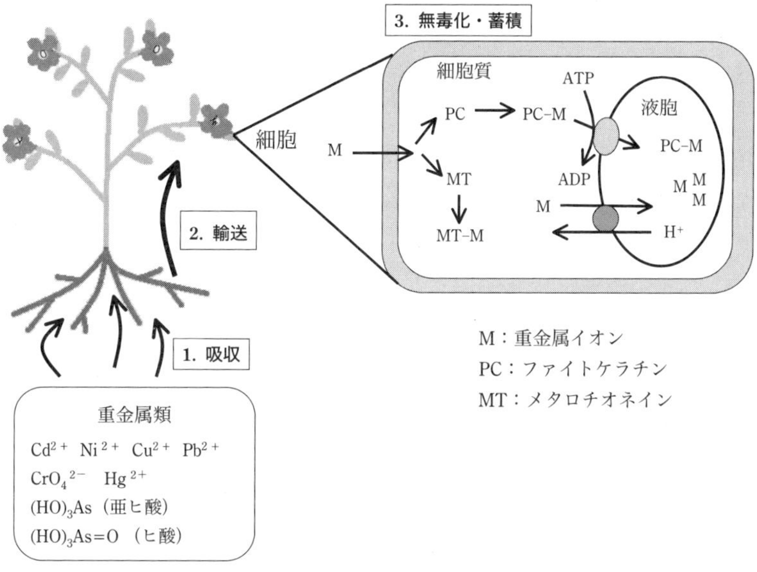

図10.15 ハイパーアキュムレーターの分子育種

分子育種で強化する機能は，1. 根からの重金属吸収，2. 根から地上部への輸送，3. 地上部での無毒化・蓄積，が考えられる．

られている．また，微生物が持つ重金属蓄積・浄化に関与する遺伝子を植物に導入して重金属蓄積の能力を高めることも行われている．

ハイパーアキュムレーターの分子育種のポイントは次のとおりである（図10.15）．

1. 土壌中からの重金属イオンの取り込みの促進
2. 取り込んだ重金属の根から地上部への輸送の促進
3. 地上部に輸送された重金属が茎葉で毒性を現さず，大量に蓄積されるための解毒メカニズムの付与

1)　金属イオントランスポーター

金属イオンは金属トランスポーターによって土壌中から取り込まれ，地上部へと輸送されるが，ハイパーアキュムレーターといえども有害な重金属に特異的なトランスポーター（輸送体）を持っているわけではない．むしろ鉄，亜鉛，リンなどの必要とされるイオンのトランスポーターによって有害重金属も輸送されていると考えられる．例えば，グンバイナズナの一種（*Thlaspi caerulescens*）は亜鉛のトランスポーターを根で高発現しており，このトランスポーターによってカドミウムも輸送され地上部に蓄積する[30]．また，ヒ素のハイパーアキュムレーターのモエジマシダはリン酸輸送のためのトランスポーターで，ヒ素（亜ヒ酸）を地中→根→地上部へと輸送しているものと推定されている[31]．金属トランスポーターを過剰発現させた組換え植物も作製され，重金属（カドミウムや鉛など）の蓄積が促進されることが認められている[32]．

2)　ファイトケラチン（PC）による重金属の無毒化

イオントランスポーターによって地上部に輸送された重金属は，なんらかの形で無毒化されて蓄積される．最も重要なメカニズムはチオール基（–SH）による重金属の無毒化である．図10.16に示すように2価の重金属イオンは2つのチオール基にはさまれる形で無毒化される．チオール基で重金属の無毒化を行う重要なものとしてメタロチオネイン（metallothionein；MT）とファイトケラチン（phytochelatin；PC）がある[33,34]．

メタロチオネインはシステインを多く含むタンパク質で，動物や酵母では重金属の無毒化に重要な役割を果たしている．ファイトケラチンは遺伝子の転写翻訳で生成するメタロチオネインとは異なり，ファイトケラチン合成酵素によって合成されるポリペプチドで，グルタチオン

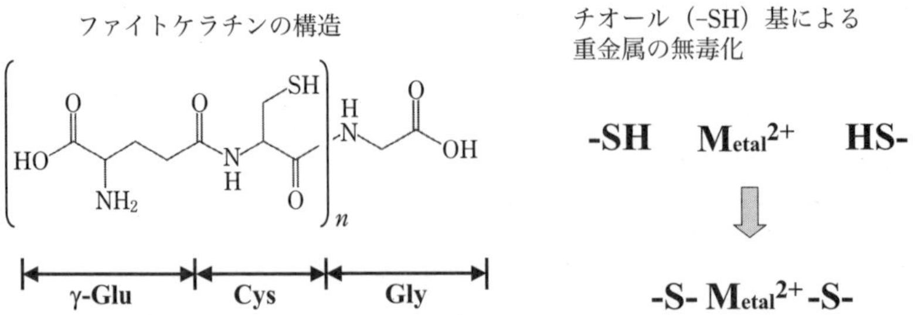

図10.16　ファイトケラチンの構造と –SH基による重金属の無毒化

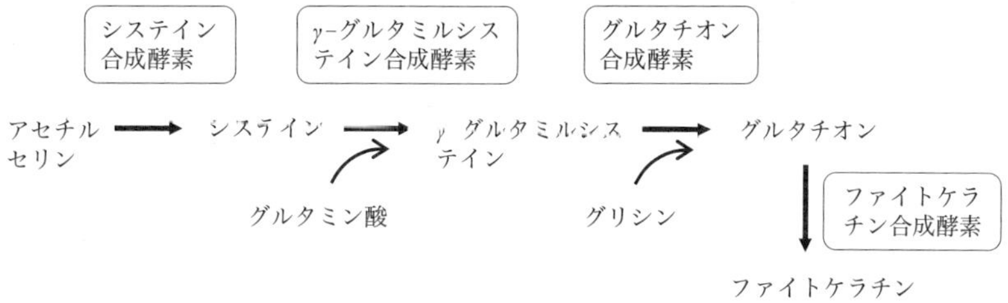

図10.17 グルタチオンおよびファイトケラチンの合成経路

にさらにγ-Glu-Cys ユニットが重合して（γ-Glu-Cys)$_n$Gly（n=2〜11）となったものである（図10.16）．図10.17にファイトケラチンの生合成経路と関連する酵素を示す．これらの酵素遺伝子を過剰発現させた組換え植物が作製され，カドミウム，鉛，銅，ニッケル，ヒ素などの重金属に対する耐性および重金属蓄積量の向上が認められている[34]．

ファイトケラチンは重金属を無毒化するだけでなく，過酸化水素およびスーパーオキシドラジカルに対して強い消去作用を持つことも分かっており，重金属ストレスの結果生じる酸化的ストレスの緩和も行っている[35]．ファイトケラチン合成酵素の特徴は，重金属によって酵素タンパク質合成が誘導されるのではなく，酵素タンパク質が恒常的（constitutive）に不活性な形で存在し，重金属が酵素に結合することで酵素が活性化されることである．

3) メタロチオネインによる重金属の無毒化

動物や酵母と同様に植物にもメタロチオネインは存在するものの，重金属無毒化の役割は前述のファイトケラチンが主役を演じていると考えられている[32]．一方，メタロチオネインの過剰発現による植物の重金属耐性および蓄積能力の改善も行われている．長谷川らのグループは酵母のメタロチオネイン遺伝子をカリフラワー（*Brassica oleracea* var. *botrytis*）で過剰発現させた．カドミウムに対する耐性を野生株（非組換え体）との比較で水耕栽培で調べたところ，野生株は100μMの塩化カドミウムで枯死したのに対し，酵母メタロチオネイン遺伝子を過剰発現した組換え体では400μMのカドミウムに耐性を示した．25μMの条件で栽培した時の植物体中のカドミウム蓄積量も，地上部において有意に増加した[36]．

4) フェリチン

フェリチンは微生物から動物，高等植物にわたって広く存在している鉄貯蔵タンパク質である．フェリチンは相同なサブユニットからなる24量体を形成し，最大4 500原子の鉄を貯蔵することができる．フェリチンは鉄だけでなくアルミニウム他の多様な金属を結合するものがあることが分かっており，フェリチン遺伝子の導入による重金属の高集積化も可能と考えられている[37]．

5) 重金属の細胞内での隔離

塩ストレスの項（2.1.4）ですでに述べたイオンの液胞への蓄積は重金属の無毒化のためにも重要なメカニズムである．重金属はイオン状態またはファイトケラチンと結合した状態で液胞に輸送蓄積される．イオンの輸送は金属/H^+アンチポーターによって行われる．細胞質→液胞の金属トランスポーター遺伝子の過剰発現によって液胞への重金属蓄積が増加し，植物体の重金属耐性も向上した例がカドミウム，鉛などで報告されている．ファイトケラチンと結合した重金属はATPaseタイプのトランスポーターで液胞に輸送蓄積される（図10.15）[38]．

3.6.2 遺伝子組換え植物によるセレンおよび水銀のファイトレメディエーション

遺伝子組換え植物によるセレンのファイトレメディエーションは実用化に近い技術である．セレンは動物にとって必須元素であるが，高濃度のセレンは皮膚炎，胃腸障害，脱毛，爪の脱落，運動失調，呼吸困難，などの障害を起こす．セイヨウカラシナ（*Brassica juncea*，英名Indian mustard）は比較的成長が早く栽培も容易なハイパーアキュムレーターで，鉛，カドミウムなどの浄化のフィールドでの検討が行われている．この植物はセレンも数百ppmレベルで蓄積するので，この能力を遺伝子組換えでさらに高めることが検討されている．その結果，硫黄代謝関連酵素，グルタチオン合成関連酵素を過剰発現させることで最大でセレン蓄積量を4.3倍に増やすことができた[39]．また，セレンはセレン酸（SeO_4^{2-}），亜セレン酸（SeO_3^{2-}）として植物に取り込まれ，最終的には揮発性のメチル化物まで代謝されて気孔から放散される（表10.1のファイトボラティライゼーション）．このことからセレン化合物のメチル化酵素の活性を上げてセレンの放散を促進する方法もセイヨウカラシナで検討されている[40]．

水俣病で知られる水銀汚染公害は，メチル水銀が魚介類に生体濃縮された結果，汚染水域付近で獲れた魚介類を摂取した住民に水銀中毒の被害が発生したものである．有機水銀は2価の無機水銀に比べて毒性が数十倍高い．バクテリアの2つの水銀代謝遺伝子*merB*と*merA*を利用して有機水銀汚染を植物で浄化することができる．*merB*は有機水銀リアーゼ酵素で，有機水銀を2価の無機水銀に変える．*merA*は還元酵素で，2価水銀を金属水銀（0価）に変える．この2つの遺伝子を導入した植物（シロイヌナズナ）は，メチル水銀耐性が野生株との比較で50倍向上し，水銀の放散も促進された[41]．

3.7 有機汚染物質のファイトレメディエーション

ファイトレメディエーションの対象となる有機汚染物質を大別すると，微生物や植物によって極めて分解されにくい難分解性化合物（ダイオキシン，PCB，DDTなど），これらに比べてやや分解されやすい化学物質（揮発性有機化合物やフェノール系の環境ホルモンなど），および油分などがある．

3.7.1 難分解性有機化合物のファイトレメディエーション

難分解性物質の代表としてダイオキシン類が挙げられる（構造式：図10.18）．ダイオキシンは，燃焼の過程でごみ焼却場から発生したもの，および農薬中に含まれる不純物が主な汚染の原因となっている．ダイオキシンの毒性は，発がん性，催奇性，環境ホルモン活性などである．わが国では1999年にダイオキシン対策法が施行され，焼却場での発生源対策は非常に進んだが，ダイ

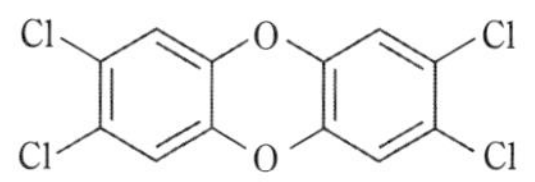

ダイオキシン
(2,3,7,8-テトラクロロジベンゾダイオキシン，TCDD)

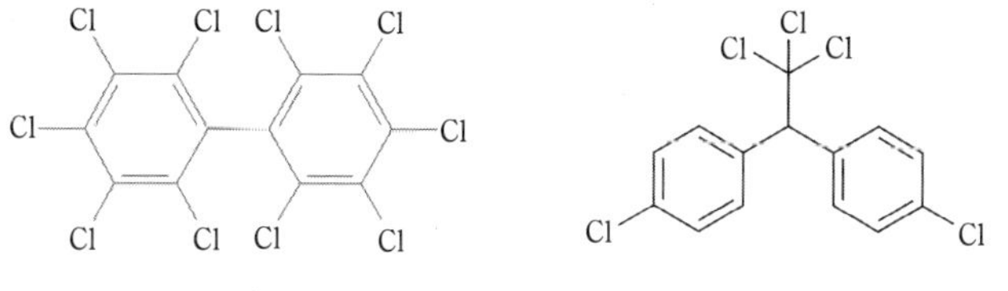

PCB　　DDT

図10.18　ダイオキシン，PCB，DDTの構造式

オキシン汚染（土壌，底質など）浄化は低コストで有効な浄化方法がないことから，2006年現在ではほとんど進んでいない．

植物にダイオキシンを吸収させる研究は1990年代から行われている．Huelsterらの研究により，ウリ科のパンプキン（カボチャ）とズッキーニがダイオキシンを根からよく吸収し，さらにそれを地上部に輸送していることが分かった[42]．興味深いことにキューカンバー（キュウリ）は同じウリ科の近縁な植物で，見た目もズッキーニとよく似ているにもかかわらずダイオキシン吸収能力は低い．このことからズッキーニとキューカンバーを生理学的に比較することにより，将来ダイオキシン類吸収輸送メカニズムがわかる可能性もある．

DDT（構造式：図10.18）は，有機塩素系の殺虫剤である．自然界で分解されにくいため，長期間にわたり土壌や水循環に残留し，食物連鎖を通じて人間の体内にも取り込まれる．DDEはDDTの代謝物である．DDT，DDEともに発がん性が疑われ，環境ホルモン活性もある．先進国では1970年代に使用が禁止されたが，開発途上国ではマラリア蚊（か）に対する低コストで有効な対策が他にないため，現在も使用が認められている．長年雨ざらしになっても土壌に強固に結合し

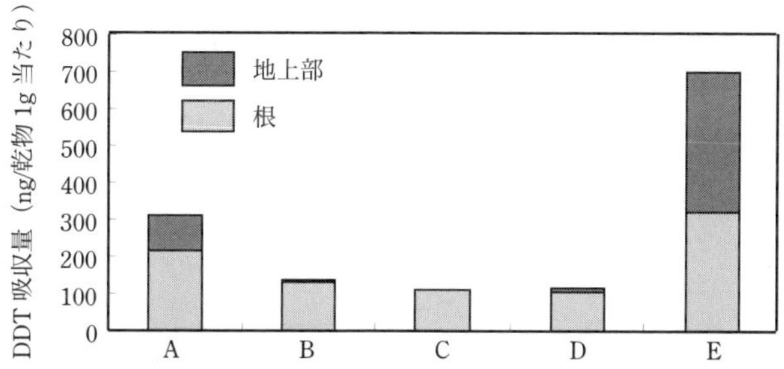

図10.19　様々な植物によるDDTの吸収（文献43）のデータを改変）
DDT 150ng/gを含む汚染土壌でズッキーニ，トールフェスク，アルファルファ，ライグラス，パンプキンを50日間育て，植物によるDDT吸収量を根と地上部に分けて調べた．数値は植物の乾燥重量当たりのDDT量を示す．
A：ズッキーニ，B：トールフェスク，C：アルファルファ，D：ライグラス，E：パンプキン

て残留しているDDT，DDEの植物による浄化についても多くの研究例があり，ダイオキシンと同様にパンプキンやズッキーニがDDT，DDEをよく吸収することが知られている[43]．図10.19にズッキーニ，トールフェスク，アルファルファ，ライグラス，パンプキンによるDDTの土壌からの吸収実験の結果を示す．ズッキーニとパンプキンは他の植物に比べるとはるかに多くのDDTを吸収し，しかも根から地上部へ輸送していることがわかる．ダイオキシンと同様にDDT，DDEともにキューカンバーには吸収されにくい．

3.7.2　環境ホルモンのファイトレメディエーション

環境ホルモンとは正式には内分泌攪乱化学物質とよばれ，外部から生物の体内に取り込まれ，体内で本来のホルモン作用をかき乱すものである．環境省SPEED98プロジェクトで，ビスフェノールA，ノニルフェノール，オクチルフェノール，DDTについてメダカでの内分泌攪乱作用が確認された．

平田らのグループは代表的な環境ホルモンのビスフェノールAの浄化能力が高い植物を園芸植物を中心にスクリーニングし，スベリヒユ科のポーチュラカ（*Portulaca oleracea*，和名：ハナスベリヒユ）が極めて高いビスフェノールA浄化能力を有することを見出した[44]．図10.20はポーチュラカによるビスフェノールA浄化の経時変化を示している．ポーチュラカ1株で，40μM（10ppm）のビスフェノールAを含む250mLの溶液が24時間以内に浄化された．またポーチュラカはビスフェノールAのほか，ノニルフェノール，オクチルフェノール，および天然女性ホルモン17β-エストラジオールも効率よく浄化した．

環境ホルモンの人体，野生生物への影響については今後の研究に待たれる点が多いが[45]，当面の問題としては，下水処理場の放流水中に含まれる女性ホルモン（エストラジオール）が魚類のオスの性機能に影響を及ぼすという問題がある[46]．また下水処理場では一次処理（沈殿処理），二次

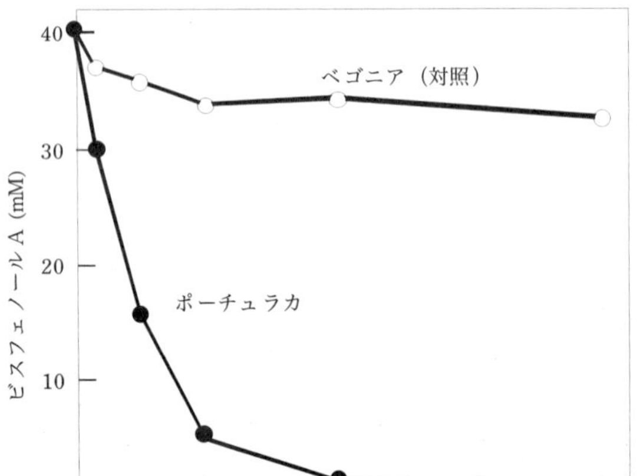

図10.20　ポーチュラカによる環境ホルモン・ビスフェノールAの浄化

40μM（10ppm）のビスフェノールA溶液250mLに草丈約10cmのポーチュラカ1株を植えて溶液中のビスフェノールAの減少を調べた．対照植物にはベゴニアを用いた．

処理（微生物処理）で有機物（BOD，COD）を減じた後放流するが，この段階ではまだ大量のリンや窒素が残っている．このリン，窒素を除くには高度処理を行う必要がある．ポーチュラカのような女性ホルモン浄化能力が高い植物を利用すれば，残存女性ホルモン，リン，窒素の吸収を兼ね合わせた高度処理技術を開発することが可能と考えられる．

3.7.3　油汚染土壌のファイトレメディエーション

原油を分解する微生物は基本的にはどこの土壌にもいると考えられているが，油汚染の浄化にはそういった微生物（群）を活性化する必要がある．土壌に窒素源などを投入して微生物を活性化するバイオスティミュレーションという技術も実用化されている．油汚染土壌のファイトレメディエーションも，浄化原理は植物根の周りに集まる微生物の力で土壌中の油を分解するもので，ファイトスティミュレーションと呼ばれる（表 10.1）．植物は，根からの分泌物供給（糖類，有機酸，アミノ酸），脱落細胞の供給，根が張ることによる通気性・透水性の改善，微生物の着生場所の提供，といったメカニズムで微生物の増殖を助ける．植物の植栽によって微生物が活性化されることは，炭酸ガスの放出量や土壌中のデヒドロゲナーゼ活性と根の伸長の相関をみることによっても実際に確認されている[47]．油汚染土壌のファイトスティミュレーションはアメリカでは大規模な実証試験が行われ[48]，わが国でも実用化段階にある．

ファイトスティミュレーションやバイオスティミュレーションを行うに当たり土壌中の微生物動態をモニタリングできれば有用な情報となる．このための方法としては PCR-DGGE（polymerase chain reaction - denature gradient gel electrophoresis）法がある．PCR-DGGE 法は二本鎖 DNA の塩基配列の部分的な違いを比較的容易に検出する手法で，PCR で増幅させた DNA 断片を DGGE で配列の違いによって分けることにより土壌微生物の群集構造の変化を捉えることができる．

3.7.4　植物による有機汚染物質分解メカニズム

植物による有機汚染物質代謝（分解）メカニズムはまだ不明な点が多いが，農薬の代謝研究の知見などから主要なメカニズムとしては以下のことが考えられる．

・シトクロム P-450 による水酸化，脱メチル化反応
・ペルオキシダーゼによる酸化
・グルタチオン抱合化や配糖化による無毒化

1)　シトクロム P-450 とペルオキシダーゼ

シトクロム P-450 は，水酸化酵素ファミリーの総称で，動物では肝臓において薬物などの解毒を行う酵素としてよく知られている．P-450 は NADPH などの電子供与体と酸素を用いて基質を水酸化する（図 10.21）．植物の二次代謝においても大きな役割を果たし，遺伝子組換えの「青いバラ」も，ある種の P-450 遺伝子をバラに導入することによって青い色素を作るようにしたものである．動物ゲノムから推定される P-450 遺伝子ファミリーの数はおよそ 50 から 100 遺伝

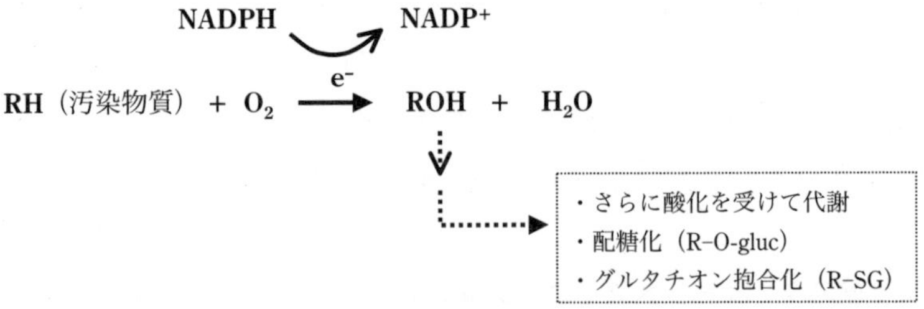

図10.21　P-450による汚染物質浄化のメカニズム
P-450は酸素存在下で有機物（農薬や有機汚染物質）の水酸化反応を行う．水酸化された有機物は，さらなる酸化を受けたり，配糖化，グルタチオン抱合化されることにより代謝無毒化される．

子であるのに対して，シロイヌナズナでは246，イネでは356ものP-450遺伝子の存在がゲノム情報から推定されている．このことは動物では少数の基質特異性が低いP-450で様々な基質を代謝しているのに対して，植物では，おそらく基質特異性が高い多様なP-450が様々な代謝を行っているものと考えられる．植物P-450が除草剤を分解することも分かっており対応する遺伝子もクローニングされている[49]．今後，多様な植物P-450が除草剤以外にどのような有機汚染物質の分解に関与しているかの解明が待たれる．

ペルオキシダーゼによる有機汚染物質の酸化分解は白色腐朽菌（真菌）でよく研究されている．白色腐朽菌はリグニンペルオキシダーゼや，マンガンペルオキシダーゼといった酵素でダイオキシンのような高度に塩素化された芳香族化合物も代謝できる．ペルオキシダーゼによる有機汚染物質の代謝メカニズムを図10.22に示す．植物には白色腐朽菌が持つような強力なペルオキシダーゼは存在しないと考えられるが，数多く存在するペルオキシダーゼのアイソザイム（isozyme）のいくつかが有機汚染物質代謝に関与している可能性がある．

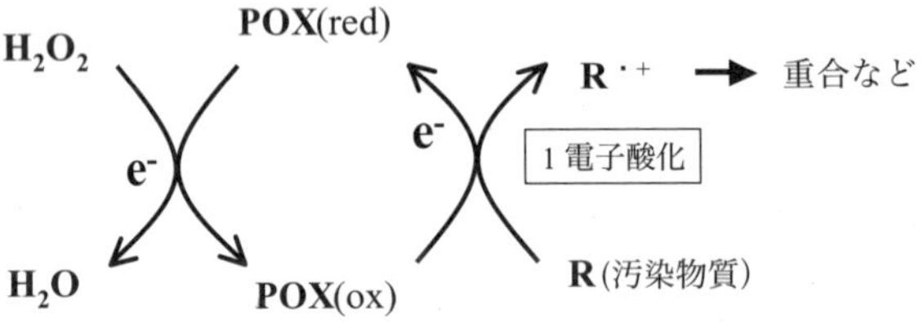

図10.22　ペルオキシダーゼによる汚染物質浄化のメカニズム
ペルオキシダーゼによる汚染物質の酸化は，ペルオキシダーゼが過酸化水素を水に還元分解する際に，汚染物質がその電子供与体となって1電子酸化を受ける．酸化された汚染物質は，ラジカル間の重合などを経て分解代謝される．○○ペルオキシダーゼという場合，○○が電子供与体となることを意味する．（例：アスコルビン酸ペルオキシダーゼ，リグニンペルオキシダーゼなど）

以上のメカニズムのほか，我妻はタウコギ（*Bidens tripartita*）が根のアポプラストに高濃度の過酸化水素を蓄積し，過酸化水素とFe^{2+}から化学的（フェントン反応：図10.2）に生じるヒドロキシラジカルがメタンを水酸化することを見出しており[50]，このメカニズムの有機汚染物質浄化への関与も考えられる．

2) グルタチオン抱合化や配糖化による無毒化

重金属では，液胞への輸送蓄積が解毒メカニズムとして重要であったが，有機汚染物質の場合も同様に液胞に輸送されて蓄積される．この場合，図 10.21 に示すように，疎水性物質の水酸基（-OH）に糖が結合して配糖体化されたり，グルタチオンと結合したりして，親水性が増した化合物が液胞に輸送蓄積される．配糖化はグルコシルトランスフェラーゼ（GT），グルタチオンとの結合はグルタチオン*S*-トランスフェラーゼ（GST）によって行われる．

3.7.5 遺伝子組換え植物を利用した難分解性有機汚染物質浄化

遺伝子組換え植物を利用して有機汚染物質の浄化を試みた研究として，ヒトの P-450 をバレイショ[51]およびイネ[52]で発現させた研究がある．動物の P-450 は前述のように基質特異性が植物に比べて低く，このことから幅広い汚染物質を代謝できると考えられる．実際にヒト P-450 を導入したバレイショおよびイネによって様々な農薬が代謝・分解され，今後多様な P-450 遺伝子を利用した難分解性有機物を分解浄化する組換え植物の開発が期待される．

微生物が持つ有機汚染物質分解酵素の遺伝子を植物で細胞外分泌酵素として発現させることも行われている．内田らは微生物のジベンゾフラン分解酵素やハロアルカンデハロゲナーゼ（脱塩素酵素）に小胞体ターゲッティングシグナルペプチドを付加して酵素を植物の根から分泌させた．分解酵素は水耕培養液中に分泌され，組換え植物からの分泌酵素による根圏での汚染物質の分解の可能性が示された[53]．

引 用 文 献

1) Boyer, J.S., Plant productivity and environment, *Science*, **218**, 443–448 (1982)

2) Asada, K. and Badger, M.R., Photoreduction of $^{18}O_2$ and $H_2{}^{18}O_2$ with concomitant evolution of $^{16}O_2$ in intact spinach chloroplasts: evidence for scavenging of hydrogen peroxide by peroxidase, *Plant Cell Physiol.*, **25**, 1169–1179 (1984)

3) 重岡 成，田茂井政宏，宮川佳子，光・酸素毒性耐性植物のエンジニアリング，In：篠崎一雄，山本雅之，岡本 尚，岩淵雅樹編，環境応答・適応の分子機構，pp.112–118，共立出版（1999）

4) 森田重人，田中國介，植物の活性酸素消去系の遺伝子発現とストレス耐性，In：篠崎一雄，山本雅之，岡本 尚，岩淵雅樹編，環境応答・適応の分子機構，pp.98–104，共立出版（1999）

5) Shikanai, T. *et al.*, Inhibition of ascorbate peroxidase under oxidative stress in tobacco having bacterial catalase in chloroplasts, *FEBS Lett.*, **428**, 47–51 (1998)

6) Roxas, V.P. *et al.*, Overexpression of glutathione *S*-transferase/glutathione peroxidase enhances the growth of transgenic tobacco seedlings during stress, *Nature Biotechnol.*, **15**, 988–991 (1997)

7) Yoshimura, K. *et al.*, Enhancement of stress tolerance in transgenic tobacco plants overexpressing *Chlamydomonas* glutathione peroxidase in chloroplasts or cytosol, *Plant J.*, **37**, 21–33 (2004)

8) Ushimaru, T. *et al.*, Transgenic Arabidopsis plants expressing the rice dehydroascorbate reductase gene are resistant to salt stress, *J. Plant Physiol.*, **163**, 1179–1184 (2006)

9) Eltayeb, A.E. *et al.*, Overexpression of monodehydroascorbate reductase in transgenic tobacco confers enhanced tolerance to ozone, salt and polyethylene glycol stresses, *Planta*, **255**, 1255–1264 (2007)

10) Hoshida, H. *et al.*, Enhanced tolerance to salt stress in transgenic rice that overexpresses chloroplast glutamine synthetase, *Plant Mol. Biol.*, **43**, 103–111 (2000)

11) 林 秀則，坂本 敦，村田紀夫，塩耐性植物のエンジニアリング，In：篠崎一雄，山本雅之，岡本 尚，岩淵雅樹編，環境応答・適応の分子機構，pp.87–95，共立出版 (1999)

12) Nakayama, H. *et al.*, Ectoine, the compatible solute of *Halomonas elongata*, confers hyperosmotic tolerance in cultured tobacco cells, *Plant Physiol.*, **122**, 1239–1247 (2000)

13) Nakayama, H. *et al.*, Improving salt tolerance in plant cells, *Plant Biotechnol.*, **22**, 477–487 (2005)

14) Nakayama, H., Yoshida, K. and Shinmyo, A., Yeast plasma membrane Ena1p ATPase alters alkali-cation homeostasis and confers increased salt tolerance in tobacco cultured cells, *Biotechnol. Bioeng.*, **85**, 776–789 (2004)

15) Wang, W., Vinocur, B. and Altman, A., Plant responses to drought, salinity and extreme temperatures: towards genetic engineering for stress tolerance, *Planta*, **218**, 1–14 (2003)

16) Matsuda, O. and Iba, K., Trienoic fatty acids and stress responses in higher plants, *Plant Biotechnol.*, **22**, 423–430 (2005)

17) 中島一雄ほか，植物における乾燥応答性遺伝子発現と乾燥耐性，In：篠崎一雄，山本雅之，岡本 尚，岩淵雅樹編，環境応答・適応の分子機構，pp.65–71，共立出版 (1999)

18) Kasuga, M. *et al.*, Improving plant drought, salt, and freezing tolerance by gene transfer of a single stress-inducible transcription factor, *Nature Biotechnol.*, **17**, 287–291 (1999)

19) Uemura, K. *et al.*, Ribulose 1,5-bisphosphate carboxylase/oxygenase from thermophilic red algae with a strong specificity for CO_2 fixation, *Biochem. Biophys. Res. Commun.*, **233**, 568–571 (1997)

20) Onizuka, T. *et al.*, The *rbcX* gene product promotes the production and assembly of ribulose-1,5-bisphosphate carboxylase/oxygenase of *Synechococcus* sp. PCC7002 in *Escherichia coli*, *Plant Cell Physiol.*, **45**, 1390–1395 (2004)

21) Tamoi, M., Nagaoka, M. and Shigeoka, S., Carbon metabolism in the Calvin cycle, *Plant Biotechnol.*, **22**, 355–360 (2005)

22) Cunningham, S.D. and Ow, D.W., Promises and prospects of phytoremediation, *Plant Physiol.*, **110**, 715–719 (1996)

23) Ma, L.Q. *et al.*, A fern that hyperaccumulates arsenic: A hardy, versatile, fast-growing plant helps to remove arsenic from contaminated soils, *Nature*, **409**, 579 (2001)

24) Elless, M.P. *et al.*, Pilot-scale demonstration of phytofiltration for treatment of arsenic in New Mexico drinking water, *Water Res.*, **39**, 3863–3872 (2005)

25) 佐藤 健ほか，ファイトレメディエーションの現地実証試験，地下水技術，**47**, 29–33 (2006)

26) 永島玲子ほか，カドミウム高集積植物ハクサンハタザオによるファイトレメディエーションの開発，資源環境対策，**40**, 141–144 (2006)

27) 阿江教治，イネを利用した重金属汚染土壌の修復の可能性，農林水産技術研究ジャーナル，**25**, 19–22 (2002)

28) 奥田直之，廃建材からのエタノール製造プロセスの開発，バイオサイエンスとインダストリー，**63**, 30–33 (2005)

29) 森田健二，中尾 毅，福永和久，アマモ移植による海域自然再生，環境浄化技術，**4**, 41–44 (2005)

30) Nicole, S. *et al.*, The molecular physiology of heavy metal transport in the Zn/Cd hyperaccumulator *Thlaspi caerulescens*, *Proc. Natl. Acad. Sci. USA*, **97**, 4956–4960 (2000)

31) Wang, J. *et al.*, Mechanisms of arsenic hyperaccumulation in *Pteris vittata*. Uptake kinetics, interactions with phosphate, and arsenic speciation, *Plant Physiol.*, **130**, 1552–1561 (2002)

32) Cherian, S. and Oliveira, M.M., Transgenic plants in phytoremediation: recent advances and new possibilities, *Environ. Sci. Technol.*, **39**, 9377–9390 (2005)

33) Hall, J.L., Cellular mechanisms for heavy metal detoxification and tolerance, *J. Exp. Bot.*, **53**, 1-11 (2002)

34) Hirata, K., Tsuji, N. and Miyamoto, K., Biosynthetic regulation of phytochelatins, heavy metal-binding

peptides, *J. Biosci. Bioeng.*, **100**, 593–599 (2005)

35) Tsuji, N. *et al.*, Enhancement of tolerance to heavy metals and oxidative stress in *Dunaliella tertiolecta* by Zn-induced phytochelatin synthesis, *Biochem. Biophys. Res. Commun.*, **293**, 653–659 (2002)

36) Hasegawa, I. *et al.*, Genetic improvement of heavy metal tolerance in plants by transfer of the yeast metallothionein gene (*CUP1*), *Plant Soil*, **196**, 277–281 (1997)

37) Goto, F. *et al.*, Iron fortification of rice seed by the soybean ferritin gene, *Nature Biotechnol.*, **17**, 282–286 (1999)

38) Hall, J.L. and Williams, L.E., Transition metal transporters in plants, *J. Exp. Bot.*, **54**, 2601–2613 (2003)

39) Banuelos, G.S. *et al.*, Field trial of transgenic Indian mustard plants shows enhanced phytoremediation of selenium contaminated sediment, *Environ. Sci. Technol.*, **39**, 1771–1777 (2005)

40) LeDuc, D.L. *et al.*, Overexpression of selenocysteine methyltransferase in Arabidopsis and Indian mustard increases selenium tolerance and accumulation, *Plant Physiol.*, **135**, 377–383 (2004).

41) Bizily, S.P., Rugh, C.L. and Meagher, R.B., Phytodetoxification of hazardous organomercurials by genetically engineered plants, *Nature Biotechnol.*, **18**, 213–217 (2000)

42) Huelster, A., Mueller, J.F. and Marschner, H., Soil-plant transfer of polychlorinated dibenzo-*p*-dioxins and dibenzofurans to vegetables of the cucumber family (Cucurbitaceae), *Environ. Sci. Technol.*, **28**, 1110–1115 (1994)

43) Lunney, A.I., Zeeb, B.A. and Reimer, K.J., Uptake of weathered DDT in vascular plants: potential for phytoremediation, *Environ. Sci. Technol.*, **38**, 6147–6154 (2004)

44) Imai, S. *et al.*, Removal of phenolic endocrine disruptors by *Portulaca oleracea*, *J. Biosci. Bioeng.*, **103**, 420–426 (2007)

45) 森　千里，胎児の複合汚染—子宮内環境をどう守るか，中央公論新社 (2002)

46) 和波一夫ほか，都内水域の環境ホルモンに関する研究（その3)—東京都内湾の魚類の生殖異変とエストロゲンの流入負荷量—，東京都環境科学研究所年報，pp.101–109 (2004)

47) Kaimi, E. *et al.*, Ryegrass enhancement of biodegradation in diesel-contaminated soil, *Environ. Exp. Bot.*, **55**, 110–119 (2006)

48) S. フィオレンツァ，C.L. オーブル，C.H. ワード，池上雄二，角田英男訳，ファイトレメディエーション　植物による土壌汚染の修復，シュプリンガー・フェアラーク東京 (2001)

49) Ohkawa, H. *et al.*, Molecular mechanisms of herbicide resistance with special emphasis on cytochrome P450 monooxygenases, *Plant Biotechnol.*, **15**, 173–176 (1998)

50) 我妻忠雄，植物による環境修復，In：日本土壌肥料学会編，植物と微生物による環境修復，pp.49–75，博友社 (2000)

51) Inui, H. and Ohkawa, H., Herbicide resistance in transgenic plants with mammalian P450 monooxygenase genes, *Pest Manag. Sci.*, **61**, 286-291 (2005)

52) Kawahigashi, H. *et al.*, Phytoremediation of the herbicides atrazine and metolachlor by transgenic rice plants expressing human CYP1A1, CYP2B6, and CYP2C19, *J. Agr. Food Chem.*, **54**, 2985–2991 (2006)

53) Uchida, E. *et al.*, Secretion of bacterial xenobiotic-degrading enzymes from transgenic plants by an apoplastic expressional system: An Applicability for Phytoremediation, *Environ. Sci. Technol.*, **39**, 7671–7677 (2005)

（宮坂　均）

索　　引

[和　　文]

ア　行

カ 行

サ 行

タ 行

ナ　行

ハ　行

マ　行

ヤ　行

ラ　行

ワ　行

[欧　文]

A

P

Q

R

S

T

[学 名]

R

S

T

V

編著者略歴

高山 真策（たかやま しんさく）

1973 年 3 月　京都大学大学院農学研究科修了
1973 年 4 月　協和発酵工業入社
医薬研究開発センター，東京研究所，筑波研究所を経て
1991 年 4 月　東海大学開発工学部 生物工学科 教授
現在に至る

主な著作（和書）

クローン増殖と人工種子，オーム社（1989）
植物細胞工学（共著），オーム社（1992）
種苗工場開発マニュアル（編著），シーエムシー（1992）
植物種苗工場（監修・共著），化学工業日報社（1993）
ニューバイオインダストリー（共著），大日本図書（1997）

植物バイオテクノロジー

2009 年 5 月 25 日　初版第 1 刷発行

編著者　高　山　真　策
発行者　桑　野　知　章
発行所　株式会社　幸（さいわい）書　房
〒101-0051　東京都千代田区神田神保町 3 丁目 17 番地
TEL 03-3512-0165　FAX 03-3512-0166
URL：http://www.saiwaishobo.co.jp

組版：デジプロ　印刷：シナノ

ISBN 978-4-7821-0333-3　C 3045